国外计算机科学教材系列

机器人学导论
——分析、控制及应用
(第二版)

Introduction to Robotics: Analysis, Control, Applications
Second Edition

[美] Saeed B. Niku 著

孙富春 朱纪洪 刘国栋 等译

孙增圻 审校

電子工業出版社
Publishing House of Electronics Industry
北京 · BEIJING

内容简介

本书系统地介绍了机器人的基本组成和工作原理。全书共分 10 章。其中第 1 章介绍必要的基础知识，如机器人的发展历史、机器人的组成与特点、机器人语言及机器人应用等。第 2 章和第 3 章分析机器人的运动学。第 4 章分析机器人的动力学。第 5 章讨论机器人在关节空间和直角坐标空间的路径和轨迹规划。第 6 章介绍机器人的运动控制。第 7 章介绍机器人的各种驱动装置，如液压和气动装置、直流伺服电机及步进电机等。第 8 章讨论用于机器人的各种传感器。第 9 章介绍机器人视觉系统。第 10 章介绍用于机器人的模糊控制方法。该书每章后面均给出了设计项目，将理论与实际相结合，用以综合运用本章的内容，同时每章后面还附有参考文献和习题。

该书反映了机器人学的基础知识及先进的理论与技术，适合作为机械、自动化及计算机等专业本科高年级学生或研究生的教材，也可供从事机器人领域研究的教师或研究人员学习和参考。

图书在版编目(CIP)数据

机器人学导论：分析、控制及应用：第二版/（美）赛义德 · B. 尼库（Saeed B. Niku）著；孙富春等译.
北京：电子工业出版社，2018.3
（国外计算机科学教材系列）
书名原文：Introduction to Robotics: Analysis, Control, Applications, Second Edition
ISBN 978-7-121-33698-0

Ⅰ.①机…　Ⅱ.①赛…　②孙…　Ⅲ.①机器人学高等学校教材　Ⅳ.①TP24

中国版本图书馆CIP数据核字（2018）第029427号

策划编辑：马　岚
责任编辑：马　岚
印　　刷：保定市中画美凯印刷有限公司
装　　订：保定市中画美凯印刷有限公司
出版发行：电子工业出版社
　　　　　北京市海淀区万寿路 173 信箱　邮编　100036
开　　本：787 × 1092　1/16　印张：23　字数：589 千字
版　　次：2004 年 2 月第 1 版
　　　　　2018 年 3 月第 2 版
印　　次：2023 年 6 月第 6 次印刷
定　　价：79.00 元

凡所购买电子工业出版社图书有缺损问题，请向购买书店调换。若书店售缺，请与本社发行部联系，联系及邮购电话：（010）88254888，88258888。

质量投诉请发邮件至zlts@phei.com.cn，盗版侵权举报请发邮件至dbqq@phei.com.cn。

本书咨询联系方式：classic-series-info@phei.com.cn。

译 者 序

随着科学技术的发展和社会的进步，机器人的应用越来越普及，它不仅广泛应用于工业生产和制造部门，在航天、海洋探测、危险及条件恶劣等特殊环境中也获得了大量应用。另外，机器人的应用也逐渐渗透到日常生活和教育娱乐等各个领域。

机器人学是一项集机械、电子、控制及计算机等多个学科的综合技术。国内外越来越多的高校开设了这方面的课程，本书即是在这样的背景下为机器人课程所编写的一本有重要影响的教材及参考书。

本书最初是为美国加州州立理工大学机械工程系的机器人学课程编写的，后经修改而形成本书。本书适合作为高年级本科生或研究生的机器人学基础课程的教材，同时也适合作为希望学习机器人的广大科技工作者的参考书。该书于 2001 年出版了第一版后受到了广泛的欢迎，2011 年出版了该书的第二版。第二版除增加了机器人运动控制的新的一章内容外，其余各章也在内容上进行了充实和更新。该书除包含运动学、动力学、轨迹规划及控制等机器人运动分析和控制的内容外，也包含微处理器的应用、视觉系统、传感器及驱动器等主要的机器人系统的实际内容。因此，本书易于为机械工程师、电子和控制工程师、计算机工程师和工程技术专家们所接受和使用。

本书包括了机器人学所有必要的基础知识、机器人部件和主要的子系统，以及机器人应用等内容。全书共分 10 章。其中第 1 章介绍必要的基础知识，如机器人的发展历史、机器人的组成与特点、机器人语言及机器人应用等。第 2 章和第 3 章分析机器人的运动学。第 4 章分析机器人的动力学。第 5 章讨论机器人在关节空间和直角坐标空间的路径和轨迹规划。第 6 章介绍机器人的运动控制。第 7 章介绍机器人的各种驱动装置，如液压和气动装置、直流伺服电机及步进电机等。第 8 章讨论用于机器人的各种传感器。第 9 章介绍机器人视觉系统。第 10 章介绍用于机器人的模糊控制方法。该书每章后面均给出了设计项目，将理论与实际相结合，用以综合运用本章的内容，同时每章后面还附有参考文献和习题。

本书第 1 章至第 3 章由刘国栋翻译，第 4 章、第 6 章和第 8 章由朱纪洪翻译，第 5 章、第 9 章和第 10 章由孙富春翻译，第 7 章和附录由孙增圻翻译。全书由孙增圻审校和统稿。

由于译校者的水平所限，本书肯定存在许多不足之处，热忱欢迎广大读者批评指正。

孙增圻

2012 年 10 月于清华大学

前　言

本书是一本介绍机器人学的教材的第二版，它不仅包含第一版的全部内容和特点，而且增加了更多的例子和习题、更新的项目及更翔实的内容。另外，还增加了关于自动控制和机器人控制的一些章节，以及可供下载的名为 SimulationX 的商用软件系统的信息。

几年前我的一个学生曾经说过："在每个产品的生命周期中，都会有选定设计者并将产品投入生产的时刻。"没有哪本书是十全十美的，每本书都有与众不同的地方。这本书也是这样，该书的意图是为工科的本科生或有实际经验的工程师提供必备的知识，以使他们能够熟悉机器人学，懂得机器人，并能设计机器人，以及能将机器人集成到一个具体的应用场合。基于此，本书包括了机器人学所有必要的基础知识、机器人部件和子系统及机器人应用等内容。

本书主要作为高年级本科生或研究生机器人学基础课程的教材，也可作为希望学习机器人的广大科技工作者的参考书。本书包含了相当多的机械学和运动学的内容，此外还包含微处理器的应用、控制系统、视觉系统、传感器及驱动器等方面的内容。因此，本书也是机械工程师、电子和控制工程师、计算机工程师和工程技术专家们理想的参考书籍。本书新的章节涉及一些控制理论，即使一些学生没有学过控制课程，也能够从本书学到足够的知识，从而懂得机器人的控制和设计。

本书共分 10 章。第 1 章通过引言使读者了解学习本书内容需用到的背景知识。这些知识包括机器人的发展历史、构成、特征、语言及应用等。第 2 章讨论机器人的正向和逆向运动学，内容包括坐标的描述、变换、位姿分析及机器人运动学的 D-H(Denavit-Hartenberg)描述。第 3 章阐述了机器人及坐标的微分运动和速度分析。第 4 章包含机器人动力学和相关力的分析，用拉格朗日力学作为主要的分析和研究方法。第 5 章介绍关节空间和直角坐标空间的路径和轨迹规划。第 6 章介绍控制工程的基本知识，包含分析和设计工具，其中讨论了根轨迹，比例、微分和积分控制，以及机电系统的建模。第 6 章包含多端输入输出(MIMO)系统、数字系统及非线性系统。然而，学生要想实际地设计系统，还需要更多的知识和指导。在这个环节上，一章的篇幅是不够的。由于没有单独的控制工程课程设置，所以这一章可以作为很好的入门课程。第 7 章涉及驱动装置，包括液压装置、直流伺服电机、步进电机、气动装置和各种不同的新型驱动装置，本章也包括这些驱动装置的微处理控制器。尽管这本书不是主要针对机械电子学方面的书，但它介绍了很多关于机械电子学的内容。除了微处理器的设计，许多机械电子的应用都在这一章进行了介绍。第 8 章讨论在机器人及机器人应用中使用的传感器。第 9 章覆盖了视觉系统的内容，包括许多在图像处理及分析中运用的技术。第 10 章讨论了模糊逻辑的基本原理和模糊逻辑在微处理器的控制及机器人学中的应用。虽然本章没有进行全面的分析，但给出了基本的介绍。可以相信，对机器人产生兴趣的学生或工程技术人员一定会继续他们的学习。附录 A 回顾了矩阵代数和本书中用到的其他数学工具。附录 B 讨论图像采集。附录 C 讨论 MATLAB 在控制工程中的应用。附录 D 介绍了可以用来建模和仿真机器人及其动力学的商用软件，学生版可以免费使用。涉及机器人仿真的软件、相应的程序和相关辅导也是免费提供的。

本书大部分内容作为一门课程在加州州立理工大学用 10 周时间学完，每周四个单元，其中三个单元每次授课 1 学时，另一单元为 3 学时的实验①。一般可安排为一个学期的课程。

① 采用本书作为教材的教师，可联系te_service@phei.com.cn申请授课用英文资源（习题解答和PPT）。

以下是一学期(4 学期/年)的机器人学课程的安排，某些内容需进行相应的删除或简化：

- 基本内容介绍和复习：3 学时
- 位置运动学：7 学时
- 微分运动：4 学时
- 机器人动力学和力控制：2 学时
- 路径和轨迹规划：1 学时
- 驱动装置：3 学时
- 传感器：3 学时
- 视觉系统：5 学时
- 模糊逻辑：1 学时
- 考试和复习：1 学时

对于一个包含 14 周的学期，每周 3 学时，课程安排如下：

- 基本内容介绍和复习：3 学时
- 位置运动学：7 学时
- 微分运动：5 学时
- 机器人动力学和力控制：5 学时
- 路径和轨迹规划：3 学时
- 机器人控制及模拟：5 学时
- 驱动装置：5 学时
- 传感器：2 学时
- 视觉系统：5 学时
- 模糊逻辑：1 学时
- 考试和复习：1 学时

本书的设计项目从第 2 章开始贯穿全书。从第 2 章开始，在各章末尾要求学生结合本章内容继续前面的设计，直到全书结束，一个完整的机器人就设计出来了。

在此我要感谢所有帮助过我的人。包括我的同事 Bill Murray，Charles Birdsong，Lynne Slivovsky 和 John Ridgely，以及无数做过研究、开发和大量工作的个人，他们的工作让我更好地研究了这个课题。大量的学生、用户和不知名的评阅人所提出的许多意见对改进原稿起到了巨大的作用，这中间包括 Thomas Cavicchi，Ed Foley，以及在加州州立理工大学进行课题设计和开发的学生，也包括一个机器人俱乐部。我还要感谢 John Wiley & Sons 的编辑 Mike McDonald，他在第二版的出版过程中起到了巨大的作用，Renata Marchione，Don Fowley，Linda Ratts 和 Yee Lyn Song 也在全过程中给予了巨大支持。还要感谢帮助这本书编辑出版的编辑和艺术家们。我还想感谢在 Prentice Hall 帮助我们出版的工作人员。最后，我想感谢我的家人 Shoherh，Adam 和 Alan，很抱歉我把本应该和他们在一起的时光用在了整理本书资料的工作上。对于所有以上提到的人，在此表示诚挚的感谢。

希望你们都能喜欢这本书，更重要的是希望大家能学习本书，并通过学习而感受到从事机器人相关研究的乐趣。

目　　录

第 1 章　基础知识……………………………………………………………………………… 1
1.1　引言……………………………………………………………………………………… 1
1.2　什么是机器人………………………………………………………………………… 2
1.3　机器人的分类………………………………………………………………………… 3
1.4　什么是机器人学……………………………………………………………………… 3
1.5　机器人的发展历史…………………………………………………………………… 3
1.6　机器人的优缺点……………………………………………………………………… 5
1.7　机器人的组成部件…………………………………………………………………… 5
1.8　机器人的自由度……………………………………………………………………… 7
1.9　机器人关节…………………………………………………………………………… 9
1.10　机器人的坐标 ……………………………………………………………………… 9
1.11　机器人的参考坐标系 ……………………………………………………………… 10
1.12　机器人的编程模式 ………………………………………………………………… 11
1.13　机器人的性能指标 ………………………………………………………………… 11
1.14　机器人的工作空间 ………………………………………………………………… 12
1.15　机器人语言 ………………………………………………………………………… 13
1.16　机器人的应用 ……………………………………………………………………… 15
1.17　其他机器人及其应用 ……………………………………………………………… 19
1.18　机器人的社会问题 ………………………………………………………………… 21
小结…………………………………………………………………………………………… 22
参考文献……………………………………………………………………………………… 22
习题…………………………………………………………………………………………… 24

第 2 章　机器人位置运动学 ……………………………………………………………… 25
2.1　引言……………………………………………………………………………………… 25
2.2　机器人机构 …………………………………………………………………………… 25
2.3　符号规范 ……………………………………………………………………………… 26
2.4　机器人运动学的矩阵表示 …………………………………………………………… 27
2.4.1　空间点的表示……………………………………………………………………… 27
2.4.2　空间向量的表示 …………………………………………………………………… 27
2.4.3　坐标系在固定参考坐标系原点的表示 …………………………………………… 29
2.4.4　坐标系在固定参考坐标系中的表示 ……………………………………………… 29
2.4.5　刚体的表示 ………………………………………………………………………… 30
2.5　齐次变换矩阵 ………………………………………………………………………… 33
2.6　变换的表示 …………………………………………………………………………… 33
2.6.1　纯平移变换的表示 ………………………………………………………………… 33
2.6.2　绕轴纯旋转变换的表示 …………………………………………………………… 35

2.6.3 复合变换的表示 …… 37
2.6.4 相对于旋转坐标系的变换 …… 39
2.7 变换矩阵的逆 …… 41
2.8 机器人的正逆运动学 …… 44
2.9 位置的正逆运动学方程 …… 45
2.9.1 直角(台架)坐标 …… 45
2.9.2 圆柱坐标 …… 46
2.9.3 球坐标 …… 47
2.9.4 链式坐标 …… 49
2.10 姿态的正逆运动学方程 …… 49
2.10.1 滚动角、俯仰角和偏航角 …… 49
2.10.2 欧拉角 …… 52
2.10.3 链式关节 …… 53
2.11 位姿的正逆运动学方程 …… 54
2.12 机器人正运动学方程的 D-H 表示 …… 54
2.13 机器人的逆运动学解 …… 66
2.13.1 链式机器人臂的一般解 …… 67
2.14 机器人的逆运动学编程 …… 70
2.15 机器人的退化和灵巧特性 …… 72
2.15.1 退化 …… 72
2.15.2 灵巧 …… 72
2.16 D-H 表示法的基本问题 …… 73
2.17 设计项目 …… 74
2.17.1 3 自由度机器人 …… 75
2.17.2 3 自由度移动机器人 …… 76
小结 …… 76
参考文献 …… 77
习题 …… 77
第 3 章 微分运动和速度 …… 86
3.1 引言 …… 86
3.2 微分关系 …… 86
3.3 雅可比矩阵 …… 87
3.4 微分运动与大范围运动 …… 89
3.5 坐标系的微分运动与机器人的微分运动 …… 90
3.6 坐标系的微分运动 …… 91
3.6.1 微分平移 …… 91
3.6.2 绕参考轴的微分旋转 …… 91
3.6.3 绕一般轴 q 的微分旋转 …… 92
3.6.4 坐标系的微分变换 …… 93
3.7 微分变化的解释 …… 94
3.8 坐标系之间的微分变化 …… 95

3.9 机器人和机器人手坐标系的微分运动 …… 96
3.10 雅可比矩阵的计算 …… 97
3.11 如何建立雅可比矩阵和微分算子之间的关联 …… 100
3.12 雅可比矩阵求逆 …… 102
3.13 设计项目 …… 108
3.13.1 3自由度机器人 …… 108
3.13.2 3自由度移动机器人 …… 108
小结 …… 108
参考文献 …… 109
习题 …… 109
第4章 动力学分析和力 …… 112
4.1 引言 …… 112
4.2 拉格朗日力学的简短回顾 …… 113
4.3 有效转动惯量 …… 119
4.4 多自由度机器人的动力学方程 …… 120
4.4.1 动能 …… 120
4.4.2 势能 …… 124
4.4.3 拉格朗日函数 …… 124
4.4.4 机器人运动方程 …… 124
4.5 机器人的静力分析 …… 130
4.6 坐标系间力和力矩的变换 …… 131
4.7 设计项目 …… 133
小结 …… 133
参考文献 …… 134
习题 …… 134
第5章 轨迹规划 …… 136
5.1 引言 …… 136
5.2 路径与轨迹 …… 136
5.3 关节空间描述与直角坐标空间描述 …… 136
5.4 轨迹规划的基本原理 …… 137
5.5 关节空间的轨迹规划 …… 140
5.5.1 三次多项式轨迹规划 …… 140
5.5.2 五次多项式轨迹规划 …… 143
5.5.3 抛物线过渡的线性段 …… 143
5.5.4 具有中间点及用抛物线过渡的线性段 …… 145
5.5.5 高次多项式运动轨迹 …… 146
5.5.6 其他轨迹 …… 149
5.6 直角坐标空间的轨迹规划 …… 149
5.7 连续轨迹记录 …… 152
5.8 设计项目 …… 153

小结 …… 153
参考文献 …… 153
习题 …… 154
第6章 运动控制系统 …… 155
6.1 引言 …… 155
6.2 基本组成和术语 …… 155
6.3 结构图 …… 156
6.4 系统动力学 …… 156
6.5 拉普拉斯变换 …… 158
6.6 拉普拉斯反变换 …… 160
6.6.1 $F(s)$的极点无重根时的部分分式展开 …… 161
6.6.2 $F(s)$的极点含重根时的部分分式展开 …… 162
6.6.3 $F(s)$的极点含共轭复根时的部分分式展开 …… 163
6.7 传递函数 …… 164
6.8 结构图代数 …… 166
6.9 一阶传递函数的特性 …… 168
6.10 二阶传递函数的特性 …… 170
6.11 特征方程：零极点分布 …… 172
6.12 稳态误差 …… 173
6.13 根轨迹法 …… 175
6.14 比例控制器 …… 179
6.15 比例积分控制器 …… 182
6.16 比例加微分控制器 …… 184
6.17 比例积分微分(PID)控制器 …… 186
6.18 超前和滞后补偿器 …… 188
6.19 伯德图和频域分析 …… 188
6.20 开环和闭环表示的应用对比 …… 189
6.21 多输入多输出系统 …… 190
6.22 状态空间控制方法 …… 191
6.23 数字控制 …… 193
6.24 非线性控制系统 …… 195
6.25 机电系统动力学：机器人驱动和控制 …… 196
6.26 设计项目 …… 200
小结 …… 200
参考文献 …… 200
习题 …… 200
第7章 驱动器和驱动系统 …… 203
7.1 引言 …… 203
7.2 驱动系统的特性 …… 203
7.2.1 标称特性 …… 203

7.2.2 刚度和柔性 …… 204
7.2.3 使用减速齿轮 …… 204
7.3 驱动系统的比较 …… 207
7.4 液压驱动器 …… 207
7.5 气动装置 …… 213
7.6 电机 …… 213
7.6.1 交流型和直流型电机的基本区别 …… 214
7.6.2 直流电机 …… 216
7.6.3 交流电机 …… 218
7.6.4 无刷直流电机 …… 218
7.6.5 直接驱动电机 …… 219
7.6.6 伺服电机 …… 219
7.6.7 步进电机 …… 221
7.7 电机的微处理器控制 …… 232
7.7.1 脉冲宽度调制 …… 233
7.7.2 采用H桥的直流电机转向控制 …… 234
7.8 磁致伸缩驱动器 …… 235
7.9 形状记忆金属 …… 235
7.10 电活性聚合物(EAP) …… 236
7.11 减速器 …… 236
7.12 其他系统 …… 238
7.13 设计项目 …… 239
7.13.1 设计项目1 …… 239
7.13.2 设计项目2 …… 239
7.13.3 设计项目3 …… 240
7.13.4 设计项目4 …… 241
小结 …… 241
参考文献 …… 241
习题 …… 242
第8章 传感器 …… 244
8.1 引言 …… 244
8.2 传感器的特性 …… 244
8.3 传感器的使用 …… 246
8.4 位置传感器 …… 247
8.4.1 电位器 …… 247
8.4.2 编码器 …… 247
8.4.3 线位移差动变压器 …… 250
8.4.4 旋转变压器 …… 251
8.4.5 传输时间测量(磁反射)型位移传感器 …… 251
8.4.6 霍尔传感器 …… 252
8.4.7 其他装置 …… 252

8.5 速度传感器 …… 252
8.5.1 编码器 …… 252
8.5.2 测速计 …… 253
8.5.3 位置信号微分 …… 253
8.6 加速度传感器 …… 253
8.7 力和压力传感器 …… 254
8.7.1 压电晶体 …… 254
8.7.2 力敏电阻 …… 254
8.7.3 应变片 …… 254
8.7.4 防静电泡沫 …… 255
8.8 力矩传感器 …… 255
8.9 微动开关 …… 256
8.10 可见光和红外传感器 …… 256
8.11 接触和触觉传感器 …… 256
8.12 接近觉传感器 …… 257
8.12.1 磁感应接近觉传感器 …… 257
8.12.2 光学接近觉传感器 …… 258
8.12.3 超声波接近觉传感器 …… 258
8.12.4 感应式接近觉传感器 …… 259
8.12.5 电容式接近觉传感器 …… 259
8.12.6 涡流接近觉传感器 …… 259
8.13 测距仪 …… 260
8.13.1 超声波测距仪 …… 260
8.13.2 光测距仪 …… 261
8.13.3 全球定位系统(GPS) …… 262
8.14 嗅觉传感器 …… 262
8.15 味觉传感器 …… 262
8.16 视觉系统 …… 263
8.17 语音识别装置 …… 263
8.18 语音合成器 …… 263
8.19 远程中心柔顺装置 …… 264
8.20 设计项目 …… 266
小结 …… 266
参考文献 …… 267
第9章 视觉系统图像处理和分析 …… 268
9.1 引言 …… 268
9.2 基本概念 …… 268
9.2.1 图像处理与图像分析 …… 268
9.2.2 二维和三维图像 …… 268
9.2.3 图像的本质 …… 269
9.2.4 图像的获取 …… 269

9.2.5 数字图像 …… 270
9.2.6 频域和空域 …… 271
9.3 信号的傅里叶变换及频谱 …… 271
9.4 图像的频谱：噪声和边缘 …… 273
9.5 分辨率和量化 …… 274
9.6 采样理论 …… 276
9.7 图像处理技术 …… 278
9.8 图像直方图 …… 279
9.9 阈值处理 …… 280
9.10 空域操作：卷积掩模 …… 282
9.11 连通性 …… 285
9.12 降噪 …… 287
9.12.1 采用卷积掩模的邻域平均 …… 287
9.12.2 图像平均 …… 289
9.12.3 频域 …… 289
9.12.4 中值滤波器 …… 289
9.13 边缘检测 …… 290
9.14 锐化图像 …… 295
9.15 霍夫变换 …… 295
9.16 分割 …… 298
9.17 基于区域增长和区域分解的分割 …… 298
9.18 二值形态操作 …… 300
9.18.1 加厚操作 …… 301
9.18.2 扩张操作 …… 302
9.18.3 腐蚀操作 …… 302
9.18.4 骨架化 …… 303
9.18.5 放缩操作 …… 304
9.18.6 缩放操作 …… 304
9.18.7 填充操作 …… 304
9.19 灰度形态操作 …… 304
9.19.1 腐蚀操作 …… 305
9.19.2 扩张操作 …… 305
9.20 图像分析 …… 305
9.21 基于特征的物体识别 …… 305
9.21.1 用于物体辨识的基本特征 …… 305
9.21.2 矩 …… 306
9.21.3 模板匹配 …… 311
9.21.4 离散傅里叶描述算子 …… 311
9.21.5 计算机断层造影 …… 312
9.22 视觉系统中的深度测量 …… 312
9.22.1 场景分析与映射 …… 312

9.22.2 距离检测和深度分析 …… 313
9.22.3 立体成像 …… 313
9.22.4 利用阴影和大小进行场景分析 …… 314
9.23 特殊光照 …… 314
9.24 图像数据压缩 …… 315
9.24.1 帧内空域技术 …… 315
9.24.2 帧间编码技术 …… 316
9.24.3 压缩技术 …… 316
9.25 彩色图像 …… 317
9.26 启发式方法 …… 317
9.27 视觉系统的应用 …… 317
9.28 设计项目 …… 318
小结 …… 319
参考文献 …… 319
习题 …… 320
第 10 章 模糊逻辑控制 …… 325
10.1 引言 …… 325
10.2 模糊控制需要什么 …… 326
10.3 清晰值与模糊值 …… 327
10.4 模糊集合：隶属度与真值度 …… 327
10.5 模糊化 …… 328
10.6 模糊推理规则库 …… 329
10.7 清晰化 …… 331
10.7.1 重心法 …… 331
10.7.2 Mamdani 推理法 …… 331
10.8 模糊逻辑控制器的仿真 …… 334
10.9 模糊逻辑在机器人中的应用 …… 336
10.10 设计项目 …… 339
小结 …… 339
参考文献 …… 339
习题 …… 340
附录 A 矩阵代数和三角学复习 …… 341
附录 B 图像采集系统 …… 347
附录 C 采用 MATLAB 的根轨迹和伯德图 …… 350
附录 D 利用商用软件的机器人仿真 …… 353

第1章 基础知识

1.1 引言

人们从一开始制作物品时，就有用各种方式制作机器人的想法。也许大家见到过由能工巧匠们制作的能够模仿人类动作行为的机器。典型的例子有，威尼斯圣马可斯钟塔的雕像能准时敲响大钟，布拉格旧市政厅一侧的雕像能告诉人们 15 世纪阿姆斯特丹钟的故事（见图 1.1）。各种从简单到复杂的能重复运动的玩具则是另外的例子。好莱坞电影中所描述的机器人的能力甚至超过真人。

图 1.1 几个世纪前的雕塑和模拟人运动的雕像

尽管从原理上来说，仿人型机器人也是机器人，并具有与机器人相同的设计与控制原理，但本书主要研究工业用机械手型机器人。本书包含了研究机器人所必须掌握的一些基础知识，给出了机器人力学（包括运动学和动力学）的分析方法和轨迹规划，并讨论了驱动器、传感器、视觉系统等用于机器人的部件。漫游机器人也没有什么不同，它们一般在平面上运动并具有较少的自由度。具有骨骼和类人的机器人、步行机构及模仿动物和昆虫的机器人具有更多的自由度（Degree of Freedom，DOF），而且具有独特的能力。然而，我们学到的机械手型机器人的原理，无论是运动学、微分运动、动力学还是控制，也可以同样地应用到漫游机器人中。

机器人是当今工业的重要组成部分，它们能够精确地执行各种各样的任务和操作，并且无须人们工作时所需的安全措施和舒适的工作条件。然而，要使机器人很好地工作也需要付出很大的努力和代价。在 20 世纪 80 年代中期，从事机器人制造的公司现在大都已不复存在，只有一些生产工业机器人的公司（如 Adept、Staubli、Fanuc、Kuka、Epson、Motoman、Denso、Fuji、IS Robotics，以及像 Mako Surgical 和 Intuitive Surigical 这样的专用机器人公司等）在市场上还保有一席之地。由于目前的机器人尚无法满足人们的较高期望，因此早期对机器人在工业中的使用预测一直未能实现。结果是，尽管有成千上万的机器人用于工业生产，但它们并没有在总体上替代操作工人，机器人只能用在适合使用它们的一些地方。相对于人类，机器人并非万能，它们某些工作能做，另外有些工作却不能做。如果按照期望的用途合理地设计机器人，它们就会具有更多的应用，并持续不断地发展。

机器人技术覆盖许多不同领域。单独的机器人只有与其他装置、周边设备及其他生产机械配合使用才能有效地发挥作用。它们通常集成为一个系统，该系统作为一个整体来完成任务或执行操作。本书也将讨论这些与机器人配合使用的外围设备及系统。

1.2 什么是机器人

如果将常规的机器人操作手与挂在多用车或牵引车上的起重机进行比较，可发现两者非常相似。它们都具有许多连杆，这些连杆通过关节依次连接，这些关节由驱动器驱动。在上述两个系统中，操作机的“手”都能在空中运动并可以运动到工作空间的任何位置，它们都能承载一定的负荷，并都用一个中央控制器控制驱动器。然而，它们一个称为机器人，另一个称为操作机(即起重机)，两者最根本的不同在于起重机由人来控制驱动器，而机器人操作手由计算机编程控制(见图 1.2)。正是通过这一点，可以区别一台设备到底是简单的操作机还是机器人。通常机器人设计成由计算机或类似装置来控制，机器人的动作受计算机监控的控制器控制，该控制器本身也运行某种类型的程序。因此，如果程序改变了，机器人的动作就会相应改变。我们希望一台设备能灵活地完成各种不同的工作而无须重新设计硬件装置。为此，机器人需设计成可以重复编程，通过改变程序来执行不同的任务(当然在能力限制范围以内)。简单的操作机(或者说起重机)除非一直由操纵人员操作，否则无法做到这一点。

(a)

(b)

图 1.2 (a) Dalmec PM 的人工操纵的操作机；(b) Fanuc S-500 机器人在卡车上执行焊缝任务。两者具有类似的结构和部件，然而起重机由操作人员控制，机器人则由计算机控制

目前各国关于机器人的定义各不相同。在美国标准中，只有易于再编程的装置才认为是机器人。因此，手动装置(比如一个多自由度的需要操作员来驱动的装置)或固定顺序机器人

（例如有些装置由强制起停控制驱动器运动，其顺序是固定的并且很难更改）都不认为是机器人。

1.3　机器人的分类

按照日本工业机器人学会（the Japanese Industrial Robot Association，JIRA）的标准，可将机器人进行如下分类：

- 第1类：人工操作装置——由操作员操作的多自由度装置。
- 第2类：固定顺序机器人——按预定的不变方法有步骤地依次执行任务的设备，其执行顺序难以修改。
- 第3类：可变顺序机器人——同第2类，但其顺序易于修改。
- 第4类：示教再现机器人——操作员引导机器人手动执行任务，记录下这些动作并由机器人以后再现执行。即机器人按照记录下的信息重复执行同样的动作。
- 第5类：数控机器人——操作员为机器人提供运动程序，而不是手动示教执行任务。
- 第6类：智能机器人——机器人具有感知和理解外部环境的能力，即使其工作环境发生变化，也能够成功地完成任务。

美国机器人学会（the Robotics Institute of America，RIA）只将以上第3~6类视为机器人。法国机器人学会（the Association Francaise de Robotique，AFR）将机器人进行如下分类：

- 类型A：手动控制远程机器人的操纵装置。
- 类型B：具有预定周期的自动操纵装置。
- 类型C：具有连续轨迹或点到点轨迹的可编程伺服控制机器人。
- 类型D：同类型C，但能够获取环境信息。

1.4　什么是机器人学

机器人学是人们在设计和应用机器人过程中的艺术、知识和技巧。机器人系统不仅由机器人组成，还需要其他装置和系统连同机器人一起来共同完成任务。机器人可以用于生产制造、水下作业、空间探测、帮助残疾人甚至娱乐等方面。通过编程和控制，许多场合均可应用机器人。机器人学是一门交叉学科，它得益于机械工程、电气与电子工程、计算机科学、认知科学、生物学及许多其他学科。

1.5　机器人的发展历史

不考虑早期的模拟人类及其动作的机械，单就近代历史来看，不难发现，工业化进程、数字控制和计算机控制革命，以及太空探索的出现，都与人们富有创造性的科学想象之间有着密切的联系。在Karel Capek的小说《Rossam的通用机器人》（*Rossam's Universal Robots*）[1]出现后，接着出现了电影《飞侠哥顿》（*Flash Gordon*），《大都会》（*Metropolis*），《迷失太空》（*Lost in Space*），《地球停转之日》（*The Day The Earth Stood Still*）及《禁忌星球》（*The Forbidden Planet*）[2]。

我们发现制造能代替人类工作的机器的时代已经来临(R2D2、C3PO 及 Robocop 继续着这一趋势)。

Capek 梦想着这样的情况，即生物过程可以创造出类人的机器。它们虽然缺乏感情和灵魂，但它们身体强壮并服从主人的命令，而且这些机器能够快速而廉价地生产出来。机器人市场很快发展起来，很多国家想用成百上千的奴隶机器人士兵装备军队，让机器人为他们卖命，即使伤亡也不足惜。最终机器人认为自己已经比人类优越，并试图从人类手中接管这个世界。在这个故事中出现的名字 rabota，即劳动者，一直沿用到今天。第二次世界大战之后，人们设计出的自动化机械提高了生产率。机床生产商制造出数控(Numerically Controlled，NC)机床，它能够生产出更好的产品。与此同时，人们开发出了多自由度的机械手，从事与核材料有关的工作。机床的数控功能与机械手的操作功能相结合便产生了简单的机器人。最早的机器人是由打孔纸带控制的，即通过电子眼识别纸带上的孔，并由此控制机器人的动作。随着工业的发展，打孔纸带逐渐被磁带、存储设备及个人计算机所代替。以下列举机器人工业史上的几个标志性事件：

1922 捷克作家 Karel Capek 写了一本名为《Rossum 的通用机器人》(*Rossum's Universal Robots*)的小说，引入名词 Rabota(劳动者)。

1946 George Devol 开发出磁控制器，它是一种示教再现装置。Eckert 和 Mauchley 在宾夕法尼亚大学建造了 ENIAC 计算机。

1952 第一台数控机床在麻省理工学院诞生。

1954 George Devol 开发出第一台可编程机器人。

1955 Denavit 与 Hartenberg 提出齐次变换矩阵。

1961 George Devol 的“可编程的货物运送”获得美国专利，专利号为 2988237，该专利技术是 Unimate 机器人的基础。

1962 Unimation 公司成立，出现了最早的工业机器人，GM 公司安装了 Unimation 公司的第一台机器人。

1967 Unimate 公司推出 MarkII 机器人，将第一台喷涂用机器人出口到日本。

1968 第一台智能机器人 Shakey 在斯坦福研究所(SRI)诞生。

1972 IBM 公司开发出内部使用的直角坐标机器人，并最终开发出 IBM 7565 型商用机器人。

1973 Cincinnati Milacron 公司推出 T3 型机器人，它在工业应用中广受欢迎。

1978 第一台 PUMA 机器人由 Unimation 公司生产，并被 GM 公司安装使用。

1982 GM 公司和日本的 Fanuc 公司签订制造 GMFanuc 机器人的协议。

1983 机器学开始列入教学计划。机器人学无论是在工业生产还是在学术上，都是一门广受欢迎的学科。

1983 Westinghouse 公司兼并了 Unimation 公司，随后在 1988 年又将它卖给了瑞士的 Staubli 公司。

1986 Honda 公司研制出了第一个类人机器人 H0，2000 年研制出了第一个 Asimo 机器人。

2005 在 1 月和 3 月间，北美制造公司订购了超过 5300 个机器人，总价值约为 3.02 亿美元。

1.6 机器人的优缺点

- 机器人和自动化技术在多数情况下可以提高生产率、安全性、效率、产品质量和产品的一致性。
- 机器人可以在放射性、黑暗、高温和高寒、海底和空间等危险的环境下工作，而无需考虑生命保障或安全。
- 机器人无须舒适的环境，例如考虑照明、空调、通风及噪音隔离等。
- 机器人能不知疲倦、不知厌烦地持续工作，它们不会有心理问题，做事不拖沓，不需要医疗保险或假期。
- 机器人除了发生故障或磨损外，将始终如一地保持固有的精确度。
- 机器人具有比人高得多的精确度。典型的直线位移精度可达千分之几英寸，新型的半导体晶片处理机器人具有微英寸级的精度。
- 机器人和其附属设备及传感器具有某些人类所不具备的能力。
- 机器人可以同时响应多个激励或处理多项任务，而人类一次只能响应一个现行激励。
- 机器人替代工人，也会带来经济的困境、工人的不满与抱怨，以及被替换的劳动力的再培训等问题。
- 机器人缺乏应急能力，不能很好地处理紧急情况，除非该紧急情况能预知并已在系统中设置了应对方案。同时，还需要有安全措施来确保机器人不会伤害操作人员及与它一起工作的机器[3]。这些情况包括：
  - 不恰当或错误的反应
  - 缺乏决策的能力
  - 断电
  - 机器人或其他设备的损伤
  - 人员伤害
- 机器人尽管在一定情况下非常出众，但其能力在以下方面仍具有局限性：
  - 认知、创新、决策和理解
  - 自由度和灵活性
  - 传感器和视觉系统
  - 实时响应
- 机器人费用开销大，原因是：
  - 原始的设备和安装费
  - 需要周边设备
  - 需要培训
  - 需要编程

1.7 机器人的组成部件

机器人作为一个完整的系统，它由如下部件构成：

机械手或移动车 这是机器人的主体部分。由连杆、活动关节及其他结构部件构成。如果没有其他部件，仅机械手本身并不是机器人(见图1.3)。

末端执行器 它是连接在机械手最后一个关节(手)上的部件。它一般用来抓取物体，与其他机构连接或执行其他需要的任务(见图1.3)。机器人制造商一般不设计或出售末端执行器，多数情况下，他们只提供一个简单的抓持器。一般来说，机器人手部都备有能连接专用末端执行器的接口，这些末端执行器是为某种用途专门设计的。末端执行器的设计通常由公司工程师或外面的顾问来完成，这些末端执行器安装在机器人上以完成给定环境中的任务。焊枪、喷枪、涂胶装置及部件处理的专用器具等是少数几个可能的末端执行器的例子。大多数情况下末端执行器的动作由机器人控制器直接控制，或将机器人控制器的信号传送到末端执行器自身的控制装置(如可编程逻辑控制器)。

驱动器 驱动器是机械手的“肌肉”。控制器将控制信号传送到驱动器，驱动器再控制机器人关节和连杆的运动。常见的驱动器有伺服电机、步进电机、汽缸及液压缸等，也还有一些用于某些特殊场合的新型驱动器(将在第7章讨论)。驱动器受控制器的控制。

图1.3 Fanuc M-410iWW码垛机器人机械手及它的末端执行器

传感器 传感器用来收集机器人内部状态的信息或用来与外部环境进行通信。像人一样，机器人控制器也需要知道每个连杆的位置才能知道机器人的总体构型。即使当你早晨醒来时没有睁眼或处在完全的黑暗中，也会知道胳膊和腿在哪里，这是因为肌腱内的中枢神经系统中的神经传感器将信息反馈给了人的大脑。大脑利用这些信息来测定肌肉伸缩程度，进而确定胳膊和腿的状态。机器人也同样如此，集成在机器人内的传感器将每个关节和连杆的信息发送给控制器，于是控制器就能确定机器人的当前构型状态。就像人有视觉、触觉、听觉、味觉和语言功能一样，机器人也常配有许多外部传感器，如视觉系统、触觉传感器、语言合成器等，以使机器人能与外界进行通信。

控制器 机器人控制器与人的小脑十分相似，虽然小脑的功能没有人的大脑功能强大，但它却控制着人的运动。机器人控制器从计算机(系统的大脑)获取数据，控制驱动器的动作，并与传感器反馈信息一起协调机器人的运动。假如要求机器人从箱柜里取出一个零件，那么它的第一个关节角度必须是35°。如果关节不在这个角度，控制器就会发送信号给驱动器，驱使它运动，这个过程可能是发送电流给电机、发送气流给汽缸或发送信号给液压伺服阀。然后它还能通过固定在关节上的反馈传感器(电位器或编码器等)测量关节变化的角度。当关节达到了指定的值，信号就会停止。在更复杂的机器人中，机器人的速率和受力也都由控制器控制。

处理器 处理器是机器人的大脑，用来计算机器人关节的运动，确定每个关节应移动多少和多远才能达到预定的速度和位置，并且监督控制器与传感器协调动作。处理器通常就是一台计算机，只不过是一种专用计算机。它也需要有操作系统、程序和像监视器那样的外部设备等，而且具有同样的局限性和功能。在一些系统中，控制器和处理器集中在一个单元中，而在有些系统中它们是分开的。甚至在一些系统中，控制器是由制造商提供，而处理器则由用户提供。

软件 用于机器人的软件大致分三部分。第一部分是操作系统，用来操作处理器；第二部分是机器人软件，根据机器人的运动方程计算每个关节的必要动作，这些信息是要传送到控制器的。这种软件有多种级别，即从机器语言到现代机器人使用的复杂高级语言不等；第三部分是面向应用的子程序集合和针对特定任务为机器人或外部设备开发的程序，这些特定任务包括装配、机器载荷、物料处理及视觉例程等。

1.8 机器人的自由度

正如在工程力学课程中所学到的，为了确定点在空间的位置，需要指定3个坐标，如沿直角坐标轴的x、y和z三个坐标量。要确定该点的位置必须要有3个坐标，同时只要有3个坐标便可确定该点的位置。虽然这3个坐标可以用不同的坐标系来表示，但没有坐标系是不行的。然而，不能用两个或4个坐标，因为两个坐标不能确定点在空间的位置，而二维空间不可能有4个坐标。同样地，如果考虑一个3自由度的三维装置，在它的工作区内可以将任意一点放到所期望的位置。例如，台架(x, y, z)起重机可以将一个球放到它工作区内操作员所指定的任一位置。

同样，要确定一个刚体(一个三维物体，而不是一个点)在空间的位置，首先需要在该刚体上选择一个点并指定该点的位置，因此需要3个数据来确定该点的位置。然而，即使物体的位置已确定，仍有无数种方法来确定物体关于所选点的姿态。为了完全定位空间的物体，除了确定物体上所选点的位置外，还需确定该物体的姿态。这就意味着需要6个数据才能完全确定刚体物体的位置和姿态。基于同样的理由，需要有6个自由度才能将物体放置到空间的期望位姿。

为此，机器人需要有6个自由度，才能随意地在它的工作空间内放置物体。也就是说，具有6个自由度的机器人能够按任意期望的位置和姿态放置物体。如果机器人具有较少的自由度，则不能够随意指定任何位置和姿态，只能移动到期望的位置及较少关节所限定的姿态。为了说明这个问题，考虑一个3自由度机器人，它只能沿x、y和z轴运动。在这种情况下，不能指定机械手的姿态。此时，机器人只能夹持物件做平行于参考坐标轴的运动，姿态保持不变。再假设一个机器人有5个自由度，可以绕3个坐标轴旋转，但只能沿x和y轴移动。这时虽然可以任意地指定姿态，但只可能沿x和y轴而不可能沿z轴给部件定位。对于其他机器人结构同样也是这样的。

具有7个自由度的系统没有唯一解。这就意味着，如果一个机器人有7个自由度，那么机器人可以有无穷多种方法为部件在期望位置定位和定姿。为了使控制器知道具体怎么做，必须有附加的决策程序使机器人能够从无数种方法中只选择一种。例如，可以采用程序来选择最快或最短路径到达目的地。为此，计算机必须检验所有的解，并从中找出最短路径或最快到达目的地的方法并执行。由于这种额外的需要会耗费许多计算时间，因此这种7个自由度的机器人在工业中是不采用的。与之类似的问题是，假如一个机械手机器人安装在一个活动的基座上，例如移动平台或传送带上(如图1.4所示)，则这台机器人就有冗余的自由度。基于前面的讨论，这种多余的自由度是不好控制的。机器人能够从传送带或移动平台的无数不确定的位置上到达所要求的位姿。这时虽然有太多的自由度，但这种多余的自由度一般来说是不去求解的。换言之，当机器人安装在传送带上或可移动时，机器人基座相对于传送带或其他参考坐标系的位置是已知的，由于基座的位置无须由控制器决定，自由度的个数实际上仍为6个，因而解依然是唯一的。只要机器人基座在传送带或移动平台上的位置已知(或已选定)，就没有必要靠求解一组机器人运动方程来找到机器人基座的位置，从而系统得以求解。

不妨思考一下，若不包括手掌和手指，但包括手腕，人的手臂到底有多少个自由度。在继续下面的学习之前，看能否回答这个问题。

图1.4　Fanuc P-15机器人

人的手臂有3组关节：肩、肘和腕。肩关节有3个自由度，这是因为上臂(肱骨)可以在径向平面内旋转(平行于身体的中心面)，在冠平面内旋转(肩到肩的平面)，并可绕肱骨旋转(可以尝试着使肩绕着这3个不同的轴旋转)。肘关节只有1个自由度，它只能绕着肘关节屈伸。腕也有3个自由度，它可以外展也可以内收，可以屈也可以伸，而且由于桡骨可以在尺骨上滚动，所以可以做纵向旋转(向上和向下)。因此，人的手臂共有7个自由度(尽管这些动作的范围很小)。既然具有7个自由度的系统没有唯一解，那么人到底是如何用手臂来完成任务的？这个问题值得思考。

对于机器人系统，从来不将末端执行器考虑为1个自由度。所有的机器人都有该附加功能，它看起来类似于1个自由度，但末端执行器的动作并不计入机器人的自由度。

有时会有这样的情况，虽然关节是能够活动的，但它的运动并不完全受控制器控制。例如，假设一个线性关节由一个汽缸驱动，其上的手臂可以全程伸开，也可全程收缩，但不能控制它在两个极限之间的位置。在这种情况下，通常把这个关节的自由度确定为1/2，它表示这个关节只能在它的运动极限内定位。自由度为1/2的另一个含义是仅仅只能对该关节赋予一些特定值。例如，假如一个关节的角度需要在0°，30°，60°和90°度的位置上，那么这个关节就被限制在只能有少数的几个活动可能性，从而只有部分的自由度。

许多工业机器人的自由度都少于6个。实际上，自由度为3.5个、4个和5个的机器人非常普遍。只要没有对附加自由度的需要，这些机器人都能够很好地工作。例如，假设将电子元件插入电路板，电路板放在一个给定的工作台面上。此时，电路板相对于机器人基座的高度(z坐标)是已知的。因而，只需要沿x轴和y轴方向上的2个自由度，就可以确定元件插入电路板的位置。另外，假设元件要按某个方位插入电路板，而且电路板是平的，此时则需要一个绕垂直轴(z)旋转的自由度，才能在电路板上给元件定向。由于这里还需要一个1/2自由度，以便能完全伸展末端执行器来插入元件，或者在运动前能完全收缩将机器人抬起，因而总共需要3.5个自由度，其中2个自由度用来在电路板的上方运动，1个用来旋转元件，还有1/2个用来插入和缩回。插装机器人广泛应用于电子工业，它们的优点是编程简单、价格适中、体积小、速度快。它们的缺点是虽然可以编程实现在任意型号电路板上以任意的方位插入元件，以完成在设计范围内的一系列工作，但是它们不能从事除此以外的其他工作。它们的工作能力受到只有3.5个自由度的限制，但在该限制范围内仍可以完成许多不同的事情。

1.9 机器人关节

机器人有许多不同类型的关节，有线性的、旋转的、滑动的和球型的。虽然球关节在许多系统中使用很普遍，但是由于拥有多个自由度且难以控制，所以在机器人中球关节除了用于研究外并不常用[4]。大多数机器人关节是线性或旋转型关节。滑动(prismatic)关节是线性的，它不包含旋转运动，并由汽缸、液压缸或者线性电驱动器驱动，主要用于台架构型、圆柱构型或类似的关节构型。回转关节是旋转型的，虽然液压和气动旋转关节使用十分普遍，但大部分旋转关节是电动的，它们由步进电机驱动，或者更普遍地采用伺服电机驱动。

1.10 机器人的坐标

机器人的构型通常根据它们的坐标系来确定，如图1.5所示。滑动关节用P表示，旋转关节用R表示，球型关节用S表示。机器人构型通常可用一系列的P、R和S来描述。例如，一个机器人有三个滑动关节和三个旋转关节，则用3P3R表示。以下是用于给机器人手定位的常用构型。

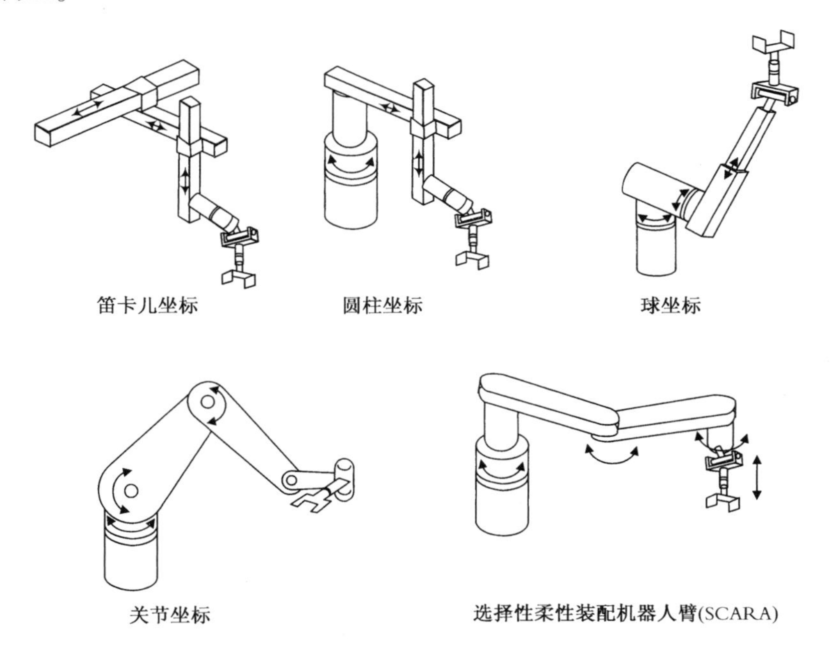

图1.5 一些常见的机器人坐标结构形式

直角坐标/台架型(3P) 这种机器人由三个线性关节组成，这三个关节用来确定末端执行器的位置，通常还带有附加的旋转关节来确定末端执行器的姿态。

圆柱坐标型(PRP) 圆柱坐标机器人有两个滑动关节和一个旋转关节来确定部件的位置，再附加一个旋转关节来确定部件的姿态。

球坐标型(P2R) 球坐标机器人采用球坐标系，它用一个滑动关节和两个旋转关节来确定部件的位置，再用一个附加的旋转关节确定部件的姿态。

链式/拟人型(3R) 链式机器人的关节全都是旋转的，类似于人的手臂。它们是工业机器人中最常见的构型。

选择性柔性装配机器人臂(Selective Compliance Assembly Robot Arm，SCARA) SCARA 机器人有两个并联的旋转关节，可以使机器人在水平面上运动，此外再用一个附加的滑动关节做垂直运动(见图 1.6)。SCARA 机器人常用于装配作业，最显著的特点是它们在 x-y 平面上的运动具有较大的柔性，而沿 z 轴具有很强的刚性，所以它具有选择性的柔性。这在装配作业中是很重要的问题，第 8 章将对此进行讨论。

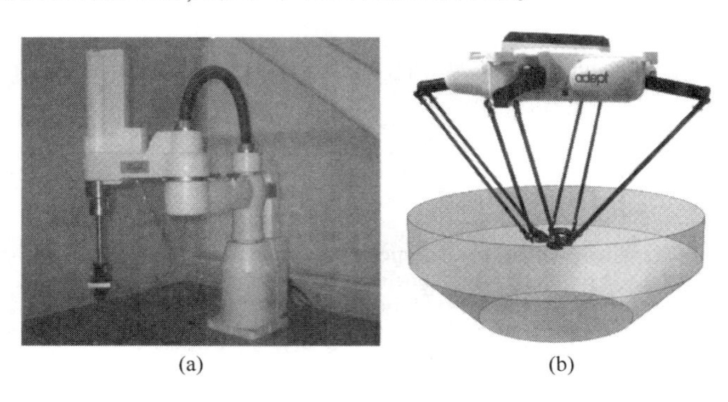

(a) (b)

图 1.6 (a) Adept SCARA 机器人；(b) Adept Quattro s650H 机器人

1.11 机器人的参考坐标系

机器人可以相对于不同的坐标系运动，在每种坐标系中的运动都不相同。通常，机器人的运动在以下 3 种坐标系中完成(见图 1.7)。

全局参考坐标系 全局参考坐标系是一种通用坐标系，由 x、y 和 z 轴定义。在此情况下，通过机器人关节的同时运动来协调产生沿三个主轴方向的运动。在这种坐标系中，无论手臂在哪里，x 轴的正向运动总是在 x 轴的正方向，其他两个轴向运动也是如此。这一坐标通常用来定义机器人相对于其他物体的运动、定义与机器人通信的其他部件的位置，以及定义运动轨迹。

关节参考坐标系 关节参考坐标系用来描述机器人每个独立关节的运动。在这种情况下，每个关节各自单独运动。由于所用关节的类型(滑动型、旋转型或球型)不同，机器人手的动作也各不相同。例如，如果旋转关节运动，那么机器人手将绕着该关节轴的圆周上运动。

工具参考坐标系 工具参考坐标系描述机器人手相对于固连在手上的坐标系的运动，因此，所有运动均是相对于这个本地的 n，o，a 坐标系。与通用的全局坐标系不同，本地的工具坐标系随机器人一起运动。假设机器人手的指向如图 1.7 所示，相对于本地的工具坐标系 n 轴的正向运动意味着机器人手沿工具坐标系 n 轴方向运动。如果机器人手指向别处，那么同样沿着工具坐标系 $+n$ 轴的运动将完全不同于前面的运动。如果 n 轴指向上，那么沿 n 轴的运动便是向上的。反之，如果 n 轴指向下，那么沿 n 轴的运动便是向下的。总之，工具坐标系是一个活动的坐标系，当机器人运动时它也随之不断改变，因此随之产生的相对于它的运动也不相同，它取决于手臂的位置和工具坐标系的姿态。机器人所有的关节必须同时运动才能产生关于工具坐标系的协调运动。在机器人编程中，工具坐标系是极其有用的坐标系，用它便于对机器人靠近、离开物体或安装零件进行编程。

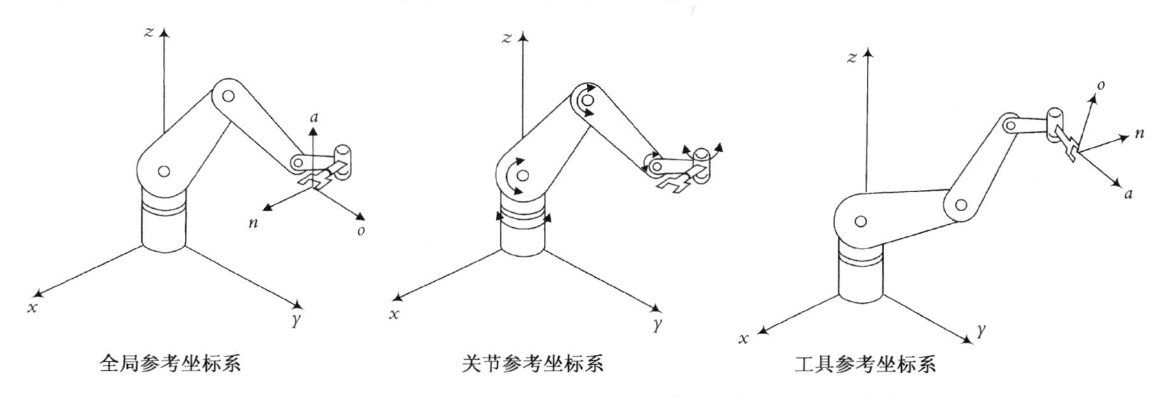

图 1.7 机器人的全局参考坐标系、关节参考坐标系和工具参考坐标系。大多数机器人编程都是相对于其中一个坐标系的

1.12 机器人的编程模式

根据机器人及其复杂程度的不同，可用多种模式为机器人编程。以下是一些常用编程模式。

硬件逻辑结构模式 在这个模式中，操作员操纵开关和启停按钮控制机器人的运动。这种模式常与其他装置配合使用，例如可编程逻辑控制器（Programmable Logic Contrdlers, PLC）。

引导或示教模式 在这种模式中，机器人的各个关节随示教杆运动，当达到期望的位姿时，位姿信息送入控制器。在再现过程中，控制器控制各关节运动到相同的位姿。这种方式常用于点对点控制，而并不指定或控制两点之间的运动，它只保证能到达示教的各点。

连续轨迹示教模式 在这种模式中，机器人所有的关节同时运动，此时机器人的运动是连续采样的，并由控制器记录运动信息。在再现过程中，按照记录的信息准确地执行动作。操作员给机器人示教通常有两种方法：一种是通过模型实际移动末端执行器，另一种是直接引导机器人手臂在它的工作空间中运动。例如，熟练的喷漆工人就是通过这种方式为喷漆机器人编程的。

软件模式 在这种机器人编程模式中，可以采用离线或在线的方式进行编程，然后由控制器执行这些程序，并控制机器人的运动。这种编程模式最为先进和通用，它可包含传感器信息、条件语句（诸如 if…then 语句）和分支语句等。然而，在编写程序之前，必须掌握机器人编程语法知识。大部分工业机器人都具有一种以上的编程模式。

1.13 机器人的性能指标

以下几项用来定义机器人的性能指标。

负荷能力 负荷能力是指机器人在满足其他性能要求的情况下，能够承载的负荷重量。例如，一台机器人的最大负荷能力可能远大于它的额定负荷能力，但是达到最大负荷时，机器人的工作精度可能会降低，可能无法准确地沿着预定的轨迹运动，或者产生额外的偏差。机器人的负荷量与其自身的重量相比往往非常小。例如，Fanuc 机器人公司的 LR Mate 机器人自身重 86 lb①，而其负荷量仅为 6.6 lb；M-16i 机器人自身重 594 lb，而其负荷量仅为 35 lb。

运动范围 运动范围是指机器人在其工作区域内可以达到的最大距离。后面将看到，机器人能按任意的姿态达到其工作区域内的许多点(这些点称为灵巧点)。然而，对于其他一些接近于机器人运动范围边界的极限点，则不能任意指定其姿态(这些点称为非灵巧点)。运动范围是机器人关节长度和其构型的函数。对于工业机器人来说，这是很重要的性能指标，在选择和安装机器人前必须要考虑该项指标。

精度(正确性) 精度是指机器人到达指定点的精确程度，它与驱动器的分辨率和反馈装置有关。大多数工业机器人具有 0.001 in② 或者更高的精度。精度是机器人的位置、姿态、运动速度及载荷量的函数。因为精度是机器人的一个重要的性能指标，研究这个问题是至关重要的。

重复精度(变化性) 重复精度是指如果动作重复多次，机器人到达同样位置的精确程度。假设驱动机器人到达同一点 100 次，由于许多因素会影响机器人的位置精度，机器人不可能每次都能准确地到达同一点，但应在以该点为圆心的一个圆区范围内。该圆的半径是由一系列重复动作形成的，这个半径即为重复精度。重复精度比精度更为重要，如果一个机器人定位不够精确，通常会显示一个固定的误差，这个误差是可以预测的，因此可以通过编程予以校正。例如，假设一个机器人总是向右偏离 0.05 in，那么可以规定所有的位置点都向左偏移 0.05 in，这样就消除了偏差。然而，如果误差是随机的，那就无法预测它，因此也就无法消除。重复精度规定了这种随机误差的范围。它通常通过一定次数地重复运行机器人来测定。测试次数越多，得出的重复精度范围越大(对生产商是坏事)，也越接近于实际情况(对用户是好事)。生产商给出重复精度时必须同时给出测试次数、测试过程中所加负载及手臂的姿态。例如，手臂的重复精度在垂直方向与在水平方向测得的结果是不同的。大多数工业机器人的重复精度都在 0.001 in 以内。如果重复精度在应用中是一个重要的指标，那么找出重复精度的相关细节也是非常重要的。

1.14 机器人的工作空间

根据机器人的构型、连杆及腕关节的大小，机器人能到达的点的集合称为工作空间。每个机器人的工作空间形状都与机器人的特性指标密切相关。工作空间可以用数学方法通过列写方程来确定，这些方程规定了机器人连杆与关节的约束条件，这些约束条件可能是每个关节的动作范围[5]。除此之外，工作空间还可以凭经验确定，可以使每个关节在其运动范围内运动，然后将其可以到达的所有区域连接起来，再除去机器人无法到达的区域。图 1.8 显示了一些常见构型的大致工作空间。当机器人用于特殊用途时，必须研究其工作空间，以确保机器人能到达要求的点。要准确地确定工作空间，可以参考生产商提供的数据。

① 1 lb(磅)=0.45 kg(千克)。——编者注

② 1 in(英寸)=0.0254 m(米)。——编者注

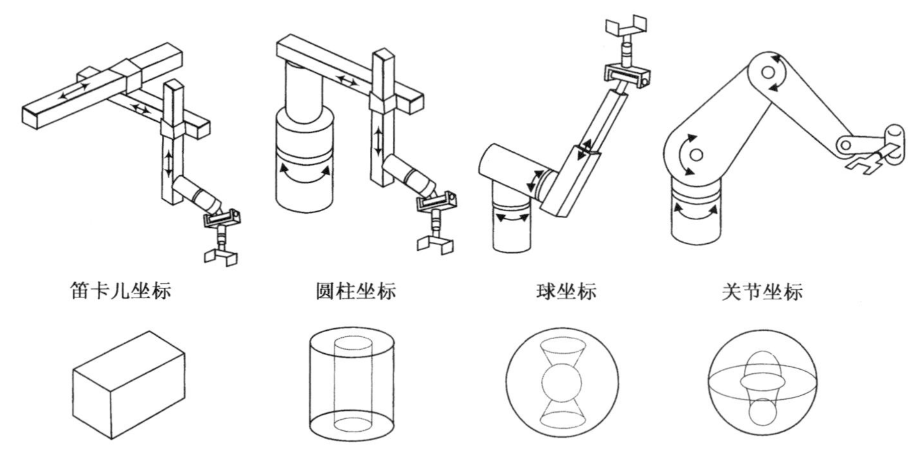

图1.8 常见机器人构型的典型工作空间

1.15 机器人语言

机器人语言的种类可能与机器人的种类一样多。每个生产商都会设计他们自己的机器人语言。因此，为了使用某一特定机器人，必须学习相关的语言。许多机器人语言是以常用语言如 Cobol、BASIC、C 和 FORTRAN 为基础派生出来的，也有一些机器人语言是特殊设计的，并与其他常用语言无直接联系。

机器人语言根据其设计和应用的不同有着不同的复杂性级别，其级别范围从机器级到人类智能级不等[6~9]。高级语言的执行方式有两种：一种是解释方式，另一种是编译方式。

解释程序一次执行一条语句，并且每条语句有一个标号。每当遇到一条程序语句时，解释器对它进行翻译（将这条语句转化为处理器能够理解并执行的机器语言），并依次执行每一条语句，一直执行到最后一条语句或到发现错误为止。解释程序的优点是它能够连续执行直到发现错误，这样用户就可以一部分一部分地执行并进行程序调试。这样，调试程序可以更快、更简便地执行。然而，由于要翻译每条程序，因此执行速度较慢且效率不高。许多机器人语言，如 Unimation 的 VAL、Adept 的 V^+ 和 IBM 的 AML（A Manufacturing Language）都是基于解释执行的[9,10]。

编译程序在程序执行前，通过编译器将整个程序翻译成机器语言（生成目标代码）。由于处理器在程序执行时执行的是目标代码，因此这些程序可执行得更快并且效率更高。然而，由于必须编译整个程序，所以如果程序中某个地方存在错误，则任何一部分程序都不会执行，于是调试编译程序就比较困难。有些语言（如 AL）就比较灵活，它们允许用户用解释模式进行调试，而用编译模式执行。以下是对不同级别的机器人语言的一般描述[7]。

微型计算机机器级语言 在这一级，程序是用机器语言编写的。这一级的编程是最基本的，也是非常有效的，但是难以理解和学习。所有的语言最终都翻译或编译成机器语言。然而对于高级别的程序，用户可以用高级语言来编写程序，因此比较容易学习和理解。

点到点级语言 在这一级语言中（如 Funky 和 Cincinnati Milacron 的 T3），依次输入每个点的坐标，机器人就按照给出的点运动。这是非常原始和简单的程序类型，它易于使用，但功能不够强大。它也缺乏程序分支、传感器信息及条件语句等基本功能。

基本动作级语言 用该语言可以开发较复杂的程序，包含传感器信息、程序分支以及条件语句(如 Unimation 的 VAL，Adept 的 V^+等)。大多数这一级别的语言是基于解释执行的。

结构化程序级语言 大多数这一级别的语言是编译执行的，它功能强大，允许复杂编程。然而，它们也更难以学习。

面向任务级语言 目前尚不存在这一级别的编程语言。IBM 于 20 世纪 80 年代提出了 Autopass，但一直没有实现。Autopass 设想成为面向任务的编程语言，即不必为机器人完成任务的每个必要步骤都编好程序，用户只需指出所要完成的任务，控制器就会生成必要的程序流程。假设机器人要将一批盒子按大小分为三类，在现有的语言中，程序员必须准确告诉机器人要做什么，即每一个步骤都必须编程。如必须首先告诉机器人如何运动到最大的盒子处，如何捡起盒子，并将它放在哪里，然后再运动到下一个盒子的地方，等等。在 Autopass 语言中，用户只需给出“分类”的指令，机器人控制器便会自动建立这些动作序列。但是现在还没有做到这一点。

例 1.1 以下是一个用 V^+语言编写的程序，该机器人语言用于 Adept 机器人。它是基于解释方式执行的语言，并且具有程序分支、传感信息输入、输出通信、直线运动及许多其他特征。例如，用户可以沿末端执行器 z 轴的方向指定一个距离“height”，将它与语句命令 APPRO(用于接近操作)或 DEPART(用于离开操作)结合，便可实现无碰撞地接近物体或离开物体。MOVE 命令用来使机器人从它的当前位置运动到下一个指定位置。而 MOVES 命令则是沿直线执行上述动作，其区别将在第 5 章详细讨论。为了说明 V^+的一些功能，下面的程序清单描述了许多不同的命令语句。

```
1   PROGRAM TEST            程序名说明
2   SPEED 30 ALWAYS         设定机器人的速度
3   height =50              设定沿末端执行器 z轴方向抬起或落下的距离
4   MOVES p1                沿直线运动机器人到点 p1
5   MOVE p2                 用关节插补方式运动机器人到第二个点 p2
6   REACTI 1001             如果端口 1 的输入信号为高电平(关)，则立即停止机器人
7   BREAK                   当上述动作完成后停止执行
8   DELAY 2                 延迟 2 秒执行
9   IF SIG(1001) GOTO 100   检测输入端口 1，如果为高电平(关)，则转入继续执行第 100
                            行命令，否则继续执行下一行命令
10   OPEN                   打开抓持器
11   MOVE p5                运动到点 p5
12   SIGNAL 2               打开输出端口 2
13   APPRO p6, height       将机器人沿抓持器(工具坐标系)的 z轴移向 p6，直到离开它
                            一段指定距离“height”的地方，这一点叫抬起点
14   MOVE p6                运动到位于 p6 点的物体
15   CLOSEI                 关闭抓持器，并等待直至抓持器关闭
16   DEPART height          沿抓持器的 z轴(工具坐标系)向上移动“height”距离
17   100 MOVE p1            将机器人移动到 p1 点
18   TYPE“all done”         在显示器上显示“all done”
19   END
```

例1.2　以下是用IBM公司的AML语言编写的程序，AML不再是一个普通的机器人语言。该例子用来说明一种语言的特征和语法如何不同于其他的语言。程序是为3P3R机器人编写的，这种机器人带有三个滑动线性定位关节，三个旋转定姿关节，还有一个抓持器。各关节由数字<1, 2, 3, 4, 5, 6, 7>表示，1, 2, 3表示滑动关节，4, 5, 6表示旋转关节，7表示抓持器。在描述沿x、y和z轴的运动时，相应关节可分别用字母JX、JY和JZ表示，JR、JP和JY分别表示绕滚转轴、俯仰轴和偏航轴旋转的关节，它们是用来定姿的，而JG表示抓持器。

在AML中允许两种运动形式。MOVE命令是绝对值，也就是说，机器人沿指定的关节运动到给定的值。DMOVE命令是相对值，也就是说，关节从它当前所在的位置起运动到给定的值。这样，MOVE(1, 10)就意味着机器人沿x轴从坐标原点起运动10英寸，而DMOVE(1, 10)则表示机器人沿x轴从它当前位置起运动10英寸。AML语言中有许多命令，它允许用户编制复杂的程序。

以下程序用于引导机器人从一个地方抓起一件物体，并将它放到另一个地方，并以此例来说明如何构建一个机器人程序。

```
10    SUBR(PICK-PLACE);                          子程序名
20    PT1: NEW <4, -24, 2, 0, 0, -13 >;          位置说明
30    PT2: NEW < -2, 13, 2, 135, -90, -33 >;
40    PT3: NEW < -2, 13, 2, 150, -90, -33, 1 >;
50    SPEED (0.2);                               指定机器人的速度(最大速度的20% )
60    MOVE(ARM, 0.0);                            将机器人手臂复位到参考坐标系原点
70    MOVE (<1, 2, 3, 4, 5, 6 >, PT1);           将手臂运动到物体上方的点1
80    MOVE (7, 3);                               将抓持器打开到3英寸
90    DMOVE(3, -1);                              将手臂沿 z轴下移1英寸
100   DMOVE (7, -1.5);                           将抓持器闭合1.5英寸
110   DMOVE (3, 1);                              沿 z轴将物体抬起1英寸
120   MOVE (<JX, JY, JZ, JR, JP, JY >, PT2);     将手臂运动到点2
130   DMOVE (JZ, -3);                            沿 z轴将手臂下移3英寸放置物体
140   MOVE (JG, 3);                              将抓持器打开到3英寸
150   DMOVE (JZ, 11);                            将手臂沿 z轴上移11英寸
160   MOVE (ARM, PT3);                           将手臂运动到点3
170   END;
```

1.16　机器人的应用

机器人最适合在那些人类无法工作的环境中工作，它们已在许多工业部门获得广泛应用。它们可以比人类工作得更好并且成本低廉。例如，因为焊接机器人能够更均匀一致地运动，它可以比焊接工人焊得更好。此外，机器人无须焊接工人工作时使用的护目镜、防护服、通风设备及其他必要的防护措施。因此，只要焊接工作设置由机器人自动操作并不再改变，而且该焊接工作也不是太复杂，那么机器人就比较适合做这样的工作并能提高生产效率。同样，海底勘探机器人远不像人类潜水员工作时需要太多的关注，机器人可以在水下停留更长的时间，并潜入更深的水底而仍能承受得住巨大的压力，而且它也不需要氧气。

以下列举了机器人的一些应用。如果发挥想象，会发现所列举的应用并不全面，机器人还有许多其他的用途。所有这些用途正逐步渗入工业和社会的各个层面。

机器加载 指机器人为其他机器装卸工件(见图1.9)。在这项工作中，机器人甚至不对工件做任何操作，而只是完成一系列操作中的工件处理任务。

取放操作 指机器人抓取零件并将它们放置到其他位置(见图1.10)。它还包括码垛、填装弹药、将两物件装到一起的简单装配(例如将药片装入药瓶)、将工件放入烤炉或从烤炉内取出处理过的工件或其他类似的例行操作。

图1.9 Staubli机器人在加工中心装卸工件

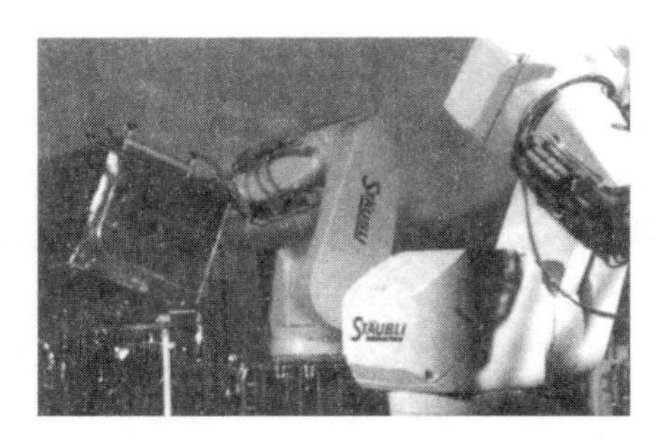

图1.10 Staubli机器人将洗碗机的桶放入焊接台

焊接 机器人与焊枪及相应配套装置一起将部件焊接在一起，这是机器人在自动化工业中最常见的一种应用。由于机器人的连续运动，可以焊接得非常均匀和准确。通常焊接机器人的体积和功率均比较大(见图1.11)。

喷漆 这是另一种常见的机器人的应用，尤其是在汽车工业上。由于人工喷漆时要保持通风和清洁，因此创造适合人们工作的环境是十分困难的，而且与人工操作相比，机器人更能持续不断地工作，因此喷漆机器人非常适合喷漆工作(见图1.12)。

图1.11 AM120 Fanuc机器人

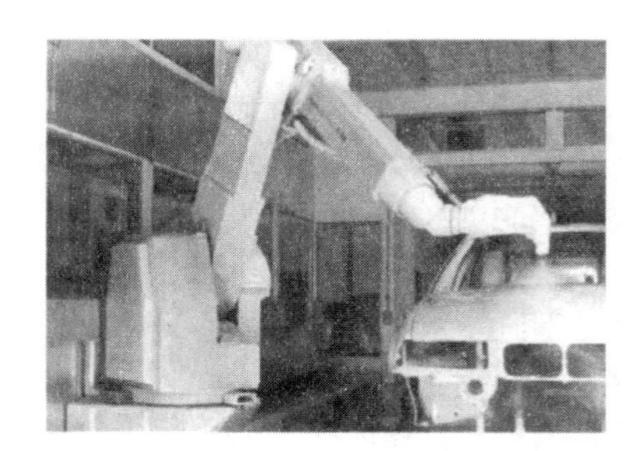

图1.12 P200 Fanuc喷漆机器人对汽车车身喷漆

检测 零部件、线路板及其他类似产品的检测也是机器人比较常见的应用。一般来说，检测系统中还集成了其他一些设备，它们是视觉系统、X射线装置、超声波探测仪或其他类似仪器(见图1.13)。例如，在其中一种应用中，机器人配有一台超声波裂缝探测仪，并提供有飞机机身和机翼的计算机辅助设计(CAD)数据，用这些来检查飞机机身轮廓的每个连接处、焊点或铆接点。在类似的另外一种应用中，机器人用来搜寻并找出每个铆钉的位置，对它们进行检查并在有裂纹的铆钉处做上记号，然后将它钻取出来，再移向下一颗铆钉，最后由技术人员安装新的铆钉。机器人还广泛用于电路板和芯片的检测，在大多数这样的应用中，元件的识别、元件的特性（例如电路板的电路图和元件铭牌等）等信息都存储在系统的数据库内，该系统利用检测到的信息与数据库中存储的元件信息进行比较，并根据检测结果来决定接受还是拒绝该元件。

抽样 在许多工业（包括农业）中常采用机器人做抽样实验。抽样只在一定量的产品中进行，除此之外，它与取放和检测操作类似。

装配 这是机器人的所有任务中最难的一种操作。通常，将元件装配成产品需要很多操作。例如，必须首先定位和识别元件，再以特定的顺序将元件移动到规定的位置（在元件安装点附近可能还会有许多障碍），然后将元件固定在一起进行装配。许多固定和装配任务也非常复杂，需要推压、旋拧、弯折、扭动、压挤及摘标牌等许多操作才能将元件连接在一起。元件的微小变化，以及由于较大的容许误差所导致的元件直径的变化，均可使装配过程复杂化，所以机器人必须知道合格元件与残次元件之间的区别。

制造 用机器人进行制造包含许多不同的操作，例如材料去除（见图1.14）、钻孔、除毛刺、涂胶、切削等。同时也包括插入零部件，如将电子元件插入电路板、将电路板安装到盒式磁带录像机的电子设备上及其他类似操作。接插机器人在电子工业中的应用非常普遍。

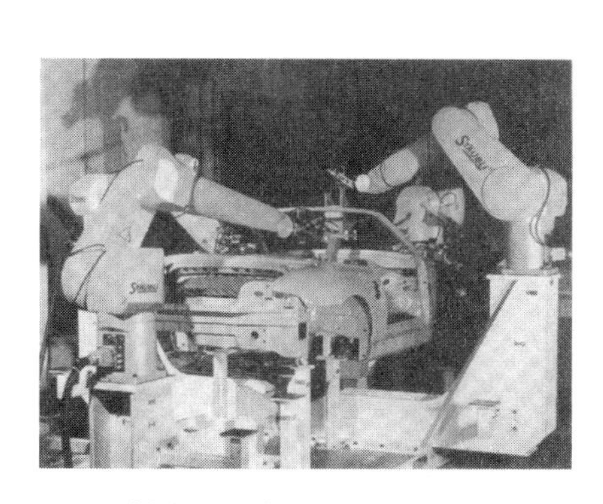
图1.13 BMW制造工厂中的Staubli RX FRAMS（Flexible Robotic Absolute Measuring System）机器人

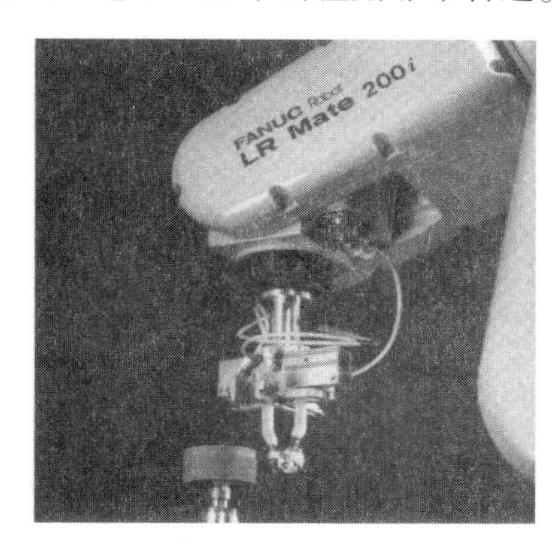

图1.14 Fanuc公司的LR Mate 200i机器人正在一块宝石上执行去除操作

医疗应用 机器人在医疗方面的应用现在也越来越常见。例如，Curexo技术公司的Robodoc就是为协助外科医生完成全关节移植手术而设计的机器人。由于要求机器人完成的许多操作（如切开颅骨、在骨体上钻孔、精确绞孔及安装人造植入关节等）比人工操作更为准确，因此手术中许多机械操作部分都由机器人来完成。此外，骨头的形状和位置可由计算机X射线轴向分层造影扫描仪确定并下载给机器人控制器，控制器用这些来指导机器人的动作，使植入物得以放到最合适的位置。其他的外科手术机器人，如Mako Surgical公司的机器人系统和Intuitive Surgical公司的da Vinci系统在包括整形外科和内部的手术等多种外科手术中使用。比如da Vinci有四个手臂，三个可以控制工具（比外科医生还多一个），另一个可以拿着显示手术区域的三维的图像放大镜，为监视器后面的外科医生提供更清楚的观察（见图1.15）。外科医生可以通过触觉感知系统直接控制甚至远程控制机器人[11]。类似地，其他机器人可以用来帮助外科医生完成微创手术，包括在巴黎和莱比锡的心脏血管手术[12]。

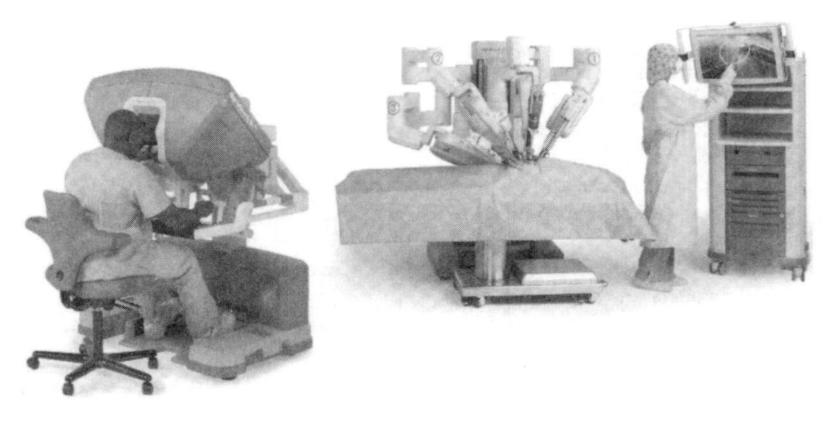

图 1.15 da Vinci 外科手术系统

帮助残疾人 试验用机器人在帮助残疾人中已取得不错的成果。在日常生活中，机器人可以做很多事情来帮助残疾人。在其中一项研究中，一台小型的如桌子高矮的机器人可以与残疾人交流，并执行一些简单的任务，诸如将盛着食品的盘子放入微波炉，从微波炉中取出盘子，并且将盘子放到残疾人面前给他用餐等[13]。其他许多任务也可通过编程让机器人来执行。手指拼写机械手(见图 1.16)是为盲聋患者的沟通交流设计的，它能够做拼字母的手势。装有 17 个伺服电机的这个机械手是安装在胳膊上的，并通过一只手控制，另一只手可以读取字母。字母是事先被编译进电脑并传输到机械手中的。

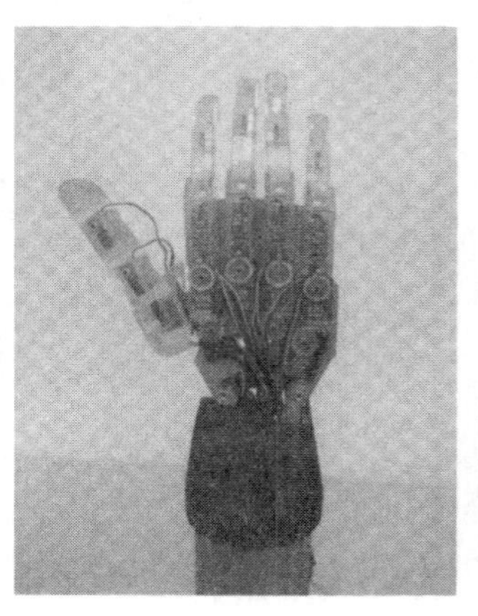

图 1.16 为盲聋患者的沟通交流设计的手指拼字母机械手

危险环境应用 机器人非常适合在危险的环境中使用。在这些险恶的环境下工作，人类必须采取严密的保护措施。而机器人可以进入或穿过这些危险区域进行维护和探测等工作，却无须得到像对人一样的保护。例如，在一个具有放射性的环境中工作，机器人比人要容易得多。1993 年，名为 Dante 的八腿机器人到达了南极洲常年喷发的埃里伯斯火山熔岩湖，并对那里的气体进行了研究[15]。基于一些领域人类无法到达而机器人可以到达的特殊性，一系列的探矿机器人已经开始被使用了。例如，一种能利用震动超声波来确定地下矿的机器人消除了人类寻找的危险性和必要性[16]。另一种扫雷机器人使用两个适应崎岖地形的螺旋管，采用裸露骨架的设计，这样可以增大它的延伸性。它在那些被怀疑有地雷的区域运动来寻找地雷并引爆它们[17]。有许多串接部件的蛇形机器人可以灵活地在很狭小的空间运动。它们是由一系列的分部件组成，每个分部件有两个片，每个片有固定长度的支柱，通过这样的结构把他们连在一起。线性驱动器驱动一个片相对于另一个片的运动，从而形成了蛇形的运动[18]。类似地，甲壳虫形的"龙虾机器人"是为了搜寻海底的水雷和武器而研发的[19]。另一种由 QinetiQ 公司研发的机器人 Talon 也是为了危险任务而设计的，它可以在士兵的旁边，穿越损毁了的地面并清除地雷。

水下、太空及难以进入区域的应用 机器人也可以用于水下、太空及其他人难以进入的地方的服务或探测。到目前为止，将人送往其他星球甚至火星仍然是不现实的，但已有许多太空漫游车(见图1.17)在火星登陆并对火星进行探测[21]。对于其他太空和水下应用也是同样的情况[22~24]。例如，由于没有人能进入很深的海底，因此直到最近在深海也只探测到很少的沉船。但是现在已有许多坠机、沉船和潜艇很快地被水下机器人发现。

为了清除蒸汽发生器排污管里的污垢而设计的遥控机器人 Cecil 可以攀爬排污管，使用5000 磅/平方英寸的水流冲洗污垢。图1.18 所示是一台6 自由度双向力反馈机械手 Arm，它主要用于载人潜艇和远程操作车。Arm 由一个远程主臂控制，主臂可以"感受到"从臂所感受到的环境信息。这个系统也可以通过一个示教再现系统来执行编程动作。

美国国家航空航天局开发了一种机器人宇航员 Robonaut，它是可以像宇航员一样工作的仿人形机器人。它有两个可以操纵工具的五手指末端执行器，还有模块化的机器人组件及遥现(telepresence)功能[26]。最后，在另一项应用中，遥操作机器人可用于微创手术[27]。在这种情况中，遥操作机器人的定位是次要的，而主要是让它重复外科医生的手在小范围的动作，并尽可能减少手术中的颤抖。

图1.17 在试验区的 NASA 火星漫游车。漫游车FIDO(左边)在模型漫游车Sojourner和MER(中间和右边)的旁边

图1.18 6 自由度双向力反馈机械手 Arm，主要用于载人潜艇和远程操作车

1.17 其他机器人及其应用

在本书第一版出版以后，又出现了很多新型的机器人和新的问题，这也是这一活跃学科的特点。因此一些新的机器人和应用在这一版中没有讨论到就不足为奇了。下面是一些体现机器人发展趋势的例子。

一种机器人吸尘器 Roomba 已经出现在市场上很多年。它可以在一定的区域自动随机运动并且吸附灰尘，甚至能自己找到插座充电。所有这些智能化功能都基于几个非常基本的规则：随机游走、碰到障碍物向左或向右避开、到达角落就后退并转弯及寻找充电基站等[28]。

本田公司的 ASIMO、Bluebotic 公司的 Gilbert、Nestle 公司的 Nesbot 及 Anybot 公司的 Monty 等是有着人类特征和行为的智能化类人机器人。ASIMO 可以走路、跑步及上下楼梯，并可以和人类交流。Nesbot 可以给员工提供他们在网上预定的咖啡[28]。Monty 能够装洗碗机和做其他家务，而 MRobomower 可以在你读书的时候帮你在草坪除草[29]。图 1.19 显示的是 Nao 机器人[30]。就像其他机器人一样，Nao 是一个完全程序控制的机器人，它可以自主地和人交流、走路、跳舞或者执行其他任务。

还有很多为了应对人为或自然灾害而设计的救援机器人。这些机器人装备了特殊的传感器，能够寻找埋在废墟下的可能存活的人和动物并报告其所在位置以便于营救。类似的还有拆除炮弹或其他爆炸装置的机器人。Motoman 公司的双臂机器人 SDA10 有 15 个运动轴(见图 1.20)，它的两个臂可以独立或合作地完成任务，可以把一个东西从一只手直接传递到另一只手。

图 1.19　Nao 人形机器人

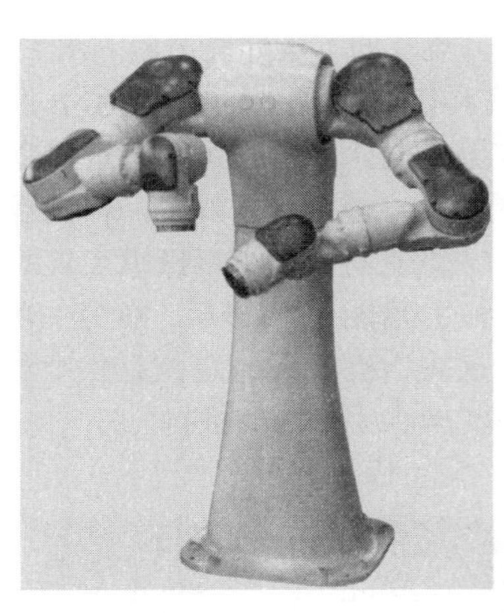

图 1.20　SDA10 双臂机器人

外骨架辅助装置虽然不是机器人，但是按同样的逻辑，它能让人更持久地携带更多的重量。事实上，这个装置也能以不同的形式帮助残障人员，包括辅助轮椅人员行走。一个称为 HULC(Human Universal Load Carrier)的轻量级的外骨架辅助装置可以帮助人类携带大重量的物品。如图 1.21 所示，人穿戴着外骨架并控制外骨架的运动，外骨架背负着重物，并由一个电池供电的液压泵驱动。

如前文提到的，除了类人机器人，其他的仿生机器人如仿昆虫或鱼等动物的机器人也非常普遍。其中有些是为了机器人本身的研究，有些是为了某些特殊的应用，还有一些是为了动物行为的研究。例如，在一项研究中，研究人员把蟑螂性激素泼洒在小的机器人蟑螂上，当看不太清楚时，真正的蟑螂就开始跟随机器人蟑螂。通常，他们倾向于聚集在黑暗的地方。但是，通过将机器人蟑螂放到较明亮的地方，真正的蟑螂可以违背它的本能仍然跟随机器人蟑螂。研究人员通过这个方法改变了蟑螂的行为。

昆虫机器人可设计用于从完全的研究到完全的娱乐，以及从民用到军用。他们可以模仿六腿昆虫、八腿昆虫、飞行昆虫、一群昆虫，甚至更多的其他昆虫。Ben-Gurion 大学开发的机器人 Spiderbot 受蜘蛛人的启发，它可以伸出四只有磁性的手吸附到天花板上，靠着这些手将身体收起，然后一次释放和收回一只磁性手，并伸出到达新的点。其他面向应用的仿生机器人还包括蠕虫机器人、蛇型机器人、像鱼游泳的机器人、龙虾机器人、类鸟机器人、恐龙机器人，以及其他无特定形式的机器人。图1.22所展示的BigDog是另外一种仿生机器人，它既可民用也可军用。BigDog是一个用汽油发动机及液压泵驱动的四足机器人，它可以负重行走、跑和爬山。它不仅能在粗糙的地形上载重，甚至在受到外部推力的情况下仍能保持平衡。

图1.21 一个类人形的液压驱动的外骨架辅助装置HULC可以提供高达200磅的载重，并长时间在各种崎岖的路面上行走

图1.22 BigDog机器人

2007年由五角大楼通过美国国防部先进研究项目局(Defense Advanced Research Projects Agency, DARPA)发起的比赛Great Challenge，要求设计一种自主车辆，能在一个模拟的城市里在6小时之内自动巡航60英里的范围。该车辆在整个严格试验中使用了GPS系统、复杂视觉系统及能够提供导航和避障的自动控制算法。这些车辆毫无疑问会在不久的将来大大增加它们的能力以满足美国国会的指示要求。

高仿真学(Animatronics)是指使用在高仿真机器人或机器上的系统设计与开发技术。高仿真机器人无论从外形还是行为上都高度逼真地模拟了人或动物，例如高仿真嘴唇、高仿真眼睛和高仿真手等[47,48]。当有更为复杂的高仿真部件可以利用时，高仿真机器人所显示的动作造型将更为逼真。

另一个与机器人学及其应用有关的领域是微电子机械系统(Micro-Electro-Mechanical-Systems, MEMS)。它们是指用来执行医疗、机械、电气或其他方面的具体任务的微型级装置。例如，微型机器人装置可以深入到通向心脏的主要血管中进行探测或实施外科手术。MEMS传感器可以用来测量血液中各元素的含量水平，当汽车遭遇撞击时MEMS驱动器可以用来展开安全气囊。

1.18 机器人的社会问题

人们必须考虑因使用机器人所带来的社会后果。虽然有很多不适于工人工作的场合采用了机器人来替代，但仍然有很多应用场合是由机器人代替了工人的工作，这些被机器人取代了工作的工人就会面临失业并失去收入。如果任由这一趋势继续发展下去，可以想象将出现这样的情况：大多数工业产品都由机器人来制造而不再需要任何工人，其结果将是有工作的工人越来越少，他们不再有钱来购买机器人生产出来的产品。更重要的是，越来越多的工人失业将引起一系列的社会和经济问题。汽车制造商与美国汽车工人协会(United Auto Workers, UAW)在谈判中的最重要的一点，就是确定有多少工作岗位由机器人来代替，以及以什么样的速率让机器人来代替工人的工作岗位。

虽然本书并未提出解决问题的办法，但提供了许多进一步研究该问题的参考书籍[49,50]。作为一个工程师，在努力考虑以较低的成本生产较好的产品及考虑用机器人来代替工人的工作时，必须牢记这种做法带来的后果。我们在对机器人感兴趣的同时，也必须考虑因机器人带来的社会和经济问题。

小结

许多对机器人感兴趣的人或多或少具有一些机器人的知识，而且多数情况下都与机器人打过交道，然而每个人还必须了解一些关于机器人的基本概念。在这一章中，我们讨论了机器人学的一些基本概念，它使得我们能够更好地了解机器人的应用场合。机器人具有很多用途，包括工业应用和娱乐，以及其他的特殊应用，如太空和水下探测及危险环境的应用等。显然，随着时间的推移，机器人的应用将会越来越广泛。本书的其他部分将讨论机器人运动学和动力学、机器人的组成部件，例如驱动器、传感器、视觉系统等，以及机器人的应用。

参考文献

[1] Capek, Karel, "Rossum's Universal Robots," translated by Paul Selver, Doubleday, NY, 1923.

[2] Valenti, Michael, "A Robot Is Born," *Mechanical Ensineering*, June 1996, pp. 50-57.

[3] "Robot Safety," Bonney, M. C., Y. F. Yong, Editors, IFS Publications Ltd., UK, 1985.

[4] Stein, David, Gregory S. Chirikjian, "Experiments in the Commutation and Motion Planning of a Spherical Stepper Motor," Proceedings of DETC'00, ASME 2000 Design Engineering Technical Conferences and Computers and Information in Engineering Conference, Baltimore, Maryland, September 2000, pp. 1-7.

[5] Wiitala, Jared M., B. J., Rister, j. p. Schmiedler, "A More Flexible Robotic Wrist," *Mechanical Ensineering*, July 1997, pp. 78-80.

[6] W. A. Gruver, B. I. Soroka, J. J. Craig, and T. L. Turner, "Industrial Robot Programming Languages: A Comparative Evaluation." *IEEE Transactions on Systems, Man, and Cybernetics* SMC-14(4), July/August 1984.

[7] Bonner, Susan, K. G. Shin, "A Comprehensive Study of Robot Languages," *IEEE Computer*, December 1982, pp. 82-96.

[8] Kusiak, Andrew, "Programming, Off-Line Languages," International Encyclopedia of Robotics: Applications and Automation, Richard C. Dorf, Editor, John Wiley and Sons, NY, 1988, pp. 1235-1250.

[9] Gruver, William, B. I. Soroka, "Programming, High Level Languages," International Encyclopedia of Robotics: Applications and Automation, Richard C. Dorf, Editor, John Wiley and Sons, NY, 1988, pp. 1203-1234.

[10] VAL-II Programming Manual, Version 4, Unimation, Inc., Pittsburgh, 1988.

[11] McGuinn, Jack, Senior Editor, "These Bots are Cutting-Edge," *Power Transmission Engineering*, October 2008, pp. 32-36.

[12] Salisbury, Kenneth, Jr., "The Heart of Microsurgery," *Mechanical Engineering*, December 1998, pp. 46-51.

[13] "Stanford Rehabilitation Center," Stanford University, California.

[14] Garcia, Mario, Saeed Niku, "Finger-Spelling Hand," California Polytechnic State University masters thesis, San Luis Obispo, 2009.

[15] Leary, Warren, "Robot Named Dante to Explore Inferno of Antarctic Volcano," *The New York Times*, December 8, 1992, p. B7.

[16] "Ultrasonic Detector and identifier of Land Mines," *NASA Motion Control Tech Briefs*, 2001, p. 8b.

[17] Chalmers, Peggy, "Lobster Special," *Mechanical Engineering*, September 2000, pp. 82-84.

[18] "Snakelike Robots Would Maneuver in Tight Spaces," *NASA Tech Briefs*, August 1998, pp. 36-37.

[19] "Lobster Special," *Mechanical Engineering*, September 2000, pp. 82-84.

[20] "Robot Population Explosion," *Mechanical Eng,ineering*, February 2009, p. 64.

[21] http://www.jpl.nasa.gov/pictures/

[22] Wernli, Robert L., "Robotics Undersea," *Mechanical Engineering*, August 1982, pp. 24-31.

[23] Asker, James, "Canada Gives Station Partners a Hand And an Arm," *Aviation Week & Space Technology*, December 1997, pp. 71-73.

[24] Puttre, Michael, "Space-Age Robots Come Down to Earth," *Mechanical Engineering*, January 1995, pp. 88-89.

[25] Trovato, Stephen A., "Robot Hunts Sludge and Hoses It Away," *Mechanical Engineering*, May 1988, pp. 66-69.

[26] "The Future of Robotics Is Now," *NASA Tech Briefs*, October 2002, p. 27.

[27] "Telerobot Control for Microsurgery," *NASA Tech Briefs*, October 1997, p. 46.

[28] "From Simple Rules, Complex Behavior," *Mechanical Engineering*, July 2009, pp. 22-27.

[29] Drummond, Mike, "Rise of the Machines," *Inventors Digest*, February 2008, pp. 16-23.

[30] http://www.aldebaran-robotics, com/eng/PressFiles.php

[31] www.berkeleybionics.com

[32] "Lightweight Exoskeleton with Controllable Actuators," *NASA Tech Briefs*, October 2004, pp. 54-55.

[33] Chang, Kenneth, John Scwartz, "Led by Robots, Roaches Abandon Instincts," *The New York Times*, November 15, 2007.

[34] Yeaple, Judith A., "Robot Insects," *Popular Science*, March 1991, pp. 52-55 and 86.

[35] Freedman, David, "Invasion of the Insect Robots," *Discover*, March 1991, pp. 42-50.

[36] Thakoor, Sarita, B. Kennedy, A. Thakoor, "Insectile and Vemiform Exploratory Robots," *NASA Tech Briefs*, November 1999, pp. 61-63.

[37] http://www, youtube.com/watch? v =uBikHgnt16E

[38] Terry, Bryan, "The Robo-Snake," Senior Project report, Cal Poly, San Luis Obispo, California, June 2000.

[39] O'Conner, Leo, "Robotic Fish Gotta Swim, Too," *Mechanical Engineering*, January 1995, p. 122.

[40] Lipson, Hod, J. B. Pollack, "The Golem Project: Automatic Design and Manufacture of Robotic Lifeforms," http://golem03.cs-i. b randi es. edu/index, html.

[41] Corrado, Joseph K., "Military Robots," *Design News*, October 83, pp. 45-66.

[42] "Low-Cost Minesweeping," *Mechanical Ensineering*, April 1996, p. 66.

[43] IS Robotics, Somerville, Massachusetts.

[44] "Biomorphic Gliders," *NASA Tech Briefs*, April 2001, pp. 65-66.

[45] Baumgartner, Henry, "When Bugs Are the Machines," *Mechanical Engineering*, April 2001, p. 108.

[46] Markoff, John, "Crashes and Traffic Jams in Military Test of Robotic Vehicles," *The New York Times*, November 5, 2007.

[47] Jones, Adam, S. B., Niku, "Animatronic Lips with Speech Synthesis (AliSS)," Proceedings of the 8th Mechatronics Forum and International Conference, University of Twente, The Netherlands, June 2002.

[48] Sanders, John K., S. B. Shooter, "The Design and Development of an Animatronic Eye," Proceedings of DETC 98/MECH: 25th ASME Biennial Mechanisms Conference, September 1998.
[49] Coates, V. T., "The Potential Impacts of Robotics," Paper number 83-WA/TS-9, American Society of Mechanical Engineers, 1983.
[50] Albus, James, "Brains, Behavior, and Robot ics," Byte Books, McGraw-Hill, 1981.

习题

1.1 机器人基座及其他构件的维度如图 P.1.1 所示，画出机器人的近似工作空间。

1.2 机器人基座及其他构件的维度如图 P.1.2 所示，画出机器人的近似工作空间。

1.3 机器人基座及其他构件的维度如图 P.1.3 所示，画出机器人的近似工作空间。

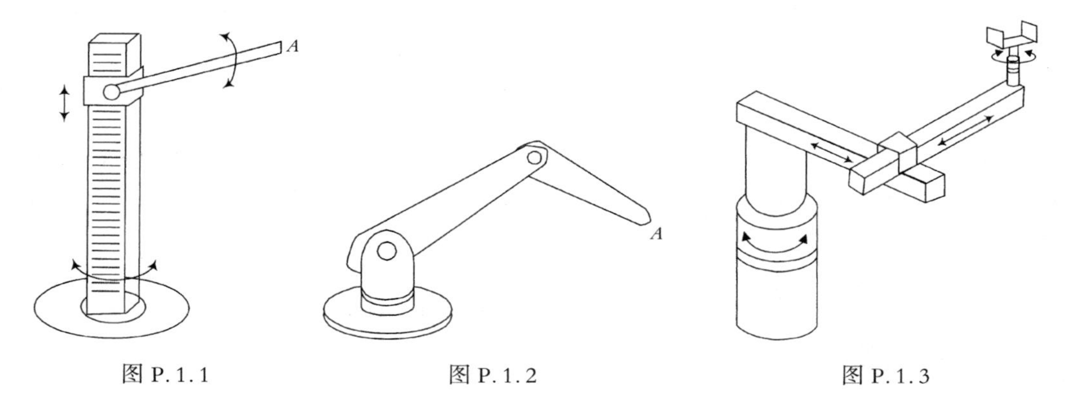

图 P.1.1　　图 P.1.2　　图 P.1.3

第 2 章　机器人位置运动学

2.1　引言

本章将研究机器人正逆运动学。当所有的关节变量已知时，可用正运动学来确定机器人末端手的位姿。如果要使机器人末端手放在特定的点上并且具有特定的姿态，可用逆运动学来计算出每一关节变量的值。首先利用矩阵建立物体、位置、姿态及运动的表示方法，然后研究直角坐标型、圆柱坐标型及球坐标型等不同构型机器人的正逆运动学，最后利用 Dnavit-Hartenberg 表示法来推导机器人的正逆运动学方程，这种方法可适用于所有可能的机器人构型，而不管关节数量的多少、关节顺序的不同及关节轴之间是否存在偏移与扭曲等。

实际上，机械手型的机器人没有末端执行器。多数情况下，机器人上附有一个抓持器。根据实际应用，用户可为机器人附加不同的末端执行器。显然，末端执行器的大小和长度决定了机器人的末端位置，即如果末端执行器的长短不同，那么机器人的末端位置也不同。在本章中，假设机器人的末端是一个平板面，如有必要可在其上附加末端执行器。以后便称该平板面为机器人的"手"或"端面"。如有必要，可以将末端执行器的长度加到机器人的末端来确定末端执行器的位姿。这里应该注意，对于没有确定末端执行器长度的实际的机械手型机器人，它们只能根据端面的位姿来计算关节值。而端面的位姿可能会与用户感受到的位姿是不同的。

2.2　机器人机构

机械手型的机器人是具有多个自由度(DOF)和三维开环链式的机构，本节将对其进行讨论。

多自由度意味着机器人由许多个关节构成，且它们可以在自身容许的范围内自由运动。在单自由度系统中，当该自由度变量设定为特定值时，机器人机构就完全确定了，所有其他变量也就随之而定。如图 2.1 所示的单自由度 4 杆机构，当曲柄转角设定为 120°时，则连接杆与摇杆的角度也就确定了。然而在一个多自由度机构中，必须独立设定所有的输入变量才能知道其余的参数。机器人就是这样的多自由度机构，必须知道每一关节变量才能确定机器人手的位置。

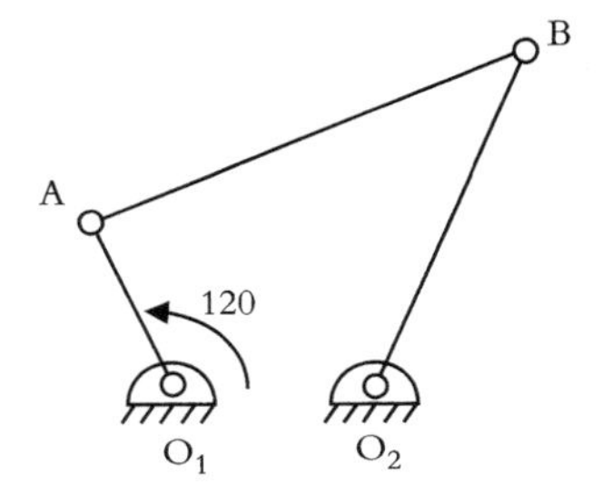

图 2.1　具有单自由度闭链的 4 杆机构

如果要在空间运动，机器人就需要具有三维的结构。虽然也可能有二维多自由度的机器人，但它们并不常见。

机器人是开链机构，它与闭链机构不同(例如 4 杆机构)，即使设定所有的关节变量，也不能确保机器人的手准确地处于给定的位置。这是因为如果关节或连杆有丝毫的偏差，该关节之后的所有连杆的位置都会偏移且没有反馈。例如，在图 2.2 所示的 4 杆机构中，如果由于载荷 F 的原因而导致连杆 AB 偏移，连杆 BO_2 也随之运动，因此可以检测到该偏移。而在开链系统(例如机器人)中，由于没有反馈，之后的所有构件都会发生偏移。于是，在开链系统中，必须不断测量所有关节和连杆的参数，或者监控系统的末端，否则就不能完全知道机器的运动位置。通过比较如下的两个连杆机构的向量方程，可以表示出这种差别，该向量方程表示了不同连杆之间的关系。

$$\text{对 4 杆机构：} \overline{O_1A}+\overline{AB}=\overline{O_1O_2}+\overline{O_2B} \tag{2.1}$$

$$\text{对机器人：} \overline{O_1A}+\overline{AB}+\overline{BC}=\overline{O_1C} \tag{2.2}$$

由此可见，如果连杆 AB 偏移，连杆 O_2B 也会相应地移动。式(2.1)的两边随连杆的变化而改变。而另一方面，如果机器人的连杆 AB 偏移，所有的后续连杆也就会移动，除非 O_1C 有其他方法测量，否则这种变化是未知的。为了弥补开链机器人的这一缺陷，机器人手的位置可由类似摄像机的装置来进行不断测量，于是机器人需借助外部手段(比如辅助手臂或激光束[1,2,3])来构成闭链系统。或者按照通常做法，也可通过增加机器人连杆和关节的强度来减少偏移。采用这种方法将导致机器人重量重、体积大、动作慢，而且它的额定负载与实际负载相比非常小。

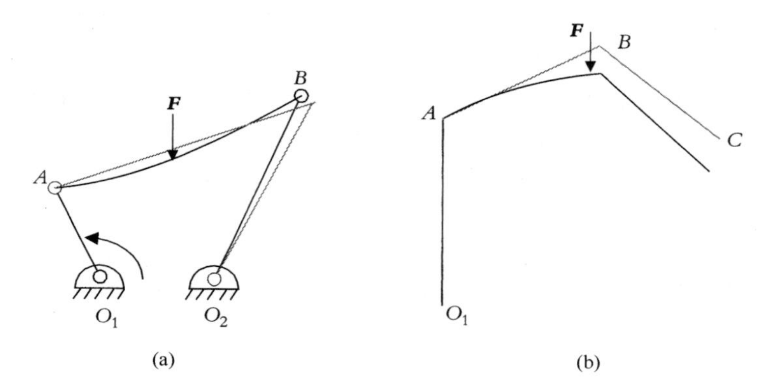

图 2.2　(a) 闭链机构；(b) 开链机构

克服上述开链结构不足的一个替代方案是采用基于闭链的并联机构(见图 2.3)，它也称为并联机械手。其代价是大大降低了运动范围和工作空间。

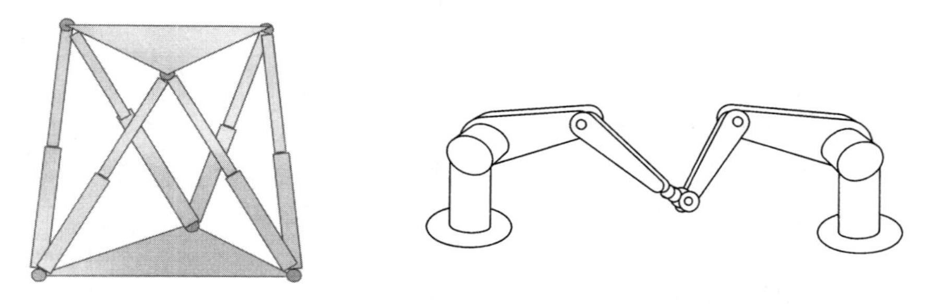

图 2.3　可能的并联机械手构型

2.3　符号规范

本书将用以下规范的符号来描述向量、坐标系、变换等。

向量　　$\boldsymbol{i}, \boldsymbol{j}, \boldsymbol{k}, \boldsymbol{x}, \boldsymbol{y}, \boldsymbol{z}, \boldsymbol{n}, \boldsymbol{o}, \boldsymbol{a}, \boldsymbol{p}$

向量分量　　$n_x, n_y, n_z, a_x, a_y, a_z$

坐标系　　F_{xyz}①，F_{noa}，xyz，noa，F_{camera}
变换　　T_1，T_2，^uT，^BP，^UT_R（机器人相对于全局固定坐标系的变换）

2.4　机器人运动学的矩阵表示

矩阵可用来表示点、向量、坐标系、平移、旋转及变换，还可以表示坐标系中的物体和其他运动部件。本书将都采用这样的表示。

2.4.1　空间点的表示

空间点 P（见图 2.4）可以用它相对于参考坐标系的 3 个坐标分量来表示：

$$P = a_x\boldsymbol{i} + b_y\boldsymbol{j} + c_z\boldsymbol{k} \tag{2.3}$$

其中 a_x、b_y和 c_z是该点表示在参考坐标系中的 3 个坐标分量。显然，也可以用其他坐标来表示该点在空间中的位置。

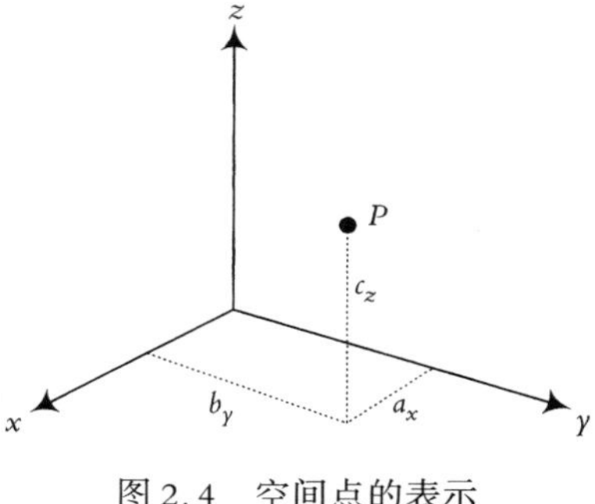

图 2.4　空间点的表示

2.4.2　空间向量的表示

向量可以由 3 个起始和终止的坐标来表示。如果一个向量起始于点 A，终止于点 B，那么它可以表示为 $\boldsymbol{P}_{AB}=(B_x-A_x)\boldsymbol{i}+(B_y-A_y)\boldsymbol{j}+(B_z-A_z)\boldsymbol{k}$，特殊情况下，如果一个向量起始于原点（见图 2.5），则有

$$\boldsymbol{P} = a_x\boldsymbol{i} + b_y\boldsymbol{j} + c_z\boldsymbol{k} \tag{2.4}$$

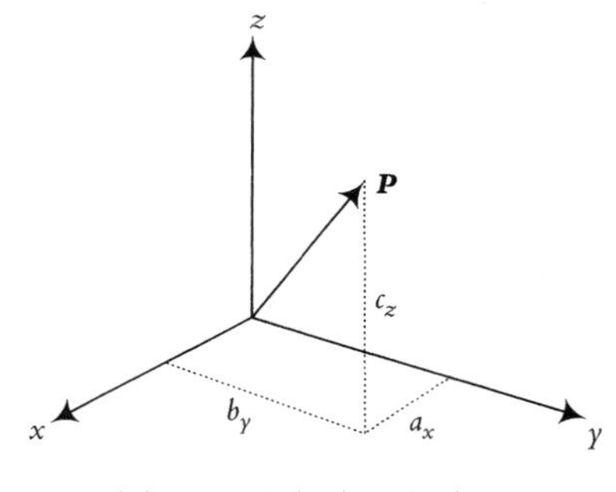

图 2.5　空间向量的表示

其中 a_x、b_y和 c_z是该向量在参考坐标系中的 3 个分量。实际上，前一节的点 P 就是用连接到该点的向量来表示的。具体地说，也就是用该向量的 3 个坐标来表示。

向量的 3 个分量也可以写成矩阵的形式，如式(2.5)所示。在本书中将用这种形式来表示运动分量：

$$\boldsymbol{P} = \begin{bmatrix} a_x \\ b_y \\ c_z \end{bmatrix} \tag{2.5}$$

这种表示法也可以稍做变化：加入一个比例因子 w，如果 P_x、P_y和 P_z各除以 w 就得到 a_x、b_y和 c_z，这时向量可以写为

$$\boldsymbol{P} = \begin{bmatrix} P_x \\ P_y \\ P_z \\ w \end{bmatrix}, \qquad a_x = \frac{P_x}{w}, b_y = \frac{P_y}{w}, c_z = \frac{P_z}{w} \tag{2.6}$$

① 为尊重原著，并未对文中的矩阵、坐标系等做正斜体、黑白体等变换。——编者注

变量 w 可以为任意数，而且随着它的变化，向量的大小也会发生变化，这与在计算机图形学中的比例变换函数十分类似。随着 w 值的改变，向量的大小也相应地变化。如果 w 大于1，那么向量的所有分量都变大；如果 w 小于1，那么向量的所有分量都变小。

如果 $w=1$，则各分量的大小保持不变。但是，如果 $w=0$，则 a_x、b_y和 c_z为无穷大。在这种情况下，P_x、P_y和 P_z(以及 a_x、b_y和 c_z)表示一个长度为无穷大的向量，它的方向即为该向量所表示的方向。这就意味着方向向量可以由比例因子 $w=0$ 的向量来表示，这里向量的长度并不重要，而其方向由该向量的3个分量来表示。本书中将采用这种方法来表示方向向量。

在计算机图形学的应用中，通过增加一个比例因子并改变它的值，很容易对图形进行比例变换操作。由于该比例因子能增加或减少所有向量的长短，这样就可以无须重新绘图而很容易地改变向量的尺寸。然而，这里引入比例因子的原因有所不同，这点将会逐步变得明显。

例2.1　有一个向量 $\boldsymbol{P}=3\boldsymbol{i}+5\boldsymbol{j}+2\boldsymbol{k}$，按如下要求将其表示成矩阵形式：

(1) 比例因子为2。

(2) 将它表示为方向单位向量。

解： 该向量可以表示为比例因子为2的矩阵形式，当比例因子为0时，则可以表示为方向向量，结果如下：

$$\boldsymbol{P}=\begin{bmatrix}6\\10\\4\\2\end{bmatrix} \quad \text{和} \quad \boldsymbol{P}=\begin{bmatrix}3\\5\\2\\0\end{bmatrix}$$

然而，为了将方向向量变为单位向量，须将该向量进行归一化处理，使之长度等于1。这样，向量的每个分量都要除以3个分量平方和的开方：

$$\boldsymbol{P}_{unit}=\begin{bmatrix}0.487\\0.811\\0.324\\0\end{bmatrix}$$

注意，$\sqrt{0.487^2+0.811^2+0.324^2}=1$。

例2.2　向量 $\boldsymbol{p}$ 的长度为5，方向与如下表示的单位向量 $\boldsymbol{q}$ 一致，用矩阵形式表示该向量。

$$\boldsymbol{q}_{unit}=\begin{bmatrix}0.371\\0.557\\q_z\\0\end{bmatrix}$$

解： 单位向量的长度为1，因此

$$\lambda=\sqrt{q_x^2+q_y^2+q_z^2}=\sqrt{0.138+0.310+q_z^2}=1 \quad \rightarrow \quad q_z=0.743$$

$$\boldsymbol{q}_{unit}=\begin{bmatrix}0.371\\0.557\\0.743\\0\end{bmatrix} \quad \text{和} \quad \boldsymbol{p}=\boldsymbol{q}_{unit}\times 5=\begin{bmatrix}1.855\\2.785\\3.715\\1\end{bmatrix}$$

2.4.3　坐标系在固定参考坐标系原点的表示

坐标系通常由 3 个互相正交的轴来表示(例如 x、y 和 z)。因为在任意给定时间可能有多个坐标系，因此我们用 x、y 和 z 轴表示固定的全局参考坐标系 $F_{x,y,z}$，用 n、o 和 a 轴表示相对于参考坐标系的另一个运动坐标系 $F_{n,o,a}$。这样，关于哪一个是参考坐标系就不会产生混乱。

字母 n、o 和 a 取自于单词 *normal*、*orientation* 和 *approach* 的首字母。参考图 2.6，很显然为了避免在抓取物体时发生碰撞，机器人必须沿着抓手的 z 轴方向来接近该物体。用机器人的术语，这个轴称为接近(*approach*)轴，简称为 a 轴。在抓手坐标系中接近物体的方向称为方向(*orientation*)轴，简称为 o 轴。又因为 x 轴垂直(*normal*)于上述两轴，所以简称为 n 轴。因此，在本书中，自始至终均称由 *normal*、*orientation* 和 *approach* 轴组成的运动坐标系为 $F_{n,o,a}$。

如图 2.7 所示，位于参考坐标系 $F_{x,y,z}$ 原点的坐标系 $F_{n,o,a}$，其每个坐标轴的每个方向均可像 2.4.2 节介绍的那样，用相对参考坐标系的 3 个方向余弦来表示。因此，坐标系的 3 个轴就可以用矩阵形式的 3 个向量表示为

$$F=\begin{bmatrix} n_x & o_x & a_x \\ n_y & o_y & a_y \\ n_z & o_z & a_z \end{bmatrix} \tag{2.7}$$

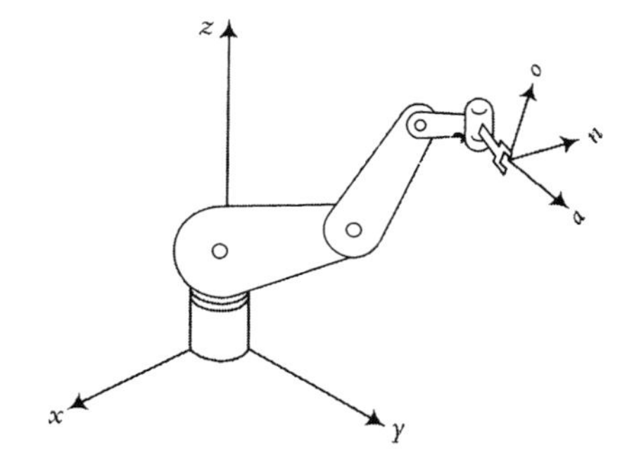

图 2.6　运动坐标系的 *normal*、*orientation* 和 *approach* 轴

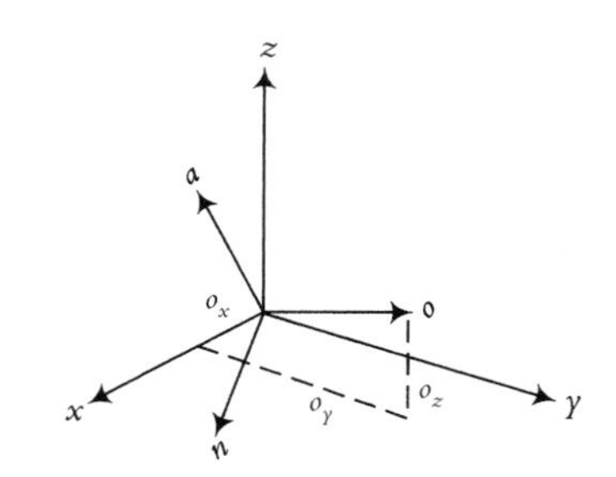

图 2.7　坐标系在参考坐标系原点的表示

2.4.4　坐标系在固定参考坐标系中的表示

要具体描述一个坐标系相对另一个坐标系的关系，必须给出坐标系原点的位置和它的坐标轴的方向。如果一个坐标系不在固定参考坐标系的原点(实际上也可包括在原点的情况)，那么该坐标系的原点相对于参考坐标系的位置也必须表示出来。该坐标系原点与参考坐标系原点之间的向量可用来表示该坐标系的位置(见图 2.8)。这个向量由相对于参考坐标系的 3 个分量来表示。这样，这个坐标系就可以由 3 个表示方向的单位向量和第 4 个位置向量表示为

$$F=\begin{bmatrix} n_x & o_x & a_x & p_x \\ n_y & o_y & a_y & p_y \\ n_z & o_z & a_z & p_z \\ 0 & 0 & 0 & 1 \end{bmatrix} \tag{2.8}$$

其中前3个向量是 $w=0$ 的方向向量，表示坐标系 $F_{n,o,a}$的3个单位向量的方向，而第4个 $w=1$ 的向量表示该坐标系原点相对于参考坐标系的位置。与单位向量不同，向量 $\boldsymbol{p}$ 的长度十分重要，因而使用的比例因子为1。

坐标系也可以由一个没有比例因子的 3×4 矩阵表示，但这样的表示并不常用。在矩阵中增加第4行比例因子，可得到 4×4 的方阵或齐次矩阵。

例2.3 如图2.9所示，坐标系 F 的原点位于(3, 5, 7)的位置，它的 n 轴与 x 轴平行，o 轴相对于 y 轴的角度为45°，a 轴相对于 z 轴的角度为45°。则这个坐标系可表示为

$$F=\begin{bmatrix}1 & 0 & 0 & 3\\0 & 0.707 & -0.707 & 5\\0 & 0.707 & 0.707 & 7\\0 & 0 & 0 & 1\end{bmatrix}$$

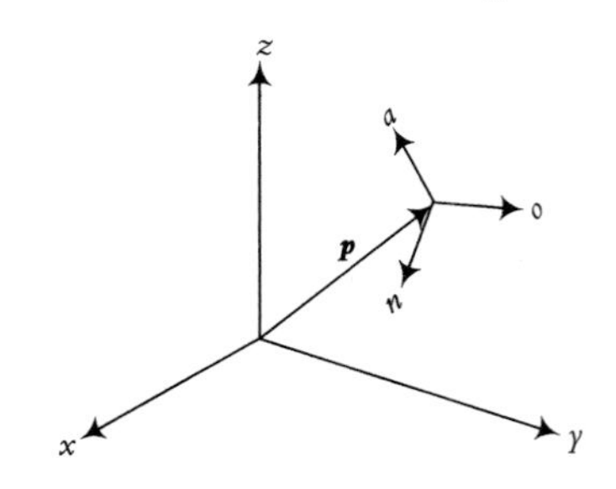

图2.8 一个坐标系在另一坐标系中的表示

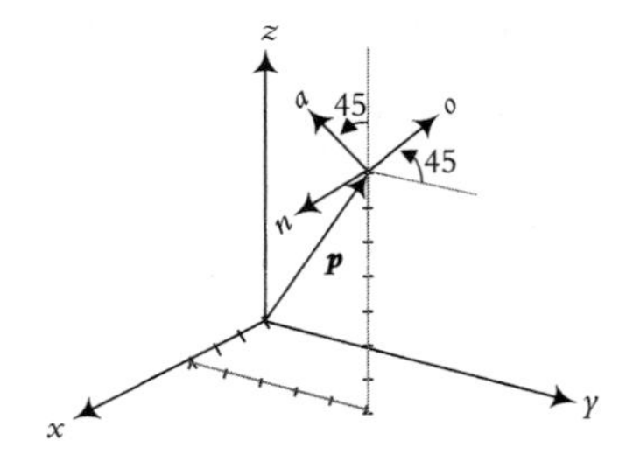

图2.9 坐标系表示举例

2.4.5 刚体的表示

一个物体在空间的表示可以这样实现：通过在它上面固连一个坐标系，再将该固连的坐标系在空间表示出来。由于这个坐标系一直固连在该物体上，所以该物体相对于坐标系的位姿是已知的。因此，只要这个坐标系可以在空间表示出来，那么这个物体相对于固定坐标系的位姿也就已知了(见图2.10)。如前所述，空间坐标系可以用矩阵表示，其中坐标原点和相对于参考坐标系的表示该坐标系姿态的3个向量也可由该矩阵表示出来。于是有

$$F_{object}=\begin{bmatrix}n_x & o_x & a_x & p_x\\n_y & o_y & a_y & p_y\\n_z & o_z & a_z & p_z\\0 & 0 & 0 & 1\end{bmatrix} \tag{2.9}$$

如第1章所述，空间中的一个点只有3个自由度，它只能沿3条参考坐标轴移动。但在空间的一个刚体有6个自由度，也就是说，它不仅可以沿着 x、y 和 z 这3个轴移动，而且还可绕这3个轴旋转。因此，要全面地定义空间的一个物体，需要知道物体坐标系原点在参考坐标系中的位置，以及物体坐标系关于这3个参考坐标轴的姿态，因此总共需要用6条独立的信息来描述。而式(2.9)给出了12条信息，其中9条为姿态信息，3条为位置信息(排除矩阵中最后一行的比例因子，因为它们没有附加信息)。显然，在该表达式中必定存在一定的约束条件将上述信息数限制为6。因此，

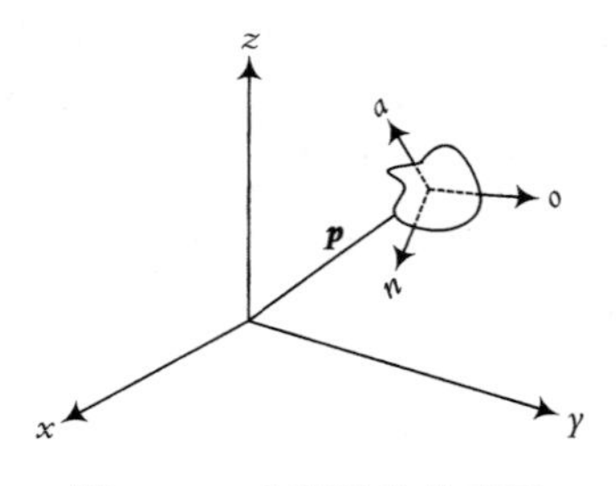

图2.10 空间物体的表示

需要用 6 个约束式将 12 条信息减少到 6 条信息。这些约束条件来自于目前尚未利用的已知的坐标系特性，即：

- 3 个向量 $\boldsymbol{n}$、$\boldsymbol{o}$ 和 $\boldsymbol{a}$ 相互垂直。
- 每个由方向余弦表示的单位向量的长度必须为 1。

这些约束条件可转换为以下 6 个约束方程：

1. $\boldsymbol{n} \cdot \boldsymbol{o} = 0$（向量 $\boldsymbol{n}$ 和 $\boldsymbol{o}$ 的点积为零）
2. $\boldsymbol{n} \cdot \boldsymbol{a} = 0$
3. $\boldsymbol{a} \cdot \boldsymbol{o} = 0$
4. $|\boldsymbol{n}| = 1$（向量的长度必须为 1）　　(2.10)
5. $|\boldsymbol{o}| = 1$
6. $|\boldsymbol{a}| = 1$

因此，只有前述方程成立时，坐标系的值才能用矩阵表示，否则坐标系将不正确。式(2.10)中前 3 个方程也可以换用如下 3 个向量的叉积来代替：

$$\boldsymbol{n} \times \boldsymbol{o} = \boldsymbol{a} \tag{2.11}$$

因为式(2.11)也包含了正确的右手法则关系，所以建议使用这个等式判断 3 个向量之间的关系。

例 2.4　对于下列坐标系，求解所缺元素的值，并完善该坐标系的矩阵表示。

$$F = \begin{bmatrix} ? & 0 & ? & 5 \\ 0.707 & ? & ? & 3 \\ ? & ? & 0 & 2 \\ 0 & 0 & 0 & 1 \end{bmatrix}$$

解：显然，表示坐标系原点位置的值(5，3，2)对约束方程无影响。注意，在 3 个方向向量中只有 3 个值是给定的，但这也已足够了。根据式(2.10)，得

$$\begin{aligned}
&n_x o_x + n_y o_y + n_z o_z = 0 && \text{或} \quad n_x(0) + 0.707(o_y) + n_z(o_z) = 0 \\
&n_x a_x + n_y a_y + n_z a_z = 0 && \text{或} \quad n_x(a_x) + 0.707(a_y) + n_z(0) = 0 \\
&a_x o_x + a_y o_y + a_z o_z = 0 && \text{或} \quad a_x(0) + a_y(o_y) + 0(o_z) = 0 \\
&n_x^2 + n_y^2 + n_z^2 = 1 && \text{或} \quad n_x^2 + 0.707^2 + n_z^2 = 1 \\
&o_x^2 + o_y^2 + o_z^2 = 1 && \text{或} \quad 0^2 + o_y^2 + o_z^2 = 1 \\
&a_x^2 + a_y^2 + a_z^2 = 1 && \text{或} \quad a_x^2 + a_y^2 + 0^2 = 1
\end{aligned}$$

将这些方程化简得

$$\begin{aligned}
&0.707\, o_y + n_z o_z = 0 \\
&n_x a_x + 0.707\, a_y = 0 \\
&a_y o_y = 0 \\
&n_x^2 + n_z^2 = 0.5 \\
&o_y^2 + o_z^2 = 1 \\
&a_x^2 + a_y^2 = 1
\end{aligned}$$

解这6个方程得：$n_x = \pm 0.707$，$n_z = 0$，$o_y = 0$，$o_z = 1$，$a_x = \pm 0.707$ 和 $a_y = -0.707$。应注意，n_x和 a_x必须同号。非唯一解的原因是由于给出的参数可能得到两组在相反方向上相互垂直的向量。最终得到的矩阵如下：

$$F_1 = \begin{bmatrix} 0.707 & 0 & 0.707 & 5 \\ 0.707 & 0 & -0.707 & 3 \\ 0 & 1 & 0 & 2 \\ 0 & 0 & 0 & 1 \end{bmatrix} \quad \text{或} \quad F_2 = \begin{bmatrix} -0.707 & 0 & -0.707 & 5 \\ 0.707 & 0 & -0.707 & 3 \\ 0 & 1 & 0 & 2 \\ 0 & 0 & 0 & 1 \end{bmatrix}$$

由此可见，两个矩阵都满足约束方程的要求。应特别注意，3个方向向量所表述的值不是任意的，而是受这些约束方程的约束，因此不可任意给矩阵赋值。

同样，该问题也可以可通过求解约束条件 $\boldsymbol{n} \times \boldsymbol{o} = \boldsymbol{a}$ 来得到解答得到，或

$$\begin{vmatrix} \boldsymbol{i} & \boldsymbol{j} & \boldsymbol{k} \\ n_x & n_y & n_z \\ o_x & o_y & o_z \end{vmatrix} = a_x\boldsymbol{i} + a_y\boldsymbol{j} + a_z\boldsymbol{k}$$

$$\boldsymbol{i}(n_y o_z - n_z o_y) - \boldsymbol{j}(n_x o_z - n_z o_x) + \boldsymbol{k}(n_x o_y - n_y o_x) = a_x\boldsymbol{i} + a_y\boldsymbol{j} + a_z\boldsymbol{k} \tag{2.12}$$

将值代入方程得

$$\boldsymbol{i}(0.707 o_z - n_z o_y) - \boldsymbol{j}(n_x o_z) + \boldsymbol{k}(n_x o_y) = a_x\boldsymbol{i} + a_y\boldsymbol{j} + 0\boldsymbol{k}$$

同时解下面这3个方程，得

$$0.707\, o_z - n_z o_y = a_x$$
$$-n_x o_z = a_y$$
$$n_x o_y = 0$$

该方程可用来代替前面的3个点乘方程。再与3个单位向量长度的约束方程一起，便得到6个方程。但是可以看到，在第一部分得到的两组解中只有一组解(F_1)能够满足这里的方程。这是因为点积方程是标量，因此单位向量对于右手或左手法则都是一样的。而叉乘等式明确指定了正确的右手法则的坐标系。所以，建议采用叉乘等式的约束条件。

例2.5 计算以下坐标系中所缺的元素值：

$$F = \begin{bmatrix} ? & 0 & ? & 3 \\ 0.5 & ? & ? & 9 \\ 0 & ? & ? & 7 \\ 0 & 0 & 0 & 1 \end{bmatrix}$$

解：

$$n_x^2 + n_y^2 + n_z^2 = 1 \quad \rightarrow \quad n_x^2 + 0.25 = 1 \quad \rightarrow \quad n_x = 0.866$$
$$\boldsymbol{n} \cdot \boldsymbol{o} = 0 \quad \rightarrow \quad (0.866)(0) + (0.5)(o_y) + (0)(o_z) = 0 \quad \rightarrow \quad o_y = 0$$
$$|\boldsymbol{o}| = 1 \quad \rightarrow \quad o_z = 1$$
$$\boldsymbol{n} \times \boldsymbol{o} = \boldsymbol{a} \quad \rightarrow \quad \boldsymbol{i}(0.5) - \boldsymbol{j}(0.866) + \boldsymbol{k}(0) = a_x\boldsymbol{i} + a_y\boldsymbol{j} + a_z\boldsymbol{k}$$
$$a_x = 0.5$$
$$a_y = -0.866$$
$$a_z = 0$$

2.5 齐次变换矩阵

由于各种原因，变换矩阵应写成方阵形式，3×3 或 4×4 均可。首先，正如后面将要看到的，计算方形矩阵的逆要比计算长方形矩阵的逆容易得多。其次，为使两矩阵相乘，它们的维数必须匹配，即第 1 矩阵的列数必须与第 2 矩阵的行数相同，如 $(m\times n)$ 和 $(n\times p)$，相乘得到的矩阵为 $(m\times p)$。如果两矩阵 A 和 B 是 $(m\times m)$ 和 $(m\times m)$ 的方阵，无论用 $B\times A$ 或用 $A\times B$ 都可以得到 $(m\times m)$ 的形式。然而，如果那两个矩阵不是方阵，而是 $(m\times n)$ 和 $(n\times p)$ 的形式，那么只能用 A 乘以 B，而不能用 B 乘以 A，而且 A 与 B 相乘的结果的维数与 A 和 B 都不相同。由于要以不同顺序将许多矩阵乘在一起来得到机器人运动方程，因此应采用方阵进行计算。

为保证所表示的矩阵为方阵，如果在同一矩阵中既表示姿态又表示位置，那么可在矩阵中加入比例因子使之成为 4×4 矩阵。如果只表示姿态，则可去掉比例因子得到 3×3 矩阵，或加入第 4 列全为零的位置数据以保持矩阵为方阵。这种形式的矩阵称为齐次矩阵，可写为

$$F=\begin{bmatrix} n_x & o_x & a_x & p_x \\ n_y & o_y & a_y & p_y \\ n_z & o_z & a_z & p_z \\ 0 & 0 & 0 & 1 \end{bmatrix} \tag{2.13}$$

2.6 变换的表示

变换定义为在空间产生运动。当空间的坐标系（向量、物体或运动坐标系）相对于固定的参考坐标系运动时，这一运动可以用类似于表示坐标系的方式来表示。这是因为变换本身就是坐标系状态的变化（表示坐标系位姿的变化），因此变换可以用坐标系来表示。变换可为如下几种形式中的一种：

- 纯平移
- 绕一个轴的纯旋转
- 平移与旋转的结合

为了解它们的表示方法，我们将分别对它们进行探讨。

2.6.1 纯平移变换的表示

如果坐标系（它也可能表示一个物体）在空间以不变的姿态运动，那么该变换就是纯平移。在这种情况下，它的方向单位向量保持同一方向不变。所有的改变只是坐标系原点相对于参考坐标系的变化，如图 2.11 所示。

相对于固定参考坐标系，新的坐标系的位置可以用原来坐标系的原点位置向量加上表示位移的向量来表示。若用矩阵形式，新坐标系的表示可以通过坐标系左乘变换矩阵得到。由于在纯平移中方向向量不改变，变换矩阵 T 可以简单地表示为

$$T=\begin{bmatrix}1&0&0&d_x\\0&1&0&d_y\\0&0&1&d_z\\0&0&0&1\end{bmatrix}\tag{2.14}$$

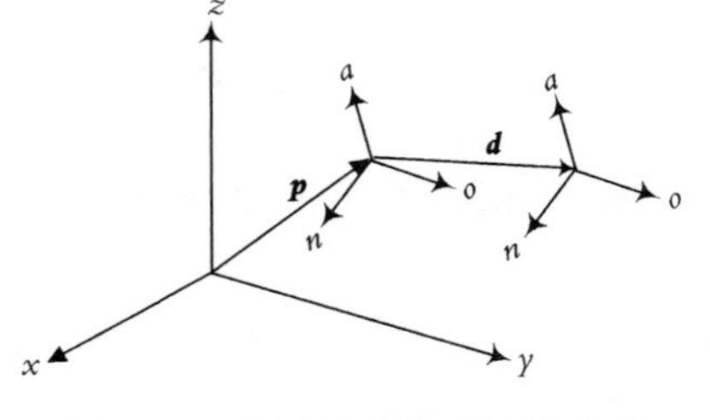

图 2.11　空间纯平移变换的表示

其中 $\boldsymbol{d}_x$、$\boldsymbol{d}_y$ 和 $\boldsymbol{d}_z$ 是纯平移向量 $\boldsymbol{d}$ 相对于参考坐标系 x、y 和 z 轴的 3 个分量。可以看到，矩阵的前 3 列表示没有旋转运动(等同于单位阵)，而最后 1 列表示平移运动。新的坐标系位置为

$$F_{new}=\begin{bmatrix}1&0&0&d_x\\0&1&0&d_y\\0&0&1&d_z\\0&0&0&1\end{bmatrix}\times\begin{bmatrix}n_x&o_x&a_x&p_x\\n_y&o_y&a_y&p_y\\n_z&o_z&a_z&p_z\\0&0&0&1\end{bmatrix}=\begin{bmatrix}n_x&o_x&a_x&p_x+d_x\\n_y&o_y&a_y&p_y+d_y\\n_z&o_z&a_z&p_z+d_z\\0&0&0&1\end{bmatrix}\tag{2.15}$$

这个方程也可用符号写为

$$F_{new}=Trans\left(d_x,d_y,d_z\right)\times F_{old}\tag{2.16}$$

首先可以看到，新坐标系位置可通过在原坐标系矩阵前面左乘变换矩阵得到。其次可以看到，方向向量经过纯平移后保持不变。但是，新的坐标系位置是 $\boldsymbol{d}+\boldsymbol{p}$。最后可以看到，齐次变换矩阵的表示方法便于用矩阵乘法来进行变换计算，并使得到的新矩阵的维数与变换前相同。

例 2.6　坐标系 F 沿参考坐标系的 y 轴移动 10 个单位，沿 z 轴移动 5 个单位。求新的坐标系位置。

$$F=\begin{bmatrix}0.527&-0.574&0.628&5\\0.369&0.819&0.439&3\\-0.766&0&0.643&8\\0&0&0&1\end{bmatrix}$$

解： 由式(2.15)或式(2.16)，得

$$F_{new}=Trans\left(d_x,d_y,d_z\right)\times F_{old}=Trans(0,10,5)\times F_{old}$$

和

$$F_{new}=\begin{bmatrix}1&0&0&0\\0&1&0&10\\0&0&1&5\\0&0&0&1\end{bmatrix}\times\begin{bmatrix}0.527&-0.574&0.628&5\\0.369&0.819&0.439&3\\-0.766&0&0.643&8\\0&0&0&1\end{bmatrix}$$

$$=\begin{bmatrix}0.527&-0.574&0.628&5\\0.369&0.819&0.439&13\\-0.766&0&0.643&13\\0&0&0&1\end{bmatrix}$$

2.6.2　绕轴纯旋转变换的表示

为简化绕轴旋转的推导，首先假设该坐标系位于参考坐标系的原点并且与之平行，之后可将结果推广到其他的旋转和旋转的组合。

假设坐标系 F_{noa}位于参考坐标系 F_{xyz}的原点，坐标系 F_{noa}绕参考坐标系的 x 轴旋转一个角度 θ，再假设旋转坐标系 F_{noa}上有一点 p 相对于参考坐标系的坐标为 p_x、p_y和 p_z，相对于运动坐标系的坐标为 p_n、p_o和 p_a。当坐标系绕 x 轴旋转时，坐标系上的点 p 也随坐标系一起旋转。在旋转之前，p 点在两个坐标系中的坐标是相同的(这时两个坐标系位置相同，并且相互平行)。旋转后，该点坐标 p_n、p_o和 p_a在旋转坐标系 F_{noa}中保持不变，但在参考坐标系 F_{xyz}中的 p_x、p_y和 p_z却改变了(见图 2.12)。现在要求找到运动坐标系旋转后点 p 相对于固定参考坐标系的新坐标。

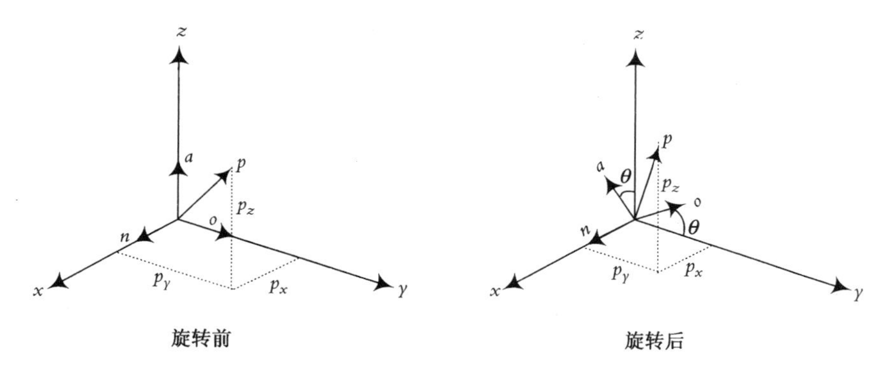

图 2.12　旋转坐标系上的点的坐标在旋转前后的变化

从 x 轴上观察在二维平面上的同一点的坐标，图 2.13 显示了点 p 在坐标系旋转前后的坐标。点 p 相对于参考坐标系的坐标是 p_x、p_y和 p_z，而相对于旋转坐标系(点 p 所固连的坐标系)的坐标仍为 p_n、p_o和 p_a。

由图 2.13 可以看出，p_x不随坐标系绕 x 轴的转动而改变，而 p_y和 p_z却改变了，可以证明：

$$\begin{aligned} p_x &= p_n \\ p_y &= l_1 - l_2 = p_o\cos\theta - p_a\sin\theta \\ p_z &= l_3 + l_4 = p_o\sin\theta + p_a\cos\theta \end{aligned} \tag{2.17}$$

写成矩阵形式为

$$\begin{bmatrix} p_x \\ p_y \\ p_z \end{bmatrix} = \begin{bmatrix} 1 & 0 & 0 \\ 0 & \cos\theta & -\sin\theta \\ 0 & \sin\theta & \cos\theta \end{bmatrix} \begin{bmatrix} p_n \\ p_o \\ p_a \end{bmatrix} \tag{2.18}$$

可见，为了得到在参考坐标系中的坐标，旋转坐标系中的点 p(或向量 $\boldsymbol{p}$)的坐标必须左乘旋转矩阵。这个旋转矩阵只适用于绕参考坐标系的 x 轴做纯旋转变换的情况，它可表示为

$$p_{xyz} = Rot(x,\theta) \times p_{noa} \tag{2.19}$$

注意，在式(2.18)中，旋转矩阵的第 1 列表示相对于 x 轴的位置，其值为 1，0，0，它表示沿 x 轴的坐标没有改变。

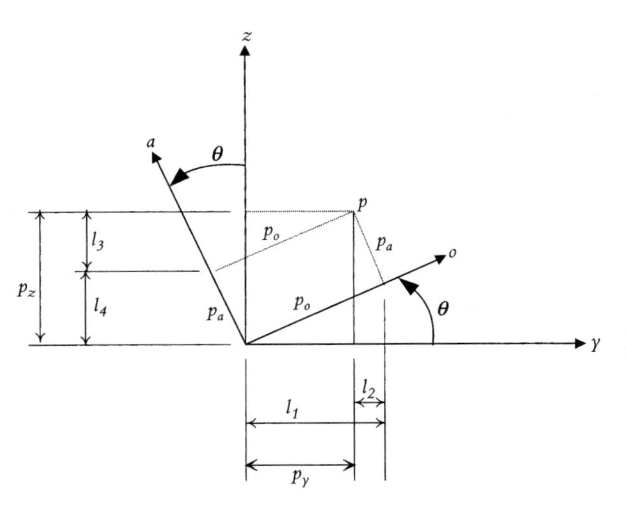

图 2.13　相对于参考坐标系的点的坐标和从 x 轴上观察的旋转坐标系

为简化书写，习惯用符号 $C\theta$ 表示 $\cos\theta$，用 $S\theta$ 表示 $\sin\theta$。因此，旋转矩阵也可写为

$$Rot(x,\theta)=\begin{bmatrix}1 & 0 & 0\\ 0 & C\theta & -S\theta\\ 0 & S\theta & C\theta\end{bmatrix} \tag{2.20}$$

可用同样的方法来分析坐标系绕参考坐标系 y 轴和 z 轴旋转的情况，可以证明其结果为

$$Rot(y,\theta)=\begin{bmatrix}C\theta & 0 & S\theta\\ 0 & 1 & 0\\ -S\theta & 0 & C\theta\end{bmatrix},\qquad Rot(z,\theta)=\begin{bmatrix}C\theta & -S\theta & 0\\ S\theta & C\theta & 0\\ 0 & 0 & 1\end{bmatrix} \tag{2.21}$$

式(2.19)也可写为习惯的形式，以便于理解不同坐标系之间的关系。为此可将该变换表示为 ${}^{U}T_{R}$[读作坐标系 R 相对于坐标系 U(Universe-全局坐标系)的变换]，将 p_{noa} 表示为 ${}^{R}p$(p 相对于坐标系 R)，将 p_{xyz} 表示为 ${}^{U}p$(p 相对于坐标系 U)，式(2.19)可简化为

$${}^{U}p={}^{U}T_{R}\times{}^{R}p \tag{2.22}$$

由上式可见，去掉 R 便得到了 p 相对于坐标系 U 的坐标。全书将用同样的符号来表示多重变换。

例 2.7　旋转坐标系中有一点 $p(2, 3, 4)^{\mathrm{T}}$ 绕参考坐标系 x 轴旋转 90°。求旋转后该点相对于参考坐标系的坐标，并用图形进行验证。

解： 由于点 p 固连在旋转坐标系中，因此点 p 相对于旋转坐标系的坐标在旋转前后保持不变。该点相对于参考坐标系的坐标为

$$\begin{bmatrix}p_x\\ p_y\\ p_z\end{bmatrix}=\begin{bmatrix}1 & 0 & 0\\ 0 & C\theta & -S\theta\\ 0 & S\theta & C\theta\end{bmatrix}\times\begin{bmatrix}p_n\\ p_o\\ p_a\end{bmatrix}=\begin{bmatrix}1 & 0 & 0\\ 0 & 0 & -1\\ 0 & 1 & 0\end{bmatrix}\times\begin{bmatrix}2\\ 3\\ 4\end{bmatrix}=\begin{bmatrix}2\\ -4\\ 3\end{bmatrix}$$

如图 2.14 所示，由以上变换，可以得到旋转后 p 点相对于参考坐标系的坐标为(2, −4, 3)。

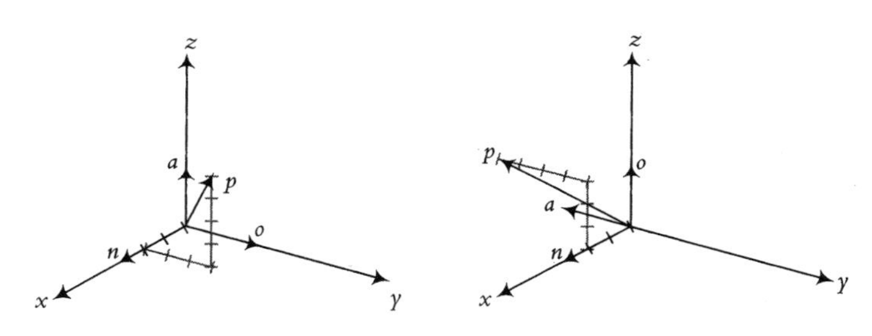

图 2.14　相对于参考坐标系 x 轴的坐标系旋转

2.6.3　复合变换的表示

复合变换是由固定参考坐标系或当前运动坐标系的一系列沿轴平移变换和绕轴旋转变换所组成的。任何变换都可以分解为按一定顺序的一组平移变换和旋转变换。例如，为了完成所要求的变换，可以先绕 x 轴旋转，再沿 x、y 和 z 轴平移，最后再绕 y 轴旋转。在后面将会看到，这个变换顺序很重要，如果颠倒两个依次变换的顺序，结果将会完全不同。

为了探讨如何处理复合变换，假定坐标系 F_{noa} 相对于参考坐标系 F_{xyz} 依次进行了下面 3 个变换：

1. 绕 x 轴旋转 α 度；
2. 接着分别沿 x，y，z 轴平移 $[l_1, l_2, l_3]$；
3. 最后绕 y 轴旋转 β 度。

假设点 p_{noa} 固连在旋转坐标系，开始时旋转坐标系的原点与参考坐标系的原点重合。随着坐标系 F_{noa} 相对于参考坐标系旋转或者平移，坐标系中的 p 点相对于参考坐标系也跟着改变。如前面所看到的，第 1 次变换后，p 点相对于参考坐标系的坐标可用下列方程进行计算：

$$p_{1,xyz} = Rot(x,\alpha) \times p_{noa} \tag{2.23}$$

其中，$p_{1,xyz}$ 是第 1 次变换后该点相对于参考坐标系的坐标。第 2 次变换后，该点相对于参考坐标系的坐标是

$$p_{2,xyz} = Trans(l_1,l_2,l_3) \times p_{1,xyz} = Trans(l_1,l_2,l_3) \times Rot(x,\alpha) \times p_{noa} \tag{2.24}$$

同样，第 3 次变换后，该点相对于参考坐标系的坐标为

$$p_{xyz} = p_{3,xyz} = Rot(y,\beta) \times p_{2,xyz} = Rot(y,\beta) \times Trans(l_1,l_2,l_3) \times Rot(x,\alpha) \times p_{noa}$$

可见，每次变换后，该点相对于参考坐标系的坐标都是通过用相应的每个变换矩阵左乘该点的坐标得到的。当然，如附录 A 所示，矩阵相乘的顺序不能改变，这个顺序非常重要。同时还应注意，相对于参考坐标系的每次变换，变换矩阵都是左乘的。因此，矩阵书写的顺序和进行变换的顺序正好相反。

例 2.8　固连在坐标系 F_{noa} 上的点 $p\ (7, 3, 1)^T$ 经历如下变换，求出变换后该点相对于参考坐标系的坐标。

1. 绕 z 轴旋转 90°；
2. 接着绕 y 轴旋转 90°；
3. 接着再平移 $[4, -3, 7]$。

解：表示该变换的矩阵方程为

$$p_{xyz} = Trans(4,-3,7)Rot(y,90)Rot(z,90)p_{noa}$$

$$= \begin{bmatrix} 1 & 0 & 0 & 4 \\ 0 & 1 & 0 & -3 \\ 0 & 0 & 1 & 7 \\ 0 & 0 & 0 & 1 \end{bmatrix} \times \begin{bmatrix} 0 & 0 & 1 & 0 \\ 0 & 1 & 0 & 0 \\ -1 & 0 & 0 & 0 \\ 0 & 0 & 0 & 1 \end{bmatrix} \times \begin{bmatrix} 0 & -1 & 0 & 0 \\ 1 & 0 & 0 & 0 \\ 0 & 0 & 1 & 0 \\ 0 & 0 & 0 & 1 \end{bmatrix} \times \begin{bmatrix} 7 \\ 3 \\ 1 \\ 1 \end{bmatrix} = \begin{bmatrix} 5 \\ 4 \\ 10 \\ 1 \end{bmatrix}$$

如图 2.15 所示，F_{noa}坐标系首先绕 z 轴旋转 90°，接着绕 y 轴旋转，最后相对于参考坐标系的 x，y，z 轴平移。旋转坐标系中的 p 点相对于 F_{noa}轴的位置如图所示，最后该点在 x，y，z 轴的坐标分别为 4 + 1 = 5，−3 + 7 = 4 和 7 + 3 = 10。从图中也能理解上述结果。

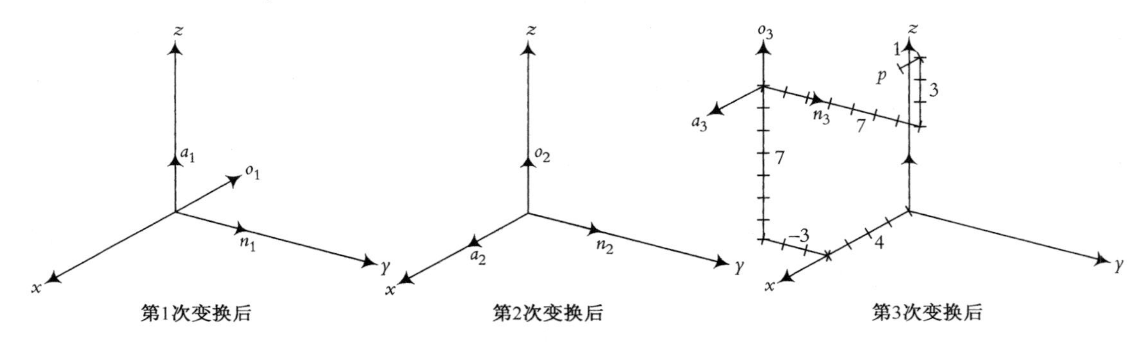

图 2.15　3 次顺序变换的结果

例 2.9　在该例中，假定固连在坐标系 F_{noa}上的点 p $(7, 3, 1)^T$也经历相同变换，但变换按如下不同顺序进行，求出变换后该点相对于参考坐标系的坐标。

1. 绕 z 轴旋转 90°；
2. 接着平移[4，−3，7]；
3. 接着再绕 y 轴旋转 90°。

解：表示该变换的矩阵方程为

$$p_{xyz} = Rot(y,90)Trans(4,-3,7)Rot(z,90)p_{noa}$$

$$= \begin{bmatrix} 0 & 0 & 1 & 0 \\ 0 & 1 & 0 & 0 \\ -1 & 0 & 0 & 0 \\ 0 & 0 & 0 & 1 \end{bmatrix} \times \begin{bmatrix} 1 & 0 & 0 & 4 \\ 0 & 1 & 0 & -3 \\ 0 & 0 & 1 & 7 \\ 0 & 0 & 0 & 1 \end{bmatrix} \times \begin{bmatrix} 0 & -1 & 0 & 0 \\ 1 & 0 & 0 & 0 \\ 0 & 0 & 1 & 0 \\ 0 & 0 & 0 & 1 \end{bmatrix} \times \begin{bmatrix} 7 \\ 3 \\ 1 \\ 1 \end{bmatrix} = \begin{bmatrix} 8 \\ 4 \\ -1 \\ 1 \end{bmatrix}$$

不难发现，尽管所有的变换与例 2.8 的完全相同，但由于变换的顺序变了，该点最终的坐标与前例完全不同。图 2.16 可以清楚地说明这点。这时可以看出，尽管第 1 次变换后坐标系的变化与前例完全相同，但第 2 次变换后结果就完全不同了，这是由于相对于参考坐标系，轴的平移使得旋转坐标系 F_{noa}向外移动了。经第 3 次变换，该坐标系将绕参考坐标系 y 轴旋转，因此向下旋转了，固连在坐标系上的点 p 的位置也显示在图中。可以验证该点相对于参考坐标系的坐标为 7 + 1 = 8，−3 + 7 = 4 和 −4 + 3 = −1，它与解析的结果相同。

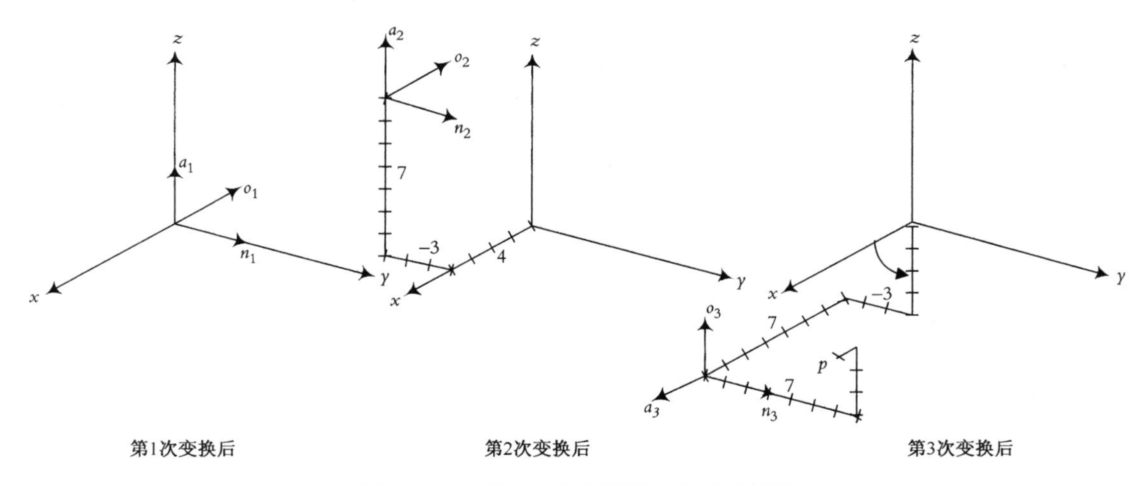

图 2.16　改变变换的顺序将改变最终结果

2.6.4　相对于旋转坐标系的变换

到目前为止，本书所讨论的所有变换都是相对于固定参考坐标系的。即所有平移、旋转和距离（除了相对于运动坐标系的点的位置）都是相对参考坐标系轴来测量的。然而事实上，也有可能进行相对于运动坐标系或当前坐标系的轴的变换。例如，可以相对于运动坐标系（也就是当前坐标系）的 n 轴而不是参考坐标系的 x 轴旋转 90°。为计算当前坐标系中点的坐标相对于参考坐标系的变化，这时需要右乘变换矩阵而不是左乘。由于运动坐标系中点或物体的位置总是相对于运动坐标系测量的，所以总是右乘描述该点或物体的位置矩阵。

例 2.10　假设与例 2.9 中相同的点进行相同的变换，但所有变换都是相对于当前的运动坐标系的，具体变换列出如下。求出变换完成后该点相对于参考坐标系的坐标。

1. 绕 a 轴旋转 90°；
2. 然后沿 n，o，a 轴平移[4，−3，7]；
3. 接着绕 o 轴旋转 90°。

解：在本例中，因为所做变换是相对于当前坐标系的，因此右乘每个变换矩阵，可得表示该坐标的方程为

$$p_{xyz} = Rot(a,90)Trans(4,-3,7)Rot(o,90)p_{noa}$$

$$= \begin{bmatrix} 0 & -1 & 0 & 0 \\ 1 & 0 & 0 & 0 \\ 0 & 0 & 1 & 0 \\ 0 & 0 & 0 & 1 \end{bmatrix} \times \begin{bmatrix} 1 & 0 & 0 & 4 \\ 0 & 1 & 0 & -3 \\ 0 & 0 & 1 & 7 \\ 0 & 0 & 0 & 1 \end{bmatrix} \times \begin{bmatrix} 0 & 0 & 1 & 0 \\ 0 & 1 & 0 & 0 \\ -1 & 0 & 0 & 0 \\ 0 & 0 & 0 & 1 \end{bmatrix} \times \begin{bmatrix} 7 \\ 3 \\ 1 \\ 1 \end{bmatrix} = \begin{bmatrix} 0 \\ 5 \\ 0 \\ 1 \end{bmatrix}$$

如所期望的，结果与其他各例完全不同，不仅因为所做变换是相对于当前坐标系的，而且也因为矩阵相乘的顺序也不同了。图 2.17 展示了这一结果，应注意它是怎样相对于当前坐标系来完成这个变换的。

同时应注意，在当前坐标系中 p 点的坐标（7，3，1）经变换后得到了相对于参考坐标系的坐标（0，5，0）。

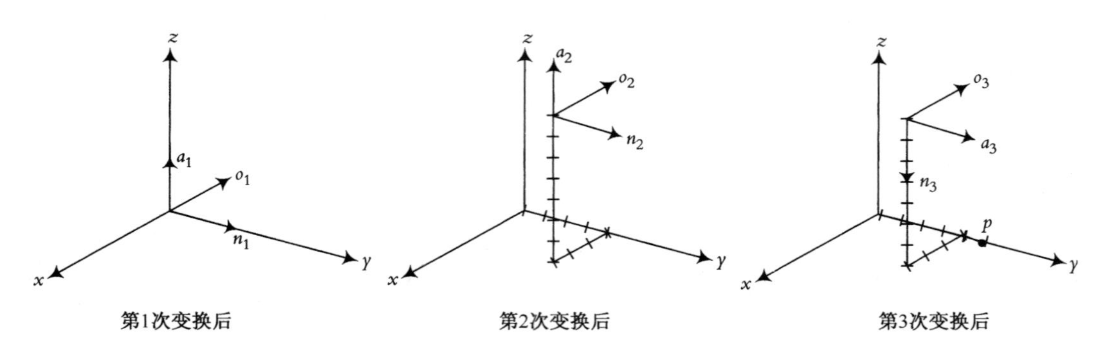

图 2.17 相对于当前坐标系的变换

例2.11 坐标系 B 先绕参考坐标系 x 轴旋转90°,然后沿当前坐标系的 a 轴平移3 英寸,然后再绕参考坐标系 z 轴旋转90°,最后沿当前坐标系 o 轴平移 5 英寸。

(a) 写出描述该运动的方程。

(b) 求固连在坐标系中的点 $p(1,5,4)^T$ 相对于参考坐标系的最终位置。

解: 在本例中,相对于参考坐标系和当前坐标系的运动是交替进行的。

(a)相应地左乘或右乘每个运动矩阵,得到

$$^UT_B = Rot(z,90)Rot(x,90)Trans(0,0,3)Trans(0,5,0)$$

(b)代入具体的矩阵并将它们相乘,得到

$$^Up = {}^UT_B \times {}^Bp$$

$$= \begin{bmatrix} 0 & -1 & 0 & 0 \\ 1 & 0 & 0 & 0 \\ 0 & 0 & 1 & 0 \\ 0 & 0 & 0 & 1 \end{bmatrix} \begin{bmatrix} 1 & 0 & 0 & 0 \\ 0 & 0 & -1 & 0 \\ 0 & 1 & 0 & 0 \\ 0 & 0 & 0 & 1 \end{bmatrix} \begin{bmatrix} 1 & 0 & 0 & 0 \\ 0 & 1 & 0 & 0 \\ 0 & 0 & 1 & 3 \\ 0 & 0 & 0 & 1 \end{bmatrix} \begin{bmatrix} 1 & 0 & 0 & 0 \\ 0 & 1 & 0 & 5 \\ 0 & 0 & 1 & 0 \\ 0 & 0 & 0 & 1 \end{bmatrix} \begin{bmatrix} 1 \\ 5 \\ 4 \\ 1 \end{bmatrix} = \begin{bmatrix} 7 \\ 1 \\ 10 \\ 1 \end{bmatrix}$$

例2.12 坐标系 F 先绕参考坐标系 y 轴旋转90°,然后绕当前坐标系 o 轴旋转30°,然后沿当前坐标系 n 轴平移5 个单位,最后沿参考坐标系 x 轴平移4 个单位。求总的变换矩阵。

解: 按照适当的顺序写出相对于参考坐标系或当前坐标系的变换,就可以得到下面的矩阵组合来表示总的变换:

$$T = Trans(4,0,0)Rot(y,90)Rot(o,30)Trans(5,0,0)$$

$$= \begin{bmatrix} 1 & 0 & 0 & 4 \\ 0 & 1 & 0 & 0 \\ 0 & 0 & 1 & 0 \\ 0 & 0 & 0 & 1 \end{bmatrix} \times \begin{bmatrix} 0 & 0 & 1 & 0 \\ 0 & 1 & 0 & 0 \\ -1 & 0 & 0 & 0 \\ 0 & 0 & 0 & 1 \end{bmatrix} \times \begin{bmatrix} 0.866 & 0 & 0.5 & 0 \\ 0 & 1 & 0 & 0 \\ -0.5 & 0 & 0.866 & 0 \\ 0 & 0 & 0 & 1 \end{bmatrix} \times \begin{bmatrix} 1 & 0 & 0 & 5 \\ 0 & 1 & 0 & 0 \\ 0 & 0 & 1 & 0 \\ 0 & 0 & 0 & 1 \end{bmatrix}$$

$$= \begin{bmatrix} -0.5 & 0 & 0.866 & 1.5 \\ 0 & 1 & 0 & 0 \\ -0.866 & 0 & -0.5 & -4.33 \\ 0 & 0 & 0 & 1 \end{bmatrix}$$

请用图来验证该结果的正确性。

2.7 变换矩阵的逆

正如前面所提到的，在机器人分析中有很多地方要用到矩阵的逆，在下面的例子中可以看到一种涉及变换矩阵的情况。在图2.18中，假设机器人要在零件 P 上钻孔，则必须向零件 P 处移动。机器人基座相对于参考坐标系 U 的位置用坐标系 R 来描述，机器人手用坐标系 H 来描述，末端执行器(即用来钻孔的钻头的末端)用坐标系 E 来描述，零件的位置用坐标系 P 来描述。钻孔的点的位置与参考坐标系 U 可以通过两个独立的路径发生联系：一个是通过该零件的路径，另一个是通过机器人的路径。因此，可以写出下面的方程：

$$^UT_E = {}^UT_R\,{}^RT_H\,{}^HT_E = {}^UT_P\,{}^PT_E \tag{2.25}$$

该零件中点 E 的位置可以通过从 U 变换到 P，并从 P 变换到 E 来完成，或者从 U 变换到 R，从 R 变换到 H，再从 H 变换到 E。

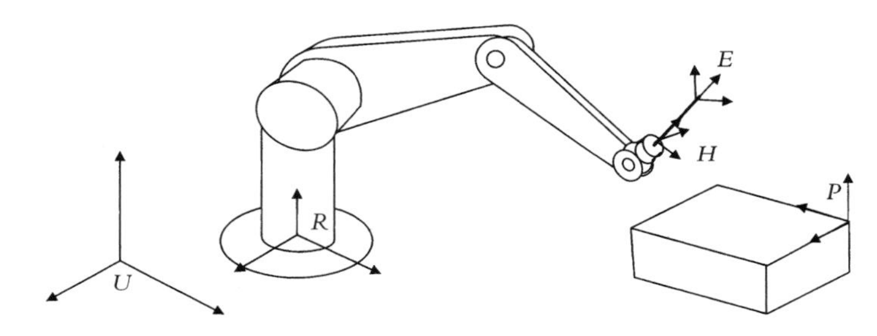

图2.18　全局坐标系 U、机器人基座坐标系 R、机器人手坐标系 H、零件坐标系 P 及末端执行器坐标系 E

事实上，由于在任何情况下机器人的基座位置在安装时就是已知的，因此变换 ^UT_R(机器人坐标系 R 相对于全局坐标系 U 的变换)是已知的。比如，一个机器人安装在一个工作台上，由于它被紧固在工作台上，所以它的基座的位置是已知的。即使机器人是可移动的或放在传送带上，因为控制器始终控制着机器人基座的运动，因此它在任一时刻的位置也是已知的。因为用于末端执行器的任何器械都是已知的，而且其尺寸和结构也是已知的，所以 ^HT_E(末端执行器坐标系 E 相对手坐标系 H 的变换)也是已知的。由于必须知道要钻孔的零件的位置，该位置可以通过将该零件放在钻模上，然后用照相机、视觉系统、传送带、传感器或其他类似仪器来确定，所以 ^UT_P(零件坐标系 P 相对于全局坐标系 U 的变换)也是已知的。由于需要知道零件上钻孔的位置，所以 ^PT_E(末端执行器坐标系 E 相对于零件坐标系 P 的变换)也是已知的。此时，唯一未知的变换就是 ^RT_H(机器人手坐标系 H 相对于机器人基座坐标系 R 的变换)。因此，必须找出机器人的关节变量(机器人旋转关节的角度和滑动关节的连杆长度)，以便将末端执行器定位在要钻孔的位置上。可见，必须要计算出这个变换，并根据该变换来确定机器人需要完成的工作。后面将用所求出的变换来求解机器人关节的角度和连杆的长度。

不能像在代数方程中那样来计算这个矩阵，即不能简单地用方程的右边除以方程的左边，而应该用合适的矩阵的逆并通过左乘或右乘来将它们从左边去掉。因此有

$$({}^UT_R)^{-1}({}^UT_R\,{}^RT_H\,{}^HT_E)({}^HT_E)^{-1} = ({}^UT_R)^{-1}({}^UT_P\,{}^PT_E)({}^HT_E)^{-1} \tag{2.26}$$

由于 $({}^UT_R)^{-1}({}^UT_R)=I$ 和 $({}^HT_E)({}^HT_E)^{-1}=I$，式(2.26)的左边可简化为 ^RT_H，于是得

$$^{R}T_{H} = {}^{U}T_{R}^{-1}\,{}^{U}T_{P}\,{}^{P}T_{E}\,{}^{H}T_{E}^{-1} \tag{2.27}$$

该式的正确性可以通过将$({}^{H}T_{E})^{-1}$与${}^{E}T_{H}$视为相同来加以检验。因此，该式可写为

$$^{R}T_{H} = {}^{U}T_{R}^{-1}\,{}^{U}T_{P}\,{}^{P}T_{E}\,{}^{H}T_{E}^{-1} = {}^{R}T_{U}\,{}^{U}T_{P}\,{}^{P}T_{E}\,{}^{E}T_{H} = {}^{R}T_{H} \tag{2.28}$$

显然，为了对机器人运动学进行分析，需要能够计算变换矩阵的逆。我们来看看简单地绕 x 轴旋转的变换矩阵的求逆计算。请见附录 A 中方阵的计算过程。这里绕 x 轴的旋转矩阵为

$$Rot(x,\theta) = \begin{bmatrix} 1 & 0 & 0 \\ 0 & C\theta & -S\theta \\ 0 & S\theta & C\theta \end{bmatrix} \tag{2.29}$$

必须采取以下步骤来计算矩阵的逆：

- 计算矩阵的行列式；
- 将矩阵转置；
- 将转置矩阵的每个元素用它的子行列式代替(称为伴随矩阵)；
- 用上述经过转换的伴随矩阵除以行列式。

将上面的步骤用到该旋转矩阵，得到：

$$\det[Rot(x,\theta)] = 1(C^2\theta + S^2\theta) + 0 = 1$$

$$Rot(x,\theta)^{\mathrm{T}} = \begin{bmatrix} 1 & 0 & 0 \\ 0 & C\theta & S\theta \\ 0 & -S\theta & C\theta \end{bmatrix}$$

现在计算每个子行列式。例如，元素(2，2)的子行列式是 $C\theta - 0 = C\theta$，元素(1，1)的子行列式是 $C^2\theta + S^2\theta = 1$。可以看到，这里每个元素的子行列式与其本身相同，因此有

$$\mathrm{Adj}[Rot(x,\theta)] = Rot(x,\theta)^{\mathrm{T}}_{minor} = Rot(x,\theta)^{\mathrm{T}}$$

由于原旋转矩阵的行列式为 1，因此用 $\mathrm{Adj}[Rot(x,\theta)]$ 矩阵除以行列式仍得出与该矩阵相同的结果。因此，关于 x 轴的旋转矩阵的逆与它的转置矩阵相同，即

$$Rot(x,\theta)^{-1} = Rot(x,\theta)^{\mathrm{T}} \tag{2.30}$$

当然，如果采用附录 A 中提到的第 2 种方法也能得到同样的结果。具有这种特征的矩阵称为酉矩阵，也就是说所有的旋转矩阵都是酉矩阵。因此，计算旋转矩阵的逆就是将该矩阵转置。可以证明，关于 y 轴和 z 轴的旋转矩阵同样也是酉矩阵。

应注意，只有旋转矩阵才是酉矩阵。如果一个矩阵不是一个简单的旋转矩阵，那么它也许就不是酉矩阵。

以上结论只对简单的不表示位置的 3×3 旋转矩阵成立。对齐次的 4×4 变换矩阵而言，它的求逆可以将矩阵分为两部分。矩阵的旋转部分仍是酉矩阵，只需简单地转置；矩阵的位置部分是向量 $\boldsymbol{p}$ 分别与向量 $\boldsymbol{n}$、$\boldsymbol{o}$ 和 $\boldsymbol{a}$ 点积的负值，其结果为

$$T = \begin{bmatrix} n_x & o_x & a_x & p_x \\ n_y & o_y & a_y & p_y \\ n_z & o_z & a_z & p_z \\ 0 & 0 & 0 & 1 \end{bmatrix}, \qquad T^{-1} = \begin{bmatrix} n_x & n_y & n_z & -\boldsymbol{p}\cdot\boldsymbol{n} \\ o_x & o_y & o_z & -\boldsymbol{p}\cdot\boldsymbol{o} \\ a_x & a_y & a_z & -\boldsymbol{p}\cdot\boldsymbol{a} \\ 0 & 0 & 0 & 1 \end{bmatrix} \tag{2.31}$$

如上所示，矩阵的旋转部分是简单地转置，位置部分由点乘的负值替代，而最后一行（比例因子）则不受影响。这样做对于计算变换矩阵的逆是很有帮助的，而直接计算 4 ×4 矩阵的逆是一个很冗长的过程。

例 2.13　计算表示 $Rot(x, 40°)^{-1}$的矩阵。

解：绕 x 轴旋转 40°的矩阵为

$$Rot(x,40°)=\begin{bmatrix}1&0&0&0\\0&0.766&-0.643&0\\0&0.643&0.766&0\\0&0&0&1\end{bmatrix}$$

该矩阵的逆为

$$Rot(x,40°)^{-1}=\begin{bmatrix}1&0&0&0\\0&0.766&0.643&0\\0&-0.643&0.766&0\\0&0&0&1\end{bmatrix}$$

需注意的是，由于矩阵的位置向量为 0，它与向量 $\boldsymbol{n}$、$\boldsymbol{o}$ 和 $\boldsymbol{a}$ 的点积也为零。

例 2.14　计算如下变换矩阵的逆：

$$T=\begin{bmatrix}0.5&0&0.866&3\\0.866&0&-0.5&2\\0&1&0&5\\0&0&0&1\end{bmatrix}$$

解：根据先前的计算，变换矩阵的逆为

$$T^{-1}=\begin{bmatrix}0.5&0.866&0&-(3\times0.5+2\times0.866+5\times0)\\0&0&1&-(3\times0+2\times0+5\times1)\\0.866&-0.5&0&-(3\times0.866+2\times-0.5+5\times0)\\0&0&0&1\end{bmatrix}$$

$$=\begin{bmatrix}0.5&0.866&0&-3.23\\0&0&1&-5\\0.866&-0.5&0&-1.598\\0&0&0&1\end{bmatrix}$$

可以证明 TT^{-1}是单位矩阵。

例 2.15　在一个 6 个自由度机器人的第 5 个连杆上装有照相机，照相机观察物体并测定物体坐标系相对于照相机坐标系的位置，然后根据以下数据信息来确定末端执行器要到达物体所必须完成的运动。

$$^{5}T_{cam}=\begin{bmatrix}0&0&-1&3\\0&-1&0&0\\-1&0&0&5\\0&0&0&1\end{bmatrix}\quad {}^{5}T_{H}=\begin{bmatrix}0&-1&0&0\\1&0&0&0\\0&0&1&4\\0&0&0&1\end{bmatrix}$$

$$
{}^{cam}T_{obj} = \begin{bmatrix} 0 & 0 & 1 & 2 \\ 1 & 0 & 0 & 2 \\ 0 & 1 & 0 & 4 \\ 0 & 0 & 0 & 1 \end{bmatrix} \qquad {}^{H}T_{E} = \begin{bmatrix} 1 & 0 & 0 & 0 \\ 0 & 1 & 0 & 0 \\ 0 & 0 & 1 & 3 \\ 0 & 0 & 0 & 1 \end{bmatrix}
$$

解：参照式(2.25)，可以写出一个与它类似的方程，它将不同的变换和坐标系联系在一起。

$$
{}^{R}T_5 \times {}^{5}T_H \times {}^{H}T_E \times {}^{E}T_{obj} = {}^{R}T_5 \times {}^{5}T_{cam} \times {}^{cam}T_{obj}
$$

由于方程两边都有${}^{R}T_5$，所以可将其消去。除了${}^{E}T_{obj}$之外，所有其他矩阵都是已知的，所以

$$
{}^{E}T_{obj} = {}^{H}T_E^{-1} \times {}^{5}T_H^{-1} \times {}^{5}T_{cam} \times {}^{cam}T_{obj} = {}^{E}T_H \times {}^{H}T_5 \times {}^{5}T_{cam} \times {}^{cam}T_{obj}
$$

其中，

$$
{}^{H}T_E^{-1} = \begin{bmatrix} 1 & 0 & 0 & 0 \\ 0 & 1 & 0 & 0 \\ 0 & 0 & 1 & -3 \\ 0 & 0 & 0 & 1 \end{bmatrix} \quad {}^{5}T_H^{-1} = \begin{bmatrix} 0 & 1 & 0 & 0 \\ -1 & 0 & 0 & 0 \\ 0 & 0 & 1 & -4 \\ 0 & 0 & 0 & 1 \end{bmatrix}
$$

将矩阵及矩阵的逆代入前面的方程，得

$$
{}^{E}T_{obj} = \begin{bmatrix} 1 & 0 & 0 & 0 \\ 0 & 1 & 0 & 0 \\ 0 & 0 & 1 & -3 \\ 0 & 0 & 0 & 1 \end{bmatrix} \begin{bmatrix} 0 & 1 & 0 & 0 \\ -1 & 0 & 0 & 0 \\ 0 & 0 & 1 & -4 \\ 0 & 0 & 0 & 1 \end{bmatrix} \begin{bmatrix} 0 & 0 & -1 & 3 \\ 0 & -1 & 0 & 0 \\ -1 & 0 & 0 & 5 \\ 0 & 0 & 0 & 1 \end{bmatrix} \begin{bmatrix} 0 & 0 & 1 & 2 \\ 1 & 0 & 0 & 2 \\ 0 & 1 & 0 & 4 \\ 0 & 0 & 0 & 1 \end{bmatrix}
$$

或

$$
{}^{E}T_{obj} = \begin{bmatrix} -1 & 0 & 0 & -2 \\ 0 & 1 & 0 & 1 \\ 0 & 0 & -1 & -4 \\ 0 & 0 & 0 & 1 \end{bmatrix}
$$

2.8 机器人的正逆运动学

假设有一个构型已知的机器人，即它的所有连杆长度和关节角度都是已知的，那么计算机器人手的位姿就称为正运动学分析。换言之，如果已知所有机器人的关节变量，用正运动学方程就能计算任一瞬间机器人的位姿。然而，如果想要将机器人手放在一个期望的位姿，就必须知道机器人的每一个连杆的长度和关节的角度，才能将手定位在所期望的位姿，这就称为逆运动学分析，也就是说，这里不是把已知的机器人变量代入正向运动学方程中，而是要设法找到这些方程的逆，从而求得所需的关节变量，使机器人放置在期望的位姿。事实上，逆运动学方程更为重要，机器人的控制器将用这些方程来计算关节值，并以此来运行机器人到达期望的位姿。下面首先推导机器人的正运动学方程，然后利用这些方程来计算逆运动学方程。

对正运动学，必须推导出一组与机器人特定构型(将构件组合在一起构成机器人的方法)有关的方程，以便将已知的关节和连杆变量代入这些方程就能计算出机器人的位姿，然后可用这些方程推导出逆运动学方程。

根据第 1 章中的相关内容，要确定一个刚体在空间的位姿，需在物体上固连一个坐标系，然后描述该坐标系的原点位置和它的 3 个轴的姿态，总共需要 6 个自由度或 6 条信息来完整

地定义该物体的位姿。同理，如果要确定或找到机器人手在空间的位姿，也必须在机器人手上固连一个坐标系并确定机器人手坐标系的位姿，这正是机器人正运动学方程所要完成的任务。换言之，根据机器人连杆和关节的构型配置，可用一组特定的方程来建立机器人手的坐标系和参考坐标系的联系。图 2.19 所示为机器人手的坐标系、参考坐标系及它们的相对位姿，两个坐标系之间的关系与机器人的构型有关。当然，机器人可能有许多不同的构型，后面将会看到将如何根据机器人的构型来推导出与这两个坐标系相关的方程。

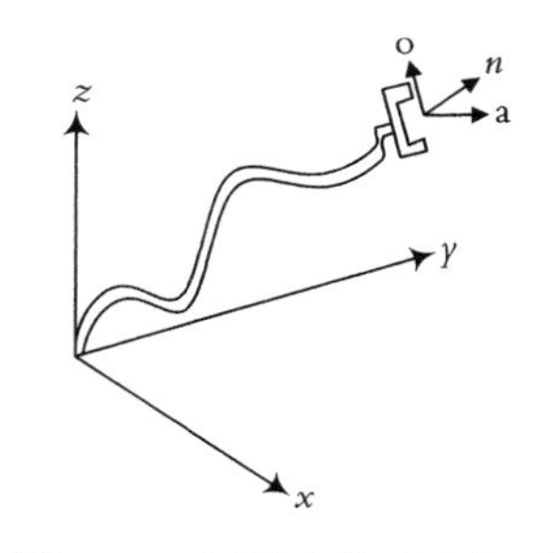

图 2.19　机器人的手坐标系相对于参考坐标系

为使过程简化，可分别分析位置和姿态问题，首先推导出位置方程，然后再推导出姿态方程，再将两者结合在一起而形成一组完整的方程。最后，将看到关于 Denavit-Hartenberg 表示法的应用，该方法可用于对任何机器人构型建模。

2.9　位置的正逆运动学方程

这一节将研究位置的正逆运动学方程。正如前面提及的，固连在刚体上的坐标系的原点位置有 3 个自由度，它可以用 3 条信息来完全确定。因此，坐标系的原点位置可以用任何常用的坐标来定义。例如，基于直角坐标系对空间的一个点定位，就意味着有 3 个关于 x、y 和 z 轴的线性运动。此外，它也可以用球坐标来实现，意味着有一个线性运动和两个旋转运动。下面来讨论几种可能的情况。

(a) 直角(台架)坐标
(b) 圆柱坐标
(c) 球坐标
(d) 链式(拟人或全旋转)坐标

2.9.1　直角(台架)坐标

在这种情况下，有 3 个沿 x、y 和 z 轴的线性运动，这一类型的机器人的所有的驱动机构都是线性的(比如液压活塞或线性动力丝杠)，这时机器人手的定位是通过 3 个线性关节分别沿 3 个轴的运动来完成的(见图 2.20)。台架式机器人基本上就是一个直角坐标机器人，只不过是将机器人固连在一个朝下的直角坐标架上。

正如下面将要看到的，由于没有旋转运动，表示 p 点运动的变换矩阵是简单的平移变换矩阵。注意，这里只涉及坐标系原点的定位，而不涉及姿态。在直角坐标系中，表示机器人手位置的正运动学变换矩阵为

$$
{}^{R}T_{p} = T_{cart}(p_x, p_y, p_z) = \begin{bmatrix} 1 & 0 & 0 & p_x \\ 0 & 1 & 0 & p_y \\ 0 & 0 & 1 & p_z \\ 0 & 0 & 0 & 1 \end{bmatrix} \qquad (2.32)
$$

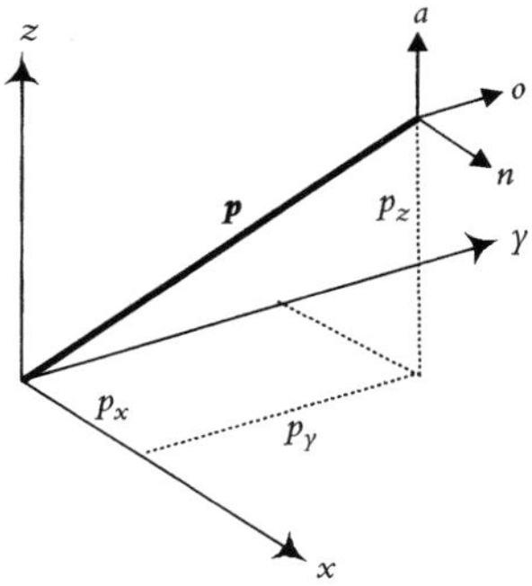

图 2.20　直角坐标

其中 ${}^{R}T_{P}$ 是参考坐标系与手坐标系原点 p 之间的变换矩阵，而 $T_{cart}(p_x, p_y, p_z)$ 表示直角变换矩阵。对于逆运动学求解，只需简单地设定期望的位置等于 p 即可。

例 2.16　要求直角坐标机器人手坐标系原点定位在点 $p=[3,4,7]^T$，计算所需要的直角运动坐标。

解：设定正运动学式用方程(2.31)中的 ^RT_p 矩阵表示，根据期望的位置可得如下结果：

$$^RT_p=\begin{bmatrix}1&0&0&p_x\\0&1&0&p_y\\0&0&1&p_z\\0&0&0&1\end{bmatrix}=\begin{bmatrix}1&0&0&3\\0&1&0&4\\0&0&1&7\\0&0&0&1\end{bmatrix}\quad \text{或}\quad p_x=3,\ p_y=4,\ p_z=7$$

2.9.2　圆柱坐标

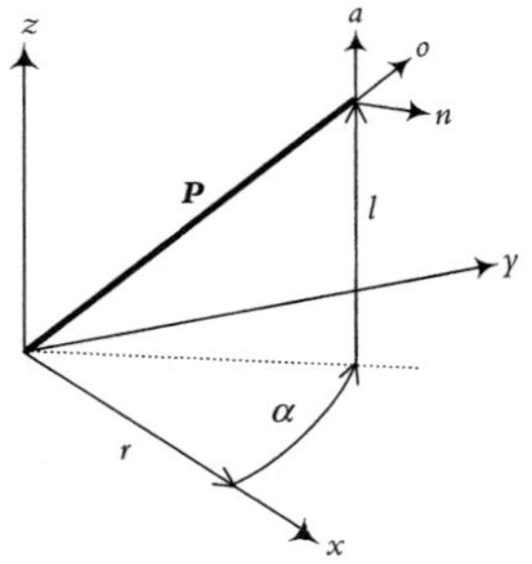

圆柱型坐标系统包括两个线性平移运动和一个旋转运动。其顺序为：先沿 x 轴移动 r，再绕 z 轴旋转 α 角，最后沿 z 轴移动 l，如图 2.21 所示。这 3 个变换建立了手坐标系与参考坐标系之间的联系。由于这些变换都是相对于全局参考坐标系的坐标轴的，因此由这 3 个变换所产生的总变换可以通过依次左乘每个矩阵而求得：

图 2.21　圆柱坐标

$$^RT_p=T_{cyl}(r,\alpha,l)=Trans(0,0,l)Rot(z,\alpha)Trans(r,0,0)\tag{2.33}$$

$$\begin{aligned}^RT_p&=\begin{bmatrix}1&0&0&0\\0&1&0&0\\0&0&1&l\\0&0&0&1\end{bmatrix}\times\begin{bmatrix}C\alpha&-S\alpha&0&0\\S\alpha&C\alpha&0&0\\0&0&1&0\\0&0&0&1\end{bmatrix}\times\begin{bmatrix}1&0&0&r\\0&1&0&0\\0&0&1&0\\0&0&0&1\end{bmatrix}\\ ^RT_p&=T_{cyl}(r,\alpha,l)=\begin{bmatrix}C\alpha&-S\alpha&0&rC\alpha\\S\alpha&C\alpha&0&rS\alpha\\0&0&1&l\\0&0&0&1\end{bmatrix}\end{aligned}\tag{2.34}$$

前 3 列表示经过一系列变换后的坐标系的姿态，不过我们先来关注坐标系的原点位置，即最后一列。显然，在圆柱型坐标运动中，由于绕 z 轴旋转了 α 角，运动坐标系的姿态也将改变。这一改变将在后面讨论。

实际上，通过绕直角 n，o，a 坐标系中的 a 轴转 $-\alpha$ 角，可使坐标系回转到原来的坐标系方向。它等效于圆柱坐标矩阵右乘旋转矩阵 $Rot(a,-\alpha)$。其结果是，该坐标系的指向仍与原来相同，并再次平行于参考坐标系，如下所示：

$$T_{cyl}\times Rot(a,-\alpha)=\begin{bmatrix}C\alpha&-S\alpha&0&rC\alpha\\S\alpha&C\alpha&0&rS\alpha\\0&0&1&l\\0&0&0&1\end{bmatrix}\times\begin{bmatrix}C(-\alpha)&-S(-\alpha)&0&0\\S(-\alpha)&C(-\alpha)&0&0\\0&0&1&0\\0&0&0&1\end{bmatrix}$$

$$=\begin{bmatrix}1&0&0&rC\alpha\\0&1&0&rS\alpha\\0&0&1&l\\0&0&0&1\end{bmatrix}$$

由此可见，运动坐标系的原点位置并没有改变，它只是回转到了与参考坐标系平行的指向。需注意的是，最后的旋转是绕本地坐标系的 a 轴的，其目的是为了不引起坐标系位置的任何改变，而只改变姿态。

例 2.17　假设要将圆柱坐标机器人手坐标系的原点放在 $[3,4,7]^T$，计算该机器人的关节变量。

解： 根据式(2.34)的 T_{cyl} 矩阵，将机器人手坐标系原点的位置分量设置为期望值，可得

$$l=7$$

$$rC\alpha=3 \text{ 和 } rS\alpha=4$$

于是有：$\tan\alpha=4/3$ 和 $\alpha=53.1°$。

将 α 代入其中任何一个方程中，可得 $r=5$，最终结果是：$r=5$，$\alpha=53.1°$，$l=7$。应注意：如在附录 A 中讨论的，必须确保在机器人运动学中计算的角度位于正确的象限。在该例中，$rC\alpha$ 和 $rS\alpha$ 都是正的，并且长度 r 也是正的，所以 $S\alpha$ 和 $C\alpha$ 也都是正的，这样角度 α 便应在第一象限，它等于 53.1°是正确的。

例 2.18　给定圆柱坐标机器人的位置和回转后的姿态如下，求回转前的机器人位置及姿态矩阵。

$$T=\begin{bmatrix}1 & 0 & 0 & -2.394\\ 0 & 1 & 0 & 6.578\\ 0 & 0 & 1 & 9\\ 0 & 0 & 0 & 1\end{bmatrix}$$

解： 因为 r 总是正的，很显然 $S\alpha$ 和 $C\alpha$ 分别是正的和负的。因此可以确定 α 在第二象限，根据 T 可得到：

$$l=9$$

$$\tan(\alpha)=\frac{6.578}{-2.394}=-2.748 \quad \rightarrow \quad \alpha=180°-70°=110°$$

$$r\sin(\alpha)=6.578 \rightarrow r=7$$

将这些值代入式(2.34)，就得到回转前的机器人的位姿为

$${}^{R}T_{p}=\begin{bmatrix}C\alpha & -S\alpha & 0 & rC\alpha\\ S\alpha & C\alpha & 0 & rS\alpha\\ 0 & 0 & 1 & l\\ 0 & 0 & 0 & 1\end{bmatrix}=\begin{bmatrix}-0.342 & -0.9397 & 0 & -2.394\\ 0.9397 & -0.342 & 0 & 6.578\\ 0 & 0 & 1 & 9\\ 0 & 0 & 0 & 1\end{bmatrix}$$

2.9.3　球坐标

如图 2.20 所示，球坐标系统由 1 个线性运动和 2 个旋转运动组成，运动顺序为：先沿 z 轴平移 r，再绕 y 轴旋转 β 和绕 z 轴旋转 γ。这 3 个变换建立了手坐标系与参考坐标系之间的联系。由于这些变换都是相对于全局参考坐标系的坐标轴的，因此由这 3 个变换所产生的总变换可以通过依次左乘每个矩阵而求得。

$${}^{R}T_{P}=T_{sph}(r,\beta,\gamma)=Rot(z,\gamma)Rot(y,\beta)Trans(0,0,r) \tag{2.35}$$

$$
{}^{R}T_{\mathrm{p}}=\begin{bmatrix}C\gamma & -S\gamma & 0 & 0\\ S\gamma & C\gamma & 0 & 0\\ 0 & 0 & 1 & 0\\ 0 & 0 & 0 & 1\end{bmatrix}\times\begin{bmatrix}C\beta & 0 & S\beta & 0\\ 0 & 1 & 0 & 0\\ -S\beta & 0 & C\beta & 0\\ 0 & 0 & 0 & 1\end{bmatrix}\times\begin{bmatrix}1 & 0 & 0 & 0\\ 0 & 1 & 0 & 0\\ 0 & 0 & 1 & r\\ 0 & 0 & 0 & 1\end{bmatrix} \tag{2.36}
$$

$$
{}^{R}T_{P}=T_{sph}(r,\beta,\gamma)=\begin{bmatrix}C\beta C\gamma & -S\gamma & S\beta C\gamma & rS\beta C\gamma\\ C\beta S\gamma & C\gamma & S\beta S\gamma & rS\beta S\gamma\\ -S\beta & 0 & C\beta & rC\beta\\ 0 & 0 & 0 & 1\end{bmatrix}
$$

前3列表示经过一系列变换后的坐标系的姿态，最后一列表示坐标系原点的位置。后面还将进一步讨论该矩阵的姿态。值得注意的是，球坐标系也可以用其他顺序来定义，只要保证所使用的方程是正确的。

这里，也可以回转最后一个坐标系，使它与参考坐标系平行。这一问题将作为练习留给读者，要求找出正确的运动顺序来获得正确的答案。

球坐标的逆运动学方程比简单的直角坐标或圆柱坐标的更复杂，因为两个角度 β 和 γ 是耦合的。让我们通过一个例子来说明如何求解球坐标的逆运动学方程。

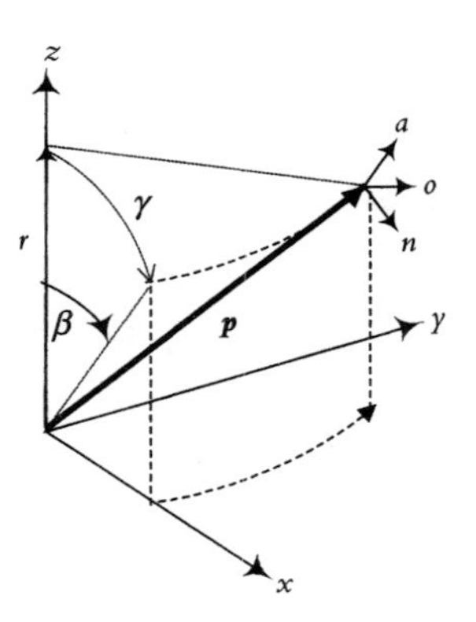

图2.22 球坐标

例2.19 假设要将球坐标机器人手坐标系的原点放在$[3, 4, 7]^{\mathrm{T}}$，计算机器人的关节变量。

解： 根据式(2.36)的 T_{sph} 矩阵，将手坐标系原点的位置分量设置为期望值，可得

$$rS\beta C\gamma=3$$
$$rS\beta S\gamma=4$$
$$rC\beta=7$$

由第3个方程可得，$C\beta$ 是正的，但没有关于 $S\beta$ 是正或负的信息。因为不知道 $S\beta$ 的实际符号是什么，因此可能会有两个解。下面的方法给出了两个可能的解，后面还必须对这最后的结果进行检验以确保它们是正确的。

$\tan\gamma = 4/3 \quad \rightarrow \quad \gamma = 53.1^\circ$ 或 233.1°

则 $S\gamma = 0.8$ 或 -0.8

$C\gamma = 0.6$ 或 -0.6

$rS\beta = 3/0.6 = 5$ 或 -5

既然 $rC\beta = 7 \quad \rightarrow \quad \beta = 35.5^\circ$ 或 -35.5°

则 $r = 8.6$

可以对这两组解进行检验并证实这两组解都能满足所有的位置方程。如果沿给定的三维坐标轴旋转这些角度，物理上的确能到达同一点。然而必须注意，其中只有一组解能满足姿态方程。换句话说，前两种解将产生同样的位置，但处于不同的姿态。由于目前并不关心机器人手坐标系在这点的姿态，因此两个位置解都是正确的。实际上，由于不能对3自由度机器人指定姿态，所以无法确定两个解中哪一个与特定的姿态有关。

2.9.4　链式坐标

如图 2.23 所示，链式坐标由 3 个旋转组成。后面在讨论 Denavit-Hartenberg 表示法时，将推导链式坐标的矩阵表示法。

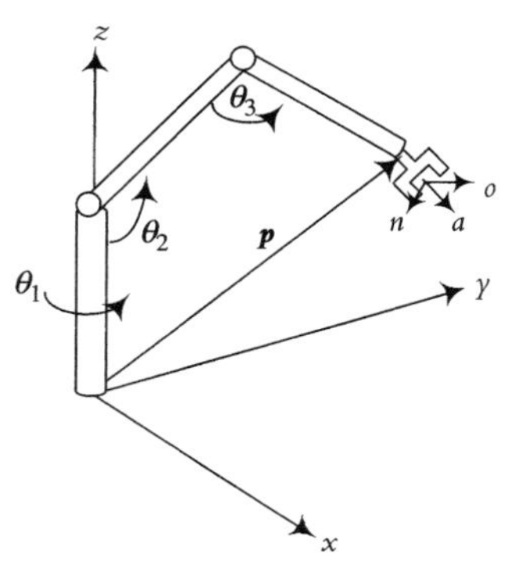

图 2.23　链式坐标系

2.10　姿态的正逆运动学方程

假设固连在机器人手上的运动坐标系在直角坐标系、圆柱坐标系、球坐标系或链式坐标系中已经运动到期望的位置上，但它仍然平行于参考坐标系，或者说它还不是所期望的姿态。下一步是要在不改变位置的情况下，适当地旋转坐标系而使其达到所期望的姿态。这时只能绕当前坐标系而不能绕参考坐标系旋转，因为绕参考坐标系旋转将会改变当前坐标系原点的位置。合适的旋转顺序取决于机器人手腕的设计和关节装配在一起的方式。考虑以下 3 种常见的构型配置：

(a) 滚动角、俯仰角、偏航角(Roll, Pitch, Yaw, RPY)
(b) 欧拉角
(c) 链式关节

2.10.1　滚动角、俯仰角和偏航角

滚动角、俯仰角和偏航角分别绕当前 a、o 和 n 轴的 3 个顺序旋转所得，能够把机器人手调整到所期望的姿态。此时，假定当前的坐标系平行于参考坐标系，即机器人手的姿态在 RPY(Roll-滚动角，Pitch-俯仰角，Yaw-偏航角)运动前与参考坐标系相同。如果当前运动坐标系不平行于参考坐标系，那么机器人手最终的姿态将是先前的姿态与 RPY 右乘的结果。

重要的是，不希望运动坐标系原点的位置有任何改变(它已被放在一个期望的位置上，所以只需要旋转它到所期望的姿态)，所以 RPY 的旋转运动都是相对于当前的运动轴的。否则，如前面所看到的，运动坐标系的位置将会改变。于是，需要右乘所有由 RPY 和其他旋转所产生的与姿态改变有关的矩阵。

参考图 2.24，可看到 RPY 旋转顺序包括以下几种：

- 绕 a 轴(运动坐标系的 z 轴)旋转 ϕ_a，称为滚动；
- 绕 o 轴(运动坐标系的 y 轴)旋转 ϕ_o，称为俯仰；
- 绕 n 轴(运动坐标系的 x 轴)旋转 ϕ_n，称为偏航。

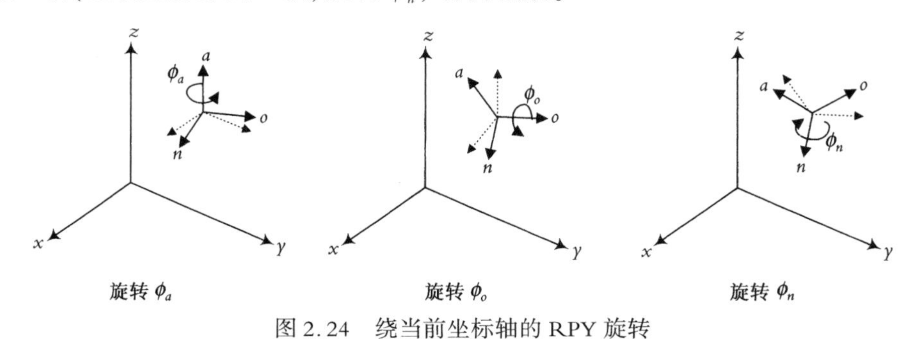

图 2.24　绕当前坐标轴的 RPY 旋转

表示 RPY 姿态变化的矩阵为

$$\mathrm{RPY}(\phi_a,\phi_o,\phi_n)=Rot(a,\phi_a)Rot(o,\phi_o)Rot(n,\phi_n)$$

$$=\begin{bmatrix} C\phi_aC\phi_o & C\phi_aS\phi_oS\phi_n-S\phi_aC\phi_n & C\phi_aS\phi_oC\phi_n+S\phi_aS\phi_n & 0 \\ S\phi_aC\phi_o & S\phi_aS\phi_oS\phi_n+C\phi_aC\phi_n & S\phi_aS\phi_oC\phi_n-C\phi_aS\phi_n & 0 \\ -S\phi_o & C\phi_oS\phi_n & C\phi_oC\phi_n & 0 \\ 0 & 0 & 0 & 1 \end{bmatrix} \quad (2.37)$$

该矩阵表示了仅由 RPY 引起的姿态变化。该坐标系相对于参考坐标系的最终位姿是表示位置变化的矩阵和 RPY 矩阵的乘积。例如，假设一个机器人是根据球坐标和 RPY 来设计的，那么这个机器人就可以表示为

$$^RT_H=T_{sph}(r,\beta,\gamma)\times \mathrm{RPY}(\phi_a,\phi_o,\phi_n)$$

关于 RPY 的逆运动学方程的解比球坐标更复杂，因为这里有 3 个耦合角，所以需要所有 3 个角各自的正弦和余弦值的信息才能解出这 3 个角。为解出这 3 个角的正弦值和余弦值，必须将这些角解耦。因此，用 $Rot(a,\phi_a)$的逆左乘式(2.37)的两边，可得

$$Rot(a,\phi_a)^{-1}\,\mathrm{RPY}(\phi_a,\phi_o,\phi_n)=Rot(o,\phi_o)Rot(n,\phi_n) \quad (2.38)$$

假设用 RPY 得到的最后所期望的姿态是用(n, o, a)矩阵来表示的，则有

$$Rot(a,\phi_a)^{-1}\begin{bmatrix} n_x & o_x & a_x & 0 \\ n_y & o_y & a_y & 0 \\ n_z & o_z & a_z & 0 \\ 0 & 0 & 0 & 1 \end{bmatrix}=Rot(o,\phi_o)Rot(n,\phi_n) \quad (2.39)$$

进行矩阵相乘后得

$$\begin{bmatrix} n_xC\phi_a+n_yS\phi_a & o_xC\phi_a+o_yS\phi_a & a_xC\phi_a+a_yS\phi_a & 0 \\ n_yC\phi_a-n_xS\phi_a & o_yC\phi_a-o_xS\phi_a & a_yC\phi_a-a_xS\phi_a & 0 \\ n_z & o_z & a_z & 0 \\ 0 & 0 & 0 & 1 \end{bmatrix}$$

$$=\begin{bmatrix} C\phi_o & S\phi_oS\phi_n & S\phi_oC\phi_n & 0 \\ 0 & C\phi_n & -S\phi_n & 0 \\ -S\phi_o & C\phi_oS\phi_n & C\phi_oC\phi_n & 0 \\ 0 & 0 & 0 & 1 \end{bmatrix} \quad (2.40)$$

在式(2.39)中的 n、o 和 a 分量表示了最终的期望值，它们通常是给定或已知的，而 RPY 角的值是未知的变量。让式(2.40)左右两边对应的元素相等，将产生如下结果。关于 $ATAN2$ 函数的解释可参考附录 A。

根据(2,1)元素得

$$n_yC\phi_a-n_xS\phi_a=0\rightarrow\phi_a=ATAN2(n_y,n_x)\ \text{and}\ \phi_a=ATAN2(-n_y,-n_x) \quad (2.41)$$

注意，因为不知道 $\sin(\phi_a)$ 或 $\cos(\phi_a)$ 的符号，两个互补的解都是可能的，根据(3,1)元素和(1,1)元素得

$$\begin{aligned} &S\phi_o = -n_z \\ &C\phi_o = n_x C\phi_a + n_y S\phi_a \rightarrow \phi_o = ATAN2\left[-n_z, \left(n_x C\phi_a + n_y S\phi_a\right)\right] \end{aligned} \tag{2.42}$$

最后，根据(2,2)元素和(2,3)元素得

$$\begin{aligned} &C\phi_n = o_y C\phi_a - o_x S\phi_a \\ &S\phi_n = -a_y C\phi_a + a_x S\phi_a \rightarrow \phi_n = ATAN2\left[\left(-a_y C\phi_a + a_x S\phi_a\right), \left(o_y C\phi_a - o_x S\phi_a\right)\right] \end{aligned} \tag{2.43}$$

例 2.20　下面给出了一个直角坐标-RPY 型机器人手所期望的最终位姿，求所需的 RPY 角和位移。

$$^RT_P = \begin{bmatrix} n_x & o_x & a_x & p_x \\ n_y & o_y & a_y & p_y \\ n_z & o_z & a_z & p_z \\ 0 & 0 & 0 & 1 \end{bmatrix} = \begin{bmatrix} 0.354 & -0.674 & 0.649 & 4.33 \\ 0.505 & 0.722 & 0.475 & 2.50 \\ -0.788 & 0.160 & 0.595 & 8 \\ 0 & 0 & 0 & 1 \end{bmatrix}$$

解：根据上述方程，得到两组解：

$$\begin{aligned} &\phi_a = ATAN2\left(n_y, n_x\right) = ATAN2(0.505, 0.354) = 55° \text{ 或 } 235° \\ &\phi_o = ATAN2\left(-n_z, \left(n_x C\phi_a + n_y S\phi_a\right)\right) = ATAN2(0.788, 0.616) = 52° \text{ 或 } 128° \\ &\phi_n = ATAN2\left(\left(-a_y C\phi_a + a_x S\phi_a\right), \left(o_y C\phi_a - o_x S\phi_a\right)\right) \\ &\quad = ATAN2(0.259, 0.966) = 15° \text{ 或 } 195° \\ &p_x = 4.33 \quad p_y = 2.5 \quad p_z = 8 \end{aligned}$$

例 2.21　与例 2.20 中的位姿一样，如果该机器人是圆柱坐标-RPY 型，求所需的关节变量。

解：在这种情况下，可用以下方程求解：

$$^RT_P = \begin{bmatrix} 0.354 & -0.674 & 0.649 & 4.33 \\ 0.505 & 0.722 & 0.475 & 2.50 \\ -0.788 & 0.160 & 0.595 & 8 \\ 0 & 0 & 0 & 1 \end{bmatrix} = T_{cyl}(r, \alpha, l) \times \mathrm{RPY}(\phi_a, \phi_o, \phi_n)$$

这个式右边有 4 个角，它们是耦合的，因此必须像前面那样将它们解耦。但是，因为对于圆柱坐标系来说，绕 z 轴旋转 α 角并不影响 a 轴，所以它仍平行于 z 轴。其结果是，对于 RPY 绕 a 轴旋转的 ϕ_a 角可简单地加到 α 上。这意味着，求出的 ϕ_a 为 55°，实际上是 $\phi_a + \alpha$ 的和（见图 2.25）。根据给定的位置信息、例 2.20 已求得的解及参考式(2.34)，可得

$$\begin{aligned} &rC\alpha = 4.33, \quad rS\alpha = 2.5 \rightarrow \alpha = 30° \\ &\phi_a + \alpha = 55° \quad \rightarrow \phi_a = 25° \\ &S\alpha = 0.5 \quad \rightarrow r = 5 \\ &p_z = 8 \quad \rightarrow l = 8 \end{aligned}$$

与例 2.20 一样:

$$\rightarrow \phi_o = 52°, \quad \phi_n = 15°$$

当然,可以用类似的解法求出第 2 组解。

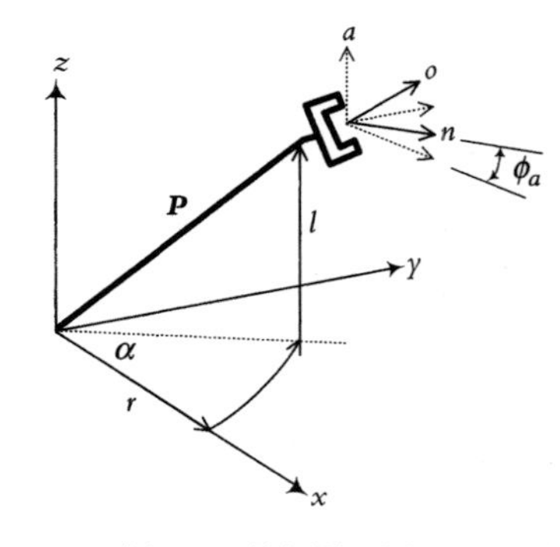

图 2.25 例 2.21 的圆柱型和 RPY 型坐标

2.10.2 欧拉角

除了最后的旋转是绕当前的 a 轴外,欧拉角的其他方面均与 RPY 相似(见图 2.26)。我们仍需要使所有旋转都绕当前的轴转动,以防止机器人的位置有任何改变。表示欧拉角的转动如下:

- 绕 a 轴(运动坐标系的 z 轴)旋转 ϕ;
- 接着绕 o 轴(运动坐标系的 y 轴)旋转 θ;
- 最后再绕 a 轴(运动坐标系的 z 轴)旋转 ψ。

表示欧拉角姿态变化的矩阵是

$$\text{Euler}(\phi,\theta,\psi) = Rot(a,\phi)Rot(o,\theta), Rot(a,\psi)$$

$$= \begin{bmatrix} C\phi C\theta C\psi - S\phi S\psi & -C\phi C\theta S\psi - S\phi C\psi & C\phi S\theta & 0 \\ S\phi C\theta C\psi + C\phi S\psi & -S\phi C\theta S\psi + C\phi C\psi & S\phi S\theta & 0 \\ -S\theta C\psi & S\theta S\psi & C\theta & 0 \\ 0 & 0 & 0 & 1 \end{bmatrix} \tag{2.44}$$

再次强调,该矩阵只是表示了由欧拉角所引起的姿态变化。相对于参考坐标系,这个坐标系的最终位姿表示位置变化的矩阵和表示欧拉角的矩阵的乘积。

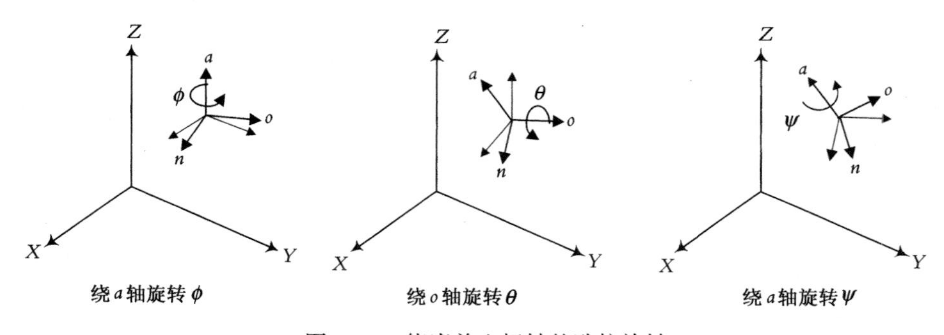

图 2.26 绕当前坐标轴的欧拉旋转

欧拉角的逆运动学求解与 RPY 非常类似。可以使欧拉方程的两边左乘 $Rot^{-1}(a,\phi)$ 来消去其中一边的 ϕ。让两边的对应元素相等,就可得到以下方程[假设由欧拉角得到的最终所期望的姿态由 (n,o,a) 矩阵表示]:

$$Rot^{-1}(a,\phi) \times \begin{bmatrix} n_x & o_x & a_x & 0 \\ n_y & o_y & a_y & 0 \\ n_z & o_z & a_z & 0 \\ 0 & 0 & 0 & 1 \end{bmatrix} = \begin{bmatrix} C\theta C\psi & -C\theta S\psi & S\theta & 0 \\ S\psi & C\psi & 0 & 0 \\ -S\theta C\psi & S\theta S\psi & C\theta & 0 \\ 0 & 0 & 0 & 1 \end{bmatrix} \tag{2.45}$$

或

$$\begin{bmatrix} n_xC\phi+n_yS\phi & o_xC\phi+o_yS\phi & a_xC\phi+a_yS\phi & 0 \\ -n_xS\phi+n_yC\phi & -o_xS\phi+o_yC\phi & -a_xS\phi+a_yC\phi & 0 \\ n_z & o_z & a_z & 0 \\ 0 & 0 & 0 & 1 \end{bmatrix} \tag{2.46}$$

$$= \begin{bmatrix} C\theta C\psi & -C\theta S\psi & S\theta & 0 \\ S\psi & C\psi & 0 & 0 \\ -S\theta C\psi & S\theta S\psi & C\theta & 0 \\ 0 & 0 & 0 & 1 \end{bmatrix}$$

式(2.45)中的 n、o 和 a 分量表示最终的期望值，它们通常是给定或已知的。欧拉角的值是未知变量。让式(2.46)左右两边对应的元素相等，可得到下面的结果。

根据(2,3)元素，可得

$$-a_xS\phi+a_yC\phi=0 \rightarrow \phi=ATAN2(a_y,a_x)\text{ 或 }\phi=ATAN2(-a_y,-a_x) \tag{2.47}$$

由于求得了 ϕ 值，因此式(2.46)左边所有元素就都是已知的。根据(2,1)元素和(2,2)元素，可得

$$\begin{aligned} &S\psi=-n_xS\phi+n_yC\phi \\ &C\psi=-o_xS\phi+o_yC\phi \ \rightarrow \psi=ATAN2[(-n_xS\phi+n_yC\phi),(-o_xS\phi+o_yC\phi)] \end{aligned} \tag{2.48}$$

最后根据(1,3)元素和(3,3)元素，可得

$$\begin{aligned} &S\theta=a_xC\phi+a_yS\phi \\ &C\theta=a_z \rightarrow \theta=ATAN2[(a_xC\phi+a_yS\phi),a_z)] \end{aligned} \tag{2.49}$$

例 2.22　给定一个直角坐标–欧拉角型机器人手的最终期望姿态，求所需的欧拉角。

$${}^RT_H=\begin{bmatrix} n_x & o_x & a_x & p_x \\ n_y & o_y & a_y & p_y \\ n_z & o_z & a_z & p_z \\ 0 & 0 & 0 & 1 \end{bmatrix}=\begin{bmatrix} 0.579 & -0.548 & -0.604 & 5 \\ 0.540 & 0.813 & -0.220 & 7 \\ 0.611 & -0.199 & 0.766 & 3 \\ 0 & 0 & 0 & 1 \end{bmatrix}$$

解：根据前面的方程，可得到

$$\phi=ATAN2(a_y,a_x)=ATAN2(-0.220,-0.604)=20^\circ\text{ 或 }200^\circ$$

将 20° 和 200°的正弦和余弦值应用于其余部分，可得

$$\psi=ATAN2(-n_xS\phi+n_yC\phi,-o_xS\phi+o_yC\phi)=(0.31,0.952)=18^\circ\text{ 或 }198^\circ$$
$$\theta=ATAN2(a_xC\phi+a_yS\phi,a_z)=ATAN2(-0.643,0.766)=-40^\circ\text{ 或 }40^\circ$$

2.10.3　链式关节

链式关节由 3 个旋转组成，但不是上面提出过的旋转类型，就像在 2.9.4 中所做的那样，我们将在讨论 D-H 表示法后再来推导表示链式关节的矩阵。

2.11 位姿的正逆运动学方程

表示机器人最终位姿的矩阵是前面方程的组合，该矩阵取决于所用的坐标。假设机器人的运动是由直角坐标和 RPY 的组合关节组成的，那么该坐标系相对于参考坐标系的最终位姿是表示直角坐标位置变化的矩阵和 RPY 矩阵的乘积。它可表示为

$$^{R}T_{H} = T_{cart}(p_x, p_y, p_z) \times \mathrm{RPY}(\phi_a, \phi_o, \phi_n) \tag{2.50}$$

如果机器人是采用球坐标定位、欧拉角定姿的方式设计的，那么将得到下列方程。其中位置由球坐标决定，而最终姿态既受球坐标角度的影响，也受欧拉角的影响。

$$^{R}T_{H} = T_{sph}(r, \beta, \gamma) \times \mathrm{Euler}(\phi, \theta, \psi) \tag{2.51}$$

由于有多种不同的组合，所以这种情况下的正逆运动学解不在这里探讨。对于复杂的设计，推荐用 D-H 表示法来求解，并将在下面对此进行讨论。

2.12 机器人正运动学方程的 D-H 表示

在 1955 年，Denavit 和 Hartenberg[4] 在"*ASME Journal of Applied Mechanics*"发表了一篇论文，后来利用这篇论文来对机器人进行表示和建模，并推导出了它们的运动学方程，这已成为表示机器人和对机器人运动学进行建模的标准方法，所以必须学习这部分内容。Denavit-Hartenberg(D-H)模型描述了对机器人连杆和关节进行建模的一种非常简单的方法，可用于任何机器人构型，而与机器人的结构顺序和复杂程度无关。它也可用于表示已经讨论过的任何坐标中的变换，例如直角坐标、圆柱坐标、球坐标、欧拉角坐标及 RPY 坐标等。另外，它也可以用于表示全旋转的链式机器人、SCARA 机器人或任何可能的关节和连杆组合。尽管采用前面的方法对机器人直接建模会更快、更直接，但 D-H 表示法有更多的好处。后面将会看到，微分运动学和雅可比分析、动力学分析及力分析等均基于 D-H 表示所获得的结果[5~9]。

机器人一般由一系列关节和连杆按任意的顺序连接而成。这些关节可能是滑动(线性)的或旋转(转动)的，它们可能处在不同的平面，旋转轴之间可能存在偏差。连杆也可以是任意长度的(包括零)，它可能被扭曲或弯曲，也可能位于任意的平面上。所以任何一组关节和连杆都可以构成机器人。我们必须能对任何机器人进行建模和分析，不管它遵循前面哪一种坐标系。

为此，需要给每个关节指定一个参考坐标系，然后确定从一个关节到下一个关节(一个坐标系到下一个坐标系)进行变换的步骤。如果将从基座到第 1 关节，再从第 1 关节到第 2 关节直至到最后一个关节的所有变换结合起来，就得到了机器人的总变换矩阵。下面将根据 D-H 表示法确定一个一般步骤来为每个关节指定参考坐标系，然后确定如何实现任意两个相邻坐标系之间的变换，最后写出机器人的总变换矩阵。

假设机器人由任意多的连杆和关节以任意形式构成。图 2.27 表示了 3 个顺序的关节和两个连杆。虽然这些关节和连杆并不一定与任何实际机器人的关节或连杆相似，但是它们非常常见，且能很容易地表示实际机器人的任何关节。这些关节可能是旋转的、滑动的或两者

都是。尽管实际机器人的关节通常定制成只有 1 个自由度，但图 2.27 中的关节可以表示 1 个或 2 个自由度。

图 2.27(a) 表示了 3 个关节，每个关节都可能是旋转的、滑动的或两者都是。指定第 1 个关节为关节 n，第 2 个关节为关节 $n+1$，第 3 个关节为关节 $n+2$。在这些关节的前后可能还有其他关节。连杆也是如此表示，连杆 n 位于关节 n 与 $n+1$ 之间，连杆 $n+1$ 位于关节 $n+1$ 与 $n+2$ 之间。

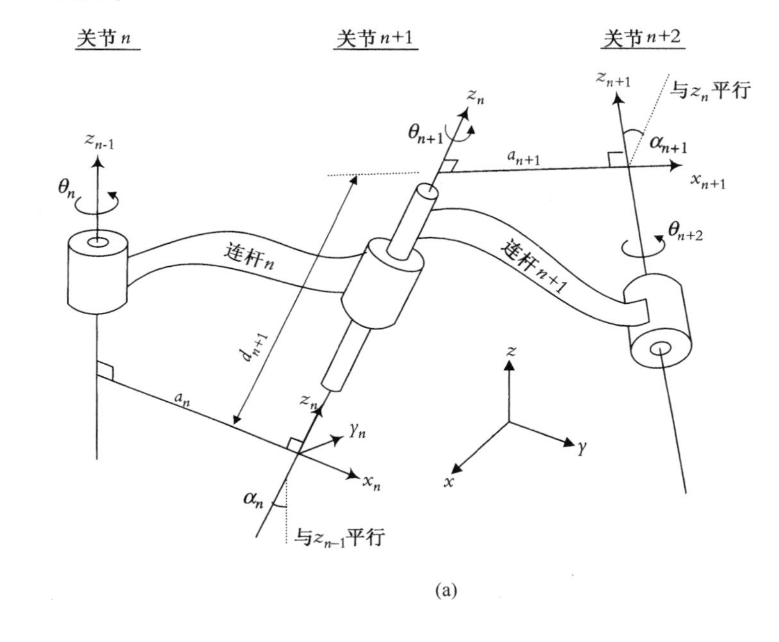

(a)

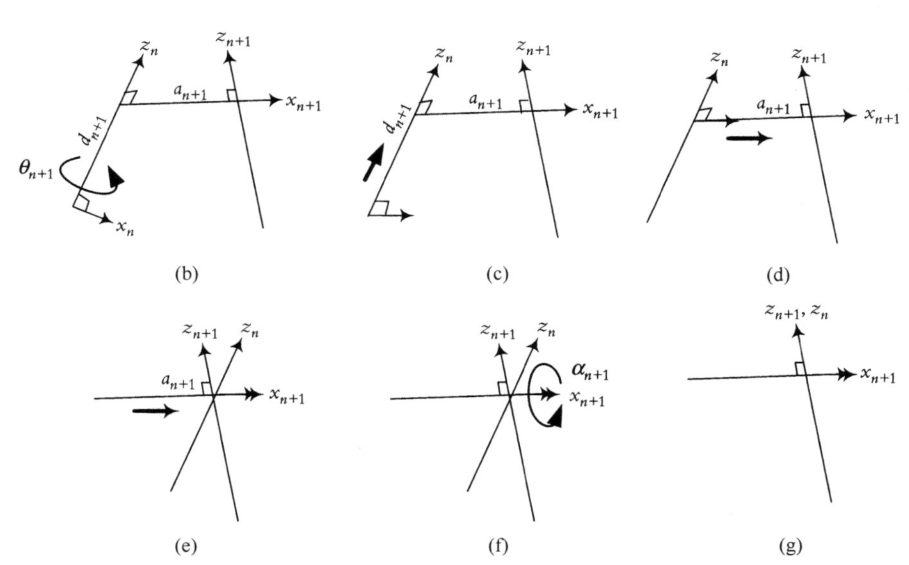

(b)　(c)　(d)　(e)　(f)　(g)

图 2.27　通用关节-连杆组合的 D-H 表示

为了用 D-H 表示法对机器人建模，所要做的第一件事是为每个关节指定一个本地的参考坐标系。因此，对于每个关节，都必须指定一个 z 轴和 x 轴，通常并不需要指定 y 轴，因为

y 轴总是垂直于 x 轴和 z 轴的。此外，D-H 表示法根本就不需要用 y 轴。以下是给每个关节指定本地参考坐标系的步骤：

- 所有关节，无一例外地都用 z 轴表示。如果关节是旋转的，那么 z 轴位于按右手规则旋转的方向。如果关节是滑动的，那么 z 轴为沿直线运动的方向。在每种情况下，关节 n 处的 z 轴(以及该关节的本地参考坐标系)的编号为 $n-1$。例如，表示绕关节 $n+1$ 运动的 z 轴是 z_n。这些简单规则可使我们很快地指定所有关节的 z 轴。对于旋转关节，绕 z 轴的旋转角 θ 是关节变量。对于滑动关节，沿 z 轴的连杆长度 d 是关节变量。
- 如图 2.27(a)所示，通常关节不一定平行或相交。因此，z 轴也许是斜线，但总有一条距离最短的公垂线，它正交于任意两条斜线。通常在公垂线方向上定义本地参考坐标系的 x 轴。所以如果 a_n表示 z_n-1 与 z_n之间的公垂线，则定义 x_n的方向为沿 a_n的方向。同样，如果 z_n与 z_{n+1}之间的公垂线为 a_{n+1}，则 x_{n+1}的方向将沿 a_{n+1}的方向。注意相邻关节之间的公垂线不一定相交或共线，因此两个相邻坐标系原点的位置也可能不在同一个位置。根据上面的介绍，并考虑下面例外的特殊情况，就可以为所有的关节定义坐标系。
  - 如果两个关节的 z 轴平行，那么它们之间就有无数条公垂线。这时可挑选与前一关节的公垂线共线的一条公垂线，这样做可以简化模型。
  - 如果两个相邻关节的 z 轴是相交的，那么它们之间就没有公垂线(或者说公垂线距离为零)。这时可将垂直于两条轴线构成的平面的直线指定为 x 轴。也就是说，其公垂线是垂直于包含了两条 z 轴平面的直线，它也相当于选取两条 z 轴的叉积方向作为 x 轴。这样规定也会使模型得以简化。

在图 2.27(a)中，θ 表示绕 z 轴的旋转角，d 表示在 z 轴上两条相邻的公垂线之间的距离(或称关节偏移)，a 表示每一条公垂线的长度(连杆长度)，α 表示两个相邻的 z 轴之间的角度(或称扭角)。通常，只有 θ 和 d 是关节变量。

下一步来依次进行几个必要的运动，将一个参考坐标系变换到下一个参考坐标系。假设现在位于本地参考坐标系 x_n-z_n，那么通过以下 4 步标准运动即可到达下一个本地参考坐标系 $x_{n+1}-z_{n+1}$。

1. 绕 z_n轴旋转 θ_{n+1}[见图 2.27(a)和图 2.27(b)]，使得 x_n和 x_{n+1}互相平行。因为 a_n和 a_{n+1}都是垂直于 z_n轴的，因此绕 z_n轴旋转 θ_{n+1}确实可使 x_n和 x_{n+1}平行(并且因此也共面)。
2. 沿 z_n轴平移 d_{n+1}距离，使得 x_n和 x_{n+1}共线[见图 2.27(c)]。因为 x_n和 x_{n+1}已经平行并且垂直于 z_n，则沿着 z_n移动可使它们相互重叠在一起。
3. 沿已经旋转过的 x_n轴平移 a_{n+1}的距离，使得 x_n和 x_{n+1}的原点重合[见图 2.27(d)和图 2.27(e)]。这时两个参考坐标系的原点处在同一位置。
4. 将 z_n轴绕 x_{n+1}轴旋转 α_{n+1}，使得 z_n轴与 z_{n+1}轴对准[见图 2.27(f)]。这时坐标系 n 和 $n+1$ 完全相同[见图 2.27(g)]。至此，我们成功地从一个坐标系变换到了下一个坐标系。

在坐标系 $n+1$ 和 $n+2$ 之间，严格地按照同样的 4 个运动顺序，就可以将一个坐标系变换到下一个坐标系。如有必要，可以通过重复以上步骤，实现一系列相邻坐标系之间的变换。从机器人的参考坐标系开始，我们可以将其转换到机器人的第 1 个关节，再转换到第 2 个关节，依次类推，直至转换到末端执行器。注意，在任何两个坐标系之间的变换均采用与前面相同的运动步骤。

表示前面 4 个运动的两个依次坐标系之间的变换 $^nT_{n+1}$（称为 A_{n+1}）是 4 个运动变换矩阵的乘积。由于所有的变换都是相对于当前的坐标系进行的（即它们都是相对于当前本地坐标系的坐标轴来测量与执行的），因此所有的变换矩阵都是右乘的。从而得到结果如下：

$$^nT_{n+1} = A_{n+1} = Rot(z,\theta_{n+1}) \times Trans(0,0,d_{n+1}) \times Trans(a_{n+1},0,0) \times Rot(x,\alpha_{n+1})$$

$$= \begin{bmatrix} C\theta_{n+1} & -S\theta_{n+1} & 0 & 0 \\ S\theta_{n+1} & C\theta_{n+1} & 0 & 0 \\ 0 & 0 & 1 & 0 \\ 0 & 0 & 0 & 1 \end{bmatrix} \times \begin{bmatrix} 1 & 0 & 0 & 0 \\ 0 & 1 & 0 & 0 \\ 0 & 0 & 1 & d_{n+1} \\ 0 & 0 & 0 & 1 \end{bmatrix} \times \begin{bmatrix} 1 & 0 & 0 & a_{n+1} \\ 0 & 1 & 0 & 0 \\ 0 & 0 & 1 & 0 \\ 0 & 0 & 0 & 1 \end{bmatrix}$$

$$\times \begin{bmatrix} 1 & 0 & 0 & 0 \\ 0 & C\alpha_{n+1} & -S\alpha_{n+1} & 0 \\ 0 & S\alpha_{n+1} & C\alpha_{n+1} & 0 \\ 0 & 0 & 0 & 1 \end{bmatrix} \tag{2.52}$$

$$A_{n+1} = \begin{bmatrix} C\theta_{n+1} & -S\theta_{n+1}C\alpha_{n+1} & S\theta_{n+1}S\alpha_{n+1} & a_{n+1}C\theta_{n+1} \\ S\theta_{n+1} & C\theta_{n+1}C\alpha_{n+1} & -C\theta_{n+1}S\alpha_{n+1} & a_{n+1}S\theta_{n+1} \\ 0 & S\alpha_{n+1} & C\alpha_{n+1} & d_{n+1} \\ 0 & 0 & 0 & 1 \end{bmatrix} \tag{2.53}$$

例如，一般机器人的关节 2 与关节 3 之间的变换可以简化为

$$^2T_3 = A_3 = \begin{bmatrix} C\theta_3 & -S\theta_3C\alpha_3 & S\theta_3S\alpha_3 & a_3C\theta_3 \\ S\theta_3 & C\theta_3C\alpha_3 & -C\theta_3S\alpha_3 & a_3S\theta_3 \\ 0 & S\alpha_3 & C\alpha_3 & d_3 \\ 0 & 0 & 0 & 1 \end{bmatrix} \tag{2.54}$$

在机器人的基座上，可以从第 1 个关节开始变换到第 2 个关节，然后到第 3 个关节等等，直到机器人手和最终的末端执行器。若把每个变换定义为 A_{n+1}，则可以得到许多表示变换的 A 矩阵。在机器人的基座与手之间的总变换则为

$$^RT_H = {}^RT_1{}^1T_2{}^2T_3\ldots{}^{n-1}T_n = A_1A_2A_3\ldots A_n \tag{2.55}$$

其中 n 是关节数。对于具有 6 个自由度的机器人而言，就有 6 个 A 矩阵。

为了简化 A 矩阵的计算，可以制作一张关节和连杆参数的表格，其中每个连杆和关节的参数值可从机器人的结构示意图上确定，并且可将这些参数代入 A 矩阵。表 2.1 可用于这个目的。

在以下几个例子中，我们将建立必要的坐标系，填写参数表，并将这些参数值代入 A 矩阵。首先从简单的机器人开始，以后再考虑较复杂的机器人。

表2.1 D-H 参数表

#	θ	d	a	α
0−1				
1−2				
2−3				
3−4				
4−5				
5−6				

在下面的例子中，从简单的2轴机器人开始，再到6轴机器人，通过应用D-H表示法来导出每个机器人的正运动学方程。

例2.23 对于如图2.28所示的简单2轴平面机器人，根据D-H表示法，建立必要的坐标系，填写D-H参数表，导出该机器人的正运动学方程。

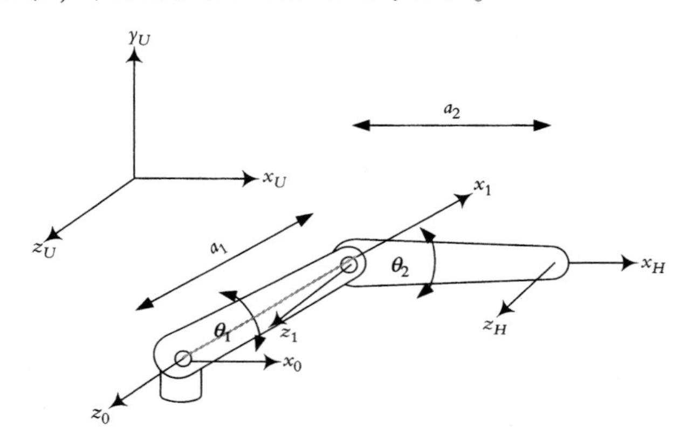

图2.28 简单2轴链式机器人臂

解：首先注意到，两个关节都在x-y平面内旋转，坐标系x_H-z_H表示机器人的末端。先从指定关节的z轴开始：关节1指定为z_0，关节2指定为z_1。图2.28表示两个z轴同时指向页面外(如同z_U和z_H轴一样)。注意，坐标系0是固定不动的，机器人相对于它而运动。

下面需要为每一个坐标系指定x轴。因为第1个坐标系(坐标系0)是在机器人的基座上，在它之前没有关节，因此x_0的方向可以是任意的。为了方便起见，可以选择指定x_0的方向与全局坐标系的x轴相同。后面会看到，如果选择另外的方向也是没有问题的，这就意味着这时如果指定${}^UT_H$来代替${}^0T_H$，就必须包括一个附加的固定旋转来表示x_U和x_0轴是不平行的。

因为z_0和z_1是平行的，它们之间的公垂线就在两者之间的方向上，所以x_1轴如图2.28中所示。

表2.2显示了该机器人的变量表。根据D-H的常规步骤，按照如下从一个坐标系到下一个坐标系所必须的4个变换，可以来确认变量表中的这些值。

1. 绕z_0轴旋转θ_1，使x_0和x_1平行；
2. 由于x_0和x_1在同一个平面，因此沿着z_0轴的平移量d是0；
3. 沿着已经旋转过的x_0轴移动距离a_1；
4. 因为z_0和z_1是平行的，因此绕x_1轴的旋转角α_1是0。

坐标系1到坐标系H之间的变换可以重复与上面相同的过程。

表 2.2　例 2.23 的 D-H 参数表

#	θ	d	a	α
0-1	θ_1	0	a_1	0
1-H	θ_2	0	a_2	0

注意，由于有两个旋转关节，因此存在两个未知的变量，即关节角 θ_1 和 θ_2。将 D-H 参数表中的这些参数代入相应的 A 矩阵中，可以得到机器人的正运动学方程如下：

$$A_1=\begin{bmatrix}C_1 & -S_1 & 0 & a_1C_1\\ S_1 & C_1 & 0 & a_1S_1\\ 0 & 0 & 1 & 0\\ 0 & 0 & 0 & 1\end{bmatrix},\qquad A_2=\begin{bmatrix}C_2 & -S_2 & 0 & a_2C_2\\ S_2 & C_2 & 0 & a_2S_2\\ 0 & 0 & 1 & 0\\ 0 & 0 & 0 & 1\end{bmatrix}$$

$$^0T_H=A_1\times A_2=\begin{bmatrix}C_1C_2-S_1S_2 & -C_1S_2-S_1C_2 & 0 & a_2(C_1C_2-S_1S_2)+a_1C_1\\ S_1C_2+C_1S_2 & -S_1S_2+C_1C_2 & 0 & a_2(S_1C_2+C_1S_2)+a_1S_1\\ 0 & 0 & 1 & 0\\ 0 & 0 & 0 & 1\end{bmatrix}$$

用函数 $C_1C_2-S_1S_2=C(\theta_1+\theta_2)=C_{12}$ 和 $S_1C_2+C_1S_2=S(\theta_1+\theta_2)=S_{12}$，上述变换简化为

$$^0T_H=\begin{bmatrix}C_{12} & -S_{12} & 0 & a_2C_{12}+a_1C_1\\ S_{12} & C_{12} & 0 & a_2S_{12}+a_1S_1\\ 0 & 0 & 1 & 0\\ 0 & 0 & 0 & 1\end{bmatrix}\tag{2.56}$$

如果给定 θ_1、θ_2、a_1 和 a_2 的值，根据正运动学方程就可以求出机器人末端的位置(和姿态)。后面将会讨论该机器人的逆运动学求解问题。

例 2.24　为图 2.29 中的机器人指定坐标系，并导出该机器人的正运动学方程。

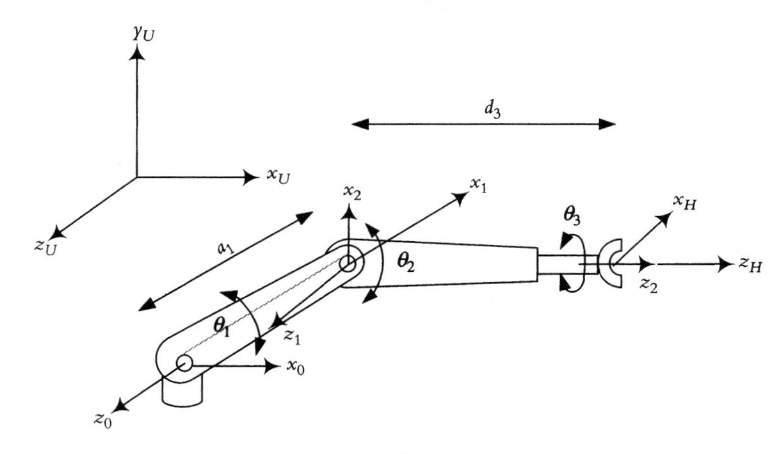

图 2.29　例 2.24 的 3 自由度机器人

解：可以看到，除了多加了 1 个关节外，这个机器人与例 2.23 的机器人非常类似。坐标系 0 和 1 可以用与例 2.23 同样的方法来指定，但是需要为新关节增加 1 个坐标系，因此加

1 个垂直于这个关节的 z_2 轴，如图所示。由于 z_1 和 z_2 在关节 2 处相交，可取 x_2 轴垂直于 z_1 和 z_2，指向如图所示。

表 2.3 为该机器人的参数。在每两个坐标系之间进行 4 个所必需的变换，并确实注意到下面几点：

- 改变 H 坐标系的方向来表示抓手的运动
- 连杆 2 的实际长度现在是“d”而不是“a”
- 关节 3 是旋转关节。这种情况下，d_3 是固定的。但是，该关节也可以是滑动关节(在这种情况下 d_3 就是变量，θ_3 是固定的)，或者该关节既是旋转关节，又是滑动关节(这时 θ_3 和 d_3 都是变量)。
- 记住旋转是按右手法则测定的，即按旋转方向卷曲右手手指，大拇指的方向便确定为旋转坐标轴的方向。
- 还要注意绕 z_1 的旋转角是 $90° + \theta_2$，而不是 θ_2，这是因为当 θ_2 是 0 的时候，在 x_1 和 x_2 之间有个 90°的角(见图 2.30)。当必须确定机器人的零位时，这在现实中是一个非常重要的考虑因素。

表 2.3　例 2.24 的 D-H 参数表

#	θ	d	a	α
0-1	θ_1	0	a_1	0
1-2	$90+\theta_2$	0	0	90
2-H	θ_3	d_3	0	0

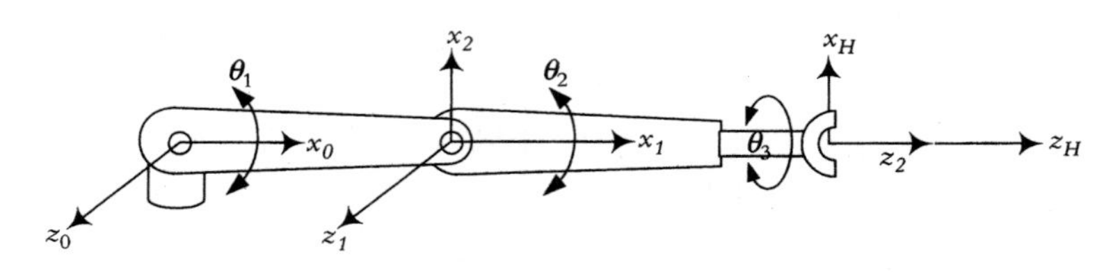

图 2.30　在归零位置的例 2.24 机器人

由 $\sin(90°+\theta)=\cos(\theta)$ 和 $\cos(90°+\theta)=-\sin(\theta)$，可得机器人的每个关节变换及总变换的矩阵表示如下：

$$A_1=\begin{bmatrix} C_1 & -S_1 & 0 & a_1C_1 \\ S_1 & C_1 & 0 & a_1S_1 \\ 0 & 0 & 1 & 0 \\ 0 & 0 & 0 & 1 \end{bmatrix}\quad A_2=\begin{bmatrix} -S_2 & 0 & C_2 & 0 \\ C_2 & 0 & S_2 & 0 \\ 0 & 1 & 0 & 0 \\ 0 & 0 & 0 & 1 \end{bmatrix}\quad A_3=\begin{bmatrix} C_3 & -S_3 & 0 & 0 \\ S_3 & C_3 & 0 & 0 \\ 0 & 0 & 1 & d_3 \\ 0 & 0 & 0 & 1 \end{bmatrix}$$

$$^0T_H=A_1A_2A_3$$

$$=\begin{bmatrix} (-C_1S_2-S_1C_2)C_3 & -(-C_1S_2-S_1C_2)S_3 & C_1C_2-S_1S_2 & (C_1C_2-S_1S_2)d_3+a_1C_1 \\ (C_1C_2-S_1S_2)C_3 & -(C_1C_2-S_1S_2)S_3 & C_1S_2+S_1C_2 & (C_1S_2+S_1C_2)d_3+a_1S_1 \\ S_3 & C_3 & 0 & 0 \\ 0 & 0 & 0 & 1 \end{bmatrix}$$

用 $C_1C_2-S_1S_2=C_{12}$ 和 $S_1C_2+C_1S_2=S_{12}$ 简化上面的矩阵，可得

$$
{}^{0}T_{H}=A_1A_2A_3=\begin{bmatrix}-S_{12}C_3 & S_{12}S_3 & C_{12} & C_{12}d_3+a_1C_1\\ C_{12}C_3 & -C_{12}S_3 & S_{12} & S_{12}d_3+a_1S_1\\ S_3 & C_3 & 0 & 0\\ 0 & 0 & 0 & 1\end{bmatrix}
$$

$$
对\quad \begin{cases}\theta_1=0\\ \theta_2=0,\\ \theta_3=0\end{cases}\qquad {}^{0}T_{H}=\begin{bmatrix}0 & 0 & 1 & d_3+a_1\\ 1 & 0 & 0 & 0\\ 0 & 1 & 0 & 0\\ 0 & 0 & 0 & 1\end{bmatrix}
$$

$$
对\quad \begin{cases}\theta_1=90\\ \theta_2=0\ ,\\ \theta_3=0\end{cases}\qquad {}^{0}T_{H}=\begin{bmatrix}-1 & 0 & 0 & 0\\ 0 & 0 & 1 & d_3+a_1\\ 0 & 1 & 0 & 0\\ 0 & 0 & 0 & 1\end{bmatrix}
$$

请确认用这些值来表示该机器人的正确性。

例2.25 对于如图2.31的简单6自由度机器人，根据D-H表示法，建立该机器人所需的坐标系、填写相应的参数表及导出它的正运动学方程。

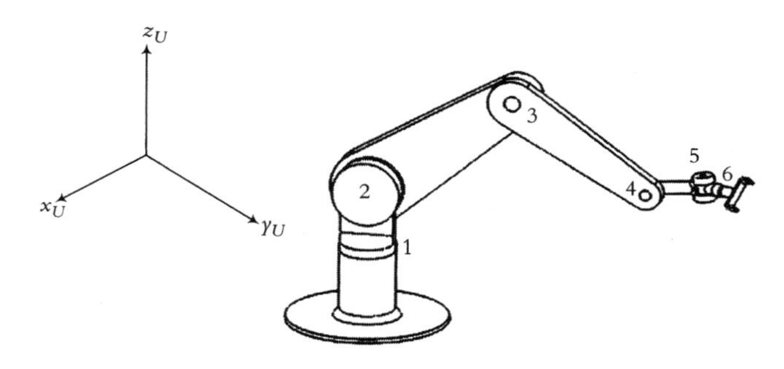

图2.31 简单的6自由度链式机器人

解： 可以注意到，当关节数增多(该例为6)时，正运动学分析就变得更复杂。然而原理都是与前面相同的。还可注意到，该6自由度的机器人仍然是简单的，它没有关节偏移或扭角。在本例中，为了简化，假设关节2、3和4在一个平面内，即它们的d_n值为0，否则就会存在关节偏移，它将使方程包括更多的项。通常偏移将改变位置项而不是姿态项。为了建立该机器人的坐标系，需要寻找关节(如图所示)。首先为每个关节指定z轴，接着指定x轴。依此可建立如图2.32和图2.33所示的坐标系。图2.33是图2.31的简化线图。注意每个坐标系原点所在的位置和在那个位置的原因。

从关节1开始，z_0表示第1个关节的运动。选择x_0与参考坐标系的x轴平行，这样做仅仅是为了方便。x_0是固定的坐标轴，表示机器人的基座是不动的。第1个关节的运动是围绕着z_0-x_0轴进行的，但这两个轴并不运动。接下来，在关节2处设定z_1，因为坐标轴z_0和z_1是相交的，所以x_1垂直于z_0和z_1。x_2在z_1和z_2之间的公垂线方向上，x_3在z_2和z_3之间的公垂线方向上。类似地，x_4在z_3和z_4之间的公垂线方向上。最后，z_5和z_6如图所示，它们是平行且共线的。z_5表示绕关节6的运动，而z_6表示末端执行器的运动。通常在运动学方程中不包含末端执行器，但应包含末端执行器的坐标系，这是因为它允许进行从坐标系 z_5-x_5 出发的变换。同时也要着重注意第一个和最后一个坐标系原点的位置，它们将决定机器人的总变换方程。可以在第一个和最后一个坐标系之间建立其他的(或不同的)中间坐标系，但只要第一个和最后的坐标系没有改变，机器人的总变换便是不变的。应注意的是，第一个关节的原点并不在关节的实际位置，但可以证明这样做是没有问题的，因为无论实际关节是高一点还是低一点，机器人的运动并不会有任何差异。因此，该原点位置可以如图所示，而不用考虑基座上关节的实际位置。注意，可以选择把 0 坐标系放置于机器人的基座上。这样在机器人的基座和末端反应器之间的总变换就包括了机器人的高度。然而，如现在所设定的基坐标系的方式，测量是相对于 0 坐标系的。以后简单地将高度添加到方程中去即可。

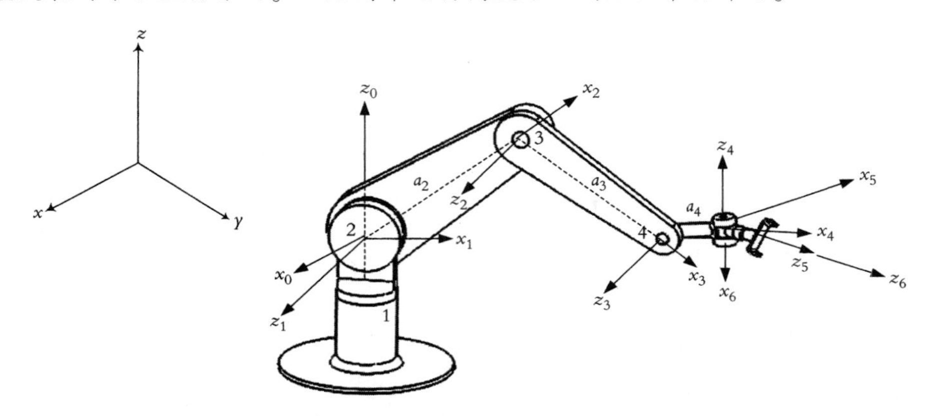

图 2.32　简单的 6 自由度链式机器人的参考坐标系

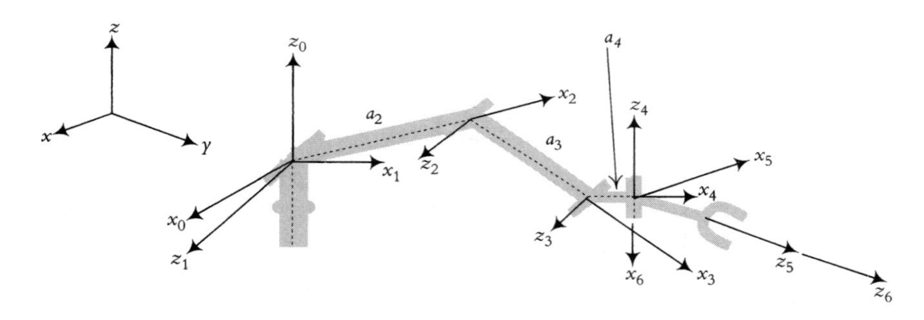

图 2.33　简单的 6 自由度链式机器人的参考坐标系线图

接下来，根据已建立的坐标系来填写表 2.4 中的参数。从 z_0-x_0 开始，旋转 θ_1 使 x_0 转到与 x_1 轴相同的方向。为使 x_0 与 x_1 轴重合，需要沿 z_1 和沿 x_1 的平移量均为零。还需旋转 $\alpha = +90°$，将 z_0 转到与 z_1 相同的方向。注意旋转是根据右手规则进行的，即将右手手指按旋转的方向弯曲，大拇指的方向则为旋转坐标轴的方向。到了这时，z_0-x_0 就变换到了 z_1-x_1 的位置。按照同样的方法对下面的关节做下去，就能填写出 D-H 参数表。

必须认识到，与其他任何机械一样，机器人也不会保持原理图中所示的构型不变。尽管机器人的原理图是二维的，但必须要想象出机器人的运动。这就意味着必须认识到，当坐标系运动时，与它们所固连的机器人的连杆和关节也在运动。如果原理图所示机器人构型的坐标轴处于某个特定的位姿状态，当机器人运动时它们又会处于其他的点和姿态上。例如，x_3

总是沿着关节 3 与关节 4 之间连线 a_3 的方向。当机器人的下臂绕着关节 3 旋转时，x_3 也跟着运动，但 x_2 不动。但是 x_2 会随机器人的上臂绕关节 2 旋转而运动。在确定 D-H 参数时，必须记住这一点。

表 2.4　例 2.25 中机器人的参数

#	θ	d	a	α
0-1	θ_1	0	0	90
1-2	θ_2	0	a_2	0
2-3	θ_3	0	a_3	0
3-4	θ_4	0	a_4	-90
4-5	θ_5	0	a_2	90
5-6	θ_6	0	0	0

θ 表示旋转关节的关节变量，d 表示滑动关节的关节变量。因为这个机器人的关节全是旋转的，所以所有的关节变量都是角度。

通过简单地从参数表中选取参数代入 A 矩阵，便可写出每两个相邻关节之间的变换，从而得到：

$$A_1=\begin{bmatrix}C_1 & 0 & S_1 & 0\\ S_1 & 0 & -C_1 & 0\\ 0 & 1 & 0 & 0\\ 0 & 0 & 0 & 1\end{bmatrix}\quad A_2=\begin{bmatrix}C_2 & -S_2 & 0 & C_2a_2\\ S_2 & C_2 & 0 & S_2a_2\\ 0 & 0 & 1 & 0\\ 0 & 0 & 0 & 1\end{bmatrix}\quad A_3=\begin{bmatrix}C_3 & -S_3 & 0 & C_3a_3\\ S_3 & C_3 & 0 & S_3a_3\\ 0 & 0 & 1 & 0\\ 0 & 0 & 0 & 1\end{bmatrix}$$

$$A_4=\begin{bmatrix}C_4 & 0 & -S_4 & C_4a_4\\ S_4 & 0 & C_4 & S_4a_4\\ 0 & -1 & 0 & 0\\ 0 & 0 & 0 & 1\end{bmatrix}\quad A_5=\begin{bmatrix}C_5 & 0 & S_5 & 0\\ S_5 & 0 & -C_5 & 0\\ 0 & 1 & 0 & 0\\ 0 & 0 & 0 & 1\end{bmatrix}\quad A_6=\begin{bmatrix}C_6 & -S_6 & 0 & 0\\ S_6 & C_6 & 0 & 0\\ 0 & 0 & 1 & 0\\ 0 & 0 & 0 & 1\end{bmatrix}\tag{2.57}$$

为简化最后的解，再次用到下列三角函数关系式：

$$\begin{aligned}S\theta_1C\theta_2+C\theta_1S\theta_2&=S(\theta_1+\theta_2)=S_{12}\\ C\theta_1C\theta_2-S\theta_1S\theta_2&=C(\theta_1+\theta_2)=C_{12}\end{aligned}\tag{2.58}$$

机器人基座（0 坐标系所在位置）和手之间的总变换为

$$^{R}T_{\mathrm{H}}=A_1A_2A_3A_4A_5A_6$$

$$=\begin{bmatrix}C_1(C_{234}C_5C_6-S_{234}S_6) & C_1(-C_{234}C_5C_6-S_{234}C_6) & C_1(C_{234}S_5)+S_1C_5 & C_1(C_{234}a_4+C_{23}a_3+C_2a_2)\\ \quad -S_1S_5C_6 & \quad +S_1S_5S_6 & & \\ S_1(C_{234}C_5C_6-S_{234}S_6) & S_1(-C_{234}C_5C_6-S_{234}C_6) & S_1(C_{234}S_5)-C_1C_5 & S_1(C_{234}a_4+C_{23}a_3+C_2a_2)\\ \quad +C_1S_5C_6 & \quad -C_1S_5S_6 & & \\ S_{234}C_5C_6+C_{234}S_6 & -S_{234}C_5C_6+C_{234}C_6 & S_{234}S_5 & S_{234}a_4+S_{23}a_3+S_2a_2\\ 0 & 0 & 0 & 1\end{bmatrix}\tag{2.59}$$

注意重视以下几点：

1. 在指定 x 轴和 z 轴时，可以选择所选动作线的任意一个方向。最后机器人的总变换是一样的，但个别的矩阵和变量会受到影响。

2. 为了便于理解，可以使用附加的坐标系，但是不能增加或减少未知变量的个数，而必须与关节数保持一致。
3. D-H 表示不用沿 y 轴的变换。因此如果发现从一个坐标系到另一个坐标系的变换需要沿 y 轴的运动，则可能是出现了错误，或者需要在它们之间附加一个坐标系。
4. 在现实中，由于制造误差或容许的误差，可能在本来平行的 z 轴之间产生小的角度。为此就需要沿着 y 轴进行变换。因此，D-H 方法不能表示这些误差。
5. 注意，x_n-z_n坐标系代表连杆 n。它固连在连杆 n 上并相对坐标系 $n-1$ 运动。关节 n 的运动也是相对于坐标系 $n-1$ 的。
6. 显然，也可以使用其他表示方法来建立机器人的运动学方程。然而，为了进行微分运动学和动力学分析等后续的推导(它们全都基于 D-H 表示方法)，我们发现可以从这种 D-H 表示方法中受益。
7. 到目前为止，在这一节所有的例子中，推导出的都是机器人基座和末端执行器之间的变换^0T_H。有时也可能需要全局坐标系和末端执行器之间的变换^UT_H。在这种情况下，就需要在^0T_H前面乘以基坐标系和全局坐标系之间的变换，即$^UT_H = {}^UT_0 \times {}^0T_H$。因为基座位置是已知的，所以这一过程不会增加未知量的个数，或者说不会增加问题的复杂性。变换$^UT_0$通常只涉及从全局坐标系到基坐标系的简单平移和旋转。这个过程不是基于 D-H 表示的，它是旋转和平移的简单组合。
8. 也许已经注意到，D-H 表示可用于任何关节和连杆的构型，而不管它们是否使用已知的坐标系，如直角坐标、球坐标及欧拉坐标等。此外，如果存在连杆扭曲角或关节偏移，这些已知的坐标系就不能使用了。实际上，存在扭曲角和关节偏移的情况是非常普遍的。基于直角坐标、圆柱坐标、球坐标、RPY 及欧拉坐标等来推导运动学方程通常用于教学目的。所以正常情况下应该用 D-H 表达方法来进行分析。

例 2.26　斯坦福机械手臂：在斯坦福机械手臂上指定坐标系(见图 2.34)，并填写参数表。斯坦福机械手臂是一个球坐标手臂，即头两个关节是旋转的，第 3 个关节是滑动的，最后 3 个腕关节全是旋转关节。

解：在看本例解答之前，先根据自己的理解来做，问题的答案在本章的最后。建议在看解答中的坐标系建立和机器手臂解之前，先试着自己做。

机器手臂[5]最后的正运动学解是相邻关节之间的 6 个变换矩阵的乘积：

$$^RT_{H\,\mathrm{Stanford}} = {}^0T_6 = \begin{bmatrix} n_x & o_x & a_x & p_x \\ n_y & o_y & a_y & p_y \\ n_z & o_z & a_z & p_z \\ 0 & 0 & 0 & 1 \end{bmatrix}$$

其中，

$$\begin{aligned}
n_x &= C_1[C_2(C_4C_5C_6 - S_4S_6) - S_2S_5C_6] - S_1(S_4C_5C_6 + C_4S_6) \\
n_y &= S_1[C_2(C_4C_5C_6 - S_4S_6) - S_2S_5C_6] + C_1(S_4C_5C_6 + C_4S_6) \\
n_z &= -S_2(C_4C_5C_6 - S_4S_6) - C_2S_5C_6 \\
o_x &= C_1[-C_2(C_4C_5S_6 + S_4C_6) + S_2S_5S_6] - S_1(-S_4C_5S_6 + C_4C_6)
\end{aligned} \tag{2.60}$$

$$o_y = S_1[-C_2(C_4C_5S_6 + S_4C_6) + S_2S_5S_6] + C_1(-S_4C_5S_6 + C_4C_6)$$
$$o_z = S_2(C_4C_5S_6 + S_4C_6) + C_2S_5S_6$$
$$a_x = C_1(C_2C_4S_5 + S_2C_5) - S_1S_4S_5$$
$$a_y = S_1(C_2C_4S_5 + S_2C_5) + C_1S_4S_5$$
$$a_z = -S_2C_4S_5 + C_2C_5$$
$$p_x = C_1S_2d_3 - S_1d_2$$
$$p_y = S_1S_2d_3 + C_1d_2$$
$$p_z = C_2d_3$$

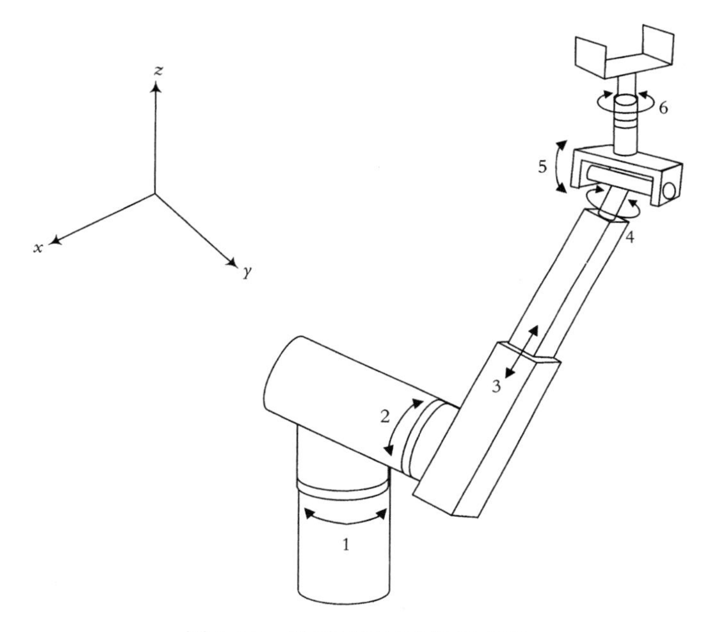

图 2.34　斯坦福机械手臂示意图

例 2.27　对图 2.35 所示的 4 轴机器人指定坐标系，写出描述 ${}^UT_H$ 的方程。

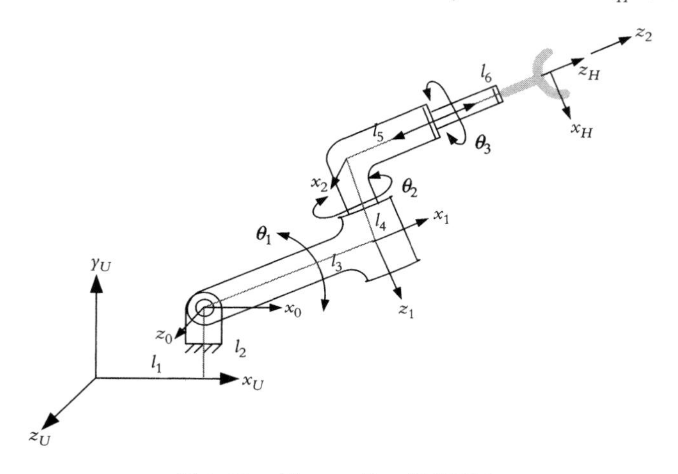

图 2.35　例 2.27 的 4 轴机器人

解：该例所显示的机器人具有扭曲角、关节偏移和用同一 z 轴来表示的两个运动关节。应用标准步骤来指定坐标系。参数如表 2.5 所示。

总变换为

$$^{U}T_H = {}^{U}T_0 \times {}^{0}T_H = \begin{bmatrix} 1 & 0 & 0 & l_1 \\ 0 & 1 & 0 & l_2 \\ 0 & 0 & 1 & 0 \\ 0 & 0 & 0 & 1 \end{bmatrix} \times A_1 A_2 A_H$$

表 2.5　例 2.27 的机器人的参数

#	θ	d	a	α
0-1	θ_1	0	l_3	90
1-2	θ_2	$-l_4$	0	90
2-H	θ_3	l_5+l_6	0	0

2.13　机器人的逆运动学解

如前所述，我们真正感兴趣的是逆运动学解。有了逆运动学解才能确定每个关节的值，从而使机器人到达期望的位姿。前面已对特定坐标系统的逆运动学解做了介绍，这部分将研究求解逆运动学方程的一般步骤。

读者可能已经注意到，前面的运动方程中有许多耦合角度的正弦或余弦值，如 C_{234}，这就使得无法从矩阵中提取足够的元素来求解单个正弦和余弦以计算角度。为使角度解耦，可用单个矩阵 A_n^{-1} 乘以矩阵 $^{R}T_H$，使得方程的一边不再包括某一单个的角度，于是可以找到给出该角度正弦和余弦的元素，并进而求得相应的角度。本节下面来说明这个过程。

例 2.28　找出例 2.23 中机器人关节变量的符号表达式。

解：这里重复列出式(2.56)所示的机器人正运动学方程，假设要将机器人放置到由如下的 $\boldsymbol{n}$、$\boldsymbol{o}$、$\boldsymbol{a}$ 和 $\boldsymbol{p}$ 向量所给定的期望位置和姿态：

$$^{0}T_H = A_1 \times A_2 = \begin{bmatrix} C_{12} & -S_{12} & 0 & a_2C_{12}+a_1C_1 \\ S_{12} & C_{12} & 0 & a_2S_{12}+a_1S_1 \\ 0 & 0 & 1 & 0 \\ 0 & 0 & 0 & 1 \end{bmatrix} = \begin{bmatrix} n_x & o_x & a_x & p_x \\ n_y & o_y & a_y & p_y \\ n_z & o_z & a_z & p_z \\ 0 & 0 & 0 & 1 \end{bmatrix} \quad (2.56)$$

因为该机器人仅有 2 个自由度，它的求解相对简单，可以用代数方法或者未知变量解耦的方法来求解关节角。为了便于比较，用下面两种方法求解。记住，为了正确地确定角度所在的象限，只要可能，均应求得该角的正弦和余弦值。

Ⅰ. 代数解法：使方程两边的矩阵分量(2, 1)、(1, 1)、(1, 4)和(2, 4)相等，可得

$$S_{12} = n_y \ \text{和} \ C_{12} = n_x \rightarrow \theta_{12} = ATAN2(n_y, n_x)$$

$$a_2C_{12} + a_1C_1 = p_x \ \text{或} \ a_2n_x + a_1C_1 = p_x \rightarrow C_1 = \frac{p_x - a_2n_x}{a_1}$$

$$a_2S_{12} + a_1S_1 = p_y \ \text{或} \ a_2n_y + a_1S_1 = p_y \rightarrow S_1 = \frac{p_y - a_2n_y}{a_1}$$

$$\theta_1 = ATAN2(S_1, C_1) = ATAN2\left(\frac{p_y - a_2 n_y}{a_1}, \frac{p_x - a_2 n_x}{a_1}\right)$$

既然 θ_1和 θ_{12}已经算出，θ_2也就可以计算出来。

Ⅱ. 另一种解法：在等式(2.56)两边同时右乘 A_2^{-1}，使得 θ_1从 θ_2中解耦，得到

$$A_1 \times A_2 \times A_2^{-1} = \begin{bmatrix} n_x & o_x & a_x & p_x \\ n_y & o_y & a_y & p_y \\ n_z & o_z & a_z & p_z \\ 0 & 0 & 0 & 1 \end{bmatrix} \times A_2^{-1} \quad \text{或} \quad A_1 = \begin{bmatrix} n_x & o_x & a_x & p_x \\ n_y & o_y & a_y & p_y \\ n_z & o_z & a_z & p_z \\ 0 & 0 & 0 & 1 \end{bmatrix} \times A_2^{-1}$$

$$\begin{bmatrix} C_1 & -S_1 & 0 & a_1 C_1 \\ S_1 & C_1 & 0 & a_1 S_1 \\ 0 & 0 & 1 & 0 \\ 0 & 0 & 0 & 1 \end{bmatrix} = \begin{bmatrix} n_x & o_x & a_x & p_x \\ n_y & o_y & a_y & p_y \\ n_z & o_z & a_z & p_z \\ 0 & 0 & 0 & 1 \end{bmatrix} \times \begin{bmatrix} C_2 & S_2 & 0 & -a_2 \\ -S_2 & C_2 & 0 & 0 \\ 0 & 0 & 1 & 0 \\ 0 & 0 & 0 & 1 \end{bmatrix}$$

$$\begin{bmatrix} C_1 & -S_1 & 0 & a_1 C_1 \\ S_1 & C_1 & 0 & a_1 S_1 \\ 0 & 0 & 1 & 0 \\ 0 & 0 & 0 & 1 \end{bmatrix} = \begin{bmatrix} C_2 n_x - S_2 o_x & S_2 n_x + C_2 o_x & a_x & p_x - a_2 n_x \\ C_2 n_y - S_2 o_y & S_2 n_y + C_2 o_y & a_y & p_y - a_2 n_y \\ C_2 n_z - S_2 o_z & S_2 n_z + C_2 o_z & a_z & p_z - a_2 n_z \\ 0 & 0 & 0 & 1 \end{bmatrix}$$

根据矩阵分量(1,4)和(2,4)，可得 $a_1 C_1 = p_x - a_2 n_x$ 和 $a_1 S_1 = p_y - a_2 n_y$，它们与用其他方法所得到的结果相同。求得了 S_1和 C_1，就可求得 S_2和 C_2的表达式。

2.13.1　链式机器人臂的一般解

在这一节，将归纳给出用于机械手逆运动学分析的一般方法[5]。并将其用于例 2.25 中的简单的机械臂。虽然所给出的求解方法只针对这一特定构型的机器人，但它也可以类似地重复应用于其他机器人。正如在例 2.25 所见，这里重复列出表示该机器人的最后方程：

$$^{R}T_H = A_1 A_2 A_3 A_4 A_5 A_6$$

$$= \begin{bmatrix} C_1(C_{234}C_5C_6 - S_{234}S_6) - S_1 S_5 C_6 & C_1(-C_{234}C_5C_6 - S_{234}C_6) + S_1 S_5 S_6 & C_1(C_{234}S_5) + S_1 C_5 & C_1(C_{234}a_4 + C_{23}a_3 + C_2 a_2) \\ S_1(C_{234}C_5C_6 - S_{234}S_6) + C_1 S_5 C_6 & S_1(-C_{234}C_5C_6 - S_{234}C_6) - C_1 S_5 S_6 & S_1(C_{234}S_5) - C_1 C_5 & S_1(C_{234}a_4 + C_{23}a_3 + C_2 a_2) \\ S_{234}C_5C_6 + C_{234}S_6 & -S_{234}C_5C_6 + C_{234}C_6 & S_{234}S_5 & S_{234}a_4 + S_{23}a_3 + S_2 a_2 \\ 0 & 0 & 0 & 1 \end{bmatrix}$$

为了书写方便，将上面的矩阵表示为[RHS](Right-Hand Side)。再次将机器人的期望位姿表示为

$$^{R}T_H = \begin{bmatrix} n_x & o_x & a_x & p_x \\ n_y & o_y & a_y & p_y \\ n_z & o_z & a_z & p_z \\ 0 & 0 & 0 & 1 \end{bmatrix} \tag{2.61}$$

为了求解这些角度，选择 A_n^{-1} 左乘方程两边的矩阵，首先用 A_1^{-1} 左乘两边的矩阵得

$$A_1^{-1}\times\begin{bmatrix} n_x & o_x & a_x & p_x \\ n_y & o_y & a_y & p_y \\ n_z & o_z & a_z & p_z \\ 0 & 0 & 0 & 1 \end{bmatrix}=A_1^{-1}[\text{RHS}]=A_2A_3A_4A_5A_6 \tag{2.62}$$

$$\begin{bmatrix} C_1 & S_1 & 0 & 0 \\ 0 & 0 & 1 & 0 \\ S_1 & -C_1 & 0 & 0 \\ 0 & 0 & 0 & 1 \end{bmatrix}\times\begin{bmatrix} n_x & o_x & a_x & p_x \\ n_y & o_y & a_y & p_y \\ n_z & o_z & a_z & p_z \\ 0 & 0 & 0 & 1 \end{bmatrix}=A_2A_3A_4A_5A_6$$

$$\begin{bmatrix} n_xC_1+n_yS_1 & o_xC_1+o_yS_1 & a_xC_1+a_yS_1 & p_xC_1+p_yS_1 \\ n_z & o_z & a_z & p_z \\ n_xS_1-n_yC_1 & o_xS_1-o_yC_1 & a_xS_1-a_yC_1 & p_xS_1-p_yC_1 \\ 0 & 0 & 0 & 1 \end{bmatrix}$$

$$=\begin{bmatrix} C_{234}C_5C_6-S_{234}S_6 & -C_{234}C_5C_6-S_{234}C_6 & C_{234}S_5 & C_{234}a_4+C_{23}a_3+C_2a_2 \\ S_{234}C_5C_6+C_{234}S_6 & -S_{234}C_5C_6+C_{234}C_6 & S_{234}S_5 & S_{234}a_4+S_{23}a_3+S_2a_2 \\ -S_5C_6 & S_5S_6 & C_5 & 0 \\ 0 & 0 & 0 & 1 \end{bmatrix} \tag{2.63}$$

根据式(2.63)的(3,4)元素，有

$$p_xS_1-p_yC_1=0 \rightarrow \theta_1=\arctan\left(\frac{p_y}{p_x}\right) \text{ 和 } \theta_1=\theta_1+180° \tag{2.64}$$

根据(1,4)和(2,4)元素，可得

$$\begin{aligned} p_xC_1+p_yS_1&=C_{234}a_4+C_{23}a_3+C_2a_2 \\ p_z&=S_{234}a_4+S_{23}a_3+S_2a_2 \end{aligned} \tag{2.65}$$

重新排列式(2.65)的两个表达式，并且两边平方，再相加得

$$\begin{aligned} &(p_xC_1+p_yS_1-C_{234}a_4)^2=(C_{23}a_3+C_2a_2)^2 \\ &(p_z-S_{234}a_4)^2=(S_{23}a_3+S_2a_2)^2 \\ &(p_xC_1+p_yS_1-C_{234}a_4)^2+(p_z-S_{234}a_4)^2=a_2^2+a_3^2+2a_2a_3(S_2S_{23}+C_2C_{23}) \end{aligned}$$

根据式(2.58)的三角函数方程，可得

$$S_2S_{23}+C_2C_{23}=\text{Cos}[(\theta_2+\theta_3)-\theta_2]=\text{Cos}\theta_3$$

因此，

$$C_3=\frac{(p_xC_1+p_yS_1-C_{234}a_4)^2+(p_z-S_{234}a_4)^2-a_2^2-a_3^2}{2a_2a_3} \tag{2.66}$$

在该等式中，除了 S_{234} 和 C_{234} 以外，每个变量都是已知的。S_{234} 和 C_{234} 将在下面求出。已知 $S_3=\pm\sqrt{1-C_3^2}$，于是可得

$$\theta_3 = \arctan\frac{S_3}{C_3} \tag{2.67}$$

由于关节 2，3，4 是平行的，再左乘 A_2^{-1} 和 A_3^{-1} 得不到有用的结果。下一步左乘 A_1 到 A_4 的逆，结果为

$$A_4^{-1}A_3^{-1}A_2^{-1}A_1^{-1}\times\begin{bmatrix} n_x & o_x & a_x & p_x \\ n_y & o_y & a_y & p_y \\ n_z & o_z & a_z & p_z \\ 0 & 0 & 0 & 1 \end{bmatrix} = A_4^{-1}A_3^{-1}A_2^{-1}A_1^{-1}[\text{RHS}] = A_5A_6 \tag{2.68}$$

它给出：

$$\begin{bmatrix} C_{234}(C_1n_x+S_1n_y) & C_{234}(C_1o_x+S_1o_y) & C_{234}(C_1a_x+S_1a_y) & C_{234}\left(C_1p_x+S_1p_y\right)+ \\ +S_{234}n_z & +S_{234}o_z & +S_{234}a_z & S_{234}p_z-C_{34}a_2-C_4a_3-a_4 \\ C_1n_y-S_1n_x & C_1o_y-S_1o_x & C_1a_y-S_1a_x & 0 \\ -S_{234}(C_1n_x+S_1n_y) & -S_{234}(C_1o_x+S_1o_y) & -S_{234}(C_1a_x+S_1a_y) & -S_{234}\left(C_1p_x+S_1p_y\right)+ \\ +C_{234}n_z & +C_{234}o_z & +C_{234}a_z & C_{234}p_z+S_{34}a_2+S_4a_3 \\ 0 & 0 & 0 & 1 \end{bmatrix}$$

$$=\begin{bmatrix} C_5C_6 & -C_5S_6 & S_5 & 0 \\ S_5C_6 & -S_5S_6 & -C_5 & 0 \\ S_6 & C_6 & 0 & 0 \\ 0 & 0 & 0 & 1 \end{bmatrix} \tag{2.69}$$

根据式(2.69)中矩阵的(3,3)元素，可得

$$\begin{gathered} -S_{234}(C_1a_x+S_1a_y)+C_{234}a_z=0 \\ \rightarrow \theta_{234}=\arctan\left(\frac{a_z}{C_1a_x+S_1a_y}\right),\qquad \theta_{234}=\theta_{234}+180^\circ \end{gathered} \tag{2.70}$$

由此可以计算 S_{234} 和 C_{234}。如前面所讨论过的，它们可用来计算 θ_3。

现在，再次参考式(2.65)，并重复列出该式就可以计算出 θ_2 的正弦和余弦，具体步骤如下：

$$\begin{cases} p_xC_1+p_yS_1=C_{234}a_4+C_{23}a_3+C_2a_2 \\ p_z=S_{234}a_4+S_{23}a_3+S_2a_2 \end{cases}$$

因为 $C_{12}=C_1C_2-S_1S_2$ 和 $S_{12}=S_1C_2+C_1S_2$，可得

$$\begin{cases} p_xC_1+p_yS_1-C_{234}a_4=(C_2C_3-S_2S_3)a_3+C_2a_2 \\ p_z-S_{234}a_4=(S_2C_3+C_2S_3)a_3+S_2a_2 \end{cases} \tag{2.71}$$

将上式作为具有两个方程和两个未知量的联立方程来处理，求解 C_2 和 S_2 可得

$$\begin{cases} S_2=\dfrac{(C_3a_3+a_2)(p_z-S_{234}a_4)-S_3a_3(p_xC_1+p_yS_1-C_{234}a_4)}{(C_3a_3+a_2)^2+S_3^2a_3^2} \\ C_2=\dfrac{(C_3a_3+a_2)(p_xC_1+p_yS_1-C_{234}a_4)+S_3a_3(p_z-S_{234}a_4)}{(C_3a_3+a_2)^2+S_3^2a_3^2} \end{cases} \tag{2.72}$$

虽然这个方程较复杂，但它的所有元素都是已知的，因此可以计算得到

$$\theta_2 = \arctan\frac{(C_3a_3 + a_2)(p_z - S_{234}a_4) - S_3a_3(p_xC_1 + p_yS_1 - C_{234}a_4)}{(C_3a_3 + a_2)(p_xC_1 + p_yS_1 - C_{234}a_4) + S_3a_3(p_z - S_{234}a_4)} \tag{2.73}$$

既然 θ_2 和 θ_3 都已知，进而可得

$$\theta_4 = \theta_{234} - \theta_2 - \theta_3 \tag{2.74}$$

注意：因为 θ_{234} 有两个解[见式(2.70)]，所以 θ_4 也有两个解。根据式(2.69)的(1,3)和(2,3)元素，可得

$$\begin{cases} S_5 = C_{234}(C_1a_x + S_1a_y) + S_{234}a_z \\ C_5 = -C_1a_y + S_1a_x \end{cases} \tag{2.75}$$

$$\theta_5 = \arctan\frac{C_{234}(C_1a_x + S_1a_y) + S_{234}a_z}{S_1a_x - C_1a_y} \tag{2.76}$$

也许已注意到，因为对 θ_6 没有解耦方程，所以必须用 A_5 的逆左乘式(2.69)来对它解耦，从而得到

$$\begin{bmatrix} C_5[C_{234}(C_1n_x + S_1n_y) + S_{234}n_z] & C_5[C_{234}(C_1o_x + S_1o_y) + S_{234}o_z] & 0 & 0 \\ -S_5(S_1n_x - C_1n_y) & -S_5(S_1o_x - C_1o_y) & & \\ -S_{234}(C_1n_x + S_1n_y) + C_{234}n_z & -S_{234}(C_1o_x + S_1o_y) + C_{234}o_z & 0 & 0 \\ 0 & 0 & 1 & 0 \\ 0 & 0 & 0 & 1 \end{bmatrix}$$

$$= \begin{bmatrix} C_6 & -S_6 & 0 & 0 \\ S_6 & C_6 & 0 & 0 \\ 0 & 0 & 1 & 0 \\ 0 & 0 & 0 & 1 \end{bmatrix} \tag{2.77}$$

根据式(2.77)的(2,1)和(2,2)元素，可得

$$\theta_6 = \arctan\frac{-S_{234}(C_1n_x + S_1n_y) + C_{234}n_z}{-S_{234}(C_1o_x + S_1o_y) + C_{234}o_z} \tag{2.78}$$

至此找到了 6 个方程，它们合在一起给出了机器人置于任何期望位姿所需的关节量。虽然这种方法仅适用于给定的机器人，但也可用类似的方法来处理其他的机器人。

值得注意的是，由于机器人的最后 3 个关节相交于一个共同点，才使得可以用这个方法来求解。否则就不能用这个方法，而只能直接求解矩阵或通过计算矩阵的逆来求解未知变量。大多数工业机器人都有相交的腕关节。

2.14 机器人的逆运动学编程

求解机器人逆运动学问题所建立的方程可以直接用于驱动机器人以到达期望位置。事实上，没有机器人真正用正运动学方程来求解这个问题，所用到的仅为计算关节值的 6 个方程

组合(或者少于 6 个，它取决于关节的个数)。换言之，机器人设计者必须计算逆解并推导这些方程，并进而用它们驱动机器人到达期望位置。这样做是必须的，其实际的原因是：计算机计算正运动学方程的逆或将值代入正运动学方程，并用高斯消去这样的方法来求解未知量(关节变量)，将花费大量的时间。

为使机器人按预定的轨迹运动，譬如说直线，那么在一秒内必须多次反复计算关节变量。现假设机器人沿直线从起点 A 运动到终点 B，如果其间不采取其他措施，那么机器人从 A 运动到 B 的轨迹是难以预测的。机器人将运动它的所有关节直到它们都到达终值，这时机器人便到达了终点 B。然而，机器人手在两点间运行的路径是未知的，它取决于机器人每个关节的变化率。为了使机器人按直线运动，必须把这一路径分成如图 2.36 所示的许多小段，让机器人在两点间按照分好的小段路径依次运动。这就意味着对每一小段路径都必须计算新的逆运动学解。典型情况下，每秒要对位置反复计算 50 到 200 次。也就是说，如果计算逆解耗时 5 到 20 ms 以上[10]，那么机器人将丢失精度或不能按照指定路径运动。用来计算新解的时间越短，机器人的运动就越精确。因此，必须尽量减少不必要的计算，从而使计算机控制器能做更多的逆解计算。这也就是为什么设计者必须事先做好所有的数学处理，并仅需为计算机控制器编程来计算最终的解的原因。第 5 章将详细讨论这个问题。

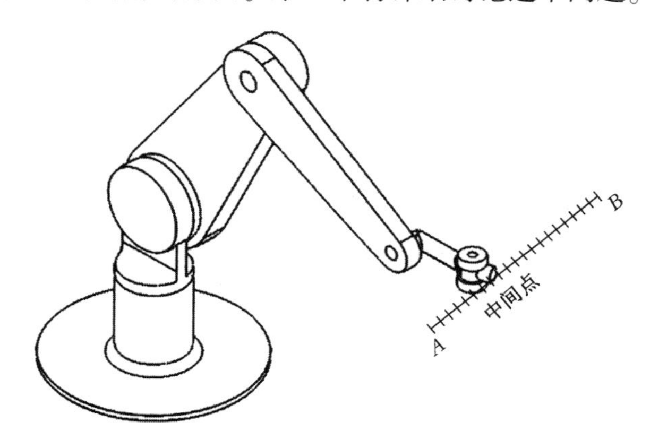

图 2.36　直线的小段运动

对于早先讨论过的 6 轴机器人情况，给定最终的期望位姿为

$$
{}^{R}T_{H_{Desired}} = \begin{bmatrix} n_x & o_x & a_x & p_x \\ n_y & o_y & a_y & p_y \\ n_z & o_z & a_z & p_z \\ 0 & 0 & 0 & 1 \end{bmatrix}
$$

为了计算未知角度，控制器需要用到的逆解组合归纳如下：

$$
\theta_1 = \arctan\left(\frac{p_y}{p_x}\right), \qquad \theta_1 = \theta_1 + 180^\circ
$$

$$
\theta_{234} = \arctan\left(\frac{a_z}{C_1 a_x + S_1 a_y}\right), \qquad \theta_{234} = \theta_{234} + 180^\circ
$$

$$
C_3 = \frac{(p_x C_1 + p_y S_1 - C_{234} a_4)^2 + (p_z - S_{234} a_4)^2 - a_2^2 - a_3^2}{2 a_2 a_3}
$$

$$
\begin{aligned}
&S_3 = \pm\sqrt{1 - C_3^2}\\
&\theta_3 = \arctan\frac{S_3}{C_3}\\
&\theta_2 = \arctan\frac{(C_3a_3 + a_2)(p_z - S_{234}a_4) - S_3a_3(p_xC_1 + p_yS_1 - C_{234}a_4)}{(C_3a_3 + a_2)(p_xC_1 + p_yS_1 - C_{234}a_4) + S_3a_3(p_z - S_{234}a_4)}\\
&\theta_4 = \theta_{234} - \theta_2 - \theta_3\\
&\theta_5 = \arctan\frac{C_{234}(C_1a_x + S_1a_y) + S_{234}a_z}{S_1a_x - C_1a_y}\\
&\theta_6 = \arctan\frac{-S_{234}(C_1n_x + S_1n_y) + C_{234}n_z}{-S_{234}(C_1o_x + S_1o_y) + C_{234}o_z}
\end{aligned}
\tag{2.79}
$$

虽然以上计算也并不简单，但用这些方程来计算角度要比对矩阵求逆或使用高斯消去法计算快得多。这里所有的运算都是简单的算术运算和三角运算。

2.15 机器人的退化和灵巧特性

2.15.1 退化

当机器人失去 1 个自由度，并因此不按所期望的状态运动时即称机器人发生了退化[11]。在两种条件下机器人会发生退化：(1)机器人关节达到其物理极限而不能进一步运动；(2)如果两个相似关节的 z 轴变成共线时，机器人可能会在其工作空间内变为退化状态。这意味此时无论哪个关节运动都将产生同样的运动，结果是控制器将不知道是哪个关节在运动。无论哪一种情况，机器人可用的自由度总数都少于6，因此机器人的方程无解。在关节共线时，位置矩阵的行列式也为零。图 2.37 显示了一个处于垂直构型的简单机器人，其中关节 1 和关节 6 共线。可以看到，无论关节 1 或关节 6 旋转，末端执行器都做同样的旋转。实际上，这时指令控制器采取紧急行动是十分重要的，否则机器人将停止运行。应注意，这种情况只在两关节相似时才会发生。反之，如果一个关节是滑动型的，而另一个是旋转型的(例如斯坦福机械手臂的关节 3 和关节 4)，那么即使它们的 z 轴共线，机器人也不会出现退化的现象。Paul 指出[11]：如果 $\sin\alpha_4$、$\sin\alpha_5$或 $\sin\theta_5$为 0，机器人就将退化(当关节 4 和 5 平行时，或当关节 5 和 6 平行时，也会发生退化。因此，导致类似的运动)。显然，可以适当设计 α_4和 α_5来防止机器人退化。此外，任何时候 θ_5接近 0°或 180°，机器人将变成退化状态。

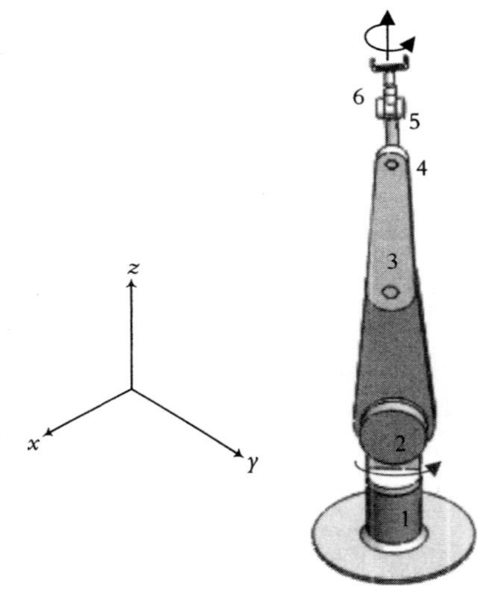

图 2.37 处于退化位置的机器人

2.15.2 灵巧

当指定了机器人手的位姿，就能为具有 6 个自由度的机器人在其工作范围内的任何期望位置定位和定姿。实际上，随着机器人越来越接近其工作空间的极限，虽然机器人仍可能定位在期望的点上，但却可能无法定姿在期望的姿态上。能对机器人定位但不能对它定姿的点的区域称为不灵巧区域。

2.16　D-H 表示法的基本问题

虽然 D-H 表示法已广泛用于机器人的运动学建模和分析，并已成为解决该问题的标准方法，但它在技术上仍存在着根本的缺陷，很多研究者试图通过改进 D-H 表示法来解决这个问题[12]。其根本问题是：由于所有的运动都是关于 x 和 z 轴的，而无法表示关于 y 轴的运动，因此只要有任何关于 y 轴的运动，此方法就不适用。很多时候会发生这种情况，例如，假设原本应该平行的两个关节轴在安装时有一点小的偏差，由于两轴之间存在小的夹角，因此需要沿 y 轴运动。由于所有实际的工业机器人在其制造过程中都存在一定的误差，所以该误差不能用 D-H 法来建模。

例 2.26（续）　图 2.38 显示了例 2.26 中（见图 2.34）斯坦福机械手臂的参考坐标系。为了改进可视性，对它进行了简化。相应的参数如表 2.6 所示。

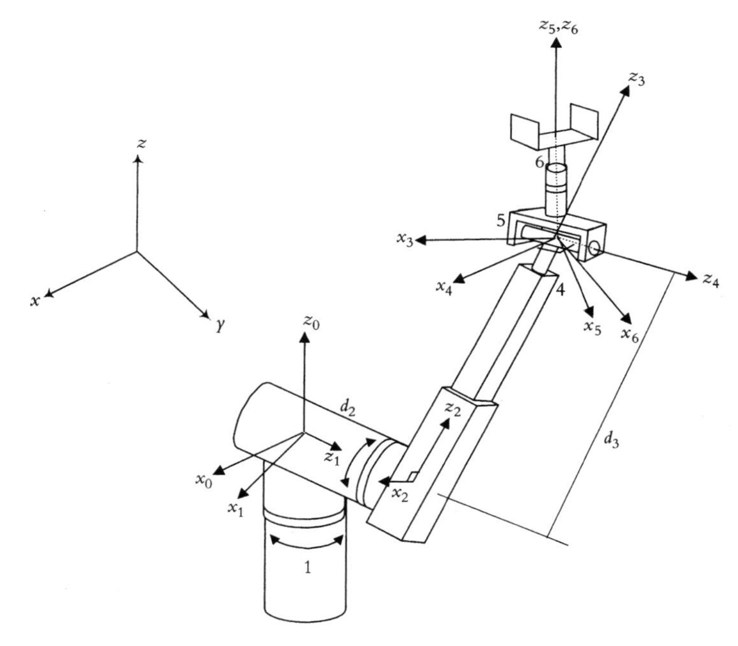

图 2.38　斯坦福机械手臂的坐标系

表 2.6　斯坦福机械手臂的参数表

#	θ	d	a	α
0−1	θ_1	0	0	−90
1−2	θ_2	d_2	0	90
2−3	0	d_3	0	0
3−4	θ_4	0	0	−90
4−5	θ_5	0	0	90
5−6	θ_6	0	0	0

关于斯坦福机械手臂逆运动学解的推导，请参考本章末尾的参考文献5和13。以下是斯坦福手臂逆运动学解的结果汇总：

$$\theta_1 = \arctan\left(\frac{p_y}{p_x}\right) - \arctan\frac{d_2}{\pm\sqrt{r^2 - d_2^2}},\ \text{其中}\ r = \sqrt{p_x^2 + p_y^2} \tag{2.80}$$

$$\theta_2 = \arctan\frac{C_1 p_x + S_1 p_y}{p_z} \tag{2.81}$$

$$d_3 = S_2(C_1 p_x + S_1 p_y) + C_2 p_z \tag{2.82}$$

$$\theta_4 = \arctan\frac{-S_1 a_x + C_1 a_y}{C_2(C_1 a_x + S_1 a_y) - S_2 a_z}, \qquad \theta_4 = \theta_4 + 180^\circ \text{若} \theta_5 < 0 \tag{2.83}$$

$$\theta_5 = \arctan\frac{C_4[C_2(C_1 a_x + S_1 a_y) - S_2 a_z] + S_4[-S_1 a_x + C_1 a_y]}{S_2(C_1 a_x + S_1 a_y) + C_2 a_z} \tag{2.84}$$

$$\begin{aligned}\theta_6 &= \arctan\frac{S_6}{C_6},\ \text{其中}\\ S_6 &= -C_5\{C_4[C_2(C_1 o_x + S_1 o_y) - S_2 o_z] + S_4[-S_1 o_x + C_1 o_y]\}\\ &\quad + S_5\{S_2(C_1 o_x + S_1 o_y) + C_2 o_z\}\\ C_6 &= -S_4[C_2(C_1 o_x + S_1 o_y) - S_2 o_z] + C_4[-S_1 o_x + C_1 o_y]\end{aligned} \tag{2.85}$$

例2.29 D-H方法在手指拼写手设计中的应用：为了能使普通的使用者和聋哑人交流，加州州立理工大学设计了一个手指拼写手[14]。该手有17个自由度，能够形成所有的手指拼写字母和数字(见图2.39)。为了推导手的正逆运动学方程，基于D-H表示，为每个手指手腕的组合都指定了一组坐标系。这些方程可以用来推导手指的位置。这个应用说明，D-H技术除了可对机器人的运动进行建模外，它还可用来表示变换、旋转和不同运动部件之间的运动，而不管这其中是否包括机器人。也许还可以找到这种技术在其他方面的应用。

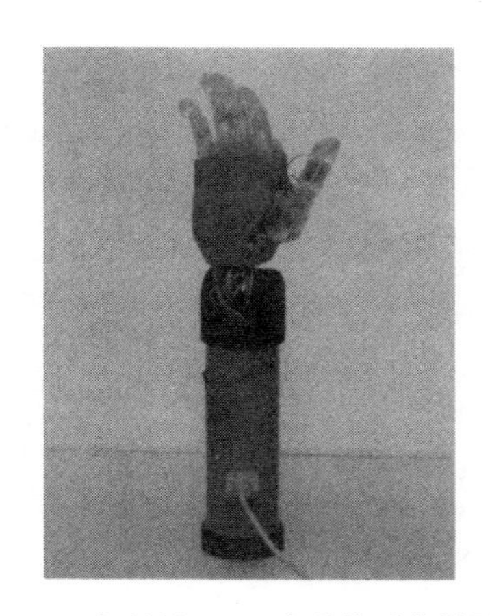

图2.39 加州州立理工大学的手指拼写手

2.17 设计项目

从本章开始并在本书的其余部分，要求将每章中已学到的知识应用到一个简单机器人的设计中，这将有利于用刚学到的知识设计自己的机器人。因为6自由度机器人太复杂了，所以考虑用3自由度机器人，其目的是使所设计的简单机器人可以制作出来。所需的零部件能够从机器人爱好者商店、五金店及供货商那里很容易地买到。

这一节将首先需要考虑机器人的初步设计和它的构型，可能的驱动器类型可以在后面再考虑。虽然在后面要学习驱动器，但现在就考虑驱动器的类型也是很好的想法。同时还必须考虑要用到的连杆和关节的类型，例如可能的连杆长度、关节类型及材料（例如在五金店内可以买到的木销、空心铝、黄铜管等）。

2.17.1　3 自由度机器人

在这个方案的设计中，可以采用喜欢的构型来设计所喜欢的机器人，我们鼓励创造性的设计。然而，作为设计并制作机器人的一个指导，这里将讨论一个简单的机器人。在机器人构型最终确定后，应着手推导正逆运动学方程。这一部分设计的最后结果是得到一组简单 3 自由度机器人的逆运动学方程，它可用于驱动机器人到达期望的位置。应该认识到，对于机器人所做的简化处理所付出的代价是只能给定机器人的位置，而不能给定它的姿态。

机器人设计中的一个关键是考虑它的关节。图 2.40（a）所示的是一个无关节偏移 d 的简单设计，这明显地简化了机器人的分析，因为它简化了与此关节相关的 A 矩阵。然而制造这样的关节不像图 2.40（b）所示的设计那么简单，图 2.40（b）所示的设计也容许有较大的运动范围。另一方面，虽然对于图 2.40（b）所示的设计明显地需要处理关节偏移 d，但大多数情况下会出现第 2 个关节，它在反方向具有相同的关节偏移，在整个机器人的方程中它将抵消第 1 个关节的偏移。因此可假定将机器人关节制作成如图 2.40（b）所示的结构，而无须担心关节偏移 d 的影响。

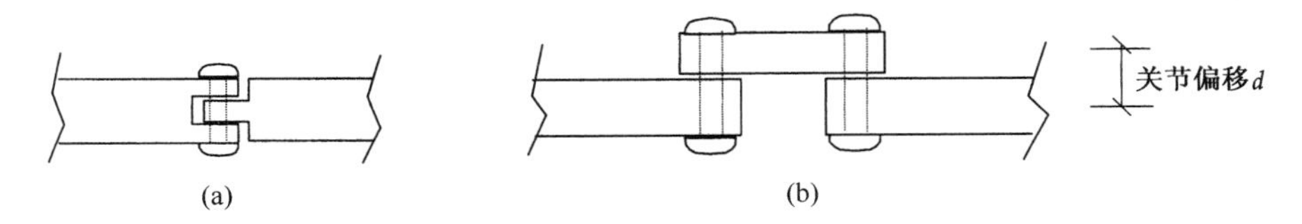

图 2.40　关节的两个简单设计

本书将在第 7 章讨论驱动器，然而对于这个设计项目来说，应考虑可以使用伺服电机或步进电机。在设计机器人时一定要考虑所选用的驱动器的类型，以及如何将驱动器与连杆和关节连接起来。记住在这一步仅仅是设计机器人的构型，以后还可更换驱动器，以使新的设计更适用于机器人。

当机器人的最初草图完成后，依次给每个关节建立坐标系、填写坐标系的参数表、推导每个坐标变换矩阵并计算最终的${}^{U}T_{H}$。然后，运用本章中学到的知识，推导机器人的逆运动学方程。这就意味着当实际制作了机器人后，就可以用这些方程驱动机器人并控制它的位置（由于机器人只有 3 个自由度，它的姿态无法控制）。

图 2.41 给出了一个简单 3 自由度机器人的设计，可用它来指导你的设计。在一个学生的设计中，长度分别取为 8 in、2 in、9 in、2 in 和 9 in①，连杆为空心铝管，由 3 个带码盘反馈及齿轮减速的直流电机驱动，通过蜗轮连接到关节。

图 2.41 还给出了一组可能设定的关节坐标系，机器人的末端有它自己的坐标系，坐标系 3 用来将坐标系 2 转换为手坐标系。为了能正确地推导出机器人的正逆运动学方程，定义机器人的零位（所有的关节角度为零）很重要。在这个例子里，零位定义为机器人指向上方并且 x_0 和 x_U 平行。这种情况下 x_1 和 x_2 之间的角度是 90°。所以，这个关节实际的角度就是 $-90° + \theta_2$。

① 1 in（英寸）= 0.0254 m（米）。——编者注

对于 x_0 和 x_1 也是同样的，即当 θ_1 是零时，它们之间的角度是 90°。因此，他们之间的角度是 $90° + \theta_1$。也要注意其他坐标系之间的固定角。

此练习留下来自己完成。相对于坐标系 0 的机器人逆运动学方程为

$$\begin{aligned}\theta_1 &= \arctan(-p_x/p_y)\\ \theta_3 &= \arccos[((p_y/C_1)^2 + (p_z)^2 - 162)/162]\\ \theta_2 &= \arccos[(p_z C_1(1 + C_3) + p_y S_3)/(18(1 + C_3)C_1)]\end{aligned} \tag{2.86}$$

注意：如果 $\cos\theta_1 = 0$，则用 p_x/S_1 代替 p_y/C_1。

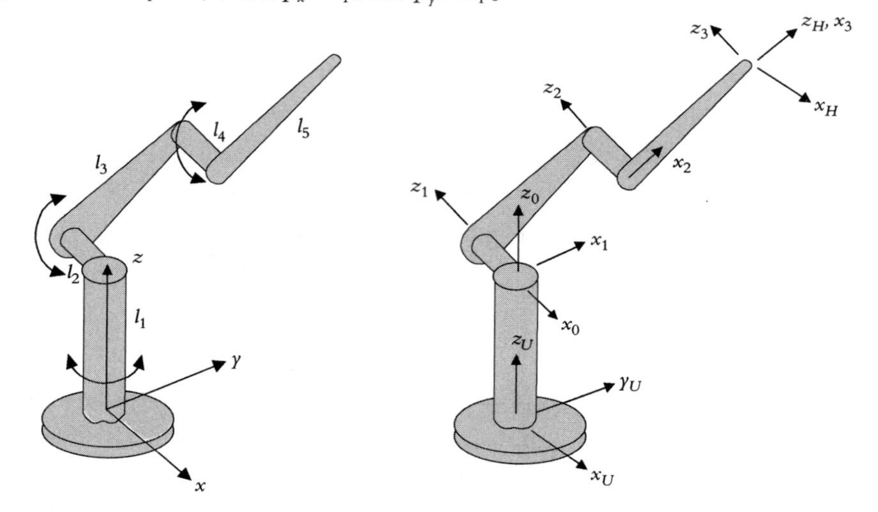

图 2.41　可用于设计项目的简单 3 自由度机器人的设计

2.17.2　3 自由度移动机器人

可以考虑的另一个项目是移动机器人。这些机器人很普遍，它们通常用于自主导航和开发机器人的人工智能。一般情况下可以假设机器人在一个平面上运动，这种运动可以表示为沿 x 轴和 y 轴的移动或在极坐标中的移动和旋转(r, θ)。此外，该机器人的姿态可以通过绕 z 轴转动来改变。据此可开发机器人的运动学方程来控制它的运动。图 2.42 为该机器人的示意图(见第 7 章关于一个单轴机器人的设计项目，它也可以用于这个项目)。

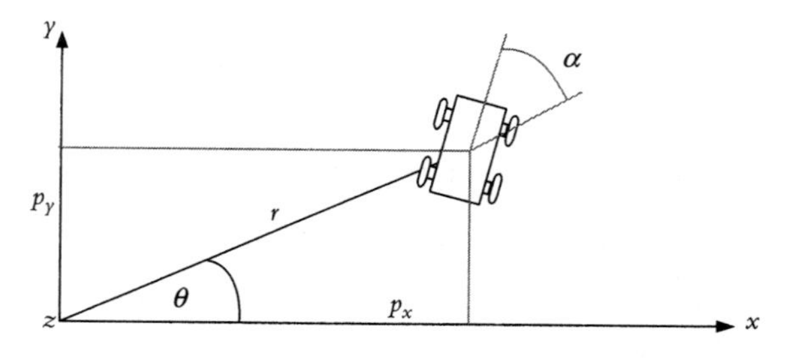

图 2.42　3 自由度移动机器人的示意图

在以后的几章中，将继续讨论该机器人的设计。

小结

本章讨论了用矩阵表示点、向量、坐标系及变换的方法，并利用矩阵讨论了几种特定类型机器人以及欧拉角和 RPY 姿态角的正逆运动学方程，这些特定类型机器人包括直角坐标、

圆柱坐标和球坐标机器人。然而，本章的主旨是学习如何表示多自由度机器人在空间的运动，以及如何用 Denavit-Hartenberg(D-H)表示法导出机器人的正逆运动学方程。这种方法可用于表示任何一种机器人的构型，而不必考虑关节的数量和类型、关节偏移或连杆扭转。

下一章将接着讨论机器人的微分运动，实际等效于机器人的速度分析。

参考文献

[1] Niku, S., "Scheme for Active Positional Correction of Robot Arms," Proceedings of the 5th International Conference on CAD/CAM, Robotics and Factories of Future, Springer Verlag, pp. 590-593, 1991.

[2] Puopolo, Michael G., Saeed B. Niku, "Robot Arm Positional Deflection Control with a Laser Light," Proceedings of the Mechatronics '98 Conference, Skovde, Sweden, Adolfsson and Karlsen, Editors, Pergamon Press, September 1998, pp. 281-286.

[3] Ardayfio, D. D., Q. Danwen, "Kinematic Simulation of Novel Robotic Mechanisms Having Closed Kinematic Chains," Paper # 85-DET-81, American Society of Mechanical Engineers, 1985.

[4] Denavit, J., R. S. Hartenberg, "A Kinematic Notation for Lower-Pair Mechanisms Based on Matrices," *ASME Journal of Applied Mechanics*, June 1955, 215-221.

[5] Paul, Richard P., "Robot Manipulators, Mathematics, Programming, and Control," MIT Press, 1981.

[6] Craig, John J., "Introduction to Robotics: Mechanics and Control", 2nd Edition, Addison Wesley, 1989.

[7] Shahinpoor, Mohsen, "A Robot Engineering Textbook," Harper & Row, 1987.

[8] Koren, Yoram, "Robotics for Engineers," McGraw-Hill, 1985.

[9] Fu, K. S., R. C. Gonzalez, C. S. G. Lee, "Robotics: Control, Sensing, Vision, and Intelligence," McGraw-Hill, 1987.

[10] Eman, Kornel F., "Trajectories," International Encyclopedia of Robotics: Applications and Automation," Richard C. Doff, Editor, John Wiley and Sons, NY, 1988, pp. 1796-1810.

[11] Paul, Richard P., C. N. Stevenson, "Kinematics of Robot Wrists," The International Journal of Robotics Research, Vol. 2, No. 1, Spring 1983, pp. 31-38.

[12] Barker, Keith, "Improved Robot-Joint Calculations," NASA Tech Briefs, September 1988, p. 79.

[13] Ardayfio, D. D., R. Kapur, S. B. Yang, W. A. Watson, "Micras, Microcomputer Interactive Codes for Robot Analysis and Simulation," Mechanisms and Machine Theory, Vol. 20, No. 4, 1985, pp. 271-284.

[14] Garcia, Mario, S. B. Niku, "Finger-Spelling Hand," masters thesis, Mechanical Engineering, Cal Poly, San Luis Obispo, CA, 2009.

习题

下面提供的立体网格图(见图 2.43)用于本章下面的习题，它可用来绘制机器人、坐标系和变换等三维形状和物体。对于需要使用图形来表示结果的每个习题，请复制该网格图来表示结果。该网格图也可在市场上买到。

2.1　写出描述 $\boldsymbol{p}=5\boldsymbol{i}+3\boldsymbol{k}$ 和 $\boldsymbol{q}=3\boldsymbol{i}+4\boldsymbol{j}+5\boldsymbol{k}$ 的叉积方向的单位向量。

2.2　向量 $\boldsymbol{p}$ 是 8 个单位长并和如下所示的向量 $\boldsymbol{q}$ 和 $\boldsymbol{r}$ 垂直。用矩阵形式来表示这个向量。

$$\boldsymbol{q}_{unit}=\begin{bmatrix}0.3\\ q_y\\ 0.4\\ 0\end{bmatrix}\qquad \boldsymbol{r}_{unit}=\begin{bmatrix}r_x\\ 0.5\\ 0.4\\ 0\end{bmatrix}$$

2.3 题2.2中的向量 $\boldsymbol{p}$、$\boldsymbol{q}$ 和 $\boldsymbol{r}$ 能形成传统的坐标系吗？如果不能，找出单位向量 $\boldsymbol{s}$，使 $\boldsymbol{p}$、$\boldsymbol{q}$ 和 $\boldsymbol{s}$ 形成一个坐标系。

2.4 假设空间中一个点(不是一个坐标系) $P=(3,5,7)^{\mathrm{T}}$ 移动了 $d=(2,3,4)^{\mathrm{T}}$ 的距离，找出该点相对参考坐标系的新位置。

2.5 下面的坐标系 B 移动 $d=(5,2,6)^{\mathrm{T}}$ 的距离，求该坐标系相对参考坐标系的新位置。

$$B=\begin{bmatrix}0 & 1 & 0 & 2\\ 1 & 0 & 0 & 4\\ 0 & 0 & -1 & 6\\ 0 & 0 & 0 & 1\end{bmatrix}$$

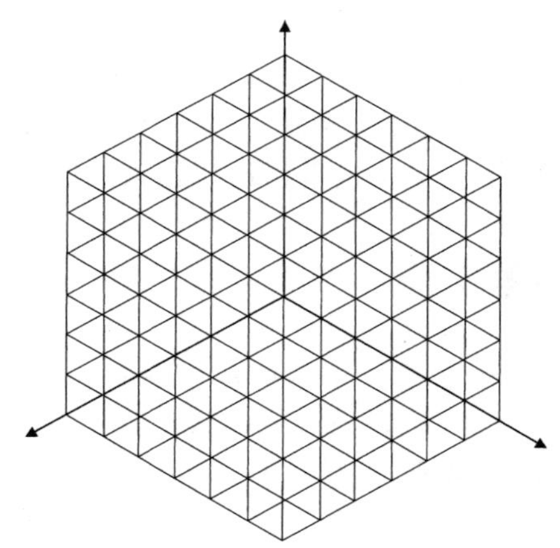

图2.43 立体网格图

2.6 对于坐标系 F，求出其中所缺元素的值，并完成该坐标系的矩阵表示。

$$F=\begin{bmatrix}? & 0 & -1 & 5\\ ? & 0 & 0 & 3\\ ? & -1 & 0 & 2\\ 0 & 0 & 0 & 1\end{bmatrix}$$

2.7 求出坐标系 B 中所缺元素的值，并完成该坐标系的矩阵表示。

$$B=\begin{bmatrix}0.707 & ? & 0 & 2\\ ? & 0 & 1 & 4\\ ? & -0.707 & 0 & 5\\ 0 & 0 & 0 & 1\end{bmatrix}$$

2.8 推导绕参考坐标系的 y 轴纯旋转的矩阵表示。

2.9 推导绕参考坐标系的 z 轴纯旋转的矩阵表示。

2.10 证明关于参考坐标系轴的旋转矩阵满足所需要的约束方程组，该约束方程组包括了单位方向向量的正交及长度为1的要求。

2.11 求点 $P(2,3,4)^{\mathrm{T}}$ 绕参考坐标系 x 轴旋转45°后相对于参考坐标系的坐标。

2.12 求点 $P(3,5,7)^{\mathrm{T}}$ 绕参考坐标系 z 轴旋转30°后相对于参考坐标系的坐标。

2.13 求点 $P(1,2,3)^{\mathrm{T}}$ 绕参考坐标系 z 轴旋转30°再绕 y 轴旋转60°后相对于参考坐标系的新位置。

2.14 空间点 P 相对于坐标系 B 的位置定义为 ${}^{B}P=(5,3,4)^{\mathrm{T}}$，坐标系 B 固连在参考系 A 的原点且与 A 平行。将如下的变换运用于坐标系 B，并求出 ${}^{A}P$。用三维网格绘制这些变换和变换的结果，并证明该结果。并用图形证明，如果相对于当前坐标系进行下面的变换将得不到同样的结果。

- 绕 x 轴旋转90°；
- 接着沿 y 轴平移3个单位，沿 z 轴平移6个单位，沿 x 轴平移5个单位；
- 然后绕 z 轴旋转90°。

2.15 空间点 P 相对于坐标系 B 的位置定义为 ${}^{B}P=(2,3,5)^{\mathrm{T}}$，坐标系 B 固连在参考系 A 的原点且与 A 平行。将如下的变换运用于坐标系 B，并求出 ${}^{A}P$。用三维网格绘制这些变换和变换的结果，并证明该结果。

- 绕 x 轴旋转90°；
- 接着绕本地坐标系的 a 轴旋转90°；
- 然后沿 y 轴平移3个单位，沿 z 轴平移6个单位，沿 x 轴平移5个单位。

2.16　坐标系 B 绕 z 轴旋转 90°，然后沿 n 轴和 o 轴分别移动 3 和 5 个单位，再绕 n 轴旋转 90°，最后再绕 y 轴旋转 90°。求出该坐标系的新位姿。

$$B=\begin{bmatrix}0&1&0&1\\1&0&0&1\\0&0&-1&1\\0&0&0&1\end{bmatrix}$$

2.17　习题 2.16 中的坐标系 B 绕 a 轴旋转 90°，再绕着 y 轴旋转 90°，然后沿 x 轴和 y 轴分别移动 2 和 4 个单位，最后绕 n 轴旋转 90°。求出该坐标系的新位姿。

$$B=\begin{bmatrix}0&1&0&1\\1&0&0&1\\0&0&-1&1\\0&0&0&1\end{bmatrix}$$

2.18　证明绕 y 轴和 z 轴的旋转矩阵是酉矩阵。

2.19　计算下列变换矩阵的逆。

$$T_1=\begin{bmatrix}0.527&-0.574&0.628&2\\0.369&0.819&0.439&5\\-0.766&0&0.643&3\\0&0&0&1\end{bmatrix}\quad\text{和}\quad T_2=\begin{bmatrix}0.92&0&0.39&5\\0&1&0&6\\-0.39&0&0.92&2\\0&0&0&1\end{bmatrix}$$

2.20　计算习题 2.17 中矩阵 B 的逆。

2.21　为了使球坐标转回到原来的姿态，使它与参考坐标系平行，写出必须采取的正确运动顺序，并说明绕什么轴旋转。

2.22　用球坐标系来定位机器人的手。在某些情况下，要求将手转回到平行于参考坐标系的姿态，表示这个过程的矩阵为

$$T_{sph}=\begin{bmatrix}1&0&0&3.1375\\0&1&0&2.195\\0&0&1&3.214\\0&0&0&1\end{bmatrix}$$

- 求出获得这个位置所必需的 r、β 和 γ 值。
- 求手的姿态在转回之前的原矩阵分量 $\boldsymbol{n}$、$\boldsymbol{o}$ 和 $\boldsymbol{a}$ 向量。

2.23　假设机器人由直角坐标和 RPY 组合关节构成，求出获得下列位姿矩阵所必须的 RPY 角。

$$T=\begin{bmatrix}0.527&-0.574&0.628&4\\0.369&0.819&0.439&6\\-0.766&0&0.643&9\\0&0&0&1\end{bmatrix}$$

2.24　假设机器人由直角坐标和欧拉角组合关节构成，求出获得下列位姿矩阵所必须的欧拉角。

$$T=\begin{bmatrix}0.527&-0.574&0.628&4\\0.369&0.819&0.439&6\\-0.766&0&0.643&9\\0&0&0&1\end{bmatrix}$$

2.25　假设机器人分别用 30°、40°和 50°作为欧拉角，求如果用 RPY 来获得同样的结果，应该用的角度分别是多少？

2.26 坐标系 ^{U}B 沿自身的 o 轴移动 6 个单位的距离，然后绕它的 n 轴旋转 60°，再沿着 z 轴平移 3 个单位，接着再绕 z 轴旋转 60°，最后绕 x 轴旋转 45°。

- 计算所进行的总变换。
- 如果要用直角坐标和欧拉角的组合构型来产生同样的位姿，那么应该怎样旋转和移动？

2.27 坐标系 ^{U}F 沿自身的 n 轴移动 5 个单位的距离，然后绕 o 轴旋转 60°，接下来绕 z 轴旋转 60°，然后沿着 a 轴平移 3 个单位，最后绕 x 轴旋转 45°。

- 计算所进行的总变换。
- 如果要用直角坐标和 RPY 的组合构型来产生同样的位姿，那么应该怎样旋转和移动？

2.28 下面所给出的描述机器人基座和物体的坐标系均相对于全局坐标系。

- 如果机器人手要放到物体上，求机器人构型的变换 $^{R}T_H$。
- 通过检查，说明该机器人是否可为 3 轴球型机器人，如果可以的话，求 α、β 和 r 值。
- 假设该机器人为具有直角坐标和欧拉坐标的 6 轴机器人，求 P_x、P_y、P_z、ϕ、θ 和 ψ。

$$
{}^{U}T_{obj}=\begin{bmatrix}1&0&0&1\\0&0&-1&4\\0&1&0&0\\0&0&0&1\end{bmatrix},\qquad {}^{U}T_{R}=\begin{bmatrix}0&-1&0&2\\1&0&0&-1\\0&0&1&0\\0&0&0&1\end{bmatrix}
$$

2.29 如图 P.2.29 所示的 3 自由度机器人手臂设计用来在平面墙上喷涂。

- 基于 D-H 表示法，建立必要的坐标系。
- 填写参数表。
- 求 $^{U}T_H$ 矩阵。

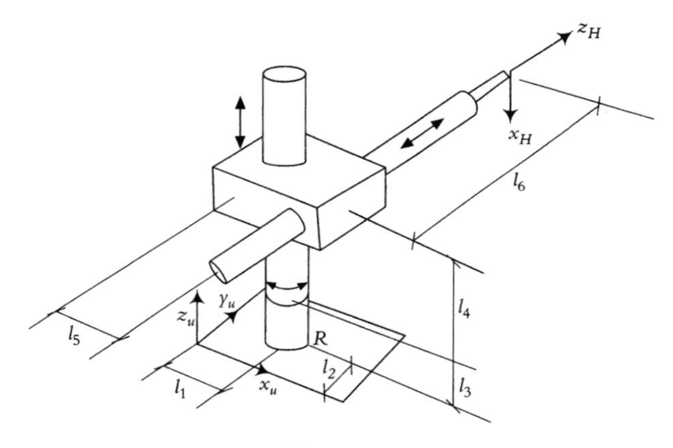

图 P.2.29

2.30 如图所示的 2 自由度机器人，给定符号形式和特定位置数字形式的变换矩阵 $^{0}T_H$ 如下。连杆 l_1 和 l_2 的长度均为 1 ft①。计算对于给定位置的 θ_1 和 θ_2 的值。

$$
{}^{0}T_{H}=\begin{bmatrix}C_{12}&-S_{12}&0&l_2C_{12}+l_1C_1\\S_{12}&C_{12}&0&l_2S_{12}+l_1S_1\\0&0&1&0\\0&0&0&1\end{bmatrix}=\begin{bmatrix}-0.2924&-0.9563&0&0.6978\\0.9563&-0.2924&0&0.8172\\0&0&1&0\\0&0&0&1\end{bmatrix}
$$

① 1 ft(英尺) = 0.3048 m(米)。——编者注

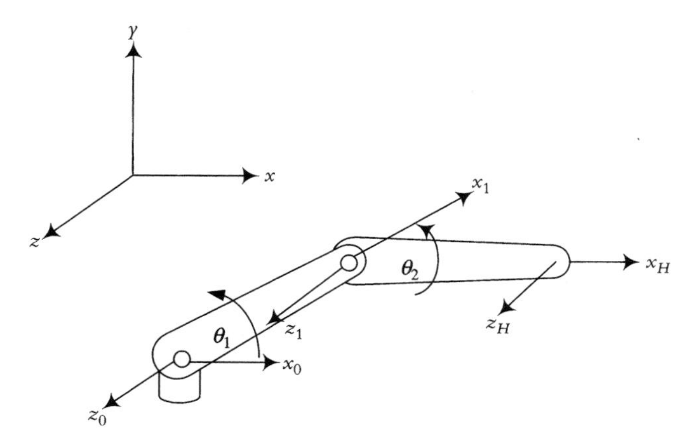

图 P. 2. 30

2. 31　对于如图所示的 SCARA 型机器人：

- 建立基于 D-H 表示法的坐标系。
- 填写参数表。
- 写出所有的 A 矩阵。
- 根据 A 矩阵写出 ${}^{U}T_{H}$ 矩阵。

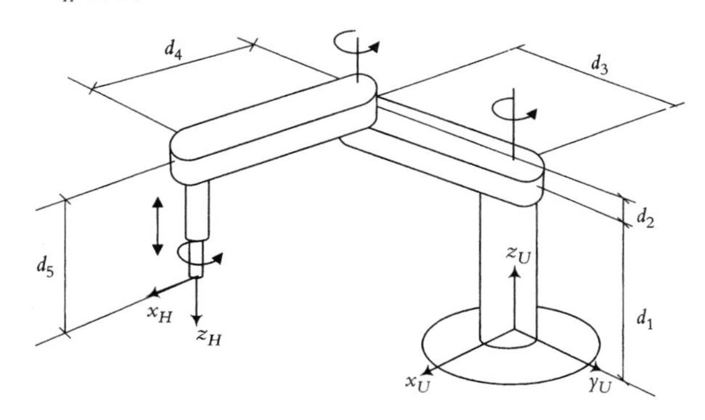

图 P. 2. 31

2. 32　如图 P. 2. 32 所示为设计专门用于喷涂的 3 自由度机器人。

- 基于 D-H 表示法建立坐标系。
- 填写参数表。
- 写出所有的 A 矩阵。
- 根据 A 矩阵写出 ${}^{U}T_{H}$ 矩阵。

2. 33　对于如图 P. 2. 33 所示的 6 轴机器人 Unimation Puma 562：

- 基于 D-H 表示法建立坐标系。
- 填写参数表。
- 写出所有的 A 矩阵。
- 根据下列数值求 ${}^{R}T_{H}$ 矩阵：

已知具体数据：基座高度 = 27 in，$d_2 = 6$ in，$a_2 = 15$ in，$a_3 = 1$ in，$d_4 = 18$ in，$\theta_1 = 0°$，$\theta_2 = 45°$，$\theta_3 = 0°$，$\theta_4 = 0°$，$\theta_5 = -45°$，$\theta_6 = 0°$。

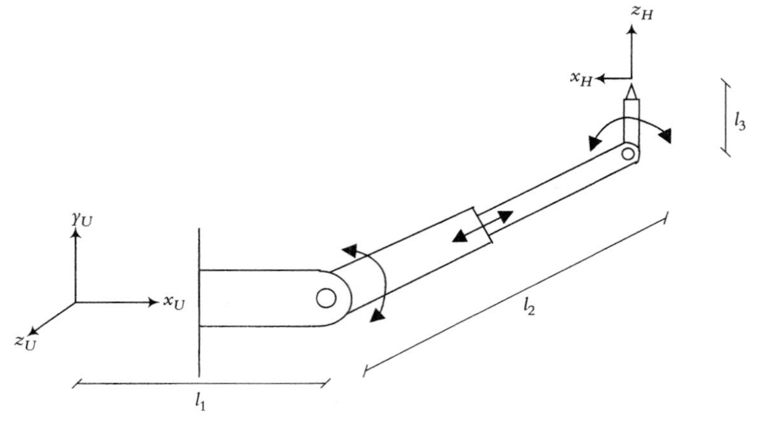

图 P.2.32

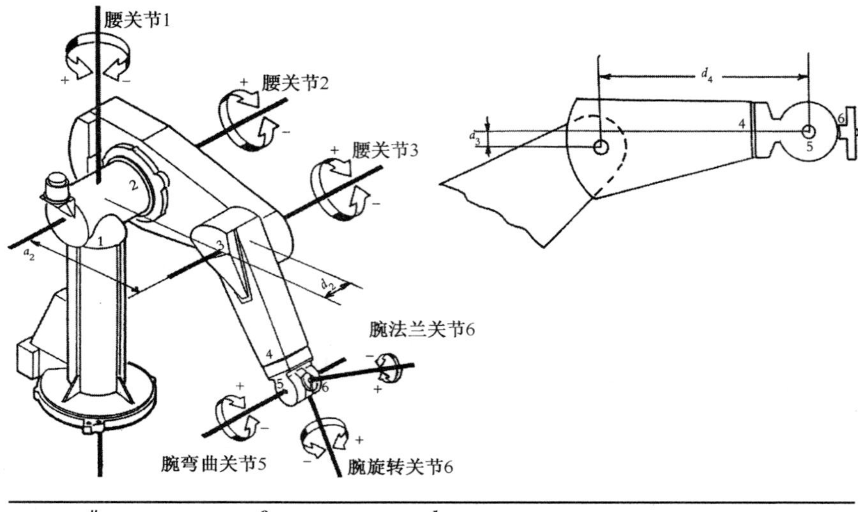

#	θ	d	a	α
0−1				
1−2				
2−3				
3−4				
4−5				
5−6				

图 P.2.33 Puma 562 机器人

2.34 对于如图 P.2.34 所示的 4 自由度机器人:

- 基于 D-H 表示法建立坐标系。
- 填写参数表。
- 写出用 A 矩阵表示的方程,用来说明 ^UT_H 是如何计算的。

2.35 对于如图 P.2.35 所示的为特殊操作设计的 4 自由度机器人:

- 基于 D-H 表示法建立坐标系。
- 填写参数表。
- 写出用 A 矩阵表示的方程,用来说明 ^UT_H 是如何计算的。

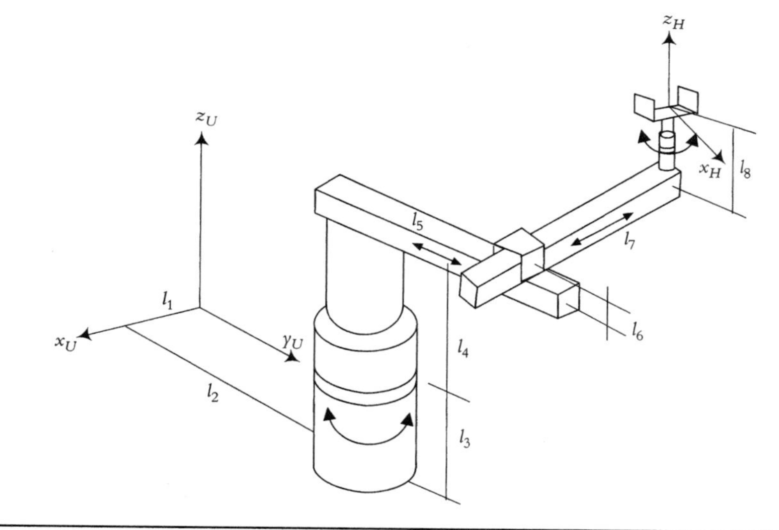

#	θ	d	a	α
0-1				
1-2				
2-3				
3-				

图 P.2.34

#	θ	d	a	α
0-1				
1-2				
2-3				
3-				

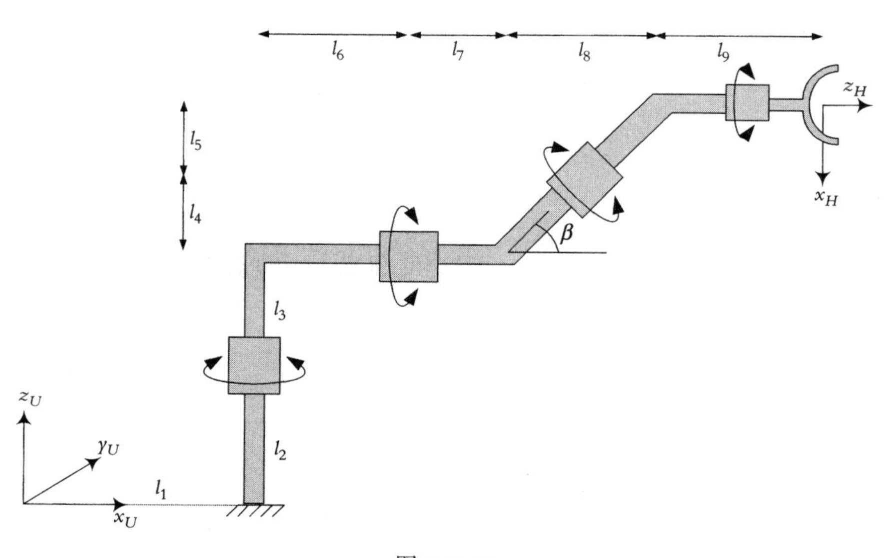

图 P.2.35

2.36　对于如图 P.2.36 所示的专门设计的 4 自由度机器人：

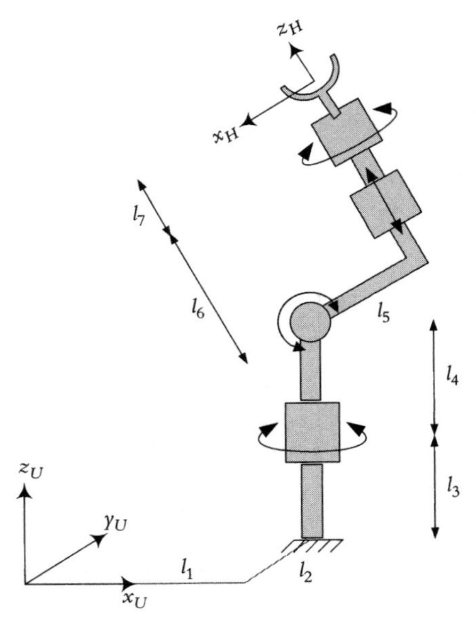

图 P.2.36

- 基于 D-H 表示法建立坐标系。
- 填写参数表。
- 写出用 A 矩阵表示的方程，用来说明 ${}^{U}T_{H}$ 是如何计算的。

#	θ	d	a	α
0−1				
1−2				
2−3				
3−				

2.37. 对于如图 P.2.37 所示的 3 自由度机器人：

- 基于 D-H 表示法建立坐标系。
- 填写参数表。
- 写出用 A 矩阵表示的方程，用来说明 ${}^{U}T_{H}$ 是如何计算的。

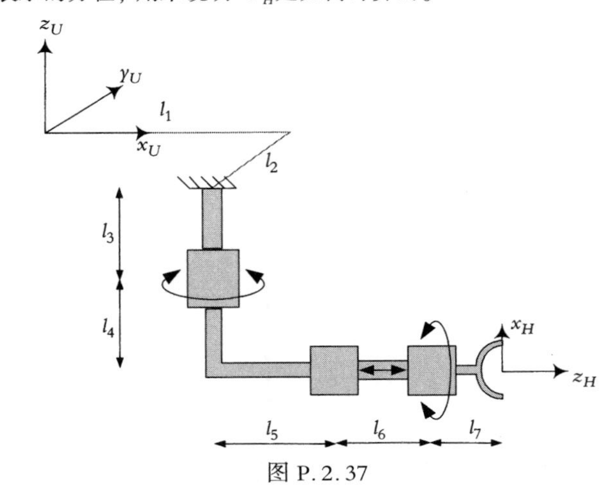

图 P.2.37

#	θ	d	a	α
0−1				
1−2				
2−				

2.38　对于如图 P.2.38 所示的 4 自由度机器人：

- 基于 D-H 表示法建立坐标系。
- 填写参数表。
- 写出用 A 矩阵表示的方程，用来说明 $^{U}T_{H}$ 是如何计算的。

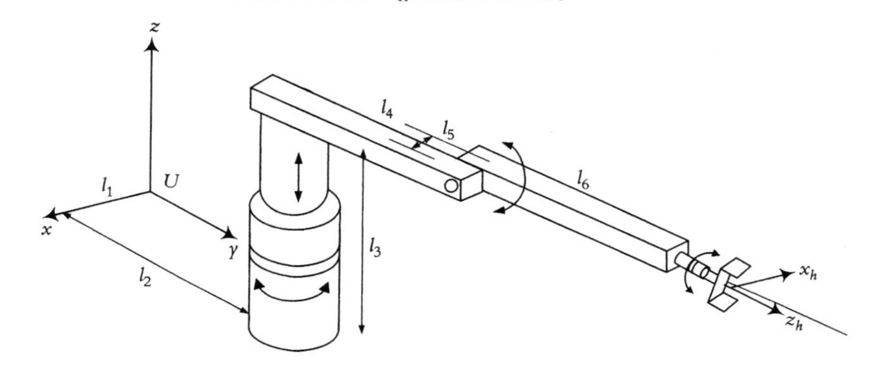

图 P.2.38

#	θ	d	a	α
0−1				
1−2				
2−3				
3−				

2.39　推导出习题 2.36 中机器人的逆运动学方程。

2.40　推导出习题 2.37 中机器人的逆运动学方程。

第 3 章　微分运动和速度

3.1　引言

微分运动指机构(例如机器人)的微小运动，可以用它来推导不同部件之间的速度关系。依据定义，微分运动就是微小的运动。因此，如果在一个小的时间段内测量或计算这个运动，就能得到速度关系。

本章将学习坐标系相对于固定坐标系的微分运动、机器人关节相对于固定坐标系的微分运动、雅可比矩阵及机器人速度关系。本章包含了相当多的速度方面的术语，它们应该在动力学课程中介绍过。但是如果现在已记不起这些术语，建议在学习下面的内容之前复习有关的知识。

3.2　微分关系

首先要了解什么是微分关系。为此，先考虑如图 3.1 所示的简单 2 自由度的机构。其中每个连杆都能独立旋转，θ_1表示第 1 个连杆相对于参考坐标系的旋转角度，θ_2表示第 2 个连杆相对于第 1 个连杆的旋转角度。对机器人也类似，每个连杆的运动都是指该连杆相对于固连在前一个连杆上的当前坐标系的运动。

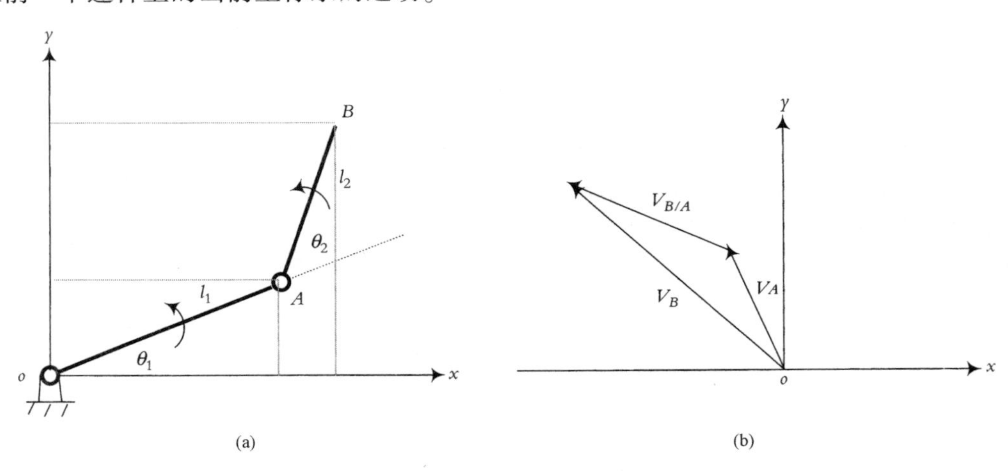

图 3.1　(a) 2 自由度平面机构；(b) 速度图

B 点的速度可以计算如下：

$$\begin{aligned}\boldsymbol{v}_B &= \boldsymbol{v}_A + \boldsymbol{v}_{B/A}\\ &= l_1\dot{\theta}_1[\perp \text{ to } l_1] + l_2(\dot{\theta}_1+\dot{\theta}_2)[\perp \text{ to } l_2]\\ &= -l_1\dot{\theta}_1\sin\theta_1\boldsymbol{i} + l_1\dot{\theta}_1\cos\theta_1\boldsymbol{j} - l_2(\dot{\theta}_1+\dot{\theta}_2)\sin(\theta_1+\theta_2)\boldsymbol{i} + l_2(\dot{\theta}_1+\dot{\theta}_2)\cos(\theta_1+\theta_2)\boldsymbol{j}\end{aligned} \tag{3.1}$$

将速度方程写为矩阵形式，得出如下结果：

$$\begin{bmatrix} v_{B_x} \\ v_{B_y} \end{bmatrix} = \begin{bmatrix} -l_1 \sin\theta_1 - l_2 \sin(\theta_1+\theta_2) & -l_2 \sin(\theta_1+\theta_2) \\ l_1 \cos\theta_1 + l_2 \cos(\theta_1+\theta_2) & l_2 \cos(\theta_1+\theta_2) \end{bmatrix} \begin{bmatrix} \dot{\theta}_1 \\ \dot{\theta}_2 \end{bmatrix} \tag{3.2}$$

方程左边表示 B 点速度的 x 和 y 分量。可以看到，方程右边的矩阵乘以两个连杆的相应角速度便可得到 B 点的速度。

接下来，我们不是直接通过速度关系来推导速度方程，而是通过对描述 B 点位置的方程求微分，从而找出相同的速度关系，具体如下：

$$\begin{cases} x_B = l_1 \cos\theta_1 + l_2 \cos(\theta_1+\theta_2) \\ y_B = l_1 \sin\theta_1 + l_2 \sin(\theta_1+\theta_2) \end{cases} \tag{3.3}$$

分别对上述方程组中的两个变量 θ_1 和 θ_2 求微分，可得

$$\begin{cases} \mathrm{d}x_B = -l_1 \sin\theta_1 \mathrm{d}\theta_1 - l_2 \sin(\theta_1+\theta_2)(\mathrm{d}\theta_1+\mathrm{d}\theta_2) \\ \mathrm{d}y_B = l_1 \cos\theta_1 \mathrm{d}\theta_1 + l_2 \cos(\theta_1+\theta_2)(\mathrm{d}\theta_1+\mathrm{d}\theta_2) \end{cases} \tag{3.4}$$

写成矩阵形式为

$$\begin{bmatrix} \mathrm{d}x_B \\ \mathrm{d}y_B \end{bmatrix} = \begin{bmatrix} -l_1 \sin\theta_1 - l_2 \sin(\theta_1+\theta_2) & -l_2 \sin(\theta_1+\theta_2) \\ l_1 \cos\theta_1 + l_2 \cos(\theta_1+\theta_2) & l_2 \cos(\theta_1+\theta_2) \end{bmatrix} \begin{bmatrix} \mathrm{d}\theta_1 \\ \mathrm{d}\theta_2 \end{bmatrix} \tag{3.5}$$

B点的微分运动　　　　雅可比　　　　关节的微分运动

可以看到，式(3.2)与式(3.5)无论在内容还是形式上都很相似。不同的是，式(3.2)是速度关系，而式(3.5)是微分运动关系。如下所示，如果式(3.5)两边都除以 dt，由于 $\mathrm{d}x_B/\mathrm{d}t = v_{B_x}$ 及 $\mathrm{d}\theta_1/\mathrm{d}t = \dot{\theta}_1$ 等，因此下面的式(3.6)和式(3.2)是完全相同的：

$$\begin{bmatrix} \mathrm{d}x_B \\ \mathrm{d}y_B \end{bmatrix} \Big/ \mathrm{d}t = \begin{bmatrix} -l_1 \sin\theta_1 - l_2 \sin(\theta_1+\theta_2) & -l_2 \sin(\theta_1+\theta_2) \\ l_1 \cos\theta_1 + l_2 \cos(\theta_1+\theta_2) & l_2 \cos(\theta_1+\theta_2) \end{bmatrix} \begin{bmatrix} \mathrm{d}\theta_1 \\ \mathrm{d}\theta_2 \end{bmatrix} \Big/ \mathrm{d}t \tag{3.6}$$

类似地，在多自由度的机器人中，可用同样的方法将关节的微分运动(或速度)与手的微分运动(或速度)联系起来。

3.3　雅可比矩阵

雅可比矩阵表示机构部件随时间变化的几何关系，它可以将单个关节的微分运动或速度转换为感兴趣点(如末端执行器)的微分运动或速度，也可将单个关节的运动与整个机构的运动联系起来。由于关节角的值是随时间变化的，从而雅可比矩阵各元素的大小也随时间变化，因此雅可比矩阵是与时间相关的。

为了更好地了解雅可比，让我们在 3 个不同的位置考虑一个简单的 2 自由度机器人，如图 3.2 所示。显然，如果机器人的关节 1 运动一个角度 θ，则机器人末端最终运动的大小和方向对于每种情况都是非常不同的。这个最终运动对机构几何形态的依赖性是用雅可比来表示的。因此，雅可比是机构在任何给定时刻的几何形状和不同部件相互关系的表示。显然，当机构不同部件的位置关系随时间变化时，雅可比矩阵也随之改变。

从3.2节中可知，雅可比是由位置方程的各元素对θ_1和θ_2求微分得到的。因此，可以通过使用每个位置方程对所有变量求导来计算雅可比矩阵。

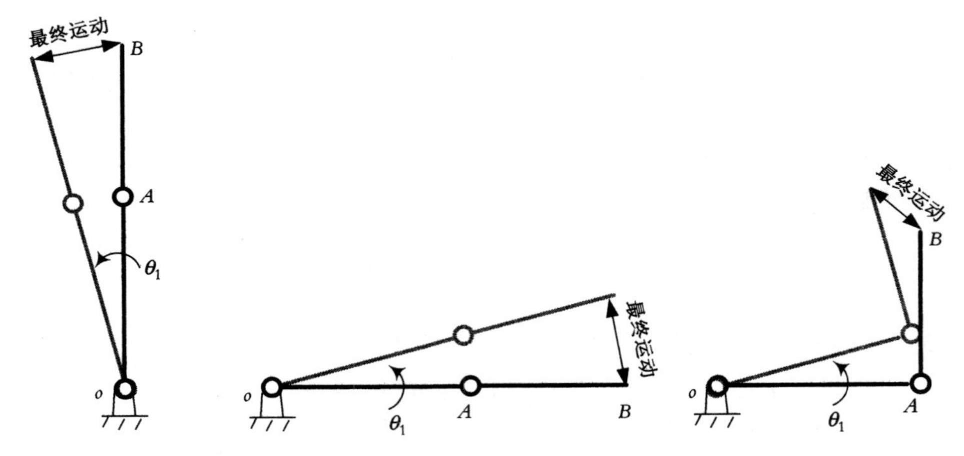

图3.2　机器人的最终运动取决于机器人的几何形态

假如有一组变量为x_j的方程y_i：

$$y_i = f_i(x_1, x_2, x_3, \ldots, x_j) \tag{3.7}$$

由x_j的微分变化所引起的y_i的微分变化为

$$\begin{cases} \delta y_1 = \dfrac{\partial f_1}{\partial x_1}\delta x_1 + \dfrac{\partial f_1}{\partial x_2}\delta x_2 + \cdots + \dfrac{\partial f_1}{\partial x_j}\delta x_j \\ \delta y_2 = \dfrac{\partial f_2}{\partial x_1}\delta x_1 + \dfrac{\partial f_2}{\partial x_2}\delta x_2 + \cdots + \dfrac{\partial f_2}{\partial x_j}\delta x_j \\ \vdots \\ \delta y_i = \dfrac{\partial f_i}{\partial x_1}\delta x_1 + \dfrac{\partial f_i}{\partial x_2}\delta x_2 + \cdots + \dfrac{\partial f_i}{\partial x_j}\delta x_j \end{cases} \tag{3.8}$$

式(3.8)可以写成矩阵形式，它表示各单个变量和函数间的微分关系。包含这一关系的矩阵便是雅可比矩阵，如式(3.9)所示。因此，可以通过在每个方程中对所有的变量求导来计算雅可比矩阵，也可以用同样的原理来计算机器人的雅可比矩阵。

$$\begin{bmatrix} \delta y_1 \\ \delta y_2 \\ \vdots \\ \delta y_i \end{bmatrix} = \begin{bmatrix} \dfrac{\partial f_1}{\partial x_1} & \dfrac{\partial f_1}{\partial x_2} & & \dfrac{\partial f_1}{\partial x_j} \\ \dfrac{\partial f_2}{\partial x_1} & \cdots & \cdots & \cdots \\ \vdots & & & \\ \dfrac{\partial f_i}{\partial x_1} & & & \dfrac{\partial f_i}{\partial x_j} \end{bmatrix} \begin{bmatrix} \delta x_1 \\ \delta x_2 \\ \vdots \\ \delta x_j \end{bmatrix} \quad \text{或} \quad [\delta y_i] = \left[\frac{\partial f_i}{\partial x_j}\right][\delta x_j] \tag{3.9}$$

同样，根据上述的关系，对机器人的位置方程求微分，可以写出下列方程，它建立了机器人的关节微分运动和机器人手坐标系微分运动之间的联系：

$$\begin{bmatrix} dx \\ dy \\ dz \\ \delta x \\ \delta y \\ \delta z \end{bmatrix} = \begin{bmatrix} \text{机器人} \\ \text{雅可比} \\ \text{矩阵} \end{bmatrix} \begin{bmatrix} d\theta_1 \\ d\theta_2 \\ d\theta_3 \\ d\theta_4 \\ d\theta_5 \\ d\theta_6 \end{bmatrix} \quad \text{或} \quad [D] = [J][D_\theta] \tag{3.10}$$

其中，$[D]$中的 dx、dy 和 dz 分别表示机器人手沿 x、y 和 z 轴的微分运动，$[D]$中的 δx、δy和 δz 分别表示机器人手绕 x、y 及 z 轴的微分旋转，$[D_\theta]$表示关节的微分运动。正如前面所提到的，如果这两个矩阵都除以 dt，那么它们表示的就是速度而非微分运动。由于在所有关系中只要将微分运动除以 dt 便可得到速度，所以本章所处理的都是微分运动而非速度。

例 3.1　给定在某一时刻的机器人雅可比矩阵如下，计算在给定关节微分运动的情况下，机器人手坐标系的线位移微分运动和角位移微分运动。

$$J = \begin{bmatrix} 2 & 0 & 0 & 0 & 1 & 0 \\ -1 & 0 & 1 & 0 & 0 & 0 \\ 0 & 1 & 0 & 0 & 0 & 0 \\ 0 & 0 & 0 & 2 & 0 & 0 \\ 0 & 0 & 1 & 0 & 0 & 0 \\ 0 & 0 & 0 & 0 & 0 & 1 \end{bmatrix} \qquad D_\theta = \begin{bmatrix} 0 \\ 0.1 \\ -0.1 \\ 0 \\ 0 \\ 0.2 \end{bmatrix}$$

解：将上述矩阵代入式(3.10)，可得

$$[D] = [J][D_\theta] = \begin{bmatrix} 2 & 0 & 0 & 0 & 1 & 0 \\ -1 & 0 & 1 & 0 & 0 & 0 \\ 0 & 1 & 0 & 0 & 0 & 0 \\ 0 & 0 & 0 & 2 & 0 & 0 \\ 0 & 0 & 1 & 0 & 0 & 0 \\ 0 & 0 & 0 & 0 & 0 & 1 \end{bmatrix} \begin{bmatrix} 0 \\ 0.1 \\ -0.1 \\ 0 \\ 0 \\ 0.2 \end{bmatrix} = \begin{bmatrix} 0 \\ -0.1 \\ 0.1 \\ 0 \\ -0.1 \\ 0.2 \end{bmatrix} = \begin{bmatrix} dx \\ dy \\ dz \\ \delta x \\ \delta y \\ \delta z \end{bmatrix}$$

3.4　微分运动与大范围运动

到目前为止所讨论的变换只考虑在一个特定时刻而不是连续的旋转与平移。例如，考虑绕一个轴旋转 θ 角，然后沿着另一个轴平移一段距离等。所有这些变换都是单一的并且只发生了一次。但如果这些变换连续发生会出现什么情况呢？为了更好地理解这两者的区别，我们来考虑下面的情况。

试想一个轮椅使用者从起始点出发，首先沿直线移动了距离 l，然后转动了角度 θ[见图 3.3(a)]，并且在 A 点停止。再试想，如果这个人先旋转角度 θ，再像第一种情况直线移动[见图3.3(b)]，在 B 点停止。显然，尽管最后的方位是相同的，但这个人是沿着不同的路线运动，最后停止的位置也是不同的。在两种情况下，每种变换只发生了一次。现在试想如果这个人同时旋转和移动，旋转和移动的总量与上面相同[见图 3.3(c)]。根据旋转和移动是否同时开始或者同时停止，以及两者运动的速度，这个人会沿着不同的路线并终止在不同的

地方。这个差别与这个人的随时的小运动有关，因此它是微分运动分析的基础。轮椅的路径和最终状态是微分运动(或速度)及它们随时间运动的次序的函数。这种分析同样适用于机器人，即运动结果取决于运动是即时的还是连续的，而不管它是移动机器人还是机械手。

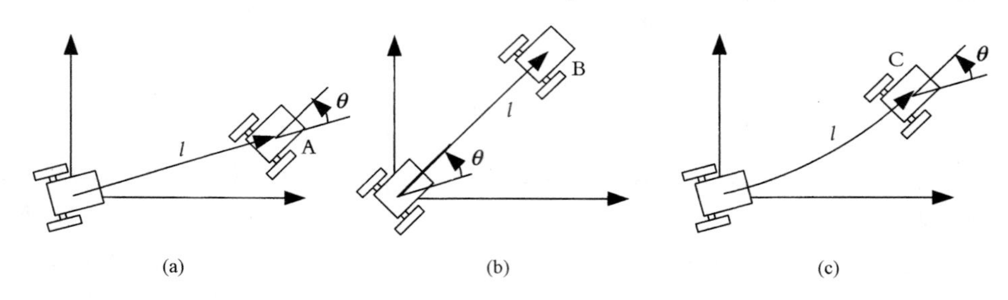

图 3.3　微分运动与非微分运动

3.5　坐标系的微分运动与机器人的微分运动

假设坐标系相对于参考坐标系做一个微量的运动。一种情况是，不考虑产生微分运动的原因来观察坐标系的微分运动，另一种情况是，同时考虑产生微分运动的机构。对第一种情况，将只研究坐标系的运动及坐标系表示的变化[见图 3.4(a)]。对第二种情况，将研究产生该运动的机构的微分运动及它与坐标系运动的联系[见图 3.4(b)]。如图 3.4(c)所示，机器人手坐标系的微分运动是由机器人每个关节的微分运动所引起的。因此，当机器人的关节做微量运动时，机器人手坐标系也产生微量运动，所以必须将机器人的微分运动与坐标系的微分运动联系起来。

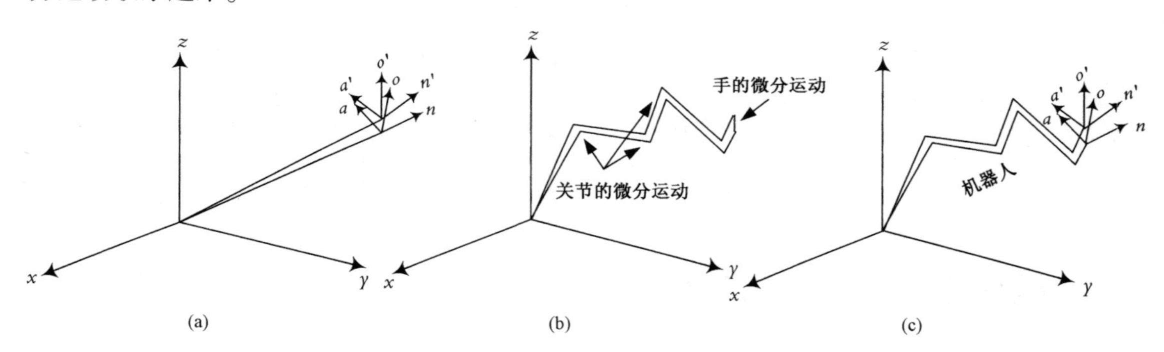

图 3.4　(a) 坐标系的微分运动；(b) 机器人关节和末端的微分运动；(c)机器人微分运动引起的坐标系的微分运动

它的实际含义如下：假设有一个机器人要将两片工件焊接在一起。为了获得最好的焊接质量，要求机器人以恒定的速度运动，即要求手坐标系的微分运动能表示为按特定方向的恒速运动。这就涉及到坐标系的微分运动，而该运动是由机器人产生的(也可由其他机构产生，但这里只以机器人为例，因此必须将机器人的运动与坐标系的运动联系起来)。因此，应计算出任一时刻每个关节的速度，以使得由机器人产生的总的运动等于坐标系的期望速度。本节将首先研究机器人机构的微分运动，最后再将两者联系在一起。

3.6 坐标系的微分运动

坐标系微分运动可以分为

- 微分平移
- 微分旋转
- 微分变换(平移与旋转的组合)

3.6.1 微分平移

微分平移就是坐标系平移一个微分量，因此它可以用 $Trans(dx, dy, dz)$ 来表示，其含义是坐标系沿 x、y 和 z 轴做了微小量的运动。

例 3.2 坐标系 B 有一个平移运动微分量 $Trans(0.01, 0.05, 0.03)$，找出它的新位姿。

$$B=\begin{bmatrix}0.707 & 0 & -0.707 & 5\\ 0 & 1 & 0 & 4\\ 0.707 & 0 & 0.707 & 9\\ 0 & 0 & 0 & 1\end{bmatrix}$$

解： 因为微分运动只是平移，所以坐标系的姿态应该不受影响。所以坐标系的新位置是

$$B=\begin{bmatrix}1 & 0 & 0 & 0.01\\ 0 & 1 & 0 & 0.05\\ 0 & 0 & 1 & 0.03\\ 0 & 0 & 0 & 1\end{bmatrix}\times\begin{bmatrix}0.707 & 0 & -0.707 & 5\\ 0 & 1 & 0 & 4\\ 0.707 & 0 & 0.707 & 9\\ 0 & 0 & 0 & 1\end{bmatrix}=\begin{bmatrix}0.707 & 0 & -0.707 & 5.01\\ 0 & 1 & 0 & 4.05\\ 0.707 & 0 & 0.707 & 9.03\\ 0 & 0 & 0 & 1\end{bmatrix}$$

3.6.2 绕参考轴的微分旋转

微分旋转是坐标系的微小旋转，它通常用 $Rot(q, d\theta)$ 来描述，意味着坐标系绕 q 轴转动角度 $d\theta$。绕 x、y 和 z 轴的微分转动分别定义为 δx、δy 和 δz。因为旋转量很小，所以可以用如下的近似式：

$$\sin\delta x=\delta x\,(\text{用弧度表示})$$
$$\cos\delta x=1$$

因此，表示绕 x、y 和 z 轴的微分旋转矩阵为

$$Rot(x,\delta x)=\begin{bmatrix}1 & 0 & 0 & 0\\ 0 & 1 & -\delta x & 0\\ 0 & \delta x & 1 & 0\\ 0 & 0 & 0 & 1\end{bmatrix},\ Rot(y,\delta y)=\begin{bmatrix}1 & 0 & \delta y & 0\\ 0 & 1 & 0 & 0\\ -\delta y & 0 & 1 & 0\\ 0 & 0 & 0 & 1\end{bmatrix},\ Rot(z,\delta z)=\begin{bmatrix}1 & -\delta z & 0 & 0\\ \delta z & 1 & 0 & 0\\ 0 & 0 & 1 & 0\\ 0 & 0 & 0 & 1\end{bmatrix} \tag{3.11}$$

同样，也可以定义绕当前轴的微分旋转为

$$Rot(n,\delta n)=\begin{bmatrix}1 & 0 & 0 & 0\\ 0 & 1 & -\delta n & 0\\ 0 & \delta n & 1 & 0\\ 0 & 0 & 0 & 1\end{bmatrix},\ Rot(o,\delta o)=\begin{bmatrix}1 & 0 & \delta o & 0\\ 0 & 1 & 0 & 0\\ -\delta o & 0 & 1 & 0\\ 0 & 0 & 0 & 1\end{bmatrix},\ Rot(a,\delta a)=\begin{bmatrix}1 & -\delta a & 0 & 0\\ \delta a & 1 & 0 & 0\\ 0 & 0 & 1 & 0\\ 0 & 0 & 0 & 1\end{bmatrix} \tag{3.12}$$

注意：上述矩阵违反了前面所建立的大小为单位向量的规定，例如 $\sqrt{1^2+(\delta x)^2}>1$。然而由于微分值很小，在数学上，高阶微分是可以忽略不计的，因此可将其略去。如果确实略去像 $(\delta x)^2$ 那样的高阶微分，那么可以接受这样的向量长度。

在矩阵的乘法计算中，矩阵的顺序十分重要。如果矩阵的乘法顺序改变，结果也将发生变化。如果使两个微分运动以不同顺序相乘，将得到两个不同的结果。

$$Rot(x,\delta x)Rot(y,\delta y)=\begin{bmatrix}1&0&0&0\\0&1&-\delta x&0\\0&\delta x&1&0\\0&0&0&1\end{bmatrix}\begin{bmatrix}1&0&\delta y&0\\0&1&0&0\\-\delta y&0&1&0\\0&0&0&1\end{bmatrix}=\begin{bmatrix}1&0&\delta y&0\\\delta x\delta y&1&-\delta x&0\\-\delta y&\delta x&1&0\\0&0&0&1\end{bmatrix}$$

$$Rot(y,\delta y)Rot(x,\delta x)=\begin{bmatrix}1&0&\delta y&0\\0&1&0&0\\-\delta y&0&1&0\\0&0&0&1\end{bmatrix}\begin{bmatrix}1&0&0&0\\0&1&-\delta x&0\\0&\delta x&1&0\\0&0&0&1\end{bmatrix}=\begin{bmatrix}1&\delta x\delta y&\delta y&0\\0&1&-\delta x&0\\-\delta y&\delta x&1&0\\0&0&0&1\end{bmatrix}$$

然而，如上所述，如果设高阶微分如 $\delta x\delta y$ 为零，则上述两式的结果是完全相同的。因此，在微分运动中，可认为相乘的顺序并不重要，且 $Rot(x,\delta x)Rot(y,\delta y)=Rot(y,\delta y)Rot(x,\delta x)$。这个结论对于其他旋转组合(包含关于 z 轴的微分旋转)同样是正确的。

在动力学课程中已经学过，绕不同轴的大角度旋转是不能交换的，因此它们也不能按不同次序相加。例如，如果先绕着 x 轴旋转90°，再绕 z 轴旋转90°，结果将与按相反的顺序旋转所得的结果不同。然而速度是可交换的，可以按照向量相加。因此，$\boldsymbol{\Omega}=\omega_x\boldsymbol{i}+\omega_y\boldsymbol{j}+\omega_z\boldsymbol{k}$ 可以不考虑顺序。这个结论的正确性是因为：正如前面所讨论的，如果忽略高阶微分，则乘法的顺序并不重要，由于速度实际上就是微分运动除以时间，因此对于速度来说以上的结论自然也是正确的。

3.6.3　绕一般轴 q 的微分旋转

基于上述讨论，对于微分旋转，乘法顺序并不重要，因此可以用任意的顺序对微分旋转相乘。其结果可以认为，绕一般轴 q 的微分旋转是由任意顺序绕3个坐标轴的3个微分旋转构成的，或 $(\mathrm{d}\boldsymbol{\theta})\boldsymbol{q}=(\delta x)\boldsymbol{i}+(\delta y)\boldsymbol{j}+(\delta z)\boldsymbol{k}$(见图3.5)。

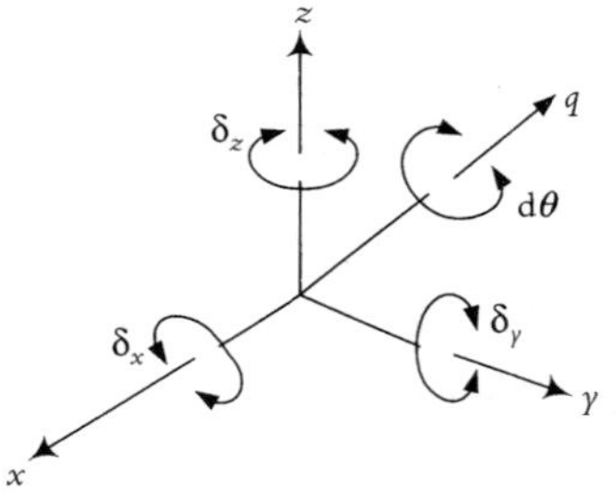

图3.5　绕一般轴 q 的微分旋转

因此绕任意一般轴 q 的微分运动可以表示为

$$\begin{aligned}Rot(q,\mathrm{d}\theta)&=Rot(x,\delta x)Rot(y,\delta y)Rot(z,\delta z)\\&=\begin{bmatrix}1&0&0&0\\0&1&-\delta x&0\\0&\delta x&1&0\\0&0&0&1\end{bmatrix}\begin{bmatrix}1&0&\delta y&0\\0&1&0&0\\-\delta y&0&1&0\\0&0&0&1\end{bmatrix}\begin{bmatrix}1&-\delta z&0&0\\\delta z&1&0&0\\0&0&1&0\\0&0&0&1\end{bmatrix}\\&=\begin{bmatrix}1&-\delta z&\delta y&0\\\delta x\delta y+\delta z&-\delta x\delta y\delta z+1&-\delta x&0\\-\delta y+\delta x\delta z&\delta x+\delta y\delta z&1&0\\0&0&0&1\end{bmatrix}\end{aligned}\tag{3.13}$$

如果忽略所有的高阶微分，则可得

$$Rot(q,\mathrm{d}\theta)=Rot(x,\delta x)Rot(y,\delta y)Rot(z,\delta z)=\begin{bmatrix}1&-\delta z&\delta y&0\\\delta z&1&-\delta x&0\\-\delta y&\delta x&1&0\\0&0&0&1\end{bmatrix}\tag{3.14}$$

例 3.3　求绕 3 个坐标轴进行小的旋转($\delta x=0.1$ rad，$\delta y=0.05$ rad，$\delta z=0.02$ rad)所产生的总微分变换。

解：将给定的旋转值代入式(3.14)，可得

$$Rot(q,\mathrm{d}\theta)=\begin{bmatrix}1&-\delta z&\delta y&0\\\delta z&1&-\delta x&0\\-\delta y&\delta x&1&0\\0&0&0&1\end{bmatrix}=\begin{bmatrix}1&-0.02&0.05&0\\0.02&1&-0.1&0\\-0.05&0.1&1&0\\0&0&0&1\end{bmatrix}$$

注意：3 个方向单位向量的长度分别是 1.001、1.005 和 1.006。如果假设 0.1 rad(约 5.7°)算是很小(微分)，那么这些值可以近似看成 1。否则，要用更小的值作为微分角。

3.6.4　坐标系的微分变换

坐标系的微分变换是微分平移和以任意次序进行微分旋转的合成。如果用 T 表示原始坐标系，并假定由于微分变换所引起的坐标系 T 的变化量用 $\mathrm{d}T$ 表示，则有

$$[T+\mathrm{d}T]=[Trans(\mathrm{d}x,\mathrm{d}y,\mathrm{d}z)\,Rot(q,\mathrm{d}\theta)][T]$$

或

$$[\mathrm{d}T]=[Trans(\mathrm{d}x,\mathrm{d}y,\mathrm{d}z)\,Rot(q,\mathrm{d}\theta)-I][T]\tag{3.15}$$

其中 I 是单位矩阵，式(3.15)可以写为

$$[\mathrm{d}T]=[\Delta][T]$$

其中，

$$[\Delta]=[Trans(\mathrm{d}x,\mathrm{d}y,\mathrm{d}z)\times Rot(q,\mathrm{d}\theta)-I]\tag{3.16}$$

$[\Delta]$(或简单地写为 Δ)称为微分算子，其值是微分平移和微分转动的积减去单位矩阵。用微分算子乘以坐标系将导致坐标系的变化。微分算子可以用矩阵相乘并减去单位矩阵求得如下：

$$\begin{aligned}\Delta&=Trans(\mathrm{d}x,\mathrm{d}y,\mathrm{d}z)\times Rot(q,\mathrm{d}\theta)-I\\&=\begin{bmatrix}1&0&0&\mathrm{d}x\\0&1&0&\mathrm{d}y\\0&0&1&\mathrm{d}z\\0&0&0&1\end{bmatrix}\begin{bmatrix}1&-\delta z&\delta y&0\\\delta z&1&-\delta x&0\\-\delta y&\delta x&1&0\\0&0&0&1\end{bmatrix}-\begin{bmatrix}1&0&0&0\\0&1&0&0\\0&0&1&0\\0&0&0&1\end{bmatrix}\\&=\begin{bmatrix}0&-\delta z&\delta y&\mathrm{d}x\\\delta z&0&-\delta x&\mathrm{d}y\\-\delta y&\delta x&0&\mathrm{d}z\\0&0&0&0\end{bmatrix}\end{aligned}\tag{3.17}$$

应注意的是，微分算子并不是变换矩阵或坐标系，它不遵循所要求的标准格式，它仅仅是一个算子，并给出了坐标系的变化。

例3.4 写出以下微分变换的微分算子矩阵：

$dx=0.05$，$dy=0.03$，$dz=0.01$ 以及 $\delta x=0.02$，$\delta y=0.04$，$\delta z=0.06$。

解： 将所给值代入式(3.17)，可得

$$\Delta=\begin{bmatrix}0&-0.06&0.04&0.05\\0.06&0&-0.02&0.03\\-0.04&0.02&0&0.01\\0&0&0&0\end{bmatrix}$$

例3.5 对如下给定的坐标系 B，绕 y 轴进行 0.1 rad 的微分转动，然后微分平移 [0.1，0，0.2]，求微分变换的结果。

$$B=\begin{bmatrix}0&0&1&10\\1&0&0&5\\0&1&0&3\\0&0&0&1\end{bmatrix}$$

解： 如前所述，坐标系的改变可以通过微分算子左乘该坐标系求得。代入已知数据，即 $dx=0.1$，$dy=0$，$dz=0.2$，$\delta x=0$，$\delta y=0.1$，$\delta z=0$，用微分算子乘以坐标系矩阵，可得

$$[dB]=[\Delta][B]=\begin{bmatrix}0&0&0.1&0.1\\0&0&0&0\\-0.1&0&0&0.2\\0&0&0&0\end{bmatrix}\begin{bmatrix}0&0&1&10\\1&0&0&5\\0&1&0&3\\0&0&0&1\end{bmatrix}=\begin{bmatrix}0&0.1&0&0.4\\0&0&0&0\\0&0&-0.1&-0.8\\0&0&0&0\end{bmatrix}$$

3.7 微分变化的解释

式(3.15)和式(3.16)中的矩阵 dT 表示由于微分运动所引起的坐标系的变化。这个矩阵中的各元素为

$$dT=\begin{bmatrix}dn_x&do_x&da_x&dp_x\\dn_y&do_y&da_y&dp_y\\dn_z&do_z&da_z&dp_z\\0&0&0&0\end{bmatrix}\tag{3.18}$$

例3.5中的 dB 矩阵表示坐标系 B 的变化，如式(3.18)所示。因此，该矩阵的每个元素表示坐标系中相应元素的变化。例如，该坐标系沿 x 轴移动了0.4个单位的微小量，沿 y 轴无移动，沿 z 轴移动了 -0.8 个单位的微小量。它也意味着坐标系的旋转使得向量 $\boldsymbol{n}$ 没有改变，向量 $\boldsymbol{o}$ 的分量 o_x 改变了0.1，向量 $\boldsymbol{a}$ 的分量 a_z 改变了 -0.1。

经微分运动后的坐标系的新位姿可以通过将这个变化加到原来坐标系上求得：

$$T_{new}=dT+T_{old}\tag{3.19}$$

例3.6 求例3.5中坐标系 B 运动后的位姿。

解： 坐标系新的位姿可通过对初值增加一个变化量求得：

$$B_{new} = B_{original} + \mathrm{d}B$$

$$= \begin{bmatrix} 0 & 0 & 1 & 10 \\ 1 & 0 & 0 & 5 \\ 0 & 1 & 0 & 3 \\ 0 & 0 & 0 & 1 \end{bmatrix} + \begin{bmatrix} 0 & 0.1 & 0 & 0.4 \\ 0 & 0 & 0 & 0 \\ 0 & 0 & -0.1 & -0.8 \\ 0 & 0 & 0 & 0 \end{bmatrix} = \begin{bmatrix} 0 & 0.1 & 1 & 10.4 \\ 1 & 0 & 0 & 5 \\ 0 & 1 & -0.1 & 2.2 \\ 0 & 0 & 0 & 1 \end{bmatrix}$$

3.8 坐标系之间的微分变化

式(3.16)中的微分算子 Δ 表示相对于固定参考参考系的微分算子，记为$^U\Delta$。然而也可以定义相对于当前坐标系本身的另一种微分算子，使得可以在该坐标系中计算出同样的变化。既然微分算子$^T\Delta$ 是相对于当前坐标系的，为了求出该坐标系的变化，必须右乘$^T\Delta$(做法与第 2 章中相同)。因为两者都描述的是该坐标系中的相同变化，所以结果应该是相同的。于是有

$$\begin{aligned} & [\mathrm{d}T] = [\Delta][T] = [T]\left[{}^T\Delta\right] \\ \rightarrow \quad & \left[T^{-1}\right][\Delta][T] = \left[T^{-1}\right][T]\left[{}^T\Delta\right] \\ \rightarrow \quad & \left[{}^T\Delta\right] = \left[T^{-1}\right][\Delta][T] \end{aligned} \tag{3.20}$$

因此，式(3.20)可以用来计算相对于本身坐标系的微分算子$^T\Delta$，将式(3.20)中的矩阵相乘并加以化简，假设坐标系 T 是用 $\boldsymbol{n}$，$\boldsymbol{o}$，$\boldsymbol{a}$，$\boldsymbol{p}$ 表示的矩阵，得到的结果如下：

$$T^{-1} = \begin{bmatrix} n_x & n_y & n_z & -\boldsymbol{p}\cdot\boldsymbol{n} \\ o_x & o_y & o_z & -\boldsymbol{p}\cdot\boldsymbol{o} \\ a_x & a_y & a_z & -\boldsymbol{p}\cdot\boldsymbol{a} \\ 0 & 0 & 0 & 1 \end{bmatrix} \quad \text{和} \quad \Delta = \begin{bmatrix} 0 & -\delta z & \delta y & \mathrm{d}x \\ \delta z & 0 & -\delta x & \mathrm{d}y \\ -\delta y & \delta x & 0 & \mathrm{d}z \\ 0 & 0 & 0 & 0 \end{bmatrix}$$
$$[T^{-1}][\Delta][T] = {}^T\Delta = \begin{bmatrix} 0 & -{}^T\delta z & {}^T\delta y & {}^T\mathrm{d}x \\ {}^T\delta z & 0 & -{}^T\delta x & {}^T\mathrm{d}y \\ -{}^T\delta y & {}^T\delta x & 0 & {}^T\mathrm{d}z \\ 0 & 0 & 0 & 0 \end{bmatrix} \tag{3.21}$$

可以看到，$^T\Delta$ 与 Δ 矩阵非常相似，但它的所有元素都是相对于当前坐标系的，这些元素可从以上矩阵相乘的结果求得，结果归纳如下：

$$\begin{aligned} {}^T\delta x &= \boldsymbol{\delta}\cdot\boldsymbol{n} \\ {}^T\delta y &= \boldsymbol{\delta}\cdot\boldsymbol{o} \\ {}^T\delta z &= \boldsymbol{\delta}\cdot\boldsymbol{a} \\ {}^T\mathrm{d}x &= \boldsymbol{n}\cdot[\boldsymbol{\delta}\times\boldsymbol{p}+\boldsymbol{d}] \\ {}^T\mathrm{d}y &= \boldsymbol{o}\cdot[\boldsymbol{\delta}\times\boldsymbol{p}+\boldsymbol{d}] \\ {}^T\mathrm{d}z &= \boldsymbol{a}\cdot[\boldsymbol{\delta}\times\boldsymbol{p}+\boldsymbol{d}] \end{aligned} \tag{3.22}$$

关于上述方程的出处，可见章末参考文献[1]。

例 3.7　求出例 3.5 中的$^B\Delta$。

解： 由给定的信息可以得到以下向量，并将这些值代入式(3.22)来计算向量$^B\mathrm{d}$ 和$^B\delta$：

$$\boldsymbol{n}=[0,1,0],\quad \boldsymbol{o}=[0,0,1],\quad \boldsymbol{a}=[1,0,0],\quad \boldsymbol{p}=[10,5,3]$$

$$\boldsymbol{\delta}=[0,0.1,0],\quad \boldsymbol{d}=[0.1,0,0.2]$$

$$\boldsymbol{\delta}\times\boldsymbol{p}=\begin{vmatrix}\boldsymbol{i} & \boldsymbol{j} & \boldsymbol{k}\\ 0 & 0.1 & 0\\ 10 & 5 & 3\end{vmatrix}=[0.3,0,-1]$$

$$\boldsymbol{\delta}\times\boldsymbol{p}+\boldsymbol{d}=[0.3,0,-1]+[0.1,0,0.2]=[0.4,0,-0.8]$$

因此，

$$^{B}\mathrm{d}x=\boldsymbol{n}\cdot[\boldsymbol{\delta}\times\boldsymbol{p}+\boldsymbol{d}]=0(0.4)+1(0)+0(-0.8)=0$$

$$^{B}\mathrm{d}y=\boldsymbol{o}\cdot[\boldsymbol{\delta}\times\boldsymbol{p}+\boldsymbol{d}]=0(0.4)+0(0)+1(-0.8)=-0.8$$

$$^{B}\mathrm{d}z=\boldsymbol{a}\cdot[\boldsymbol{\delta}\times\boldsymbol{p}+\boldsymbol{d}]=1(0.4)+0(0)+0(-0.8)=0.4$$

$$^{B}\delta x=\boldsymbol{\delta}\cdot\boldsymbol{n}=0(0)+0.1(1)+0(0)=0.1$$

$$^{B}\delta y=\boldsymbol{\delta}\cdot\boldsymbol{o}=0(0)+0.1(0)+0(1)=0$$

$$^{B}\delta z=\boldsymbol{\delta}\cdot\boldsymbol{a}=0(1)+0.1(0)+0(0)=0$$

代入式(3.21)可得

$$^{B}\boldsymbol{d}=[0,-0.8,0.4],\qquad ^{B}\boldsymbol{\delta}=[0.1,0,0]$$

$$^{B}\Delta=\begin{bmatrix}0 & 0 & 0 & 0\\ 0 & 0 & -0.1 & -0.8\\ 0 & 0.1 & 0 & 0.4\\ 0 & 0 & 0 & 0\end{bmatrix}$$

可以看出，$^{B}\Delta$ 的值不同于 Δ 的值。然而用 $^{B}\Delta$ 右乘矩阵 B 将会得出与前面同样的结果 dB。

例 3.8　直接根据微分算子计算例 3.7 中的 $^{B}\Delta$ 值。

解： 根据式(3.20)，可以直接计算出 $^{B}\Delta$：

$$\left[^{B}\Delta\right]=[B^{-1}][\Delta][B]=\begin{bmatrix}0 & 1 & 0 & -5\\ 0 & 0 & 1 & -3\\ 1 & 0 & 0 & -10\\ 0 & 0 & 0 & 1\end{bmatrix}\begin{bmatrix}0 & 0 & 0.1 & 0.1\\ 0 & 0 & 0 & 0\\ -0.1 & 0 & 0 & 0.2\\ 0 & 0 & 0 & 0\end{bmatrix}\begin{bmatrix}0 & 0 & 1 & 10\\ 1 & 0 & 0 & 5\\ 0 & 1 & 0 & 3\\ 0 & 0 & 0 & 1\end{bmatrix}$$

$$=\begin{bmatrix}0 & 0 & 0 & 0\\ 0 & 0 & -0.1 & -0.8\\ 0 & 0.1 & 0 & 0.4\\ 0 & 0 & 0 & 0\end{bmatrix}$$

当然它与例 3.7 中的结果相同。

3.9　机器人和机器人手坐标系的微分运动

前几节所讨论的坐标系的变化是由微分运动产生的结果，但仅仅涉及坐标系的变化，而不涉及该变化是如何实现的。在这一节中，将变化和机构联系起来，即和实现微分运动的机器人联系起来。下面将研究机器人的运动是如何转换为机器人手坐标系的变化的。

在此之前，所讨论的坐标系可以是任意一个坐标系，包括机器人手坐标系。dT 描述了 $\boldsymbol{n}$、$\boldsymbol{o}$、$\boldsymbol{a}$ 和 $\boldsymbol{p}$ 向量各分量的变化。如果这个坐标系是机器人手的坐标系，则需要找出机器人关节的微分运动是如何与手坐标系的微分运动关联的，尤其是与 dT 的关系。当然，这种关系是机器人的构型和设计的函数，但同时也是机器人即时位姿的函数。例如，简单的旋转机器人和第 2 章中提到的斯坦福机械手臂，因为它们的构型不同，所以要实现类似的机器人手速度所要求的关节速度会非常不同。然而对于上述任何一种机器人，手臂是否能够完全地伸展以及能否指向任意方位，都需要将其转化为不同的关节速度从而产生相同的手的速度。正如前面所讨论的，机器人的雅可比矩阵将建立关节运动与手运动之间的联系，如下所示：

$$\begin{bmatrix} dx \\ dy \\ dz \\ \delta x \\ \delta y \\ \delta z \end{bmatrix} = \begin{bmatrix} \text{机器人} \\ \text{雅可比} \\ \text{矩阵} \end{bmatrix} \begin{bmatrix} d\theta_1 \\ d\theta_2 \\ d\theta_3 \\ d\theta_4 \\ d\theta_5 \\ d\theta_6 \end{bmatrix} \quad \text{或} \quad [D] = [J][D_\theta]$$

既然矩阵[D]的元素与[Δ]是同样的信息，这就将坐标系的微分运动与机器人的微分运动相互联系了起来。

3.10　雅可比矩阵的计算

雅可比矩阵中的每个元素是对应的运动学方程对其中一个变量的导数。参考式(3.10)可以看到，[D]中的第一个元素是 dx，它表示第一个运动学方程必须表示沿 x 轴的运动，即 p_x。换句话说，p_x表示手的坐标系沿 x 轴的运动，它的微分为 dx。同样，dy 和 dz 也是如此。若考虑用 $\boldsymbol{n}$、$\boldsymbol{o}$、$\boldsymbol{a}$ 和 $\boldsymbol{p}$ 表示的矩阵，对相应的元素 p_x、p_y和 p_z求微分就可得到 dx、dy 和 dz。

例如，考虑例 2.25 中的简单旋转臂，机器人的正动力学方程的最后一列为

$$\begin{bmatrix} p_x \\ p_y \\ p_z \\ 1 \end{bmatrix} = \begin{bmatrix} C_1(C_{234}a_4 + C_{23}a_3 + C_2a_2) \\ S_1(C_{234}a_4 + C_{23}a_3 + C_2a_2) \\ S_{234}a_4 + S_{23}a_3 + S_2a_2 \\ 1 \end{bmatrix} \tag{3.23}$$

对 p_x求导可得

$$\begin{aligned} p_x &= C_1(C_{234}a_4 + C_{23}a_3 + C_2a_2) \\ dp_x &= \frac{\partial p_x}{\partial \theta_1} d\theta_1 + \frac{\partial p_x}{\partial \theta_2} d\theta_2 + \cdots + \frac{\partial p_x}{\partial \theta_6} d\theta_6 \\ dp_x &= -S_1[C_{234}a_4 + C_{23}a_3 + C_2a_2]d\theta_1 + C_1[-S_{234}a_4 - S_{23}a_3 - S_2a_2]d\theta_2 \\ &\quad + C_1[-S_{234}a_4 - S_{23}a_3]d\theta_3 + C_1[-S_{234}a_4]d\theta_4 \end{aligned}$$

由此，得到雅可比矩阵的第一行为

$$
\begin{aligned}
\frac{\partial p_x}{\partial \theta_1} &= J_{11} = -S_1[C_{234}a_4 + C_{23}a_3 + C_2a_2] \\
\frac{\partial p_x}{\partial \theta_2} &= J_{12} = C_1[-S_{234}a_4 - S_{23}a_3 - S_2a_2] \\
\frac{\partial p_x}{\partial \theta_3} &= J_{13} = C_1[-S_{234}a_4 - S_{23}a_3] \\
\frac{\partial p_x}{\partial \theta_4} &= J_{14} = C_1[-S_{234}a_4] \\
\frac{\partial p_x}{\partial \theta_5} &= J_{15} = 0 \\
\frac{\partial p_x}{\partial \theta_6} &= J_{16} = 0
\end{aligned}
\tag{3.24}
$$

对于下面两行也可以同样处理。但是，因为没有单一的方程来描述绕轴的转动(仅有关于 3 条轴的姿态向量的分量)，也就没有单个方程可以用于绕 3 条轴的微分转动，即 δx、δy 和 δz。因此，只能用不同的方法对它们进行计算。

事实上，相对于最后一个坐标系，T^6的雅可比矩阵的计算比相对于第一个坐标系的雅可比矩阵的计算要简单得多。因此，我们将用下面的方法进行计算。Paul[1] 指出，可以将相对于最后一个坐标系的速度方程写为

$$
\left[{}^{T_6}D\right] = \left[{}^{T_6}J\right][D_\theta] \tag{3.25}
$$

这就意味着，对于同样的关节微分运动，通过左乘相对最后一个坐标系的雅可比矩阵，就可得到机器人手相对于最后一个坐标系的微分运动。Paul[1] 指出，可以用式(3.26)至式(3.28)来计算相对最后一个坐标系的雅可比矩阵。

- 式(3.25)的微分运动关系可以写成：

$$
\begin{bmatrix} {}^{T_6}\mathrm{d}_x \\ {}^{T_6}\mathrm{d}_y \\ {}^{T_6}\mathrm{d}_z \\ {}^{T_6}\delta_x \\ {}^{T_6}\delta_y \\ {}^{T_6}\delta_z \end{bmatrix} =
\begin{bmatrix}
{}^{T_6}J_{11} & {}^{T_6}J_{12} & \cdots & {}^{T_6}J_{16} \\
{}^{T_6}J_{21} & {}^{T_6}J_{22} & \cdots & {}^{T_6}J_{26} \\
{}^{T_6}J_{31} & \cdot & \cdots & {}^{T_6}J_{36} \\
{}^{T_6}J_{41} & \cdot & \cdots & {}^{T_6}J_{46} \\
{}^{T_6}J_{51} & \cdot & \cdots & {}^{T_6}J_{56} \\
{}^{T_6}J_{61} & \cdot & \cdots & {}^{T_6}J_{66}
\end{bmatrix}
\begin{bmatrix} \mathrm{d}\theta_1 \\ \mathrm{d}\theta_2 \\ \cdot \\ \cdot \\ \cdot \\ \mathrm{d}\theta_6 \end{bmatrix}
$$

- 假设 A_1，A_2，…，A_n的任意组合可以用相应的 $\boldsymbol{n}$、$\boldsymbol{o}$、$\boldsymbol{a}$ 和 $\boldsymbol{p}$ 矩阵表示，则矩阵中相应的元素可用来计算雅可比矩阵。
- 如果所考虑的关节 i 为旋转关节，那么

$$
\begin{aligned}
&{}^{T_6}J_{1i} = (-n_xp_y + n_yp_x) \quad {}^{T_6}J_{2i} = (-o_xp_y + o_yp_x) \quad {}^{T_6}J_{3i} = (-a_xp_y + a_yp_x) \\
&{}^{T_6}J_{4i} = n_z \quad {}^{T_6}J_{5i} = o_z \quad {}^{T_6}J_{6i} = a_z
\end{aligned}
\tag{3.26}
$$

- 如果所考虑的关节 i 为滑动关节，那么

$$
\begin{aligned}
&{}^{T_6}J_{1i} = n_z \quad {}^{T_6}J_{2i} = o_z \quad {}^{T_6}J_{3i} = a_z \\
&{}^{T_6}J_{4i} = 0 \quad {}^{T_6}J_{5i} = 0 \quad {}^{T_6}J_{6i} = 0
\end{aligned}
\tag{3.27}
$$

- 对于式(3.26)和式(3.27)，对第 i 列用${}^{i-1}T_6$表示，意味着：

$$
\begin{aligned}
&\text{第1列用 } {}^{0}T_6 = A_1A_2A_3A_4A_5A_6 \\
&\text{第2列用 } {}^{1}T_6 = A_2A_3A_4A_5A_6 \\
&\text{第3列用 } {}^{2}T_6 = A_3A_4A_5A_6 \\
&\text{第4列用 } {}^{3}T_6 = A_4A_5A_6 \\
&\text{第5列用 } {}^{4}T_6 = A_5A_6 \\
&\text{第6列用 } {}^{5}T_6 = A_6
\end{aligned}
\tag{3.28}
$$

例 3.9　用式(3.23)求出简单旋转机器人的雅可比矩阵的第二行的元素。

解：关于雅可比矩阵的第二行元素，必须对式(3.23)中的 p_y 表达式进行如下的求微分计算：

$$
\begin{aligned}
p_y &= S_1(C_{234}a_4 + C_{23}a_3 + C_2a_2) \\
\mathrm{d}p_y &= \frac{\partial p_y}{\partial \theta_1}\mathrm{d}\theta_1 + \frac{\partial p_y}{\partial \theta_2}\mathrm{d}\theta_2 + \cdots + \frac{\partial p_y}{\partial \theta_6}\mathrm{d}\theta_6 \\
\mathrm{d}p_y &= C_1(C_{234}a_4 + C_{23}a_3 + C_2a_2)\mathrm{d}\theta_1 \\
&\quad + S_1[-S_{234}a_4(\mathrm{d}\theta_2 + \mathrm{d}\theta_3 + \mathrm{d}\theta_4) - S_{23}a_3(\mathrm{d}\theta_2 + \mathrm{d}\theta_3) - S_2a_2(\mathrm{d}\theta_2)]
\end{aligned}
$$

整理可得

$$
\begin{aligned}
&\frac{\partial p_y}{\partial \theta_1}\mathrm{d}\theta_1 = J_{21}\mathrm{d}\theta_1 = C_1(C_{234}a_4 + C_{23}a_3 + C_2a_2)\mathrm{d}\theta_1 \\
&\frac{\partial p_y}{\partial \theta_2}\mathrm{d}\theta_2 = J_{22}\mathrm{d}\theta_2 = S_1(-S_{234}a_4 - S_{23}a_3 - S_2a_2)\mathrm{d}\theta_2 \\
&\frac{\partial p_y}{\partial \theta_3}\mathrm{d}\theta_3 = J_{23}\mathrm{d}\theta_3 = S_1(-S_{234}a_4 - S_{23}a_3)\mathrm{d}\theta_3 \\
&\frac{\partial p_y}{\partial \theta_4}\mathrm{d}\theta_4 = J_{24}\mathrm{d}\theta_4 = S_1(-S_{234}a_4)\mathrm{d}\theta_4 \\
&\frac{\partial p_y}{\partial \theta_5}\mathrm{d}\theta_5 = J_{25}\mathrm{d}\theta_5 = 0 \quad \text{和} \quad \frac{\partial p_y}{\partial \theta_6}\mathrm{d}\theta_6 = J_{26}\mathrm{d}\theta_6 = 0
\end{aligned}
$$

例 3.10　求简单旋转机器人的雅可比矩阵中的 ${}^{T_6}J_{11}$ 和 ${}^{T_6}J_{41}$ 元素。

解：因为要计算的是雅可比矩阵第一列的两个元素，因此需要利用 $A_1A_2\cdots A_6$ 矩阵。由例 2.25 可得

$$
{}^{R}T_{\mathrm{H}} = A_1A_2A_3A_4A_5A_6 = \begin{bmatrix} n_x & o_x & a_x & 0 \\ n_y & o_y & a_y & 0 \\ n_z & o_z & a_z & 0 \\ 0 & 0 & 0 & 1 \end{bmatrix}
$$

$$
= \begin{bmatrix}
\begin{matrix} C_1(C_{234}C_5C_6 - S_{234}S_6) \\ -S_1S_5C_6 \end{matrix} & \begin{matrix} C_1\begin{pmatrix} -C_{234}C_5C_6 \\ -S_{234}C_6 \end{pmatrix} \\ +S_1S_5S_6 \end{matrix} & \begin{matrix} C_1(C_{234}S_5) \\ +S_1C_5 \end{matrix} & C_1\begin{pmatrix} C_{234}a_4 + C_{23}a_3 \\ +C_2a_2 \end{pmatrix} \\
\begin{matrix} S_1(C_{234}C_5C_6 - S_{234}S_6) \\ +C_1S_5C_6 \end{matrix} & \begin{matrix} S_1\begin{pmatrix} -C_{234}C_5C_6 \\ -S_{234}C_6 \end{pmatrix} \\ -C_1S_5S_6 \end{matrix} & \begin{matrix} S_1(C_{234}S_5) \\ -C_1C_5 \end{matrix} & S_1\begin{pmatrix} C_{234}a_4 + C_{23}a_3 \\ +C_2a_2 \end{pmatrix} \\
S_{234}C_5C_6 + C_{234}S_6 & -S_{234}C_5C_6 + C_{234}C_6 & S_{234}S_5 & \begin{matrix} S_{234}a_4 + S_{23}a_3 \\ +S_2a_2 \end{matrix} \\
0 & 0 & 0 & 1
\end{bmatrix}
$$

用 $\boldsymbol{n}$、$\boldsymbol{o}$、$\boldsymbol{a}$ 和 $\boldsymbol{p}$ 相应的值以及用于旋转关节的式(3.26)可得

$$
\begin{aligned}
{}^{T_6}J_{11} &= (-n_x p_y + n_y p_x) \\
&= -[C_1(C_{234}C_5C_6 - S_{234}S_6) - S_1S_5C_6] \times [S_1(C_{234}a_4 + C_{23}a_3 + C_2a_2)] \\
&\quad + [S_1(C_{234}C_5C_6 - S_{234}S_6) + C_1S_5C_6] \times [C_1(C_{234}a_4 + C_{23}a_3 + C_2a_2)] \qquad (3.29) \\
&= S_5C_6(C_{234}a_4 + C_{23}a_3 + C_2a_2) \\
{}^{T_6}J_{41} &= n_z = S_{234}C_5C_6 + C_{234}S_6
\end{aligned}
$$

也许可以注意到，在式(3.24)与式(3.29)中，J_{11}元素的结果是不同的，其原因是：一个是相对于参考坐标系的，另一个是相对于当前坐标系或T_6坐标系的。

3.11 如何建立雅可比矩阵和微分算子之间的关联

以上已经分别讨论了雅可比矩阵和微分算子，现在要将二者联系到一起。

假设机器人的关节移动一个微分量，由式(3.10)以及已知的雅可比矩阵可以计算出$[D]$矩阵，它包括了dx，dy，dz，δx，δy，δz的值(机器人手的微分运动)。将它们代入式(3.17)便构成了微分算子。然后，利用式(3.16)来计算dT，由此来确定机器人手的新位姿。这样，机器人关节的微分运动就与机器人手坐标系联系起来了。也可以用式(3.25)以及雅可比矩阵来计算${}^{T_6}D$矩阵，它包括了${}^{T_6}_{d}x$，${}^{T_6}_{d}y$，${}^{T_6}_{d}z$，${}^{T_6}_{\delta}x$，${}^{T_6}_{\delta}y$，${}^{T_6}_{\delta}z$的值(相对于当前坐标系的手的微分运动)。将它们代入式(3.21)便构成了微分算子${}^{T_6}\Delta$。然后像前面一样可以用式(3.20)来计算dT。

例3.11 给定如下的5自由度机器人手的坐标系、即时的雅可比矩阵的具体数值及一组微分运动，这个机器人具有2RP2R构型，求经微分运动后手的新位置。

$$
T_6 = \begin{bmatrix} 1 & 0 & 0 & 5 \\ 0 & 0 & -1 & 3 \\ 0 & 1 & 0 & 2 \\ 0 & 0 & 0 & 1 \end{bmatrix}, \quad
J = \begin{bmatrix} 3 & 0 & 0 & 0 & 0 \\ -2 & 0 & 1 & 0 & 0 \\ 0 & 4 & 0 & 0 & 0 \\ 0 & 1 & 0 & 1 & 0 \\ -1 & 0 & 0 & 0 & 1 \end{bmatrix}, \quad
\begin{bmatrix} d\theta_1 \\ d\theta_2 \\ ds_1 \\ d\theta_4 \\ d\theta_5 \end{bmatrix} = \begin{bmatrix} 0.1 \\ -0.1 \\ 0.05 \\ 0.1 \\ 0 \end{bmatrix}
$$

解：由于机器人只有5个自由度，并假设它只能绕x和y轴旋转。由式(3.10)，可以计算出$[D]$矩阵，再代入式(3.17)可得

$$
[D] = \begin{bmatrix} dx \\ dy \\ dz \\ \delta x \\ \delta y \end{bmatrix} = [J][D_\theta] = \begin{bmatrix} 3 & 0 & 0 & 0 & 0 \\ -2 & 0 & 1 & 0 & 0 \\ 0 & 4 & 0 & 0 & 0 \\ 0 & 1 & 0 & 1 & 0 \\ -1 & 0 & 0 & 0 & 1 \end{bmatrix} \begin{bmatrix} 0.1 \\ -0.1 \\ 0.05 \\ 0.1 \\ 0 \end{bmatrix} = \begin{bmatrix} 0.3 \\ -0.15 \\ -0.4 \\ 0 \\ -0.1 \end{bmatrix}
$$

$$
\rightarrow \Delta = \begin{bmatrix} 0 & 0 & -0.1 & 0.3 \\ 0 & 0 & 0 & -0.15 \\ 0.1 & 0 & 0 & -0.4 \\ 0 & 0 & 0 & 0 \end{bmatrix}
$$

由式(3.16)可得

$$[\mathrm{d}T_6]=[\Delta][T_6]=\begin{bmatrix}0&0&-0.1&0.3\\0&0&0&-0.15\\0.1&0&0&-0.4\\0&0&0&0\end{bmatrix}\begin{bmatrix}1&0&0&5\\0&0&-1&3\\0&1&0&2\\0&0&0&1\end{bmatrix}$$

$$=\begin{bmatrix}0&-0.1&0&0.1\\0&0&0&-0.15\\0.1&0&0&0.1\\0&0&0&0\end{bmatrix}$$

在微分运动之后坐标系的新位置为

$$T_6=\mathrm{d}T_6+T_{6_{Original}}=\begin{bmatrix}0&-0.1&0&0.1\\0&0&0&-0.15\\0.1&0&0&0.1\\0&0&0&0\end{bmatrix}+\begin{bmatrix}1&0&0&5\\0&0&-1&3\\0&1&0&2\\0&0&0&1\end{bmatrix}$$

$$=\begin{bmatrix}1&-0.1&0&5.1\\0&0&-1&2.85\\0.1&1&0&2.1\\0&0&0&1\end{bmatrix}$$

例 3.12　3 自由度机器人末端坐标系 T_1 产生的微分运动为 $D=[\mathrm{d}x,\ \delta y,\ \delta z]^{\mathrm{T}}$，微分运动后的结果位姿为 T_2，并给出了相应的雅可比矩阵。

(a)找出微分运动前的原始坐标系 T_1。

(b)求${}^{T}\Delta$。是否能用相对该坐标系的微分运动来实现对 T_1 的同样的变化?

$$D=\begin{bmatrix}0.01\\0.02\\0.03\end{bmatrix},\qquad T_2=\begin{bmatrix}-0.03&1&-0.02&4.97\\1&0.03&0&8.15\\0&-0.02&-1&9.9\\0&0&0&1\end{bmatrix},\qquad J=\begin{bmatrix}5&10&0\\3&0&0\\0&1&1\end{bmatrix}$$

解：由式(3.16)和式(3.21)可得

$$\mathrm{d}T=T_2-T_1=\Delta\cdot T_1\ \rightarrow\ T_2=(\Delta+I)\cdot T_1\quad \text{和}\quad T_1=(\Delta+I)^{-1}\cdot T_2$$

把 D 矩阵的值代入微分算子 Δ，并与 I 相加，再求逆，可得

$$\Delta=\begin{bmatrix}0&-0.03&0.02&0.01\\0.03&0&0&0\\-0.02&0&0&0\\0&0&0&0\end{bmatrix}$$

$$(\Delta+I)^{-1}=\begin{bmatrix}0.999&0.03&-0.02&-0.01\\-0.03&0.999&0.001&0.0003\\0.02&0.001&1&-0.002\\0&0&0&1\end{bmatrix}$$

$$T_1 = \begin{bmatrix} 0 & 1 & 0 & 5 \\ 1 & 0 & 0 & 8 \\ 0 & 0 & -1 & 10 \\ 0 & 0 & 0 & 1 \end{bmatrix} \text{(近似)}$$

$$\text{从而:} \ {}^{T}\boldsymbol{\Delta} = T_1^{-1} \cdot \boldsymbol{\Delta} \cdot T_1 = \begin{bmatrix} 0 & 0.03 & 0 & 0.15 \\ -0.03 & 0 & -0.02 & -0.03 \\ 0 & 0.02 & 0 & 0.1 \\ 0 & 0 & 0 & 0 \end{bmatrix}$$

由于这些微分运动与 δx, δz, $\mathrm{d}x$, $\mathrm{d}y$, $\mathrm{d}z$ 相关，需要5 个自由度，因此不可能用相对该坐标系的微分运动来实现同样的结果。

3.12 雅可比矩阵求逆

为了计算机器人关节上的微分运动(或速度)以得到所需要的机器人手的微分运动(或速度)，需要计算雅可比矩阵的逆，并且将它用于下列方程：

$$\begin{aligned} &[D] = [J][D_\theta] \\ &[J^{-1}][D] = [J^{-1}][J][D_\theta] \ \rightarrow \ [D_\theta] = [J^{-1}][D] \end{aligned} \tag{3.30}$$

类似地有

$$\left[{}^{T_6}J^{-1}\right]\left[{}^{T_6}D\right] = \left[{}^{T_6}J^{-1}\right]\left[{}^{T_6}J\right][D_\theta] \ \rightarrow \ D_\theta = \left[{}^{T_6}J^{-1}\right]\left[{}^{T_6}D\right] \tag{3.31}$$

这就是说，知道了雅可比矩阵的逆，就可以计算出每个关节需要以多快的速度运动，才能使机器人手产生所期望的微分运动或达到期望的速度。实际上，微分运动分析的主要目的是进行分析，而不是进行正向微分运动计算。设想一个机器人在一个平板上涂胶，机器人不仅要沿平板上某一特定的路径运动，而且还必须保持恒定的速度，否则，它无法将胶涂均匀，所做的也只是无用的操作。在这种情况下，它与以前的逆运动学方程的情况类似。那时必须将路径分成若干小段，并不断计算关节值以确保机器人能够沿着预期的路径运动，而这时为了确保机器人手保持期望的速度，必须不断地计算关节的速度。

如前面所提到的，随着机器人的运动及机器人构型的变化，机器人雅可比矩阵中所有元素的实际值是不断变化的。因此，虽然雅可比矩阵的符号方程相同，但它们的数值变化了。此时，需要不断地计算雅可比矩阵的值。这就是说，为了能够在每秒内计算出足够多的精确的关节速度，需要保证计算过程非常高效和快速，否则结果将是不精确和无用的。

求雅可比矩阵的逆有两种方法，但是这两种方法都十分困难，不仅计算量大而且费时。一种方法是求出符号形式的雅可比矩阵的逆，然后把值代入其中并计算出速度；另外一种方法是将数据代入雅可比矩阵，然后用高斯消去法或其他类似的方法来求该数值矩阵的逆。尽管这些方法都是可行的，但它们并不常用。记住，现在正在解决的是一个 6 ×6 的大矩阵。

一种替代方法是用逆运动方程来计算关节的速度。考虑式(2.64)(这里重复引用前面的方程)，它给出了简单旋转机器人的 θ_1 值：

$$p_x S_1 - p_y C_1 = 0 \ \rightarrow \ \theta_1 = \arctan\left(\frac{p_y}{p_x}\right) \ \text{和} \ \theta_1 = \theta_1 + 180^\circ \tag{2.64}$$

可以通过对该关系式进行微分计算来求取 $d\theta_1$，即 θ_1 的微分值。

$$
\begin{aligned}
& p_x S_1 = p_y C_1 \\
& dp_x S_1 + p_x C_1 d\theta_1 = dp_y C_1 - p_y S_1 d\theta_1 \\
& d\theta_1 (p_x C_1 + p_y S_1) = -dp_x S_1 + dp_y C_1
\end{aligned} \tag{3.32}
$$

$$
d\theta_1 = \frac{-dp_x S_1 + dp_y C_1}{(p_x C_1 + p_y S_1)}
$$

类似地，由式(2.70)(这里再次重复引用前面的方程)可得到

$$
\begin{aligned}
& S_{234}(C_1 a_x + S_1 a_y) = C_{234} a_z \\
& C_{234}(d\theta_2 + d\theta_3 + d\theta_4)(C_1 a_x + S_1 a_y) + S_{234}[-a_x S_1 d\theta_1 + C_1 da_x + a_y C_1 d\theta_1 + S_1 da_y] \\
& \quad = -S_{234}(d\theta_2 + d\theta_3 + d\theta_4) a_z + C_{234} da_z
\end{aligned}
$$

$$
(d\theta_2 + d\theta_3 + d\theta_4) = \frac{S_{234}[a_x S_1 d\theta_1 - C_1 da_x - a_y C_1 d\theta_1 - S_1 da_y] + C_{234} da_z}{C_{234}(C_1 a_x + S_1 a_y) + S_{234} a_z} \tag{3.33}
$$

式(3.33)给出了用已知值表示的 3 个微分运动的组合。由于 dT 是 $\boldsymbol{n}$、$\boldsymbol{o}$、$\boldsymbol{a}$ 和 $\boldsymbol{p}$ 矩阵的微分变化，所以 da_x 和 da_y 等可以从 dT 矩阵中得到，即

$$
dT = \begin{bmatrix} dn_x & do_x & da_x & dp_x \\ dn_y & do_y & da_y & dp_y \\ dn_z & do_z & da_z & dp_z \\ 0 & 0 & 0 & 0 \end{bmatrix} \tag{3.34}
$$

然后，对式(2.64)求微分，得到 $d\theta_3$ 的关系式如下：

$$
\begin{aligned}
2a_2a_3C_3 &= (p_x C_1 + p_y S_1 - C_{234} a_4)^2 + (p_z - S_{234} a_4)^2 - a_2^2 - a_3^2 \\
-2a_2a_3S_3 d\theta_3 &= 2(p_x C_1 + p_y S_1 - C_{234} a_4) \\
& \quad \times [C_1 dp_x - p_x S_1 d\theta_1 + S_1 dp_y + p_y C_1 d\theta_1 \\
& \qquad + a_4 S_{234}(d\theta_2 + d\theta_3 + d\theta_4)] \\
& \quad + 2(p_z - S_{234} a_4)[dp_z - a_4 C_{234}(d\theta_2 + d\theta_3 + d\theta_4)]
\end{aligned} \tag{3.35}
$$

虽然式(3.35)比较长，但其中所有元素都是已知的，因此可以计算出 $d\theta_3$。接下来，对式(2.72)求微分，可得

$$
\begin{aligned}
& S_2[(C_3 a_3 + a_2)^2 + S_3^2 a_3^2] = (C_3 a_3 + a_2)(p_z - S_{234} a_4) - S_3 a_3 (p_x C_1 + p_y S_1 - C_{234} a_4) \\
& C_2 d\theta_2 [(C_3 a_3 + a_2)^2 + S_3^2 a_3^2] + S_2[2(C_3 a_3 + a_2)(-a_3 S_3 d\theta_3) + 2a_3^2 S_3 C_3 d\theta_3] \\
& \quad = -a_3 S_3 d\theta_3 (p_z - S_{234} a_4) + (C_3 a_3 + a_2)[dp_z - a_4 C_{234}(d\theta_2 + d\theta_3 + d\theta_4)] \\
& \qquad - a_3 C_3 d\theta_3 (p_x C_1 + p_y S_1 - C_{234} a_4) \\
& \qquad - S_3 a_3 [dp_x C_1 - p_x S_1 d\theta_1 + dp_y S_1 + p_y C_1 d\theta_1 + S_{234} a_4 (d\theta_2 + d\theta_3 + d\theta_4)]
\end{aligned} \tag{3.36}
$$

从上式可计算出 $d\theta_2$。因为式中所有其他元素都是已知的，进而可以通过式(3.33)计算出 $d\theta_4$。然后对式(2.75)中的 C_5 求微分，可得

$$
\begin{aligned}
C_5 &= -C_1 a_y + S_1 a_x \\
-S_5 \mathrm{d}\theta_5 &= S_1 a_y \mathrm{d}\theta_1 - C_1 \mathrm{d}a_y + C_1 a_x \mathrm{d}\theta_1 + S_1 \mathrm{d}a_x
\end{aligned} \tag{3.37}
$$

从上式可求得 $\mathrm{d}\theta_5$。最后，对式(2.77)的(2,1)元素求微分来计算 $\mathrm{d}\theta_6$：

$$
S_6 = -S_{234}(C_1 n_x + S_1 n_y) + C_{234} n_z
$$

$$
\begin{aligned}
C_6 \mathrm{d}\theta_6 = &-C_{234}(C_1 n_x + S_1 n_y)(\mathrm{d}\theta_2 + \mathrm{d}\theta_3 + \mathrm{d}\theta_4) \\
&- S_{234}(-S_1 n_x \mathrm{d}\theta_1 + C_1 \mathrm{d}n_x + C_1 n_y \mathrm{d}\theta_1 + S_1 \mathrm{d}n_y) \\
&- S_{234} n_z (\mathrm{d}\theta_2 + \mathrm{d}\theta_3 + \mathrm{d}\theta_4) + C_{234} \mathrm{d}n_z
\end{aligned} \tag{3.38}
$$

可以看到，根据 6 个微分方程可求得 6 个关节微分值，由此即可计算出速度。机器人控制器就可以根据这 6 个方程进行编程，使控制器能够迅速地计算出速度，进而驱动机器人关节。

例 3.13 对例 3.12 中的机器人，求出引起给定坐标系变化的机器人 3 个关节的微分运动值(称它们为 $\mathrm{d}s_1$, $\mathrm{d}\theta_2$, $\mathrm{d}\theta_3$)。

解： 由式(3.30)可得

$$
D_\theta = J^{-1} \cdot D = \begin{bmatrix} 0 & 0.333 & 0 \\ 0.1 & -0.167 & 0 \\ -0.1 & 0.167 & 1 \end{bmatrix} \times \begin{bmatrix} 0.01 \\ 0.02 \\ 0.03 \end{bmatrix} = \begin{bmatrix} 0.0067 \\ -0.0023 \\ 0.0323 \end{bmatrix}
$$

例 3.14 已知摄像机安装在机器人手坐标系 T_H 上，同时已知机器人在该位置的雅可比矩阵的逆，机器人所作的微分运动表示为 $D = [\,0.05 \quad 0 \quad -0.1 \quad 0 \quad 0.1 \quad 0.03\,]^{\mathrm{T}}$。

(a) 找出哪些关节必须作微分运动，并计算出这些关节需要作多大的微分运动量才能产生所指定的微分运动。

(b) 求手坐标系的变化。

(c) 求出微分运动以后的摄像机的新位置。

(d) 如果相对坐标系 T_H 进行测量，求所需要的微分运动，以使机器人仍然移动到如问题(c)中的新位置。

$$
T_H = \begin{bmatrix} 0 & 1 & 0 & 3 \\ 1 & 0 & 0 & 2 \\ 0 & 0 & -1 & 8 \\ 0 & 0 & 0 & 1 \end{bmatrix}, \qquad J^{-1} = \begin{bmatrix} 1 & 0 & 0 & 0 & 0 & 0 \\ 2 & 0 & -1 & 0 & 0 & 0 \\ 0 & -0.2 & 0 & 0 & 0 & 0 \\ 0 & -1 & 0 & 0 & 1 & 0 \\ 0 & 0 & 0 & 1 & 0 & 0 \\ 1 & 0 & 0 & 0 & 0 & 1 \end{bmatrix}
$$

解： 把值代入相关的等式，可得到

(a)
$$
D_\theta = J^{-1} \cdot D = \begin{bmatrix} 1 & 0 & 0 & 0 & 0 & 0 \\ 2 & 0 & -1 & 0 & 0 & 0 \\ 0 & -0.2 & 0 & 0 & 0 & 0 \\ 0 & -1 & 0 & 0 & 1 & 0 \\ 0 & 0 & 0 & 1 & 0 & 0 \\ 1 & 0 & 0 & 0 & 0 & 1 \end{bmatrix} \times \begin{bmatrix} 0.05 \\ 0 \\ -0.1 \\ 0 \\ 0.1 \\ 0.03 \end{bmatrix} = \begin{bmatrix} 0.05 \\ 0.2 \\ 0 \\ 0.1 \\ 0 \\ 0.08 \end{bmatrix}
$$

从而可见，关节 1，2，4，6 需要如上式所示进行运动。

(b)手坐标系的变化是

$$dT=\Delta\cdot T=\begin{bmatrix}0 & -0.03 & 0.1 & 0.05\\ 0.03 & 0 & 0 & 0\\ -0.1 & 0 & 0 & -0.1\\ 0 & 0 & 0 & 0\end{bmatrix}\times\begin{bmatrix}0 & 1 & 0 & 3\\ 1 & 0 & 0 & 2\\ 0 & 0 & -1 & 8\\ 0 & 0 & 0 & 1\end{bmatrix}$$

$$=\begin{bmatrix}-0.03 & 0 & -0.1 & 0.79\\ 0 & 0.03 & 0 & 0.09\\ 0 & -0.1 & 0 & -0.4\\ 0 & 0 & 0 & 0\end{bmatrix}$$

(c)摄相机的新位置为

$$T_{new}=T_{old}+dT=\begin{bmatrix}0 & 1 & 0 & 3\\ 1 & 0 & 0 & 2\\ 0 & 0 & -1 & 8\\ 0 & 0 & 0 & 1\end{bmatrix}+\begin{bmatrix}-0.03 & 0 & -0.1 & 0.79\\ 0 & 0.03 & 0 & 0.09\\ 0 & -0.1 & 0 & -0.4\\ 0 & 0 & 0 & 0\end{bmatrix}$$

$$=\begin{bmatrix}-0.03 & 1 & -0.1 & 3.79\\ 1 & 0.03 & 0 & 2.09\\ 0 & -0.1 & -1 & 7.6\\ 0 & 0 & 0 & 1\end{bmatrix}$$

(d) ${}^{T}\Delta=T^{-1}\cdot\Delta\cdot T=T^{-1}\cdot dT$

$${}^{T}\Delta=\begin{bmatrix}0 & 1 & 0 & -2\\ 1 & 0 & 0 & -3\\ 0 & 0 & -1 & 8\\ 0 & 0 & 0 & 1\end{bmatrix}\times\begin{bmatrix}-0.03 & 0 & -0.1 & 0.79\\ 0 & 0.03 & 0 & 0.09\\ 0 & -0.1 & 0 & -0.4\\ 0 & 0 & 0 & 0\end{bmatrix}$$

$$=\begin{bmatrix}0 & 0.03 & 0 & 0.09\\ -0.03 & 0 & -0.1 & 0.79\\ 0 & 0.1 & 0 & 0.4\\ 0 & 0 & 0 & 0\end{bmatrix}$$

因此，相对于该坐标系的微分运动是

$${}^{T}D=[0.09\quad 0.79\quad 0.4\quad 0.1\quad 0\quad -0.03]^{\mathrm{T}}$$

例 3.15　球形机器人在关节值为 $\beta=0°$、$\gamma=90°$ 和 $r=5$ 处移动了微分量 $D=[0.1, 0, 0.1, 0.05, 0, 0.1]^{\mathrm{T}}$。对 T_{sph} 矩阵不同的变量元素进行微分，给出了以下关节微分运动的等式：

$$d\beta=\frac{-d(a_z)}{\sin\beta},\ d\gamma=\frac{d(o_y)}{-\sin\gamma},\ dr=\frac{d(p_z)+r\sin\beta(d\beta)}{\cos\beta}$$

其中 $d(a_z)$表示 a_z的变化，等等。

(a) 写出表示微分运动的微分算子矩阵。

(b) 求在微分运动前的机器人初始位姿。

(c) 求出 $d\beta$、$d\gamma$ 和 dr 的值。

(d) 找出需用来推导上面给定等式的 T_{sph} 的元素。

解:

(a) 将给定的微分运动值代入 Δ，可得

$$\Delta=\begin{bmatrix}0 & -0.1 & 0 & 0.1\\ 0.1 & 0 & -0.05 & 0\\ 0 & 0.05 & 0 & 0.1\\ 0 & 0 & 0 & 0\end{bmatrix}$$

(b) 将给定的关节值代入式(2.36)，得到该机器人的初始位姿为

$$T_{sph}=\begin{bmatrix}C\beta C\gamma & -S\gamma & S\beta C\gamma & rS\beta C\gamma\\ C\beta S\gamma & C\gamma & S\beta S\gamma & rS\beta S\gamma\\ -S\beta & 0 & C\beta & rC\beta\\ 0 & 0 & 0 & 1\end{bmatrix}=\begin{bmatrix}0 & -1 & 0 & 0\\ 1 & 0 & 0 & 0\\ 0 & 0 & 1 & 5\\ 0 & 0 & 0 & 1\end{bmatrix}$$

(c) 从下面的 dT 中可以求出 $\boldsymbol{n}$、$\boldsymbol{o}$、$\boldsymbol{a}$ 和 $\boldsymbol{p}$ 值的变化：

$$dT=\Delta\cdot T=\begin{bmatrix}-0.1 & 0 & 0 & 0.1\\ 0 & -0.1 & -0.05 & -0.25\\ 0.05 & 0 & 0 & 0.1\\ 0 & 0 & 0 & 0\end{bmatrix}$$

因此可以求得，$d(a_z)=0$，$d(o_y)=-0.1$，$d(p_z)=0.1$。根据前面给定的等式，可以得到 $d\beta=0/0$(无定义，但基本的值为零)，$d\gamma=-0.1/-1=0.1$，$dr=0.1+(5)(0)(0)/1=0.1$。

(d) T_{sph} 中的(3,1)，(1,2)，(2,2)，(3,3)和(1,4)元素用于推导给定的等式。

例 3.16　例 2.25 中的旋转机器人拥有如下所示的构型。对于给定的构型，要求计算出第 1 关节的角速度，以使手坐标系具有如下的线速度和角速度：

$$dx/dt=1\ \text{in/s},\quad dy/dt=-2\ \text{in/s},\quad \delta x/dt=0.1\ \text{rad/s}$$

$$\theta_1=0°,\quad \theta_2=90°,\quad \theta_3=0°,\quad \theta_4=90°,\quad \theta_5=0°,\quad \theta_6=45°$$
$$a_2=15'',\quad a_3=15'',\quad a_4=5''$$

表 3.1 为机器人的参数。图 3.6 为该机器人。

表 3.1　例 2.25 中机器人的参数

#	θ	d	a	α
1	θ_1	0	0	90
2	θ_2	0	a_2	0
3	θ_3	0	a_3	0
4	θ_4	0	a_4	−90
5	θ_5	0	0	90
6	θ_6	0	0	0

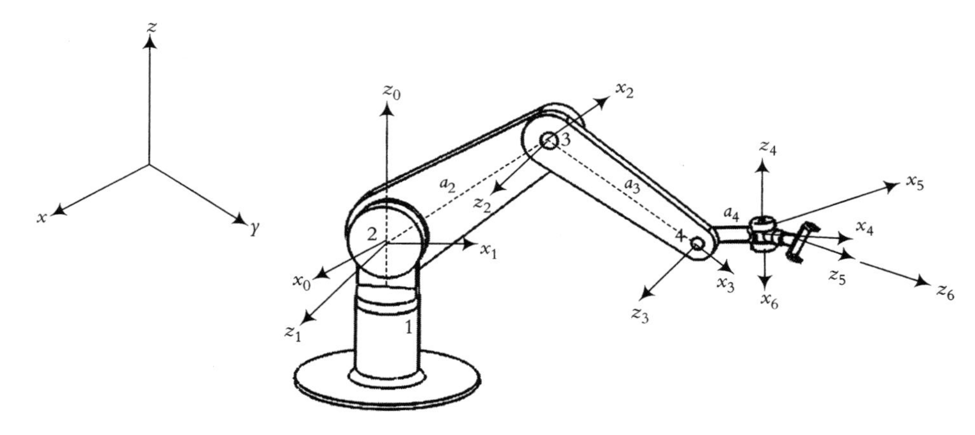

图 3.6　简单的 6 自由度链式机器人的参考坐标系

解：首先，将上述这些值代入上一章的式(2.59)中，得到机器人最终的位姿。注意：机器人的实际位姿取决于机器人静止或复位的位置在什么地方，或取决于角度从什么地方开始测量。假设该机器人的复位位置沿 x 轴，则有

$$
{}^{R}T_{H} = A_1A_2A_3A_4A_5A_6
$$

$$
= \begin{bmatrix} C_1(C_{234}C_5C_6 - S_{234}S_6) \\ -S_1S_5C_6 & C_1(-C_{234}C_5C_6 - S_{234}C_6) \\ +S_1S_5S_6 & C_1(C_{234}S_5) \\ +S_1C_5 & C_1(C_{234}a_4 + C_{23}a_3 + C_2a_2) \\ S_1(C_{234}C_5C_6 - S_{234}S_6) \\ +C_1S_5C_6 & S_1(-C_{234}C_5C_6 - S_{234}C_6) \\ -C_1S_5S_6 & S_1(C_{234}S_5) \\ -C_1C_5 & S_1(C_{234}a_4 + C_{23}a_3 + C_2a_2) \\ S_{234}C_5C_6 + C_{234}S_6 & -S_{234}C_5C_6 + C_{234}C_6 & S_{234}S_5 & S_{234}a_4 + S_{23}a_3 + S_2a_2 \\ 0 & 0 & 0 & 1 \end{bmatrix}
$$

$$
{}^{R}T_{H} = \begin{bmatrix} n_x & o_x & a_x & p_x \\ n_y & o_y & a_y & p_y \\ n_z & o_z & a_z & p_z \\ 0 & 0 & 0 & 1 \end{bmatrix} = \begin{bmatrix} -0.707 & 0.707 & 0 & -5 \\ 0 & 0 & -1 & 0 \\ -0.707 & -0.707 & 0 & 30 \\ 0 & 0 & 0 & 1 \end{bmatrix}
$$

将所期望的微分运动值代入式(3.16)和式(3.17)，可得

$$
\boldsymbol{\Delta} = \begin{bmatrix} 0 & -\delta z & \delta y & \mathrm{d}x \\ \delta z & 0 & -\delta x & \mathrm{d}y \\ -\delta y & \delta x & 0 & \mathrm{d}z \\ 0 & 0 & 0 & 0 \end{bmatrix} = \begin{bmatrix} 0 & 0 & 0 & 1 \\ 0 & 0 & -0.1 & -2 \\ 0 & 0.1 & 0 & 0 \\ 0 & 0 & 0 & 0 \end{bmatrix}
$$

$$
[\mathrm{d}T] = [\boldsymbol{\Delta}][T] = \begin{bmatrix} 0 & 0 & 0 & 1 \\ 0.0707 & 0.0707 & 0 & -5 \\ 0 & 0 & -0.1 & 0 \\ 0 & 0 & 0 & 0 \end{bmatrix}
$$

将 $\mathrm{d}T$ 和 T 矩阵中的值代入式(3.32)，可得

$$
\frac{\mathrm{d}\theta_1}{\mathrm{d}t} = \frac{-\mathrm{d}p_xS_1 + \mathrm{d}p_yC_1}{(p_xC_1 + p_yS_1)} = \frac{-1(0) - 5(1)}{-5(1) + 0(0)} = 1\ \mathrm{rad/s}
$$

注意：由于以上给定的 θ_5 值导致机器人处于退化状态，使得无法计算这一构型机器人的其他角速度。

3.13　设计项目

3.13.1　3 自由度机器人

这是从第 2 章开始的设计项目的继续。如果已设计了一个 3 自由度的机器人，并已推导出了它的正逆运动方程，现在就可以继续这个设计项目。

在这一节，可以继续计算机器人微分运动。利用所导出的正逆运动方程，计算出所设计机器人的正逆微分运动。因为这是一个 3 自由度机器人，所以计算相对容易。记住：对于 3 自由度的机器人，只能对机器人手进行定位，而不能使之指向期望的姿态。类似地，也只能计算出相对于 3 个坐标轴的 3 个微分运动方程，即 $d(p_x)$、$d(p_y)$和 $d(p_z)$。由式(2.86)可得 $d\theta_1$ 的方程如下：

$$\tan(\theta_1) = -\frac{p_x}{p_y} \rightarrow p_x C_1 = -p_y S_1$$

$$d(p_x)C_1 - p_x S_1 \cdot d(\theta_1) = -d(p_y)S_1 - p_y C_1 \cdot d(\theta_1)$$

$$d(\theta_1)[-p_x S_1 + p_y C_1] = -d(p_y)S_1 - d(p_x)C_1$$

$$d(\theta_1) = \frac{d(p_y)S_1 + d(p_x)C_1}{p_x S_1 - p_y C_1}$$

可以继续求解另外两个关节的方程。根据这些方程，如果最终制造出了机器人，并且通过速度控制命令来驱动执行机构(如伺服电机或步进电机)，就能控制机器人相对于 3 个坐标轴的速度。由于在此过程中已经计算出了机器人的雅可比矩阵，所以可以运用雅可比矩阵找出机器人工作空间中是否存在退化点。请读者思考是否希望存在退化点。

在以后的章节中将继续这个设计项目。

3.13.2　3 自由度移动机器人

类似地，如果设计了一个 3 自由度的移动机器人，可以对它的位置和姿态进行微分，并用它们来控制机器人的速度。或者直接对逆方程进行微分而导出同样的结果。无论哪种情况，这些方程都可以用来建立关节的微分运动和机器人的微分运动之间的关系。

小结

本章首先讨论了坐标系的微分运动，以及这些运动对坐标系和坐标系的位姿的影响。随后讨论了机器人的微分运动以及机器人关节的微分运动是如何与机器人手的微分运动相关联的，这样就将两个问题联系在一起了。通过这个联系，如果已知机器人的关节速度，就可以计算出机器人手在空间的运动速度。本章也讨论了机器人的逆微分运动方程，利用这些方程就可以确定每个关节应该运动多快才能产生期望的手的速度。此外，与逆运动方程一起，就可以同时控制多自由度机器人在空间的运动和速度，也可以跟踪手坐标系在空间运动时的位置。

下一章将继续推导动力方程，从而能够设计和选择适当的驱动器，使机器人关节能以期望的速度和加速度运行。

参考文献

[1] Paul, Richard P., "Robot Manipulators, Mathematics, Programming, and Control," The MIT Press, 1981.

进一步阅读的建议

[I] Craig, John J., "Introduction to Robotics: Mechanics and Control," 2nd Edition, Addison Wesley, 1989.

[II] Shahinpoor, Mohsen, "A Robot Engineering Textbook," Harper & Row, 1987.

[III] Koren, Yoram, "Robotics for Engineers," McGraw-Hill, 1985.

[IV] Fu, K. S., R. C. Gonzalez, C. S. G. Lee, "Robotics: Control, Sensing, Vision, and Intelligence," McGraw-Hill, 1987.

[V] Asada, Haruhiko, J. j. E. Slotine, "Robot Analysis and Control," John Wiley and Sons, NY, 1986.

[VI] Sciavicco, Lorenzo, B. Siciliano, "Modeling and Control of Robot Manipulators," McGraw-Hill, NY, 1996.

习题

3.1 假设手坐标系的位姿用如下的伴随矩阵表示。若绕 z 轴作0.15弧度的微分旋转，再作[0.1, 0.1, 0.3]的微分平移，这样的微分运动将产生怎样的影响，并求出手的新位置。

$$ {}^{R}T_{H}=\begin{bmatrix}0&0&1&2\\1&0&0&7\\0&1&0&5\\0&0&0&1\end{bmatrix} $$

3.2 如下所示，T 坐标系经一系列微分运动后，其改变量为 $\mathrm{d}T$。求微分变化量($\mathrm{d}x$, $\mathrm{d}y$, $\mathrm{d}z$, δx, δy, δz)以及相对于 T 坐标系的微分算子。

$$ T=\begin{bmatrix}1&0&0&5\\0&0&1&3\\0&-1&0&8\\0&0&0&1\end{bmatrix},\qquad \mathrm{d}T=\begin{bmatrix}0&-0.1&-0.1&0.6\\0.1&0&0&0.5\\-0.1&0&0&-0.5\\0&0&0&0\end{bmatrix} $$

3.3 假设如下坐标系经过 $d=[1, 0, 0.5]$ 单位的微分平移和 $\delta=[0, 0.1, 0]$ 的微分旋转。求：

(a)相对于参考坐标系的微分算子是什么？

(b)相对于坐标系 A 的微分算子是什么？

$$ A=\begin{bmatrix}0&0&1&10\\1&0&0&5\\0&1&0&0\\0&0&0&1\end{bmatrix} $$

3.4 给定机器人手的初始位姿为 T_1，变化后新的位姿为 T_2。

(a)求实现这个变换的变换矩阵 Q(在全局坐标系中)。

(b)假定变化很小，求产生同样结果的微分算子 Δ。

(c)通过观察，找出构成该微分算子的微分平移和微分旋转。

$$ T_1=\begin{bmatrix}1&0&0&5\\0&0&-1&3\\0&1&0&6\\0&0&0&1\end{bmatrix},\qquad T_2=\begin{bmatrix}1&0&0.1&4.8\\0.1&0&-1&3.5\\0&1&0&6.2\\0&0&0&1\end{bmatrix} $$

3.5 给定机器人手坐标系和相应的雅可比矩阵。对于给定关节的微分变化，计算手坐标系的变化、手坐标系的新位置和相应的 Δ。

$$T_6=\begin{bmatrix}0&1&0&10\\1&0&0&5\\0&0&-1&0\\0&0&0&1\end{bmatrix},\quad {}^{T_6}J=\begin{bmatrix}8&0&0&0&0&0\\-3&0&1&0&0&0\\0&10&0&0&0&0\\0&1&0&0&1&0\\0&0&0&1&0&0\\-1&0&0&0&0&1\end{bmatrix},\quad D_\theta=\begin{bmatrix}0\\0.1\\-0.1\\0.2\\0.2\\0\end{bmatrix}$$

3.6　给定描述3自由度机器人末端位姿的两个连续的坐标系 T_1(旧)和 T_2(新)，同时给定相对于 T_1的雅可比矩阵(它与 ${}^{T_1}dz$, ${}^{T_1}\delta x$, ${}^{T_1}\delta z$ 有关)。求出导致给定坐标系变化的机器人关节微分运动 ds_1、$d\theta_2$ 和 $d\theta_3$ 的值。

$$T_1=\begin{bmatrix}0&0&1&8\\1&0&0&5\\0&1&0&2\\0&0&0&1\end{bmatrix},\quad T_2=\begin{bmatrix}0&0.01&1&8.1\\1&-0.05&0&5\\0.05&1&-0.01&2\\0&0&0&1\end{bmatrix},\quad {}^{T_1}J=\begin{bmatrix}5&10&0\\3&0&0\\0&1&1\end{bmatrix}$$

3.7　给定描述3自由度机器人末端位姿的两个连续的坐标系 T_1(旧)和 T_2(新)，同时给定相对于 dz、δx、δz 的雅可比矩阵。求出导致给定坐标系变化的机器人关节微分运动 ds_1、$d\theta_2$ 和 $d\theta_3$ 的值。

$$T_1=\begin{bmatrix}0&0&1&10\\1&0&0&5\\0&1&0&3\\0&0&0&1\end{bmatrix},\quad T_2=\begin{bmatrix}-0.05&0&1&9.75\\1&-0.1&0.05&5.2\\0.1&1&0&3.7\\0&0&0&1\end{bmatrix},\quad J=\begin{bmatrix}5&10&0\\3&0&0\\0&1&1\end{bmatrix}$$

3.8　已知摄像机安装在机器人手坐标系 T 上，给定机器人在这个位置的雅可比矩阵的逆。机器人做了一个微分运动，并记录下了坐标系的变化 dT。

(a)求摄像机在微分运动以后的新位置。

(b)求出微分算子。

(c)求出与该运动有关的关节微分运动值。

(d)如果相对于坐标系 T 进行测量，要将机器人运动到(a)中同样的新位置，求手坐标系的微分运动 ${}^{T}D$ 应为多少。

$$T=\begin{bmatrix}0&1&0&3\\1&0&0&2\\0&0&-1&8\\0&0&0&1\end{bmatrix},\quad J^{-1}=\begin{bmatrix}1&0&0&0&0&0\\2&0&-1&0&0&0\\0&-0.2&0&0&0&0\\0&-1&0&0&1&0\\0&0&0&1&0&0\\1&0&0&0&0&1\end{bmatrix},\quad dT=\begin{bmatrix}-0.03&0&-0.1&0.79\\0&0.03&0&0.09\\0&-0.1&0&-0.4\\0&0&0&0\end{bmatrix}$$

3.9　已知摄像机安装在机器人手坐标系 T 上，给定机器人在这个位置相对该坐标系的雅可比矩阵的逆。机器人做了一个微分运动，并记录下了坐标系的变化 dT。

(a)找出摄像机在微分运动以后的新位置。

(b)求出微分算子。

(c)求出与该运动有关的关节微分运动值 D_θ。

$$T=\begin{bmatrix}0&1&0&3\\1&0&0&2\\0&0&-1&8\\0&0&0&1\end{bmatrix},\quad {}^{T}J^{-1}=\begin{bmatrix}1&0&0&0&0&0\\2&0&-1&0&0&0\\0&-0.1&0&0&0&0\\0&-1&0&0&1&0\\0&0&0&1&0&0\\1&0&0&0&0&1\end{bmatrix},\quad dT=\begin{bmatrix}-0.02&0&-0.1&0.7\\0&0.02&0&0.08\\0&-0.1&0&-0.3\\0&0&0&0\end{bmatrix}$$

3.10　给定机器人的手坐标系 T_H，并给定机器人在这个位置相对该坐标系的雅可比矩阵的逆。机器人相对该坐标系所作的微分运动可以表示为 ${}^{T_H}D=[0.05\quad 0\quad -0.1\quad 0\quad 0.1\quad 0.1]^{\mathrm{T}}$， (a)找出哪一个关节必须作微分运动，并求出应运动多大量才能产生指定的微分运动。

(b)求出坐标系的变化。

(c)求出微分运动后的坐标系的新位置。

(d)如果相对于全局坐标系进行测量，要将机器人运动到(c)中同样的新位置，根据给定的条件，求微分运动量应为多少。

$$T_H = \begin{bmatrix} 0 & 1 & 0 & 3 \\ 1 & 0 & 0 & 3 \\ 0 & 0 & -1 & 8 \\ 0 & 0 & 0 & 1 \end{bmatrix}, \qquad {}^{T_H}\boldsymbol{J}^{-1} = \begin{bmatrix} 5 & 0 & 0 & 0 & 0 & 0 \\ 2 & 0 & -1 & 0 & 0 & 0 \\ 0 & -0.2 & 0 & 0 & 0 & 0 \\ 0 & -1 & 0 & 0 & 1 & 0 \\ 0 & 0 & 0 & 1 & 0 & 0 \\ 1 & 0 & 0 & 0 & 0 & 1 \end{bmatrix}$$

3.11　给定机器人的手坐标系 T，并给定机器人在这个位置的雅可比矩阵的逆。机器人所作的微分运动可以表示为 $D=[0.05 \quad 0 \quad -0.1 \quad 0 \quad 0.1 \quad 0.1]^{\mathrm{T}}$，

(a)找出哪一个关节必须作微分运动，并求出应运动多大量才能产生指定的微分运动。

(b)求出坐标系的变化。

(c)求出微分运动后的坐标系的新位置。

(d)如果相对于坐标系 T 进行测量，要将机器人运动到(c)中同样的新位置，根据给定的条件，求微分运动量应为多少。

$$T = \begin{bmatrix} 0 & 1 & 0 & 3 \\ 1 & 0 & 0 & 3 \\ 0 & 0 & -1 & 8 \\ 0 & 0 & 0 & 1 \end{bmatrix}, \qquad J^{-1} = \begin{bmatrix} 5 & 0 & 0 & 0 & 0 & 0 \\ 2 & 0 & -1 & 0 & 0 & 0 \\ 0 & -0.2 & 0 & 0 & 0 & 0 \\ 0 & -1 & 0 & 0 & 1 & 0 \\ 0 & 0 & 0 & 1 & 0 & 0 \\ 1 & 0 & 0 & 0 & 0 & 1 \end{bmatrix}$$

3.12　计算例 2.25 中旋转机器人的雅可比矩阵中的元素 ${}^{T_6}J_{21}$。

3.13　计算例 2.25 中旋转机器人的雅可比矩阵中的元素 ${}^{T_6}J_{16}$。

3.14　利用式(2.34)，对矩阵中适当的元素求微分，推导出圆柱坐标机器人关节微分运动的符号方程，并写出相应的雅可比矩阵。

3.15　利用式(2.36)，对矩阵中适当的元素求微分，推导出球坐标机器人关节微分运动的符号方程，并写出相应的雅可比矩阵。

3.16　对于圆柱坐标机器人，给定在相应位置的 3 个关节速度如下，求手坐标系速度的 3 个分量。

$$\dot{r} = 0.1\ \text{in/s}, \quad \dot{\alpha} = 0.05\ \text{rad/s}, \quad \dot{l} = 0.2\ \text{in/s}, \quad r = 15\ \text{in}, \quad \alpha = 30^\circ, \quad l = 10\ \text{in}$$

3.17　对于球坐标机器人，给定在相应位置的 3 个关节速度如下，求手坐标系速度的 3 个分量。

$$\dot{r} = 2\ \text{in/s}, \quad \dot{\beta} = 0.05\ \text{rad/s}, \quad \dot{\gamma} = 0.1\ \text{rad/s}, \quad r = 20\ \text{in}, \quad \beta = 60^\circ, \quad \gamma = 30^\circ$$

3.18　对于球坐标机器人，给定在相应位置的 3 个关节速度如下，求手坐标系速度的 3 个分量。

$$\dot{r} = 1\ \text{unit/s}, \quad \dot{\beta} = 1\ \text{rad/s}, \quad \dot{\gamma} = 1\ \text{rad/s}, \quad r = 5\ \text{units}, \quad \beta = 45^\circ, \quad \gamma = 45^\circ$$

3.19　对于圆柱型机器人，给定在相应位置的手坐标系速度的 3 个分量如下，求产生给定手坐标系的速度所需的 3 个关节速度分量。

$$\dot{x} = 1\ \text{in/s}, \quad \dot{y} = 3\ \text{in/s}, \quad \dot{z} = 5\ \text{in/s}, \quad \alpha = 45^\circ, \quad r = 20\ \text{in}, \quad l = 25\ \text{in}$$

3.20　对于球坐标系机器人，给定在相应位置的手坐标系速度的 3 个分量如下，求产生给定手坐标系的速度所需的 3 个关节速度分量。

$$\dot{x} = 5\ \text{in/s}, \quad \dot{y} = 9\ \text{in/s}, \quad \dot{z} = 6\ \text{in/s}, \quad \beta = 60^\circ, \quad r = 20\ \text{in}, \quad \gamma = 30^\circ$$

第4章　动力学分析和力

4.1　引言

前面几章学习了机器人的位姿和微分运动学，本章将研究机器人动力学，它与加速度、负载、质量及惯量有关。此外，还将研究机器人的静力学关系。

根据力学课程可知，为了使物体加速，必须对它施加力。同样，为了使旋转物体产生角加速度，则必须对其施加力矩(见图4.1)。所需的力及力矩为

$$\sum \boldsymbol{F} = m \cdot \boldsymbol{a}, \qquad \sum \boldsymbol{T} = I \cdot \boldsymbol{\alpha} \tag{4.1}$$

为使机器人连杆加速，驱动器必须有足够大的力和力矩来驱动机器人连杆和关节，以使它们能以期望的加速度和速度运动。否则，连杆将不能以需要的速度快速运动，并因运动迟缓而达不到期望的位置精度。为此必须建立决定机器人运动的动力学关系来计算各驱动器所需的驱动力。上述动力学关系就是力-质量-加速度，以及力矩-惯量-角加速度之间的方程，以这些方程为依据，考虑机器人的外部载荷，设计者可以计算出驱动器可能承受的最大载荷，并进而设计出能提供足够力及力矩的驱动器。

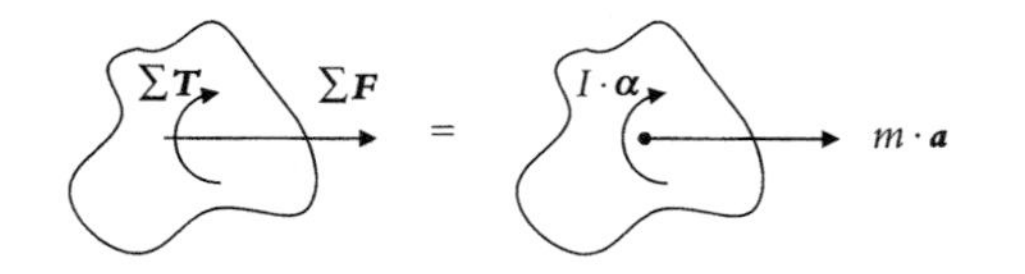

图4.1　刚体的力-质量-加速度以及力矩-惯量-角加速度的关系

一般来说，可用动力学方程来确定机械装置的运动，也就是说，只要知道所受到的力和力矩就能确定机械装置如何运动。虽然我们已经建立了运动方程，但是除最简单的情况外，求解多轴机器人的动力学方程相当复杂难懂。这里仅需用这些方程来确定力和力矩，以便机器人连杆和关节产生期望的加速度。也可利用这些方程来考察不同惯量负载对机器人的影响，并由期望的加速度判断某些负载关键与否。例如考虑在太空的机器人，虽然物体在太空处于失重状态，但它仍有惯量，因此考虑空间机器人所能操作物体的重量毫无意义，考虑其惯量却非常重要。因此，在太空只要运动很慢，轻巧的机器人即可不费力地移动一个很大的负载。这就是为什么用于航天飞机的机械臂虽然比较纤细，却可以抓持很大的卫星。设计人员可用动力学方程来研究机器人不同部件之间的关系，并对其部件进行合理设计。

通常，可用牛顿力学等方法来确定机器人动力学方程。然而，由于机器人是具有分布质量的三维、多自由度的机械装置，利用牛顿力学来确定其动力学方程非常困难。作为替代，可以寻求其他方法，如拉格朗日力学来进行分析。用拉格朗日力学建立系统动力学方程时仅需考虑系统能量，所以在很多情况下使用起来比较容易。虽然可以用牛顿力学及其他方法来推导动力学方程，但多数参考书都采用拉格朗日力学进行推导。本章将用几个例子来简单地学习拉格朗日力学，然后说明如何用它来推导机器人动力学方程。由于这是一本导论性书籍，所以不会完整地推导有关的动力学方程，而仅对结果加以说明与讨论。鼓励感兴趣的读者参阅其他参考书以便了解更多的细节[1~7]。

4.2　拉格朗日力学的简短回顾

下面将会讲到，拉格朗日力学的基础是系统能量对系统变量及时间的微分。对于简单情况，运用该方法比运用牛顿力学烦琐，然而随着系统复杂程度的增加，运用拉格朗日力学将变得相对简单。拉格朗日力学以下面两个基本方程为基础：一个针对直线运动，另一个针对旋转运动。首先，定义拉格朗日函数为

$$L = K - P \tag{4.2}$$

其中 L 是拉格朗日函数，K 是系统动能，P 是系统势能。于是有

$$F_i = \frac{\partial}{\partial t}\left(\frac{\partial L}{\partial \dot{x}_i}\right) - \frac{\partial L}{\partial x_i} \tag{4.3}$$

$$T_i = \frac{\partial}{\partial t}\left(\frac{\partial L}{\partial \dot{\theta}_i}\right) - \frac{\partial L}{\partial \theta_i} \tag{4.4}$$

其中 F_i是产生线运动的所有外力之和，T_i是产生转动的所有外力矩之和，θ_i和 x_i是系统变量。为了得到运动方程，首先需要推导系统的能量方程，然后再根据式(4.3)和式(4.4)对拉格朗日函数求导。下面的五个例子说明了拉格朗日力学在推导运动方程中的应用。留意能量项的复杂性是如何随自由度和变量数的增加而增加的。

例 4.1　分别用拉格朗日力学及牛顿力学推导图 4.2所示单自由度系统力-加速度的关系。假设车轮的惯量可忽略不计。

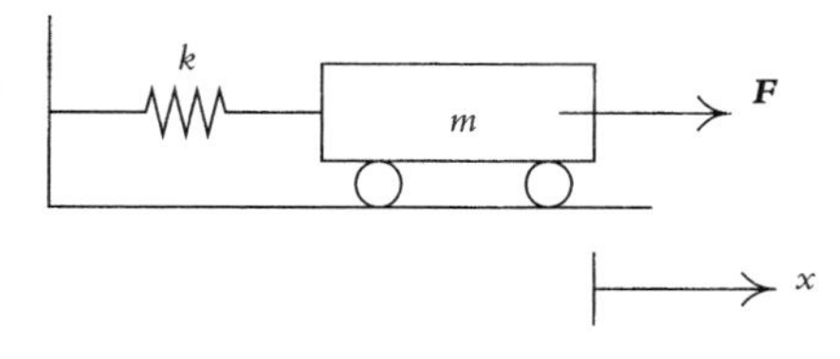

图 4.2　小车-弹簧系统简图

解： x 轴表示小车的运动方向，位移 x 表示系统的唯一变量。由于这是一个单自由度系统，所以只需一个方程就可描述系统的运动。因为是直线运动，所以只需利用式(4.3)，即

$$K = \frac{1}{2}mv^2 = \frac{1}{2}m\dot{x}^2 \quad \text{和} \quad P = \frac{1}{2}kx^2 \rightarrow L = K - P = \frac{1}{2}m\dot{x}^2 - \frac{1}{2}kx^2$$

拉格朗日函数的导数是

$$\frac{\partial L}{\partial \dot{x}} = m\dot{x}, \qquad \frac{\mathrm{d}}{\mathrm{d}t}(m\dot{x}) = m\ddot{x} \quad \text{和} \quad \frac{\partial L}{\partial x} = -kx$$

于是求得小车的运动方程

$$F = m\ddot{x} + kx$$

为用牛顿力学求解上述问题，首先画出小车的受力图(见图 4.3)，其受力方程如下：

$$\sum \boldsymbol{F} = m\boldsymbol{a}$$

$$F_x - kx = ma_x \quad \rightarrow \quad F_x = ma_x + kx$$

结果和前面的完全一样。对这样一个简单系统，上述过程说明使用牛顿力学比较简单。

例 4.2　推导图 4.4 所示 2 自由度系统的运动方程。

解： 在本题中，系统有 2 个自由度和两个坐标参数 x 和 θ，因此系统有两个运动方程：一个描述系统的直线运动，另一个描述摆的旋转运动。

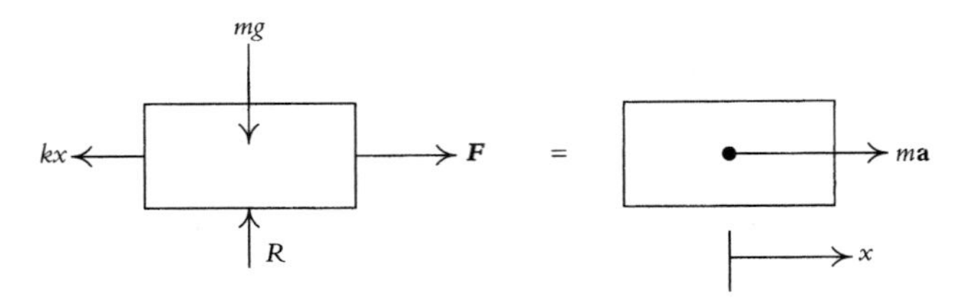

图 4.3 小车-弹簧系统的自由体受力图

系统的动能包括车和摆的动能。注意，摆的速度是小车速度及摆相对车的速度之和，即

$$\boldsymbol{v}_p = \boldsymbol{v}_c + \boldsymbol{v}_{p/c} = (\dot{x})\boldsymbol{i} + (l\dot{\theta}\cos\theta)\boldsymbol{i} + (l\dot{\theta}\sin\theta)\boldsymbol{j} = (\dot{x} + l\dot{\theta}\cos\theta)\boldsymbol{i} + (l\dot{\theta}\sin\theta)\boldsymbol{j}$$

$$v_p^2 = (\dot{x} + l\dot{\theta}\cos\theta)^2 + (l\dot{\theta}\sin\theta)^2$$

于是有

$$K = K_{\text{直线}} + K_{\text{旋转}}$$

$$K_{\text{直线}} = \frac{1}{2}m_1\dot{x}^2$$

$$K_{\text{旋转}} = \frac{1}{2}m_2\left((\dot{x} + l\dot{\theta}\cos\theta)^2 + (l\dot{\theta}\sin\theta)^2\right)$$

$$K = \frac{1}{2}(m_1 + m_2)\dot{x}^2 + \frac{1}{2}m_2(l^2\dot{\theta}^2 + 2l\dot{\theta}\dot{x}\cos\theta)$$

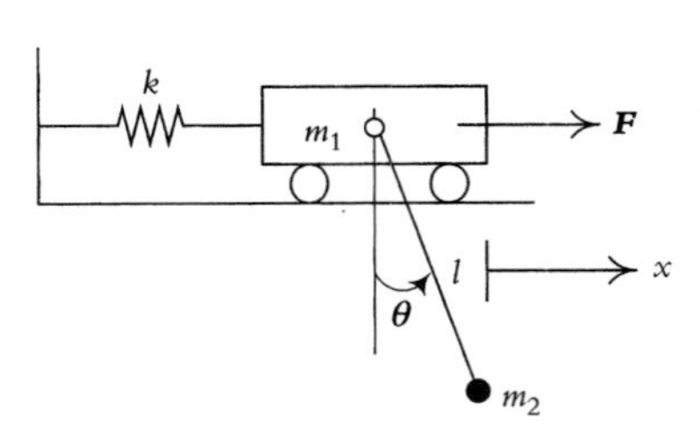

图 4.4 小车-摆系统原理图

同样，系统的势能是弹簧和摆的势能之和，即

$$P = \frac{1}{2}kx^2 + m_2gl(1 - \cos\theta)$$

注意，零势能线(基准线)选择在 $\theta = 0°$处，于是拉格朗日函数为

$$L = K - P = \frac{1}{2}(m_1 + m_2)\dot{x}^2 + \frac{1}{2}m_2(l^2\dot{\theta}^2 + 2l\dot{\theta}\dot{x}\cos\theta) - \frac{1}{2}kx^2 - m_2gl(1 - \cos\theta)$$

与直线运动有关的导数及运动方程为

$$\frac{\partial L}{\partial \dot{x}} = (m_1 + m_2)\dot{x} + m_2l\dot{\theta}\cos\theta$$

$$\frac{\mathrm{d}}{\mathrm{d}t}\left(\frac{\partial L}{\partial \dot{x}}\right) = (m_1 + m_2)\ddot{x} + m_2l\ddot{\theta}\cos\theta - m_2l\dot{\theta}^2\sin\theta$$

$$\frac{\partial L}{\partial x} = -kx$$

$$F = (m_1 + m_2)\ddot{x} + m_2l\ddot{\theta}\cos\theta - m_2l\dot{\theta}^2\sin\theta + kx$$

对于旋转运动，有

$$\frac{\partial L}{\partial \dot{\theta}} = m_2l^2\dot{\theta} + m_2l\dot{x}\cos\theta$$

$$\frac{\mathrm{d}}{\mathrm{d}t}\left(\frac{\partial L}{\partial \dot{\theta}}\right) = m_2l^2\ddot{\theta} + m_2l\ddot{x}\cos\theta - m_2l\dot{x}\dot{\theta}\sin\theta$$

$$\frac{\partial L}{\partial \theta} = -m_2gl\sin\theta - m_2l\dot{\theta}\dot{x}\sin\theta$$

$$T = m_2l^2\ddot{\theta} + m_2l\ddot{x}\cos\theta + m_2gl\sin\theta$$

将以上两个运动方程写成矩阵形式，可得

$$
\begin{gathered}
F = (m_1 + m_2)\ddot{x} + m_2 l\ddot{\theta}\cos\theta - m_2 l\dot{\theta}^2\sin\theta + kx \\
T = m_2 l^2\ddot{\theta} + m_2 l\ddot{x}\cos\theta + m_2 gl\sin\theta \\
\begin{bmatrix} F \\ T \end{bmatrix} = \begin{bmatrix} m_1 + m_2 & m_2 l\cos\theta \\ m_2 l\cos\theta & m_2 l^2 \end{bmatrix}\begin{bmatrix} \ddot{x} \\ \ddot{\theta} \end{bmatrix} + \begin{bmatrix} 0 & -m_2 l\sin\theta \\ 0 & 0 \end{bmatrix}\begin{bmatrix} \dot{x}^2 \\ \dot{\theta}^2 \end{bmatrix} + \begin{bmatrix} kx \\ m_2 gl\sin\theta \end{bmatrix}
\end{gathered} \tag{4.5}
$$

例 4.3　推导图 4.5 所示 2 自由度系统的运动方程。

解： 本例除每个连杆的质量都集中在连杆末端且只有两个自由度之外，其他方面均和机器人非常类似。因此在该例中可看到机器人中常有的向心加速度和科里奥利加速度等诸多加速度项。

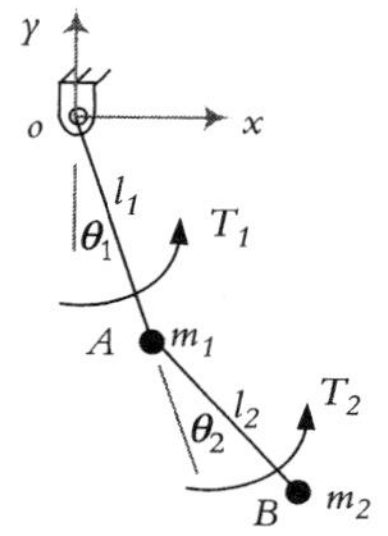

图 4.5　集中质量的双连杆机构

和以前一样，首先计算系统的动能和势能：

$$K = K_1 + K_2$$

其中 $K_1 = \frac{1}{2}m_1 l_1{}^2\dot{\theta}_1{}^2$。

为计算 K_2，首先列出 B 处 m_2 的位置方程，然后对其求导得到它的的速度为

$$
\begin{cases} x_B = l_1\sin\theta_1 + l_2\sin(\theta_1 + \theta_2) = l_1 S_1 + l_2 S_{12} \\ y_B = -l_1 C_1 - l_2 C_{12} \end{cases}
$$

$$
\begin{cases} \dot{x}_B = l_1 C_1\dot{\theta}_1 + l_2 C_{12}(\dot{\theta}_1 + \dot{\theta}_2) \\ \dot{y}_B = l_1 S_1\dot{\theta}_1 + l_2 S_{12}(\dot{\theta}_1 + \dot{\theta}_2) \end{cases}
$$

由于 $v^2 = \dot{x}^2 + \dot{y}^2$，于是得出

$$
\begin{aligned}
v_B^2 &= l_1{}^2\dot{\theta}_1{}^2(S_1{}^2 + C_1{}^2) + l_2{}^2(\dot{\theta}_1{}^2 + \dot{\theta}_2{}^2 + 2\dot{\theta}_1\dot{\theta}_2)(S_{12}^2 + C_{12}^2) \\
&\quad + 2l_1 l_2(C_1 C_{12} + S_1 S_{12})(\dot{\theta}_1{}^2 + \dot{\theta}_1\dot{\theta}_2) \\
&= l_1{}^2\dot{\theta}_1{}^2 + l_2{}^2(\dot{\theta}_1{}^2 + \dot{\theta}_2{}^2 + 2\dot{\theta}_1\dot{\theta}_2) + 2l_1 l_2 C_2(\dot{\theta}_1{}^2 + \dot{\theta}_1\dot{\theta}_2)
\end{aligned}
$$

于是第 2 个质量块的动能为

$$K_2 = \frac{1}{2}m_2 l_1{}^2\dot{\theta}_1{}^2 + \frac{1}{2}m_2 l_2{}^2(\dot{\theta}_1{}^2 + \dot{\theta}_2{}^2 + 2\dot{\theta}_1\dot{\theta}_2) + m_2 l_1 l_2 C_2(\dot{\theta}_1{}^2 + \dot{\theta}_1\dot{\theta}_2)$$

系统总动能为

$$K = \frac{1}{2}(m_1 + m_2)l_1{}^2\dot{\theta}_1{}^2 + \frac{1}{2}m_2 l_2{}^2(\dot{\theta}_1{}^2 + \dot{\theta}_2{}^2 + 2\dot{\theta}_1\dot{\theta}_2) + m_2 l_1 l_2 C_2(\dot{\theta}_1{}^2 + \dot{\theta}_1\dot{\theta}_2)$$

将基准线(零势能线)选择在转动轴“o”点处的情况下，系统的势能可以表示为

$$
\begin{aligned}
P_1 &= -m_1 g l_1 C_1 \\
P_2 &= -m_2 g l_1 C_1 - m_2 g l_2 C_{12} \\
P &= P_1 + P_2 = -(m_1 + m_2) g l_1 C_1 - m_2 g l_2 C_{12}
\end{aligned}
$$

系统的拉格朗日函数为

$$L=K-P=\frac{1}{2}(m_1+m_2)l_1^2\dot{\theta}_1^2+\frac{1}{2}m_2l_2^2(\dot{\theta}_1^2+\dot{\theta}_2^2+2\dot{\theta}_1\dot{\theta}_2)$$
$$+m_2l_1l_2C_2(\dot{\theta}_1^2+\dot{\theta}_1\dot{\theta}_2)+(m_1+m_2)gl_1C_1+m_2gl_2C_{12}$$

其导数为

$$\frac{\partial L}{\partial\dot{\theta}_1}=(m_1+m_2)l_1^2\dot{\theta}_1+m_2l_2^2(\dot{\theta}_1+\dot{\theta}_2)+2m_2l_1l_2C_2\dot{\theta}_1+m_2l_1l_2C_2\dot{\theta}_2$$
$$\frac{\mathrm{d}}{\mathrm{d}t}\frac{\partial L}{\partial\dot{\theta}_1}=\left[(m_1+m_2)l_1^2+m_2l_2^2+2m_2l_1l_2C_2\right]\ddot{\theta}_1+\left[m_2l_2^2+m_2l_1l_2C_2\right]\ddot{\theta}_2$$
$$-2m_2l_1l_2S_2\dot{\theta}_1\dot{\theta}_2-m_2l_1l_2S_2\dot{\theta}_2^2$$
$$\frac{\partial L}{\partial\theta_1}=-(m_1+m_2)gl_1S_1-m_2gl_2S_{12}$$

根据式(4.4)，第一个运动方程为

$$T_1=\left[(m_1+m_2)l_1^2+m_2l_2^2+2m_2l_1l_2C_2\right]\ddot{\theta}_1+\left[m_2l_2^2+m_2l_1l_2C_2\right]\ddot{\theta}_2$$
$$-2m_2l_1l_2S_2\dot{\theta}_1\dot{\theta}_2-m_2l_1l_2S_2\dot{\theta}_2^2+(m_1+m_2)gl_1S_1+m_2gl_2S_{12}$$

同理，

$$\frac{\partial L}{\partial\dot{\theta}_2}=m_2l_2^2(\dot{\theta}_1+\dot{\theta}_2)+m_2l_1l_2C_2\dot{\theta}_1$$
$$\frac{\mathrm{d}}{\mathrm{d}t}\frac{\partial L}{\partial\dot{\theta}_2}=m_2l_2^2(\ddot{\theta}_1+\ddot{\theta}_2)+m_2l_1l_2C_2\ddot{\theta}_1-m_2l_1l_2S_2\dot{\theta}_1\dot{\theta}_2$$
$$\frac{\partial L}{\partial\theta_2}=-m_2l_1l_2S_2(\dot{\theta}_1^2+\dot{\theta}_1\dot{\theta}_2)-m_2gl_2S_{12}$$
$$T_2=(m_2l_2^2+m_2l_1l_2C_2)\ddot{\theta}_1+m_2l_2^2\ddot{\theta}_2+m_2l_1l_2S_2\dot{\theta}_1^2+m_2gl_2S_{12}$$

将以上两个方程写成矩阵形式，可得

$$\begin{bmatrix}T_1\\T_2\end{bmatrix}=\begin{bmatrix}(m_1+m_2)l_1^2+m_2l_2^2+2m_2l_1l_2C_2 & m_2l_2^2+m_2l_1l_2C_2\\(m_2l_2^2+m_2l_1l_2C_2) & m_2l_2^2\end{bmatrix}\begin{bmatrix}\ddot{\theta}_1\\\ddot{\theta}_2\end{bmatrix}$$
$$+\begin{bmatrix}0 & -m_2l_1l_2S_2\\m_2l_1l_2S_2 & 0\end{bmatrix}\begin{bmatrix}\dot{\theta}_1^2\\\dot{\theta}_2^2\end{bmatrix}+\begin{bmatrix}-m_2l_1l_2S_2 & -m_2l_1l_2S_2\\0 & 0\end{bmatrix}\begin{bmatrix}\dot{\theta}_1\dot{\theta}_2\\\dot{\theta}_2\dot{\theta}_1\end{bmatrix}\tag{4.6}$$
$$+\begin{bmatrix}(m_1+m_2)gl_1S_1+m_2gl_2S_{12}\\m_2gl_2S_{12}\end{bmatrix}$$

注意，在式(4.6)中，$\ddot{\theta}$ 项与连杆的角加速度有关，$\dot{\theta}^2$ 为向心加速度项，$\dot{\theta}_1\dot{\theta}_2$ 项为科里奥利加速度项。在本例中，连杆 1 的运动为连杆 2 提供了一个旋转基准，这是科里奥利加速度的产生原因。而例 4.2 中的小车没有旋转运动，因此并没有产生科里奥利加速度。据此，我们可以预测，在多轴做三维运动的机器臂中，由于每个连杆都是后续连杆的旋转基准，将会有多个科里奥利加速度项。

例 4.4　用拉格朗日方法推导图 4.6 所示 2 自由度机械臂的运动方程。每个连杆的质心均位于该连杆的中心，其转动惯量分别为 I_1 和 I_2。

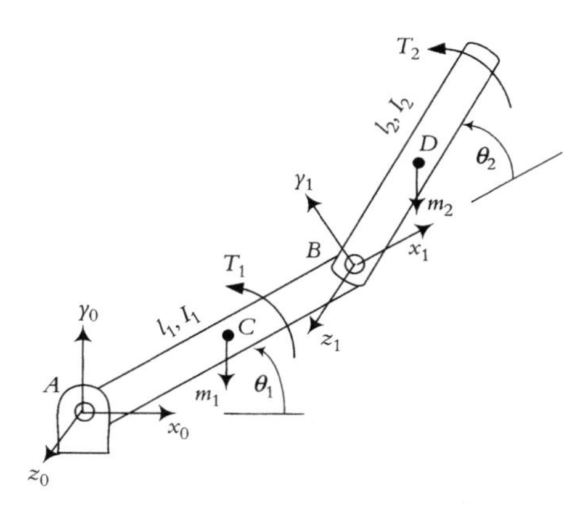

图 4.6　2 自由度机械臂

解：实际上本例机械臂运动方程的推导类似于例 4.3。不同的是，除了坐标系有变化外，两个连杆均具有分布质量，因此在计算动能时需要考虑转动惯量。和以前的步骤一样，首先通过对连杆 2 的质心位置求导得到其速度：

$$x_D = l_1 C_1 + 0.5 l_2 C_{12} \quad \rightarrow$$
$$\dot{x}_D = -l_1 S_1 \dot{\theta}_1 - 0.5 l_2 S_{12}(\dot{\theta}_1 + \dot{\theta}_2)$$
$$y_D = l_1 S_1 + 0.5 l_2 S_{12} \quad \rightarrow$$
$$\dot{y}_D = l_1 C_1 \dot{\theta}_1 + 0.5 l_2 C_{12}(\dot{\theta}_1 + \dot{\theta}_2)$$

于是，连杆 2 质心的总速度为

$$v_D^{\ 2} = \dot{x}_D^2 + \dot{y}_D^{\ 2} = \dot{\theta}_1^{\ 2}(l_1^2 + 0.25 l_2^2 + l_1 l_2 C_2) + \dot{\theta}_2^{\ 2}(0.25 l_2^2) + \dot{\theta}_1 \dot{\theta}_2(0.5 l_2^2 + l_1 l_2 C_2) \tag{4.7}$$

系统的总动能是连杆 1 和连杆 2 的动能之和。由连杆绕定轴转动（对连杆 1）和绕质心转动（对连杆 2）的动能计算方程，可得

$$\begin{aligned} K = K_1 + K_2 &= \left[\frac{1}{2} I_A \dot{\theta}_1^{\ 2}\right] + \left[\frac{1}{2} I_D (\dot{\theta}_1 + \dot{\theta}_2)^2 + \frac{1}{2} m_2 v_D^2\right] \\ &= \left[\frac{1}{2}\left(\frac{1}{3} m_1 l_1^2\right)\dot{\theta}_1^{\ 2}\right] + \left[\frac{1}{2}\left(\frac{1}{12} m_2 l_2^2\right)(\dot{\theta}_1 + \dot{\theta}_2)^2 + \frac{1}{2} m_2 v_D^2\right] \end{aligned} \tag{4.8}$$

将式(4.7)代入式(4.8)并整理，可得

$$\begin{aligned} K = &\dot{\theta}_1^{\ 2}\left(\frac{1}{6} m_1 l_1^2 + \frac{1}{6} m_2 l_2^2 + \frac{1}{2} m_2 l_1^2 + \frac{1}{2} m_2 l_1 l_2 C_2\right) \\ &+ \dot{\theta}_2^{\ 2}\left(\frac{1}{6} m_2 l_2^2\right) + \dot{\theta}_1 \dot{\theta}_2\left(\frac{1}{3} m_2 l_2^2 + \frac{1}{2} m_2 l_1 l_2 C_2\right) \end{aligned} \tag{4.9}$$

系统的势能是两连杆势能之和：

$$P = m_1 g \frac{l_1}{2} S_1 + m_2 g\left(l_1 S_1 + \frac{l_2}{2} S_{12}\right) \tag{4.10}$$

双连杆机器人手臂的拉格朗日函数为

$$\begin{aligned} L = K - P = &\dot{\theta}_1^{\ 2}\left(\frac{1}{6} m_1 l_1^2 + \frac{1}{6} m_2 l_2^2 + \frac{1}{2} m_2 l_1^2 + \frac{1}{2} m_2 l_1 l_2 C_2\right) + \dot{\theta}_2^{\ 2}\left(\frac{1}{6} m_2 l_2^2\right) \\ &+ \dot{\theta}_1 \dot{\theta}_2\left(\frac{1}{3} m_2 l_2^2 + \frac{1}{2} m_2 l_1 l_2 C_2\right) - m_1 g \frac{l_1}{2} S_1 - m_2 g\left(l_1 S_1 + \frac{l_2}{2} S_{12}\right) \end{aligned}$$

对该拉格朗日函数求导并代入式(4.4)，得到下面两个运动方程：

$$T_1 = \left(\frac{1}{3} m_1 l_1^2 + m_2 l_1^2 + \frac{1}{3} m_2 l_2^2 + m_2 l_1 l_2 C_2\right)\ddot{\theta}_1 + \left(\frac{1}{3} m_2 l_2^2 + \frac{1}{2} m_2 l_1 l_2 C_2\right)\ddot{\theta}_2$$

$$-(m_2l_1l_2S_2)\dot{\theta}_1\dot{\theta}_2-\left(\frac{1}{2}m_2l_1l_2S_2\right)\dot{\theta}_2^{\,2}+\left(\frac{1}{2}m_1+m_2\right)gl_1C_1+\frac{1}{2}m_2gl_2C_{12} \quad (4.11)$$

$$T_2=\left(\frac{1}{3}m_2l_2^2+\frac{1}{2}m_2l_1l_2C_2\right)\ddot{\theta}_1+\left(\frac{1}{3}m_2l_2^2\right)\ddot{\theta}_2+\left(\frac{1}{2}m_2l_1l_2S_2\right)\dot{\theta}_1^{\,2}+\frac{1}{2}m_2gl_2C_{12} \quad (4.12)$$

也可将式(4.11)和式(4.12)写成如下矩阵形式:

$$\begin{bmatrix}T_1\\T_2\end{bmatrix}=\begin{bmatrix}\left(\frac{1}{3}m_1l_1^2+m_2l_1^2+\frac{1}{3}m_2l_2^2+m_2l_1l_2C_2\right) & \left(\frac{1}{3}m_2l_2^2+\frac{1}{2}m_2l_1l_2C_2\right)\\ \left(\frac{1}{3}m_2l_2^2+\frac{1}{2}m_2l_1l_2C_2\right) & \left(\frac{1}{3}m_2l_2^2\right)\end{bmatrix}\begin{bmatrix}\ddot{\theta}_1\\ \ddot{\theta}_2\end{bmatrix}$$
$$+\begin{bmatrix}0 & -\left(\frac{1}{2}m_2l_1l_2S_2\right)\\ \left(\frac{1}{2}m_2l_1l_2S_2\right) & 0\end{bmatrix}\begin{bmatrix}\dot{\theta}_1^{\,2}\\ \dot{\theta}_2^{\,2}\end{bmatrix}+\begin{bmatrix}-(m_2l_1l_2S_2) & 0\\ 0 & 0\end{bmatrix}\begin{bmatrix}\dot{\theta}_1\dot{\theta}_2\\ \dot{\theta}_2\dot{\theta}_1\end{bmatrix}$$
$$+\begin{bmatrix}\left(\frac{1}{2}m_1+m_2\right)gl_1C_1+\frac{1}{2}m_2gl_2C_{12}\\ \frac{1}{2}m_2gl_2C_{12}\end{bmatrix} \quad (4.13)$$

例4.5 应用拉格朗日方法，推导图4.7所示2自由度极坐标机械臂的运动方程。每个连杆的质心均位于该连杆的中心，转动惯量分别为 I_1 和 I_2。

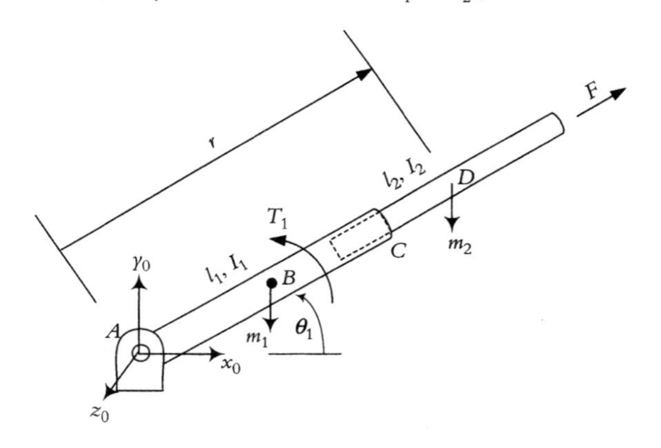

图4.7 2自由度极坐标机械臂

解: 注意，在本例中，机械臂可以做伸缩线运动。定义外机械臂中心到旋转中心距离为 r，它是系统的一个变量，机械臂总长度为 $r+(l_2/2)$。利用和前面相同的方法，推导拉格朗日函数并求取合适的导数，结果如下:

$$K=K_1+K_2$$
$$K_1=\frac{1}{2}I_{1,A}\dot{\theta}^2=\frac{1}{2}\frac{1}{3}m_1l_1^2\dot{\theta}^2=\frac{1}{6}m_1l_1^2\dot{\theta}^2$$

$$x_D = rC\theta \quad \rightarrow \quad \dot{x}_D = \dot{r}C\theta - r\dot{\theta}S\theta$$
$$\text{和} \quad v_D^2 = \dot{r}^2 + r^2\dot{\theta}^2$$
$$y_D = rS\theta \quad \rightarrow \quad \dot{y}_D = \dot{r}S\theta + r\dot{\theta}C\theta$$

$$K_2 = \frac{1}{2}I_{2,D}\dot{\theta}^2 + \frac{1}{2}m_2 v_D^2 = \frac{1}{2}\frac{1}{12}m_2 l_2^2\dot{\theta}^2 + \frac{1}{2}m_2(\dot{r}^2 + r^2\dot{\theta}^2)$$

$$K = \left(\frac{1}{6}m_1 l_1^2 + \frac{1}{24}m_2 l_2^2 + \frac{1}{2}m_2 r^2\right)\dot{\theta}^2 + \frac{1}{2}m_2\dot{r}^2$$

$$P = m_1 g\frac{l_1}{2}S\theta + m_2 g r S\theta$$

$$L = \left(\frac{1}{6}m_1 l_1^2 + \frac{1}{24}m_2 l_2^2 + \frac{1}{2}m_2 r^2\right)\dot{\theta}^2 + \frac{1}{2}m_2\dot{r}^2 - \left(m_1 g\frac{l_1}{2} + m_2 g r\right)S\theta$$

$$\frac{\mathrm{d}}{\mathrm{d}t}\frac{\partial L}{\partial\dot{\theta}} = \left(\frac{1}{3}m_1 l_1^2 + \frac{1}{12}m_2 l_2^2 + m_2 r^2\right)\ddot{\theta} + 2m_2\dot{r}\dot{\theta}$$

$$\frac{\partial L}{\partial\theta} = -\left(m_1 g\frac{l_1}{2} + m_2 g r\right)C\theta$$

$$T = \left(\frac{1}{3}m_1 l_1^2 + \frac{1}{12}m_2 l_2^2 + m_2 r^2\right)\ddot{\theta} + 2m_2 r\dot{r}\dot{\theta} + \left(m_1 g\frac{l_1}{2} + m_2 g r\right)C\theta \tag{4.14}$$

$$\frac{\mathrm{d}}{\mathrm{d}t}\frac{\partial L}{\partial\dot{r}} = m_2\ddot{r}$$
$$\frac{\partial L}{\partial r} = m_2 r\dot{\theta}^2 - m_2 g S\theta \tag{4.15}$$
$$F = m_2\ddot{r} - m_2 r\dot{\theta}^2 + m_2 g S\theta$$

将这两个方程写成矩阵形式，可得

$$\begin{bmatrix} T \\ F \end{bmatrix} = \begin{bmatrix} \frac{1}{3}m_1 l_1^2 + \frac{1}{12}m_2 l_2^2 + m_2 r^2 & 0 \\ 0 & m_2 \end{bmatrix}\begin{bmatrix} \ddot{\theta} \\ \ddot{r} \end{bmatrix} + \begin{bmatrix} 0 & 0 \\ -m_2 r & 0 \end{bmatrix}\begin{bmatrix} \dot{\theta}^2 \\ \dot{r}^2 \end{bmatrix} + \begin{bmatrix} m_2 r & m_2 r \\ 0 & 0 \end{bmatrix}\begin{bmatrix} \dot{r}\dot{\theta} \\ \dot{\theta}\dot{r} \end{bmatrix} + \begin{bmatrix} \left(m_1 g\frac{l_1}{2} + m_2 g r\right)C\theta \\ m_2 g S\theta \end{bmatrix} \tag{4.16}$$

4.3 有效转动惯量

为简化运动方程的表述，式(4.5)、式(4.6)、式(4.13)或式(4.16)可重写为如下符号形式：

$$\begin{bmatrix} T_i \\ T_j \end{bmatrix} = \begin{bmatrix} D_{ii} & D_{ij} \\ D_{ji} & D_{jj} \end{bmatrix}\begin{bmatrix} \ddot{\theta}_i \\ \ddot{\theta}_j \end{bmatrix} + \begin{bmatrix} D_{iii} & D_{ijj} \\ D_{jii} & D_{jjj} \end{bmatrix}\begin{bmatrix} \dot{\theta}_i^2 \\ \dot{\theta}_j^2 \end{bmatrix} + \begin{bmatrix} D_{iij} & D_{iji} \\ D_{jij} & D_{jji} \end{bmatrix}\begin{bmatrix} \dot{\theta}_i\dot{\theta}_j \\ \dot{\theta}_j\dot{\theta}_i \end{bmatrix} + \begin{bmatrix} D_i \\ D_j \end{bmatrix} \tag{4.17}$$

在这个 2 自由度系统运动方程中，系数 D_{ii} 表示关节 i 处的有效惯量。在关节 i 处，由加速度产

生的力矩等于 $D_{ii}\ddot{\theta}_i$；系数 D_{ij}表示关节 i 和关节 j 之间的耦合惯量，当关节 i 或关节 j 有加速度时，就在关节 j 或关节 i 处产生力矩 $D_{ij}\ddot{\theta}_j$ 或 $D_{ji}\ddot{\theta}_i$；$D_{ijj}\dot{\theta}_j^2$ 项代表由于关节 j 处的速度而在关节 i 上所产生的向心力。所有 $\dot{\theta}_i\dot{\theta}_j$ 的项代表科里奥利加速度，乘以相应的惯量后就是科里奥利力。剩下的 D_i代表关节 i 处的重力。

4.4　多自由度机器人的动力学方程

可以看出，2 自由度系统的动力学方程比单自由度系统复杂得多。可想而知，多自由度机器人的动力学方程同样也会很长、很复杂。但是，它们可以通过先计算连杆和关节的动能和势能来定义拉格朗日函数，然后通过将拉格朗日函数对关节变量求导得到。下节将概要地介绍这一过程，详细内容请见本章末参考文献[1]~[7]。

4.4.1　动能

根据所学的力学课程可知[8]，刚体三维运动的动能为[见图 4.8(a)]：

$$K=\frac{1}{2}mv_G^2+\frac{1}{2}\boldsymbol{\omega}\cdot\boldsymbol{h}_G \tag{4.18}$$

这里 $\boldsymbol{h}_G$代表刚体关于 G 点的角动量。

刚体做平面运动时[见图 4.8(b)]的动能可简化为

$$K=\frac{1}{2}mv_G{}^2+\frac{1}{2}\bar{I}\omega^2 \tag{4.19}$$

于是需要导出刚体上某点(例如质心 G)的速度，以及关于这点转动惯量的表达式。

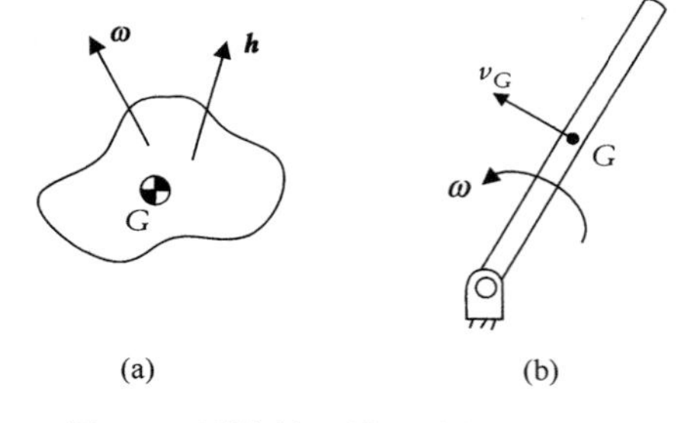

图 4.8　刚体的三维运动和平面运动

机器人连杆上某点的速度可以通过对该点的位置方程求导得到，采用前面的符号，点的位置方程可用相对于机器人基座坐标的一个坐标变换 ${}^RT_P$ 来表示。这里采用 D-H 变换矩阵 A_i来求机器人连杆上点的速度。第 2 章用矩阵 A 定义了机器人末端手坐标系和基座坐标系之间的变换，即

$${}^RT_H={}^RT_1{}^1T_2{}^2T_3\ldots{}^{n-1}T_n=A_1A_2A_3\ldots A_n \tag{2.55}$$

对于 6 轴机器人，该方程可以写为

$${}^0T_6={}^0T_1{}^1T_2{}^2T_3\ldots{}^5T_6=A_1A_2A_3\ldots A_6 \tag{4.20}$$

参照式(2.53)，可以看出对于旋转关节，矩阵 A_i对其关节变量 θ_i的导数是

$$\frac{\partial A_i}{\partial\theta_i}=\frac{\partial}{\partial\theta_i}\begin{bmatrix}C\theta_i & -S\theta_iC\alpha_i & S\theta_iS\alpha_i & a_iC\theta_i\\ S\theta_i & C\theta_iC\alpha_i & -C\theta_iS\alpha_i & a_iS\theta_i\\ 0 & S\alpha_i & C\alpha_i & d_i\\ 0 & 0 & 0 & 1\end{bmatrix}=\begin{bmatrix}-S\theta_i & -C\theta_iC\alpha_i & C\theta_iS\alpha_i & -a_iS\theta_i\\ C\theta_i & -S\theta_iC\alpha_i & S\theta_iS\alpha_i & a_iC\theta_i\\ 0 & 0 & 0 & 0\\ 0 & 0 & 0 & 0\end{bmatrix} \tag{4.21}$$

该矩阵可以分解为一个常数矩阵 Q_i和矩阵 A_i的乘积：

$$
\begin{bmatrix} -S\theta_i & -C\theta_i C\alpha_i & C\theta_i S\alpha_i & -a_i S\theta_i \\ C\theta_i & -S\theta_i C\alpha_i & S\theta_i S\alpha_i & a_i C\theta_i \\ 0 & 0 & 0 & 0 \\ 0 & 0 & 0 & 0 \end{bmatrix}
$$

$$
= \begin{bmatrix} 0 & -1 & 0 & 0 \\ 1 & 0 & 0 & 0 \\ 0 & 0 & 0 & 0 \\ 0 & 0 & 0 & 0 \end{bmatrix} \times \begin{bmatrix} C\theta_i & -S\theta_i C\alpha_i & S\theta_i S\alpha_i & a_i C\theta_i \\ S\theta_i & C\theta_i C\alpha_i & -C\theta_i S\alpha_i & a_i S\theta_i \\ 0 & S\alpha_i & C\alpha_i & d_i \\ 0 & 0 & 0 & 1 \end{bmatrix} \tag{4.22}
$$

或表示为

$$
\frac{\partial A_i}{\partial \theta_i} = Q_i A_i \tag{4.23}
$$

类似地，对于滑动关节，矩阵 A_i对其关节变量 d_i的导数是

$$
\frac{\partial A_i}{\partial d_i} = \frac{\partial}{\partial d_i} \begin{bmatrix} C\theta_i & -S\theta_i C\alpha_i & S\theta_i S\alpha_i & a_i C\theta_i \\ S\theta_i & C\theta_i C\alpha_i & -C\theta_i S\alpha_i & a_i S\theta_i \\ 0 & S\alpha_i & C\alpha_i & d_i \\ 0 & 0 & 0 & 1 \end{bmatrix} = \begin{bmatrix} 0 & 0 & 0 & 0 \\ 0 & 0 & 0 & 0 \\ 0 & 0 & 0 & 1 \\ 0 & 0 & 0 & 0 \end{bmatrix} \tag{4.24}
$$

和前面一样，该式也可以分解为一个常数矩阵 Q_i和矩阵 A_i的乘积：

$$
\begin{bmatrix} 0 & 0 & 0 & 0 \\ 0 & 0 & 0 & 0 \\ 0 & 0 & 0 & 1 \\ 0 & 0 & 0 & 0 \end{bmatrix} = \begin{bmatrix} 0 & 0 & 0 & 0 \\ 0 & 0 & 0 & 0 \\ 0 & 0 & 0 & 1 \\ 0 & 0 & 0 & 0 \end{bmatrix} \times \begin{bmatrix} C\theta_i & -S\theta_i C\alpha_i & S\theta_i S\alpha_i & a_i C\theta_i \\ S\theta_i & C\theta_i C\alpha_i & -C\theta_i S\alpha_i & a_i S\theta_i \\ 0 & S\alpha_i & C\alpha_i & d_i \\ 0 & 0 & 0 & 1 \end{bmatrix} \tag{4.25}
$$

或表示为

$$
\frac{\partial A_i}{\partial \theta_i} = Q_i A_i \tag{4.26}
$$

在式(4.23)和式(4.26)中，Q_i都是常数矩阵，可归纳为

$$
Q_i(\text{转动}) = \begin{bmatrix} 0 & -1 & 0 & 0 \\ 1 & 0 & 0 & 0 \\ 0 & 0 & 0 & 0 \\ 0 & 0 & 0 & 0 \end{bmatrix}, \qquad Q_i(\text{滑动}) = \begin{bmatrix} 0 & 0 & 0 & 0 \\ 0 & 0 & 0 & 0 \\ 0 & 0 & 0 & 1 \\ 0 & 0 & 0 & 0 \end{bmatrix} \tag{4.27}
$$

用 q_i代表关节变量(θ_1，θ_2…用于转动关节，d_1，d_2…用于滑动关节)，将同样的求导法则推广到带有多个关节变量(θ 和 d)的式(4.20)的矩阵 ${}^0T_i$，仅对其中一个变量 q_i求导可得

$$
U_{ij} = \frac{\partial {}^0T_i}{\partial q_j} = \frac{\partial (A_1 A_2 .. A_j .. A_i)}{\partial q_j} = A_1 A_2 .. Q_j A_j .. A_i, \qquad j \leqslant i \tag{4.28}
$$

注意，由于 ${}^0T_i$ 仅对一个变量 q_j求导，所以表达式中只有一个 Q_j，高阶导数可类似地用下式求得：

$$U_{ijk} = \partial U_{ij}/\partial q_k \tag{4.29}$$

在继续讲述本章内容前，下面将举例说明如何应用上述方法。

例4.6　求斯坦福机械臂第5连杆相对基座坐标系的变换矩阵对第2关节和第3关节变量的导数表达式。

解： 斯坦福机械臂是一种球坐标结构机器人，其第2关节是转动关节，第3关节是滑动关节。于是，

$$\begin{aligned}
{}^0T_5 &= A_1A_2A_3A_4A_5 \\
U_{52} &= \frac{\partial\, {}^0T_5}{\partial \theta_2} = A_1Q_2A_2A_3A_4A_5 \\
U_{53} &= \frac{\partial\, {}^0T_5}{\partial d_3} = A_1A_2Q_3A_3A_4A_5
\end{aligned}$$

其中 Q_2和 Q_3的定义见式(4.27)。

例4.7　求斯坦福机械臂中 U_{635}的表达式。

解：

$$\begin{aligned}
{}^0T_6 &= A_1A_2A_3A_4A_5A_6 \\
U_{63} &= \frac{\partial\, {}^0T_6}{\partial d_3} = A_1A_2Q_3A_3A_4A_5A_6 \\
U_{635} &= \frac{\partial U_{63}}{\partial q_5} = \frac{\partial(A_1A_2Q_3A_3A_4A_5A_6)}{\partial q_5} = A_1A_2Q_3A_3A_4Q_5A_5A_6
\end{aligned}$$

现在继续讨论机器人连杆上点的速度的推导，若用 r_i表示相对于机器人第 i 连杆坐标系的点，它在基坐标系中的位置可以通过对该向量左乘一个变换矩阵得到，该变换矩阵表示了该点所在的坐标系，即

$$p_i = {}^RT_ir_i = {}^0T_ir_i \tag{4.30}$$

该点速度是所有关节速度 $\dot{q}_1$，$\dot{q}_2$，…，$\dot{q}_i$ 的函数。因此，将式(4.30)对所有关节变量求导，即可得到该点的速度：

$$v_i = \frac{\mathrm{d}}{\mathrm{d}t}\left({}^0T_ir_i\right) = \sum_{j=1}^{i}\left(\frac{\partial({}^0T_i)}{\partial q_j}\frac{\mathrm{d}q_j}{\mathrm{d}t}\right)r_i = \sum_{j=1}^{i}\left(U_{ij}\frac{\mathrm{d}q_j}{\mathrm{d}t}\right)\cdot r_i \tag{4.31}$$

连杆上质量单元 m_i的动能为

$$\mathrm{d}K_i = \frac{1}{2}\left(\dot{x}_i^{\,2} + \dot{y}_i^{\,2} + \dot{z}_i^{\,2}\right)\mathrm{d}m \tag{4.32}$$

由于 v_i有三个分量 $\dot{x}_i$，$\dot{y}_i$，$\dot{x}_i$，所以可以写成 3×1 的矩阵：

$$v_iv_i^{\mathrm{T}} = \begin{bmatrix}\dot{x}_i\\ \dot{y}_i\\ \dot{z}_i\end{bmatrix}\begin{bmatrix}\dot{x}_i & \dot{y}_i & \dot{z}_i\end{bmatrix} = \begin{bmatrix}\dot{x}_i^{\,2} & \dot{x}_i\dot{y}_i & \dot{x}_i\dot{z}_i\\ \dot{y}_i\dot{x}_i & \dot{y}_i^{\,2} & \dot{y}_i\dot{z}_i\\ \dot{z}_i\dot{x}_i & \dot{z}_i\dot{y}_i & \dot{z}_i^{\,2}\end{bmatrix}$$

和

$$\mathrm{Trace}\left(v_i v_i^{\mathrm{T}}\right)=\mathrm{Trace}\begin{bmatrix}\dot{x}_i^{\,2} & \dot{x}_i\dot{y}_i & \dot{x}_i\dot{z}_i\\ \dot{y}_i\dot{x}_i & \dot{y}_i^{\,2} & \dot{y}_i\dot{z}_i\\ \dot{z}_i\dot{x}_i & \dot{z}_i\dot{y}_i & \dot{z}_i^{\,2}\end{bmatrix}=\dot{x}_i^{\,2}+\dot{y}_i^{\,2}+\dot{z}_i^{\,2} \tag{4.33}$$

综合式(4.31)、式(4.32)和式(4.33)，得到该质量元的动能方程如下：

$$\mathrm{d}K_i=\frac{1}{2}\mathrm{Trace}\left[\left(\sum_{p=1}^{i}\left(U_{ip}\frac{\mathrm{d}q_p}{\mathrm{d}t}\right)\cdot r_i\right)\left(\sum_{r=1}^{i}\left(U_{ir}\frac{\mathrm{d}q_r}{\mathrm{d}t}\right)\cdot r_i\right)^{\mathrm{T}}\right]\mathrm{d}m_i \tag{4.34}$$

这里 p 和 r 代表不同的关节编号，这样就能将其他关节的运动对任一连杆 i 上点的最终速度的影响进行累计。对上述方程进行积分，整理后得到总动能：

$$K_i=\int\mathrm{d}K_i=\frac{1}{2}\mathrm{Trace}\left[\sum_{p=1}^{i}\sum_{r=1}^{i}U_{ip}\left(\int r_i r_i^{\mathrm{T}}\mathrm{d}m_i\right)U_{ir}^{\mathrm{T}}\dot{q}_p\dot{q}_r\right] \tag{4.35}$$

用其所处坐标系表示 r_i，可以推出下面的惯量项：

$$r_i=\begin{bmatrix}x_i\\ y_i\\ z_i\\ 1\end{bmatrix},\qquad r_i^{\mathrm{T}}=[x_i\quad y_i\quad z_i\quad 1],\qquad r_i r_i^{\mathrm{T}}=\begin{bmatrix}x_i^{\,2} & x_iy_i & x_iz_i & x_i\\ x_iy_i & y_i^{\,2} & y_iz_i & y_i\\ x_iz_i & y_iz_i & z_i^{\,2} & z_i\\ x_i & y_i & z_i & 1\end{bmatrix}$$

从而有

$$\int r_i r_i^{\mathrm{T}}\mathrm{d}m_i=\begin{bmatrix}x_i\\ y_i\\ z_i\\ 1\end{bmatrix}[x_i\quad y_i\quad z_i\quad 1]\int\mathrm{d}m_i=\begin{bmatrix}\int x_i^{\,2}\mathrm{d}m_i & \int x_iy_i\mathrm{d}m_i & \int x_iz_i\mathrm{d}m_i & \int x_i\mathrm{d}m_i\\ \int x_iy_i\mathrm{d}m_i & \int y_i^{\,2}\mathrm{d}m_i & \int y_iz_i\mathrm{d}m_i & \int y_i\mathrm{d}m_i\\ \int x_iz_i\mathrm{d}m_i & \int y_iz_i\mathrm{d}m_i & \int z_i^{\,2}\mathrm{d}m_i & \int z_i\mathrm{d}m_i\\ \int x_i\mathrm{d}m_i & \int y_i\mathrm{d}m_i & \int z_i\mathrm{d}m_i & \int\mathrm{d}m_i\end{bmatrix} \tag{4.36}$$

通过对式(4.36)进行如下处理，可以得到伪惯量矩阵：

$$2x^2=x^2+x^2+y^2-y^2+z^2-z^2\rightarrow x^2=\frac{1}{2}\left[-\left(y^2+z^2\right)+\left(x^2+z^2\right)+\left(x^2+y^2\right)\right]$$

$$I_{xx}=\int(y^2+z^2)\mathrm{d}m\quad I_{yy}=\int(x^2+z^2)\mathrm{d}m\quad I_{zz}=\int(x^2+y^2)\mathrm{d}m$$

$$I_{xy}=\int xy\mathrm{d}m\quad I_{xz}=\int xz\mathrm{d}m\quad I_{yz}=\int yz\mathrm{d}m$$

$$m\bar{x}=\int x\mathrm{d}m\quad m\bar{y}=\int y\mathrm{d}m\quad m\bar{z}=\int z\mathrm{d}m$$

于是有 $\int x^2\mathrm{d}m=-\frac{1}{2}\int(y^2+z^2)\mathrm{d}m+\frac{1}{2}\int(x^2+z^2)\mathrm{d}m+\frac{1}{2}\int(x^2+y^2)\mathrm{d}m=\frac{1}{2}(-I_{xx}+I_{yy}+I_{zz})$

$$\int y^2\mathrm{d}m=\frac{1}{2}\int(y^2+z^2)\mathrm{d}m-\frac{1}{2}\int(x^2+z^2)\mathrm{d}m+\frac{1}{2}\int(x^2+y^2)\mathrm{d}m=\frac{1}{2}(I_{xx}-I_{yy}+I_{zz})$$

$$\int z^2\mathrm{d}m=\frac{1}{2}\int(y^2+z^2)\mathrm{d}m+\frac{1}{2}\int(x^2+z^2)\mathrm{d}m-\frac{1}{2}\int(x^2+y^2)\mathrm{d}m=\frac{1}{2}(I_{xx}+I_{yy}-I_{zz})$$

从而，式(4.36)可以表示为

$$J_i = \begin{bmatrix} \frac{1}{2}\left(-I_{xx}+I_{yy}+I_{zz}\right)_i & I_{ixy} & I_{ixz} & m_i\bar{x}_i \\ I_{ixy} & \frac{1}{2}\left(I_{xx}-I_{yy}+I_{zz}\right)_i & I_{iyz} & m_i\bar{y}_i \\ I_{ixz} & I_{iyz} & \frac{1}{2}\left(I_{xx}+I_{yy}-I_{zz}\right)_i & m_i\bar{z}_i \\ m_i\bar{x}_i & m_i\bar{y}_i & m_i\bar{z}_i & m_i \end{bmatrix} \tag{4.37}$$

由于该矩阵与关节角度和速度无关，因此它只需计算一次。将式(4.36)代入式(4.35)，可得出机器人操作手动能的最终形式：

$$K = \frac{1}{2}\sum_{i=1}^{n}\sum_{p=1}^{i}\sum_{r=1}^{i}\mathrm{Trace}\left(U_{ip}J_iU_{ir}^{\mathrm{T}}\right)\dot{q}_p\dot{q}_r \tag{4.38}$$

驱动器的动能也可以加入该方程中。假设每个驱动器的惯量分别为 $I_{i(act)}$，则相应驱动器的动能为 $\frac{1}{2}I_{i(act)}\dot{i}^2$，于是机器人的总动能为

$$K = \frac{1}{2}\sum_{i=1}^{n}\sum_{p=1}^{i}\sum_{r=1}^{i}\mathrm{Trace}\left(U_{ip}J_iU_{ir}^{\mathrm{T}}\right)\dot{q}_p\dot{q}_r + \frac{1}{2}\sum_{i=1}^{n}I_{i(act)}\dot{q}_i^{\,2} \tag{4.39}$$

4.4.2 势能

系统的势能是每个连杆的势能总和，可以写为

$$P = \sum_{i=1}^{n}P_i = \sum_{i=1}^{n}\left[-m_i g^{\mathrm{T}}\cdot\left({}^0T_i\bar{r}_i\right)\right] \tag{4.40}$$

其中，$g^{\mathrm{T}} = [g_x \quad g_y \quad g_z \quad 0]$是重力矩阵，$\bar{r}_i$ 表示连杆质心在对应连杆坐标系中的位置。显然，势能一定是标量，g^{T}(1×4 的矩阵)乘以位置向量 ${}^0T_i\bar{r}_i$ (4×1 的矩阵)恰好得到标量。需要注意的是，重力矩阵中的元素依赖于参考坐标系的方位。

4.4.3 拉格朗日函数

系统的拉格朗日函数可表示为

$$L = K - P = \frac{1}{2}\sum_{i=1}^{n}\sum_{p=1}^{i}\sum_{r=1}^{i}\mathrm{Trace}\left(U_{ip}J_iU_{ir}^{T}\right)\dot{q}_p\dot{q}_r + 1/2\sum_{i=1}^{n}I_{i(act)}\dot{q}_i^{\,2} - \sum_{i=1}^{n}\left[-m_i g^{\mathrm{T}}\cdot\left({}^0T_i\,\bar{r}_i\right)\right] \tag{4.41}$$

4.4.4 机器人运动方程

为得到运动的动力学方程，可对拉格朗日函数求导。省略具体的推导过程，一般多轴机器人最终的运动方程可归纳为

$$T_i = \sum_{j=1}^{n}D_{ij}\,\ddot{q}_j + I_{i(act)}\,\ddot{q}_i + \sum_{j=1}^{n}\sum_{k=1}^{n}D_{ijk}\dot{q}_j\dot{q}_k + D_i \tag{4.42}$$

其中，

$$D_{ij} = \sum_{p=\max(i,j)}^{n} \mathrm{Trace}\left(U_{pj} J_p U_{pi}^{\mathrm{T}}\right) \tag{4.43}$$

$$D_{ijk} = \sum_{p=\max(i,j,k)}^{n} \mathrm{Trace}\left(U_{pjk} J_p U_{pi}^{\mathrm{T}}\right) \tag{4.44}$$

$$D_i = \sum_{p=i}^{n} -m_p g^{\mathrm{T}} U_{pi} \bar{r}_p \tag{4.45}$$

在式(4.42)中，第一部分是角加速度–惯量项，第二部分是驱动器惯量项，第三部分是科里奥利力和向心力项，最后一部分是重力项。对于一个 6 轴转动关节的机器人，上述方程可展开如下：

$$\begin{aligned}
T_i \;=\; & D_{i1}\ddot{\theta}_1 + D_{i2}\ddot{\theta}_2 + D_{i3}\ddot{\theta}_3 + D_{i4}\ddot{\theta}_4 + D_{i5}\ddot{\theta}_5 + D_{i6}\ddot{\theta}_6 + I_{i(act)}\ddot{\theta}_i + \\
& D_{i11}\dot{\theta}_1^{\,2} + D_{i22}\dot{\theta}_2^{\,2} + D_{i33}\dot{\theta}_3^{\,2} + D_{i44}\dot{\theta}_4^{\,2} + D_{i55}\dot{\theta}_5^{\,2} + D_{i66}\dot{\theta}_6^{\,2} + \\
& D_{i12}\dot{\theta}_1\dot{\theta}_2 + D_{i13}\dot{\theta}_1\dot{\theta}_3 + D_{i14}\dot{\theta}_1\dot{\theta}_4 + D_{i15}\dot{\theta}_1\dot{\theta}_5 + D_{i16}\dot{\theta}_1\dot{\theta}_6 + \\
& D_{i21}\dot{\theta}_2\dot{\theta}_1 + D_{i23}\dot{\theta}_2\dot{\theta}_3 + D_{i24}\dot{\theta}_2\dot{\theta}_4 + D_{i25}\dot{\theta}_2\dot{\theta}_5 + D_{i26}\dot{\theta}_2\dot{\theta}_6 + \\
& D_{i31}\dot{\theta}_3\dot{\theta}_1 + D_{i32}\dot{\theta}_3\dot{\theta}_2 + D_{i34}\dot{\theta}_3\dot{\theta}_4 + D_{i35}\dot{\theta}_3\dot{\theta}_5 + D_{i36}\dot{\theta}_3\dot{\theta}_6 + \\
& D_{i41}\dot{\theta}_4\dot{\theta}_1 + D_{i42}\dot{\theta}_4\dot{\theta}_2 + D_{i43}\dot{\theta}_4\dot{\theta}_3 + D_{i45}\dot{\theta}_4\dot{\theta}_5 + D_{i46}\dot{\theta}_4\dot{\theta}_6 + \\
& D_{i51}\dot{\theta}_5\dot{\theta}_1 + D_{i52}\dot{\theta}_5\dot{\theta}_2 + D_{i53}\dot{\theta}_5\dot{\theta}_3 + D_{i54}\dot{\theta}_5\dot{\theta}_4 + D_{i56}\dot{\theta}_5\dot{\theta}_6 + \\
& D_{i61}\dot{\theta}_6\dot{\theta}_1 + D_{i62}\dot{\theta}_6\dot{\theta}_2 + D_{i63}\dot{\theta}_6\dot{\theta}_3 + D_{i64}\dot{\theta}_6\dot{\theta}_4 + D_{i65}\dot{\theta}_6\dot{\theta}_5 + D_i
\end{aligned} \tag{4.46}$$

注意，在式(4.46)中有两项带有 $\dot{\theta}_1\dot{\theta}_2$，相应的两个系数是 D_{i21} 和 D_{i12}。为了解这些项具有怎样的形式，下面针对 $i=5$ 的情况具体计算。根据式(4.44)，对于 D_{512}，有 $i=5$，$j=1$，$k=2$，$n=6$，$p=5$；对于 D_{521}，有 $i=5$，$j=2$，$k=1$，$n=6$，$p=5$，结果为

$$\begin{aligned}
D_{512} &= \mathrm{Trace}\left(U_{512} J_5 U_{55}^{\mathrm{T}}\right) + \mathrm{Trace}\left(U_{612} J_6 U_{65}^{\mathrm{T}}\right) \\
D_{521} &= \mathrm{Trace}\left(U_{521} J_5 U_{55}^{\mathrm{T}}\right) + \mathrm{Trace}\left(U_{621} J_6 U_{65}^{\mathrm{T}}\right)
\end{aligned} \tag{4.47}$$

根据式(4.28)可得

$$\begin{aligned}
& U_{51} = \frac{\partial A_1A_2A_3A_4A_5}{\partial\theta_1} = Q_1A_1A_2A_3A_4A_5 \rightarrow U_{512} = U_{(51)2} = \frac{\partial(Q_1A_1A_2A_3A_4A_5)}{\partial\theta_2} \\
& \qquad = Q_1A_1Q_2A_2A_3A_4A_5 \\
& U_{52} = \frac{\partial A_1A_2A_3A_4A_5}{\partial\theta_2} = A_1Q_2A_2A_3A_4A_5 \rightarrow U_{521} = U_{(52)1} = \frac{\partial(A_1Q_2A_2A_3A_4A_5)}{\partial\theta_1} \\
& \qquad = Q_1A_1Q_2A_2A_3A_4A_5 \\
& U_{61} = \frac{\partial A_1A_2A_3A_4A_5A_6}{\partial\theta_1} = Q_1A_1A_2A_3A_4A_5A_6 \rightarrow U_{612} = U_{(61)2} = \frac{\partial(Q_1A_1A_2A_3A_4A_5A_6)}{\partial\theta_2} \\
& \qquad = Q_1A_1Q_2A_2A_3A_4A_5A_6 \\
& U_{62} = \frac{\partial A_1A_2A_3A_4A_5A_6}{\partial\theta_2} = A_1Q_2A_2A_3A_4A_5A_6 \rightarrow U_{621} = U_{(62)1} = \frac{\partial(A_1Q_2A_2A_3A_4A_5A_6)}{\partial\theta_1} \\
& \qquad = Q_1A_1Q_2A_2A_3A_4A_5A_6
\end{aligned} \tag{4.48}$$

注意，在这些方程中，Q_1和Q_2是相同的，而下标仅用来表示和导数之间的关系。把式(4.48)的结果代入式(4.47)中，可以看出$D_{512}=D_{521}$。显然，这两个相似项的和给出了与$\dot{\theta}_1\dot{\theta}_2$相对应的科里奥利加速度项。这一结论对式(4.46)中所有类似的系数都成立。于是针对所有关节，可以对这个等式进行如下的简化：

$$
\begin{aligned}
T_1 = {} & D_{11}\ddot{\theta}_1 + D_{12}\ddot{\theta}_2 + D_{13}\ddot{\theta}_3 + D_{14}\ddot{\theta}_4 + D_{15}\ddot{\theta}_5 + D_{16}\ddot{\theta}_6 + I_{1(act)}\ddot{\theta}_1 + \\
& D_{111}\dot{\theta}_1^2 + D_{122}\dot{\theta}_2^2 + D_{133}\dot{\theta}_3^2 + D_{144}\dot{\theta}_4^2 + D_{155}\dot{\theta}_5^2 + D_{166}\dot{\theta}_6^2 + \\
& 2D_{112}\dot{\theta}_1\dot{\theta}_2 + 2D_{113}\dot{\theta}_1\dot{\theta}_3 + 2D_{114}\dot{\theta}_1\dot{\theta}_4 + 2D_{115}\dot{\theta}_1\dot{\theta}_5 + 2D_{116}\dot{\theta}_1\dot{\theta}_6 + \\
& 2D_{123}\dot{\theta}_2\dot{\theta}_3 + 2D_{124}\dot{\theta}_2\dot{\theta}_4 + 2D_{125}\dot{\theta}_2\dot{\theta}_5 + 2D_{126}\dot{\theta}_2\dot{\theta}_6 + 2D_{134}\dot{\theta}_3\dot{\theta}_4 + \\
& 2D_{135}\dot{\theta}_3\dot{\theta}_5 + 2D_{136}\dot{\theta}_3\dot{\theta}_6 + 2D_{145}\dot{\theta}_4\dot{\theta}_5 + 2D_{146}\dot{\theta}_4\dot{\theta}_6 + 2D_{156}\dot{\theta}_5\dot{\theta}_6 + D_1
\end{aligned}
\tag{4.49}
$$

$$
\begin{aligned}
T_2 = {} & D_{21}\ddot{\theta}_1 + D_{22}\ddot{\theta}_2 + D_{23}\ddot{\theta}_3 + D_{24}\ddot{\theta}_4 + D_{25}\ddot{\theta}_5 + D_{26}\ddot{\theta}_6 + I_{2(act)}\ddot{\theta}_2 + \\
& D_{211}\dot{\theta}_1^2 + D_{222}\dot{\theta}_2^2 + D_{233}\dot{\theta}_3^2 + D_{244}\dot{\theta}_4^2 + D_{255}\dot{\theta}_5^2 + D_{266}\dot{\theta}_6^2 + \\
& 2D_{212}\dot{\theta}_1\dot{\theta}_2 + 2D_{213}\dot{\theta}_1\dot{\theta}_3 + 2D_{214}\dot{\theta}_1\dot{\theta}_4 + 2D_{215}\dot{\theta}_1\dot{\theta}_5 + 2D_{216}\dot{\theta}_1\dot{\theta}_6 + \\
& 2D_{223}\dot{\theta}_2\dot{\theta}_3 + 2D_{224}\dot{\theta}_2\dot{\theta}_4 + 2D_{225}\dot{\theta}_2\dot{\theta}_5 + 2D_{226}\dot{\theta}_2\dot{\theta}_6 + 2D_{234}\dot{\theta}_3\dot{\theta}_4 + \\
& 2D_{235}\dot{\theta}_3\dot{\theta}_5 + 2D_{236}\dot{\theta}_3\dot{\theta}_6 + 2D_{245}\dot{\theta}_4\dot{\theta}_5 + 2D_{246}\dot{\theta}_4\dot{\theta}_6 + 2D_{256}\dot{\theta}_5\dot{\theta}_6 + D_2
\end{aligned}
\tag{4.50}
$$

$$
\begin{aligned}
T_3 = {} & D_{31}\ddot{\theta}_1 + D_{32}\ddot{\theta}_2 + D_{33}\ddot{\theta}_3 + D_{34}\ddot{\theta}_4 + D_{35}\ddot{\theta}_5 + D_{36}\ddot{\theta}_6 + I_{3(act)}\ddot{\theta}_3 + \\
& D_{311}\dot{\theta}_1^2 + D_{322}\dot{\theta}_2^2 + D_{333}\dot{\theta}_3^2 + D_{344}\dot{\theta}_4^2 + D_{355}\dot{\theta}_5^2 + D_{366}\dot{\theta}_6^2 + \\
& 2D_{312}\dot{\theta}_1\dot{\theta}_2 + 2D_{313}\dot{\theta}_1\dot{\theta}_3 + 2D_{314}\dot{\theta}_1\dot{\theta}_4 + 2D_{315}\dot{\theta}_1\dot{\theta}_5 + 2D_{316}\dot{\theta}_1\dot{\theta}_6 + \\
& 2D_{323}\dot{\theta}_2\dot{\theta}_3 + 2D_{324}\dot{\theta}_2\dot{\theta}_4 + 2D_{325}\dot{\theta}_2\dot{\theta}_5 + 2D_{326}\dot{\theta}_2\dot{\theta}_6 + 2D_{334}\dot{\theta}_3\dot{\theta}_4 + \\
& 2D_{335}\dot{\theta}_3\dot{\theta}_5 + 2D_{336}\dot{\theta}_3\dot{\theta}_6 + 2D_{345}\dot{\theta}_4\dot{\theta}_5 + 2D_{346}\dot{\theta}_4\dot{\theta}_6 + 2D_{356}\dot{\theta}_5\dot{\theta}_6 + D_3
\end{aligned}
\tag{4.51}
$$

$$
\begin{aligned}
T_4 = {} & D_{41}\ddot{\theta}_1 + D_{42}\ddot{\theta}_2 + D_{43}\ddot{\theta}_3 + D_{44}\ddot{\theta}_4 + D_{45}\ddot{\theta}_5 + D_{46}\ddot{\theta}_6 + I_{4(act)}\ddot{\theta}_4 + \\
& D_{411}\dot{\theta}_1^2 + D_{422}\dot{\theta}_2^2 + D_{433}\dot{\theta}_3^2 + D_{444}\dot{\theta}_4^2 + D_{455}\dot{\theta}_5^2 + D_{466}\dot{\theta}_6^2 + \\
& 2D_{412}\dot{\theta}_1\dot{\theta}_2 + 2D_{413}\dot{\theta}_1\dot{\theta}_3 + 2D_{414}\dot{\theta}_1\dot{\theta}_4 + 2D_{415}\dot{\theta}_1\dot{\theta}_5 + 2D_{416}\dot{\theta}_1\dot{\theta}_6 + \\
& 2D_{423}\dot{\theta}_2\dot{\theta}_3 + 2D_{424}\dot{\theta}_2\dot{\theta}_4 + 2D_{425}\dot{\theta}_2\dot{\theta}_5 + 2D_{426}\dot{\theta}_2\dot{\theta}_6 + 2D_{434}\dot{\theta}_3\dot{\theta}_4 + \\
& 2D_{435}\dot{\theta}_3\dot{\theta}_5 + 2D_{436}\dot{\theta}_3\dot{\theta}_6 + 2D_{445}\dot{\theta}_4\dot{\theta}_5 + 2D_{446}\dot{\theta}_4\dot{\theta}_6 + 2D_{456}\dot{\theta}_5\dot{\theta}_6 + D_4
\end{aligned}
\tag{4.52}
$$

$$
\begin{aligned}
T_5 = {} & D_{51}\ddot{\theta}_1 + D_{52}\ddot{\theta}_2 + D_{53}\ddot{\theta}_3 + D_{54}\ddot{\theta}_4 + D_{55}\ddot{\theta}_5 + D_{56}\ddot{\theta}_6 + I_{5(act)}\ddot{\theta}_5 + \\
& D_{511}\dot{\theta}_1^2 + D_{522}\dot{\theta}_2^2 + D_{533}\dot{\theta}_3^2 + D_{544}\dot{\theta}_4^2 + D_{555}\dot{\theta}_5^2 + D_{566}\dot{\theta}_6^2 + \\
& 2D_{512}\dot{\theta}_1\dot{\theta}_2 + 2D_{513}\dot{\theta}_1\dot{\theta}_3 + 2D_{514}\dot{\theta}_1\dot{\theta}_4 + 2D_{515}\dot{\theta}_1\dot{\theta}_5 + 2D_{516}\dot{\theta}_1\dot{\theta}_6 + \\
& 2D_{523}\dot{\theta}_2\dot{\theta}_3 + 2D_{524}\dot{\theta}_2\dot{\theta}_4 + 2D_{525}\dot{\theta}_2\dot{\theta}_5 + 2D_{526}\dot{\theta}_2\dot{\theta}_6 + 2D_{534}\dot{\theta}_3\dot{\theta}_4 + \\
& 2D_{535}\dot{\theta}_3\dot{\theta}_5 + 2D_{536}\dot{\theta}_3\dot{\theta}_6 + 2D_{545}\dot{\theta}_4\dot{\theta}_5 + 2D_{546}\dot{\theta}_4\dot{\theta}_6 + 2D_{556}\dot{\theta}_5\dot{\theta}_6 + D_5
\end{aligned}
\tag{4.53}
$$

$$
\begin{aligned}
T_6 = {} & D_{61}\ddot{\theta}_1 + D_{62}\ddot{\theta}_2 + D_{63}\ddot{\theta}_3 + D_{64}\ddot{\theta}_4 + D_{65}\ddot{\theta}_5 + D_{66}\ddot{\theta}_6 + I_{6(act)}\ddot{\theta}_6 + \\
& D_{611}\dot{\theta}_1^2 + D_{622}\dot{\theta}_2^2 + D_{633}\dot{\theta}_3^2 + D_{644}\dot{\theta}_4^2 + D_{655}\dot{\theta}_5^2 + D_{666}\dot{\theta}_6^2 +
\end{aligned}
$$

$$
\begin{aligned}
&2D_{612}\dot{\theta}_1\dot{\theta}_2+2D_{613}\dot{\theta}_1\dot{\theta}_3+2D_{614}\dot{\theta}_1\dot{\theta}_4+2D_{615}\dot{\theta}_1\dot{\theta}_5+2D_{616}\dot{\theta}_1\dot{\theta}_6+\\
&2D_{623}\dot{\theta}_2\dot{\theta}_3+2D_{624}\dot{\theta}_2\dot{\theta}_4+2D_{625}\dot{\theta}_2\dot{\theta}_5+2D_{626}\dot{\theta}_2\dot{\theta}_6+2D_{634}\dot{\theta}_3\dot{\theta}_4+\\
&2D_{635}\dot{\theta}_3\dot{\theta}_5+2D_{636}\dot{\theta}_3\dot{\theta}_6+2D_{645}\dot{\theta}_4\dot{\theta}_5+2D_{646}\dot{\theta}_4\dot{\theta}_6+2D_{656}\dot{\theta}_5\dot{\theta}_6+D_6
\end{aligned}
\tag{4.54}
$$

把与机器人相关的参数值代入这些方程，就可得出机器人的运动方程。这些方程可以说明其中每一项是如何影响机器人动力学的，也可以说明某个特定项是否占主导地位。例如，在失重情况下，如在太空，可以忽略重力项，而惯量项占主导地位。另一方面，如果机器人运动很缓慢，方程中许多与向心加速度及科里奥利加速度相关的项就可以忽略。一般来说，利用上述方程可以合理地设计和控制机器人。

例4.8　利用上述方程，推导例4.4中如图4.9所示的2自由度机器臂的运动方程，假设两个连杆等长。

解：对于2自由度机器人，为利用上述机器人运动方程，首先列写两个连杆的 A 矩阵，然后推导机器人的 D_{ij}、D_{ijk} 和 D_i 等项，最后将结果代入式(4.49)和式(4.50)，就能得到最终的运动方程。机器人关节和连杆的参数为：$d_1=0$，$d_2=0$，$a_1=1$，$a_2=1$，$a_1=0$，$a_2=0$。

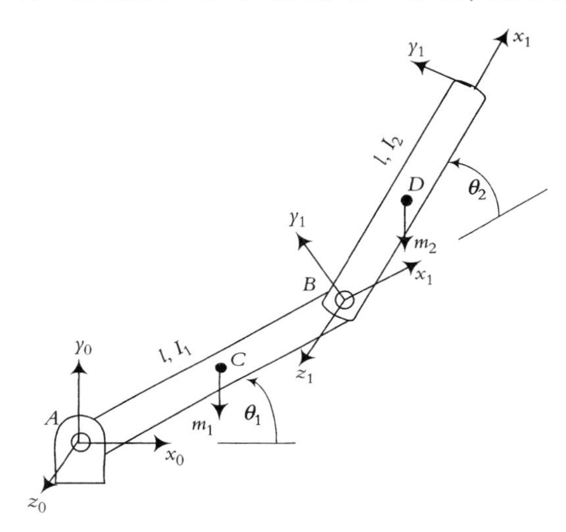

图4.9　例4.8中的2自由度机器臂

$$
A_1=\begin{bmatrix} C_1 & -S_1 & 0 & lC_1\\ S_1 & C_1 & 0 & lS_1\\ 0&0&1&0\\0&0&0&1\end{bmatrix},\qquad
A_2=\begin{bmatrix} C_2 & -S_2 & 0 & lC_2\\ S_2 & C_2 & 0 & lS_2\\ 0&0&1&0\\0&0&0&1\end{bmatrix}
$$

$$
{}^0T_2=A_1A_2=\begin{bmatrix} C_{12} & -S_{12} & 0 & l(C_{12}+C_1)\\ S_{12} & C_{12} & 0 & l(S_{12}+S_1)\\ 0&0&1&0\\0&0&0&1\end{bmatrix}
$$

根据式(4.27)有

$$
Q(\text{转动})=\begin{bmatrix} 0&-1&0&0\\1&0&0&0\\0&0&0&0\\0&0&0&0\end{bmatrix}
$$

根据式(4.28)有

$$
U_{ij}=\frac{\partial\,{}^0T_i}{\partial q_j}=\frac{\partial\left(A_1A_2..A_j..A_i\right)}{\partial q_j}=A_1A_2..Q_jA_j..A_i
$$

于是，

$$U_{11}=QA_1=\begin{bmatrix}-S_1 & -C_1 & 0 & -lS_1\\ C_1 & -S_1 & 0 & lC_1\\ 0&0&0&0\\0&0&0&0\end{bmatrix}\rightarrow U_{111}=\frac{\partial(QA_1)}{\partial\theta_1}=QQA_1$$

$$U_{112}=\frac{\partial(QA_1)}{\partial\theta_2}=0$$

$$U_{21}=QA_1A_2=\begin{bmatrix}-S_{12} & -C_{12} & 0 & -l(S_{12}+S_1)\\ C_{12} & -S_{12} & 0 & l(C_{12}+C_1)\\ 0&0&0&0\\0&0&0&0\end{bmatrix}\rightarrow U_{211}=\frac{\partial(QA_1A_2)}{\partial\theta_1}=QQA_1A_2$$

$$U_{212}=\frac{\partial(QA_1A_2)}{\partial\theta_2}=QA_1QA_2$$

$$U_{22}=A_1QA_2=\begin{bmatrix}-S_{12} & -C_{12} & 0 & -lS_{12}\\ C_{12} & -S_{12} & 0 & lC_{12}\\ 0&0&0&0\\0&0&0&0\end{bmatrix}\rightarrow U_{221}=\frac{\partial(A_1QA_2)}{\partial\theta_1}=QA_1QA_2$$

$$U_{222}=\frac{\partial(A_1QA_2)}{\partial\theta_2}=A_1QQA_2$$

$$U_{12}=\frac{\partial A_1}{\partial\theta_2}=0$$

根据式(4.36)，假设所有的惯性积为0，于是可得

$$J_1=\begin{bmatrix}\frac{1}{3}m_1l^2 & 0 & 0 & \frac{1}{2}m_1l\\ 0&0&0&0\\0&0&0&0\\ \frac{1}{2}m_1l & 0 & 0 & m_1\end{bmatrix},\qquad J_2=\begin{bmatrix}\frac{1}{3}m_2l^2 & 0 & 0 & \frac{1}{2}m_2l\\ 0&0&0&0\\0&0&0&0\\ \frac{1}{2}m_2l & 0 & 0 & m_2\end{bmatrix}$$

根据式(4.49)和式(4.50)，对于2自由度机器人可得

$$T_1=D_{11}\ddot{\theta}_1+D_{12}\ddot{\theta}_2+D_{111}\dot{\theta}_1^2+D_{122}\dot{\theta}_2^2+2D_{112}\dot{\theta}_1\dot{\theta}_2+D_1+I_{1(act)}\ddot{\theta}_1 \tag{4.55}$$

$$T_2=D_{21}\ddot{\theta}_1+D_{22}\ddot{\theta}_2+D_{211}\dot{\theta}_1^2+D_{222}\dot{\theta}_2^2+2D_{212}\dot{\theta}_1\dot{\theta}_2+D_2+I_{2(act)}\ddot{\theta}_2 \tag{4.56}$$

根据式(4.43)至式(4.45)可得

$$\begin{aligned}
D_{11}&=\mathrm{Trace}\left(U_{11}J_1U_{11}^{\mathrm{T}}\right)+\mathrm{Trace}\left(U_{21}J_2U_{21}^{\mathrm{T}}\right), && i=1,\ j=1,\ p=1,\ 2\\
D_{12}&=\mathrm{Trace}\left(U_{22}J_2U_{21}^{\mathrm{T}}\right), && i=1,\ j=2,\ p=2\\
D_{21}&=\mathrm{Trace}\left(U_{21}J_2U_{22}^{\mathrm{T}}\right), && i=2,\ j=1,\ p=2\\
D_{22}&=\mathrm{Trace}\left(U_{22}J_2U_{22}^{\mathrm{T}}\right), && i=2,\ j=2,\ p=2\\
D_{111}&=\mathrm{Trace}\left(U_{111}J_1U_{11}^{\mathrm{T}}\right)+\mathrm{Trace}\left(U_{211}J_2U_{21}^{\mathrm{T}}\right), && i=1,\ j=1,\ k=1,\ p=1,\ 2\\
D_{122}&=\mathrm{Trace}\left(U_{222}J_2U_{21}^{\mathrm{T}}\right), && i=1,\ j=2,\ k=2,\ p=2\\
D_{112}&=\mathrm{Trace}\left(U_{212}J_2U_{21}^{\mathrm{T}}\right), && i=1,\ j=1,\ k=2,\ p=2\\
D_{211}&=\mathrm{Trace}\left(U_{211}J_2U_{22}^{\mathrm{T}}\right), && i=2,\ j=1,\ k=1,\ p=2\\
D_{222}&=\mathrm{Trace}\left(U_{222}J_2U_{22}^{\mathrm{T}}\right), && i=2,\ j=2,\ k=2,\ p=2
\end{aligned}$$

$$D_{212}=\text{Trace}\left(U_{212}J_2U_{22}^{\mathrm{T}}\right),\qquad i=2,\ j=1,\ k=2,\ p=2$$

$$D_1=-m_1g^{\mathrm{T}}U_{11}\bar{r}_1-m_2g^{\mathrm{T}}U_{21}\bar{r}_2,\qquad i=1,\ p=1,\ 2$$

$$D_2=-m_1g^{\mathrm{T}}U_{12}\bar{r}_1-m_2g^{\mathrm{T}}U_{22}\bar{r}_2,\qquad i=2,\ p=1,\ 2$$

可见，即便对 2 自由度机器人，方程还是很长。把所有已知矩阵代入上述方程，可得

$$D_{11}=\frac{1}{3}m_1l^2+\frac{4}{3}m_2l^2+m_2l^2C_2$$

$$D_{12}=D_{21}=\frac{1}{3}m_2l^2+\frac{1}{2}m_2l^2C_2$$

$$D_{22}=\frac{1}{3}m_2l^2$$

$$D_{111}=0\qquad D_{112}=D_{121}=-\frac{1}{2}m_2l^2S_2$$

$$D_{122}=-\frac{1}{2}m_2l^2S_2\qquad D_{211}=\frac{1}{2}m_2l^2S_2$$

$$D_{212}=0\qquad D_{221}=0\quad D_{222}=0$$

根据式(4.45)，由于 $g^{\mathrm{T}}=[0\quad -g\quad 0\quad 0]$（重力加速度沿着 y 轴负方向）以及 $\bar{r}_1^{\mathrm{T}}=\bar{r}_2^{\mathrm{T}}=[-l/2\quad 0\quad 0\quad 1]$（连杆质心位于 $-l/2$ 处），可得

$$D_1=-m_1g^TU_{11}\bar{r}_1-m_2g^TU_{21}\bar{r}_2$$

$$=-m_1[0\quad -g\quad 0\quad 0]\begin{bmatrix}-S_1 & -C_1 & 0 & -lS_1\\ C_1 & -S_1 & 0 & lC_1\\ 0 & 0 & 0 & 0\\ 0 & 0 & 0 & 0\end{bmatrix}\begin{bmatrix}-\frac{l}{2}\\ 0\\ 0\\ 1\end{bmatrix}$$

$$-m_2[0\quad -g\quad 0\quad 0]\begin{bmatrix}-S_{12} & -C_{12} & 0 & -l(S_{12}+S_1)\\ C_{12} & -S_{12} & 0 & l(C_{12}+C_1)\\ 0 & 0 & 0 & 0\\ 0 & 0 & 0 & 0\end{bmatrix}\begin{bmatrix}-\frac{l}{2}\\ 0\\ 0\\ 1\end{bmatrix}$$

类似地可得到 D_2，于是有

$$D_1=\frac{1}{2}m_1glC_1+\frac{1}{2}m_2glC_{12}+m_2glC_1$$

$$D_2=\frac{1}{2}m_2glC_{12}$$

把这些结果代入式(4.55)和式(4.56)中，可得出最终的运动方程：

$$T_1=\left(\frac{1}{3}m_1l^2+\frac{4}{3}m_2l^2+m_2l^2C_2\right)\ddot{\theta}_1+\left(\frac{1}{3}m_2l^2+\frac{1}{2}m_2l^2C_2\right)\ddot{\theta}_2+\left(\frac{1}{2}m_2l^2S_2\right)\dot{\theta}_2^2$$
$$+\left(m_2l^2S_2\right)\dot{\theta}_1\dot{\theta}_2+\frac{1}{2}m_1glC_1+\frac{1}{2}m_2glC_{12}+m_2glC_1+I_{1(act)}\ddot{\theta}_1$$

$$T_2=\left(\frac{1}{3}m_2l^2+\frac{1}{2}m_2l^2C_2\right)\ddot{\theta}_1+\left(\frac{1}{3}m_2l^2\right)\ddot{\theta}_2+\left(\frac{1}{2}m_2l^2S_2\right)\dot{\theta}_1^2+\frac{1}{2}m_2glC_{12}+I_{2(act)}\ddot{\theta}_1$$

它除了驱动器的惯量项外，其余均与式(4.11)及式(4.12)相同。

4.5 机器人的静力分析

机器人可以处于位置控制状态，也可以处于力控制状态。设想机器人正沿着一条直线运动，比如在一个平板的表面上切割一个槽。如果它沿着预先设定的路径运动，那它便处于位置控制状态。只要表面平整，而且机器人的确沿着平面上的直线运动，那么切出的槽就会整齐一致。但如果表面不平整，由于机器人仍沿给定的路径运动，那么槽就可能被切得过深或过浅。换另一种情况，机器人在切割槽时测量它所施加给平板的力，如果力变得过大或过小，意味着刀具切得过深或过浅，则机器人就能调整深度直至深度切割得均匀一致，这种情况下，机器人处于力控制状态。

类似地，假设让机器人在机器零件上钻一个螺孔，则机器人不仅需要沿孔的轴向施加一个已知的轴向力，还要在丝锥上施加一定的力矩使其转动。为了能做到这点，控制器需要驱动关节并以一定的速率旋转，以便在手坐标系中产生合适的力和力矩。为建立关节力和力矩与机器人手坐标系产生的力和力矩之间的关系[1,9,10]，定义

$$\left[{}^{H}F\right]=\left[f_x\quad f_y\quad f_z\quad m_x\quad m_y\quad m_z\right]^{\mathrm{T}} \tag{4.57}$$

其中f_x、f_y和f_z是手坐标系中沿 x、y 和 z 轴的作用力，m_x、m_y和 m_z是关于这三轴的力矩。同样定义

$$\left[{}^{H}D\right]=\left[\mathrm{d}x\quad \mathrm{d}y\quad \mathrm{d}z\quad \delta x\quad \delta y\quad \delta z\right]^{\mathrm{T}} \tag{4.58}$$

它表示关于手坐标系 x、y 和 z 三轴的位移和转角。对关节也可做类似的定义：

$$[T]=\left[T_1\quad T_2\quad T_3\quad T_4\quad T_5\quad T_6\right]^{\mathrm{T}} \tag{4.59}$$

它表示各关节处的力矩(对转动关节)和力(对滑动关节)，以及还定义：

$$[D_\theta]=\left[\mathrm{d}\theta_1\quad \mathrm{d}\theta_2\quad \mathrm{d}\theta_3\quad \mathrm{d}\theta_4\quad \mathrm{d}\theta_5\quad \mathrm{d}\theta_6\right]^{\mathrm{T}} \tag{4.60}$$

它表示关节的微分运动，既可以是转动关节中的角度，也可以是滑动关节中的线位移。

运用虚功法[11]，即关节的总虚功必须和机械手坐标系内的总虚功相等，可得：

$$\delta W=\left[{}^{H}F\right]^{\mathrm{T}}\left[{}^{H}D\right]=[T]^{\mathrm{T}}[D_\theta] \tag{4.61}$$

即机械手坐标系中的力矩和力乘以手坐标系中的位移，必须等于关节空间中的力矩(或力)乘以位移。能否解释为什么要对力和力矩矩阵进行转置？代入相关值，就可得到式(4.61)的左半边：

$$\left[f_x\quad f_y\quad f_z\quad m_x\quad m_y\quad m_z\right]\begin{bmatrix}\mathrm{d}x\\ \mathrm{d}y\\ \mathrm{d}z\\ \delta x\\ \delta y\\ \delta z\end{bmatrix}=f_x\mathrm{d}x+f_y\mathrm{d}y+\cdots+m_z\delta z \tag{4.62}$$

而根据式(3.26)可得

$$\left[{}^{T_6}D\right]=\left[{}^{T_6}J\right][D_\theta]\quad \text{或}\quad \left[{}^{H}D\right]=\left[{}^{H}J\right][D_\theta] \tag{4.63}$$

把它代入式(4.61)可得

$$\left[{}^{H}F\right]^{\mathrm{T}}\left[{}^{H}J\right][D_\theta]=[T]^{\mathrm{T}}[D_\theta]\rightarrow\left[{}^{H}F\right]^{\mathrm{T}}\left[{}^{H}J\right]=[T]^{\mathrm{T}} \tag{4.64}$$

参照附录 A，此方程可写为

$$[T]=\left[{}^{H}J\right]^{\mathrm{T}}\left[{}^{H}F\right] \tag{4.65}$$

上式表明关节力和力矩可以由手坐标系中期望的力和力矩决定。由于根据前面的运动分析已知雅可比矩阵，所以控制器可根据手坐标系中的期望值计算关节力和力矩，并对机器人进行控制。

机器人的力控制也可以通过使用诸如力和力矩等传感器实现，也包括可以“感知”正在抓持物体并将信息回传给控制器或主控操作人员的各式机器人。这些将在第 8 章中讨论。

例 4.9　一个球坐标结构 RPY 机器人(如斯坦福手臂)的雅可比矩阵的数值如下。为了在部件上钻孔，希望沿手坐标系 z 轴方向产生 1 磅的力、20 磅-英寸的力矩，求所需要的关节力和力矩。

$$^{H}J=\begin{bmatrix}20&0&0&0&0&0\\-5&0&1&0&0&0\\0&20&0&0&0&0\\0&1&0&0&1&0\\0&0&0&1&0&0\\-1&0&0&0&0&1\end{bmatrix}$$

解：将给定值代入式(4.64)，可得

$$[T]=[{}^{H}J]^{\mathrm{T}}[{}^{H}F]$$

$$[T]=\begin{bmatrix}T_1\\T_2\\F_3\\T_4\\T_5\\T_6\end{bmatrix}=\begin{bmatrix}20&-5&0&0&0&-1\\0&0&20&1&0&0\\0&1&0&0&0&0\\0&0&0&0&1&0\\0&0&0&1&0&0\\0&0&0&0&0&1\end{bmatrix}\begin{bmatrix}0\\0\\1\\0\\0\\20\end{bmatrix}=\begin{bmatrix}-20\\20\\0\\0\\0\\20\end{bmatrix}$$

可见，对该特定构型及尺寸大小的机器人，必须在第 1、第 2 和第 6 关节处施加所确定的力矩，才能在手坐标系得到所期望的力和力矩。另外还可看到，虽然这里希望在手坐标系 z 轴方向产生力，但并不需要对第 3 关节即滑动关节施加任何力，请思考其中的原因。

显然，随着机器人构型的变化，雅可比矩阵也随之发生变化。因此当机器人运动时，为了在手坐标系内持续施加同样的力和力矩，关节处的力矩也要随之发生变化，这时需要控制器不断地计算所需的关节力矩。

4.6　坐标系间力和力矩的变换

假设有两个坐标系固连在一个物体上，同时假设有一个力和力矩作用在该物体上，并表示在其中的一个坐标系中。这里同样可以利用虚功原理来求出相对于另一坐标系的等效力和力矩，使它们对物体的作用效果相同。为此，定义 F 为作用在物体上的力和力矩，D 是由这

些力和力矩引起的相对于同一参考坐标系的位移：

$$[F]^{\mathrm{T}}=\left[f_x, f_y, f_z, m_x, m_y, m_z\right] \tag{4.66}$$

$$[D]^{\mathrm{T}}=\left[d_x, d_y, d_z, \delta_x, \delta_y, \delta_z\right] \tag{4.67}$$

同时定义^BF是相对坐标系 B 作用在物体上的力和力矩，^BD 是相对同一坐标系 B 的由上述力和力矩引起的位移：

$$\left[{}^BF\right]^{\mathrm{T}}=\left[{}^Bf_x, {}^Bf_y, {}^Bf_z, {}^Bm_x, {}^Bm_y, {}^Bm_z\right] \tag{4.68}$$

$$\left[{}^BD\right]^{\mathrm{T}}=\left[{}^Bd_x, {}^Bd_y, {}^Bd_z, {}^B\delta_x, {}^B\delta_y, {}^B\delta_z\right] \tag{4.69}$$

由于不论在哪个坐标系，作用在物体上总的虚功必须相同，所以有

$$\delta W=[F]^{\mathrm{T}}[D]=\left[{}^BF\right]^{\mathrm{T}}\left[{}^BD\right] \tag{4.70}$$

Paul 证明了相对两个坐标系的位移有如下的相互关系[1]：

$$\left[{}^BD\right]=\left[{}^BJ\right][D] \tag{4.71}$$

将式(4.70)代入式(4.69)，结果为

$$[F]^{\mathrm{T}}[D]=\left[{}^BF\right]^{\mathrm{T}}\left[{}^BJ\right][D] \quad \text{或} \quad [F]^{\mathrm{T}}=\left[{}^BF\right]^{\mathrm{T}}\left[{}^BJ\right] \tag{4.72}$$

上式可重写为

$$[F]=\left[{}^BJ\right]^{\mathrm{T}}\left[{}^BF\right] \tag{4.73}$$

Paul 还证明了[1]：不需要计算相对于 B 坐标系的雅可比矩阵，可以直接从下式得到相对 B 坐标系的力和力矩：

$$\begin{aligned}
{}^Bf_x &= \boldsymbol{n}\cdot\boldsymbol{f}\\
{}^Bf_y &= \boldsymbol{o}\cdot\boldsymbol{f}\\
{}^Bf_z &= \boldsymbol{a}\cdot\boldsymbol{f}\\
{}^Bm_x &= \boldsymbol{n}\cdot[(\boldsymbol{f}\times\boldsymbol{p})+\boldsymbol{m}]\\
{}^Bm_y &= \boldsymbol{o}\cdot[(\boldsymbol{f}\times\boldsymbol{p})+\boldsymbol{m}]\\
{}^Bm_z &= \boldsymbol{a}\cdot[(\boldsymbol{f}\times\boldsymbol{p})+\boldsymbol{m}]
\end{aligned} \tag{4.74}$$

使用这些关系式，可以求出不同坐标系下等效的力和力矩，它们对物体的作用效果相同。

例 4.10 一个物体固连于坐标系 B，它受到如下相对于参考坐标系的力和力矩，求它在坐标系 B 内的等效力和力矩。

$$F^{\mathrm{T}}=[0, 10(\mathrm{lb}), 0, 0, 0, 20(\mathrm{lb\cdot in})]$$

$$B=\begin{bmatrix}0&1&0&3\\0&0&1&5\\1&0&0&8\\0&0&0&1\end{bmatrix}$$

解： 根据已知条件可得

$$\boldsymbol{f}^{\mathrm{T}}=[0,\ 10,\ 0] \qquad \boldsymbol{m}^{\mathrm{T}}=[0,\ 0,\ 20] \qquad \boldsymbol{p}^{\mathrm{T}}=[3,\ 5,\ 8]$$
$$\boldsymbol{n}^{\mathrm{T}}=[0,\ 0,\ 1] \qquad \boldsymbol{o}^{\mathrm{T}}=[1,\ 0,\ 0] \qquad \boldsymbol{a}^{\mathrm{T}}=[0,\ 1,\ 0]$$

$$\boldsymbol{f}\times\boldsymbol{p}=\begin{vmatrix}\boldsymbol{i} & \boldsymbol{j} & \boldsymbol{k}\\ 0 & 10 & 0\\ 3 & 5 & 8\end{vmatrix}=\boldsymbol{i}(80)-\boldsymbol{j}(0)+\boldsymbol{k}(-30)$$

$$(\boldsymbol{f}\times\boldsymbol{p})+\boldsymbol{m}=80\boldsymbol{i}-10\boldsymbol{k}$$

根据式(4.73)可得

$$\begin{aligned}
{}^{B}f_{x}&=\boldsymbol{n}\cdot\boldsymbol{f}=0\\
{}^{B}f_{y}&=\boldsymbol{o}\cdot\boldsymbol{f}=0\\
{}^{B}f_{z}&=\boldsymbol{a}\cdot\boldsymbol{f}=10 && \rightarrow {}^{B}f=[0,\ 0,\ 10]\\
{}^{B}m_{x}&=\boldsymbol{n}\cdot[(\boldsymbol{f}\times\boldsymbol{p})+\boldsymbol{m}]=-10\\
{}^{B}m_{y}&=\boldsymbol{o}\cdot[(\boldsymbol{f}\times\boldsymbol{p})+\boldsymbol{m}]=80\\
{}^{B}m_{z}&=\boldsymbol{a}\cdot[(\boldsymbol{f}\times\boldsymbol{p})+\boldsymbol{m}]=0 && \rightarrow {}^{B}m=[-10,\ 80,\ 0]
\end{aligned}$$

这意味着 B 坐标系中绕 a 轴施加 10 磅的力，以及绕 n 轴施加 10 磅-英寸和绕 o 轴施加 80 磅-英寸的两个力矩与原参考坐标系中的力和力矩对物体的作用效果是相同的。请思考这些是否和大家在静力学课程中所学的一致。图 4.10 显示了两个等效的力-力矩系统。

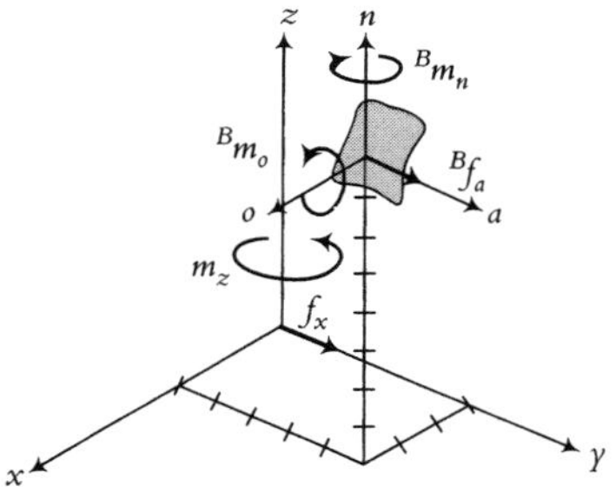

图 4.10　两个不同坐标系中的等效力和力矩

4.7　设计项目

若要对机器人进行深入分析，就必须推导运动的动力学方程，利用它能够计算出机器人以期望加速度移动时各关节所需的动力。这些信息可用来选择合适的驱动器以及控制机器人的运动。

另一方面，由于所设计的机器人运动得并不很快，也可以按每个关节的最大受力情况来计算所需的关节力矩。例如，要分析向外伸展的双臂机器人，这时第一关节上的第一驱动器将承受最大载荷。这种估计不太准确，因为忽略了惯性耦合项和科里奥利加速度等因素。但正如前面提到的，在小加速度和低速度的情况下，仍可得到相对来说精度可接受的所需力矩的估计值。

小结

本章讨论了如何推导机器人运动的动力学方程。这些方程可以用来估计以一定速度和加速度驱动机器人时各个关节所需的动力，也可以用来为机器人选择合适的驱动器。

像机器人这样的多自由度三维机构，其动力学方程非常复杂，有时用起来也很困难。事实上，大多数情况使用的是在假设条件下的简化形式。比如，通过比较各项，可以确定运动方程中某些特定项的重要性，以及它们对总的所需力矩或动力的影响。再者，通过了解速度项，可以确定运动方程中科里奥利力的重要性。反过来，也可以确定重力项对于空间机器人的重要性，并在合适的情况下将其从运动方程中去除。

下一章将讨论如何通过控制和规划机器人的运动来得到其期望的运动轨迹。

参考文献

[1] Paul, Richard P., "Robot Manipulators, Mathematics, Programming, and Control," The MIT Press, 1981.

[2] Shahinpoor, Mohsen, "A Robot Engineering Textbook," Harper & Row, NY, 1987.

[3] Asada, Haruhiko, J. j. E., Slotine, "Robot Analysis and Control," John Wiley and Sons, NY, 1986.

[4] Sciavicco, Lorenzo, B. Siciliano, "Modeling and Control of Robot Manipulators," McGraw-Hill, NY, 1996.

[5] Fu, K. S., R. C. Gonzalez, C. S. G. Lee, "Robotics: Control, Sensing, Vision, and Intelligence," McGraw-Hill, 1987.

[6] Featherstone, R., "The Calculation of Robot Dynamics Using Articulated-Body Inertias," The International Journal of Robotics Research, Vol. 2, No. 1, Spring 1983, pp. 13-30.

[7] Shahinpoor, M., "Dynamics," International Encyclopedia of Robotics: Applications and Automation, Richard C. Doff, Editor, John Wiley and Sons, NY, 1988, pp. 329-347.

[8] Pytel, Andrew, J. Kiusalaas, "Engineering Mechanics, Dynamics," 2nd Edition, Brooks/Cole Publishing, Pacific Grove, 1999.

[9] Paul, Richard, C. N. Stevenson, "Kinematics of Robot Wrists," The International Journal of Robotics Research, Vol. 2, No. 1, Spring 1983, pp. 31-38.

[10] Whitney, D. E., "The Mathematics of Coordinated Control of Prosthetic Arms and Manipulators," Transactions of ASME, *Journal of Dynamic Systems, Measurement, and Control*, 94G(4), 1972, pp. 303-309.

[11] Pytel, Andrew, J. Kiusalaas, "Engineering Mechanics, Statics," 2nd Edition, Brooks/Cole Publishing, Pacific Grove, 1999.

[12] Chicurel, Marina, "Once More, With Feeling," *Stanford Magazine*, March/April 2000, pp. 70-73.

习题

4.1 用拉格朗日力学推导图 P.4.1 所示两轮小车的运动学方程。

4.2 如 P.4.2 图所示，计算连杆的总动能，连杆固连在滚轮上，滚轮的质量可忽略不计。

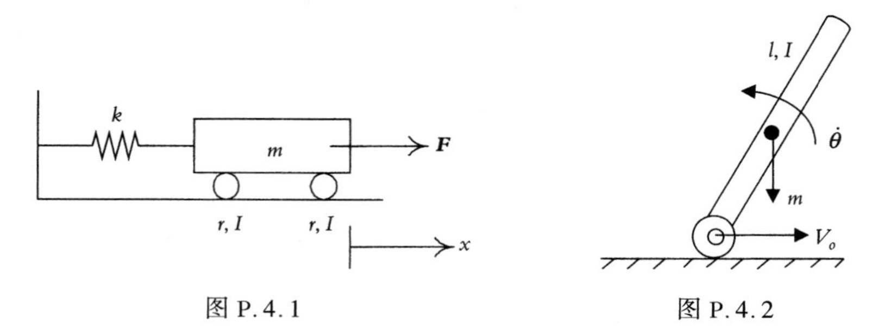

图 P.4.1 图 P.4.2

4.3 如图 P.4.3 所示，两连杆机构具有分布质量，推导它的运动方程。

4.4 对于 6 轴圆柱结构 RPY 机器人，用 A 和 Q 矩阵写出 U_{62}、U_{35}、U_{53}、U_{623}和 U_{534}的表达式。

4.5 利用式(4.49) ~ 式(4.54)，写出 3 自由度旋转型机器人的运动方程，并解释各项的含义。

4.6　展开式(4.49)中的 D_{134} 和 D_{15}，用它们的组成矩阵来表示。

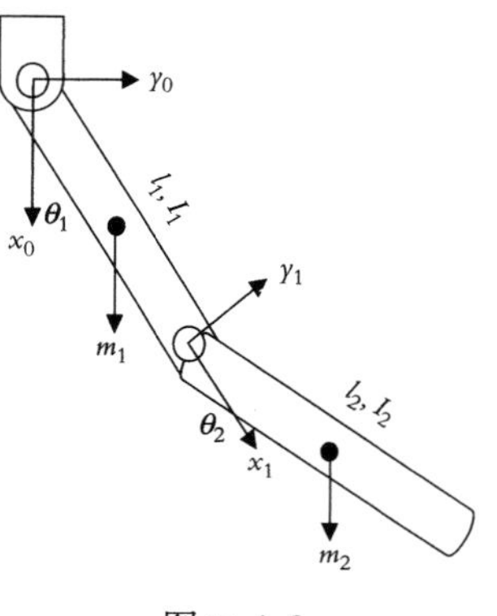

图 P.4.3

4.7　在参考坐标系中，物体受到如下力和力矩作用。该物体上固连了一个反映该物体位姿的本地坐标系。求该物体相对于本地坐标系所受到的等效的力和力矩。

$$B=\begin{bmatrix}0.707 & 0.707 & 0 & 2\\ 0 & 0 & 1 & 5\\ 0.707 & -0.707 & 0 & 3\\ 0 & 0 & 0 & 1\end{bmatrix},\quad F^{\mathrm{T}}=[10,\ 0,\ 5,\ 12,\ 20,\ 0]\quad \mathrm{N, N.m}$$

4.8　为把两个零件装配在一起，必须在 x 轴方向施加 10 磅的力、y 轴方向施加 5 磅的力、绕 x 轴施加 5 磅-英寸的转矩，才能把其中一个零件插入到另一零件中。该物体在装配机器人基坐标中的位置由 $^{R}T_0$ 描述：

$$^{R}T_0=\begin{bmatrix}0 & -0.707 & 0.707 & 4\\ 1 & 0 & 0 & 6\\ 0 & 0.707 & 0.707 & 3\\ 0 & 0 & 0 & 1\end{bmatrix}$$

假设装配时两个零件必须对准才能完成此任务，求机器人相对于手坐标系需要施加在上述零件上的力和力矩。

第5章　轨迹规划

5.1　引言

前面几章研究了机器人的运动学和动力学。可以看出，只要知道机器人的关节变量就能根据其运动方程确定机器人的位置，或者已知机器人的期望位姿就能确定相应的关节变量和速度。路径和轨迹规划与受到控制的机器人从一个位置移动到另一位置的方法有关。本章将研究在运动段之间如何产生受控的运动序列，这里所述的运动段可以是直线运动，也可以是依次的分段运动。路径和轨迹规划既要用到机器人的运动学，也要用到机器人的动力学。此外，随着在实际应用中对机器人精确运动要求的提高，必须用到各种逼近处理的方法。

5.2　路径与轨迹

路径定义为机器人构型的一个特定序列，而不考虑机器人构型的时间因素。如图 5.1 所示，如果一个机器人从 A 点运动到 B 点再到 C 点，那么这些中间的构型序列就构成了一条路径。而轨迹则与何时到达路径中的每个部分有关，强调了时间性[1]。因此，在图 5.1 中，不论机器人何时到达 B 点和 C 点，其路径总是一样的，而经过路径的每个部分的快慢不同，轨迹也就不同。因此，即使机器人经过相同的点，但在一个给定时刻，机器人在其路径上和在轨迹上的点也可能不同。轨迹依赖速度和加速度，如果机器人抵达 B 点和 C 点的时间不同，则相应的轨迹也不同。本章不仅涉及机器人的运动路径，而且还关注其速度和加速度。

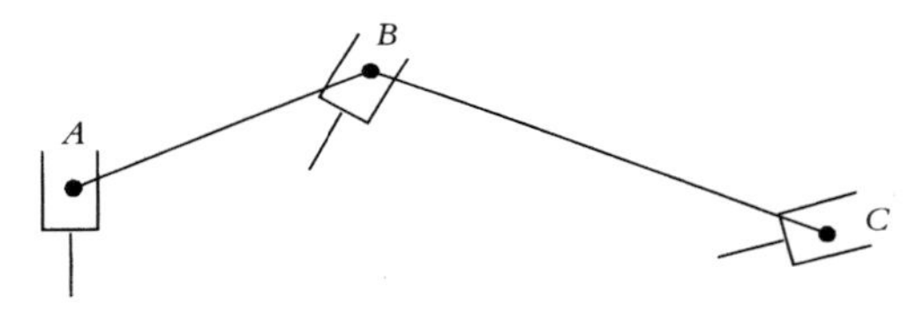

图 5.1　机器人在路径上的依次运动

5.3　关节空间描述与直角坐标空间描述

考虑一个 6 轴机器人从空间位置 A 点向 B 点运动。使用第 2 章中导出的机器人逆运动方程，可以计算出机器人到达新位置时关节的总位移，机器人控制器利用所算出的关节值驱动机器人到达新的关节值，从而使机器人手臂运动到新的位置。采用关节量来描述机器人的运动称为关节空间描述。正如后面将看到的，虽然在这种情形下最终将机器人移动到期望位置，但机器人在这两点之间的运动是不可预知的。

假设在 A、B 两点之间画一直线，希望机器人从 A 点沿该直线运动到 B 点。为达到此目的，必须将图 5.2 所示的直线分为许多小段，并使机器人的运动经过所有中间点。为完成这一任务，在每个中间点处都要求解机器人的逆运动方程，计算出一系列的关节量，然后由控制器驱动关节到达下一个目标点。当所有线段都完成时，机器人便到达所希望的 B 点。然而在该例中，与前面提到的关节空间描述不同，这里机器人在所有时刻的运动都是已知的。机器人所产生的运动序列首先在直角坐标空间中进行描述，然后转化为关节空间描述的计算量。由这个简单例子可以看出，直角坐标空间描述的计算量远大于关节空间描述的计算量，然而使用该方法能得到一条可控且可预知的路径。关节空间和直角坐标空间这两种描述都很有用，且都已经应用于工业部门。然而，每种方法各有其长处与不足。

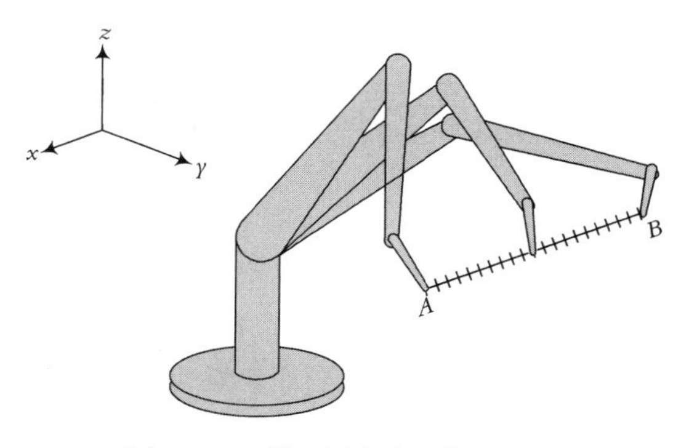

图 5.2 机器人沿直线的依次运动

由于直角坐标空间轨迹在常见的直角坐标空间中表示，因此非常直观，人们能很容易地看到机器人末端执行器的轨迹。然而，直角坐标空间轨迹计算量大，需要较快的处理速度才能得到类似关节空间轨迹的计算精度。此外，虽然在直角坐标空间的轨迹非常直观，但难以确保不存在奇异点。例如，考虑在图 5.3(a)中出现的这种情况，稍不注意就可能使指定的轨迹穿入机器人自身，或使轨迹到达工作空间之外，这些自然是不可能实现的，而且也不可能求解[2]。由于在机器人运动之前无法事先得知其位姿，这种情况完全有可能发生。此外，如图 5.3(b)所示，两点间的运动有可能使机器人关节值发生突变(第 2 章已讨论过为什么会发生这种情况)，这也是不可能实现的。对于上述问题，可以指定机器人必须通过的中间点来避开障碍物或其他奇异点。

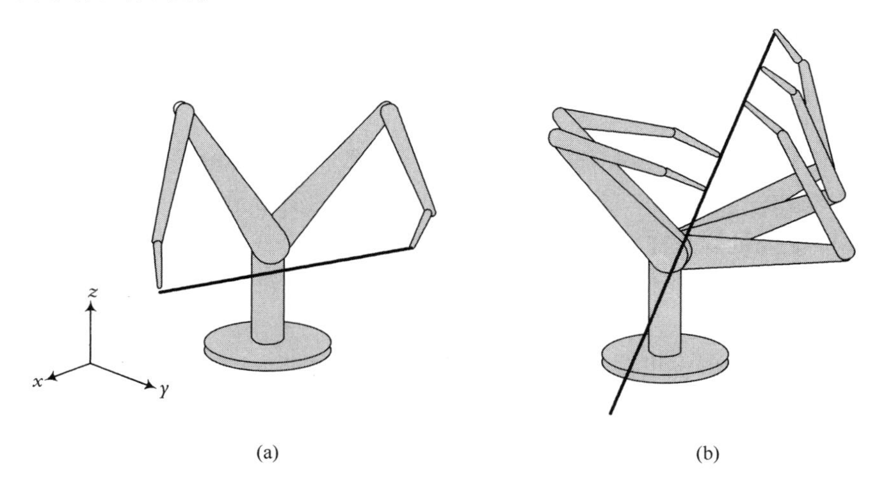

图 5.3 直角坐标空间轨迹的问题：(a) 在直角坐标空间指定的轨迹穿入机器人自身；(b)指定的轨迹使机器人关节值发生突变

5.4 轨迹规划的基本原理

这里以简单的 2 自由度机器人为例，用来帮助理解在关节空间和在直角坐标空间进行轨迹规划的基本原理。如图 5.4 所示，要求机器人从 A 点运动到 B 点。机器人在 A 点时的构型为 $\alpha = 20°$，$\beta = 30°$。假设已算出机器人达到 B 点时的构型是 $\alpha = 40°$，$\beta = 80°$，同时已知机器人两个关节运动的最大速率均为 10°/s。机器人从 A 点运动到 B 点的一种方法是使所有关节都以其最大角速度运动，这就是说，机器人下方的连杆用 2 s 即可完成运动，而如图 5.4 所示，上方的连杆还需再运动 3 s。图 5.4 中画出了手臂末端的轨迹，可见其路径是不规则的，手臂末端走过的距离也是不均匀的。

假设机器人手两个关节的运动用一个公共因子做归一化处理，使其运动范围较小的关节运动成比例地减慢，从而两个关节能够同步地开始和结束运动。这时两个关节以不同速度一起连续运动，即 α 以 4°/s、β 以 10°/s 的速度运动。从图 5.5 可以看出，得出的轨迹与前面不同。该运动轨迹的各部分比以前更加均衡，但是所得路径仍然是不规则的(不同于前一种情况)。由于只关注关节值，而忽略机器人手臂末端的位置，因此这两个例子都是在关节空间中进行规划的，所需的计算仅是运动终点的关节量，而第二个例子中还进行了关节速率的归一化处理。

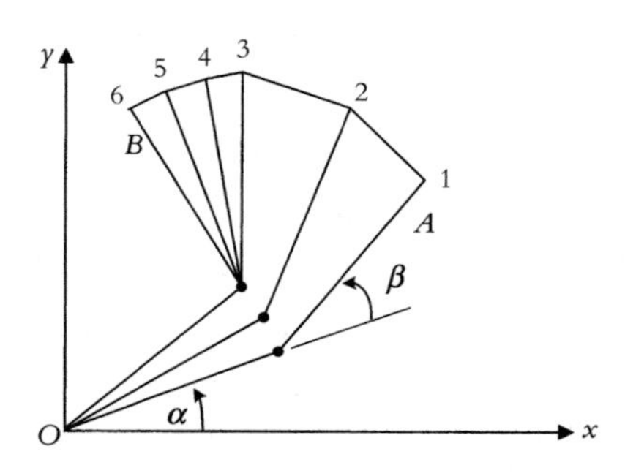

时间(s)	α	β
0	20	30
1	30	40
2	40	50
3	40	60
4	40	70
5	40	80

图 5.4　2 自由度机器人关节空间的非归一化运动

时间(s)	α	β
0	20	30
1	24	40
2	28	50
3	32	60
4	36	70
5	40	80

图 5.5　2 自由度机器人关节空间的归一化运动

现在假设希望机器人的末端手可以沿 A 点到 B 点之间的一条已知路径运动，比如说沿一条直线运动。最简单的解决方法是首先在 A 点和 B 点之间画一直线，再将这条线等分为几部分，例如分为 5 份，然后如图 5.6 所示计算出各点所需要的 α 和 β 值，这一过程称为在 A 点和 B 点之间插值[3~5]。可以看出，这时路径是一条直线，而关节角并非均匀变化。虽然得到的运动是一条已知的直线轨迹，但必须计算直线上每点的关节量。显然，如果路径分割的部分太少，将不能保证机器人在每段内严格地沿直线运动。为获得更好的精度，就需要对路径进行更多的分割，也就需要计算更多的关节点。由于机器人轨迹的所有运动段都是基于直角坐标进行计算的，因此它是直角坐标空间的轨迹。

在前面的例子中均假设机器人的驱动装置能够提供足够大的功率来满足关节所需的加速和减速，如前面假设手臂在路径第一段运动的一开始就可立刻加速到所需的期望速度。如果这一点不成立，机器人所沿循的将是一条不同于前面所设想的轨迹，即在加速到期望速度之前的轨迹将稍稍落后于设想的轨迹。此外，需要注意的是两个连续关节量之间的差值大于规定的最大关节速度 10°/s(例如，在 0 和 1 时刻之间，关节必须移动 25°)。显然，这是不可能达到的。同样必须注意，关节 1 在向上移动前首先向下移动。

为了改进这一状况，可对路径进行不同方法的分段，即手臂开始加速运动时的路径分段较小，随后使其以恒定速度运动，而在接近 B 点时再在较小的分段上减速(见图 5.7)。当然，对于路径上的每一点仍须求解机器人的逆运动方程，这与前面几种情况类似。在该例中，不是将直线段 AB 等分，而是在开始时基于方程 $x=(1/2)at^2$ 进行划分，直到其到达所需要的运动速度 $v=at$ 时为止，末端运动则依据减速过程类似地进行划分。

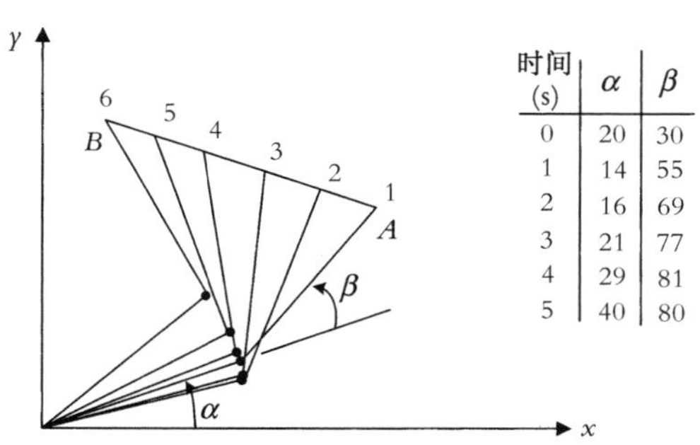
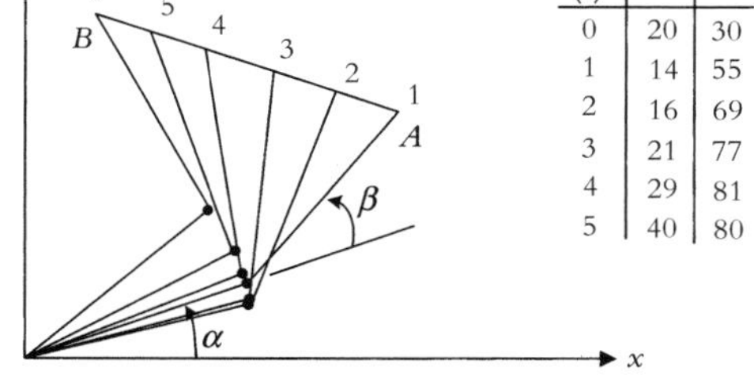

时间 (s)	α	β
0	20	30
1	14	55
2	16	69
3	21	77
4	29	81
5	40	80

图 5.6　2 自由度机器人的直角坐标空间运动

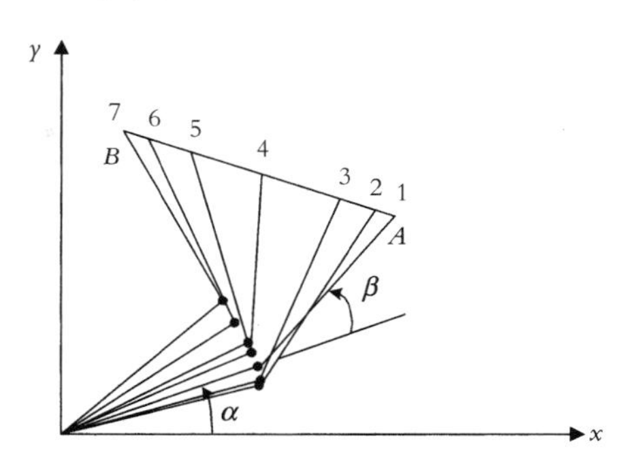

图 5.7　具有加速和减速段的轨迹规划

还有一种情况是轨迹规划的路径并非直线，而是某个期望路径(例如二次曲线)，这时必须基于期望路径计算出每 1 段的坐标，并进而计算相应的关节量，才能规划出机器人沿期望路径的轨迹。

至此只考虑了机器人在 A 和 B 两点间的运动，而在多数情况下，可能要求机器人顺序通过许多点，包括中间点或过渡点。下面进一步讨论多点间的轨迹规划，并最终实现连续运动。

如图 5.8 所示，假设机器人从 A 点经过 B 点运动到 C 点。一种方法是从 A 向 B 先加速，再匀速，接近 B 时减速并在到达 B 时停止，然后由 B 到 C 重复这一个过程。这一停一走的不平稳运动包含了不必要的停止动作。一种可行方法是将 B 点两边的运动进行平滑过渡。机器人先接近 B 点(如果必要的话可以减速)，然后沿着平滑过渡的路径重新加速，最终抵达并停在 C 点。平滑过渡的路径使机器人的运动更加平稳，降低了机器人的应力水平，并且减少了能量消耗。如果机器人的运动由许多段组成，所有的中间运动段都可以采用过渡的方式平滑连接在一起。但必须注意，由于采用了平滑过渡曲线，机器人经过的可能不是原来的 B 点而是 B'点[如图 5.8(a)]。如果要求机器人精确经过 B 点，可事先设定一个不同的 B''点，使得平滑过渡曲线正好经过 B 点[见图 5.8(b)]。另一种方法如图 5.9 所示[2]，在 B 点前后各加过渡点 C 和 D，使得 B 点落在 CD 连线上，确保机器人能够经过 B 点。

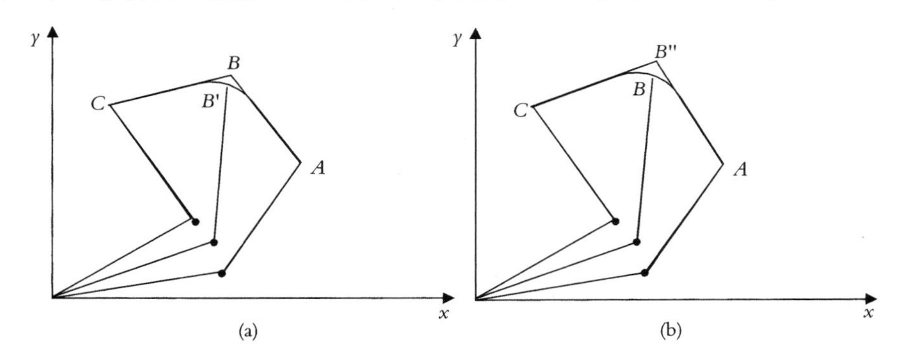

图 5.8　路径上不同运动段的平滑过渡

下一节将详细讨论不同的轨迹规划方法。通常使用高次多项式来表示两个路段之间每点的位置、速度和加速度。当规划路径后，控制器通过路径信息求解逆运动方程得到关节量，并操纵机器人做相应的运动。如果机器人的路径非常复杂，无法用一个方程来表示，这时可手动移动机器人，并记录下每个关节的运动状态，并将所记录的关节值用于以后驱动机器人的运动。对于示教机器人，常常采用这种方式来完成诸如汽车喷漆、复杂形状的焊缝及其他类似的任务。

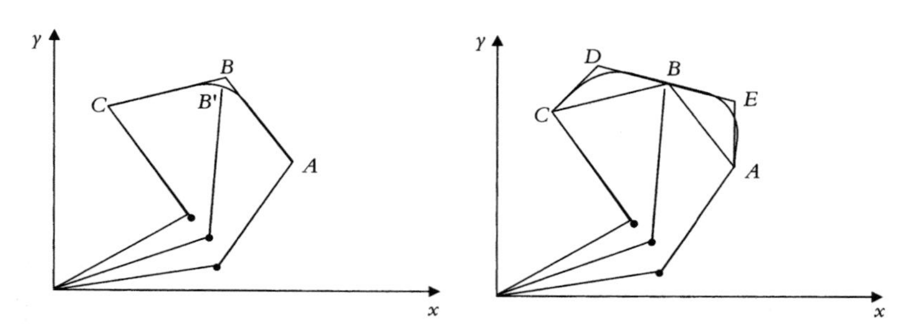

图 5.9　保证机器人运动通过中间规定点的替代方案：选择两个中间点 C和D以保证点B最终落在机器人通过的直线路段上

5.5　关节空间的轨迹规划

本节将研究如何利用受控参数在关节空间中规划机器人的运动，有许多不同阶次的多项式函数及抛物线过渡的线性函数可用于实现这个目的。下面将具体讨论在关节空间中轨迹规划的一些方法。特别需要说明的是，这些轨迹规划的给定点均为关节量而非直角坐标量。直角坐标的轨迹规划将在后面讨论。

5.5.1　三次多项式轨迹规划

这里假设机器人的初始位姿是已知的，通过求解逆运动学方程可求得机器人期望末端位姿对应的关节角。然而，机器人每个关节的运动都必须单独规划。若考虑其中某一关节在运动开始时刻 t_i的角度为 θ_i，希望该关节在时刻 t_f运动到新的角度 θ_f。规划轨迹的一种方法是使用多项式函数，以使初始和末端的边界条件与已知条件相匹配。这些已知条件为 θ_i和 θ_f及机器人在运动开始和结束时的速度，这些速度通常为0(或其他已知数值)。这4个已知信息可用来求解下列三次多项式方程中的4个未知量：

$$\theta(t) = c_0 + c_1 t + c_2 t^2 + c_3 t^3 \tag{5.1}$$

其中初始和末端条件是

$$\begin{aligned} \theta(t_i) &= \theta_i \\ \theta(t_f) &= \theta_f \\ \dot{\theta}(t_i) &= 0 \\ \dot{\theta}(t_f) &= 0 \end{aligned} \tag{5.2}$$

对式(5.1)的多项式求一阶导数可得

$$\dot{\theta}(t) = c_1 + 2c_2 t + 3c_3 t^2 \tag{5.3}$$

将初始和末端条件代入式(5.1)和式(5.3)可得

$$\begin{aligned} \theta(t_i) &= c_0 = \theta_i \\ \theta(t_f) &= c_0 + c_1 t_f + c_2 {t_f}^2 + c_3 {t_f}^3 \\ \dot{\theta}(t_i) &= c_1 = 0 \\ \dot{\theta}(t_f) &= c_1 + 2c_2 t_f + 3c_3 {t_f}^2 = 0 \end{aligned} \tag{5.4}$$

以上结果用矩阵形式可表示成

$$\begin{bmatrix}\theta_i\\ \dot{\theta}_i\\ \theta_f\\ \dot{\theta}_f\end{bmatrix}=\begin{bmatrix}1&0&0&0\\0&1&0&0\\1&t_f&t_f^{\ 2}&t_f^{\ 3}\\0&1&2t_f&3t_f^{\ 2}\end{bmatrix}\begin{bmatrix}c_0\\c_1\\c_2\\c_3\end{bmatrix}\tag{5.5}$$

通过联立求解这 4 个方程，得到方程中 4 个未知的数值。这样便可算出任意时刻的关节位置，控制器则据此驱动关节到达所需的位置。尽管每个关节是用同样步骤分别进行轨迹规划的，但所有关节自始至终都是同步驱动的。如果机器人初始和末端的速率不为零，同样可以通过给定数据得到未知的数值。因此，三次多项式能用于产生驱动每个关节的运动轨迹。

如果要求机器人依次地通过两个以上的点，那么每段末端求解出的边界速度和位置都可用来作为下一段的初始条件，每段的轨迹均可用类似的三次多项式加以规划。然而，尽管位置和速度都是连续的，但加速度并不连续，这也可能会产生问题。

例 5.1 要求一个 6 轴机器人的第一关节在 5 s 内从初始角 30°运动到终端角 75°，用三次多项式计算在 1 s、2 s、3 s 和 4 s 时关节的角度。

解：将边界条件代入式(5.4)可得

$$\begin{cases}\theta(t_i)=c_0=30\\ \theta(t_f)=c_0+c_1(5)+c_2(5^2)+c_3(5^3)=75\\ \dot{\theta}(t_i)=c_1=0\\ \dot{\theta}(t_f)=c_1+2c_2(5)+3c_3(5^2)=0\end{cases}\quad\rightarrow\quad\begin{cases}c_0=30\\c_1=0\\c_2=5.4\\c_3=-0.72\end{cases}$$

由此得到位置、速度和加速度的多项式方程如下：

$$\theta(t)=30+5.4t^2-0.72t^3$$
$$\dot{\theta}(t)=10.8t-2.16t^2$$
$$\ddot{\theta}(t)=10.8-4.32t$$

代入时间求得

$$\theta(1)=34.68^\circ,\quad \theta(2)=45.84^\circ,\quad \theta(3)=59.16^\circ,\quad \theta(4)=70.32^\circ$$

该关节的角位置、角速度和角加速度如图 5.10 所示。可以看出，本例中需要的初始加速度为 $10.8°/s^2$，运动末端的角加速度为 $-10.8°/s^2$。

例 5.2 假设例 5.1 中的机械手臂在前面运动的基础上继续运动，要求在其后的 3 s 内关节角到达 105°。画出该运动的位置、速度和加速度曲线。

解：已经知道第一运动段末端的关节位置和速度，将它们作为下一运动段的初始条件，可得

$$\theta(t)=c_0+c_1t+c_2t^2+c_3t^3$$
$$\dot{\theta}(t)=c_1+2c_2t+3c_3t^2$$
$$\ddot{\theta}(t)=2c_2+6c_3t$$

其中，

$$t_i=0\text{时},\qquad \theta_i=75,\qquad \dot{\theta}_i=0$$
$$t_f=3\text{时},\qquad \theta_f=105,\qquad \dot{\theta}_f=0$$

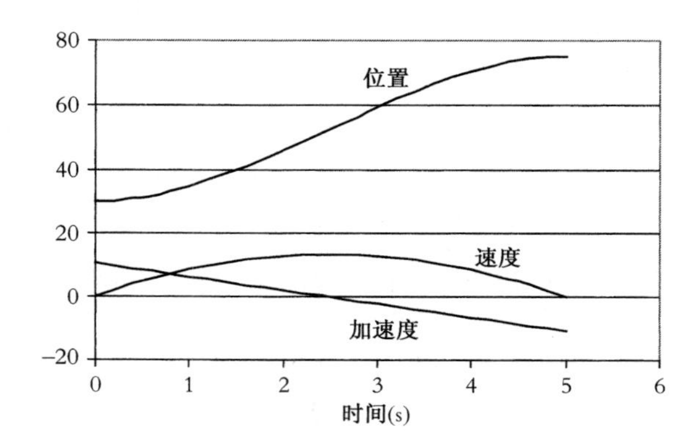

图 5.10 例 5.1 中的关节位置、速度和加速度

可以求得

$$c_0 = 75, \qquad c_1 = 0, \qquad c_2 = 10, \qquad c_3 = -2.222$$
$$\theta(t) = 75 + 10t^2 - 2.222t^3$$
$$\dot{\theta}(t) = 20t - 6.666t^2$$
$$\ddot{\theta}(t) = 20 - 13.332t$$

图 5.11 画出了整个运动过程的位置、速度和加速度，可以看出边界条件恰恰是所希望的值。但是我们也看到，虽然速度曲线是连续的，但在中间点上速度曲线的斜率由负变正导致了加速度的突变。机器人能否产生这样的加速度依赖于机器人自身的能力。为保证机器人的加速度不超过其自身能力，在计算到达目标所需时间时必须考虑加速度限制。当 $\dot{\theta}_i=0$ 和 $\dot{\theta}_f=0$ 时，最大加速度将是[4]

$$\left|\ddot{\theta}\right|_{\max} = \left|\frac{6\left(\theta_f - \theta_i\right)}{\left(t_f - t_i\right)^2}\right|$$

据此可计算出机器人到达目标点所需要的时间。这里需要注意的是，中间点的速度不必为 0，中间点的上一段的末端速度就等于下一段的初始速度。必须使用这些值来计算三次多项式的系数。

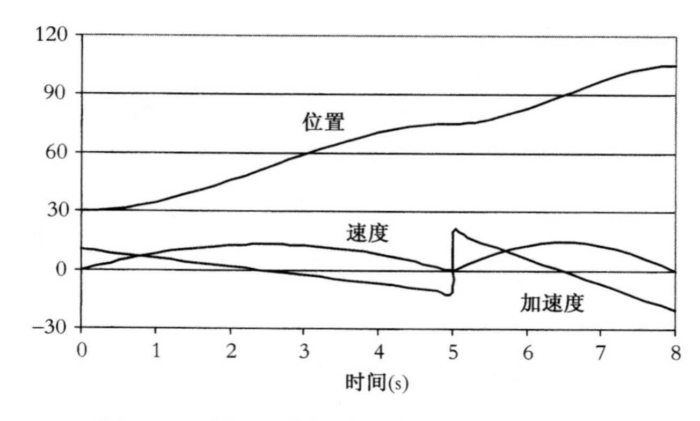

图 5.11 例 5.2 中的关节位置、速度和加速度

5.5.2　五次多项式轨迹规划

在前一节中设计的加速度也许无法在实际运动过程中实现。因此，需要指定所能获取的最大加速度值。除了指定运动段的起点和终点的位置和速度外，也可指定该运动段的起点和终点加速度。这样，边界条件的数量就增加到了 6 个，相应地可采用如下五次多项式来规划轨迹：

$$\theta(t) = c_0 + c_1 t + c_2 t^2 + c_3 t^3 + c_4 t^4 + c_5 t^5 \tag{5.6}$$

$$\dot{\theta}(t) = c_1 + 2c_2 t + 3c_3 t^2 + 4c_4 t^3 + 5c_5 t^4 \tag{5.7}$$

$$\ddot{\theta}(t) = 2c_2 + 6c_3 t + 12c_4 t^2 + 20c_5 t^3 \tag{5.8}$$

根据这些方程，可以通过位置、速度和加速度边界条件计算出五次多项式的系数。

例 5.3　同例 5.1，且已知初始加速度和末端减速度均为 $5°/s^2$。

解：由例 5.1 和给出的加速度值可得

$$\begin{aligned} &\theta_i = 30°, \quad &\dot{\theta}_i = 0°/s, \quad &\ddot{\theta}_i = 5°/s^2 \\ &\theta_f = 75°, \quad &\dot{\theta}_f = 0°/s, \quad &\ddot{\theta}_f = -5°/s^2 \end{aligned}$$

将初始和末端边界条件代入式(5.6)～式(5.8)，得

$$\begin{aligned} &c_0 = 30 \quad &c_1 = 0 \quad &c_2 = 2.5 \\ &c_3 = 1.6 \quad &c_4 = -0.58 \quad &c_5 = 0.0464 \end{aligned}$$

进而得到如下运动方程：

$$\begin{aligned} \theta(t) &= 30 + 2.5t^2 + 1.6t^3 - 0.58t^4 + 0.0464t^5 \\ \dot{\theta}(t) &= 5t + 4.8t^2 - 2.32t^3 + 0.232t^4 \\ \ddot{\theta}(t) &= 5 + 9.6t - 6.96t^2 + 0.928t^3 \end{aligned}$$

图 5.12 是机器人关节的位置、速度和加速度曲线，其最大加速度为 $8.7°/s^2$。

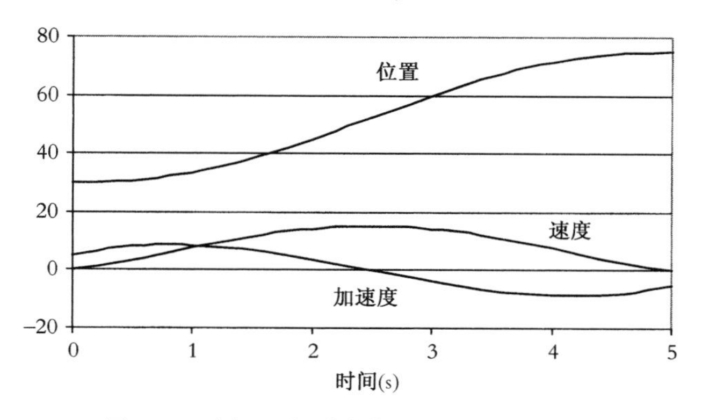

图 5.12　例 5.3 的关节位置、速度和加速度

5.5.3　抛物线过渡的线性段

在关节空间进行轨迹规划的另一种方法是如 5.4 节所讨论的，让机器人关节以恒定速度在起点和终点位置之间运动，轨迹方程相当于一次多项式，其速度是常数，加速度为零。这

表示在运动段的起点和终点的加速度必须为无穷大，才能在边界点瞬间产生所需的速度。为避免这一情况，线性运动段在起点和终点处可以用抛物线来进行过渡，从而产生如图5.13所示的连续位置和速度。假设在 $t_i=0$ 和 t_f 时刻对应的起点和终点位置为 θ_i 和 θ_f，抛物线与直线部分的过渡段在时间 t_b 和 t_f-t_b 处是对称的，由此可得

$$\begin{aligned}\theta(t)&=c_0+c_1t+\frac{1}{2}c_2t^2\\\dot{\theta}(t)&=c_1+c_2t\\\ddot{\theta}(t)&=c_2\end{aligned}\tag{5.9}$$

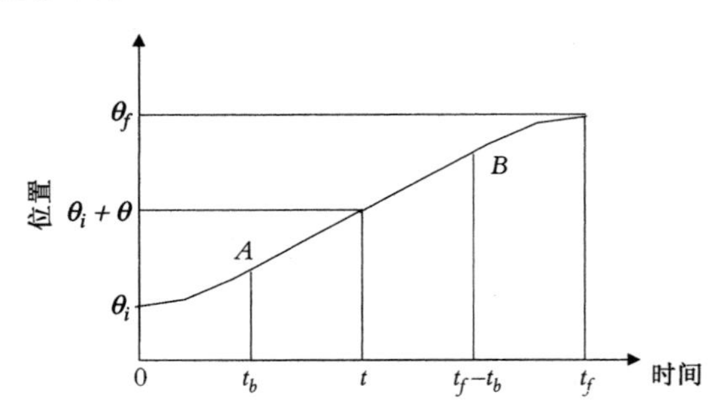

图5.13 抛物线过渡的线性段规划方法

显然，这时抛物线运动段的加速度是一常数，并在公共点 A 和 B(称这些点为节点)上产生连续的速度。将边界条件代入抛物线段的方程可得到

$$\begin{aligned}\theta(t=0)&=\theta_i=c_0 & & c_0=\theta_i\\\dot{\theta}(t=0)&=0=c_1 & \rightarrow\quad & c_1=0\\\ddot{\theta}(t)&=c_2 & & c_2=\ddot{\theta}\end{aligned}$$

从而给出抛物线段的方程为

$$\theta(t)=\theta_i+\frac{1}{2}c_2t^2\tag{5.10}$$

$$\dot{\theta}(t)=c_2t\tag{5.11}$$

$$\ddot{\theta}(t)=c_2\tag{5.12}$$

显然，对于直线段，速度将保持为常值，它可以根据驱动器的物理性能来加以选择。将零初始速度、线性段已知的常值速度 ω 及零末端速度代入式(5.10)和式(5.11)，可以得到 A、B 点及终点的关节位置和速度如下：

$$\begin{aligned}\theta_A&=\theta_i+\frac{1}{2}c_2t_b^2\\\dot{\theta}_A&=c_2t_b=\omega\\\theta_B&=\theta_A+\omega((t_f-t_b)-t_b)=\theta_A+\omega(t_f-2t_b)\\\dot{\theta}_B&=\dot{\theta}_A=\omega\\\theta_f&=\theta_B+(\theta_A-\theta_i)\\\dot{\theta}_f&=0\end{aligned}\tag{5.13}$$

由式(5.13)可以求得必要的过渡时间 t_b：

$$\begin{cases}c_2=\dfrac{\omega}{t_b}\\\theta_f=\theta_i+c_2t_b^2+\omega\left(t_f-2t_b\right)\end{cases}\rightarrow\theta_f=\theta_i+\left(\frac{\omega}{t_b}\right)t_b^2+\omega\left(t_f-2t_b\right)\tag{5.14}$$

进而由式(5.14)可以解得过渡时间：

$$t_b=\frac{\theta_i-\theta_f+\omega t_f}{\omega}\tag{5.15}$$

显然，t_b 不能大于总时间 t_f 的一半，否则在整个过程中将没有直线运动段而只有抛物线加速段

和抛物线减速段。由式(5.15)可以计算出对应的最大速度 $\omega_{max}=2(\theta_f-\theta_i)/t_f$。应该说明，如果运动段的初始时间不是0而是 t_a，则可采用平移时间轴的办法使初始时间为0。

终点的抛物线段与起点的抛物线段是对称的，只是其加速度为负。因此可表示为

$$\theta(t)=\theta_f-\frac{1}{2}c_2\left(t_f-t\right)^2,\qquad \text{其中 } c_2=\frac{\omega}{t_b}\quad\rightarrow\begin{cases}\theta(t)=\theta_f-\dfrac{\omega}{2t_b}\left(t_f-t\right)^2\\ \dot{\theta}(t)=\dfrac{\omega}{t_b}\left(t_f-t\right)\\ \ddot{\theta}(t)=-\dfrac{\omega}{t_b}\end{cases}\tag{5.16}$$

例5.4 在例5.1中，假设6轴机器人的关节1以速度10°/s在5 s内从初始角 $\theta_i=30°$ 运动到目的角 $\theta_f=70°$。求解所需的过渡时间并绘制关节位置、速度和加速度曲线。

解： 由式(5.10)～式(5.12)、式(5.15)和式(5.16)可得

$$t_c=\frac{\theta_i-\theta_f+\omega_1 t_f}{\omega_1}=\frac{30-70+10(5)}{10}=1\text{ s}$$

$$\theta=\theta_i\text{到}\theta_A\qquad\qquad \theta=\theta_A\text{到}\theta_B\qquad\qquad \theta=\theta_B\text{到}\theta_f$$

$$\begin{cases}\theta=30+5t^2\\ \dot{\theta}=10t\\ \ddot{\theta}=10\end{cases}\quad\begin{cases}\theta=\theta_A+10(t-1)\\ \dot{\theta}=10\\ \ddot{\theta}=0\end{cases}\quad\begin{cases}\theta=70-5(5-t)^2\\ \dot{\theta}=10(5-t)\\ \ddot{\theta}=-10\end{cases}$$

图5.14表示了该关节的位置、速度和加速度曲线。

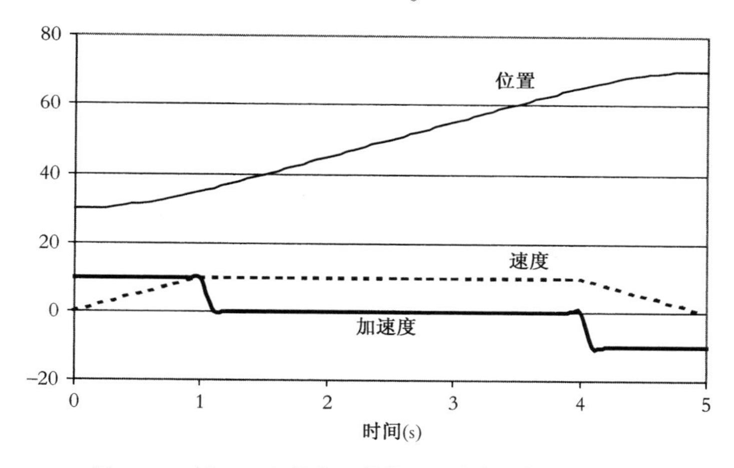

图5.14 例5.4中关节1的位置、速度和加速度曲线

5.5.4 具有中间点及用抛物线过渡的线性段

如果运动段不止一个，即机器人运动到第一运动段末端点后，还将向下一点运动，那么该点既可能是终点也可能是另一中间点。正如前面所讨论的，要采用各种运动段间过渡方法来避免时停时走的运动。这里也是这样，机器人在初始时间 t_0 的关节角是已知的，以及使用逆运动方程可以求得中间点和终点的关节角。在各段之间进行过渡时，使用每一点的边界条件来计算抛物线段的系数。例如，已知机器人开始运动时关节的位置和速度，在第一运动段的末端点位置和速度必须连续，它们可作为中间点的边界条件，进而可对新的运动段进行计

算，重复这一过程直至计算出所有运动段并到达终点。显然，对于每个运动段，必须基于给定的关节速度求出新的 t_b，同时还必须检验加速度值是否超过限定值。

5.5.5 高次多项式运动轨迹

除了指定起点和终点外，当指定其他中间点(包括抬升点和下降点等)时，可以通过匹配两个运动段上每一点的位置、速度和加速度来规划出一条连续的轨迹。利用起点和终点边界条件以及中间点的信息，可以采用如下形式的高次多项式来规划轨迹并使其通过所有的指定点：

$$\theta(t) = c_0 + c_1 t + c_2 t^2 + \cdots + c_{n-1} t^{n-1} + c_n t^n \tag{5.17}$$

然而，对路径上的每一点都求解高次多项式方程需要大量的计算。一种替代方法是，可在轨迹不同的运动段采用不同的低次多项式，然后将它们平滑过渡地连在一起以满足各点的边界条件[6]。例如可使用 4-3-4 轨迹、3-5-3 轨迹或五段三次多项式轨迹等来代替七次多项式轨迹。对于 4-3-4 轨迹，首先使用四次多项式来规划从起点到第一中间点(如抬升点)之间的轨迹，再用三次多项式来规划两个中间点(如抬升点和下降点)之间的轨迹，最后再用四次多项式来规划从最后一个中间点(如下降点)到终点之间的轨迹。类似地，3-5-3 轨迹可依次用于规划初始点和第一中间点、相邻两个中间点及最后一个中间点和终点之间的轨迹。

我们来仔细考察一条 4-3-4 轨迹的具体规划过程。一个三次多项式有 4 个未知系数，一个四次多项式有 5 个未知系数，一个五次多项式有 6 个未知系数。4-3-4 轨迹和 3-5-3 轨迹总共需要求解 14 个未知系数。对于 4-3-4 轨迹，未知系数的形式如下：

$$\begin{aligned} \theta(t)_1 &= a_0 + a_1 t + a_2 t^2 + a_3 t^3 + a_4 t^4 \\ \theta(t)_2 &= b_0 + b_1 t + b_2 t^2 + b_3 t^3 \\ \theta(t)_3 &= c_0 + c_1 t + c_2 t^2 + c_3 t^3 + c_4 t^4 \end{aligned} \tag{5.18}$$

此外，还有如下的 14 个边界和过渡条件可用于求解所有未知系数并最终规划出这条轨迹：

1. 已知初始位置 θ_1。
2. 给定初始速度。
3. 给定初始加速度。
4. 已知第一个中间点位置 θ_2，它也是第一运动段四次多项式轨迹的末端位置。
5. 第一个中间点的位置必须和三次多项式轨迹的初始位置相同，以确保运动的连续性。
6. 中间点的速度保持连续。
7. 中间点的加速度保持连续。
8. 已知第二中间点的位置 θ_n，它与三次多项式轨迹的末端位置相同。
9. 第二中间点的位置必须和下一条四次多项式轨迹的初始位置相同。
10. 下一个中间点的速度保持连续。
11. 下一个中间点的加速度保持连续。
12. 已知终点位置 θ_f。
13. 给定终点速度。
14. 给定终点加速度。

可以给定类似的一组对 3-5-3 轨迹的要求。将整个运动的标准化全局时间变量表示为 t，而

将第 j 个运动段的本地时间变量表示为 τ_j。再假设每一运动段的初始时间 τ_{ji} 是 0，且给定每一运动段的终端本地时间 τ_{jf}。这表明所有运动段均起始于本地时间 $\tau_{ji}=0$，结束于给定的本地时间 τ_{jf}。基于前面的假设和数据，一条 4-3-4 次多项式运动轨迹和它们的导数可以表示如下：

1. 在本地时间 $\tau_1=0$ 处，第一条四次多项式运动段给出的已知初值位置为 θ_1，于是可得出

$$\theta_1 = a_0 \tag{5.19}$$

2. 在本地时间 $\tau_1=0$ 处，已给定第一运动段的初始速度，因此可得

$$\dot{\theta}_1 = a_1 \tag{5.20}$$

3. 在本地时间 $\tau_1=0$ 处，已给定第一运动段的初始加速度，由此可得

$$\ddot{\theta}_1 = 2a_2 \tag{5.21}$$

4. 第一中间点位置 θ_2 与第一运动段在本地时间 τ_{1f} 时的末端位置相同，于是有

$$\theta_2 = a_0 + a_1(\tau_{1f}) + a_2(\tau_{1f})^2 + a_3(\tau_{1f})^3 + a_4(\tau_{1f})^4 \tag{5.22}$$

5. 第一中间点的位置与三次多项式轨迹在本地时间 $\tau_2=0$ 时的初始位置相同，从而有

$$\theta_2 = b_0 \tag{5.23}$$

6. 在中间点的速度保持连续，因此有

$$a_1 + 2a_2(\tau_{1f}) + 3a_3(\tau_{1f})^2 + 4a_4(\tau_{1f})^3 = b_1 \tag{5.24}$$

7. 在中间点的加速度保持连续，因此有

$$2a_2 + 6a_3(\tau_{1f}) + 12a_4(\tau_{1f})^2 = 2b_2 \tag{5.25}$$

8. 已知第二个中间点的位置 θ_3 与第二段三次多项式轨迹在本地时间 τ_{2f} 时的末端位置相同，因此有

$$\theta_3 = b_0 + b_1(\tau_{2f}) + b_2(\tau_{2f})^2 + b_3(\tau_{2f})^3 \tag{5.26}$$

9. 第二中间点的位置 τ_3 必须与下一段四次多项式轨迹在本地时间 τ_3 时的初始位置相同，因此有

$$\theta_3 = c_0 \tag{5.27}$$

10. 在中间点的速度保持连续，从而有

$$b_1 + 2b_2(\tau_{2f}) + 3b_3(\tau_{2f})^2 = c_1 \tag{5.28}$$

11. 在中间点的加速度保持连续，因此有

$$2b_2 + 6b_3(\tau_{2f}) = 2c_2 \tag{5.29}$$

12. 已知最后运动段在本地时间 τ_{3f} 时的位置 θ_f，因此

$$\theta_4 = c_0 + c_1(\tau_{3f}) + c_2(\tau_{3f})^2 + c_3(\tau_{3f})^3 + c_4(\tau_{3f})^4 \tag{5.30}$$

13. 已知最后运动段在本地时间 τ_{3f} 时的速度，因此

$$\dot{\theta}_4 = c_1 + 2c_2(\tau_{3f}) + 3c_3(\tau_{3f})^2 + 4c_4(\tau_{3f})^3 \tag{5.31}$$

14. 已知最后运动段在本地时间 τ_{3f} 时的加速度，因此

$$\ddot{\theta}_4 = 2c_2 + 6c_3(\tau_{3f}) + 12c_4(\tau_{3f})^2 \tag{5.32}$$

式(5.19)～式(5.32)可以写成如下的矩阵形式：

$$\begin{bmatrix} \theta_1 \\ \dot{\theta}_1 \\ \ddot{\theta}_1 \\ \theta_2 \\ \theta_2 \\ 0 \\ 0 \\ \theta_3 \\ \theta_3 \\ 0 \\ 0 \\ \theta_4 \\ \dot{\theta}_4 \\ \ddot{\theta}_4 \end{bmatrix} = \begin{bmatrix} 1 & 0 & 0 & 0 & 0 & 0 & 0 & 0 & 0 & 0 & 0 & 0 & 0 & 0 \\ 0 & 1 & 0 & 0 & 0 & 0 & 0 & 0 & 0 & 0 & 0 & 0 & 0 & 0 \\ 0 & 0 & 2 & 0 & 0 & 0 & 0 & 0 & 0 & 0 & 0 & 0 & 0 & 0 \\ 1 & \tau_{1f} & \tau_{1f}^2 & \tau_{1f}^3 & \tau_{1f}^4 & 0 & 0 & 0 & 0 & 0 & 0 & 0 & 0 & 0 \\ 0 & 0 & 0 & 0 & 0 & 1 & 0 & 0 & 0 & 0 & 0 & 0 & 0 & 0 \\ 0 & 1 & 2\tau_{1f} & 3\tau_{1f}^2 & 4\tau_{1f}^3 & 0 & -1 & 0 & 0 & 0 & 0 & 0 & 0 & 0 \\ 0 & 0 & 2 & 6\tau_{1f} & 12\tau_{1f}^2 & 0 & 0 & -2 & 0 & 0 & 0 & 0 & 0 & 0 \\ 0 & 0 & 0 & 0 & 0 & 1 & \tau_{2f} & \tau_{2f}^2 & \tau_{2f}^3 & 0 & 0 & 0 & 0 & 0 \\ 0 & 0 & 0 & 0 & 0 & 0 & 0 & 0 & 0 & 1 & 0 & 0 & 0 & 0 \\ 0 & 0 & 0 & 0 & 0 & 0 & 1 & 2\tau_{2f} & 3\tau_{2f}^2 & 0 & -1 & 0 & 0 & 0 \\ 0 & 0 & 0 & 0 & 0 & 0 & 0 & 2 & 6\tau_{2f} & 0 & 0 & -2 & 0 & 0 \\ 0 & 0 & 0 & 0 & 0 & 0 & 0 & 0 & 0 & 1 & \tau_{3f} & \tau_{3f}^2 & \tau_{3f}^3 & \tau_{3f}^4 \\ 0 & 0 & 0 & 0 & 0 & 0 & 0 & 0 & 0 & 0 & 1 & 2\tau_{3f} & 3\tau_{3f}^2 & 4\tau_{3f}^3 \\ 0 & 0 & 0 & 0 & 0 & 0 & 0 & 0 & 0 & 0 & 0 & 2 & 6\tau_{3f} & 12\tau_{3f}^2 \end{bmatrix} \times \begin{bmatrix} a_0 \\ a_1 \\ a_2 \\ a_3 \\ a_4 \\ b_0 \\ b_1 \\ b_2 \\ b_3 \\ c_0 \\ c_1 \\ c_2 \\ c_3 \\ c_4 \end{bmatrix}$$

或表示为

$$[\theta] = [M][C] \tag{5.33}$$

和

$$[C] = [M]^{-1}[\theta] \tag{5.34}$$

由式(5.34)通过计算$[M]^{-1}$可以求出所有的未知系数，于是也就求得了三个运动段的运动方程，从而可控制机器人使其经过所有给定的位置。同样的方法可用于其他关节。

类似的方法可用来计算其他组合如3-5-3轨迹或五段三次多项式轨迹的相关系数[6]。

例5.5　设机器人采用4-3-4轨迹从起点经过两个中间点到达终点。给定该机器人的一个关节在三个运动段的位置、速度和运动时间如下，要求确定其轨迹方程。并绘制出该关节的位置、速度和加速度曲线。

$$\begin{aligned} &\theta_1 = 30°\text{时}, && \dot{\theta}_1 = 0, && \ddot{\theta}_1 = 0, && \tau_{1i} = 0, && \tau_{1f} = 2 \\ &\theta_2 = 50°\text{时}, && \tau_{2i} = 0, && \tau_{2f} = 4, \\ &\theta_3 = 90°\text{时}, && \tau_{3i} = 0, && \tau_{3f} = 2, \\ &\theta_4 = 70°\text{时}, && \dot{\theta}_4 = 0, && \ddot{\theta}_4 = 0, \end{aligned}$$

解： 直接将已知数据代入式(5.33)，或代入式(5.19)～式(5.32)，解得三个运动段的未知系数为

$$\begin{aligned} &a_0 = 30, && b_0 = 50, && c_0 = 90 \\ &a_1 = 0, && b_1 = 20.477, && c_1 = -13.81 \\ &a_2 = 0, && b_2 = 0.714, && c_2 = -9.286 \\ &a_3 = 4.881, && b_3 = -0.833, && c_3 = 9.643 \\ &a_4 = -1.191, && && c_4 = -2.024 \end{aligned}$$

从而得到三个运动段的方程为

$$\theta(t)_1 = 30 + 4.881t^3 - 1.191t^4, \qquad 0 < t \leqslant 2$$
$$\theta(t)_2 = 50 + 20.477t + 0.714t^2 - 0.833t^3, \qquad 0 < t \leqslant 4$$
$$\theta(t)_3 = 90 - 13.81t - 9.286t^2 + 9.643t^3 - 2.024t^4, \qquad 0 < t \leqslant 2$$

图 5.15 绘出了基于 4-3-4 轨迹的关节运动位置、速度和加速度曲线。

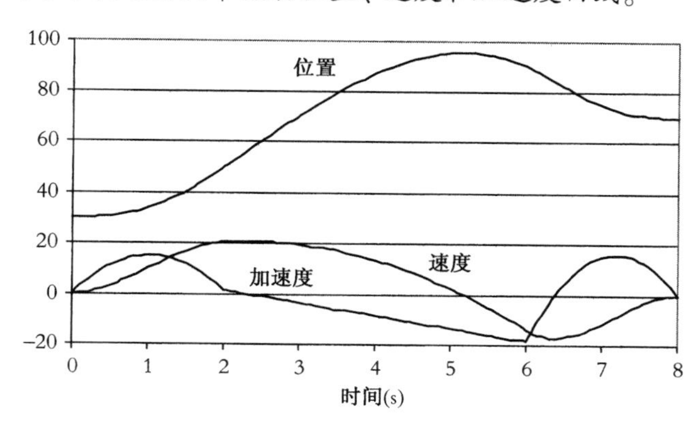

图 5.15　例 5.5 中基于 4-3-4 轨迹的关节运动位置、速度和加速度曲线

5.5.6　其他轨迹

除了前面介绍的方法外，还有许多其他方法可用于轨迹规划。这些方法包括棒-棒(bang-bang)函数轨迹、加速度曲线为方形或梯形函数轨迹及正弦函数轨迹等。此外，还可以用其他多项式或其他函数来进行轨迹规划。若需了解关于这方面的更多信息，可参考本章末列出的参考文献。

5.6　直角坐标空间的轨迹规划

正如讨论 5.4 节中的简单例子时所指出的，直角坐标空间轨迹与机器人相对于直角坐标系的运动有关，如机器人末端手的位姿便是沿直角坐标空间的轨迹。除了简单的直线轨迹以外，也可用许多其他的方法来控制机器人在不同点之间沿一定轨迹运动。实际上所有用于关节空间轨迹规划的方法都可用于直角坐标空间的轨迹规划。最根本的差别在于，直角坐标空间轨迹规划必须反复求解逆运动方程来计算关节角。也就是说，对于关节空间轨迹规划，规划函数生成的值就是关节值，而直角坐标空间轨迹规划函数生成的值是机器人末端手的位姿，它们需要通过求解逆运动方程才能化为关节量。

以上过程可以简化为如下的计算循环：

(1) 将时间增加一个增量 $t = t + \Delta t$。
(2) 利用所选择的轨迹函数计算出手的位姿。
(3) 利用机器人逆运动方程计算出对应手位姿的关节量。
(4) 将关节信息传递给控制器。
(5) 返回到循环的开始。

在工业应用中，最实用的轨迹是点到点之间的直线运动，但也经常遇到多目标点(例如有中间点)间需要平滑过渡的情况。

为实现一条直线轨迹，必须计算起点和终点位姿之间的变换，并将该变换划分为许多小段。起点构型 T_i和终点构型 T_f之间的总变换 R 可通过下面的方程进行计算：

$$\begin{aligned} T_f &= T_i R \\ T_i^{-1} T_f &= T_i^{-1} T_i R \\ R &= T_i^{-1} T_f \end{aligned} \tag{5.35}$$

至少有以下三种不同方法可用来将该总变换转化为许多的小段变换。

(1) 希望在起点和终点之间有平滑的线性变换，因此需要大量很小的分段，从而产生了大量的微分运动[3]。利用第 3 章导出的微分运动方程，可将末端手坐标系在每个新段的位姿与微分运动、雅可比矩阵及关节速度通过下列方程联系在一起：

$$\begin{aligned} D &= J D_\theta, \qquad\qquad D_\theta = J^{-1} D \\ \mathrm{d}T &= \Delta \cdot T \\ T_{new} &= T_{old} + \mathrm{d}T \end{aligned}$$

这一方法需要进行大量的计算，并且仅当雅可比矩阵的逆存在时才有效。

(2) 在起点和终点之间的变换 R 分解为一个平移和两个旋转。平移是将坐标原点从起点移动到终点，第一个旋转是将末端手坐标系与期望姿态对准，而第二个旋转是手坐标系绕其自身轴转到最终的姿态[2,3,6]。所有这 3 个变换同时进行。

(3) 在起点和终点之间的变换 R 分解为一个平移和一个绕 q 轴的旋转。平移仍是将坐标原点从起点移动到终点，而旋转则是将手臂坐标系与最终的期望姿态对准[2,3,6]。两个变换同时进行(见图 5.16)。

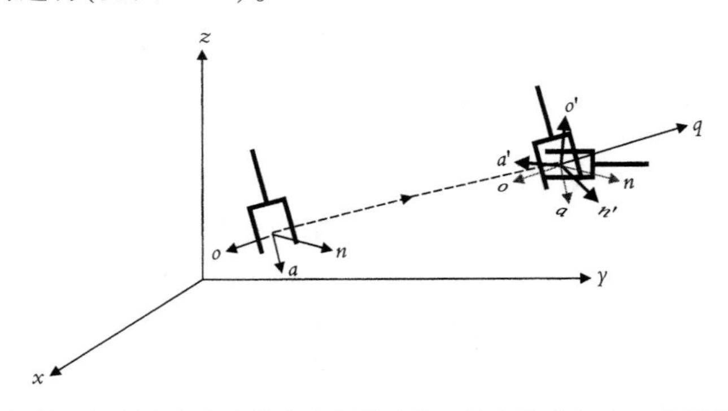

图 5.16　直角坐标空间轨迹规划中起点和终点之间的变换，该变换分解为一个平移和一个绕 q 轴的旋转

若需了解关于直角坐标空间轨迹规划的更多信息，可参考本章末列出的参考文献[7 ~ 12]。

Adept 技术公司所使用的机器人编程语言称为 V^+。将机器人从点 P1 移动到点 P2 的两种常见指令是 MOVE P2 和 MOVES P2。该 MOVE 命令指示控制器同时移动所有机器人关节到达点 P2。此运动在关节空间中，并且机器人的路线是相应关节移动的结果。MOVES 命令代表“在直线上移动”，它可指示控制器通过将运动分成许多小段实现在直角坐标空间中的直线移动。此外，机器人能在关节坐标的示教器下移动(一个关节移动一段时间)，在全局坐标中，末端效应器沿着参考系轴移动，或者在工具坐标中，末端效应器沿着固连在它上面的坐标轴移动。在上面的后两种模式中，所有关节同时移动来完成所要求的运动(该运动描述基本上是基于空间直角坐标系的)。

类似地，CP-OFF 和 CP-ON 指令允许用户关闭和打开"连续路径"功能，依次运动可以是平滑过渡的连续路径，也可以每一段单独执行，即在每段终点停下来，下一段再重新开始。

例 5.6 一个 2 自由度平面机器人要求从起点(3, 10)沿直线运动到终点(8, 14)。假设路径分为 10 段，求出机器人的关节变量。每一根连杆的长度为 9 in。

解：直角坐标空间中起点和终点间的直线可以描述为

$$m=\frac{y-14}{x-8}=\frac{14-10}{8-3}=0.8$$

或者

$$y=0.8x+7.6$$

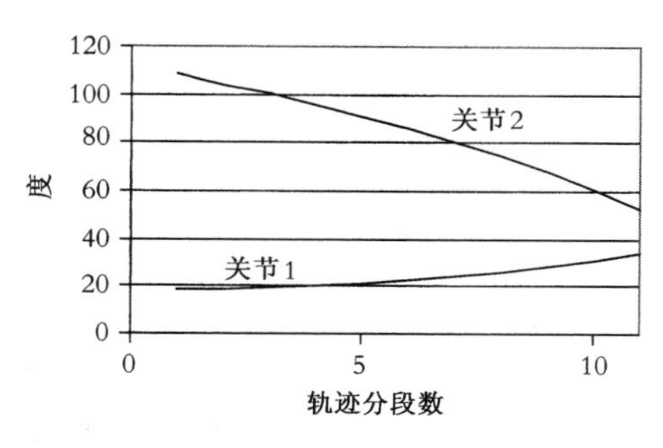

图 5.17 例 5.6 中的机器人的关节位置

中间点的坐标可以通过将起点和终点的 x 和 y 坐标之差简单地加以分割得到，然后通过求解逆运动方程得到对应每个中间点的两个关节角。结果见表 5.1 和图 5.17。

表 5.1 例 5.6 中的机器人的坐标及关节角

#	x(in)	y(in)	θ_1(°)	θ_2(°)
1	3	10	18.8	109
2	3.5	10.4	19	104.0
3	4	10.8	19.5	100.4
4	4.5	11.2	20.2	95.8
5	5	11.6	21.3	90.9
6	5.5	12	22.5	85.7
7	6	12.4	24.1	80.1
8	6.5	12.8	26	74.2
9	7	13.2	28.2	67.8
10	7.5	13.6	30.8	60.7
11	8	14	33.9	52.8

例 5.7 加州州立理工大学实验室研究使用的一个 3 自由度机器人有两根连杆，每根连杆长 9 in。如图 5.18 所示，假设定义坐标系使当所有关节角均为 0 时手臂处于垂直向上状态。要求机器人沿直线从点(9, 6, 10)移动到点(3, 5, 8)。求 3 个关节在每个中间点的角度值，并绘制出这些角度值。根据已知的该机器人的逆运动方程可以求得

$$\theta_1=\arctan\left(P_x/P_y\right)$$

$$\theta_3=\arccos\left[\left((P_y/C_1)^2+(P_z-8)^2-162\right)/162\right]$$

$$\theta_2=\arccos\left[\left(C_1(P_z-8)(1+C_3)+P_yS_3\right)/\left(18(1+C_3)C_1\right)\right]$$

解：虽然在实际应用中起点和终点之间要分成许多很小的部分，但求解本题时只将其分为 10 段。每个中间点的坐标可简单地通过将起点和终点之间的距离进行 10 等分得到。通过求解逆运动方程即可算得每个中间点的关节角，结果如表 5.2 所示，图 5.19 显示了相应的关节角曲线。

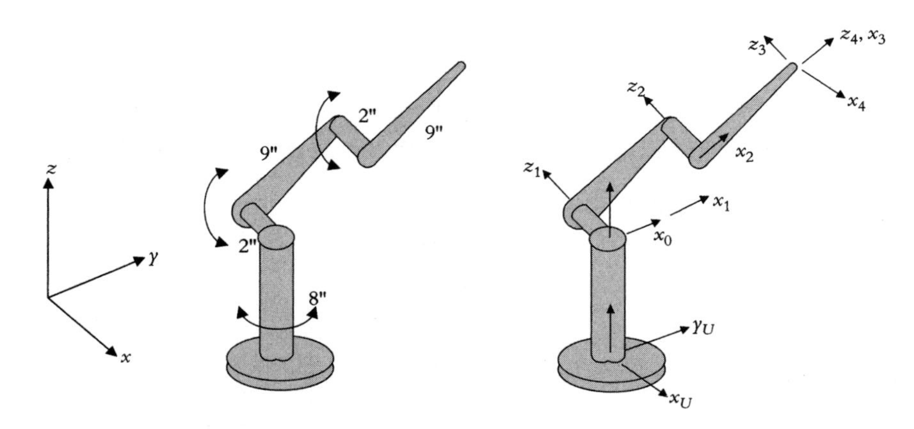

图 5.18 例 5.17 中的机器人及其坐标系

表 5.2 例 5.7 中的机器人的手坐标系坐标及关节角

P_x(in)	P_y(in)	P_z(in)	θ_1(°)	θ_2(°)	θ_3(°)
9	6	10	56.3	27.2	104.7
8.4	5.9	9.8	54.9	25.4	109.2
7.8	5.8	9.6	53.4	23.8	113.6
7.2	5.7	9.4	51.6	22.4	117.9
6.6	5.6	9.2	49.7	21.2	121.9
6	5.5	9	47.5	20.1	125.8
5.4	5.4	8.8	45	19.3	129.5
4.8	5.3	8.6	42.2	18.7	133
4.2	5.2	8.4	38.9	18.4	136.3
3.6	5.1	8.2	35.2	18.5	139.4
3	5	8	31	18.9	142.2

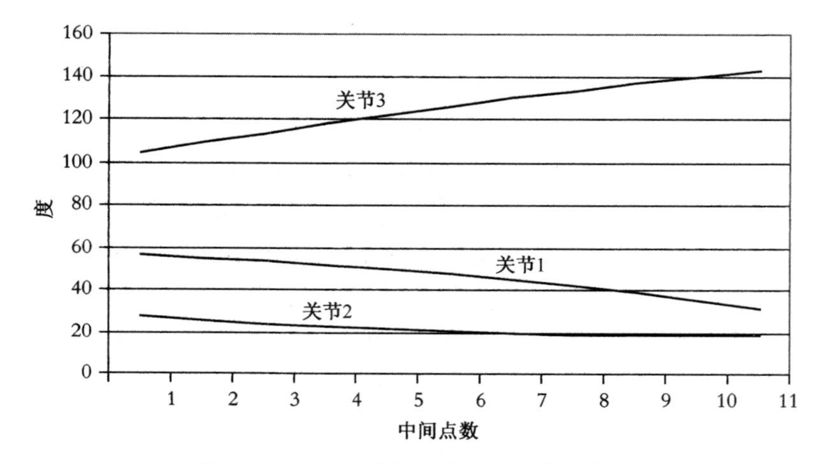

图 5.19 例 5.7 中的机器人的关节角曲线

5.7 连续轨迹记录

在某些如喷涂和清理毛刺等操作中，机器人为了完成这些任务所需的运动或者太过复杂，或者其运动轨迹很难用直线或其他高次多项式来产生。为此，一种可行的方法是首先示教机器人如何运动，同时记录这些运动数据，然后回放所记录的运动并执行该运动。为了对机器人进行示教，可由操作者按实际完成任务的相同方式移动机器人。人工移动的机器人可以是真实的机器人，也可是与真实机器人相似但更轻和更易于移动的机器人模型。人工移动真实机器人可通过松开关节轴的制动器来实现。无论采用何种方法，在整个运动过程中都需要不断地采样并记录关节量，此后通过回放采样数据并驱动机器人的关节来驱使机器人跟踪所记录的轨迹，从而完成所规划的任务。示教过程中应能够判断系统是否记录了路径和轨迹。

显然，这一技术比较简单，并且只需较少的编程和计算量。然而它需要精确执行、采样和记录所有的运动，以便精确回放。此外，每当有部分运动需要改变时，机器人就必须重新示教编程。这对于大而笨重的机器人，尤其是当它们比操作员本身还要大时则显得比较困难。

5.8 设计项目

继续前面章节中的设计项目，可采用本章讨论的任何一种方法来运行所研制的机器人。当然，这只有在真正研制了机器人并能运行它时才有意义。下一章将讨论驱动装置，从而使读者能为所研制的机器人选择合适的驱动装置并用它来运行该机器人。从研究简单的轨迹开始，然后继续研究较复杂的轨迹。例如，可一开始为机器人选择一个简单的点对点的运动模式，然后将两个(或更多)目标点之间的路径划分为一些小的分段，再不断增加分段的数目直到实现一条可接受的直线运动。也可尝试使用关节空间轨迹规划方法，例如使用抛物线过渡的线性运动轨迹或者4-3-4多项式轨迹。当继续这项工作时，可发现轨迹规划是创建机器人过程中的一个非常有趣的部分。正是轨迹规划使得所制造的机器人不再仅仅是一个在空间中运动的机械装置。

小结

本章学习了机器人如何在预定模式下运动。若没有一个合适规划的轨迹，机器人的运动就无法预测，它就有可能与其他物体碰撞，或可能通过不希望经过的点而无法精确地运动。

轨迹规划既可在关节空间中也可在直角坐标空间中进行，无论在哪个空间中都有很多不同的规划方法。事实上许多方法可在两种空间中通用。然而，虽然直角坐标空间中的轨迹比较实用和直观，但是它较难计算和规划。显然，对于指定像直线运动那样的路径，必须在直角坐标空间中进行规划才能生成直线。如果并不要求机器人跟踪指定的路径，那么关节空间的轨迹规划更容易计算从而产生出实际的运动。

下一章将讨论如何控制机器人。

参考文献

[1] Brady, M., J. M. Hollerbach, T. L. Johnson, T. Lozano-Perez, M. T. Mason, editors, "Robot Motion: Planning and Control," MIT Press, Cambridge, Mass., 1982.

[2] Craig, John J., “Introduction to Robotics: Mechanics and Control,” 2nd Edition, Addison Wesley, 1989.

[3] Eman, K. F., Soo-Hun Lee, J. C. Cesarone, “Trajectories,” International Encyclopedia of Robotics: Applications and Automation, Richard C. Doff, Editor, John Wiley and Sons, New York, 1988, pp. 1796-1810.

[4] Patel, R. V., Z. Lin, “Trajectory Planning,” International Encyclopedia of Robotics: Applications and Automation, Richard C. Doff, Editor, John Wiley and Sons, New York, 1988, pp. 1810-1820.

[5] Selig, J. M., “Introductory Robotics,” Prentice Hall, 1992.

[6] Fu, K. S., R. C. Gonzales, C. S. G. Lee, “Robotics: Control, Sensing, Vision, and Intelligence,” McGraw-Hill, New York, 1987.

[7] Paul, Richard P., “Robot Manipulators, Mathematics, Programming, and Control,” MIT Press, 1981.

[8] Shahinpoor, Mohsen, “A Robot Engineering Textbook,” Harper & Row, NY, 1987.

[9] Snyder, Wesley, “Industrial Robots: Computer Interfacing and Control,” Prentice Hall, 1985.

[10] Kudo, Makoto, Y. Nasu, K. Mitobe, B. Borovac, “Multi-arm Robot Control System for Manipulation of Flexible Materials in Sewing Operations,” Mechatronics, Vol. 10, No. 3, pp. 371-402.

[11] “Path-Planning Program for a Redundant Robotic Manipulator,” NASA Tech Briefs, July 2000, pp. 61-62.

[12] Derby, Stephen, “Simulating Motion Elements of General-Purpose Robot Arms,” The International Journal of Robotics Research, Vol. 2, No. 1, Spring 1983, pp. 3-12.

习题

5.1 要求 6 轴机器人的第 1 关节用 3 s 由初始角 50°移动到终止角 80°。假设机器人从静止开始运动，最终停在目标点上，计算一条三次多项式关节空间轨迹的系数，确定 1 s、2 s、3 s 时的关节角度、速度和加速度。

5.2 要求 6 轴机器人的第 3 关节用 4 s 由初始角 20°移动到终止角 80°。假设机器人由静止开始运动，抵达目标点时速度为 5°/s。计算一条三次多项式关节空间轨迹的系数，绘制出关节角、速度和加速度曲线。

5.3 6 轴机器人的第 2 关节用 5 s 由初始角 20°移动到 80°的中间角，然后再用 5 s 运动到 25°的目标点。假设该关节在中间点停止后再运动，计算关节空间三次多项式的系数，并绘制关节角度、速度和加速度曲线。

5.4 要求用一个 5 次多项式来控制机器人在关节空间的运动，求 5 次多项式的系数，使得该机器人关节用 3 s 由初始角 0°运动到终止角 75°，机器人的起点和终点速度为 0，初始加速度和终点减加速度均为 $10°/s^2$。

5.5 要求 6 轴机器人的关节 1 用 4 s 以速度 $\omega_1 = 30°/s$ 由初始角 $\theta_i = 30°$运动到终止角 $\theta_f = 120°$。若使用抛物线过渡的线性运动来规划轨迹，求线性段与抛物线之间所必须的过渡时间，并绘制关节角度、速度和加速度曲线。

5.6 要求驱动一个机器人以 4-3-4 轨迹由起点经过两个中间点最后到达终点。给定一关节在 3 个运动段的位置、速度和所用时间如下，试确定其轨迹方程，并绘制关节角度、速度和加速度曲线。

$$\begin{array}{lllll}
\theta_1 = 20° \text{时}, & \dot{\theta}_1 = 0, & \ddot{\theta}_1 = 0, & \tau_{1i} = 0, & \tau_{1f} = 1 \\
\theta_2 = 60° \text{时}, & \tau_{2i} = 0, & \tau_{2f} = 2 & & \\
\theta_3 = 100° \text{时}, & \tau_{3i} = 0, & \tau_{3f} = 1 & & \\
\theta_4 = 40° \text{时}, & \dot{\theta}_4 = 0, & \ddot{\theta}_4 = 0 & &
\end{array}$$

5.7 一个 2 自由度平面机器人在直角坐标空间中沿直线从起点(2,6)运动到终点(12,3)。若将路径划分为 10 段，且每一连杆长 9 in，求该机器人的关节量。

5.8 例 5.7 中的 3 自由度机器人(见图 5.18)沿直线由点(3,5,5)运动到点(3，-5，-5)，运动过程划分为 10 段。求每个中间点处这 3 个关节的关节角，并绘制关节角曲线。

第6章　运动控制系统

6.1　引言

假设机器人控制器向驱动器发送信号让其加速向下一个位置运动。即使有用于测量运动位置的反馈信号，从而使关节一旦到达预定位置就停止驱动器运动，但关节仍可能超过期望值而出现超调，从而需要向驱动器发送一个反向信号让其返回，在精确达到预定位置前关节可能会来回运动好多次。最糟糕的情况是遇到不稳定的系统，振荡不像前面所说逐渐变小，而是逐渐变大，最终将会损坏系统。出现这种情况是因为传动装置和驱动器均有惯性，当运动信号切断后它们不会立即停止。显然，为避免超调，当接近预定位置时应当减小给驱动器的信号(电流、电压等)，以降低它的速度。但如何提前以及以什么样的速度才好？如何才能确保系统不会变得不稳定？如何使驱动器尽快地到达目标而无超调？为了做到这一点，速率应该是多少等等问题，这些都是在设计机器人控制系统时需要解答的基本问题。本章将学习基本概念、结构图构建、运动控制系统理论及其在机器人中的应用等。在后面讨论到驱动器和传感器时还会继续参考本章的内容。

本章所涉及的内容不可能很完整。假设读者已经学过控制理论的课程或将会在其他地方学到。然而，我们会介绍一些入门的知识，使那些没学过控制理论的读者能明白如何在机器人中应用运动控制理论。因此，对这方面的完整论述可参考其他文献[1~7]。

6.2　基本组成和术语

图6.1显示了控制系统的基本组成。控制系统是用于改变(控制)设备、机器或过程(称为对象)的行为。对象可以是空调系统、化学过程、熨斗、机器人等。在每种情况下，对象可产生一种效果(输出)，如改变室内或熨斗的温度、化学过程的流速或机器人手臂的运动。为完成其功能，控制系统使用传感器，如温度计、流量计、电位器和编码器等，来测量对象的输出。控制器接收对象的输出信号，并根据控制器的设计对对象及其输出进行控制。对象的输出与期望输入值有关，这些期望输入值可能是室内或熨斗的期望温度、流速或机器人到达终点的位置和速度等。注意，不同的控制器之间本质有所不同。在空调系统和熨斗中，控制器调节输出。在机器人中，它跟踪运动并控制技术指标参数，这种系统称为伺服控制器系统。

开环系统没有反馈信号，因此它不清楚输出值。例如在第1章所讨论的，机器人的处理器计算终点位置的关节变量，并将这些信息发送至控制器。如果机器人的控制器是开环的，它会给关节电机发送一个与要行走的距离成正比的信号，但它并不清楚关节是否按期望速率运动。然而，对包含反馈的闭环控制器，控制器将接收来自关节的信号，用于说明其对控制信号的响应。如果运动不如预期，控制器会增大或减小控制信号，使机器人手臂的行为与预期的一致。

图6.1也表示了反馈信号和参考输入信号之间的求和操作。如图所示，参考输入信号减去反馈信号就会产生一个误差信号。误差信号是控制器的驱动信号。对于稳定系统，参考输入信号必须减去反馈信号。否则，若两者相加，产生的信号会变得越来越大，同时输出值一直增加，直至系统“爆炸”。

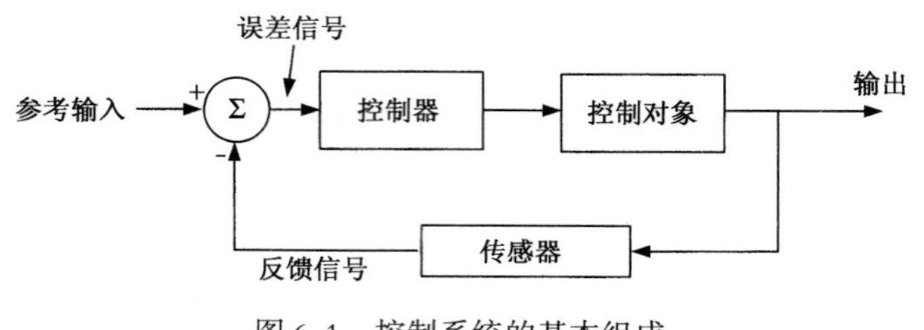

图 6.1 控制系统的基本组成

为更好地理解控制系统中不同组成部件之间的关系，首先考虑对象的特性或系统动力学。

6.3 结构图

图 6.2 所示的图形表示称为结构图，结构图可以帮助人们发现系统中不同部件之间的关系，如对象、信号、控制器、反馈环等。图 6.2 是一个最简单的结构图，表示了一个包含输入输出的系统。尽管没有画出实际系统的各个环节，却可以用方程式表示环节的输入与输出之间的关系。只要知道它们之间的关系，就没有必要分析各环节的细节。结构图还表示了信号在不同部件之间是如何传输和使用的。后面将采用结构图描述系统，并推导它们之间的数学关系。

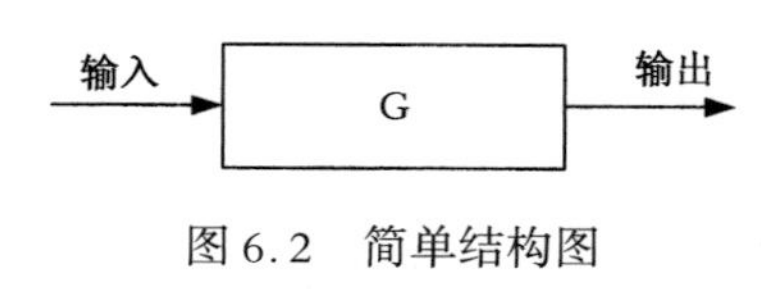

图 6.2 简单结构图

6.4 系统动力学

对象的行为特性是其物理特性和外界影响及其如何相互关联的函数。例如，当熨斗连接至电源时，就开始加热。熨斗加热的速度是电压、加热元件的电阻、熨斗内元件的连接方式等因素的函数，同时也是熨斗的热容量和所用材料的函数。读者是否预料到，若没有控制部件，熨斗最终也许会因不断升高的温度而熔化。但随着熨斗温度的升高，它散发的热量也会增加直至达到一种平衡。因此，熨斗的特性是其热容量、输入电源、散热速度和所用材料的函数。

类似地，如果电压加到电机上，转子的角加速度(即角速度增加的速率)是电压和转子惯性的函数。然而，如果将这个电机连到一个臂上(如机器人手臂或风扇叶片)，臂上的转动惯量也会影响转子的角加速度。因此，在这个例子中也一样，系统的特性是输入电压、转子和臂的转动惯量及其他物理因素(取决于系统中的其余部件)的函数。这些部件之间的关系称为系统动力学，在图 6.1 中由对象表示。系统动力学一般通过微分方程表示，并且在设计系统控制方案之前必须已知。

尽管机械系统、电力系统、液压系统、化学系统和气动系统从表面上看显得差别很大，但它们均可用本质上类似的微分方程来表示。系统一般包含惯性、刚性、阻尼和外力作用，它们可通过类似的方程来表示。因此，在大多数情况下系统可以被等效。于是，在大多数情况下，不论是机械系统、电力系统、化学过程、液压系统，还是这些系统的任意组合，系统的控制涉及相同的过程和基本理论。

参考例 4.1、图 4.2 和图 4.3(这里重复画出这两个图)，当力施加在机械质量–弹簧系统上时，物体运动微分式如下所示：

$$\sum \boldsymbol{F} = m\boldsymbol{a}$$
$$F_x - kx = m\ddot{x} \rightarrow F_x = m\ddot{x} + kx \tag{6.1}$$

该方程式既表示在输入力作用下的系统动态响应，又表示图 6.1 中的对象。根据图 6.1 中的组成部件，控制器可用来控制该响应。因此，当控制器施加力时，物体随之运动，传感器测量其运动并将其反传递至控制器，控制器再调节力以达到期望的运动。

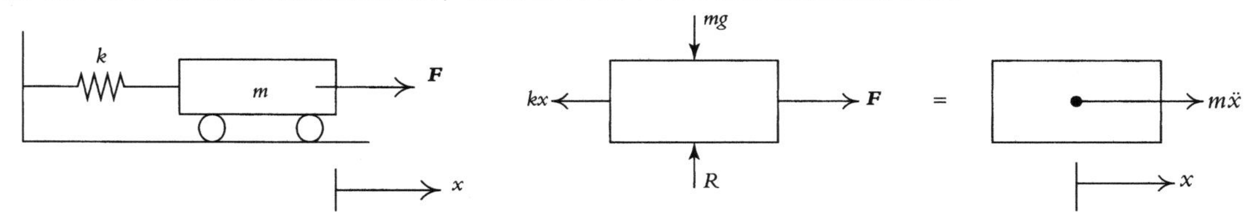

图 4.2　小车–弹簧系统简图　　　图 4.3　小车–弹簧系统的自由体受力图

同样，考虑电机的转子，包括惯量和阻尼（见图 6.3）。在磁铁和磁场产生的扭矩作用下，转子的响应可表示如下：

$$T = I\ddot{\theta} + b\dot{\theta} \tag{6.2}$$

第 7 章将对它们进行更详细地讨论。

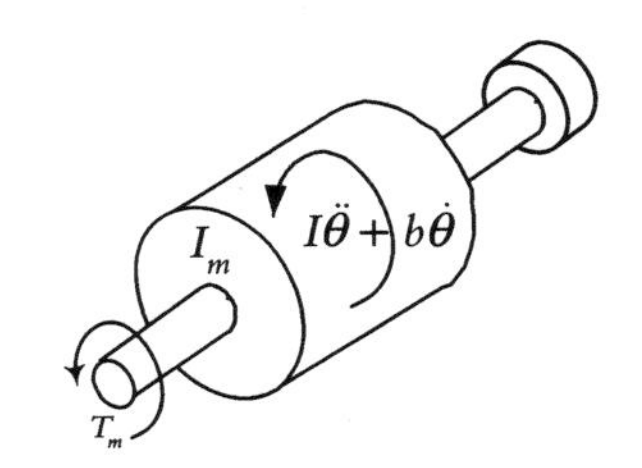

图 6.3　电机动态特性表示

例 6.1　推导可描述图 6.4 中机械系统和电系统的特性的微分方程，并对结果进行比较。

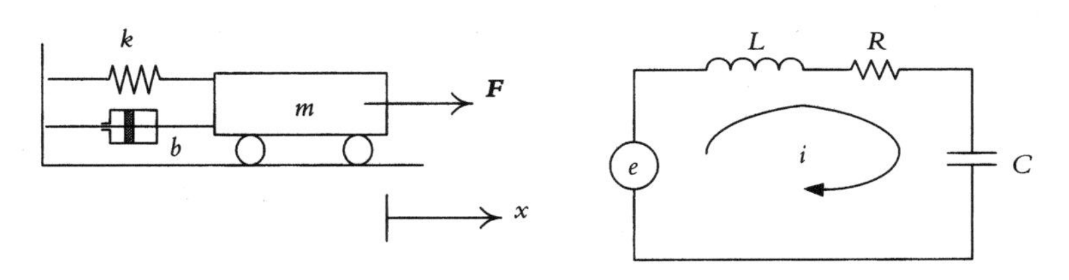

图 6.4　机械系统和电系统

解：图 6.4 中机械系统的受力如图 6.5 所示，可推导其微分方程如下：

$$m\frac{\mathrm{d}^2x}{\mathrm{d}t^2} + b\frac{\mathrm{d}x}{\mathrm{d}t} + kx = F \tag{6.3}$$

运用基尔霍夫定律，可推导表示电的方程如下：

$$L\frac{\mathrm{d}i}{\mathrm{d}t} + Ri + \frac{1}{C}\int i\mathrm{d}t = e \tag{6.4}$$

图 6.5　例 6.1 的受力图

把 $i = \frac{\mathrm{d}q}{\mathrm{d}t}$ 代入式(6.4)，可得

$$L\frac{\mathrm{d}^2q}{\mathrm{d}t^2} + R\frac{\mathrm{d}q}{\mathrm{d}t} + \frac{1}{C}q = e \tag{6.5}$$

注意，式(6.3)和式(6.5)中的各项非常相似。这表明这两个系统特性相同，系统的各部件相互等效。表 6.1 归纳出了这些部件间的相似关系。同样，表 6.2 显示了机械系统和电系统之间力和电流的等效关系。

表6.1　机械系统和电系统之间力和电压的类比

机械系统	电系统
力 $\boldsymbol{F}$ 或力矩 $\boldsymbol{T}$	电压 e
质量 m 或转动惯量 J	电感 L
黏滞摩擦系数 b	电阻 R
弹簧常数 k	电容的倒数 $1/C$
位移 x 或角位移 θ	电量 q
速度 $\dot{x}$ 或角速度 $\dot{\theta}$	电流 i

表6.2　机械系统和电力系统之间力和电流的类比

机械系统	电系统
力 $\boldsymbol{F}$ 或力矩 $\boldsymbol{T}$	电流 i
质量 m 或转动惯量 J	电容 C
黏滞摩擦系数 b	电阻的倒数 $1/R$
弹簧常数 k	电感的倒数 $1/L$
位移 x 或角位移 θ	磁通链
速度 $\dot{x}$ 或角速度 $\dot{\theta}$	电压 e

对于液压系统、热力系统和气动系统也可推导得到类似的微分方程。

例6.2　图6.6显示了一个简单液压升降机。后面将会看到，若将反馈系统加至液压阀门上，这一基本系统可用于液压驱动机器人来使关节运动。如果阀杆下推，受压的液体被压入液压缸下面的室内，则向上推动负载并通过返回通路将活塞上面的油液压出，反之亦然。x 和 y 表示阀杆和活塞的位置。

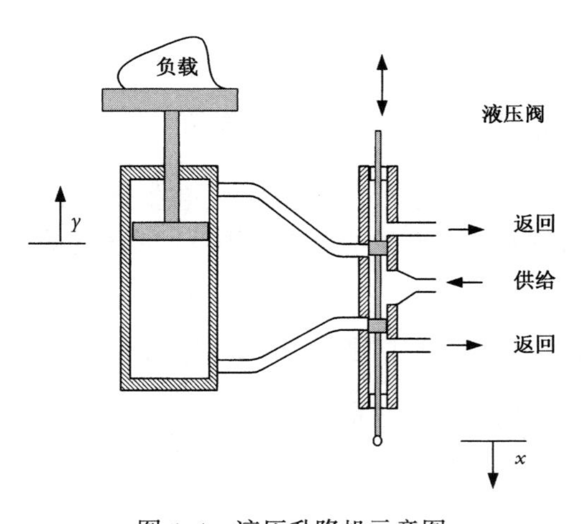

图6.6　液压升降机示意图

液体通过阀流入汽缸的流速 q 与 x 成正比，它也等于活塞下面汽缸容积的变化率，即活塞的速度乘以面积。因此，系统特性可通过如下一阶微分方程表示：

$$q = Cx = A\frac{\mathrm{d}}{\mathrm{d}t}y \rightarrow \dot{y} = \frac{C}{A}x$$

6.5　拉普拉斯变换

用微分方程描述系统特性有时不便于分析。将时域的微分方程 $f(t)$ 转化成拉普拉斯域的 $F(s)$ 就可以用代数方法分析微分方程。然后，通过拉普拉斯反变换可以得到时域解。下面很快就将明白这一点。下面是对拉普拉斯变换的介绍。

拉普拉斯变换 $F(s)$ 定义如下：

$$\mathcal{L}[f(t)] = F(s) = \int_0^{\infty} \mathrm{e}^{-st}\mathrm{d}t[f(t)] = \int_0^{\infty} f(t)\mathrm{e}^{-st}\mathrm{d}t \tag{6.6}$$

其中 $s \equiv \sigma + \mathrm{j}\omega$。下面根据上式来推导拉普拉斯变换。

定义阶跃函数为

$$f(t) = \begin{cases} 0, & t < 0 \\ A, & t > 0 \end{cases} \tag{6.7}$$

将式(6.7)代入式(6.6)可得

$$\mathcal{L}[A] = F(s) = \int_0^{\infty} A\mathrm{e}^{-st}\mathrm{d}t = \frac{-A}{s}\mathrm{e}^{-st}\Big|_0^{\infty} = \frac{A}{s} \tag{6.8}$$

对于单位阶跃响应 $A = 1$，则 $F(s) = \dfrac{1}{s}$。

同样，斜坡函数的拉普拉斯变换定义为

$$f(t) = \begin{cases} 0, & t < 0 \\ At, & t \geqslant 0 \end{cases}$$

$$\mathcal{L}[At] = \int_0^{\infty} (At)\mathrm{e}^{-st}\mathrm{d}t = \frac{At}{-s}\,\mathrm{e}^{-st}\Big|_0^{\infty} - \int_0^{\infty} \frac{A\mathrm{e}^{-st}}{-s}\mathrm{d}t$$
$$= \frac{A}{s}\int_0^{\infty} \mathrm{e}^{-st}\mathrm{d}t = \frac{A}{s}\frac{1}{s} = \frac{A}{s^2} \tag{6.9}$$

如下定义的正弦函数可转换至拉普拉斯域：

$$f(t) = \begin{cases} 0, & t < 0 \\ A\sin\omega t, & t \geqslant 0 \end{cases} \quad \text{其中,} \quad \begin{aligned} \mathrm{e}^{\mathrm{j}\omega t} &= \cos\omega t + \mathrm{j}\sin\omega t \\ \mathrm{e}^{-\mathrm{j}\omega t} &= \cos\omega t - \mathrm{j}\sin\omega t \end{aligned}$$

因此，$\sin\omega t = \frac{1}{2\mathrm{j}}(\mathrm{e}^{\mathrm{j}\omega t} - \mathrm{e}^{-\mathrm{j}\omega t})$，从而可得

$$\mathcal{L}[A\sin\omega t] = \int_0^{\infty} \frac{A}{2\mathrm{j}}\left(\mathrm{e}^{\mathrm{j}\omega t} - \mathrm{e}^{-\mathrm{j}\omega t}\right)\mathrm{e}^{-st}\mathrm{d}t = \frac{A}{2\mathrm{j}}\left(\frac{1}{s-\mathrm{j}\omega} - \frac{1}{s+\mathrm{j}\omega}\right)$$
$$= \frac{A\omega}{s^2+\omega^2} \tag{6.10}$$

一般情况下，拉普拉斯变换方程式已制成表，可查表直接使用[7]。表 6.3 列举了部分拉普拉斯变换。在本章后的参考文献[1 ~3，7]中可了解更多函数的变换。

表 6.3　拉普拉斯变换对

$f(t)$	$F(s)$
单位脉冲	1
阶跃函数 $Au(t)$	$\frac{A}{s}$
斜坡函数 At	$\frac{A}{s^2}$
$\frac{t^n}{n!}$	$\frac{1}{s^{n+1}}$
$\mathrm{e}^{\mp at}$	$\frac{1}{s \pm a}$
$\sin\omega t$	$\frac{\omega}{s^2+\omega^2}$
$\cos\omega t$	$\frac{s}{s^2+\omega^2}$
$\mathrm{e}^{-at}\sin\omega t$	$\frac{\omega}{(s+a)^2+\omega^2}$
$\mathrm{e}^{-at}\cos\omega t$	$\frac{s+a}{(s+a)^2+\omega^2}$
$kf(t)$	$kF(s)$
$f_1(t) \pm f_2(t)$	$F_1(s) \pm F_2(s)$
$f'(t)$	$sF(s) - f(0)$
$f''(t)$	$s^2F(s) - sf(0) - f'(0)$
$f^n(t)$	$s^nF(s) - s^{n-1}f(0) - \ldots - f^{n-1}(0)$

表6.3的最后三个公式表示函数导数的拉普拉斯变换，非常有用。由表可知，若函数的初始条件为零，则其一阶和二阶导数的拉普拉斯变换就是 $sF(s)$ 和 $s^2F(s)$。即对函数 x 有：$x \Rightarrow F(s)$，$\dot{x} \Rightarrow sF(s)$，$\ddot{x} \Rightarrow s^2F(s)$。因此，如前面所述，拉普拉斯变换可将微分方程简化为代数方程。

例6.3　例6.1中的图6.4和式(6.3)表示了质量-弹簧-阻尼系统及其微分方程。设所有初始条件均为零，求该方程的拉普拉斯变换。假设外部作用力函数为阶跃函数 $A(t)$。

解：由表6.3可得

$$\mathcal{L}[m\ddot{x} + b\dot{x} + kx] = \mathcal{L}[A(t)]$$
$$ms^2F(s) + bsF(s) + kF(s) = A\frac{1}{s}$$
$$F(s) = \frac{A}{s(ms^2 + bs + k)}$$

例6.4　利用表6.3，由余弦函数推导正弦函数的拉普拉斯变换。

解：正弦函数的拉普拉斯变换可由余弦函数的 $F(s)$ 及函数导数的拉普拉斯变换推得，结果如下：

$$f(t) = \cos\omega t \ \rightarrow f'(t) = \frac{\mathrm{d}}{\mathrm{d}t}(\cos\omega t) = -\omega\sin\omega t \ \rightarrow \ \sin\omega t = -\frac{1}{\omega}\frac{\mathrm{d}}{\mathrm{d}t}\cos\omega t$$
$$\mathcal{L}(A\sin\omega t) = -\frac{A}{\omega}\mathcal{L}\left[\frac{\mathrm{d}}{\mathrm{d}t}\cos\omega t\right] = -\frac{A}{\omega}[sF(s) - f(0)] = -\frac{A}{\omega}\left[\frac{s^2}{s^2+\omega^2} - 1\right]$$
$$= \frac{A\omega}{s^2+\omega^2}$$

终值定理　终值定理可用于计算时域函数在 $t=\infty$ 时的值。例如，如果系统的输入是阶跃信号，那么终值定理可用来计算系统响应的终值或稳态值。系统终值可通过下式计算：

$$\lim_{t\to\infty} f(t) = [sF(s)]_{s=0} \tag{6.11}$$

例6.5　求 $F(s) = \dfrac{k}{s+a}$ 在阶跃输入 P 下的稳态值。

解：幅值为 P 的阶跃信号的拉普拉斯变换为 P/s。因此，

$$\lim_{t\to\infty} f(t) = [sF(s)]_{s=0} = s\frac{k}{(s+a)}\frac{P}{s}\bigg|_{s=0} = \frac{kP}{a}$$

6.6　拉普拉斯反变换

拉普拉斯变换用于将时域的微分方程变换为 s 域的代数方程。拉普拉斯反变换则是将拉普拉斯域的公式转换至时域的过程，应用表6.3直接查表和应用部分分式展开是两种常用的方法。在这个过程中，需要将拉普拉斯域的公式分解成可利用表6.3很容易转化至时域的简单项。因此，若

$$\begin{aligned} F(s) &= F_1(s) + F_2(s) + \cdots + F_n(s) \\ \mathcal{L}^{-1}[F(s)] &= \mathcal{L}^{-1}[F_1(s)] + \mathcal{L}^{-1}[F_2(s)] + \cdots + \mathcal{L}^{-1}[F_n(s)] \\ &= f_1(t) + f_2(t) + \cdots + f_n(t) \end{aligned}$$

设 $F(s) = N(s)_m / D(s)_n$，其中 $N(s)_m$ 和 $D(s)_n$ 是分子和分母，且假定分母的阶次 n 大于分子的阶次 m，则方程式可化为下面的形式，其中 z 和 p 是零点和极点：

$$F(s) = \frac{N(s)_m}{D(s)_n} = \frac{K(s+z_1)(s+z_2)\cdots(s+z_m)}{(s+p_1)(s+p_2)\cdots(s+p_n)} \tag{6.12}$$

因此，可以将上面的公式分解为许多简单项相加，而求每个简单项的拉普拉斯反变换很容易。注意，为了能做到这一点，必须知道分母 $D(s)_n$ 的根。

6.6.1 $F(s)$ 的极点无重根时的部分分式展开

若分母的根 p 互不相同，则 $F(s)$ 可分解为如下形式，其中系数 a（又称留数）均是常数：

$$F(s) = \frac{N(s)_m}{D(s)_n} = \frac{a_1}{(s+p_1)} + \frac{a_2}{(s+p_2)} + \cdots + \frac{a_n}{(s+p_n)} \tag{6.13}$$

式(6.13)两边同乘以$(s+p_k)$，然后令 $s=-p_k$，则可以消去除 a_k以外的其他项。因此，可用下式计算任何留数：

$$a_k = \left[(s+p_k)\frac{N(s)}{D(s)}\right]_{s=-p_k} \tag{6.14}$$

然后将每一项转换至时域得

$$f(t) = \mathcal{L}^{-1}[F(s)] = a_1 e^{-p_1 t} + a_2 e^{-p_2 t} + \cdots + a_n e^{-p_n t} \tag{6.15}$$

例 6.6　推导下式的拉普拉斯反变换：

$$F(s) = \frac{(s+5)}{(s^2+4s+3)}$$

解：将所给公式分解如下：

$$F(s) = \frac{(s+5)}{(s^2+4s+3)} = \frac{(s+5)}{(s+1)(s+3)} = \frac{a_1}{(s+1)} + \frac{a_2}{(s+3)}$$

由式(6.14)可得

$$a_1 = \left[(s+1)\frac{(s+5)}{(s+1)(s+3)}\right]_{s=-1} = \left[\frac{s+5}{s+3}\right]_{s=-1} = \frac{4}{2} = 2$$

$$a_2 = \left[(s+3)\frac{(s+5)}{(s+1)(s+3)}\right]_{s=-3} = \left[\frac{s+5}{s+1}\right]_{s=-3} = \frac{2}{-2} = -1$$

又由式(6.15)可得其拉普拉斯反变换为

$$f(t) = \mathcal{L}^{-1}[F(s)] = \mathcal{L}^{-1}\left[\frac{2}{s+1}\right] + \mathcal{L}^{-1}\left[\frac{-1}{s+3}\right] = 2e^{-t} - e^{-3t}$$

6.6.2　$F(s)$的极点含重根时的部分分式展开

若式(6.13)中含重根，则不能用式(6.14)计算留数。设其中有 q 个重根$(s+p)^q$，为解得留数，$F(s)$可写为

$$F(s)=\frac{N(s)_m}{D(s)_n}=\frac{b_q}{(s+p)^q}+\frac{b_{q-1}}{(s+p)^{q-1}}+\cdots+\frac{b_1}{(s+p)}+\frac{a_1}{(s+p_1)}+\frac{a_2}{(s+p_2)}+\cdots+\frac{a_{n-q}}{(s+p_{n-q})} \tag{6.16}$$

其中，b_q是常数，可由下式求得：

$$\begin{aligned} b_q &= [(s+p)^q F(s)]_{s=-p} \\ b_{q-1} &= \left\{\frac{\mathrm{d}}{\mathrm{d}s}[(s+p)^q F(s)]\right\}_{s=-p} \\ b_{q-k} &= \left\{\frac{1}{k!}\frac{\mathrm{d}^k}{\mathrm{d}s^k}[(s+p)^q F(s)]\right\}_{s=-p} \end{aligned} \tag{6.17}$$

转换后的时域方程式为

$$f(t)=\left[\frac{b_q t^{q-1}}{(q-1)!}+\frac{b_{q-1}t^{q-2}}{(q-2)!}+\cdots+\frac{b_2 t}{1!}+b_1\right]\mathrm{e}^{-pt}+a_1\mathrm{e}^{-p_1 t}+a_2\mathrm{e}^{-p_2 t}+\cdots+a_{n-q}\mathrm{e}^{-p_{n-q}t} \tag{6.18}$$

例6.7　推导下式的拉普拉斯反变换：

$$F(s)=\frac{(s+5)}{(s+2)^2(s+3)}$$

解： 所给方程中含有两个重根，利用式(6.16)、式(6.17)和式(6.14)可得

$$F(s)=\frac{b_2}{(s+2)^2}+\frac{b_1}{(s+2)^1}+\frac{a_1}{(s+3)}$$

$$b_2=\left[(s+2)^2\left(\frac{(s+5)}{(s+2)^2(s+3)}\right)\right]_{s=-2}=3$$

$$\begin{aligned} b_1 &= \left\{\frac{\mathrm{d}}{\mathrm{d}s}\left[(s+2)^2\left(\frac{(s+5)}{(s+2)^2(s+3)}\right)\right]\right\}_{s=-2}=\frac{\mathrm{d}}{\mathrm{d}s}\left[\frac{(s+5)}{(s+3)}\right]_{s=-2} \\ &= \left.\frac{(s+3)-(s+5)}{(s+3)^2}\right|_{s=-2}=-2 \\ a_1 &= \left[(s+3)\frac{(s+5)}{(s+2)^2(s+3)}\right]_{s=-3}=2 \\ F(s) &= \frac{3}{(s+2)^2}+\frac{-2}{(s+2)}+\frac{2}{(s+3)} \end{aligned}$$

时域方程为

$$f(t)=\left[\frac{3t}{1}-2\right]\mathrm{e}^{-2t}+2\mathrm{e}^{-3t}=3t\mathrm{e}^{-2t}-2\mathrm{e}^{-2t}+2\mathrm{e}^{-3t}$$

6.6.3　$F(s)$的极点含共轭复根时的部分分式展开

前面所介绍的方法对共轭复根极点仍然适用，这里将更详细地介绍其特有的性质。共轭复极点以 $a \pm jb$ 的形式成对出现。这是因为二次多项式$f(s)$的根是

$$f(s) = as^2 + bs + c = 0 \quad \rightarrow \quad p_1, p_2 = \frac{-b \pm \sqrt{b^2 - 4ac}}{2a}$$

如果 $b^2 - 4ac < 0$，就会以 $f(s) = (s - p_1)(s - p_2)$ 的形式出现共轭复极点。例如，对于式 $f(s) = s^2 + 2s + 5$，可得$f(s) = (s + 1 + 2j)(s + 1 - 2j)$。因此，式(6.13)可写为

$$F(s) = \frac{N(s)_m}{D(s)_n} = \frac{c_1}{(s + \sigma + j\omega)} + \frac{c_2}{(s + \sigma - j\omega)} + \frac{a_1}{(s + p_1)} + \cdots + \frac{a_{n-2}}{(s + p_{n-2})} \qquad (6.19)$$

利用无重根和含重根(包括共轭复根)时计算留数的方法，时域的拉普拉斯反变换式为

$$f(t) = c_1 e^{-(\sigma + j\omega)t} + c_2 e^{-(\sigma - j\omega)t} + a_1 e^{-p_1 t} + \cdots \qquad (6.20)$$

由于式(6.10)可写成

$$\sin\theta = \frac{e^{j\theta} - e^{-j\theta}}{2j}, \qquad \cos\theta = \frac{e^{j\theta} + e^{-j\theta}}{2j} \qquad (6.21)$$

式(6.20)的复数部分会产生衰减的正弦响应。后面将看到，如果出现共轭复极点，则系统是欠阻尼状态的，因而会出现振荡。

在下面的例 6.8 中将具体展开一个含共轭复根的方程。

例 6.8　推导下式的拉普拉斯反变换：

$$F(s) = \frac{1}{s(s^2 + 2s + 2)}$$

解： 方程的分母包含共轭复根$(s + 1 + j1)$和$(s + 1 - j1)$，用下面的形式将方程展开：

$$F(s) = \frac{a_1}{s} + \frac{a_2 s + a_3}{s^2 + 2s + 2} = \frac{a_1(s^2 + 2s + 2) + s(a_2 s + a_3)}{s(s^2 + 2s + 2)}$$

将上式的分子等于原方程的分子得到：

$$a_1(s^2 + 2s + 2) + s(a_2 s + a_3) = 1$$

$$\begin{cases} a_1 + a_2 = 0 \\ 2a_1 + a_3 = 0 \\ 2a_1 = 1 \end{cases} \rightarrow \quad \begin{cases} a_1 = 1/2 \\ a_2 = -1/2 \\ a_3 = -1 \end{cases}$$

和

$$F(s) = \frac{1}{2s} - \frac{s + 2}{2(s^2 + 2s + 2)} = \frac{1}{2s} - \frac{1}{2[(s + 1)^2 + 1]} - \frac{s + 1}{2[(s + 1)^2 + 1]}$$

通过查表 6.3 可得原方程的拉普拉斯反变换为

$$f(t) = \frac{1}{2} - \frac{1}{2}e^{-t}\sin t - \frac{1}{2}e^{-t}\cos t$$

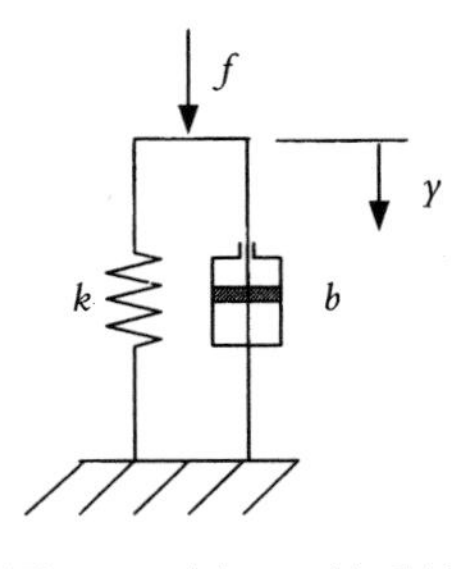

图6.7 例6.9的系统

例6.9 对于图6.7所示的简单系统，在 $t=0$ 时施加一个阶跃力 F_0，假设已知 $b=2$、$k=4$ 及所有初始条件均为零，推导该系统的运动方程。

解：正如例6.1，该系统的运动方程可写为

$$b\dot{y}+ky=f \quad \text{或} \quad 2\dot{y}+4=f$$

$$2sF(s)+4F(s)=\frac{F_0}{s} \rightarrow F(s)=\frac{F_0}{2s(s+2)}$$

$$F(s)=\frac{a_1}{2s}+\frac{a_2}{(s+2)}$$

其中，

$$a_1=2sF(s)|_{s=0}=\frac{F_0}{2}, \qquad a_2=(s+2)F(s)|_{s=-2}=-\frac{F_0}{4}$$

因此有

$$F(s)=\frac{F_0}{4s}-\frac{F_0}{4(s+2)}, \qquad f(t)=\frac{F_0}{4}\left(1-e^{-2t}\right)$$

其响应呈指数形式，最终到达 $F_0/4$。这里运用终值定理也可得到相同的结果：

$$f(t)_{ss}=sF(s)|_{s=0}=\left.\frac{sF_0}{2s(s+2)}\right|_{s=0}=\left.\frac{F_0}{2(s+2)}\right|_{s=0}=\frac{F_0}{4}$$

6.7 传递函数

传递函数是表示系统输出与输入之比的方程，它可以表示一个环节或一个完整的系统。图6.8是一个简单系统的结构图，其输出直接反馈至求和节点。系统中的 $R(s)$、$Y(s)$、$G(s)$ 和 $H(s)$ 分别表示输入、输出、系统动力学加控制器和反馈放大器。

每一环节的传递函数就是其输出与输入之比。下面定义一些传递函数：

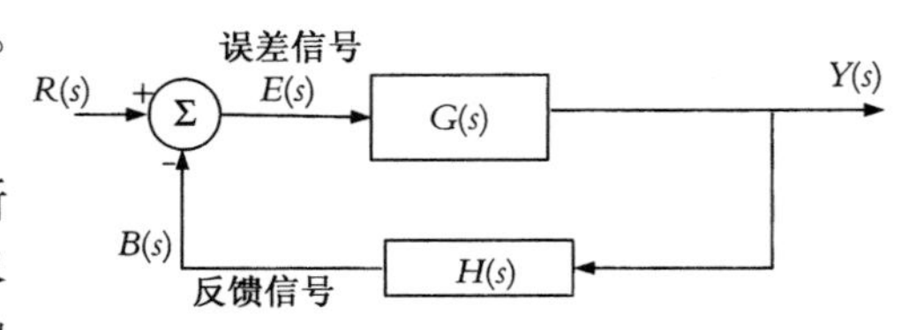

图6.8 简单控制系统的结构图

- 开环传递函数：开环传递函数是反馈回路断开时，反馈信号与驱动的误差信号之比。尽管传感器仍在测量输出，但这时它仅用来测量输出并报告其为反馈信号。因此有

$$Y(s)=E(s)G(s), \qquad B(s)=Y(s)H(s)=E(s)G(s)H(s)$$

$$\text{OLTF}=\frac{B(s)}{E(s)}=\frac{E(s)G(s)H(s)}{E(s)}=G(s)H(s) \tag{6.22}$$

可以看到，若反馈环从求和节点处断开，则反馈信号实际上是 $G(s)H(s)$ 的函数。

- 前馈传递函数：前馈传递函数定义为输出与驱动的误差信号之比，即

$$\text{FFTF}=\frac{Y(s)}{E(s)}=G(s) \tag{6.23}$$

可以看到，若反馈函数为1，则开环传递函数与前馈传递函数相同。

- 闭环传递函数：闭环传递函数是系统输出与输入之比。对图 6.8 所示的系统，闭环传递函数为

$$Y(s) = G(s)E(s)$$
$$E(s) = R(s) - B(s) = R(s) - Y(s)H(s)$$

消去 $E(s)$ 可得

$$Y(s) = G(s)[R(s) - Y(s)H(s)]$$
$$Y(s)[1 + G(s)H(s)] = G(s)R(s)$$

因此，闭环传递函数为

$$\text{CLTF} = \frac{Y(s)}{R(s)} = \frac{G(s)}{1 + G(s)H(s)} \tag{6.24}$$

设 $G(s)$ 和 $H(s)$ 均可用多项式之比表示为 $G(s) = \dfrac{N_G(s)}{D_G(s)}$ 和 $H(s) = \dfrac{N_H(s)}{D_H(s)}$，则式(6.24)可以写为

$$\text{CLTF} = \frac{G(s)}{1 + G(s)H(s)} = \frac{N_G D_H}{N_G N_H + D_G D_H} \tag{6.25}$$

若已知 $G(s)$ 和 $H(s)$ 的分子和分母，那么这种形式的闭环传递函数有助于快速计算该方程。

总之，结构图和传递函数用数学和图解的方法表示了具有反馈的系统的特性。本书将使用这些方法贯穿始终。

例 6.10　写出图 6.9 所示系统的开环传递函数、前馈传递函数和反馈传递函数。

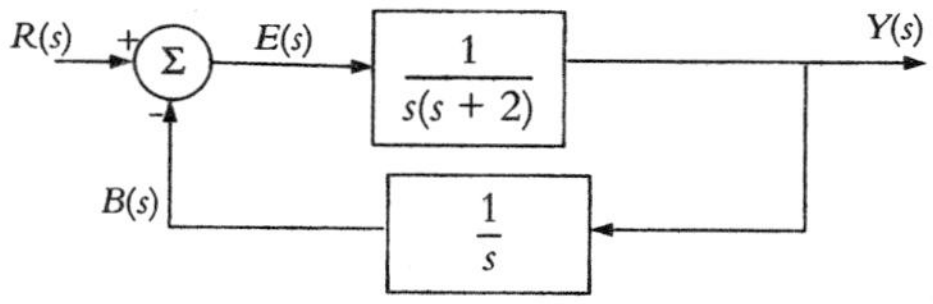

解：将相应值代入式(6.22)、式(6.23)及式(6.24)可得

$$\text{OLTF} = G(s)H(s) = \frac{1}{s(s+2)}\frac{1}{s} = \frac{1}{s^2(s+2)}$$

$$\text{FFTF} = G(s) = \frac{1}{s(s+2)}$$

$$\text{CLTF} = \frac{G(s)}{1 + G(s)H(s)} = \frac{\dfrac{1}{s(s+2)}}{1 + \dfrac{1}{s(s+2)}\dfrac{1}{s}} = \frac{s}{s^2(s+2)+1}$$

图 6.9　例 6.10 的系统

也可由式(6.25)直接计算出闭环传递函数为

$$\text{CLTF} = \frac{N_G D_H}{N_G N_H + D_G D_H} = \frac{1 \times s}{1 \times 1 + s(s+2)s} = \frac{s}{1 + s^2(s+2)}$$

例 6.11　如图 6.10 所示，传感器测量质量-弹簧-阻尼器系统中物体的位置，并将其反馈至力输入系统。推导该系统的闭环传递函数。

解：这里重复写出式(6.3)，它给出的系统运动微分方程和拉普拉斯变换为

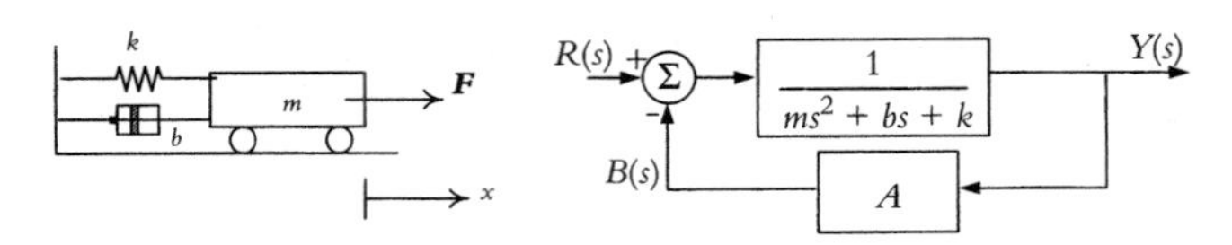

图 6.10 带位置反馈的质量-弹簧-阻尼器系统

$$m\frac{\mathrm{d}^2x}{\mathrm{d}t^2}+b\frac{\mathrm{d}x}{\mathrm{d}t}+kx=F,\qquad \mathrm{G}(s)=\frac{1}{ms^2+bs+k}$$

假设反馈增益为 A，则系统的结构图如图 6.10 所示。由式(6.25)得系统闭环传递函数为

$$\mathrm{CLTF}=\frac{1}{A+(ms^2+bs+k)}=\frac{1}{ms^2+bs+(k+A)}$$

注意到反馈增益与弹簧常数直接相加，因此可以很容易地调节弹簧的刚度。下面的应用说明了如何将其应用于控制系统。

跳跃式机器人 想象一个可以进行上下跳跃运动的机器人。这样的机器人有很多，如模仿动物的机器人BigDog(有四条腿的机器人，可以像马一样奔跑)，或者一条腿的跳杆机器人(通过降低身体高度然后快速伸长腿实现跳跃)。大多数这种机器人用来学习人和动物是如何执行任务的，但也有一些有很实际的应用。在所有这些机器人中，它们的腿上都有用于吸收和存储能量及控制着地的弹簧。图 6.11 是这种系统的一般描述。

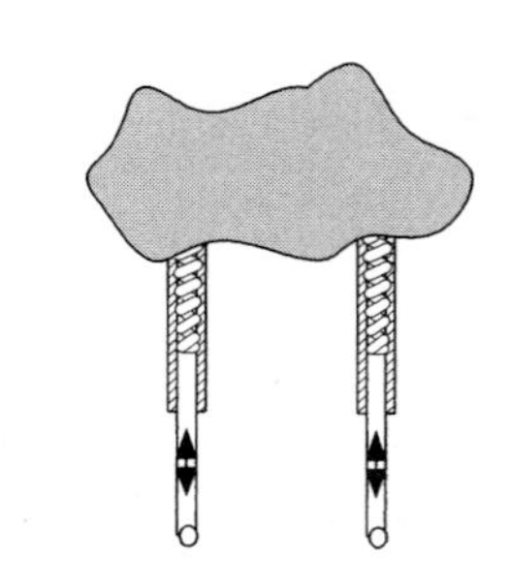

图 6.11 跳跃式机器人的通用腿设计

由于着地条件、跳跃特性及控制要求不同，可能必须改变腿上的弹簧的刚度。然而，现场方便地改变机械弹簧的刚度是一件很困难的事情。如例 6.11 所示，通过简单地改变反馈回路中的反馈增益 A，就可起到控制弹簧有效刚度的作用。

同样的系统还可应用于汽车上，用来改变悬挂系统中弹簧的有效刚度，使其可应用在平稳前进或体育比赛等不同的运行模式中。

6.8 结构图代数

实际上，结构图并不总是像图 6.8 那么简单，它们可能包含多个串并联回路、求和节点和输入。但是，一般只要保证结果相同，结构图都可以简化成图 6.8 所示的简单形式。为此，需要记住下面的原则：

- 前馈传递函数的乘积必须保持不变；
- 围绕回路的传递函数乘积必须保持不变。

表 6.4 列出了一些常用的结构图等效变换，它们可用于化简复杂的结构图。

表6.4 结构图等效变换

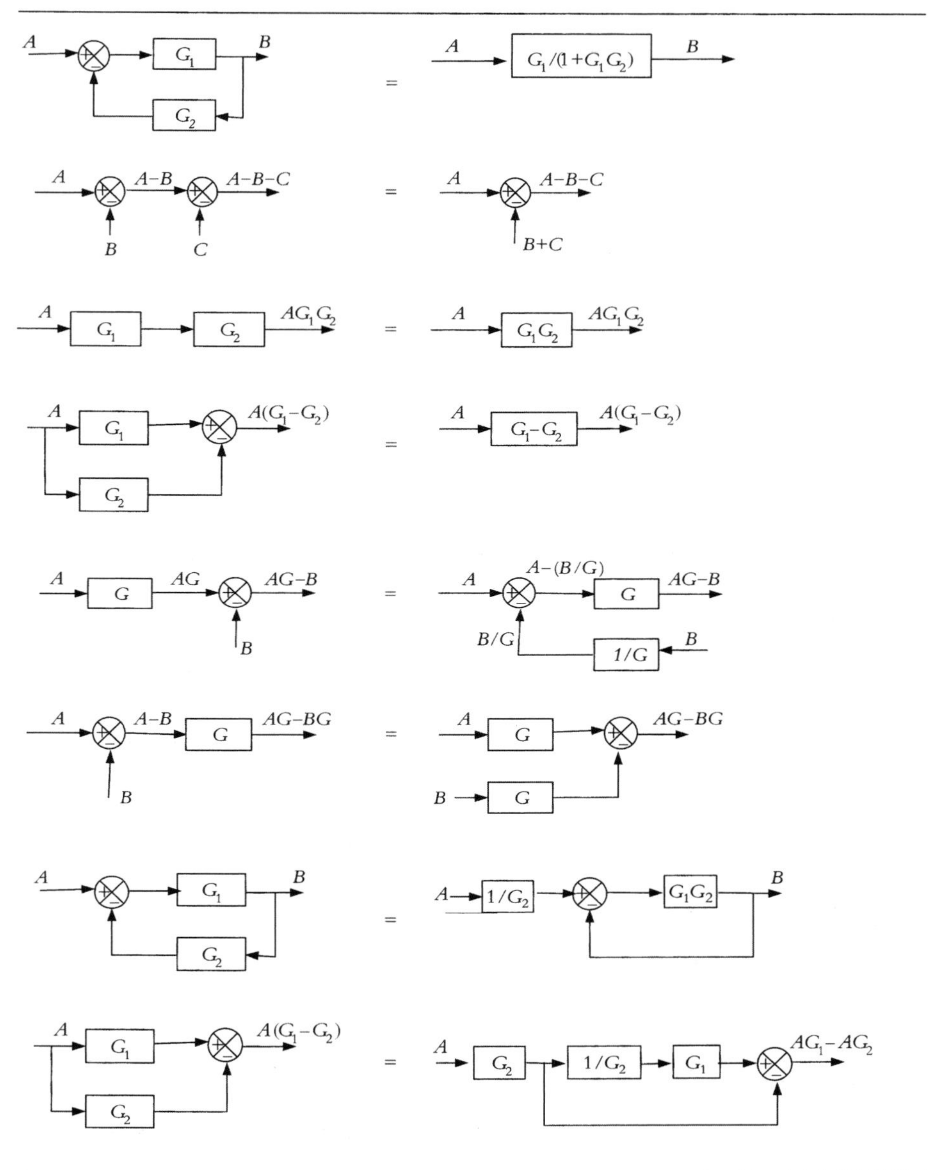

例6.12 将图6.12(a)所示结构图化简为简单的标准形式，步骤如下：

- 参考表6.4，第一个和第二个回路可简化为 $G_1/(1+G_1H_1)$ 和 $G_3/(1+G_3H_2)$，如图6.12(b)所示；
- 合并前向通道的三个增益，并用 $G_4=\dfrac{G_1G_2G_3}{(1+G_1H_1)(1+G_3H_2)}$ 替换，如图6.12(c)所示；
- 将 C_1 移至回路内，并改变增益值，如图6.12(d)所示；
- 将整个回路简化成如图6.12(e)所示。

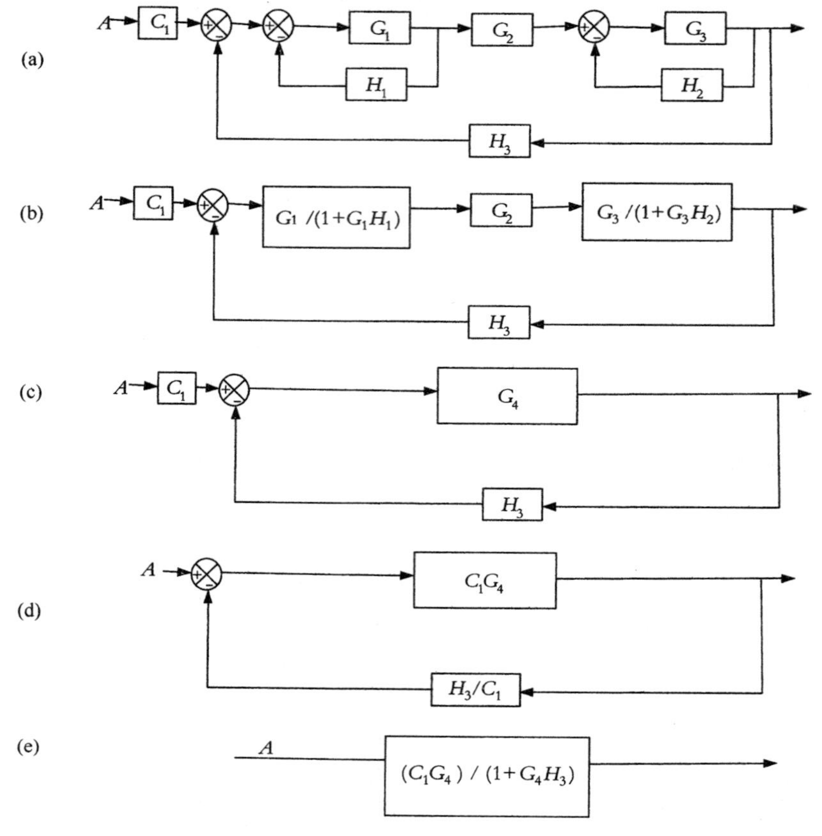

图 6.12　例 6.12 的结构图

6.9　一阶传递函数的特性

一阶系统可以表示为如下的标准形式：

$$G(s)=\frac{K_{ss}}{\tau s+1}=\frac{K_{ss}/\tau}{s+(1/\tau)}=\frac{K_{ss}a}{s+a} \tag{6.26}$$

其中 K_{ss}是稳态增益，τ是时间常数。可以看到，该方程的分母是根(称为极点)为 $s=-a$ 的一次多项式。该系统在阶跃函数 $Pu(t)$作用下的响应为

$$F(s)=\frac{K_{ss}a}{s+a}\times\frac{P}{s}=\frac{PK_{ss}}{s}-\frac{PK_{ss}}{s+a}$$

其时间响应可表示为

$$f(t)=PK_{ss}[1-\mathrm{e}^{-at}]u(t) \tag{6.27}$$

函数的终值是 PK_{ss}。一阶系统的阶跃时间响应如图 6.13 所示。

以下的定义给出了该响应的特性：

- 终值是 PK_{ss}。
- τ是时间常数，它表征系统对阶跃函数响应的快慢。

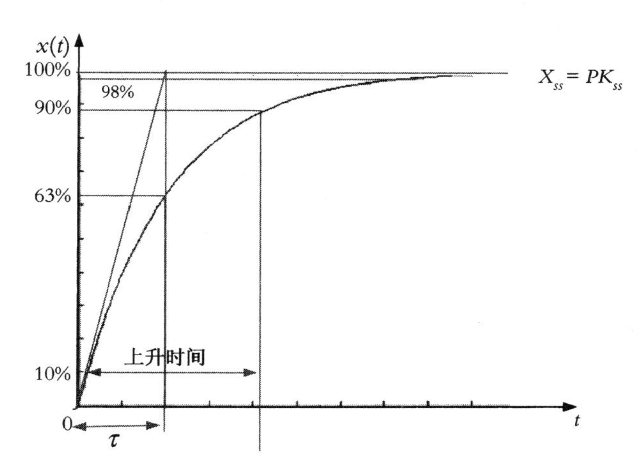

图 6.13　一阶系统阶跃时间响应

- $a=1/\tau$为极点。在复数平面中，极点的位置与虚轴（γ 轴）的相对关系，确定了系统是否稳定及响应的快慢。若极点在 γ 轴左侧（为负），则其响应 $1-e^{-at}$是有界的。若极点在 γ 轴右侧，则响应为 $1-e^{at}$，它是无界的。要求出时间常数，可令 $t=\tau$：

$$x(t=\tau)=PK_{ss}(1-e^{-\tau/\tau})=PK_{ss}(0.63)=63\%(PK_{ss}) \tag{6.28}$$

  因此，如图 6.13 所示，$x(t)$在 $t=\tau$时刻达到终值的 63% 。它表示了系统响应的快慢，τ越大，到达终值的时间就越长。
- 上升时间指从终值的 10% 到达 90% 所需的时间，将 10% 和 90% 代入式（6.27）可得上升时间 $T_r=2.2\ \tau$。
- 响应时间是指从 0% 上升至 98% 所需的时间，同上可得 $T_s=4\ \tau$。
- 对式（6.27）求导可得 $t=0$ 时的斜率为

$$\begin{aligned}\frac{dx}{dt}&=PK_{ss}(0-(-a)e^{-at})\\ \left.\frac{dx}{dt}\right|_{t=0}&=PK_{ss}a=\frac{PK_{ss}}{\tau}\end{aligned} \tag{6.29}$$

  斜率如图 6.13 中所示，显然其表示了上升时间的快慢。随着τ的增大，斜率减小。由于上升时间不可能为零，则斜率不可能为无穷大。
- 在一阶传递函数中，一旦 $u(t)$作用在系统上，系统立即产生响应。

图 6.14 所示为一阶传递函数的闭环系统，反馈为单位反馈，在前向通路上增加了比例增益 K_P。

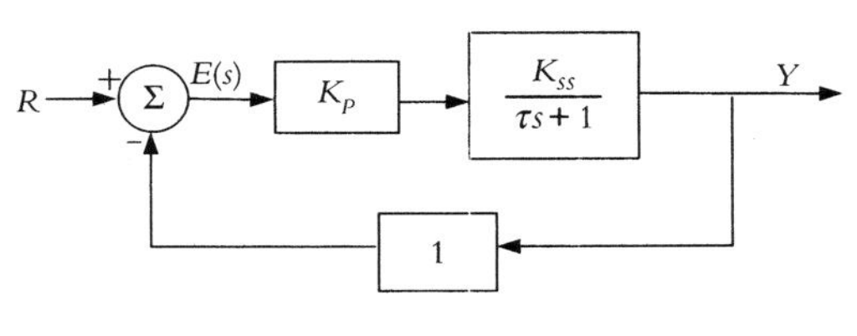

图 6.14　一阶闭环系统

利用式（6.25），闭环系统的传递函数为

$$TF(s)=\frac{K_PK_{ss}}{K_PK_{ss}+\tau s+1}=\frac{K_{sys}}{\tau_{sys}s+1}$$

其中，$\tau_{sys}=\dfrac{\tau}{K_PK_{ss}+1}$和 $K_{sys}=\dfrac{K_PK_{ss}}{K_PK_{ss}+1}$。尽管对象保持不变，但比例增益 K_P的变化影响了系

统的特性。例如，当 K_P增大时，τ_{sys}将减小，它使系统响应更快。类似地，当 K_{sys}接近于 1 时，系统将更加精确。

6.10 二阶传递函数的特性

二阶传递函数可以表示为如下的标准形式：

$$G(s)=\frac{\omega_n^2}{s^2+2\zeta\omega_n s+\omega_n^2} \tag{6.30}$$

其中 ζ 为阻尼系数，ω_n为自然角频率。该系统对阶跃函数 $u(t)$的响应为

$$F(s)=\frac{\omega_n^2}{(s^2+2\zeta\omega_n s+\omega_n^2)}\frac{1}{s}$$

经部分分式展开后，系统的时间响应可用下列公式中的一种来表示：

$$f(t)=1-\mathrm{e}^{-\zeta\omega_n t}\left(\cos\omega_d t+\frac{\zeta}{\sqrt{1-\zeta^2}}\sin\omega_d t\right) \tag{6.31}$$

或

$$f(t)=1-\frac{1}{\sqrt{1-\zeta^2}}\mathrm{e}^{-\zeta\omega_n t}\sin(\omega_d t+\alpha),\qquad -1<\zeta<1 \tag{6.32}$$

其中，$\omega_d=\omega_n\sqrt{1-\zeta^2}$ 且 $\alpha=\arctan(\sqrt{1-\zeta^2}/\zeta)$。式(6.31)和式(6.32)中含有指数项和正弦项。因此，系统响应是振荡函数，受指数项是衰减还是增大的影响，存在如下几种情况：

- 若 $\zeta=0$，则表示无阻尼，指数项变为常数。因此，系统的响应是一个无穷振荡的正弦函数[见图 6.15(a)]。
- 若 $\zeta=1$，则为临界阻尼，系统响应是逐渐到达稳态值的指数函数[见图 6.15(b)]。
- 若指数部分增大，则响应也随之增加，此时为不稳定的系统。
- 若指数部分衰减，则为欠阻尼系统，振荡幅度逐渐减小直至系统稳定[见图 6.15(c)和图 6.15(d)分别为 $\zeta=0.2$ 和 $\zeta=0.4$ 时的情况]。

对方程式求导，并令 $t=0$，可得响应的初始斜率为零。与初始斜率不为零的一阶系统不同，二级系统的初始斜率总是为零，这意味着其初始响应速度较慢。

稳态增益(或阶跃响应的终值)为

$$F_{ss}=\lim_{s\to 0}s\left(\frac{\omega_n^2}{s^2+2\zeta\omega_n s+\omega_n^2}\right)\frac{P}{s}=P$$

图 6.16 是二阶系统的阶跃响应典型曲线，下面是该响应的特征参数：

- 峰值时间 T_p是系统响应达到最大值所用的时间，它可以通过对式(6.31)求导，并令其等于零得到：

$$T_p=\pi/\omega_n\sqrt{1-\zeta^2} \tag{6.33}$$

- 上升时间 T_r指响应从稳态值的 10% 到达 90% 时所用的时间。

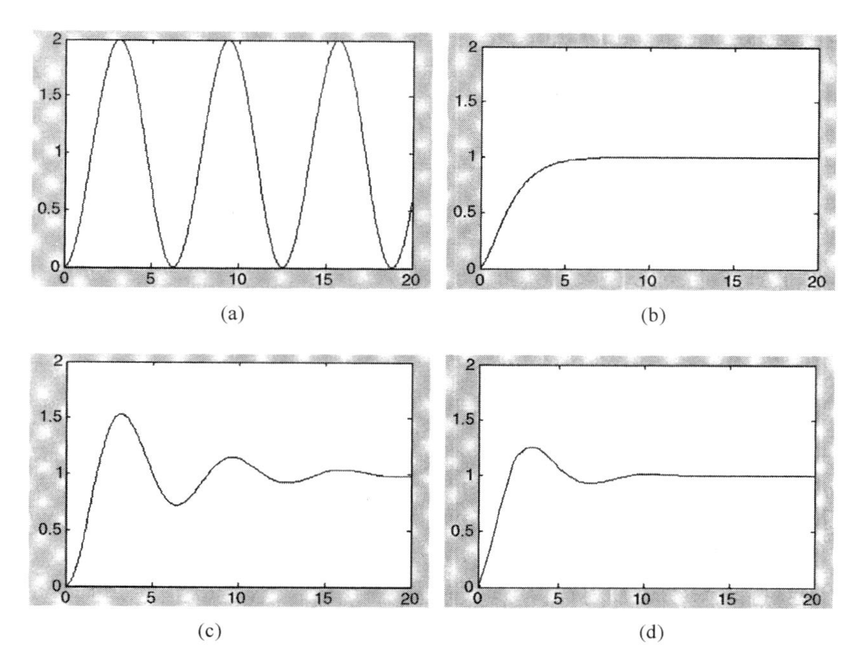

图 6.15　二阶系统在不同阻尼系数下的阶跃响应。(a) $\zeta=0$；(b) $\zeta=1$；(c) $\zeta=0.2$；(d) $\zeta=0.4$

- 与一阶系统不同，二阶系统没有时间常数的概念。
- 调节时间 T_s 指系统响应进入稳态值的 ±2% 以内的时间，即

$$T_s = 4/\zeta\omega_n \tag{6.34}$$

- 百分比超调量(% OS)指响应曲线的超调值与稳态值之比，即

$$\%\text{OS} = \frac{F(\max) - F_{ss}}{F_{ss}} \times 100\% = \mathrm{e}^{\left(-\zeta\pi/\sqrt{1-\zeta^2}\right)} \times 100\% \tag{6.35}$$

对于图 6.16 中的响应，当 $\zeta=0.2$ 时，超调量为 53% 。类似地，对无阻尼系统，超调量为 100% ，如图 6.15(a)所示。

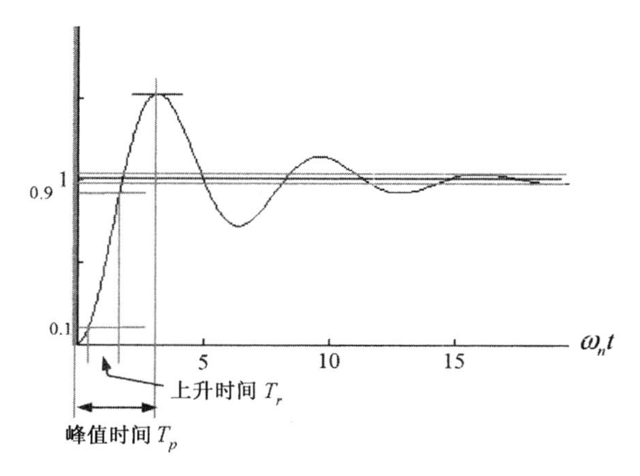

图 6.16　典型二阶系统的响应及特性

6.11 特征方程：零极点分布

若令传递函数分母多项式等于零，则所得到的方程为特征方程。特征方程的根称为极点。传递函数分子多项式方程的根称为零点。零极点分布是复平面中极点和零点位置的图形表示。

例 6.13 绘制下列传递函数的零极点分布：

$$TF = \frac{s(s+3)}{(s+5)(s+2)(s^2+4s+5)}$$

解： 由特征方程得出的极点为

$$(s+5)(s+2)\left(s^2+4s+5\right)=0$$

因此，极点为 $s=-5$，$s=-2$，$s=-2\pm j$。零点在 $s=0$，$s=-3$。注意，共轭复根总是成对出现的。图 6.17 表示了极点(显示为×)和零点(显示为○)的分布。

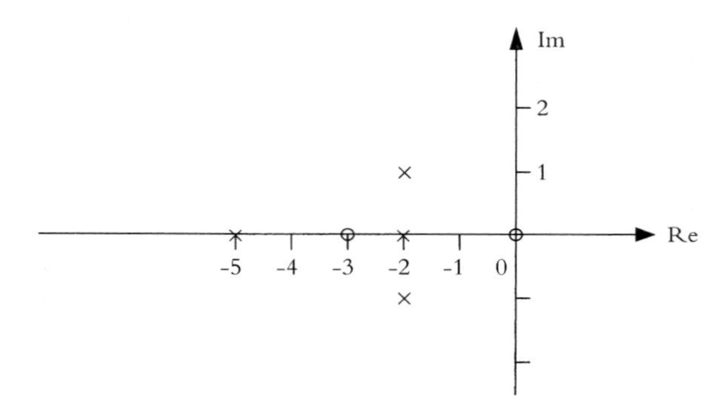

图 6.17 例 6.13 中的特征根的零极点分布

零极点的位置反映了系统的诸多信息和特性。从图中可以确定出传递函数，系统的阶数，是否欠阻尼、临界阻尼或过阻尼，以及是稳定还是不稳定。

如式(6.26)所示的一阶传递函数，它唯一的极点是

$$\tau s+1=0 \quad \rightarrow \quad s=-\frac{1}{\tau} \tag{6.36}$$

可见，极点位置的倒数为时间常数。显然，随着 s 的增加，意味着时间常数变小，系统的响应变快。而当极点向右移动(靠近原点)时，表示时间常数变大且响应变慢。只要极点在虚轴左侧，系统就是稳定的。极点在原点是一个纯积分环节，后面将讨论到这一点。

对于二阶传递函数，特征方程的解为

$$\begin{aligned}
&s^2+2\zeta\omega_n s+\omega_n^2=0\\
&s=\frac{-b\pm\sqrt{b^2-4ac}}{2a}=\frac{-2\zeta\omega_n\pm\sqrt{\left(2\zeta\omega_n\right)^2-4\omega_n^2}}{2}\\
&s=-\zeta\omega_n\pm\omega_n\sqrt{\zeta^2-1}
\end{aligned} \tag{6.37}$$

存在四种可能的情况：

- $\zeta=1$，则 $s=-\omega_n$，二重根。这意味着同一位置存在两个极点。系统为临界阻尼的，其响应如图 6.15(b) 所示。
- $\zeta>1$，则 $\sqrt{\zeta^2-1}$ 为正，结果为一对不同的实根，系统为过阻尼的。
- $\zeta<1$，则 $\sqrt{\zeta^2-1}$ 为负。此时为一对共轭复根 $s=-\zeta\omega_n\pm\omega_n\sqrt{1-\zeta^2}\mathrm{j}$。系统为欠阻尼的，如图 6.15(c) 和图 6.15(d) 所示。
- $\zeta=0$，则 $s=\pm\omega_n\mathrm{j}$，一对共轭复根在虚轴上，系统为无阻尼的。其响应如图 6.15(a) 所示。

图 6.18 所示为欠阻尼系统的极点分布，如下的关系成立：

- $d=\sqrt{(-\zeta\omega_n)^2+\omega_n^2(1-\zeta^2)}=\omega_n$
- $\cos\theta=\dfrac{\zeta\omega_n}{\omega_n}=\zeta\rightarrow\theta=\arccos\zeta$，由此当 $\zeta=0$ 时，$\theta=90°$。如之前所见，系统为欠阻尼的且其根在虚轴上。当 $\zeta=1$ 时，$\theta=0$，系统为临界阻尼的，具有两个相同的实数极点。

图 6.19 所示为极点向不同方向移动时系统响应的变化，基于前面的结果可得到这些结论。

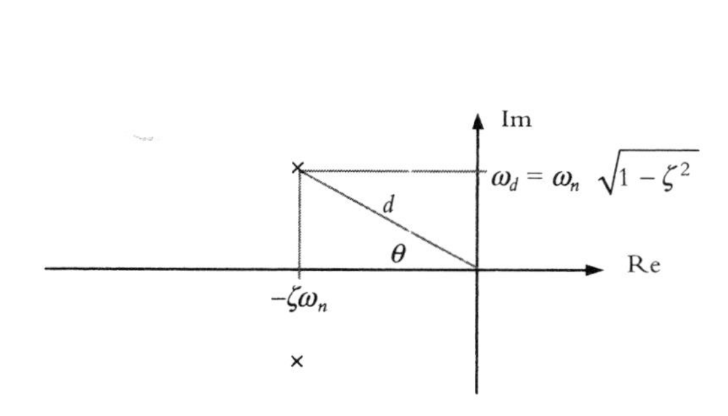

图 6.18　欠阻尼系统的一对共轭复根及其特征

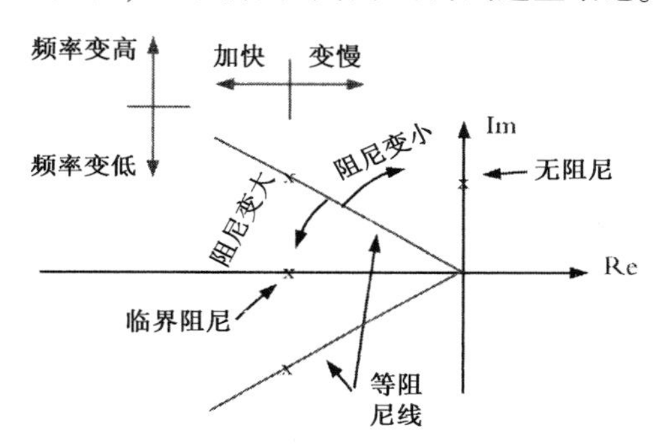

图 6.19　极点向不同方向移动时系统响应的变化

对于高阶传递函数，可以通过基于部分分式展开得到系统的时域响应和绘制响应图的方法来进行类似的分析。通常，其结果包含指数部分、振荡部分及阶跃函数。根据极点和零点的幅度大小，可以假设时间响应的某些部分可以忽略，而另外的部分起主导作用。无论怎样，也可以通过绘制时域或零–极点图的方法来绘制和分析系统的响应。更多关于高阶系统的学习，可参考相关的书籍和期刊文献。

6.12　稳态误差

图 6.20 所示为一个典型控制回路。该系统传递函数为

$$\frac{Y(s)}{R(s)}=\frac{k_1k_2}{k_2H+s(\tau s+1)}$$

稳态误差信号 E_{ss} 是传递函数和系统输入类型的函数。它可以写为

$$E_{ss}=Rk_1-Y_{ss}H \tag{6.38}$$

其中，

$$Y_{ss}=\lim_{s\rightarrow 0}s\left(\frac{k_1k_2}{k_2H+s(\tau s+1)}\right)R(s) \tag{6.39}$$

对于阶跃输入，稳态输出和稳态误差信号分别为

$$Y_{ss}=\lim_{s\to 0}s\left(\frac{k_1k_2}{k_2H+s(\tau s+1)}\right)\frac{1}{s}=\frac{k_1}{H} \tag{6.40}$$

$$E_{ss}=1\times k_1-\frac{k_1}{H}H=0 \tag{6.41}$$

如式(6.40)和式(6.41)所示，虽然系统输入为单位阶跃信号，但输出是 k_1/H(不是 1，除非 $k_1=H$)及稳态误差信号为零。根据具体的应用可以很容易得出这个结果。例如，对于遥控机器人(例如外科手术机器人或空间修理机器人就需要精确地跟随操作员的运动)，其稳态输出应该与输入一样。在这样的情况下，机器人的动作要与操作员的操纵杆输入一致，即两者之间需要一一对应而没有稳态误差信号。另一方面，某些大型机器人具有较大动作。例如太空梭机器人操纵卫星，必须通过操纵杆的小动作产生大动作，因此必须有较大增益，且要求没有稳态误差信号。在这种情况下，必须选择合适的增益来提供期望的运动，而稳态误差信号仍保持为零。注意，这里假设机器人的动力学已包含在模型中。所以，上述例子必须适当修正才能表示机器人。

为了了解如何求出任一系统的稳态误差，我们来考虑图 6.21 所示的典型反馈回路。

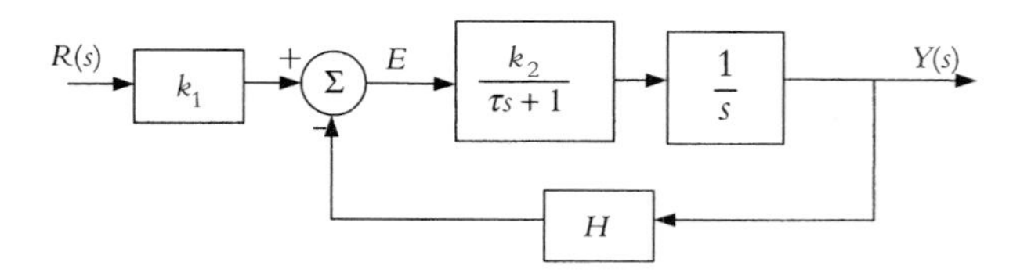

图 6.20　典型控制回路

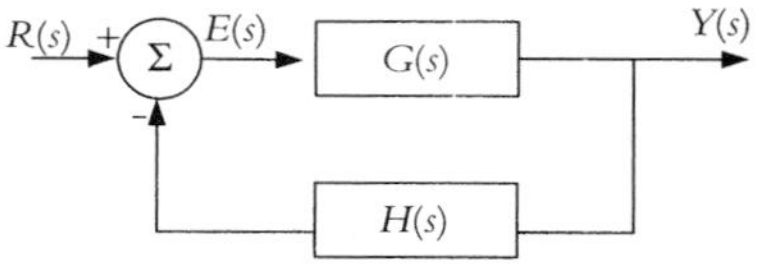

图 6.21　典型控制回路

该系统的误差信号和系统传递函数为

$$E(s)=R(s)-Y(s)H(s)$$

$$Y(s)=\frac{G(s)}{1+G(s)H(s)}R(s)\quad\rightarrow\quad E(s)=\left(\frac{1}{1+G(s)H(s)}\right)R(s) \tag{6.42}$$

$$E_{ss}=\lim_{s\to 0}s\left(\frac{1}{1+G(s)H(s)}\right)R(s)$$

假设开环传递函数 $G(s)H(s)$ 可以表示为

$$G(s)H(s)=\frac{K(\tau_a s+1)(\tau_b s+1)\cdots}{s^n(\tau_1 s+1)(\tau_2 s+1)\cdots} \tag{6.43}$$

式(6.43)中 n 的值表示系统的类型，它表示前向通道纯积分环节的数目。如 $n=0$ 时为 0 型系统，$n=1$ 时为 1 型系统等。对式(6.42)中的不同类型系统替换不同的输入信号 R，就可以得到稳态误差信号。

阶跃输入　对于阶跃输入，定义静态位置误差系数 $K_p=\lim_{s\to 0}G(s)H(s)$，则有

$$E_{ss}=\frac{1}{1+K_p}$$

对于 0 型系统，即 $n=0$，有

$$G(s)H(s) = \frac{K(\tau_a s+1)(\tau_b s+1)\cdots}{(\tau_1 s+1)(\tau_2 s+1)\cdots} \quad \rightarrow \quad K_p = K \quad \text{and} \quad E_{ss} = \frac{1}{1+K} \tag{6.44}$$

对于 1 型系统或更高型系统，即 $n \geqslant 1$，有

$$G(s)H(s) = \frac{K(\tau_a s+1)(\tau_b s+1)\cdots}{s^n(\tau_1 s+1)(\tau_2 s+1)\cdots} \quad \rightarrow \quad K_p = \infty \quad \text{and} \quad E_{ss} = 0 \tag{6.45}$$

注意,1 型系统与 0 型系统相比是如何没有稳态误差的。以后会发现，分母多项式增加一个在原点的极点等价于控制系统增加一个积分器，从而使得误差为零。

斜坡输入　对于斜坡输入，定义静态速度误差系数 $K_v = \lim_{s\to 0} sG(s)H(s)$，则有

$$E_{ss} = \lim_{s\to 0} s\left(\frac{1}{1+G(s)H(s)}\right)\frac{1}{s^2} = \lim_{s\to 0}\frac{1}{sG(s)H(s)} = \frac{1}{K_v}$$

对于 0 型系统，即 $n=0$，有

$$G(s)H(s) = \frac{K(\tau_a s+1)(\tau_b s+1)\cdots}{(\tau_1 s+1)(\tau_2 s+1)\cdots} \quad \rightarrow \quad K_v = 0 \quad \text{和} \quad E_{ss} = \infty \tag{6.46}$$

对于 1 型系统，即 $n=1$，有

$$G(s)H(s) = \frac{K(\tau_a s+1)(\tau_b s+1)\cdots}{s(\tau_1 s+1)(\tau_2 s+1)\cdots} \quad \rightarrow \quad K_v = K \quad \text{和} \quad E_{ss} = \frac{1}{K} \tag{6.47}$$

因此，对于斜坡输入，0 型系统的稳态误差为无穷大，而对 1 型系统是有界的。类似分析方法也可用于高阶输入。

6.13　根轨迹法

根轨迹是画在复平面上的特征方程的根随参数变化的轨迹集合。根轨迹无论对于系统分析(系统是否稳定，系统灵敏度，系统是否欠阻尼、临界阻尼或过阻尼等)还是系统设计(对于指定特性的系统，确定根的位置或增益的大小)都是非常有力的工具。

考虑图 6.22 所示的系统，以了解根轨迹的绘制及其含义。

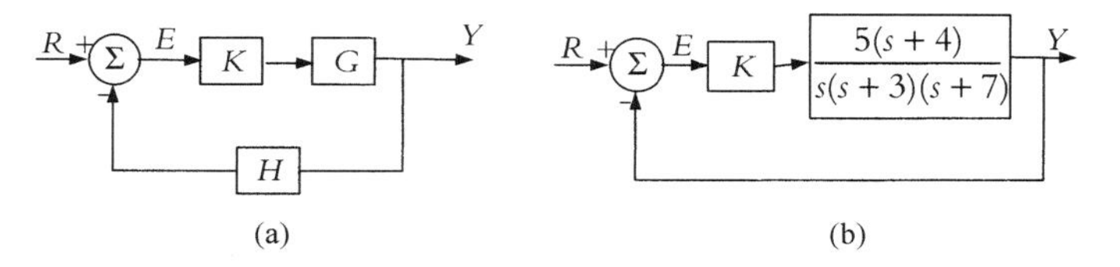

图 6.22　典型控制系统

图 6.22(a)中系统的传递函数和特征方程为

$$\mathrm{TF} = \frac{Y}{R} = \frac{KG}{KGH+1} \quad \text{和} \quad KGH+1=0 \tag{6.48}$$

若将开环传递函数写成如 $GH = \dfrac{N(s)}{D(s)}$，则特征方程为

$$K\frac{N(s)}{D(s)}+1=0 \quad \rightarrow \quad KN(s)+D(s)=0 \quad \text{或} \quad -K = \frac{D(s)}{N(s)} \tag{6.49}$$

则根据式(6.49)，图 6.22(b)的特征方程为

$$5K(s+4)+s(s+3)(s+7)=0 \tag{6.50}$$

根轨迹是式(6.49)的根随 K 变化的轨迹。若 $K=0$，则根为开环系统极点(对于图 6.22(b)，$s=0$，-3 和 -7)。当 K 增加直至趋近无穷大时，根的位置随之发生变化。在 K 趋近无穷大时，根收敛到开环传递函数的零点(对于图 6.22(b)，$s=-4$)。对于不同的 K 值，根将位于不同的位置，表现出不同的系统性能。绘制对应所有 K 值的根(根轨迹)可帮助分析和预测系统的性能。

图 6.23 所示为图 6.22(b)中系统的根轨迹。从中可以看出，根从极点出发($K=0$)，当 K 增大时沿着箭头的方向运动。

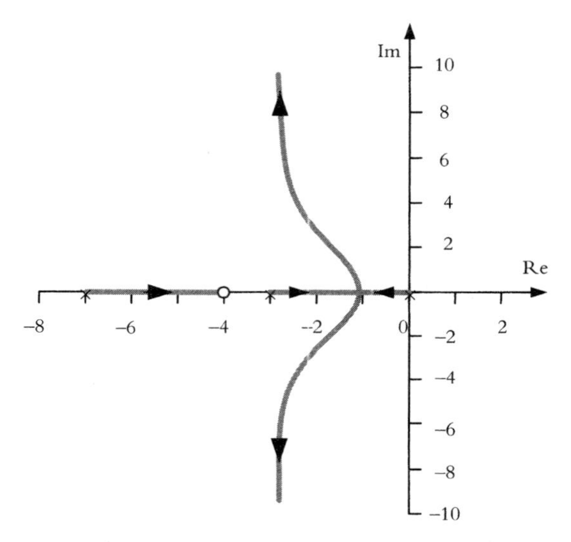

图 6.23　图 6.22(b)中系统的根轨迹

从图中立即可以得出一个结论：由于所有极点和零点均在虚轴的左边，所以系统总是稳定的。类似这样的结论使得根轨迹成为一个非常有力和有用的方法。

下一节将学习根轨迹法及其在控制系统设计中的应用。

根轨迹的起点和终点　根轨迹的起点是式(6.49)中 K 为 0 的根，即开环传递函数的极点。因此，通过在复平面中绘制极点，就可得到根轨迹所有分支的起点。

当式(6.49)中的 K 趋近无穷大时，每一分支的根轨迹终止于零点或无穷大。因此，通过绘制开环传递函数的零点就可以标出根轨迹的终点。每一分支都起始于极点，而终止于零点或无穷远。

若所有的根被从右至左地逐一计算，则根轨迹仅存在于奇数个根的左侧。每一分支都起始于极点，而终止于零点或无穷远。

起点与终点间的根轨迹　根轨迹上每个点的位置与零点或极点的关系可由具有实部和虚部的向量来表示。根轨迹上的点至开环传递函数每个零点和极点的所有向量乘积的比值反映了整个传递函数增益的大小，即

$$M_{TF}=\frac{\prod M_{z_i}}{\prod M_{p_i}}=\frac{M_{z_1}M_{z_2}\cdots}{M_{p_1}M_{p_2}\cdots} \tag{6.51}$$

其中 M_{z_i} 和 M_{p_i} 是零点和极点指向该点的向量的幅值。类似地，相应向量的幅角关系满足

$$\theta = \sum \theta_{z_i} - \sum \theta_{p_i} = \pm 180^\circ \tag{6.52}$$

例 6.14　对于特征方程 $K(s-1)(s+1)+(s+4)(s+6)=0$，计算向量的幅值和幅角。如图 6.24 所示，计算向量点 $s=0+4j$ 对应的幅值和幅角关系。

解：利用式(6.51)和式(6.52)，可得

$$M = \frac{\sqrt{1^2+4^2} \times \sqrt{1^2+4^2}}{\sqrt{4^2+4^2} \times \sqrt{6^2+4^2}} = \frac{17}{\sqrt{32} \times \sqrt{52}} = 0.4167$$

$$\theta_{z_1} = \arctan\frac{4}{1} = 76^\circ,\quad \theta_{z_2} = \arctan\frac{4}{-1} = 104^\circ,$$

$$\theta_{p_1} = \arctan\frac{4}{6} = 33.7^\circ,\quad \theta_{p_2} = \arctan\frac{4}{4} = 45^\circ$$

$$\theta = 76 + 104 - 33.7 - 45 = 101.3^\circ$$

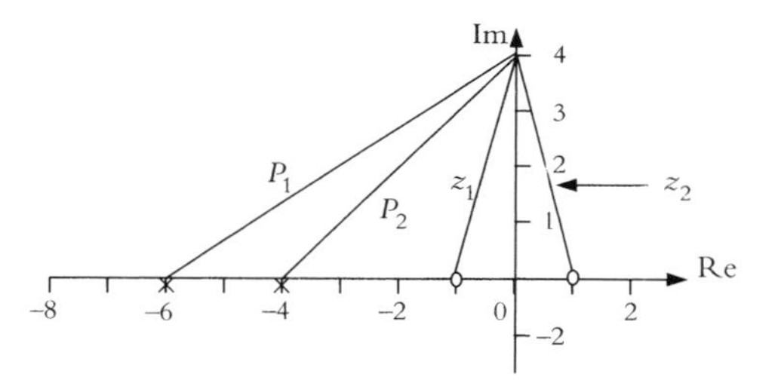

图 6.24　复平面中点到零极点间的向量

幅值判据　式(6.51)可作为确定根轨迹及用于设计目的的一个判据。根据式(6.48)，若满足下述幅值判据，则也一定满足闭环特征方程，并且所选点一定在根轨迹上：

$$KGH = 1\angle 180^\circ \tag{6.53}$$

幅角判据　类似地，根据式(6.53)，因为 K 为实数，则幅角判据为 $\angle GH = \pm 180°$。

例 6.15　根据幅值和幅角判据，例 6.14 中的点 $s=0+4j$，因为其对应的幅角 ($101.3° \neq \pm 180°$) 不满足条件，所以该点一定不在根轨迹上。

渐近线　渐近线的数目为

$$\alpha = \text{极点数-零点数} \tag{6.54}$$

渐近线与实轴的夹角　渐近线与实轴的夹角为

$$\theta = \frac{\pi,\ 3\pi,\ 5\pi,\ \cdots}{\alpha} \tag{6.55}$$

它可归纳为如表 6.5 所示。

渐近线中心　指定极点和零点的实部为 σ_p 和 σ_z，可得到渐近线的中心(渐近线与实轴的交点)为

$$\sigma_A = \frac{\sum \sigma_p - \sum \sigma_z}{\alpha} \tag{6.56}$$

表 6.5　根据渐近线数目确定其与实轴的夹角

α	夹角(°)
1	180
2	90, 270
3	60, 180, 300
4	45, 135, 225, 315

例 6.16　如图 6.23 所示，根据式(6.56)，渐近线的中心为

$$\sigma_A = \frac{\sum \sigma_p - \sum \sigma_z}{\alpha} = \frac{(0-3-7)-(-4)}{2} = -3$$

分离点和会合点　它们是实轴上增益 K 取最大值的点。因此，在这些点，系统为临界阻尼且有最快的上升时间而没有超调和振荡。这些点没有虚部，所以系统无振荡。我们可以通过对闭环特征方程求导并令其等于零来求出这些点：

$$
\begin{aligned}
&KG(s)H(s)+1=0 \quad \rightarrow \quad K=\frac{-1}{G(s)H(s)} \\
&\frac{\mathrm{d}K}{\mathrm{d}s}=\frac{\mathrm{d}}{\mathrm{d}s}\left(\frac{-1}{G(s)H(s)}\right)=0
\end{aligned} \tag{6.57}
$$

除了简单的情况，计算分离点和会合点需要求解高阶多项式，而这些并非总是容易求得的。因此，为了绘制根轨迹，需要估计分离点和会合点。如果有必要，也可以通过迭代计算来求得它们的准确位置。

例 6.17 绘制下列特征方程的根轨迹：

$$GH=\frac{1}{(s-1)(s+4)(s+6)} \qquad \rightarrow \qquad p=1,\ -4,\ -6$$

渐近线数目：$\alpha=3-0=3$，渐近线与实轴夹角为 60°，180°和 300°。

渐近线中心：$\sigma_A=\frac{\sum\sigma_p-\sum\sigma_z}{\alpha}=\frac{(1-4-6)-0}{3}=-3$

分离点：$\frac{\mathrm{d}K}{\mathrm{d}s}=\frac{\mathrm{d}}{\mathrm{d}s}(-(s-1)(s+4)(s+6))=0$，求解得到 $s=-0.9$ 和 -5.08。

图 6.25 显示了该例子的根轨迹。

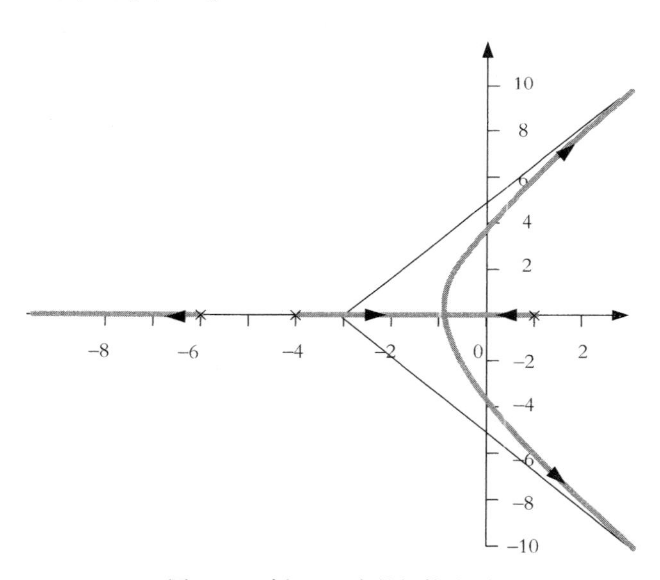

图 6.25 例 6.17 中的根轨迹图

例 6.18 绘制下列特征方程的根轨迹：

$$s^2+Ks+\omega^2=0 \quad \rightarrow \quad (s+\mathrm{j}\omega)(s-\mathrm{j}\omega)=-Ks\text{[见式(6.49)]}$$

因此，$p=\pm\mathrm{j}\omega$，$z=0$。

渐近线数目：$\alpha=2-1=1$，渐近线与实轴夹角为 180°。

渐近线中心在 $\sigma_A=0$。

分离点：$\frac{\mathrm{d}K}{\mathrm{d}s}=\frac{\mathrm{d}}{\mathrm{d}s}\left[-\frac{(s^2+\omega^2)}{s}\right]=0 \quad \rightarrow \quad s=\pm\omega$

图 6.26 所示为该例子的根轨迹。

利用 MATLAB 绘制根轨迹　前面学习了根轨迹的具体内容并能绘制它及将它用作设计的工具，虽然了解这些是非常重要的，但利用如 MATLAB 这样的程序绘制根轨迹也是非常方便的。如有 MATLAB 程序可以利用，首先以 g = zpk([z_1, z_2,…], [p_1, p_2,…], K) 的形式输入特征方程。然后输入 rlocus。MATLAB 就会绘制出根轨迹。更多信息可参考附录 C。

此外，MATLAB 命令 rltools 有助于控制器设计过程。下一节将同时运用分析工具和 MATLAB。

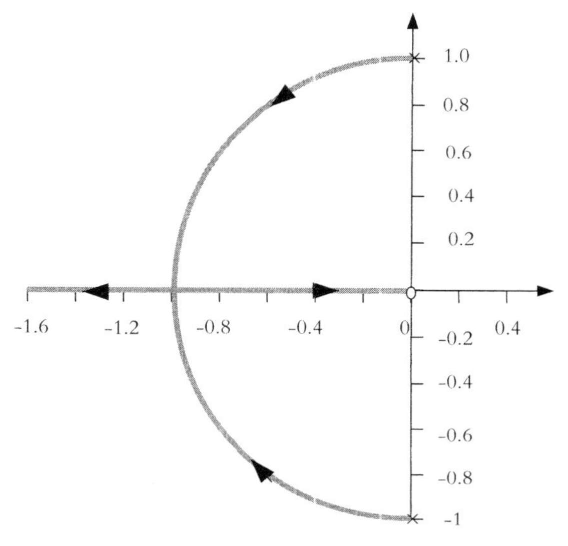

图 6.26　例 6.18 中的根轨迹图

6.14　比例控制器

如图 6.22(a)所示，前向通道中存在一个比例增益。就像之前讨论过的，当增益 K 变化时，系统零极点的位置在根轨迹上变化，所以系统的性能由增益 K 的值决定。因此，有可能通过选择(即设计)增益系数使系统达到期望的特定性能，例如，可能要求系统的超调量小于一定的百分数、要求系统为过阻尼系统或者要求上升时间小于一个定值等。这个称为极点配置的过程允许设计者选择极点并计算能给出该指定极点位置的 K 值。

比例控制器是最简单且最常用的控制器。我们仅需要改变控制器中已存在的放大倍数值，而不需要对系统增加别的东西。然而，对于比例控制器，并不总是能找到合适的极点位置使其满足性能要求。在这种情况下，需要使用下面将要讨论的其他类型的控制器。

在继续下一论题之前，建议回顾图 6.19。注意等阻尼线，响应快慢的方向，阻尼多少的方向等等。

下面的例子用来说明根轨迹在设计比例控制器中的应用。

例 6.19　找到合适的比例增益值使系统满足以下要求：

- 调节时间≤1 s
- 百分比超调量(% OS)≤5%
- $GH=\frac{K}{(s+1)(s+8)}$

解：图 6.27 所示为系统根轨迹。正如所期望的，在 −8 和 −1 处存在两个极点，在 $s=-4.5$处有两条渐近线。由于是二阶系统，根据式(6.34)和式(6.35)可得

$$T_s=4/\zeta\omega_n \rightarrow \zeta\omega_n=\frac{4}{T_s}=\frac{4}{1}=4$$

$$\%\text{OS} = e^{\left(-\zeta\pi/\sqrt{1-\zeta^2}\right)} \times 100\% \rightarrow \zeta = 0.69(\text{靠试凑})$$
$$\theta = \arccos\zeta = 46.5°$$
$$\omega_n = 5.8 \text{ rad/s}$$

因为这是二阶系统，我们才能使用式(6.34)。否则，需要使用基于主导极点的近似方法或利用将要讨论的 MATLAB。

将给出的性能指标的最小要求($\zeta\omega_n \geqslant 4$ 和 $\theta \leqslant 46.5°$)应用到图 6.27 所示的根轨迹，找出所有可行的根的位置位于垂直线的左侧和等阻尼线之间的区域。例如，点 A 及其共轭点，或点 B 及其相对应的 K 值都可以是可行的根。

现在来计算稳态误差，看上面的选择是否可行。注意该系统为 0 型系统，对于阶跃输入其稳态误差是有界的。将所给 GH 写成与式(6.44)相一致的形式，得出：

$$G(s)H(s) = \frac{K}{(s+1)(s+8)} \quad \rightarrow \quad K_p = \frac{K}{8} \quad 和 \quad E_{ss} = \frac{1}{1+\frac{K}{8}}$$

较大的 K 值将有较小的稳态误差，因此应该选择 A 点及其共轭点 $s = -4.5 \pm 4.5\text{j}$。根据式(6.51)，可计算出 K 值如下：

$$K = \frac{\prod M_{p_i}}{\prod M_{z_i}} = \frac{\sqrt{3.5^2+4.75^2} \times \sqrt{3.5^2+4.75^2}}{1} = 34.8$$
$$E_{ss} = \frac{1}{1+\dfrac{K}{8}} = 0.187$$

图 6.28 所示为利用 MATLAB 绘制单位阶跃函数输入时系统的响应。注意稳态误差与分析结果是否符合，还需注意超越终值的超调量为 5%，调节时间大约为 1 s。

图 6.29 所示为选择图 6.27 中 B 点为根时系统的响应。可以看到，调节时间仍然大约为 1 s，但没有超调(临界阻尼)，稳态误差远远变大了，大约为 0.4。下一节将讨论如何减少该误差。

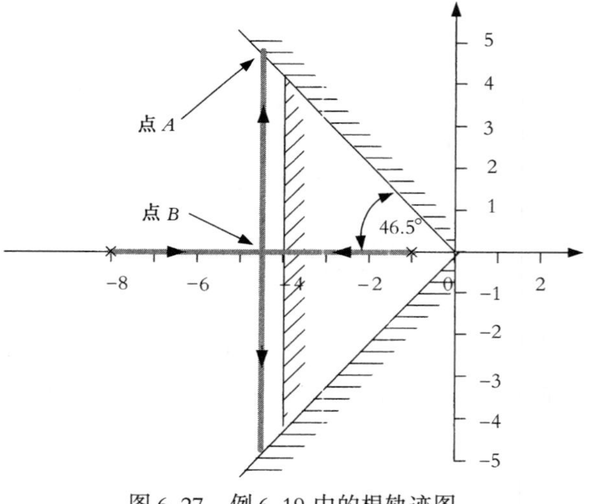

图 6.27 例 6.19 中的根轨迹图

例 6.20 例 6.2(见图 6.6)研究了液压起重机。如图 6.30(a)所示，通过增加一个浮动杠杆，使系统变成了比例伺服阀。当杆臂抬起时，液体推动动力活塞向下运动，它又带动阀柱向下移动并最终将阀关闭。图 6.30(b)所示为该系统的反馈回路。该系统可表示如下，注意其传递函数为 0 型系统(比例控制器)：

$$\frac{Y(s)}{R(s)} = \frac{\dfrac{l_2}{l_1+l_2}\dfrac{K}{s}}{1+\dfrac{l_1}{l_1+l_2}\dfrac{K}{s}} = \frac{l_2 K}{(l_1+l_2)s + l_1 K}$$

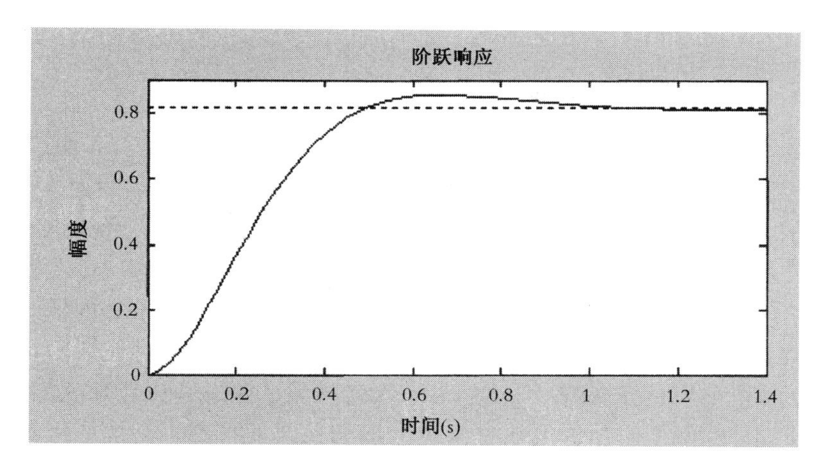

图 6.28　例 6.19 中系统的阶跃响应

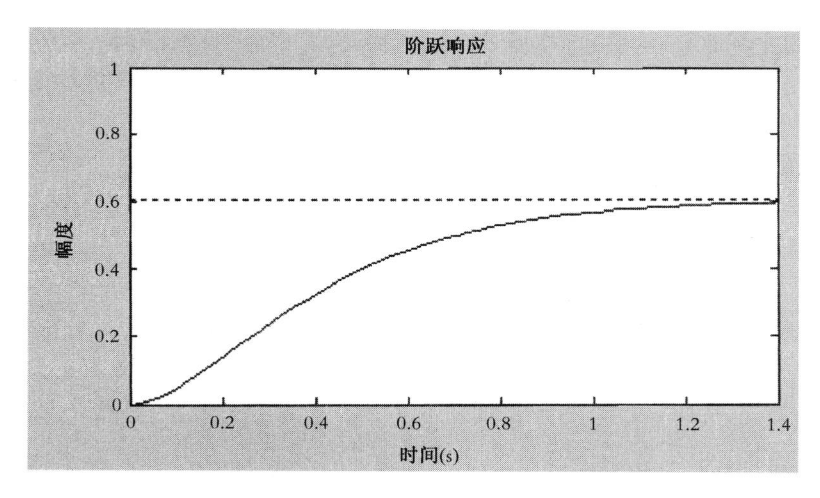

图 6.29　例 6.19 中临界阻尼时系统的响应

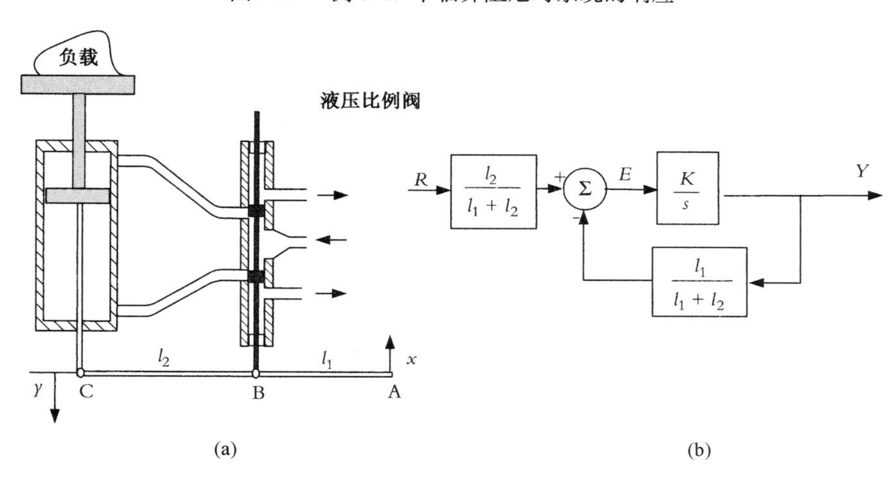

图 6.30　比例液压伺服阀

6.15　比例积分控制器

积分控制器提供了一种消除系统稳态误差的方法。因为积分器的引入使传递函数分母增加了额外的 s，因此提高了系统的型别。参考6.12节可知，对于阶跃函数输入，0型系统的稳态误差是有限值，而1型系统则为零。类似地，对于斜坡输入，0型系统的稳态误差是无穷大，而1型系统是有限的。每个积分器的引入都将提高系统的型别，减小误差限。

设想设计一个机器人控制系统，要求：(1)机器人驱动器对阶跃函数的响应(从一个位置运动到另一位置)不应有超调；(2)应尽可能快地上升到输入信号的值；(3)不应有任何稳态误差。很明显，如果响应存在误差，那么所有关于加速度、速度和位置精度的估计都将是错的。因此，需要设计控制器以使所有这些要求同时得到满足。然而，就像例6.19中所讨论的，当仅使用比例控制器时，即使允许有超调，其稳态输出也存在较大误差。当将极点配置在实轴上时，使其为临界阻尼且无超调，但其稳态误差更进一步增加了。为获得快速的响应，需要更高的比例增益，但如此势必增加超调和误差。当超调减少时，误差就会增大。因此，单独使用比例控制器不能同时满足快速的响应、无超调和零稳态误差的要求。然而，同时拥有比例和积分环节将可以改善系统的响应。

具有增益 K_P 和 K_I 的比例加积分(PI)控制器可以表示为如图6.31所示，并推导如下(注意这里所用的 K_P 不同于6.12节的静态位置误差系数中的 K_P)：

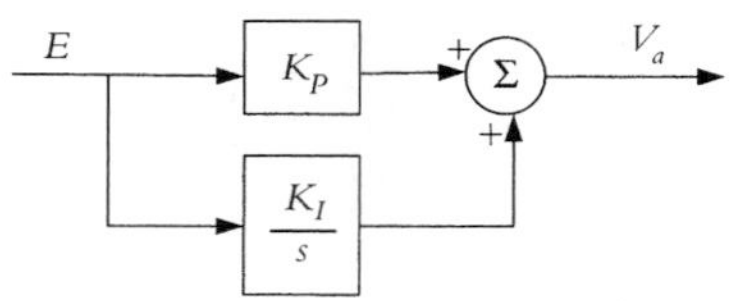

图6.31　比例加积分控制器

$$G=\frac{V_a}{E}=K_P+\frac{K_I}{s}=\frac{K_P\left(s+\frac{K_I}{K_P}\right)}{s}=\frac{K(s+z_I)}{s} \quad (6.58)$$

其中，$z_I=\dfrac{K_I}{K_P}$。如式(6.58)所示，控制器增加了一个在原点的极点和一个在 z_I 的零点，其值受所选 K_I 和 K_P 的影响。为了使增加部分不严重影响根轨迹的形状，应取 z_I 靠近原点。因此，积分增益应当小于比例增益。对于这样的选择，将极点配置在原点，且零点靠近原点只附加了很小一部分根轨迹，而不会改变其主体形状。以下例子说明了它将如何影响系统的性能。

例6.21　例6.19中的系统可修改成比例加积分控制器以消除稳态误差。这里通过增加原点处积分器极点和 $z_I=-0.1$ 处的零点来修改系统。图6.32所示为如下修改后系统的根轨迹：

$$GH=\frac{K(s+0.1)}{s(s+1)(s+8)}$$

可以看到，这里的根轨迹除了在原点和新增零点间有一小段分支外，总体看起来与例6.19类似。因为系统不再是二阶的，其计算调节时间的方程不再成立，但允许的根的范围仍然是相同的。

图6.33(a)所示为系统选择根在 A 点及其共轭点(-4.5 ± 4.5j)时的阶跃响应。如图所示，开始时有5%的超调量，尽管调节时间变长了，但积分器使稳态误差减少为零。图6.33(b)所示为根选在 B 点时系统的阶跃响应。注意，因为它相当于临界阻尼，因此没有超调，但无稳态误差的响应更慢了。所以，积分器的引入(同时在原点附近加入一个零点)在不改变系统整体特性的情况下提高了系统的稳态性能。

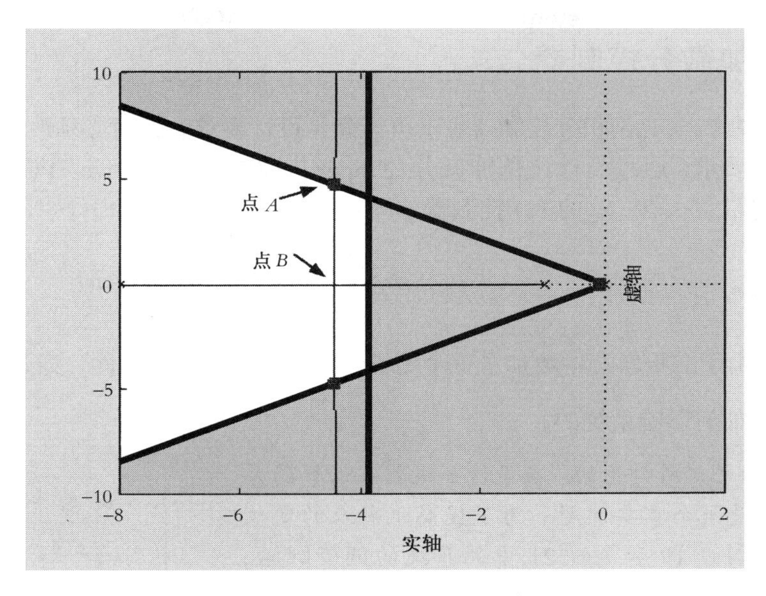

图6.32 例6.21中系统的根轨迹

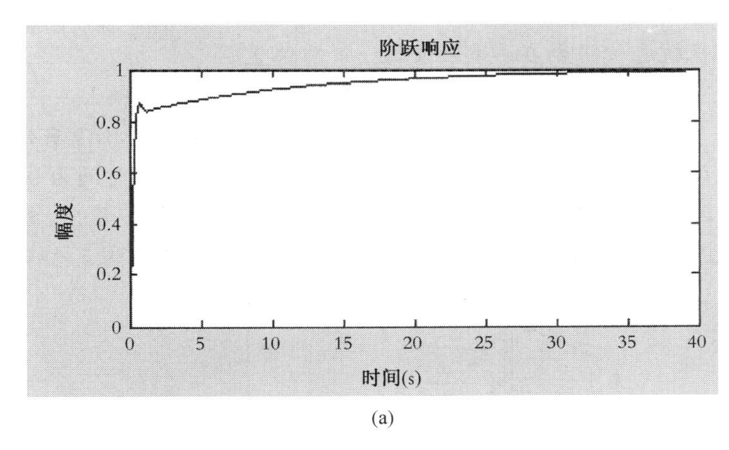

(a)

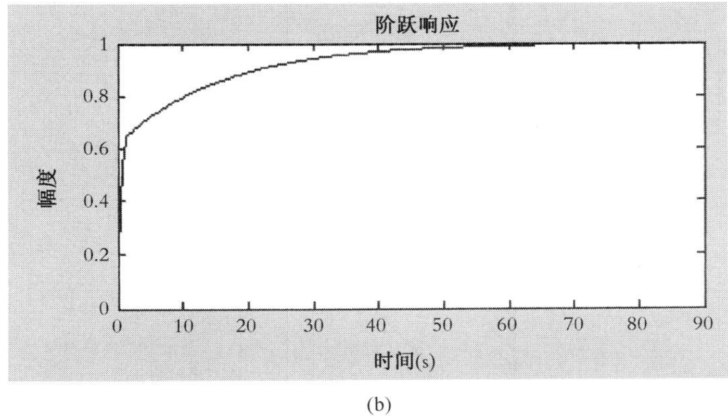

(b)

图6.33 例6.21中的系统的阶跃响应

6.16　比例加微分控制器

有时比例控制器或比例积分控制器也不可能满足设计要求。这时必须改变系统的动态特性才能达到设计要求，通过设计比例加微分(Proportional-Plus-Derivative，PD)控制器可以达到这一点。具有增益 K_P和 K_D的 PD 控制器如图 6.34 所示，并推导如下：

$$G=\frac{V_a}{E}=K_P+K_D s=K_D\left(s+\frac{K_P}{K_D}\right)=K(s+z_D) \tag{6.59}$$

其中 $z_D=\dfrac{K_P}{K_D}$。由于在根轨迹中增加了一个零点，因此改变了系统特性。通过下面的例 6.22 可具体了解它是如何影响系统的。

例 6.22　如之前所讨论的，在设计如机器人这样的系统时，调节时间是一个重要问题。为了提高机器人的定位精度，需要改进例 6.19 和例 6.21 中的系统的调节时间。可以看到，虽然例 6.19 的系统中积分器的引入消除了稳态误差，却增加了调节时间。然而，在这两种情况下，对于给定的调节时间，根轨迹被限制在 −4 或靠近 −4 的位置。为了改进设计要求，需要减少调节时间。但由于渐近线中心靠近实轴上 −4.5 的点，因此得到的最佳调节时间 $T_s=4/\zeta\omega_n=4/4.5\approx0.9$。除此以外，如图 6.35 所示，没有任何可用的根符合要求。现在假定设计要求为，在具有同样 5% 的超调量情况下的调节时间为 0.6 s。要满足这样要求的根的限制区域如图 6.35 所示。我们选择 A 点及其共轭点 $s=-6.5\pm7\mathrm{j}$ 作为达到设计要求的期望点，为此需求得控制器微分部分的位置，以便能给出包含这些点的根轨迹。

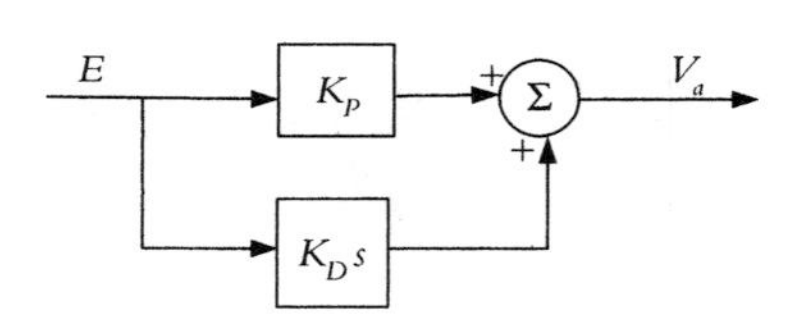

图 6.34　比例加微分控制器

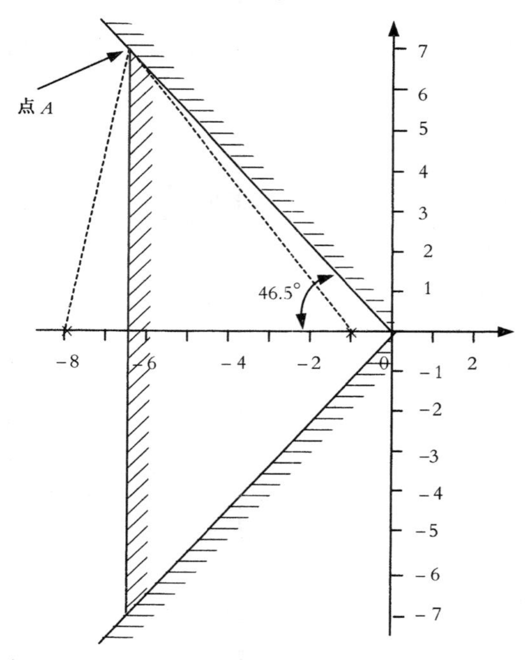

图 6.35　没有可用的特征根使得调节时间少于 0.9 s

为得出这个零点的位置，可采取如下步骤。

1. 计算缺失角。对于原始传递函数 $GH=\frac{K}{(s+1)(s+8)}$，其特征根在点 $s=-1$ 和 $s=-8$。根据式(6.52)，到点 $s=-6.5\pm7j$ 的复向量的幅角为

$$\theta_{p(-1)}=180^\circ-\arctan\left(\frac{7}{-6.5-(-1)}\right)=128.2^\circ$$

$$\theta_{p(-8)}=\arctan\left(\frac{7}{-6.5-(-8)}\right)=77.9^\circ$$

$$\sum\theta_{z_i}-\sum\theta_{p_i}=\theta_z-(128.2^\circ+77.9^\circ)=\pm180^\circ \quad\rightarrow\quad \theta_z=26.1^\circ$$

2. 根据缺失角，确定零点位置：

$$\tan 26.1^\circ=\frac{7}{-6.5-(z)} \quad\rightarrow\quad z=-20.8^\circ$$

3. 这些特征根的增益也可根据式(6.51)计算得到：

$$M_{TF}=\frac{\prod M_{z_i}}{\prod M_{p_i}}=\frac{\sqrt{5.5^2+7^2}\sqrt{1.5^2+7^2}}{\sqrt{14.3^2+7^2}}=4$$

4. 系统的总的传递函数为

$$GH=\frac{4(s+20.8)}{(s+1)(s+8)}$$

图 6.36 所示为系统的根轨迹。图 6.37 所示为系统阶跃响应。如图，超调量和调节时间均满足要求。然而，由于系统不包含积分器，稳态误差并不为零。

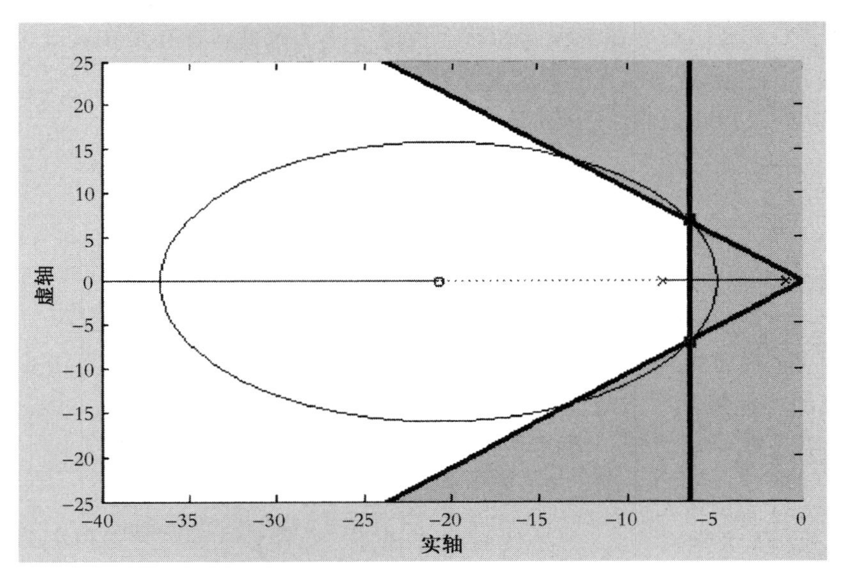

图 6.36　例 6.22 中系统的根轨迹

需要特别注意的是，微分控制器非常容易受到高频噪声的影响，尤其是高增益时更是如此。由于该类控制器对信号进行微分，当存在高频(剧烈变化)信号时，该信号的微分会变得

极大。因此，需要设计滤波器以降低系统中的高频噪声。下式可很容易地来说明这一点：

$$e(t)=1\sin(10t)+0.01\sin(1000t)$$

$$\frac{\mathrm{d}}{\mathrm{d}t}e(t)=10\cos(10t)+(10)\cos(1000t)$$

虽然噪声的幅值很小，但经过微分后，它将会对系统产生很大的影响。

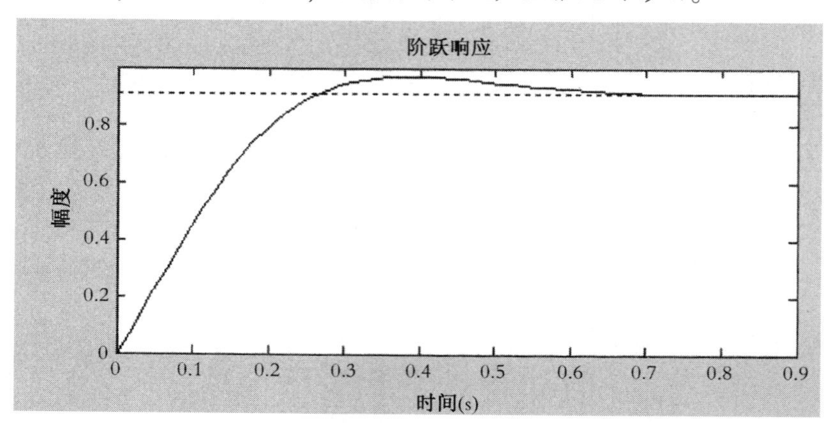

图 6.37　例 6.22 中的系统的阶跃响应。$\zeta=0.68$，$s=-6.5\pm7\mathrm{j}$，增益 =4

6.17　比例积分微分(PID)控制器

如前面所见，控制器中引入微分环节改善了系统的性能，它允许将特征根配置在期望的位置，从而达到设计要求。然而，比例和微分控制器不能使输入达到零稳态误差。多数系统，包括机器人，却要求有零稳态误差和其他性能要求。因此，有必要在系统中也加入积分器。但是必须确保积分器的引入不要改变系统的动态性能。

图 6.38 所示为 PID 控制器的结构。系统的传递函数为

$$G=\frac{V_a}{E}=K_P+\frac{K_I}{s}+K_Ds=\frac{K_D\left(s^2+\frac{K_P}{K_D}s+\frac{K_I}{K_D}\right)}{s}=\frac{K_D(s+z_1)(s+z_2)}{s}\tag{6.60}$$

为了保持系统的性能和根轨迹的大致形状，可以配置式(6.60)中的一个零点靠近原点，从而抵消在原点的积分器极点对动态性能的影响(称为零极点对消)。如此，虽然系统动态性能几乎没有变化，但因为系统型别提升了，稳态误差将变为零。记住零点必须是实数且不相同。

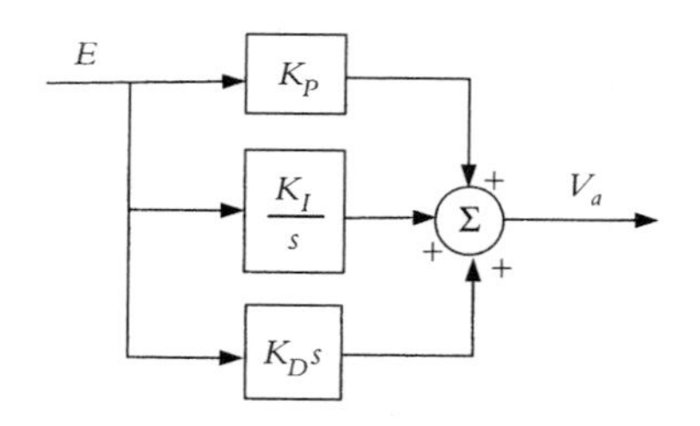

图 6.38　比例积分微分(PID)控制器

例 6.23　为了消除例 6.22 中系统的稳态误差，增加一个在原点的极点和一个靠近原点的零点。这时系统可表示为

$$GH=\frac{K(s+20.8)(s+0.5)}{s(s+1)(s+8)}$$

系统的根轨迹如图 6.39 所示。注意，即使传递函数中增加了一个极点和一个零点，其根轨迹仍与图 6.36 中的根轨迹十分相似。注意，零点的位置是随意选择的，可以采用其他值。图 6.40所示为系统的阶跃响应。可以看到所有的设计要求多数都得到了满足。

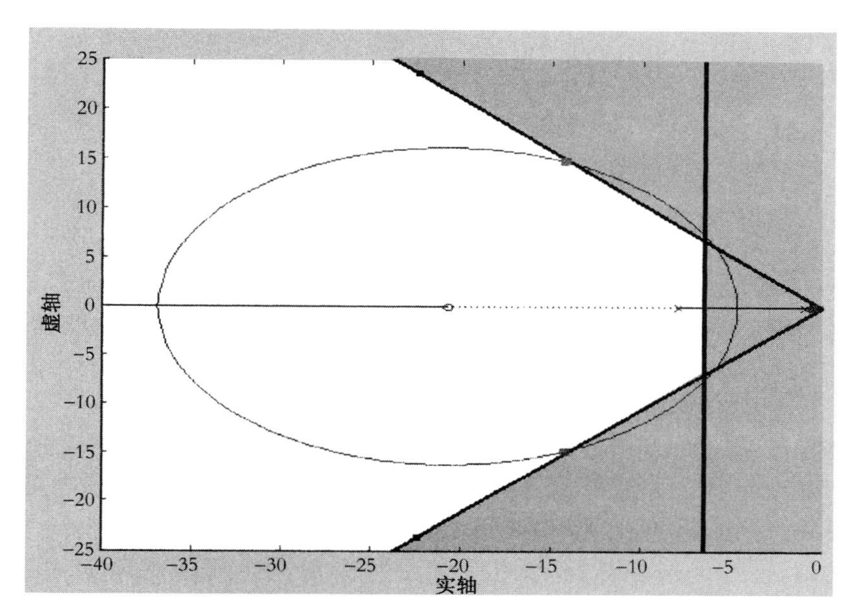

图 6.39　例 6.23 中系统加入比例积分微分控制器后的根轨迹

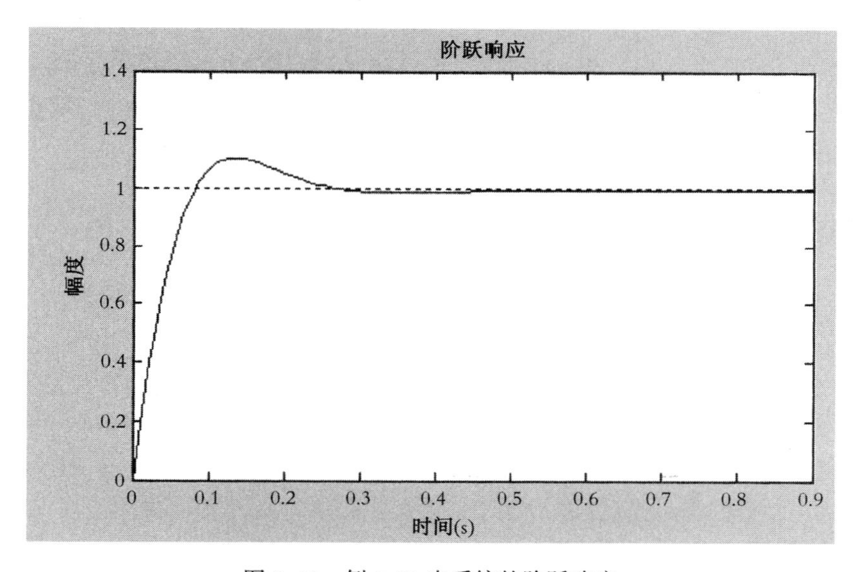

图 6.40　例 6.23 中系统的阶跃响应

所选极点为 $s=-14.3\pm14.8\mathrm{j}$，阻尼系数 $\zeta=0.697$。回路增益为 20.2。根据式(6.60)，计算出系统增益如下：

$$G=\frac{K_D\left(s^2+\frac{K_P}{K_D}s+\frac{K_I}{K_D}\right)}{s}=\frac{20.2(s+20.8)(s+0.5)}{s}$$

$$K_D\left(s^2+\frac{K_P}{K_D}s+\frac{K_I}{K_D}\right)=20.2(s^2+21.3s+10.4)$$

$$K_D=20.2$$

$$K_P=430.3$$

$$K_I=210.1$$

6.18 超前和滞后补偿器

根据期望的设计性能指标，理想的积分和微分控制器经常用来改变系统的响应，这些设计性能指标包括调节时间、响应速度、超调量和稳态误差的消除等。但是，它们都是有源系统，因而需要能源。另外，微分控制器具有宽频带特性。因此，尽管它能对系统中的高频信号进行微分，但是当存在噪声时也会产生问题。

作为一个替代方案，也可以使用超前补偿器或滞后补偿器。它们都是无源电路，基本上由电阻、电容和电感组成。超前补偿器具有有限的带宽，因此更适合用于滤除高频噪声。

超前和滞后补偿通常出现在系统频域分析中(例如伯德图)。

滞后补偿器 滞后补偿器包含一个零点和一个极点，零点在极点附近，极点靠近原点。增加的靠近原点(并不在产生纯积分器的原点)的极点的作用与积分器类似，但是由于它不是纯积分，因此会增加稳态误差，损失系统精度。因此，滞后补偿器被认为是不完美的。在极点附近增加的零点使得根轨迹几乎保持不变。

超前补偿器 超前补偿器包含一个作用与微分控制器类似的靠近原点的零点，还有一个靠近该零点的极点。超前补偿器对根轨迹的整体形状只有很小的改变，但是可以提供带宽有限的无源微分补偿。

6.19 伯德图和频域分析

与根轨迹相关联的分析和设计方法都是以时域(或拉普拉斯变换)为基础的。但是，很多系统的输入函数是连续变化的，因此在频域中分析它们更合适。伯德图是将 s 代换为 $j\omega$ 的开环传递函数在频域中的图形表示。它包含两幅图：一个是以对数刻度表示的 GH 幅值图，另一个是相角随 ω 的变化图。图6.41 是用 MATLAB 画出的 $G(s)=1/(s^2+s+100)$ 的典型伯德图。可以看到，幅值图绘制在以分贝(dB)为单位的对数坐标中，其中幅值(dB) $=(20)\log|G(j\omega)|$。相位图也是这样绘制的。注意幅值(输出与输入之比)在系统自然频率($\omega_n=10$)处的变化趋势。这两幅图也随阻尼比显著变化。然而，通过绘制斜率为系统阶次函数的渐近线，可以画出伯德图，尽管在拐角频率处存在一定误差。以图 6.41 所示系统为例，由于传递函数为二阶，在高频处幅值以 −40 dB/十倍频程为斜率下降，同时相位变化为 −90°/十倍频程。因为幅值和相位都以对数坐标表示，所以特征方程的不同部分的伯德图可以简单相加以得到整个系统的伯德图。关于利用伯德图的更深入的知识和设计方法，可参阅相关书籍和期刊文献。

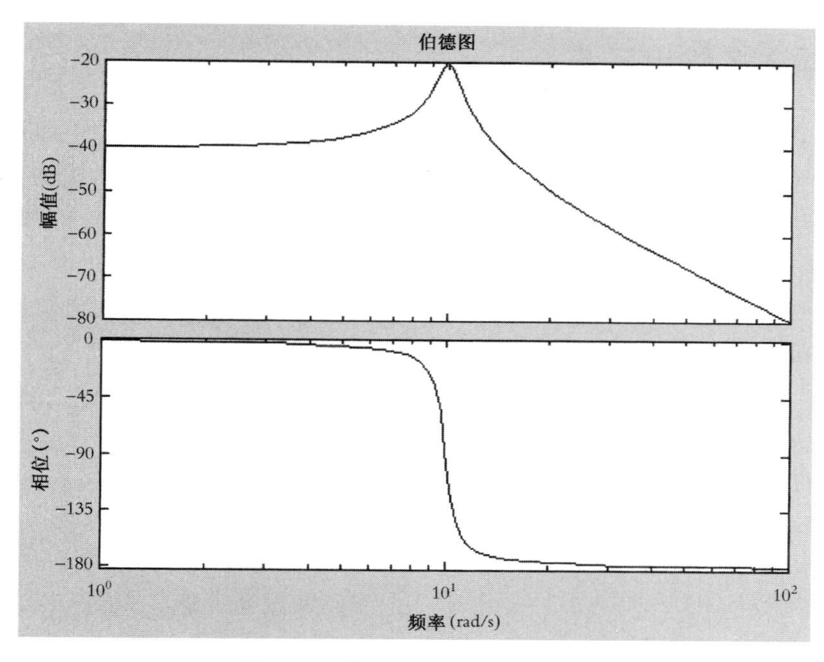

图 6.41　典型的二阶系统伯德图

6.20　开环和闭环表示的应用对比

读者可能已注意到，开环和闭环表示已在不同的场合得到应用。下面总结它们各自的应用场合。对于图 6.42 所示的系统，其闭环传递函数、特征方程和开环传递函数分别为

$$\mathrm{CLTF} = \frac{Y(s)}{R(s)} = \frac{KG}{KGH+1}$$

$$\mathrm{OLTF} = KGH$$

特征方程为 $KGH+1$

开环传递函数表示了用反馈传感器测量得到的系统输出。

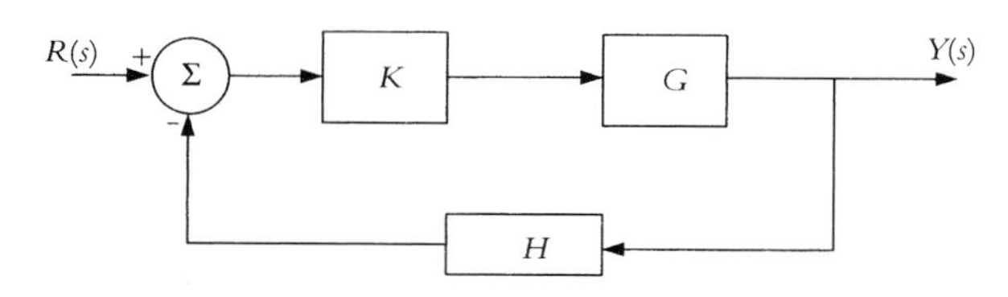

图 6.42　典型反馈控制系统

- 稳定性：画出闭环传递函数的所有极点，它们必须都位于左半平面。
- 稳态误差 E_{ss}：它与系统类型和输入类型有关。用具有单位反馈的开环传递函数来计算稳态误差。
- 根轨迹：利用开环传递函数画根轨迹，它起始于开环传递函数的极点，终止于零点或无穷远。

6.21 多输入多输出系统

到目前为止所考虑的系统均为一个输入和一个输出的单输入单输出(SISO)系统。例如，当给电机施加一个电压(输入)时，电机便会转动并可测量它的角速度(输出)。然而，许多系统具有多个自由度(DOF)，即不止一个变量控制着系统。这种情况存在多个输入和多个输出(MIMO)。下面是如何分析线性 MIMO 系统的简单例子。

例 6.24 图 6.43 所示为一个多输入单输出系统。推导输入与输出之间的关系。

解: 这个问题有多种解法。这里简单地给出一种如下：

$$\{[R_1-((YH_2+R_3)H_1)]G_1+R_2\}G_2=Y$$
$$R_1G_1G_2-YH_1H_2G_1G_2-R_3H_1G_1G_2+R_2G_2=Y$$
$$G_2(R_1G_1-R_3H_1G_1+R_2)=Y(1+H_1H_2G_1G_2)$$
$$Y=\frac{G_2(R_1G_1+R_2-R_3H_1G_1)}{1+H_1H_2G_1G_2}$$

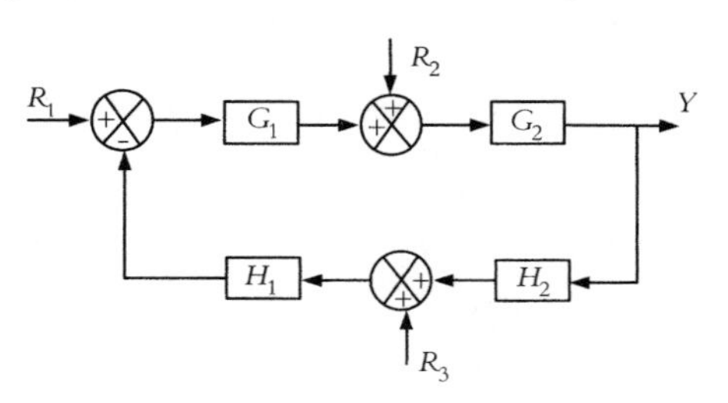

图 6.43 例 6.24 的多输入单输出系统

例 6.25 推导图 6.44 所示多输入多输出系统中表示每个输出的方程。

解: 写出每个输入与输出的关系式如下：

$$\begin{cases}(R_1-Y_2H_2)G_1=Y_1\\(R_2-Y_1H_1)G_2=Y_2\end{cases}$$

将 Y_2 代入 Y_1 可得

$$(R_1-(R_2-Y_1H_1)G_2H_2)G_1=Y_1$$
$$R_1G_1-R_2G_1G_2H_2=Y_1(1-G_1G_2H_1H_2)$$
$$Y_1=\frac{R_1G_1-R_2G_1G_2H_2}{(1-G_1G_2H_1H_2)}$$

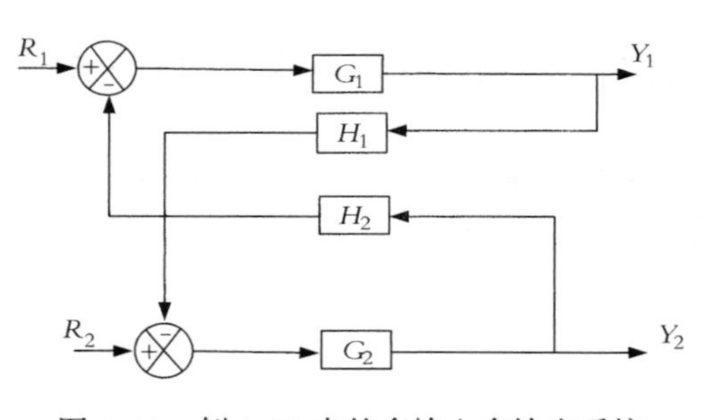

图 6.44 例 6.25 中的多输入多输出系统

类似地，将 Y_1 代入 Y_2 可得

$$(R_2-(R_1-Y_2H_2)G_1H_1)G_2=Y_2$$
$$R_2G_2-R_1G_1G_2H_1=Y_2(1-G_1G_2H_1H_2)$$
$$Y_2=\frac{R_2G_2-R_1G_1G_2H_1}{(1-G_1G_2H_1H_2)}$$

这两个方程可以写成如下矩阵形式：

$$\begin{bmatrix}Y_1\\Y_2\end{bmatrix}=\begin{bmatrix}\dfrac{G_1}{K}&\dfrac{-G_1G_2H_2}{K}\\\dfrac{-G_1G_2H_1}{K}&\dfrac{G_2}{K}\end{bmatrix}\times\begin{bmatrix}R_1\\R_2\end{bmatrix},\quad 其中 K=(1-G_1G_2H_1H_2)$$

多轴机器人有多个输入和多个必须同时控制的输出。然而，在多数机器人中，每个轴以单输入单输出单元独立地控制。尽管这样会引入一些误差，但是在大多数实际应用中，这些误差很小。这些系统的分析超出了这里控制理论导论介绍的范围。更深入的知识可参阅这个专题的相关书籍和期刊文献。

6.22　状态空间控制方法

描述系统输入与输出之间关系的传递函数只能用在系统零初态(否则不能应用拉普拉斯变换)的情况，并且它只能表示系统输入与输出的关系，而不能表示系统输入与系统内部信号之间的关系。这种表示的一个替代方法是状态空间方法，它可以将系统中的不同信号相互关联在一起，构造一组易于求解并能提供内部信号信息的一阶线性方程。重复前面的例子，考虑图 6.4 所示的机械系统。

式(6.3)给出了描述作用在物体 m 上的力 $\boldsymbol{F}$ 所产生的运动，即

$$m\frac{\mathrm{d}^2x}{\mathrm{d}t^2}+b\frac{\mathrm{d}x}{\mathrm{d}t}+kx=\boldsymbol{F}$$

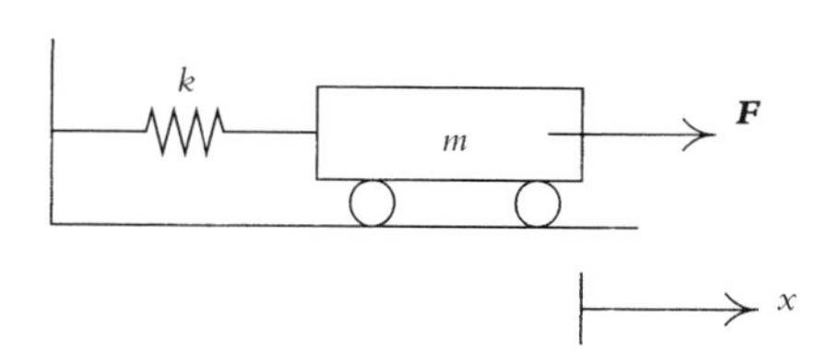

图 6.4　机械系统

当然，实际的运动与物体位置和速度的初始条件有关。换言之，物体位置和速度的后续运动取决于施加力 $\boldsymbol{F}$ 时物体所处位置和它的速度。每个变量就是一个状态。因此，可以用如下不同的形式来表示这个方程。选择物体的位置作为一个状态，$y_1=x$。选择速度作为第二个状态，因此 $y_2=\dot{x}=\dot{y}_1$。可以看到，系统的初始条件和状态(位置和速度)都包含在这样的表达式中。式(6.3)可写为

$$m\ddot{y}_1+b\dot{y}_1+ky_1=\boldsymbol{F}\quad\text{或}\quad m\dot{y}_2+by_2+ky_1=\boldsymbol{F}$$

$$\begin{cases}\dot{y}_1=y_2\\ m\dot{y}_2=-by_2-ky_1+\boldsymbol{F}\end{cases}\quad\rightarrow\quad\begin{bmatrix}\dot{y}_1\\ \dot{y}_2\end{bmatrix}=\begin{bmatrix}0&1\\ -k/m&-b/m\end{bmatrix}\begin{bmatrix}y_1\\ y_2\end{bmatrix}+\begin{bmatrix}0\\ 1/m\end{bmatrix}\boldsymbol{F}$$

输出可表示为

$$x=\begin{bmatrix}1&0\end{bmatrix}\begin{bmatrix}y_1\\ y_2\end{bmatrix}$$

这就是描述系统的状态方程。这是一个二维线性时不变方程，通过引入速度状态变量将方程中的二阶部分转换成了一阶。如果需要，系统的状态 y_1 和 y_2 可以用传感器测量得到。

现在考虑图 6.45 所示的具有 3 个状态 x_1 、x_2 和 x_3 的系统，可以推得其传递函数为

$$\begin{aligned}&R-E_1\left(\frac{a_1}{s}+\frac{a_2}{s^2}+\frac{a_3}{s^3}\right)=E_1\quad\rightarrow\quad R=E_1\left(1+\frac{a_1}{s}+\frac{a_2}{s^2}+\frac{a_3}{s^3}\right)\\&Y=\frac{E_1}{s^3}\\&\frac{Y}{R}=\frac{1}{s^3+a_1s^2+a_2s+a_3}\end{aligned}\tag{6.61}$$

现在考虑图 6.46 所示系统，其中系统的输入增加了状态反馈，即 $E_2=R-k_1x_1-k_2x_2-k_3x_3$。注意这里每个状态是前一状态的积分，并注意在任何给定的时间这些状态是如何被利用的。

可以推得系统的传递函数为

$$
\begin{aligned}
&E_2 - E_1\left(\frac{a_1}{s}+\frac{a_2}{s^2}+\frac{a_3}{s^3}\right) = E_1 \quad \rightarrow \quad E_2 = E_1\left(1+\frac{a_1}{s}+\frac{a_2}{s^2}+\frac{a_3}{s^3}\right)\\
&R - E_1\left(\frac{k_1}{s}+\frac{k_2}{s^2}+\frac{k_3}{s^3}\right) = E_2 \quad \rightarrow \quad R = E_1\left(1+\frac{a_1+k_1}{s}+\frac{a_2+k_1}{s^2}+\frac{a_3+k_1}{s^3}\right)\\
&Y = \frac{E_1}{s^3}\\
&\frac{Y}{R} = \frac{1}{s^3+(a_1+k_1)s^2+(a_2+k_2)s+(a_3+k_3)}
\end{aligned}
\tag{6.62}
$$

从式(6.61)和式(6.62)可知，除了每个系数增加一个 k 值，很显然这两个系统是相同的。这就提供了将特征式的根放置在任何期望位置的一个非常方便的方法。因此，它是设计控制系统的有效方法。

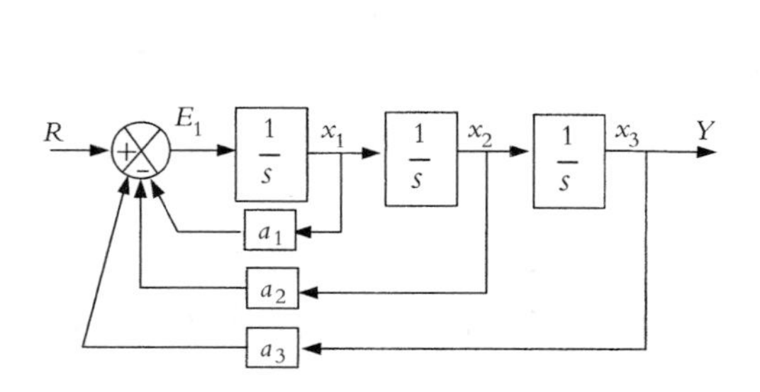

图 6.45　具有 3 个状态的系统

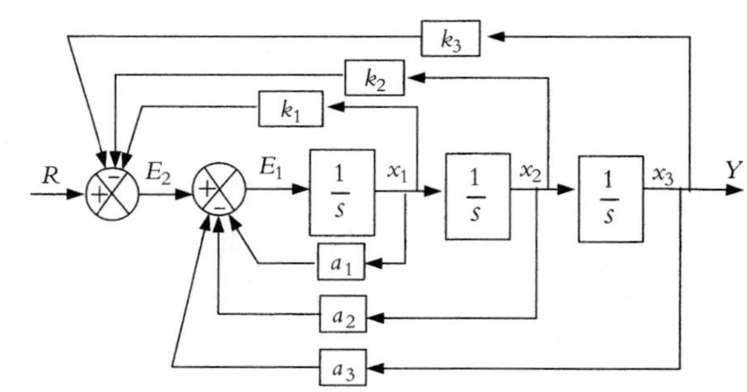

图 6.46　状态空间系统的表示

例 6.26　控制对象的模型为 $\dfrac{Y}{R}=\dfrac{1}{s(s+1)(s+5)}$，极点位于 $s=0$，$s=-1$ 和 $s=-5$。然而，为了改变系统的性能，希望将极点放置于 $s=-10$ 和 $s=-1\pm j\sqrt{3}$ 处。寻求适当的 k 值以达到这个要求。

解：原始对象表示为

$$R=\dddot{y}+6\ddot{y}+5\dot{y}, \qquad s^3+6s^2+5s=0$$

期望的对象可以表示为

$$(s+10)\left(s^2+2s+4\right)=\left(s^3+12s^2+24s+40\right)=0$$

让增广特征方程与期望特征方程相等，即可得到

$$(s^3+12s^2+24s+40)=[s^3+(6+k_1)s^2+(5+k_2)s+k_3]$$

$$
\begin{cases}
6+k_1=12\\
5+k_2=24\\
k_3=40
\end{cases}
\rightarrow
\begin{cases}
k_1=6\\
k_2=19\\
k_3=40
\end{cases}
$$

因此，这些极点可以很容易地放置到期望的位置。

这个系统的附加优点是，一旦系统的状态无法获得或者测量这些状态的花费太高，可以根据系统的动态特性估计状态的期望值。换言之，如果系统的动态特性可知，系统的状态就可以估计，如图 6.47(a)所示。因此，可以用提供每个状态值的估计器来修改系统，这些估计的状态值给控制系统提供反馈，系统的响应是可以测量的，如果需要也是可以修正的，如图 6.47(b)所示。估计器已用在许多系统中，从火箭到简单的装置。

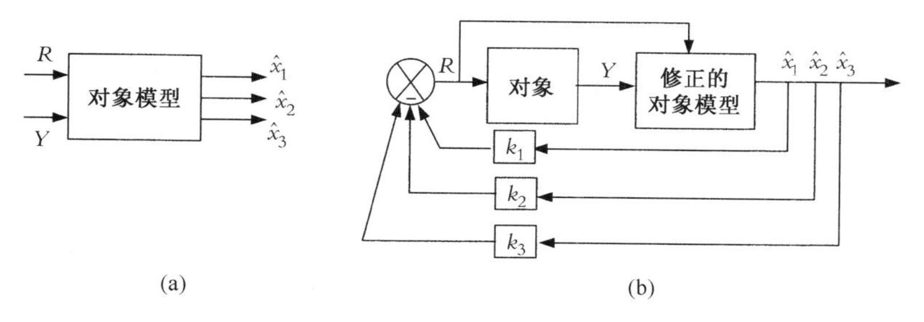

图 6.47　估计器在控制系统中的应用

例 6.27　利用状态空间方法，推导描述图 6.48 所示的直流电机的方程。

解：对于系统的电路部分，其中 $v_{bemf} = K_B\dot{\theta}$（$K_B$ 为常数），可以写为

$$Ri + L\frac{\mathrm{d}i}{\mathrm{d}t} = e(t) - v_{bemf} = e(t) - K_B\dot{\theta}$$

对于系统的机械部分，加上其惯量（电枢和负载）、阻尼，以及 $T_{bemf} = K_t i$（K_t 为常数），可以写为

$$T_{bemf} = K_t i = J\ddot{\theta} + b\dot{\theta}$$

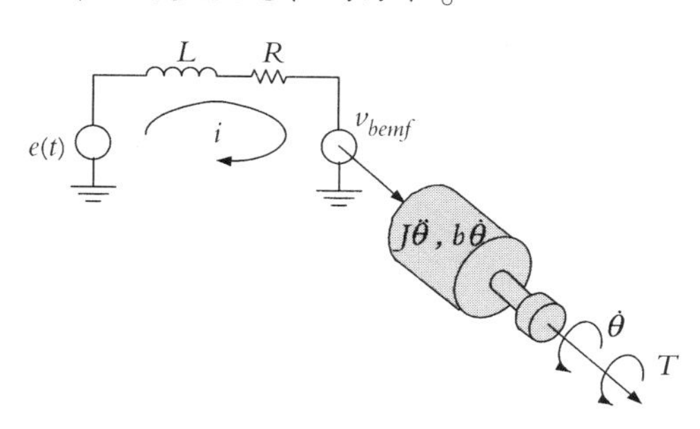

图 6.48　例 6.27 中的机电系统

电机的状态为：电流 i，转角 θ，以及角速度 $\dot{\theta}$。选择状态变量为 $x_1 = \theta$，$x_2 = \dot{\theta} = \dot{x}_1$ 和 $x_3 = i$。从而可写出如下方程：

$$\begin{cases} L\dot{x}_3 = e(t) - K_B x_2 - R x_3 \\ J\dot{x}_2 = K_t x_3 - b x_2 \\ \dot{x}_1 = x_2 \end{cases}$$

$$\begin{bmatrix} \dot{x}_1 \\ \dot{x}_2 \\ \dot{x}_3 \end{bmatrix} = \begin{bmatrix} 0 & 1 & 0 \\ 0 & -\dfrac{b}{J} & \dfrac{K_t}{J} \\ 0 & \dfrac{-K_B}{L} & \dfrac{-R}{L} \end{bmatrix} \begin{bmatrix} x_1 \\ x_2 \\ x_3 \end{bmatrix} + \begin{bmatrix} 0 \\ 0 \\ 1/L \end{bmatrix} e(t), \qquad \theta = [1 \quad 0 \quad 0] \begin{bmatrix} x_1 \\ x_2 \\ x_3 \end{bmatrix}$$

这里，再次将二阶方程转换为一阶线性时不变方程组，其中状态变量可以测量并将其用于控制。

显然，还有更多的状态空间控制方法，它们超出了本书覆盖的范围。更深入的知识可参阅本专题相关的书籍和期刊文献。

6.23　数字控制

数字控制用在微处理器作为控制器并对信号进行采样的系统中。在模拟控制中使用的许多方法，也可以用在数字控制中，包括根轨迹、超前-滞后、比例、积分和微分控制及伯德图等。然而，与连续系统相比的一个本质区别在于数字系统是离散的、非连续的。

原则上，数字系统可先在 s 平面中当成模拟系统进行设计，接着通过数字滤波，转

变到数字域(称为 z 平面),或者在数字域中直接进行设计。只要系统采样速率较高,两种方法都是可接受的,否则系统应该在数字域中进行设计(第 9 章中将讨论采样定理)。关于采样定理,简单地说就是,对于具有最大频率分量 ω 的系统,采样频率 ω_s 应该满足 $\omega_s \geqslant 2\omega$。

图 6.49 所示为数字系统的一般表示。微处理器(或计算机)产生的控制信号必须转换为模拟信号(利用“保持”电路或数模转换器)。传感器读取对象的响应,如果传感器不是数字的,在微处理器或计算机使用传感器信号之前,必须用模数转换器将信号采样并转换成数字的形式。

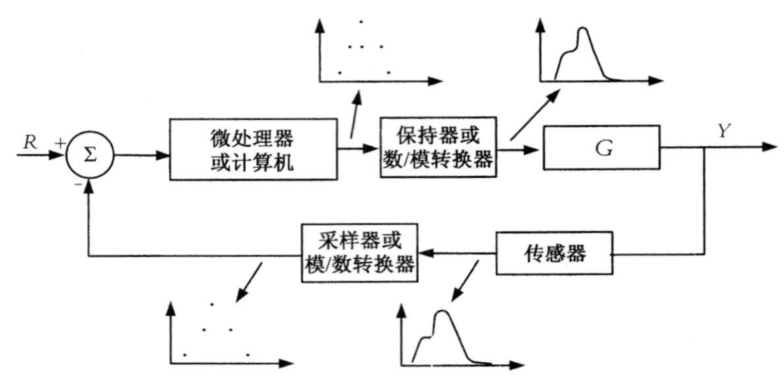

图 6.49 典型的数字系统

现在考虑微分方程 $\dot{y}+ay=u$。在数字系统中,模拟信号被采样并保持直到下次采样的发生,因此信号是离散的,它在采样时发生变化,而在采样间隔中保持不变。因此,$\dot{y}$ 必须用有限差分表示为

$$\dot{y}=\frac{\Delta y}{\Delta t}=\frac{y(n)-y(n-1)}{T}$$

将它代入微分方程中可得

$$\begin{aligned}&\frac{y(n)-y(n-1)}{T}+ay(n)=u(n)\\&y(n)=\frac{1}{1+aT}[y(n-1)+Tu(n)]\end{aligned} \tag{6.63}$$

其中 T 是采样周期。因此,需要将每个采样值与以前的数值联系起来,这可以用 z 变换实现。由过去所学可知,在连续域中函数及其导数的拉普拉斯变换定义为

$$\mathcal{L}[f(t)]=F(s)=\int_0^{\infty}f(t)\mathrm{e}^{-st}\mathrm{d}t \quad \text{和} \quad \mathcal{L}\left(f'(t)\right)=sF(s)-f(0)$$

类似地,在离散域中的 z 变换定义为

$$F(z)\triangleq\sum_{n=0}^{\infty}f(n)z^{-n} \tag{6.64}$$

和

$$Z(f(n-1))=z^{-1}F(z) \tag{6.65}$$

例 6.28　设 $f(n)=1$, $n=0, 1, 2, \cdots$, 该函数的 z 变换为

$$F(z)=\sum_{n=0}^{\infty} z^{-n}=\sum_{0}^{\infty} \frac{1}{z^{n}}=1+\frac{1}{z}+\frac{1}{z^{2}}+\cdots=\frac{1}{1-z^{-1}}=\frac{z}{z-1}$$

例 6.29　推导如下方程的 z 变换：

$$y(n)=-a_{1} y(n-1)-a_{2} y(n-2)+\cdots+b_{0} u(n)+b_{1} u(n-1)+b_{2} u(n-2)+\cdots$$

解：利用式(6.64)和式(6.65)，可得

$$Y(z)=\left[-a_{1} z^{-1}-a_{2} z^{-2}-\cdots\right] Y(z)+\left[b_{0}+b_{1} z^{-1}+b_{2} z^{-2}+\cdots\right] U(z)$$
$$Y(z)\left[1+a_{1} z^{-1}+a_{2} z^{-2}+\cdots\right]=\left[b_{0}+b_{1} z^{-1}+b_{2} z^{-2}+\cdots\right] U(z)$$
$$\frac{Y(z)}{U(z)}=\frac{b_{0}+b_{1} z^{-1}+b_{2} z^{-2}+\cdots}{1+a_{1} z^{-1}+a_{2} z^{-2}+\cdots}$$

这里只介绍了一点关于数学控制系统的知识，要了解关于这方面更多的知识，可参阅相关书籍与期刊文献。

6.24　非线性控制系统

如果描述系统的微分方程是线性的，并且系统的组成部分均表现为线性的形式，那么就认为这个系统是线性的。这就是说，如果系统的输入 $x_1(t)$ 和 $x_2(t)$ 产生的响应分别为 $y_1(t)$ 和 $y_2(t)$，则输入 $a_1x_1(t)+a_2x_2(t)$ 产生的响应将为 $a_1y_1(t)+a_2y_2(t)$。否则，系统就是非线性的。

大多数系统本质上是非线性的。例如，弹簧常数实际上并不是常数，然而对小范围的位移可以认为响应是线性的。非线性的其他例子包括饱和、齿隙、磁滞或者继电器的分段动作等。在机器人应用中也是这样，系统的许多组成部分本质上是非线性的，但为了简化分析，假定它们为线性的，或者将它们在小范围内线性化。在其他情况下，也可能将产生系统非线性部分的逆乘以该部分的响应，从而消除非线性部分的影响。例如，若某部分的输出是 $\sin\theta$ 函数，使其与 $1/\sin\theta$ 相乘就可以将输出线性化。换一种方法，因为 $\sin\theta$ 可以用泰勒级数函数表示，忽略掉高阶项也可以线性化这个函数，但是只适用于小角度情况。图 6.50 所示为系统元件具有非线性特性的示例。

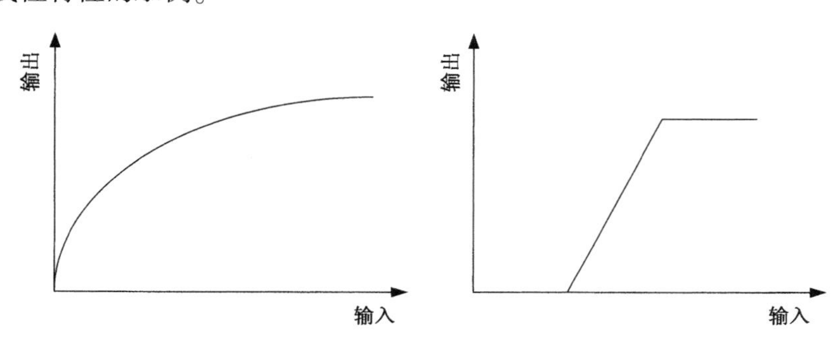

图 6.50　系统元件具有非线性特性举例

例 6.30　图 6.51 中描述了钟摆运动的非线性方程，可以在 $\theta=0$ 附近的小范围运动线性化为

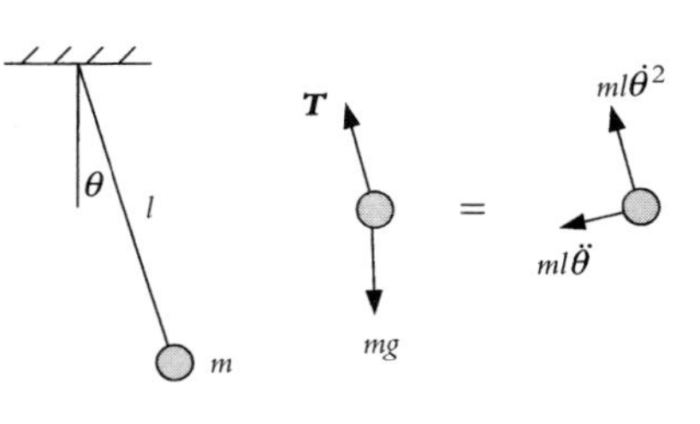

图 6.51　例 6.30 中的钟摆

$$ml\ddot{\theta}=mg\sin\theta \quad \rightarrow \quad l\frac{\mathrm{d}^2\theta}{\mathrm{d}t^2}=g\sin\theta$$

$$\frac{\mathrm{d}^2\theta}{\mathrm{d}t^2}+\left(\frac{g}{l}\right)\sin\theta=0$$

$$\sin\theta=\sum_{n=0}^{\infty}\frac{\theta^n}{n!}\left(\frac{\mathrm{d}^n}{\mathrm{d}\theta^n}(\sin\theta)|_{\theta=0}\right)=\theta-\frac{\theta^3}{3!}+\frac{\theta^5}{5!}-\cdots$$

忽略泰勒级数的高阶项，方程可简化(或线性化)为

$$\frac{\mathrm{d}^2\theta}{\mathrm{d}t^2}+\left(\frac{g}{l}\right)\theta=0\,(\theta\text{ 的值较小时})$$

6.25　机电系统动力学：机器人驱动和控制

图 6.52 所示为机器人及其驱动器。尽管在某些应用中使用液压和气压驱动器，但是大多数常见的工业机器人都是机电系统。在第 7 章中将学习这些系统。这一节将对与机器人驱动有关的机电系统进行建模。

机器人驱动器的作用(滑移或旋转)是用来使关节或连杆产生运动并改变它们的位置。反馈控制系统的作用是确保这个位置达到预定的满意程度。如果一个系统用来控制其位置并跟踪它们的运动，那么这个系统称为伺服系统。

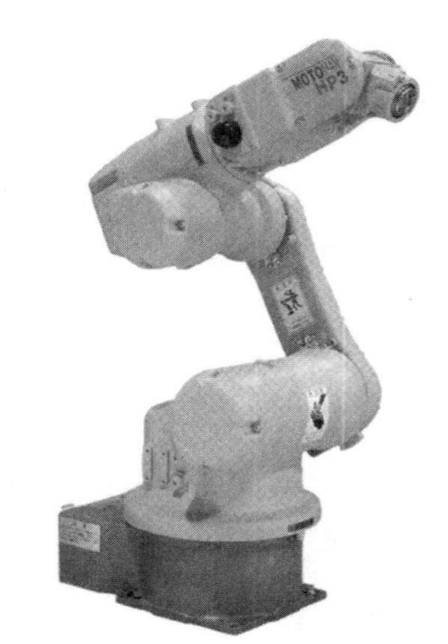

图 6.52　典型的机器人及其驱动器(HP3 机器人，图片由Motoman公司提供)

图 6.53 所示为机器人控制系统的简化描述。正如第 2 章至第 5 章所讨论的，关节值(位置、速度、加速度及作用力和力矩)可根据运动学、动力学及轨迹分析计算得到。这些值发送给控制器，控制器再施加合适的驱动信号给驱动器，以驱动关节按照可控的方式到达目标点，传感器测量输出并将测量信号反馈给控制器，它再相应地控制驱动信号。图 6.54 所示为 Adept 技术公司的 Quattro 机器人的控制系统原理图。

多轴机器人的每个关节必须同时控制，因而它是多输入多输出系统。然而，对于大多数机器人，每个轴都当成单输入单输出单元分别进行控制(称为独立关节控制)，由其他关节造成的耦合效应通常看成干扰，并由控制器来处理。尽管这样会引入一些误差，但是对大多数实际应用来说，这些误差是很小的。此外，机器人动力学方程是非线性的，它们需要更复杂的控制方法，这些内容超出了本书的范围。关于非线性控制理论的更多知识，可参阅相关书籍和期刊文献。接下来将介绍用于控制的机器人驱动器的建模。

机器人驱动器包括电机、传感器、控制器(产生位置参考信号，并给电机提供驱动信号)

及外部负载，它们组成的系统如图 6.55 所示。电机模型既包含电路部分，也包含机械部分，如惯量和阻尼。这两个部分通过反电动势转矩电压耦合在一起。

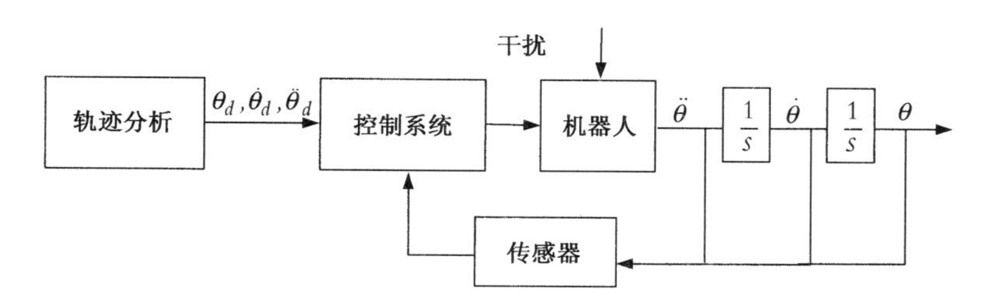

图 6.53　机器人控制器的反馈回路

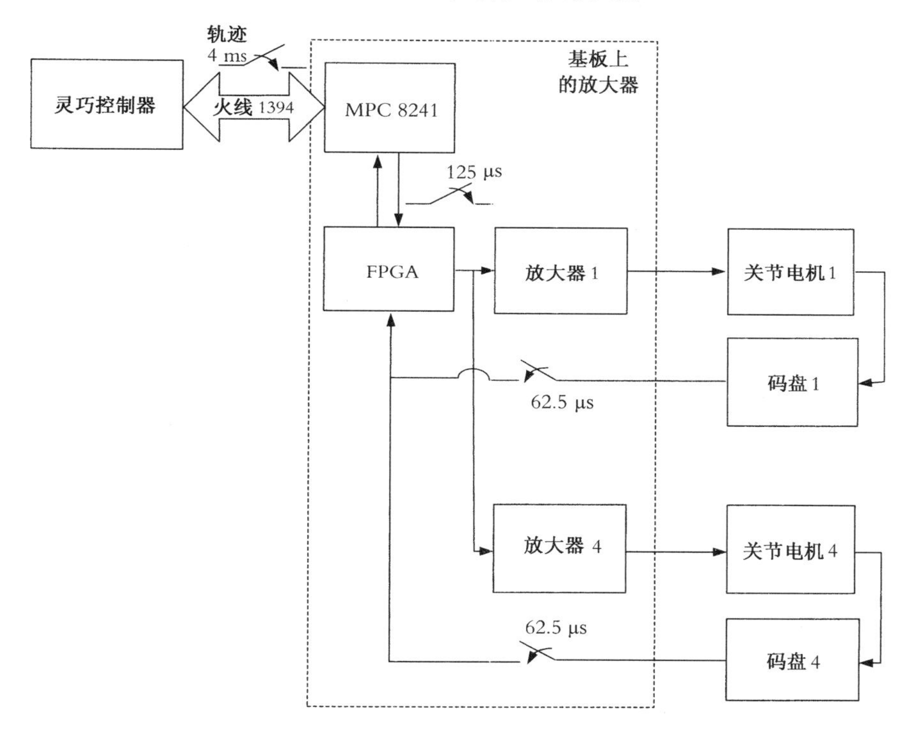

图 6.54　Adept 技术公司的 Quattro 机器人的控制系统原理图

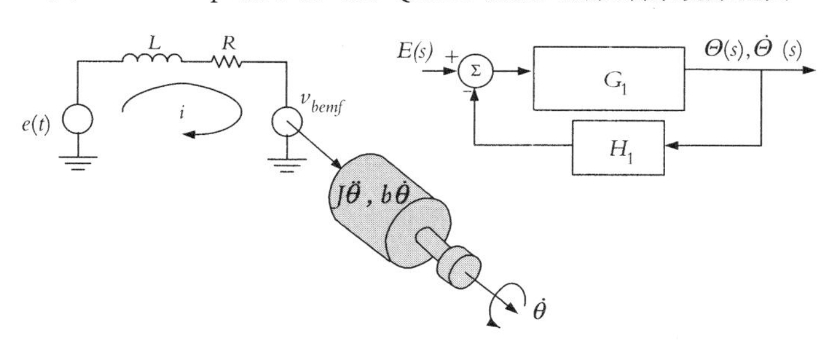

图 6.55　机电驱动系统及其模型

对于系统的电路部分，其中 $v_{bemf} = K_B\dot{\theta}$（ K_B 为常数），可以写为

$$Ri + L\frac{\mathrm{d}i}{\mathrm{d}t} = e(t) - v_{bemf} = e(t) - K_B\dot{\theta}$$

这个方程可写成拉普拉斯形式如下：

$$E(s) - RI(s) - LsI(s) - K_Bs\Theta(s) = 0 \tag{6.66}$$

对于系统的机械部分，加上其惯量(电枢和负载)和阻尼，且 $T_{bemf} = K_ti$ (K_t 为常数)，可以写为

$$T_{bemf} = K_ti = J\ddot{\theta} + b\dot{\theta}$$

这个方程可写成拉普拉斯形式如下：

$$K_tI(s) = Js^2\Theta(s) + bs\Theta(s) \tag{6.67}$$

合并式(6.66)和式(6.67)并整理各项，可得

$$E(s) = \left[\frac{R(Js^2 + bs)}{K_t} + \frac{Ls(Js^2 + bs)}{K_t} + K_Bs\right]\Theta(s) \tag{6.68}$$

实际上，电机的电感 L 通常比转子和负载组合的惯量小得多，所以在分析时常常可以忽略。因此，式(6.68)可简化为

$$E(s) = \left[\frac{R(Js^2 + bs)}{K_t} + K_Bs\right]\Theta(s)$$

输出 $\Theta(s)$ 与输入 $E(s)$ 之间的传递函数为

$$TF = \frac{\Theta(s)}{E(s)} = \frac{K_t}{R(Js^2 + bs) + K_tK_Bs} = \frac{K_t/RJ}{s\left(s + \frac{b}{J} + \frac{K_tK_B}{RJ}\right)} \tag{6.69}$$

如果在输入电压的作用下对电机(机器人臂)的响应速度感兴趣，可将 s 与 $\Theta(s)$ 相乘得到 $\Omega(s)$。从而传递函数可写为

$$TF = \frac{\Omega(s)}{E(s)} = \frac{K}{s + a}, \qquad \text{其中} K = \frac{K_t}{RJ}, \qquad a = \frac{1}{J}\left(b + \frac{K_tK_B}{R}\right) \tag{6.70}$$

这个传递函数是将电机角速度与输入电压联系起来的一阶微分方程。可利用这个方程去分析电机的响应。例如，对电机施加特定的输入电压时，可以利用这个方程研究电机的响应、响应的快慢、稳态特性及更多的其他特性。

例 6.31 设图 6.55 所示系统的输入电压为阶跃函数 $Pu(t)$，确定电机响应及其稳态值。

解：将式(6.70)作为传递函数，并参考表 6.3，可得

$$\Omega(s) = \frac{K}{s + a}\frac{P}{s} = \frac{KP}{s(s + a)} = \frac{a_1}{s} + \frac{a_2}{(s + a)}$$

其中，$a_1 = \left|s\left(\frac{KP}{s(s + a)}\right)\right|_{s=0} = \frac{KP}{a}$ 且 $a_2 = \left|(s + a)\left(\frac{KP}{s(s + a)}\right)\right|_{s=-a} = \frac{KP}{-a}$

因此，$\Omega(s) = \frac{KP}{sa} - \frac{KP}{(s + a)a} = \frac{KP}{a}\left(\frac{1}{s} - \frac{1}{s + a}\right)$。

该方程的拉普拉斯反变换为 $\omega(t)=\frac{KP}{a}(1-e^{-at})$，如图6.56所示。利用终值定理，电机的稳态速度输出为

$$\omega_{ss}=\lim_{s\to 0}s\frac{KP}{s(s+a)}=\frac{KP}{a}$$

现在在系统中增加一个转速计作为反馈传感器。转速计测量电机的角速度，它是对驱动信号的响应。图6.57所示为图6.55加了一个转速计后的系统。

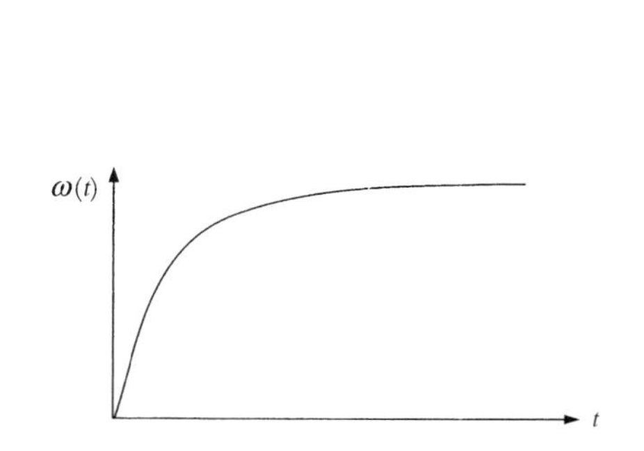

图6.56　例6.31中电机的近似响应

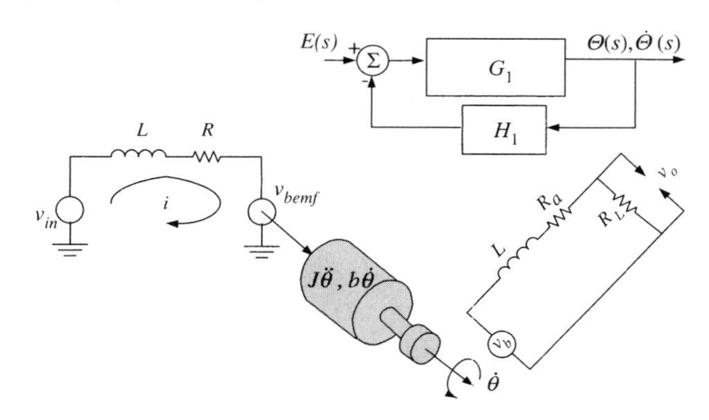

图6.57　带有转速计传感器的机电系统

对转速计来说，$v_b=K_f\dot{\theta}$。转速计电路在拉普拉斯域中可以表示为

$$I(s)\times(R_a+R_L+Ls)=V_b(s)=K_f s\Theta(s)$$

$$V_0(s)=I(s)R_L=\frac{K_f s\Theta(s)R_L}{R_a+R_L+Ls}$$

转速计的传递函数为

$$TF=\frac{V_0(s)}{s\Theta(s)}=\frac{V_0(s)}{\Omega(s)}=\frac{K_f R_L}{(R_a+R_L+Ls)}=\frac{m}{s+n} \tag{6.71}$$

其中，$m=\frac{K_f R_L}{L}$ 且 $n=\frac{R_a+R_L}{L}$。图6.58所示为图6.57中系统的完整结构图。

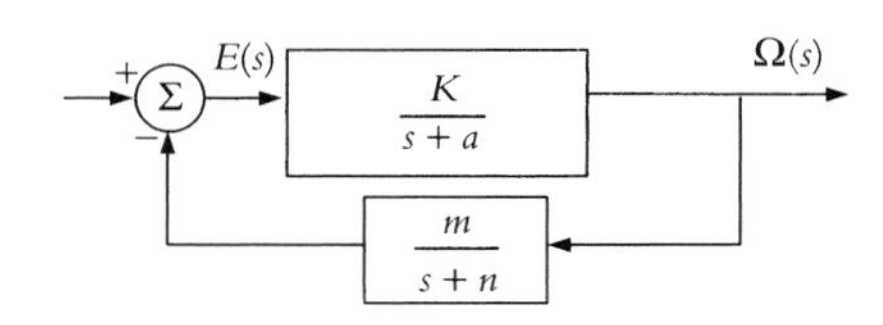

图6.58　机器人驱动电机的完整结构图

式(6.68)也可用来计算系统的自然频率和阻尼比。将其重写为

$$E(s)=\left[\frac{LJs^2+s(RJ+Lb)+Rb+K_tK_B}{K_t}\right]s\Theta(s)$$

从而，输入电压与输出角速度之间的传递函数为

$$\frac{\Omega(s)}{E(s)} = \left[\frac{K_t/_{LJ}}{s^2 + s\left(\frac{RJ + Lb}{LJ}\right) + \frac{Rb + K_t K_B}{LJ}}\right]$$

由于特征方程为二阶形式 $s^2 + 2\zeta\omega_n s + \omega^2$，因此可以计算出关节(及相连的负载)的阻尼系数和自然频率。

6.26 设计项目

现在可以决定如何控制所设计的机器人，以及如何为其配备控制器。一个合适的控制器必须从其所包含的内容及其如何影响机器人的动作行为方面来界定许多不同的技术要求和性能。可试着为所设计的机器人确定这些技术要求，包括超调量、阻尼、调整时间和上升时间等。然而要记住，这里只是控制系统设计的导论性介绍。

下一章将学习机器人驱动器和传感器，当驱动器类型、负载及其他因素给定后才能确定许多技术要求。许多学生项目可包括相对简单的微处理器、小负载、低速运动及简单的控制方案等。对特定的设计项目到底需要什么样的复杂程度可自行决定。

小结

本章学习了控制系统的基本原理、分析和设计方法及一些基本的机器人驱动器建模方法。读者应该已经学到了足以理解机器人控制器设计方法的知识。然而，在一章中不可能囊括控制系统的所有知识。如果想设计一个能用的控制器，应该从其他参考文献中学习更多的知识。

下一章将讨论驱动器、传感器及其应用，通过下一章的学习可更好地理解控制系统在整个机器人设计中所起的的作用。

参考文献

[1] Nise, Norman, "Control Systems Engineering," 4th Edition, John Wiley and Sons, 2004.
[2] Dorf, Richard, Robert Bishop, "Modern Control Systems," 11th Edition, Prentice Hall, 2008.
[3] Bateson, Robert, "Introduction to Control System Technology," 7th Edition, Prentice Hall, 2002.
[4] Sciavicco, Lorenzo, Bruno Siciliano, "Modeling and Control of Robot Manipulators," McGraw-Hill, 1996.
[5] Spong, Mark W., Seth Hutchinson, M. Vidyasagar, "Robot Modeling and Control," John Wiley and Sons, 2006.
[6] Craig, John J., "Introduction to Robotics: Mechanics and Control," 3rd Edition, Prentice Hall, 2005.
[7] Ogata, Katsushito, "System Dynamics," 4th Edition, Prentice Hall, 2004.

习题

6.1 推导如下方程式的拉普拉斯反变换：

$$F(s) = \frac{3}{(s^2 + 5s + 4)}$$

6.2　推导如下方程式的拉普拉斯反变换：

$$F(s)=\frac{(s+6)}{s(s^2+5s+6)}$$

6.3　推导如下方程式的拉普拉斯反变换：

$$F(s)=\frac{1}{(s+1)^2(s+2)}$$

6.4　推导如下方程式的拉普拉斯反变换：

$$F(s)=\frac{10}{(s+4)(s+2)^3}$$

6.5　简化图 P.6.5 所示的结构图。

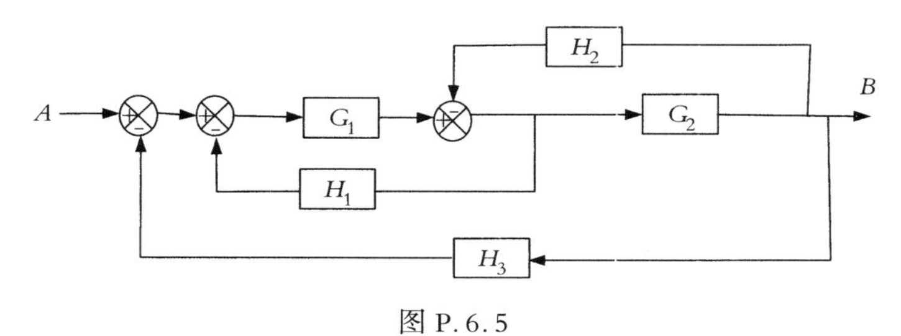

图 P.6.5

6.6　简化图 P.6.6 所示的结构图。

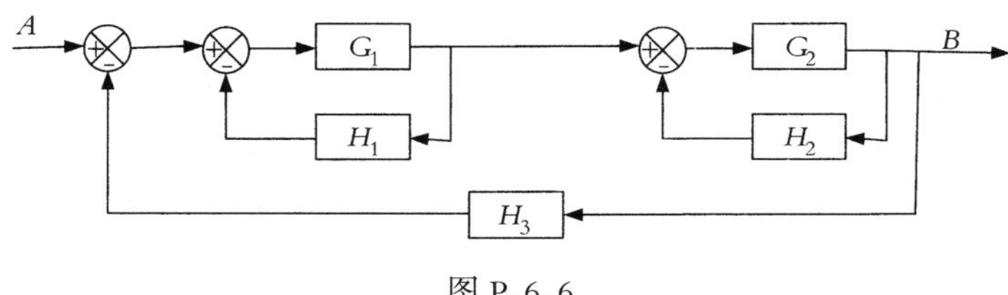

图 P.6.6

6.7　简化图 P.6.7 所示的结构图。

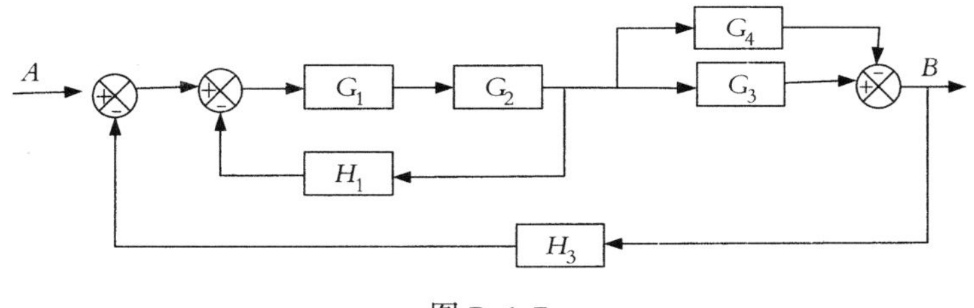

图 P.6.7

6.8　写出描述图 P.6.8 所示系统输出的方程。

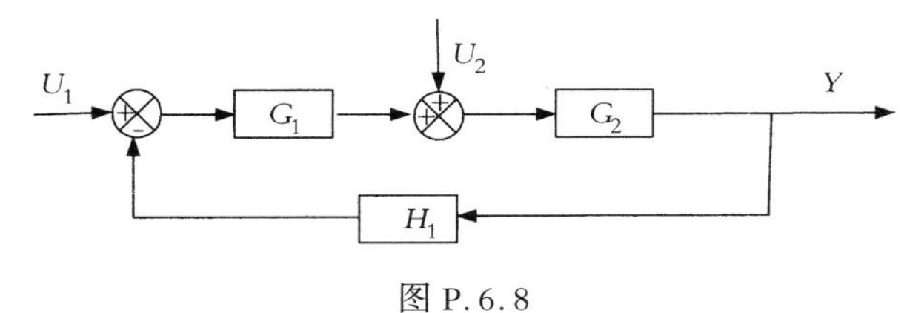

图 P.6.8

6.9 写出描述图 P.6.9 所示系统输入-输出关系的方程。

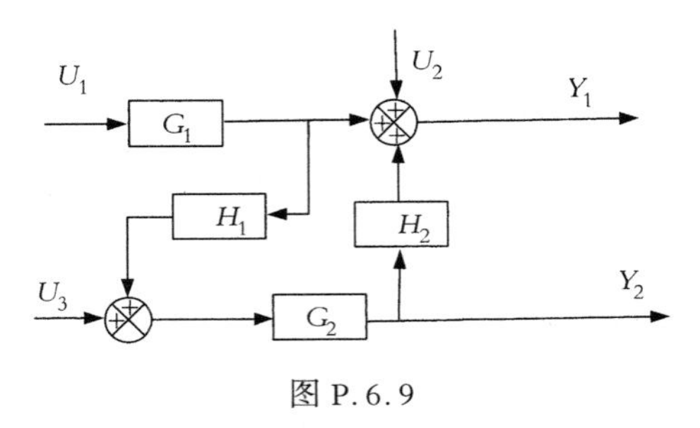

图 P.6.9

6.10 草绘如下系统的根轨迹:

$$GH=\frac{K}{s(s+1)(s+3)(s+4)}$$

6.11 草绘如下系统的根轨迹:

$$GH=\frac{K(s+6)}{s(s+4)}$$

6.12 草绘如下系统的根轨迹:

$$GH=\frac{K(s+6)}{s(s+10-\mathrm{j}10)(s+10+\mathrm{j}10)(s+12)}$$

6.13 对习题6.10 中的系统,假定两个根选定在 $s=-5\pm2.55\mathrm{j}$。求系统的增益、阻尼比和自然频率。说明它们满足幅角判据。根据根轨迹图判断系统是否稳定。

6.14 对习题6.10 中的系统,假定两个根选定在 $s=-4\pm1.24\mathrm{j}$。求系统的增益、阻尼比和自然频率。

6.15 对习题6.11 中的系统,假定两个根选定在 $s=-3\pm1.73\mathrm{j}$。求系统的增益、阻尼比和自然频率。说明它们满足幅角判据。根据根轨迹图判断当增益变化时系统是否会变得不稳定。

6.16 对习题6.11 中的系统,当要求调整时间小于 1 s 和超调量小于等于 4% 时,求系统的特征根、增益和稳态误差。

6.17 对如下系统:

$$GH=\frac{K}{(s+1)(s+3)}$$

当要求有最快的响应、调整时间小于 2 s 和超调量小于 4% 时,求系统的特征根、增益和稳态误差。

6.18 对习题6.17 中的系统,选择特征根的位置、比例和积分增益,将系统改造为无稳态误差的比例加积分系统。

6.19 对习题6.17 中的系统,通过给系统增加一个零点(比例加微分),将调整时间缩短为 1 s。求合适的零点位置和回路增益。

6.20 对习题6.19 中的系统,为了实现无稳态误差,给系统增加一个积分器,将其变为 PID 系统。求增加的零点的位置,以及比例、微分和积分增益。

第7章　驱动器和驱动系统

7.1　引言

驱动器在机器人中的作用相当于人体的肌肉，如果把连杆和关节想象为机器人的骨骼，那么驱动器就起着肌肉的作用，它通过移动或转动连杆来改变机器人的构型。驱动器必须有足够的功率对连杆进行加速和减速并带动负载，同时自身必须质轻、经济、精确、灵敏、可靠并便于维护。

目前已有许多实用的驱动器。毫无疑问，今后还将有更多的驱动器。以下几种驱动器备受大家的关注。

- 电动机
  - 伺服电机
  - 步进电机
  - 直接驱动电机
- 液压驱动器
- 气动驱动器
- 新颖驱动器

电机，尤其是伺服电机是最常用的机器人驱动器。以前在大型机器人中，液压系统使用非常普遍，现在许多地方仍然常见，但现在除了大型的应用外已不再常用了。气动调节阀则用在1/2自由度的机器人、开-关型关节及插入操作。各种新颖驱动器，包括直接驱动电机、电动聚合驱动器、线控肌肉驱动器及压电驱动器等，目前还主要用在研发工作或特定用途的特殊项目上，在不远的将来它们将会变得更加有用。

下一节将对不同类型驱动器的常用性能进行比较，然后分别学习每种驱动器。

7.2　驱动系统的特性

下面论述的特性用于对不同的驱动系统进行比较，此外根据特殊的应用场合，其他特性在机器人设计中可能起重要作用。如对于水下系统，系统的防水性能很重要，而对于空间系统，发射重量和可靠性则绝对重要。

7.2.1　标称特性

考虑驱动器的标称特性是很重要的。它们包括重量、功率、功率-重量比、工作压强、工作电压及温度等。例如，由于许多机器人的驱动器直接放在关节处，因此随着关节的运动，驱动器的重量就成为前面关节的驱动器的负载，也必须对它加速和减速。后面关节的驱动器越重，前面关节的驱动器就需要越大的力矩，导致要求更大功率和更大重量的驱动器。因此，考虑驱动器的重量及安放的位置是非常重要的。

另一个重要特性是功率-重量比，例如电子系统的功率-重量比属中等水平。在同样功率情况下，步进电机通常比伺服电机更重，因此它具有较低的功率-重量比。液压系统具有最高的功率-重量比。但必须认识到，在液压系统中重量由两部分组成：一部分是液压驱动器，一部分是液压动力装置。系统的动力装置由液压泵、储液箱、过滤器、驱动液泵的电机、冷却单元、阀等组成，其中液压泵用于产生驱动液缸和活塞的高压。驱动器的作用仅在于驱动机器人关节。通常，动力装置是静止的，安装在和机器人有一定距离的地方，能量通过连接软管输送给机器人。因此对活动部分来说，驱动器的实际功率-重量比非常高。如果动力装置必须和机器人一起运动(如液压运输机器人)，则总的功率-重量比也将会很低。气动系统的功率-重量比则最低。由于液压系统的工作压强高，相应的功率也大，液压系统的压强范围为 50～5000 psi①。汽缸的范围为 100～120 psi。液压系统的工作压强越高，功率也越大，但维护也越困难，并且一旦发生泄漏将更危险。

工作在高电压下的电机也具有较高的功率-重量比。此外，正如将要看到的，对于同样的功率输出，增加电机的电压可以减小电流，从而减小所需导线的尺寸。电机中产生的热是电流的二次函数，因此当电流减小时，产生的热也就减少，从而提高了效率。

7.2.2　刚度和柔性

刚度是材料对抗变形的阻抗，它可以是横梁在负载作用下抗弯曲的刚度，或汽缸中气体在负载作用下抗压缩的阻抗，甚至是瓶中的酒在木塞作用下抗压缩的阻抗。系统的刚度越大，则使它变形所需的负载也越大。相反，系统柔性越大，则在负载作用下就越容易变形。

刚度直接和材料的弹性模量有关，液体的弹性模量高达 1×10^6 psi 左右，非常高。因此，液压系统刚性很好，没有柔性，相反气动系统很容易压缩，所以是柔性的。

刚性系统对变化负载和压力的响应较快，精度较高。显然，如果系统是柔性的，则在变化负载或变化的驱动力作用下很容易变形(或压缩)，因此不精确。类似地，若有小的驱动力作用在液压活塞上，由于它的刚度高，所以与气动系统相比它反应速度快、精度高，而气动系统在同样的载荷作用下则可能发生形变。另外，系统刚度越高，则在负载作用下的弯曲或变形就越小，所以位置保持的精度便越高。现在考虑用机器人将集成电路片插入电路板，如果系统没有足够的刚度，那么机器人就不能将集成电路片插入电路板，因为驱动器在阻力作用下会变形。另一方面，如果零件和孔对得不直，则刚性系统就不能有足够的弯曲来防止机器人或零件损坏，而柔性系统将通过弯曲变形来防止机器人或零件损坏。所以，虽然高的刚度可以使系统反应速度快、精度高，但如果出现异常情况，它也会带来危险。所以在这两个相互矛盾的性能之间必须进行平衡。后面将讨论一种称为远程中心柔顺(Remote Center Compliance，RCC)的装置，可用来解决这个特殊的问题。

7.2.3　使用减速齿轮

诸如液压装置和直接驱动电机之类的系统，可用很小的行程产生很大的力或力矩。它意

① 1 psi(磅/平方英寸)=6.895 Pa(牛顿/平方米)。——编者注

味着，驱动器只进行很小的移动便可输出全部的力或力矩。因此，没必要用减速齿轮链来增大力矩并使操作速度降低。由于这个原因，液压驱动装置可以直接安装在机器人连杆上，由于安装的零部件较少和设计的简化，从而可降低系统重量和成本，降低关节的转动惯量和间隙，提高系统的可靠性及降低噪声等。另一方面，电机通常以很高速度旋转（每分钟高达几千转），显然人们不希望机器臂也以如此高的速度转动，因此电机必须和减速齿轮一起使用来增大转矩，降低转速。当然使用齿轮增加了成本和零件数，增大了间隙和旋转体的转动惯量等。如前所述，因为连杆可以转动很小的角度，因而使用齿轮也增加了系统的分辨率。

现假设通过一组减速比为 N 的减速齿轮，惯量为 I_l 的负载连在惯量为 I_m（包括减速齿轮的惯量）的电机上，如图 7.1 所示。电机及负载上的力矩及速度比为

$$\begin{aligned}&T_l = NT_m\\&\dot{\theta}_l = \frac{1}{N}\dot{\theta}_m, \qquad \ddot{\theta}_l = \frac{1}{N}\ddot{\theta}_m\end{aligned} \tag{7.1}$$

根据图 7.2 所示的自由体图，列出系统的力矩平衡方程并代入式(7.1)，可得

$$\begin{aligned}&T_m - \frac{1}{N}T_l = I_m\ddot{\theta}_m + b_m\dot{\theta}_m, \qquad T_l = I_l\ddot{\theta}_l + b_l\dot{\theta}_l\\&T_m = I_m\ddot{\theta}_m + b_m\dot{\theta}_m + \frac{1}{N}\left(I_l\ddot{\theta}_l + b_l\dot{\theta}_l\right)\\&T_m = I_m\ddot{\theta}_m + b_m\dot{\theta}_m + \frac{1}{N^2}\left(I_l\ddot{\theta}_m + b_l\dot{\theta}_m\right)\end{aligned} \tag{7.2}$$

其中 b_m 和 b_l 分别为电机和负载的黏性摩擦系数。

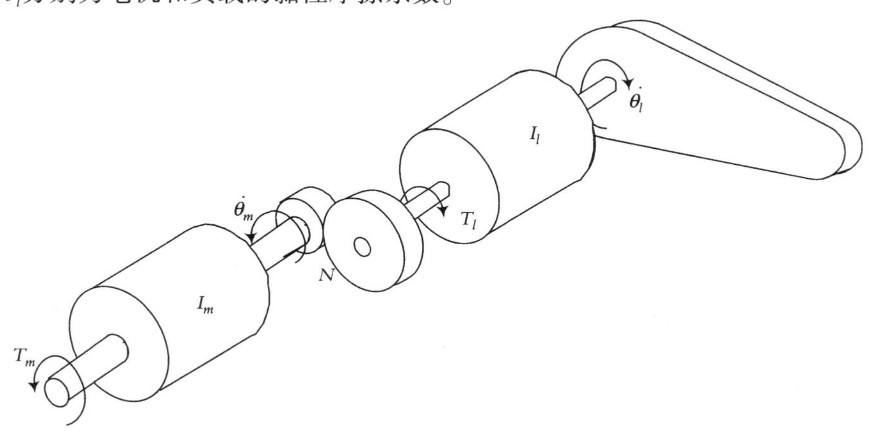

图 7.1 电机与负载之间的惯量和力矩关系

式(7.2)表明，负载在电机轴上的有效转动惯量与减速比的平方成反比，即

$$I_{Effective} = \frac{1}{N^2}I_l, \qquad I_{Total} = \frac{1}{N^2}I_l + I_m \tag{7.3}$$

因此，电机仅“感觉到”负载（对机器人的情形，它包括机械手及其所带负载）实际惯量的一部分。对于机械手机器人，总的减速比通常为 20～100，因此从负载折算到电机上的惯量只为实际惯量的 1/400 到 1/10 000，从而允许电机快速地加速或减速。在直接驱动系统中，无论是电气的还是液压的，驱动器必须承受全部惯性负载。当减速比很大时，机器人控制系统中负载转动惯量的影响可以忽略。

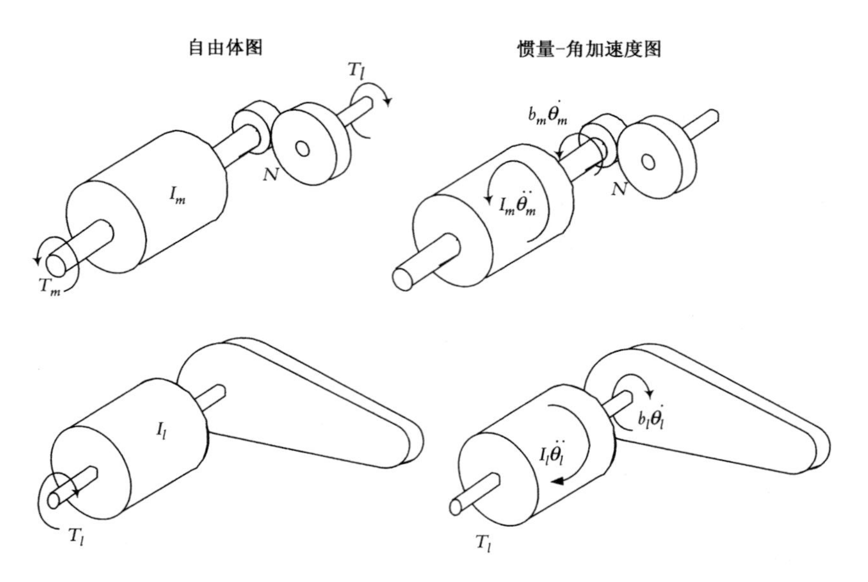

图 7.2 电机和负载的自由体图

注意，反过来也是成立的，即电机惯量对负载的影响也要放大 400 ~ 10 000 倍。为了减小这个影响，设计人员通常选择细长转子的低惯量电机或薄饼状电机。

例 7.1 如图 7.3 所示，电机连接到质量均匀分布的机械臂上，在机械臂末端有一个集中的质量块，该电机的转子转动惯量为 0.0015 kgm^2，最大力矩为 8 N · m。忽略系统中减速齿轮的惯量和黏性摩擦，分别针对减速比为(a) 3 和(b) 30 两种情况，计算折算到电机轴上的总惯量和可能达到的最大角加速度。

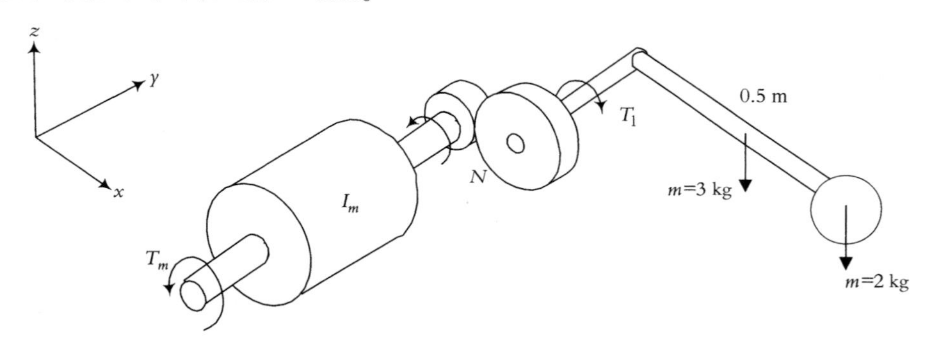

图 7.3 例 7.1 的系统的示意图

解： 该例非常类似于机器人臂和伺服电机驱动器，该手臂和集中质量块在旋转中心的总转动惯量为

$$
\begin{aligned}
I_l &= I_{arm} + I_{mass} = \frac{1}{3} m_{arm} l^2 + m_{mass} l^2 \\
&= \frac{1}{3}(3)(0.5)^2 + (2)(0.5)^2 = 0.75 \text{ kgm}^2
\end{aligned}
$$

根据式(7.3)可得

(a)
$$I_{Total} = \frac{1}{N^2} I_l + I_m = \frac{1}{9}(0.75) + 0.015 = 0.098\ \text{kgm}^2$$

(b)
$$I_{Total} = \frac{1}{900}(0.75) + 0.015 = 0.0158\ \text{kgm}^2$$

可以看出，采用较高的减速比，总的惯量实际上就是电机的惯量。最大角加速度为

(a)
$$\ddot{\theta}_m = \frac{T_m}{I_{total}} = \frac{8}{0.098} = 82\ \text{rad/s}^2$$

(b)
$$\ddot{\theta}_m = \frac{T_m}{I_{total}} = \frac{8}{0.0158} = 506\ \text{rad/s}^2$$

电机的空载最大角加速度约为 530 rad/s^2。

7.3　驱动系统的比较

表 7.1 是驱动器特性的汇总，本章后面要参考这些特性，并对它们进行讨论。

表 7.1　驱动器特性的汇总

液　压	电　气	气　动
+适用于大型机器人和大负载	+适用于所有尺寸的机器人	+许多元件是现成的
+最高的功率–重量比	+ 控制性能好，适合于高精度机器人	+元件可靠
+系统刚性好，精度高，响应快	+与液压系统相比，有较高的柔性	+无泄漏，无火花
+无须减速齿轮	+使用减速齿轮降低了电机轴上的惯量	+价格低，系统简单
+能在大的速度范围内工作	+不会泄漏，适用于洁净的场合	+与液压系统相比压力低
+可以无损坏地停在一个位置	+可靠，维护简单	+适合开–关控制以及拾取和放置
–会泄漏，不适合在要求洁净的场合使用	+可做到无火花，适用于防爆环境	+柔性系统
–需要泵、储液箱、电机、液管等	–刚度低	–系统噪声较大
–价格昂贵，有噪声，需要维护	–需要减速齿轮，增大了间隙、成本和重量等	–需要气压机、过滤器等
–液体黏度随温度改变	–在不供电时，电机需要刹车装置，否则手臂会掉落	–很难控制线性位置
–对灰尘及液体中其他杂质敏感		–在负载作用下会持续变形
–柔性低		–刚度低，响应精度低
–高转矩，高压力，驱动器的惯量大		–功率–重量比最低

7.4　液压驱动器

液压系统及液压驱动器的功率–重量比高，低速时出力大(无论直线驱动还是旋转驱动)，适合微处理器及电子控制，容许极端恶劣的外部环境。它们在带有负载时也不需要刹车装置，驱动器发热较少，不需要减速齿轮。在过去几十年里，用于汽车生产的大多数大型机器人是 Cincinnati Milacron T3 液压机器人，以及性能相近的其他品牌产品。T3 机器人的负载能

力超过 220 lb，有 7 ft 高，足以给人留下深刻印象。然而，由于液压系统中不可避免的泄漏问题，以及动力装置的笨重和昂贵，目前它们已不再常用。现在大部分机器人是电动的，当然仍有许多工业机器人带有液压驱动器。此外，对一些在民用和军用服务中需要巨型机器人的特殊应用场合，液压驱动器仍可能是合适的选择。

液压驱动器和电气驱动器的一个重要区别是，液压泵(不是驱动器)的尺寸可按平均负载来设计，而电气驱动器的尺寸是按最大负载来设计的。这是因为液压系统利用压缩机来存储泵的恒定能量，当需要时可带动较大的负载。因此，如果运动中出现停顿，压缩机就存储必要的能量来用于最大的负载。另一个重要考虑是，电气驱动器一般必须安装在关节上或靠近关节的地方，从而增加了机器人的质量和惯量。然而，在液压系统中，只有驱动器、控制阀和压缩机靠近关节，液压动力装置可以放置在较远的地方，从而减少了机器人的质量和惯量，尤其是当存在许多关节时这个优点更为突出。

直线液压缸能输出巨大的力，其大小为 $F=p\times A$(lb)，其中 A 代表活塞的有效面积，p 为工作压强。例如，工作压强为 1000 psi，即指液缸能在每平方英寸的面积上产生 1000 lb 的力。对旋转液缸，其原理是相同的，只是输出的是力矩：

$$\mathrm{d}A = t\cdot \mathrm{d}r$$

$$T=\int_{r_1}^{r_2} p\cdot r\cdot \mathrm{d}A=\int_{r_1}^{r_2} p\cdot r\cdot t\cdot \mathrm{d}r = pt\int_{r_1}^{r_2} r\cdot \mathrm{d}r=\frac{1}{2}pt\left(r_2^{\,2}-r_1^{\,2}\right) \tag{7.4}$$

其中 p 是液体压强，t 是旋转液缸的厚度或宽度，r_1 和 r_2 分别是旋转液缸的内径和外径(见图 7.4)。

在液压系统中所需液体的流速和容量为

$$\mathrm{d}(Vol)=\frac{\pi d^2}{4}\mathrm{d}x \tag{7.5}$$

$$Q=\frac{\mathrm{d}(Vol)}{\mathrm{d}t}=\frac{\pi d^2}{4}\frac{\mathrm{d}x}{\mathrm{d}t}=\frac{\pi d^2}{4}\dot{x} \tag{7.6}$$

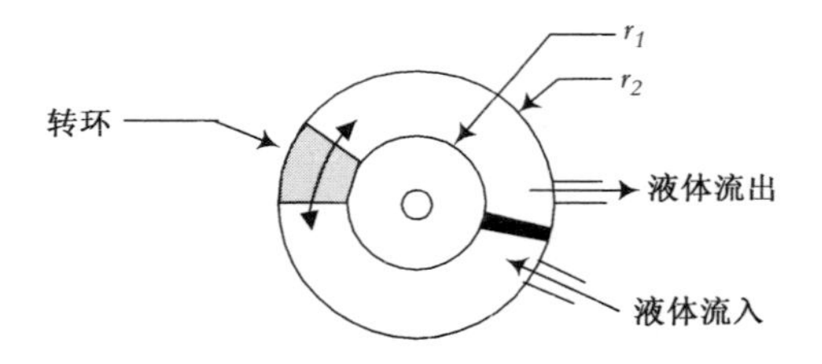

图 7.4 旋转液压驱动器，该驱动器可直接安装在旋转关节上而无须齿轮减速

其中 $\mathrm{d}x$ 表示期望的位移，$\dot{x}$ 是期望的活塞速度。显然，通过控制流入液压缸的液体容量，就可以控制总位移。通过控制液体流入的速度，就可以控制活塞的速度。伺服阀可用来控制液体的容量和速度，后面将会具体讨论伺服阀。

液压系统通常由下面几部分组成。

- 直线或旋转液压驱动器，用于产生所需的驱动关节的力和力矩，并由伺服阀或手动阀来进行控制。
- 液压泵，给系统提供高压液体。
- 电机(或在运动装置上的发动机)，用于驱动液压泵。
- 冷却系统，用于系统散热。在有些系统中，除了冷却风扇外，还使用散热器和冷气。
- 储液箱，存储系统所用的液体。无论系统是否在使用，液压泵均必须不断地给它提供压力，所有额外的高压液和液缸的回流液都流回储液箱。

- 压缩机，用于储存最大负载时所需的一些能量，尤其是当液压泵是按平均负载设计时更有此需要。
- 伺服阀，它非常灵敏，控制着流向活塞的液量和流速。伺服阀通常由液压伺服电机驱动。
- 检验阀，用于安全和控制最大压强。
- 固紧阀，用于当系统断开或失去动力时，防止驱动器产生运动。固紧阀起到了制动闸的作用，以防当失去动力或系统关机时出现的突然运动。
- 连接管路，用于将压缩液体输送至液缸和流回至储液箱。
- 过滤系统，用于维持液体的质量和纯度。液体中的湿气，由于它的自然特性，必然会对液压驱动器产生损坏作用，因此必须将它从液体中分离出来。
- 传感器，用于控制液压缸运动的反馈，包括位置、速度、电磁、接触及其他种类的传感器。此外还包括用于安全的其他传感器。例如，一旦伺服阀不在，液压泵就不能开启。否则，危险的高压液体将从端口喷出。

图 7.5 为典型的液压系统示意图。关于液压控制器的更多内容可参考第 6 章。

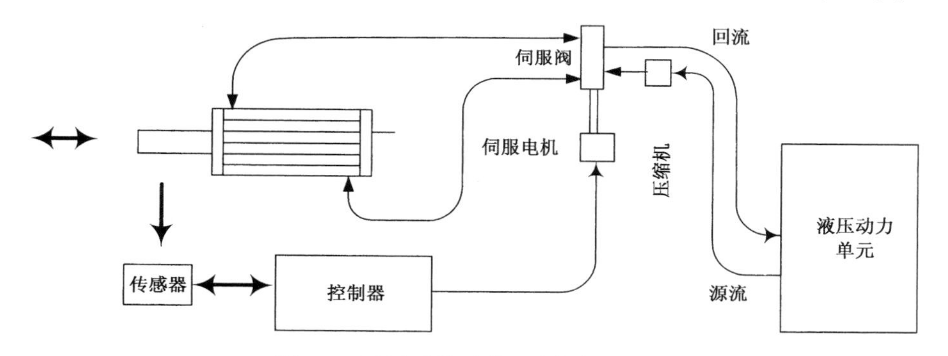

图 7.5　液压系统及其组成部件示意图

图 7.6 所示是液压缸中位置控制操纵阀(也称为柱阀)的示意图。它是平衡阀，即两边的压强相等，于是即使它两边压强很高，也只需很小的力(用于克服摩擦)就可以使滑柱运动。可以通过手工来操作柱阀，或者也可以通过伺服电机进行操作。通过伺服电机进行操作的柱阀称为伺服阀。伺服阀和液压缸共同构成液压驱动器，当滑柱上下运动时，就打开了注液口和回液口，液体通过注液口注入液压缸，或通过回液口流回储液箱。根据阀门开度大小可对注入液体的流速进行控制，同时也就控制了活塞的速度。依据阀门打开的时间，可以控制注入液压缸的总液量，亦即活塞的总位移。可用公式表示为

$$q = Cx \tag{7.7}$$

和

$$q(\mathrm{d}t) = \mathrm{d}(Vol) = A(\mathrm{d}y) \tag{7.8}$$

其中，q 是流速，C 为常数，x 代表滑柱的位移，A 为活塞的面积，y 为活塞的位移，结合式(7.7)和式(7.8)，并记 $\mathrm{d}/\mathrm{d}t$ 为 D，则有

$$Cx(\mathrm{d}t) = A(\mathrm{d}y)$$

和

$$\gamma=\frac{C}{AD}x \tag{7.9}$$

上式表明液压伺服电机是一个积分器，参考第6章可了解更多细节。

柱阀由伺服电机控制，伺服电机的控制指令来自于控制器，控制器设定控制伺服电机的电流大小和电流的持续时间，以达到控制滑柱位置的目的。于是，对机器人来说，当控制器计算出关节的运动量和运动速度时，就会设定伺服电机的控制电流和电流的持续时间，这两个量控制柱阀的位置和运动速度，也就控制了液流及注入液压缸的流速，进而由液压缸来驱动关节。传感器向控制器提供反馈信息以实现精确和连续的控制。图7.7给出了当柱阀向上或向下移动时液体的流向，可以看出，只要柱阀简单移动一下即可控制活塞的运动。

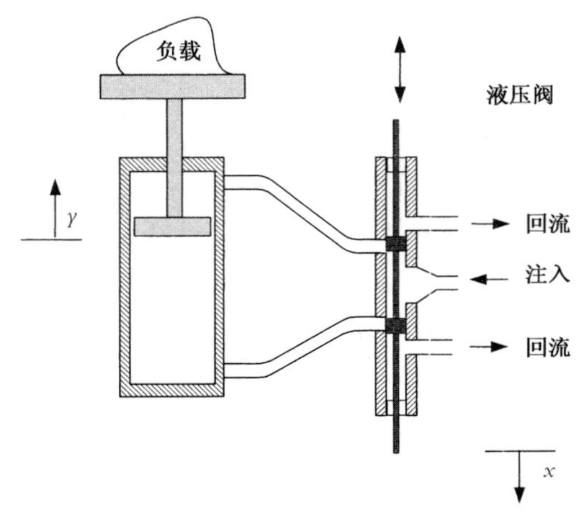

图7.6　柱阀在中间位置的示意图

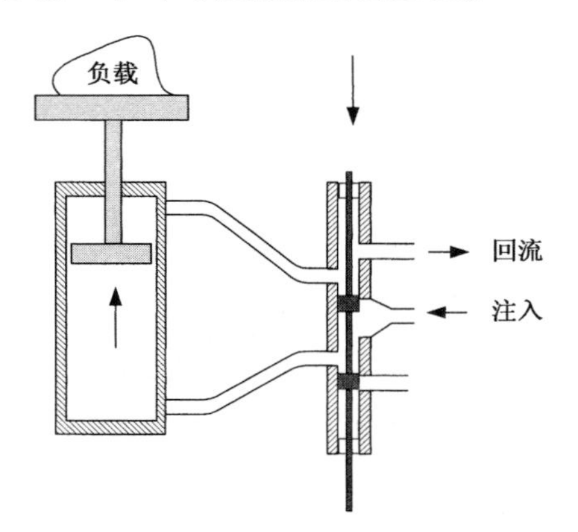

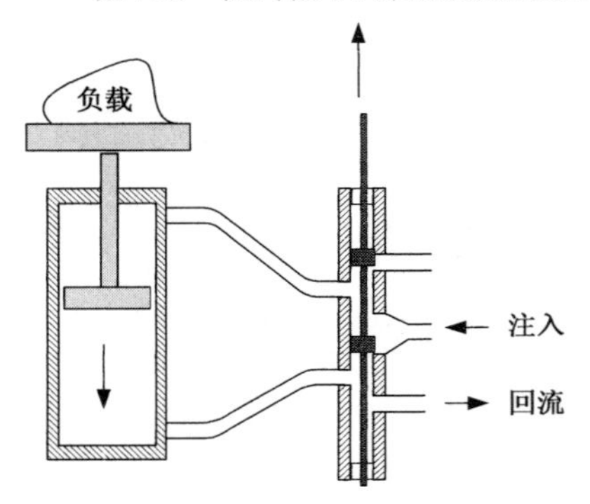

图7.7　柱阀在打开位置的示意图，活塞运动方向取决于所打开的液流出入口

为给伺服阀提供反馈(否则就不是伺服阀，只是人工柱阀)，可在阀上增加电子或机械反馈(也可参考图6.30)。图7.8给出了一个简单的机械反馈回路。在二级柱阀中采用了类似的设计来提供反馈。从图7.8中可以看出，为给系统提供误差信号，在输出和输入之间增加了一个简单的杠杆。当负载的位置由杠杆设定后(杠杆向上运动将导致负载向下运动)，柱阀打开，它将控制活塞运动。实际上杠杆给系统提供了误差信号，于是系统通过移动活塞做出响应。误差信号被积分器(在这种情况下就是活塞)积分，当误差达到零时，控制信号也随之为零。随着活塞向期望的方向运动(对本例就是向下)，误差信号逐渐变小，进而通过逐渐关闭柱阀减小输出信号。当负载到达期望位置时，柱阀关闭，负载停止运动。该反馈回路的原理方框图如图7.9所示。事实上，这里在伺服阀中集成了该图所示的反馈机构。

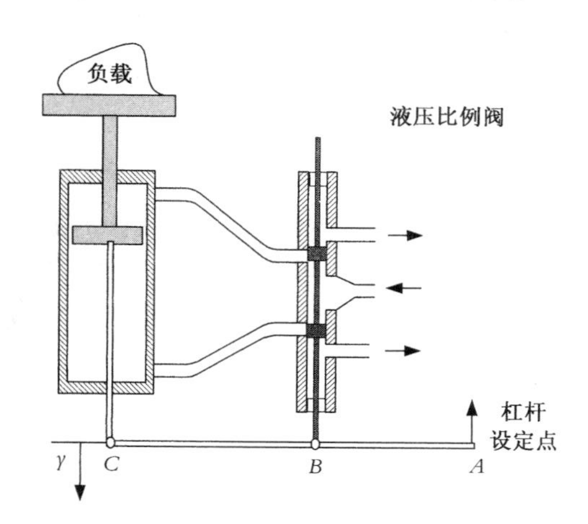

图 7.8　具有比例反馈的简单控制装置示意图

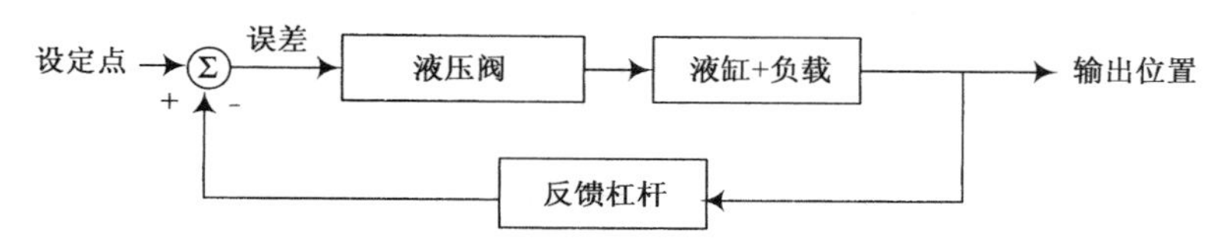

图 7.9　具有比例反馈控制的液压系统方框图

可以看出，在液压阀尤其是在带反馈控制的伺服阀中，有许多错综复杂的小旁路，这就是为什么液压系统对杂质或黏度敏感的原因，而黏度随温度变化。哪怕最小的外部杂质都会限制旁路或端口而影响伺服阀。同样，当液体变稀或变黏稠时，黏度会影响阀的响应快慢。为理解阀的构造，假设将阀切成薄片，每层都有相应的旁路通道和开口。可以用不同的方法如冲压来制造这些薄片，然后把它们组装在一起，变成一个零件(在一定的压力和温度下)，也可用螺栓将它们从头至尾连成一个零件。这种方法在工业上广泛用于制造阀和许多其他产品(如照相机的机身等)。图 7.10 表示了该技术的一个简单例子，可以看出，当把这些薄片叠在一起时，就得到了三维物体。许多快速原型机就是利用这样的技术来产生产品的三维原型的。

图 7.10　(a) 物体可以切分成薄层，当这些薄层单独切出后再装到一起便重构出该物体，该方法常用于快速成型或制造具有内开口和通路的复杂零件；(b) 在这种简单情况下，液体从右边进入，向上穿越一层，从左下方流出

液压驱动还可采用其他设计方案，例如IBM7565机器人制造系统由台架式6轴液压机器人组成，它的3个线性关节均分别由直线液压电机驱动。每个直线电机由一组共4个小液压缸组成，它们沿波浪式驱动表面按一定次序缩进或伸出，如图7.11所示。对活塞施加作用力就可使它处于波浪式驱动表面的期望位置，并带动机架向边路运动。这4个活塞由单个伺服阀控制。该系统的优点是只要增加波浪式的表面，就可以得到想要的驱动，图7.12显示了IBM7565机器人上的这种驱动器。

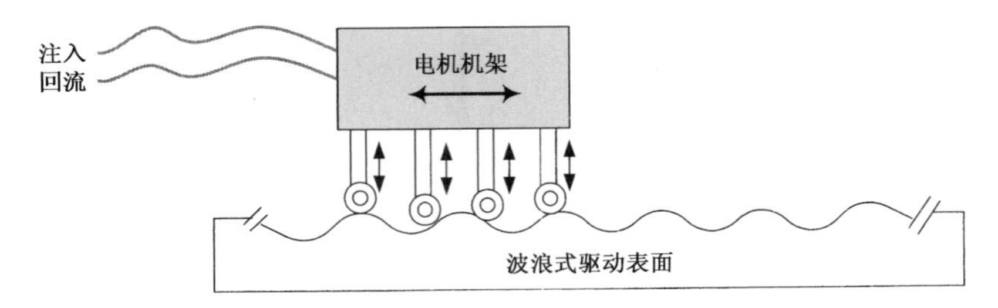

图7.11 IBM7565直线液压电机，当4个活塞沿波浪式驱动表面缩进或伸出时，电机机架移向边路

图7.12 IBM7565机器人的直线液压电机

另一种最近发展起来的液压驱动器仿造了生物肌肉。肌肉通过收缩变短就可驱动骨架。类似的设计用在液压系统中，其中椭圆形球胆放置在抗剪护套中，如图7.13所示。当球胆中的压力增大时，就变圆，使抗剪护套膨胀并变短，其功能就像肌肉一样。该设计具有光明的前景，但由于系统的固有非线性，以及技术上的难度，该项技术还有待实用化。然而，由于它看上去很像生物肌肉，因而它在类人机器人中非常有用。

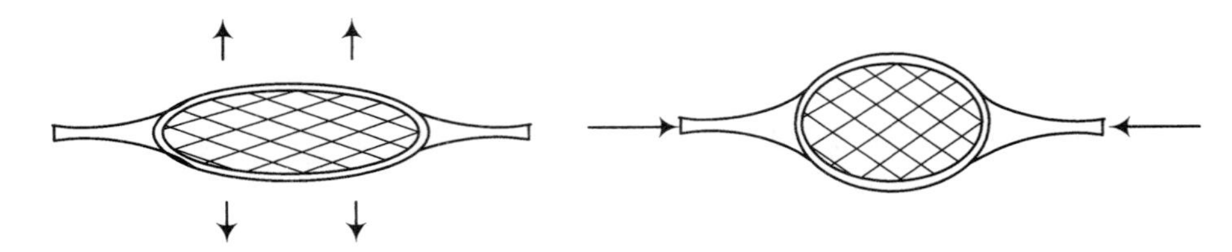

图7.13 肌肉型液压驱动器示意图

7.5 气动装置

气动装置在原理上和液压系统非常相似。用压缩空气作为气源驱动直线或旋转汽缸，用人工或电磁阀控制。由于压缩空气和运动的驱动器是分离的，所以系统的惯性负载较低。然而，由于气动装置的工作压强低，通常最高 100～120 psi，所以和液压系统相比，功率-重量比要低得多。

气动系统的主要问题是，空气是可压缩的，在负载作用下会压缩和变形。因此，气动装置通常仅用于插入操作，在那里驱动器或者完全向前或者完全退后，气动装置也用在全开或全关的 1/2 自由度关节上。否则，要控制汽缸的精确位置非常困难。

一种控制气压活塞位移的方法称为差动颤振，在这种系统中，位置由反馈元件如直线编码器或电位器测量，控制器利用该位置信息通过伺服阀控制汽缸两边的压力，从而实现精确位置控制。

7.6 电机

当把带电的导线放入磁场时将会产生力，力的方向垂直于由磁场和电流方向构成的平面。因此，导线(线圈)的每条边都受力的作用，如图 7.14 所示。若导线有一旋转中心点，那么产生的转矩将使它绕该旋转中心旋转。改变磁场或电流的方向可使它绕旋转中心连续旋转。只要持续这个改变，线圈就将持续旋转。在实际应用中，为了改变电流方向，在直流电机中采用了换向器和电刷或者采用滑环，在无刷直流电机中则采用电子换向，而交流电机使用的是交流电，这时磁场是不变的，而只是切换线圈中的电流[2]。这就是电动机的基本原理。类似地，如果导体在磁场中做切割磁力线运动，则在导体中就会像发电机一样感应产生电流，称为反电动势。

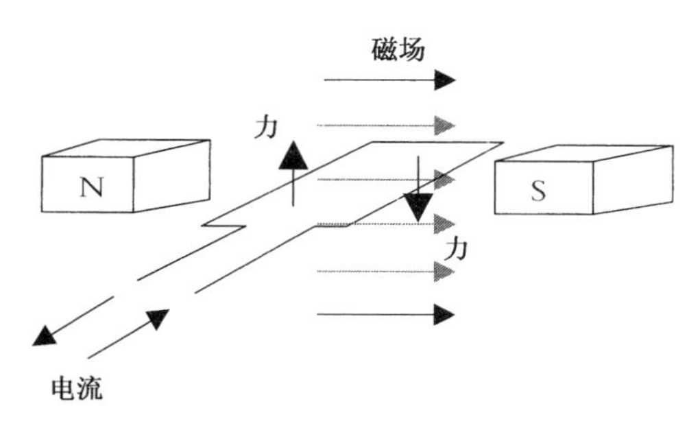

图 7.14　带电的导线放入磁场时将产生力，力的方向垂直于由磁场和电流方向构成的平面

在机器人中使用的电机是多种多样的，包括交流感应电机、交流同步电机、直流有刷电机、直流无刷电机、步进电机、直接驱动直流电机、开关磁阻电机、交/直流通用电机及三相交流电机和盘状电机等其他类型的电机。虽然我们将讨论关于电机的许多问题，但假设读者已在其他课程中学过不同类型的电机及其工作原理。所以这里讨论的篇幅将很小，仅包括和机器人驱动直接相关的部分。关于电机及其驱动电路的更多细节可参考其他资料。

除了步进电机，其他类型的电机都可以作为后面将会讨论的伺服电机使用。在每种电机中，电机的输出力矩或功率都是磁场强度、绕组中的电流及线圈导体长度的函数。有些电机带有永磁体，它们发热较少，原因是一直存在磁场，不需要靠电流来建立。其他类型的直流电机带有软铁心和线圈，靠电流来产生磁场，这类电机会产生较多的热量。但它们的优点是，如有必要可以通过调节电流来改变磁场强度，而在永磁电机中场强是恒定的。此外，在某些情况下，永久磁体有可能会损伤而失磁，从而导致电机无法工作。

7.6.1　交流型和直流型电机的基本区别

交流型和直流型电机之间存在一些基本区别，这些区别决定了它们的功率范围、控制和应用的不同。下面将讨论这些区别及其影响。

这些电机之间的第一个主要区别是能否控制它们的速度，后面介绍伺服电机时还要讨论这一点。但是给出以下说明就足够了：通过改变直流电机线圈绕组中的电流，就能控制电机转子的速度，当电流增加或减少时，在转子上的负载相同的情况下，它的速度也随之增加或减少；然而，交流电机的速度是供电的交流电源频率的函数。由于交流电源频率是不变的，因此交流电机的速度一般也是不变的。

有刷和无刷电机之间差别的第二个主要因素是电刷和换向器的寿命，以及所构成的机械开关的物理限制。无刷直流电机、交流电机及步进电机都是无刷的，因而结构坚固，一般说来寿命较长(仅受限于由于转子磨损导致的寿命限制)。由于电刷的磨损限制了有刷电机的寿命，因而它们需要更多的维护。

在所有电机的设计及运行中的第三个重要问题是散热。和其他设备一样，电机的发热是其尺寸和功率的最终决定因素。热主要由电流(和负载有关)流过绕组的电阻产生，但还包括由铁耗、摩擦损耗、电刷损耗及短路电流损耗(和速度有关)等所产生的热量，铁耗包括涡流损耗和磁滞损耗。后面将要详细地讨论到，产生的热是电流的函数($W = i^2R$)，导线越粗发热越少，但成本也越高，线圈也越重(惯性更大)，并需要更大的安装空间。所有电机都会发热，重要的是电机的散热速率，因此必须为电机留有散热的途径。散热途径比发热总量更为重要，因为如果散热快，就可以在损坏发生之前散去更多的热量。

图 7.15 给出了交流电机和直流电机的散热途径。在直流电机中，转子上有绕组并有电流流过，于是在转子中会产生热。这些热必须从转子通过气隙、永久磁体及电机机体向周围环境散失(也可以从轴到轴承，再散失掉)。大家知道，空气是很好的绝缘体，因而直流电机的总热传导系数相当低。另一方面，在交流型的电机中，转子是永久磁体，绕组在定子上。在定子中产生的热量通过电机机体传导再散失到空气中。结果，交流电机由于在热的传送途径中没有气隙的存在，因而它总的热传递系数比较高，从而交流电机可以承受相当大的电流而不损坏，因而在相同尺寸下功率较大。步进电机虽然不是交流电机，但有相似的结构，转子为永磁体，定子中有绕组，所以步进电机也有很好的散热性能。

过热可能是电机失效的最普遍的原因，它将导致：

- 绕组绝缘的失效，导致短路或烧坏
- 轴承失效，结果造成转子轴塞住
- 磁体退化，永久性地减少了转子的力矩

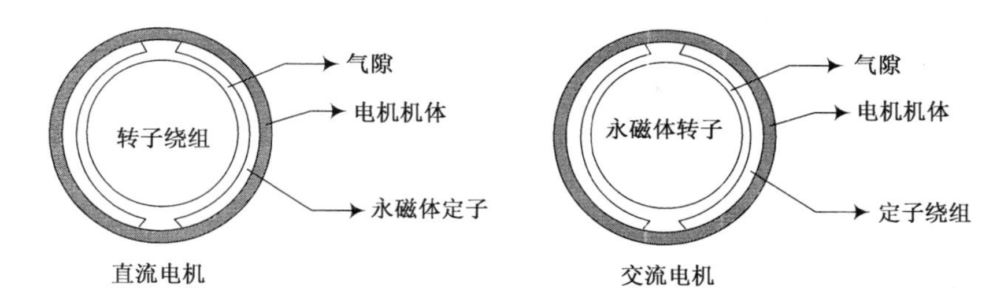

图7.15　电机的散热途径

电机中热的产生不是线性的，而是以下参数的函数[3]：

- 绕组中产生的基本热
- 绕组电阻随绕组发热而增加，从而进一步增加绕组产生的热
- 磁通强度受热的影响而减少，产生的力矩就减少，从而需要更大的电流
- 散热随温度上升而增加

因此，电机可能在一个可接受的温度达到平衡。然而，也可能存在温度不断升高而导致电机失效的危险。电机中产生的热为

$$P_{electric} = i^2 R = \frac{T^2}{{K_t}^2} R_t \tag{7.10}$$

其中 i 是绕组电流，R 和 R_t 是绕组的标称电阻和在温度 t 时的电阻，T 是力矩，K_t 是温度 t 时的力矩常数，它是磁场、绕组匝数、气隙的有效面积、转子半径和材料特性的函数。绕组电阻的变化可以表示为

$$R_t = R_{ref}\left[1 + \left(t_{winding} - t_{ref}\right) \cdot \alpha\right] \tag{7.11}$$

其中 R_t 和 R_{ref} 是当温度为感兴趣的绕组温度 $t_{winding}$ 和室温 t_{ref} 时的力矩常数，α 是材料常数，如 $\alpha_{copper}=0.00393(K^{-1})$。代表电机磁场的力矩常数随温度的变化可表示为

$$K_t = K_{ref}\left[1 + \left(t_{magnet} - t_{ref}\right) \cdot \beta\right] \tag{7.12}$$

这里 K_t 和 K_{ref} 是当温度为感兴趣的绕组温度 $t_{winding}$ 和参考温度 t_{ref}(20°C)时的力矩常数，β 表示磁通密度的衰减，它取决于材料的性质。由于这个衰减产生负面的影响，因此磁通随温度的增加而减少。电机最终温度的简化模型可以写为

$$t_{motor} = \left(P_{electric} + P_{friction}\right) R_{thermal} + t_{ref} \tag{7.13}$$

其中 $R_{thermal}$ 是电机与环境之间的热阻。通过上面这些方程，可以估计出电机的最终温度，并能看出电机是否处于平衡状态。

例7.2　已知电机的参考电阻为8 Ω，它在额定速度时产生的力矩为1.2 N·m，参考力矩常数是0.5 N·m/A，热阻是1.05 K/W，假定环境温度为20°C。对于该电机所用材料，磁通密度的衰减 $\beta=-0.02$(K)，这里假定可以忽略摩擦。

(a) 求电机的温度是否能稳定。如能稳定，求收敛的温度值。

(b) 假设由于散热的改进(例如用了新的风扇)，热阻减少到1.02 K/W，重复上面的问题。

解：

(a) 将给定的值代入式(7.10)到式(7.13)，可以求得如下基于初始电阻的功率：

$$P_{electric}=\frac{T^2}{{K_t}^2}R_t=\frac{1.2^2}{0.5^2}(8)=46\ \mathrm{W}$$

和

$$t_{motor}=\left(P_{electric}+P_{friction}\right)R_{thermal}+t_{ref}=(46+0)(1.05)+20=68°\mathrm{C}$$

在这个温度下，电阻和力矩常数都要改变，根据上面给出的方程可得

$$R_t=R_{ref}\left[1+\left(t_{winding}-t_{ref}\right)\cdot\alpha\right]=8[1+(68-20)(0.00393)]=9.5\ \Omega$$
$$K_t=K_{ref}\left[1+\left(t_{magnet}-t_{ref}\right)\cdot\beta\right]=0.5[1+(68-20)(-0.002)]=0.452\ \mathrm{N\cdot m/A}$$

再将这些数据代入式(7.10)和式(7.13)中，得到新的温度为

$$P_{electric}=\frac{1.2^2}{0.452^2}(9.5)=67\ \mathrm{W}$$
$$t_{motor}=(67+0)(1.05)+20=90°\mathrm{C}$$

采用同样的步骤进行的下一次迭代表明，温度将继续上升。在迭代到20次时，温度达到180°C，而且不可控地继续升高，说明该电机出现了过热。

(b) 采用新的热阻重复上面的计算，在进行约30次迭代后，温度收敛到接近130°C。因此，显然可以看出，合适的散热是电机的一个主要问题。

上面的讨论清楚地说明，当考虑发热时应该首选交流型和无刷型电机，而当需要速度控制或只有直流电源可用时，则应首选直流型电机。如能结合两者的长处是最理想的。无刷直流电机和步进电机具有这些特性，它们更加坚固耐用，后面可更详细地看到这一点。

下面几节中，将简要讨论直流电机、伺服电机、无刷直流电机和步进电机。

7.6.2　直流电机

直流电机在工业上很普遍，并且应用的时间也很长，因而它们可靠、坚固，功率相对较大。

在直流电机中，定子由一组产生固定磁场的永磁体组成，而转子中通有电流。通过电刷和换向器，持续不断地改变电流方向，使转子持续旋转。相反，如果转子在磁场中旋转，则将产生直流电，电机将充当发电机(输出是直流，但并不恒定)。图7.16所示为直流电机的结构。

如果用永磁体产生磁场，则输出力矩 T 与磁通量 ϕ 和转子绕组中的电流 i 成正比，于是，

$$T=\alpha\cdot\phi\cdot i=k_t\cdot i \tag{7.14}$$

其中 k_t 称为力矩常数。因为在永磁体中磁通量是常数，所以输出力矩就变成了 i 的函数，要控制输出力矩的大小，就必须改变电流 i(或相应的电压)。如果在定子中用带绕组的软铁心代替永磁体，那么输出力矩就是转子绕组电流和定子绕组电流两者的函数：

$$T=k_t k_f i_{rotor} i_{stator} \tag{7.15}$$

其中 k_t 和 k_f 均为常数。假如在能量转换过程中没有能量损失，那么总的能量输入就应该等于

能量输出，因而有

$$P = T \cdot \omega = E \cdot i \rightarrow E = \frac{T \cdot \omega}{i} = k_t \cdot \omega \tag{7.16}$$

该式表示，电压 E 正比于电机的角速度 ω。这个电压称为电机的反电动势，它是由绕组切割磁场产生的，所以这个电压跨越在电机两端。因此，电机的反电动势随转子速度的增加而增加。由于实际上转子绕组既有电阻又有电感，因此可以写出下面的方程（见图 7.17）：

$$V = Ri + L\frac{\mathrm{d}i}{\mathrm{d}t} + E \tag{7.17}$$

将式(7.14)和式(7.16)代入式(7.17)并加以整理，可得

$$\frac{k_t}{R}V = T + \frac{L}{R}\frac{\mathrm{d}T}{\mathrm{d}t} + \frac{k_t^2}{R}\omega \tag{7.18}$$

L/R 称为电机的电抗，它一般较小。这时为了简化分析，可以忽略上式的微分项，因此可得

$$T = \frac{k_t}{R}V - \frac{k_t^2}{R}\omega \tag{7.19}$$

式(7.19)说明，当输入电压增加时，电机的输出力矩也随之增加。同时它也说明，当角速度增加时，由于反电动势而使力矩减小。因此，当 $\omega = 0$ 时，力矩最大（电机堵转情况），当 ω 达到它的标称最大值时，$T = 0$，这时电机不产生任何有用的力矩（见图 7.18）。

图 7.16　直流电机的定子、转子、换向器和电刷

参考式(7.16)可以看出，当电机的角速度为 0（堵转情况）或力矩为 0（最大角速度情况）时，电机的输出功率均为 0（见图 7.18）。

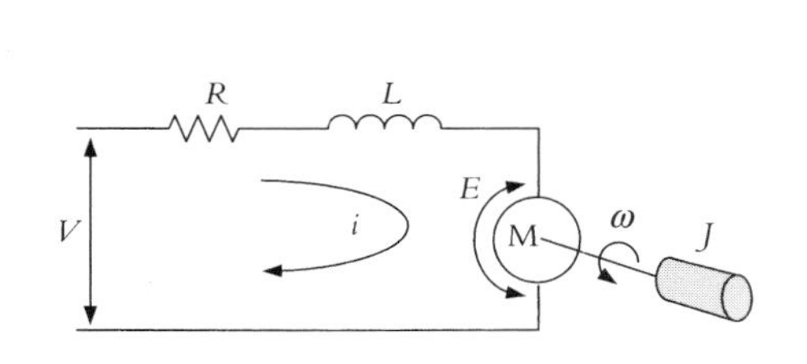

图 7.17　直流电机电枢电路的原理图

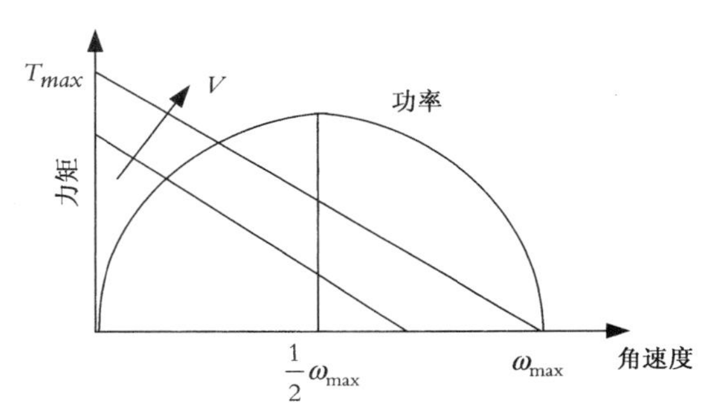

图 7.18　电机的输出力矩和功率与角速度的关系

通过使用由稀土材料和像钕那样的合金制成的高强永磁体，可以显著提高电机的性能。因此，目前电机的功率-重量比明显优于以前。直流电机已取代了大多数其他类型的驱动器。然而，这些电机也更昂贵。

为了克服多数直流电机的惯量高、尺寸大的问题，可以使用盘式或空心杯电机，在盘式和空心杯电机中，取消了转子绕组的铁心以减轻转子重量和惯量，因此这些电机能够产生很大的加速度，在 1 ms 内能从 0 加速到 2000 rpm(转/分)[5]。对控制来说，它们对变化电流的响应性能非常优越。图 7.19 所示为一个空心杯电机，其中的空心转子没有软铁。在盘式电机中，转子是一块平而薄的金属板，在上面压(刻蚀)有绕组，好像将转子压扁变成圆盘。永磁体一般为小而短的圆柱状磁铁，安放在圆盘的两边。结果，盘式电机很薄，可用于空间和加速度要求均很重要的场合(见图 7.20)。

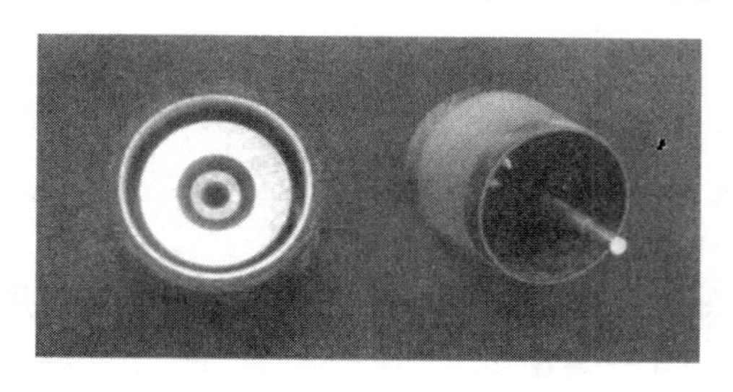

图 7.19 从转子中去掉软铁使重量变轻来降低惯性

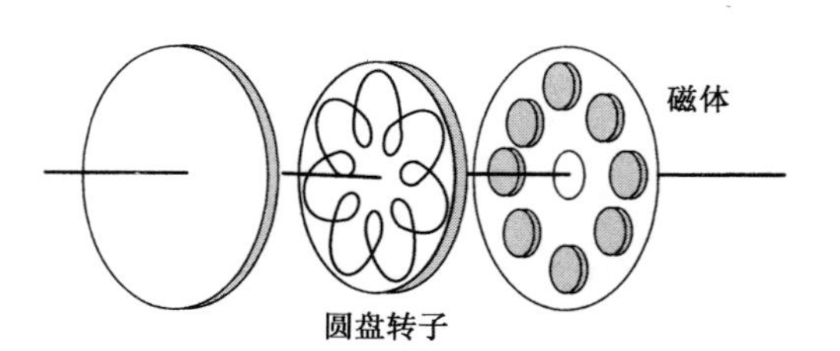

图 7.20 盘式电机的示意图。转子没有铁心，因此惯量小，所以能够很快地加减速

7.6.3 交流电机

交流电机除了转子是永磁体，定子内有绕组且取消了所有换向器和电刷外，其他均和直流电机相似。能够取消换向器和电刷的原因是因为交变磁通由交流电流提供，而不必通过换向器。当由交流电流产生的磁通转动时，转子随之旋转。因此，交流电机有固定的额定转速，它是转子极数和电源频率(例如 60 Hz)的函数。由于交流电机比直流电机更容易散热，它们的功率可以很大。反电动势(见 7.6.6 节)的原理同样适合交流电机。

我们可以利用功率电子学的方法，如磁通矢量控制来产生期望频率和幅值的正弦电流，从而也可以控制交流电机的速度和力矩。它将交流线电压转换成直流的形式，按期望的频率和幅值产生近似的脉冲直流电流，再用它来驱动电机，从而实现对交流电机速度和力矩的控制。步进电机(微量步进驱动模式)和无刷直流电机类似于交流电机的运行模式。

也有可以反转的交流电机。这时电机绕组采用中心抽头的形式，因此当电流流经绕组的每一半时，磁通的方向也就改变了，结果也使转子的旋转方向发生改变(见图 7.21)。然而，由于电流只流经绕组的一半，所以产生的力矩也只有一半大。

图 7.21 中心抽头的交流电机绕组

7.6.4 无刷直流电机

无刷直流电机是交流电机和直流电机的混合体。虽然不完全相同，但它们的结构和交流

电机很相似。主要差别在于无刷直流电机工作时使用的是开关直流波形，这一点和交流电机相似(正弦或梯形波)，但不一定是 60 Hz。因此，无刷直流电机不像交流电机，它可以工作在任意速度，包括很低的速度。为了正确地运转，它需要一个反馈信号来决定何时改变电流方向。实际上，装在转子上的旋转变压器、光学编码器或者霍尔效应传感器，都可向控制器输出信号，由控制器来切换转子中的电流。为了运行平稳、力矩恒定，转子通常有三相[2,4]，因此用相位差为 120°的三相电流给转子供电。无刷直流电机通常由控制电路控制运行，若直接接在直流电源上，它们不会运转。图 7.22(a)所示为径向型无刷直流电机，它的转子和定子并排排列。图 7.22(b)所示为轴向型无刷电机的定子。

(a)

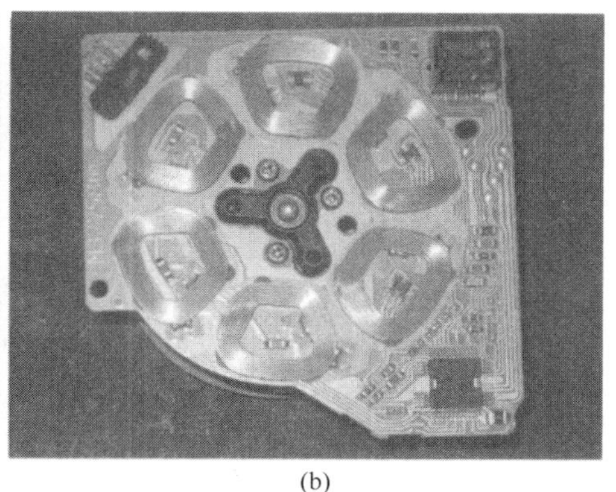
(b)

图 7.22　无刷直流电机

7.6.5　直接驱动电机

直接驱动电机在结构上和无刷直流电机或步进电机非常相似。主要的不同点在于它们被设计成在低速时能输出很大的力矩并有很高的分辨率。这类电机将直接用在关节上而无须任何齿轮减速。目前，直接驱动电动机很贵并且很笨重，但是性能优异。如在 NSK 公司的一个型号中，一个 40 kg 的电机能够在最大转速 3 rps(转/秒)时产生 150 Nm 的连续转矩，分辨率为 30 arc-s(角秒)。

在低转矩和高分辨率的应用中,可将音圈电机用作直接驱动电机。音圈电机常常用于磁盘驱动器,它在可靠性和分辨率方面提供了优异的特性。图 7.23 所示为磁盘驱动音圈电机。

7.6.6　伺服电机

在所有电动机中，一个很重要的问题是反电动势。通有电流的导线在磁场中会产生力，使之运动。类似地，如果导线(导体)在磁场中作切割磁力线运动，那么将会产生感应电流，这就是发电的基本原理。然而，这也意味着当电机绕组中的导线在磁场中旋转时，同样也会感应产生一个与输入电流方向相反的电流(或电压)。该电压称为反电动势，它将试图削弱电机中的有效电流。电机旋转得越快，反电动势越大。反电

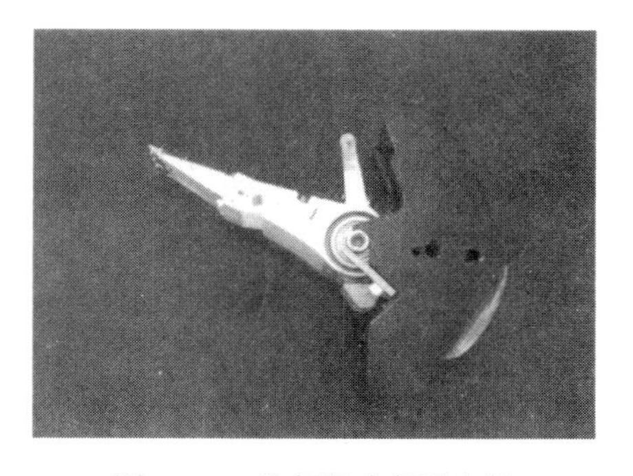

图 7.23　磁盘驱动音圈电机

动势通常表示为转子转速的函数，如式(7.16)所示，这里重复写出如下：

$$E = k_t \cdot \omega \tag{7.16}$$

这里 k_t 一般用每1000 rpm(转/分)所产生的电压大小来表示。当电机达到它的额定空载转速时，反电动势将大到使电机的转速以相应的有效电流稳定在额定空载转速。然而，在此额定转速下，电机的输出力矩为零。电机的电压由式(7.19)决定，这里重复写出如下：

$$T = \frac{k_t}{R} V - \frac{{k_t}^2}{R} \omega \tag{7.19}$$

如图7.18所示，当 ω 最大时，输出力矩为零。对于恒定的输入电压，若给电动机加载，电机将减速，导致反电动势变小，电枢电流变大，相应产生正的净输出力矩。负荷越大，电机的转速越低，以产生更大的力矩。如果负荷越来越大，就会产生堵转，反电动势消失，电枢电流达到最大值，力矩也达到最大值。遗憾的是，当反电动势较小时，尽管输出力矩较大，但由于有效电流变大，产生的热也就越多。在堵转或接近堵转的条件下，产生的热可能多到足以烧坏电机。

为了增加电机的力矩而仍维持期望的速度，必须给转子、定子或同时给两者(如采用软铁磁体)增大电压(或电流)。在这样的情况下，虽然电机的转速不变且反电动势也不变，增大的电压将使有效电流增加，因而力矩也增加。通过改变电压(或相应的电流)，可以按照要求维持转速-力矩的平衡，这个系统就称为伺服电机。

伺服电机是带有反馈的直流电机、交流电机、无刷电机或者步进电机，通过对它们进行控制可以按期望的转速和力矩运动到达期望的转角。为此，反馈装置需向伺服电机控制器电路发送电机的角度和速度信号。如果负荷增大，则转速就比期望转速低，电压(或电流)就会增加直到转速和期望值相等。如果信号显示速度比期望值高，电压就会相应地减小。如果还使用了位置反馈，那么该位置信号可用于在转子到达期望的角位置时关断电机。

为实现伺服电机的控制，可以使用多种不同类型的传感器，包括编码器、旋转变压器、电位器和转速计等。现在了解这些就足够了，后面还将专门讨论传感器。如果采用了位置传感器，如电位器和编码器，对输出信号微分就可以得到速度信号。图7.24是伺服电机的一般控制框图。更多的细节可参考第6章。

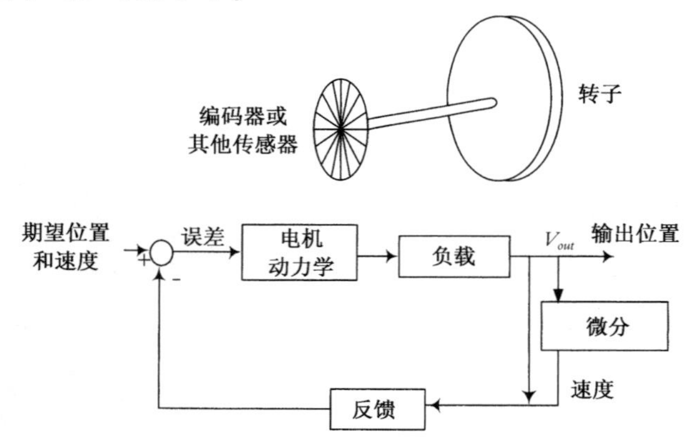

图7.24 伺服电机控制器原理图。传感器将速度和位置信号送给控制器，控制器控制伺服电机的速度和位置

7.6.7　步进电机

步进电机是通用、耐久和简单的电动机，它可应用在许多场合。在大多数应用场合，使用步进电机时不需要反馈。这是因为除非失步，否则步进电机每次转动时步进的角度是已知的，由于它的角度位置总是知道的，因此也就没有必要反馈。步进电机有不同的形式和工作原理，每种类型都有一些独特的特征，适合于不同的应用。大多数步进电机可通过不同的连接方式用于不同的工作模式。

和通常的直流电机或交流电机不一样(但和无刷直流电机相似)，如果将步进电机直接接通电源，它不会旋转。只有通过不同的绕组使磁场旋转时，步进电机才会旋转。事实上，电机不转时产生的力矩最大。即使没有通电，步进电机也有一个残留力矩，又称为定位力矩。即使没有通电，要转动步进电机也需要额外的力矩。因此，所有的步进电机都需要微处理器或驱动器/控制器(脉冲分配器)电路才能使其转动。既可以自己设计驱动器，也可以购买称为脉冲分配器的装置来驱动步进电机。和伺服电机需要反馈电路一样，步进电机需要驱动电路。所以，在应用时设计者需要确定哪种电机更合适。除了在小型桌面机器人中使用外，步进电机很少用于工业机器人驱动。但是，步进电机广泛用于非工业机器人和机器人装置中，以及其他与机器人协同工作的装置中，这些装置包括加工机械及周边设备，自动制造设备及控制设备。

步进电机的结构　通常步进电机有软磁体或永磁体转子，而定子上有多个绕组。根据 7.6.1 节的讨论，由于线圈中产生的热量很容易从电机机体散失，所以步进电机很少受到热损坏的影响，并且因为没有电刷或换向器，所以寿命长。

不是所有步进电机的转子都一样，后面将只讨论两种类型的转子。在每种情况下，都是转子跟随由线圈产生的运动磁场，结果有点像交流电机及无刷直流电机，转子在控制器或驱动器的控制下跟随运动的磁通。下面几节将讨论步进电机是如何工作的。

工作原理　通常有 3 种类型的步进电机：变磁阻步进电机、永磁体(也称罐状)步进电机和混合型步进电机。变磁阻步进电机采用软磁体和具有锯齿形的转子，永磁体罐状型步进电机采用不具锯齿形的永磁体转子，混合型步进电机采用永磁体但具锯齿形的转子。这些简单差别使得它们的工作原理也有所不同。下面几节将讨论罐状型和混合型的步进电机，变磁阻步进电机的工作原理与混合型的相同。

假设步进电机的定子上有两组线圈，一个永久磁铁作为转子，如图 7.25 所示。当给定子线圈通电时，永磁转子(或磁阻式步进电机中的软铁心转子)将旋转到与定子磁场一致的方向[见图 7.25(a)]。除非磁场旋转，否则转子就停留在该位置。切断当前线圈中的电流，对下一组线圈通电，转子将再次转至和新磁场方向一致的方向[见图 7.25(b)]。每次旋转的角度都等于步距角，步距角可以从 180°到小至几个角分(本例是 90°)。接着，当第二组线圈被切断时，第一组线圈再一次接通，但是极性相反，这将使转子沿同样的方向又转了一步。当一组线圈被关断、另一组就接通的过程不断持续时，经过 4 步就使转子转回到原来的初始位置。

现在假设在第一步结束时，不是切断第一组线圈并接通第二组线圈，而是两组线圈的电源都接通。此时，转子将仅旋转 45°，以使得和最小磁阻方向一致[见图 7.25(c)]。此后，如果第一组线圈的电源关断，而第二组线圈的电源继续保持接通状态，转子将再次转过 45°。这叫做半步运行，包括了 8 拍运动序列。

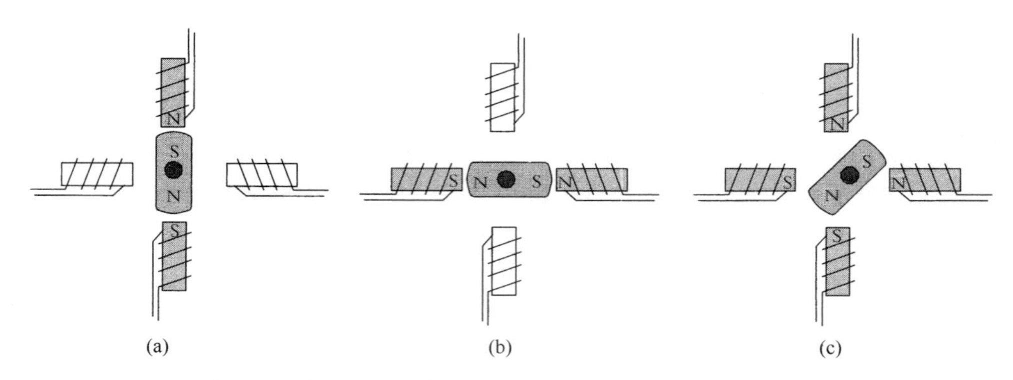

图 7.25　步进电机工作的基本原理。当定子线圈依次通电和断电,转子就跟着旋转,以使它始终对准磁场方向

当然，开-关次序反过来，转子就以相反的方向旋转。整步运行时，大多数工业步进电机的步距角在 1.8°至 7.5°之间。显然，为了减小步距，可增加极数，然而极数有物理上的限制。为了进一步增加每转的步数，在转子和定子上加工数量不同的齿，就产生和卡尺相似的效果。例如，在转子上加工 50 个齿，在定子上加工 40 个齿将产生 1.8°的步距角，即每转步进 200 步。后面将讨论这一点。

罐状步进电机　这种电机很普遍，步距角通常是 7.5°或类似的大小，用在许多不同的场合。由于结构的原因，它们相对扁平，有利于用于垂向空隙小的场合。

转子是带有条状 N 极和 S 极相间磁体的圆柱形，通常由嵌有铁素体的树脂(类似于冰箱的磁体)制成，如图 7.26 所示。对于步距角为 7.5°的步进电机，其典型的转子有 24 对磁极。

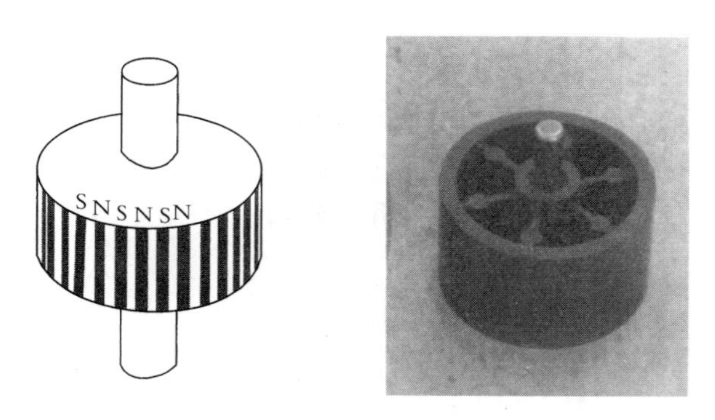

图 7.26　罐状步进电机的转子

冰箱磁体仅有一边粘贴铁磁材料。具有说明信息的一边或贴有广告的一边并不粘贴铁磁材料，那并不是因为它上面有一个附加的印刷层，而是因为在那边没有磁通，而仅在能粘贴的一边有磁通。这些磁体由混合有铁素体的树脂制成，它被磁化成一系列相邻的小马掌状磁体，称为前卫阵列，如图 7.27 所示。

许多步进电机和无刷直流电机的永磁体转子也是按同样的方法制成的，因此，转子的横断面由一系列依次相邻的马掌状磁体组成。这种排列为无刷直流电机(见图 7.22)和罐状型步进电机(见图 7.26)创造了一种允许小步运动的独特的转子。

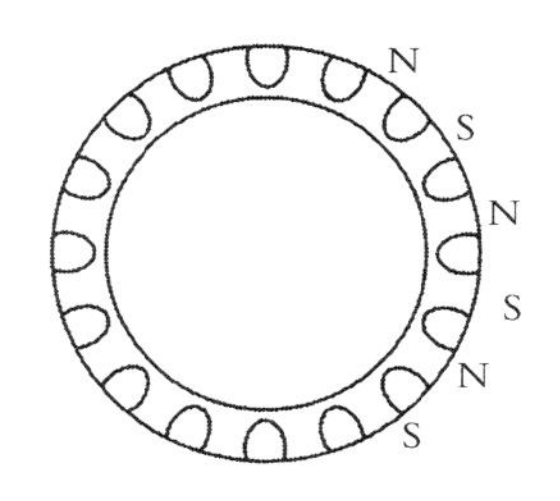

图 7.27　冰箱磁体和步进电机或无刷直流电机的磁通模式

定子由 4 个圆盘组成，每个圆盘有 12 个齿，互相叠在一起，齿之间的交错次序为 1-3-2-4，如图 7.28 和图 7.29 所示。一组线圈绕在第 1 个和第 2 个圆盘上，另一组绕在第 3 个和第 4 个圆盘上。这 4 个圆盘背靠背地形成两组独立的磁体，每个线圈都有中心抽头(称为双股)，并在中心抽头处接地。电流从线圈一端流入，从中心抽头流出，将产生一定的磁极方向，它和电流从线圈的另一端流入从中心抽头流出所产生的磁极相反。所以，每个线圈都可以按任意的极性进行激磁，每个绕组都将使相应圆盘上的齿形成相似的磁极——都是 N 极或都是 S 极。因而，根据极性的不同，对两个线圈激磁将在 4 个圆盘中产生 N 和 S 极交替重复的模式。

图 7.28　罐状步进电机的定子

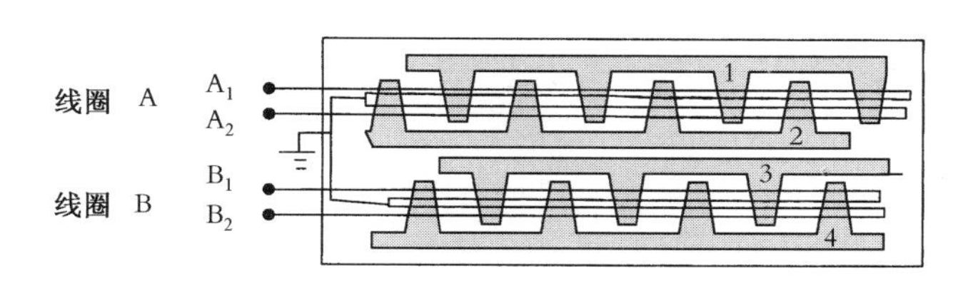

4个圆盘交叉部分

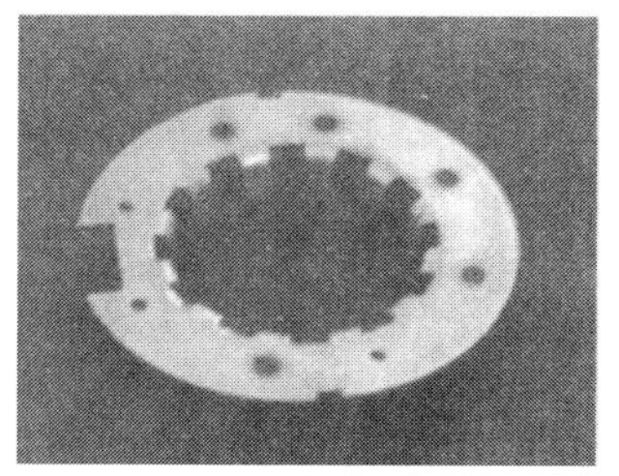

带齿的一个单独的圆盘

图 7.29　罐状步进电机定子的绕组和圆盘

图 7.29 是罐状步进电机定子的示意图，画成直线是为了更直观。圆盘 1 和 2 与线圈 A1/A2(线圈 A 的两半)对应，圆盘 3 和 4 与线圈 B1/B2(线圈 B 的两半)对应。如果线圈 A1 接通电源，则圆盘 1 将为 N 极，圆盘 2 为 S 极。如果 A2 接通电源，则圆盘 1 和 2 的极性将会反过来，即圆盘 1 为 S 极，圆盘 2 为 N 极。同样，带有线圈 B1 和 B2 的圆盘 3 和圆盘 4 也是如此。上述绕组为中心抽头式，如图 7.30 所示。中心抽头的优点是，在制造时

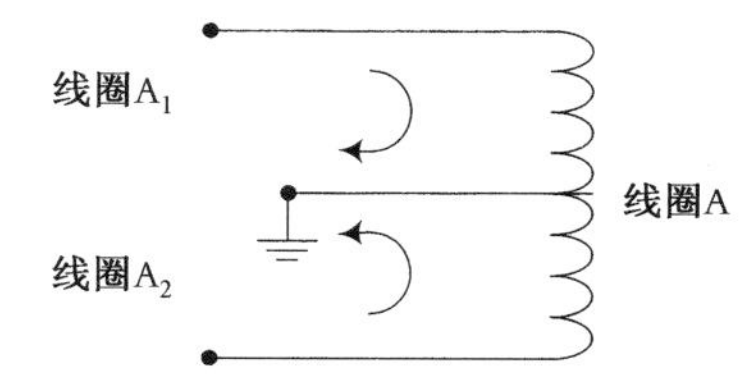

图 7.30　绕组中心抽头允许让不同的半边线圈通电来改变磁场极性

两股导线同时缠绕在磁极上。当绕完时，导线的两头连到一起构成“地”，而另外两头则是输入电流的连接点。因此，简单地让双绕组线圈不同的半边流过电流，就很容易以任意极性进行激磁。

在电机运行过程中，两组线圈将按下列顺序接通，形成表中所示的极性：

步数	A1	A2	B1	B2	圆盘 1	圆盘 2	圆盘 3	圆盘 4
1	通	断	通	断	N	S	N	S
2	断	通	通	断	S	N	N	S
3	断	通	断	通	S	N	S	N
4	通	断	断	通	N	S	S	N

注意 A1 和 A2 以及 B1 和 B2 永远不会同时接通(这样会彼此抵消磁场)。在上述序列中的每一步，转子的磁极将对准在定子的磁极之间，使得整个磁路具有最小的磁阻，因此转子的 S 极将介于定子的两个 N 极之间，而转子中的 N 极将介于定子的两个 S 极之间，如图 7.31 所示。图中，S-N“圆弧”表示在通电序列的每一步中磁极的极性。在 4 步序列的最后，转子转动了 4 步，又完全回到了序列开始时的初始状况。因而，重复这 4 步序列将使转子连续转动。步进序列变化得越快，转子旋转得也越快。因此，仔细控制驱动序列的数量和速度，就可以控制电机的旋转角度和转速。注意，图 7.31 只画了全部定子和转子磁极的 1/4。在实际的步进电机中，共有 48 个磁极，提供 7.5°的步进角。

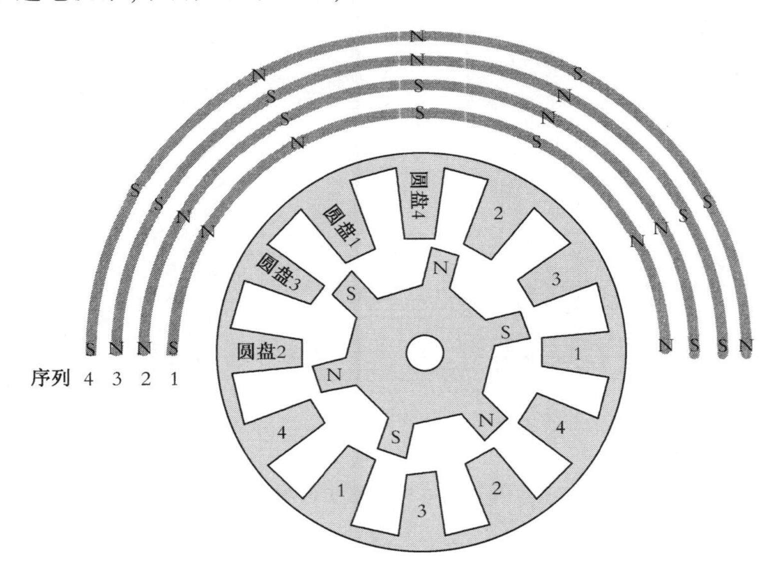

图 7.31 罐状步进电机的横截面图，每个 S-N 弧段表示 4 步序列中 1 步的每个磁极的极性

如果不是同时给两组线圈激磁，而代之以单线圈及双线圈交替激磁，则提供了 8 拍控制序列，步进电机将以一半的步距角步进，因而是半步运行。然而，这在罐状步进电机中并不普遍。表 7.2 表示了步进电机整步运行和半步运行时的开关序列，颠倒该序列将使步进电机反向旋转。

表 7.2　步进电机的整步(a)及半步(b)序列

(a)

步数	A1	A2	B1	B2
1	通	关	通	关
2	关	通	通	关
3	关	通	关	通
4	通	关	关	通

(b)

步数	A1	A2	B1	B2
1	通	关	通	关
2	关	关	通	关
3	关	通	通	关
4	关	通	关	关
5	关	通	关	通
6	关	关	关	通
7	通	关	关	通
8	通	关	关	关

混合式步进电机　混合式步进电机通常有两个绕组(或是中心抽头式，或是方向相反的两个独立绕组)，每个带 4 个磁极。转子由装在不锈钢轴上共轴的两段圆柱体构成，使得转子的一端为 N 极，另一端为 S 极(见图 7.32 和图 7.33)。在转子和定子磁极上都加工有小齿，转子有两段，其中一段上的齿和另一段上的齿错开半个齿。然而，为了理解转子和定子上的齿的作用，我们回顾一下卡尺的原理。

图 7.32　混合式步进电机的定子

图 7.33　混合式步进电机的转子

取两条平行线，相互间可以相对滑动，均为 1 个单位长。然后将每条线 10 等分。当移动一步时，欲使等分线彼此对齐，则必须移动一整格才能和下一条刻度线对齐(见图 7.34)。

类似地，取另两条直线，一条 10 等分，另一条 11 等分。在这个例子中，分度分别为 0.1 和大约 0.09。如果开始两条直线上有两条刻度线重合，然后其中一条滑动，到下一组刻度线重合时，将滑动 0.1 −0.09 =0.01 个单位的距离，卡尺就是以与之完全相同的原理工作的。将直线分为不同的长度，可以很容易测量仅为最小分格中一小部分的长度。

混合式步进电机定子和转子上的齿的作用和上述原理相同，因为定子和转子的齿数不同，转子每一步只能旋转一个小角度，它等于定子和转子分度之差。当定子磁极有 40 个齿，而转子上有 50 个齿时，整步运行时步进角为 1.8°，因为

$$\frac{360^\circ}{40}-\frac{360^\circ}{50}=9^\circ-7.2^\circ=1.8^\circ \tag{7.20}$$

转子的两个圆柱体(见图 7.33)在相位上相差半步，而定子磁极是一个整体，它跨越整个步进电机的长度。尽管混合式步进电机和罐状步进电机的构造不同，但是电机的驱动是类似的。

图 7.35 是简化的混合式步进电机示意图，定子仅有两组绕组，转子带 3 个齿。如前所述，在实际的电机中，为得到较小的步距，在磁极上会加工许多齿，但为了理解电机的工作

原理，在本例中转子仅有3个齿。只要定子和转子上的齿数不同，就会有前面所说的效果。现在假设对一个绕组激磁如图7.35(a)所示，对于一边所有齿全为S极而另一边所有齿全为N极的转子，将转向磁阻最小的路径，如图所示。如果一个绕组电流被切断并且第二组绕组接通，虽然磁通(或磁场)旋转90°，但是转子只能旋转30°到新的位置，如图7.35(b)所示。如罐状电机中所述，同样的通电序列不断继续，转子就将旋转。反方向改变序列将使转子朝相反的方向旋转。控制序列变化得越快将使转子旋转得越快。所以，通过控制这个通电序列及其方向和速度，就可以控制转子的运动和角速度。当然，为实现半步运行，也可使用8步控制序列。

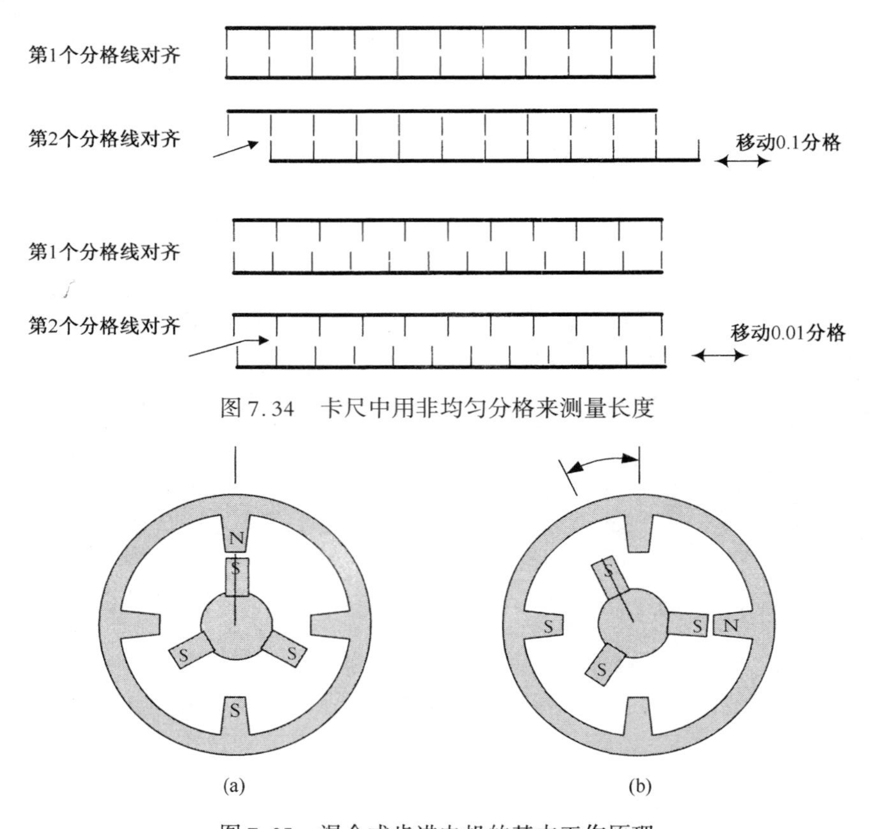

图7.34 卡尺中用非均匀分格来测量长度

图7.35 混合式步进电机的基本工作原理

单极、双极和双绕组步进电机 单极步进电机设计为单电源工作。通常，希望只用一个电源既给电机线圈供电也给驱动电路供电。除非使用其他开关技术，否则采用单电源不可能简单地通过改变电源极性来改变线圈的极性，因为这样会毁坏电子驱动电路。因为线圈的极性无法改变，所以单极电机不能运行在半步模式。然而，由于仅使用单电源，降低了成本，同时电机能够输出满功率。

对于双极性电机，假设电源极性能够改变。于是，或者用两个电源，其中一个用于给电机绕组供电，其极性可变，另一个用于给驱动电路供电；或者用单电源供电，这时采用较复杂的开关电路以使电路不发生破坏。因此，双极性电机或者需要更多的电源，或者需要更复杂的电子设备，但它既能运行在整步模式又能工作在半步模式，并能输出满功率。

在双绕组电机中，如前面已经讨论过的，线圈为中心抽头式。在这种情况下，只需简单改变流过每半边绕组的电流就可以改变绕组的极性。因此，使用简单的电路和单电源供电，电机就可以工作在整步及半步模式。但是，因为仅半个线圈激磁，所以电机只能输出满功率的一半。图 7.36 是单极性和双极性驱动电路的示意图，电子开关的控制端和微处理器的端口相连，由微处理器来控制导通和关断。

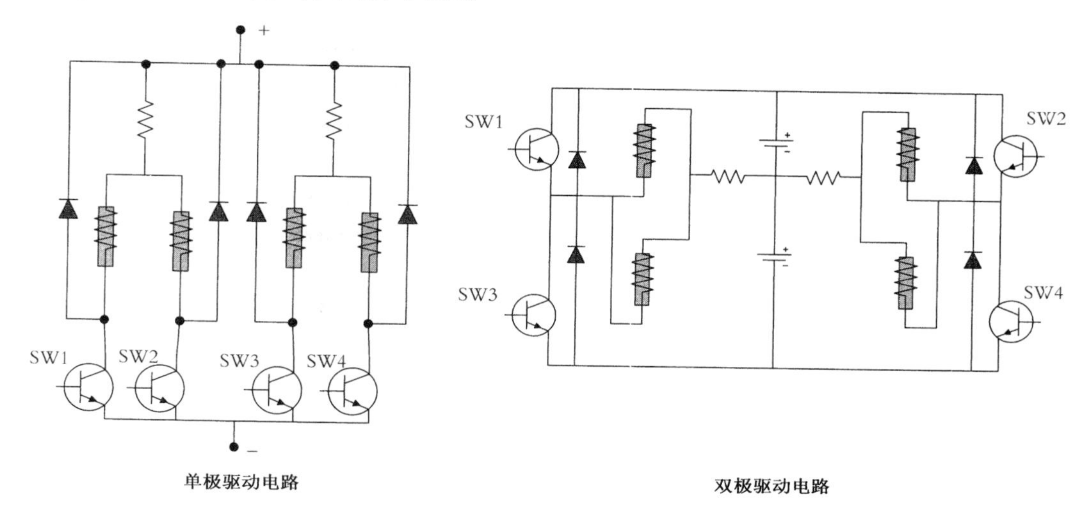

图 7.36　单极和双极驱动电路的原理图

使用时，大多数电机连接成上述三种模式中的一种，有些则例外。图 7.37 的原理示意图说明了电机绕组可能的几种不同连线方式。在 8 引线结构中，可以采用任一模式连接电机，因为绕组是彼此分开的。这时，也很容易确定哪两个接线端子属同一个绕组。在 6 引线电机中，引出了绕组的中心抽头，但两个线圈仍是分开的。在 5 引线电机中，两个线圈的中心抽头接在了一起。4 引线电机不能用于双绕组模式。通过测量不同连线间的电阻，可以确定哪条线连接在哪个线圈上。

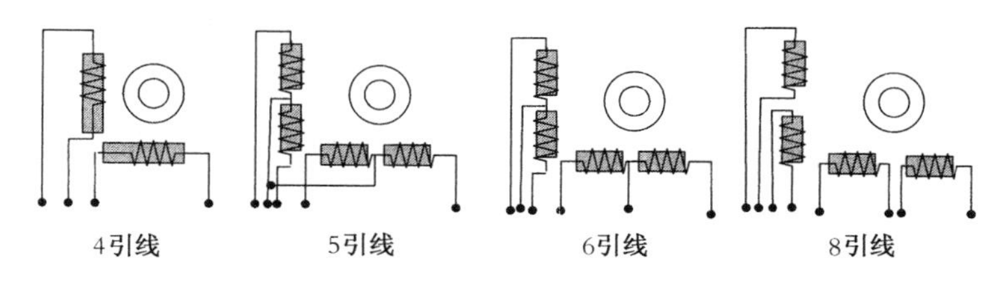

图 7.37　步进电机的引线结构

图 7.38 表示了一个 5 相“五角形”步进电机是如何连接的。

步进电机的速度-力矩特性　步进电机在许多应用领域都十分有用。假定每发送一个信号，步进电机就前进一个已知的角度，因而它不需要反馈。只要电机的负载转矩小于它能输出的力矩，就不会丢步，也即上述假定成立。然而，如果负载过大，或者给定转速超过电机的能力，步进电机就会丢步，由于没有反馈，所有以后的位置都是错误的。

当转子静止，角速度为零时，步进电机产生的最大力矩称为保持力矩（电机未通电时的力矩称为爪极力矩或剩余力矩）。像所有电机一样，随着电机转速的提高，产生的力矩会减小，但它减小的特性比其他电机更明显。因而，设计人员在做出选择之前，校验制造商提供的步进电机的速度-力矩特性十分重要。图7.39是一个典型的速度-力矩特性曲线。有用的力矩(也称输出力矩)取决于步进电机的接线方式及所用的驱动电源信号。

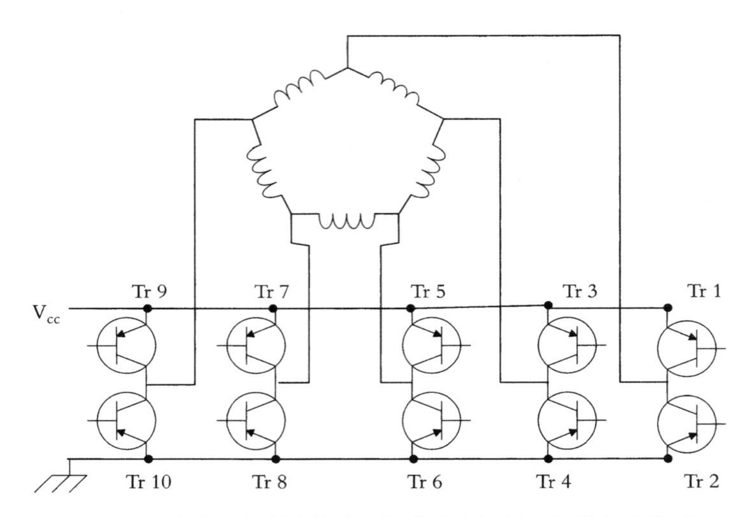

图7.38 具有五角形连接的5相步进电机的双极模态连接图

高速时力矩性能差的原因是，每步运行时，转子必须首先加速，然后恒速转动，最后减速并停在下一步的位置，对每个单步来说，该过程都必须重复一次。所以步进电机不能快速旋转，尤其是当转子很重时。如果给电机的信号太快，转子没有时间来加速/减速，就会发生丢步。因此，其中的原因之一是负载的惯性。然而，更重要的是定子交替变化的磁场。正如早些时候讨论的，每当线圈电流被切断，它将产生变化(在这里为衰减)的磁通。绕组中的导体在出现变化磁通时会产生反电动势，反电动势将减缓磁通的衰减过程，因为反电动势电流产生了新磁通。所产生的磁通具有阻止转子旋转的趋势，使转子减速。所以，转子被拉回，使其不能顺畅地旋转。

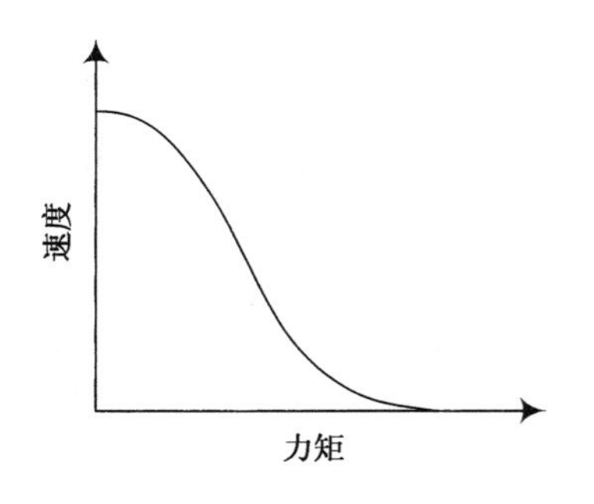

图7.39 步进电机典型的速度-力矩曲线

为了解决上述问题并防止切断大电流时在开关上产生过压，可在电路中增加一个续流二极管，如图7.40(b)所示。该续流二极管将允许电流继续流过线圈，电流在电阻中转换为热量而得到衰减。该过程的有效性可以通过在电路中增加一个齐纳二极管来提高，如图7.40(c)所示。重要的是，必须认识到齐纳二极管的击穿电压必须和晶体管的击穿电压相近，否则它将失去作用。

微步距步进电机 在微步距控制中，不是突然接通或关断线圈，而是每个线圈的接通或关断逐步进行，其改变分为很多小步，通常可达250步。例如，假设线圈A接通而线圈B关断，在整步运行时，下一序列就是线圈A关断而线圈B接通。而在微步步进时，这一过程分为许多步，比如说100步，结果线圈A将接通99%，而线圈B接通1%。于是，转子就微微转动到磁阻最小点，相对于上步转动了一个微步距。在下一步，线圈A接通98%而线圈B为2%，转子又转动一个微距。这一过程一直持续到与半步运行时一样，两个绕组电流相同为止，然后再持续到线圈 A 关断而线圈 B 为 100% 接通。这样就将一个整步分为 100 个小步。对于一个 200 步 1.8°的步进电机，这意味着采用微步步进后，电机每转有 20 000 步。实际上，每步通常分为 125 或 250 微步。对于一个 1.8°步距角的步进电机而言，每转一圈就需要25 000 或 50 000 个微步。

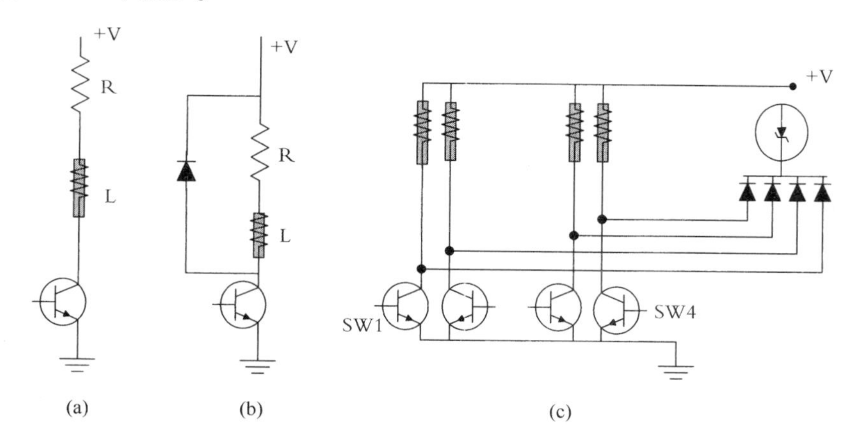

图 7.40　在步进电机中，用(a) 电阻、(b) 二极管和(c) 齐纳二极管来增加最大速度

上述电压的分级由电子电路实现，电子电路将电压每级分割得较细，相应步距也较小。由于不像整步运行，磁通的减少不是突然的，所以反电动势非常小。因此，采用微步步进时，步进电机的性能明显提高，它们输出的力矩更大，无丢步的最大转速也得到更高。另外，因为微步很小，电机不再是阶梯式地转动，故电机的振动较小并且声响较低。当然，缺点是微步步进需要更复杂的驱动器，该驱动器要求较高的精度和较好的电流分辨率，成本比较高。

在实际应用中，不再将每步分成若干线性等分(例如 1% 分割)，而是按正弦波变化。也就是说，将分级的数字电压加在绕组上，最多分为 250 级。于是，总的看来，在这种工作模式下，步进电机实际上和交流同步电机很相似，不同的是它的角速度不是由电源的线电压频率所固定的，而是由微步步进驱动电路控制。所以，微距步进电机可以按任意角速度驱动来达到任意期望角位移，并可随时停止。

步进电机的控制　步进电机可以用微处理器(或微控制器)直接驱动或通过驱动电路驱动，也可由电机生产商提供的专用步进电机驱动器/分配器驱动。

为了用微处理器直接驱动步进电机，加在电机绕组上的电压必须由微处理器直接控制。根据所采用的微处理器，通常有两种方法来实现这一点。如果处理器输出端口的负载能力低(mA 级)，它就不能提供足够大的电流驱动电机绕组(个人计算机上的输出端口就是这种情况)。因此，输出端口必须控制功率晶体管的导通和关断，该功率晶体管再以大电流控制电机绕组。如果微处理器的输出端口能提供大电流，只要电机需用电流低于微处理器输出端口能输出的电流，电机绕组就可以直接连接到微处理器的输出端口上。如前所述，对每一种情况，微处理器都通过顺序开关输出端口来控制步进电机绕组中的电流。根据绕组通电序列的不同，步进电机可以朝正反两个方向旋转。在这种情形下，需要 4 个输出端口来驱动步进电机，而步进电机的位移、速度和转向都是可控的。图 7.41 表示用微处理器驱动步进电机的原理电路，在图 7.41(a)中，微处理器输出端口的负载能力低，需要通过功率晶体管来驱动步进电机，在图 7.41(b)中，微处理器输出电流大，直接驱动步进电机，无须功率晶体管。

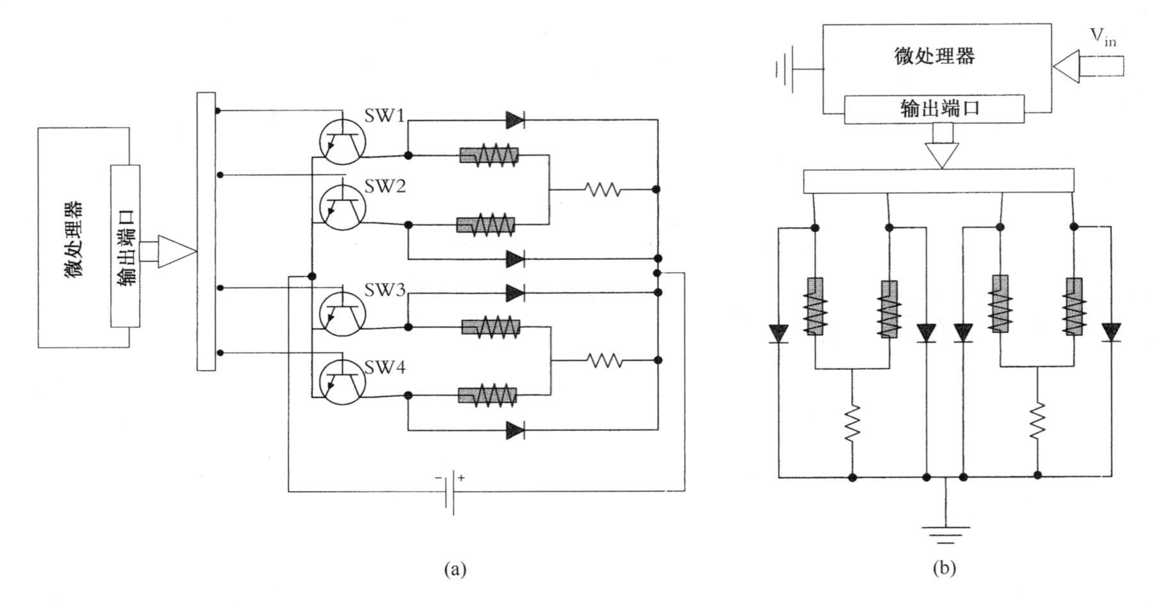

图 7.41 用微处理器驱动步进电机的原理图。(a) 低电流输出; (b) 高电流输出

另一种替代方法是用专用集成电路来控制步进电机的运动[7,8]。这些集成电路芯片称为晶体管步进驱动电路，它设计成能根据接收到的信息产生驱动步进电机的控制序列。在大多数情况下，专用集成电路所需要的信息是脉冲序列。一旦驱动电路接收到一个脉冲(即到芯片的输入从低到高变化)，它就给出驱动序列使步进电机前进一步。如果接收到 n 个脉冲，就前进 n 步。当使用了驱动电路时，微处理器就只提供脉冲序列，这些脉冲总是相同的，但不是步进电机的驱动序列。给脉冲分配器的第二个输入脉冲决定电机的转向。所以，对任意位移、转向和速度，只需两个输出端口就可驱动步进电机。因此，使用步进驱动电路时，用和以前相同的输出端口(4 个输出端口)就可以驱动两倍的步进电机。通过将其中一个引脚电平置高或置低，大多数驱动电路能提供整步或半步运行的选择，这时需要 3 根输出线。驱动电路使用非常方便，价格非常低廉，它简化了处理器的编程。相对便宜的微步距步进驱动电路 IC 芯片也有商用产品，它们可用于有限的微步距。

和微处理器一样，驱动电路的输出电流可小可大。如果输出电流小，就必须使用功率晶体管作为开关，驱动电路通过控制晶体管的导通和关断来驱动步进电机。如果输出电流大(如 Allegro Micro Systems 公司的 A3982，额定电流 2 A)，驱动电路的输出端口就可直接连接步进电机，简化了电路。图 7.42 为一种典型的步进电机驱动电路示意图(Allegro Micro Systems A3982 芯片)，图 7.43 表示如何使用驱动电路。如图所示，微处理器给驱动电路第 16 引脚提供脉冲序列，驱动电路自动为每个脉冲产生控制步进电机的控制序列。脉冲越快，步进电机的转动速率就越快。为了控制旋转方向，脉冲分配器第 20 引脚的电平必须由高变低或由低变高。

另一种用驱动电路控制步进电机的方法是用微处理器以外的其他方法给驱动电路提供脉冲序列。例如，图 7.44 中的时基电路就能给驱动电路产生持续稳定的脉冲序列，让它驱动步进电机。然而，要改变步进电机的转速或要控制总的角位移，则需要其他一些控制手段(比如调节电路中的电位器)。但是，在要求转速恒定或能用微动开关等手段控制总位移的一些特定应用中，时基电路就很有用。当 $R_H = R_1 + R_3 + R_4$ 时，对该电路，有如下等式成立:

$$
\begin{aligned}
t_{high} &= 0.693C_2(R_H + R_2) \\
t_{low} &= 0.693C_2(R_2) \\
t_{total} &= 0.693C_2(R_H + 2R_2)
\end{aligned}
\tag{7.21}
$$

对于实际情况，$\mathrm{Max}(R_H + R_2) \leqslant 3.3\ \mathrm{M\Omega}$，$\mathrm{Min}(R_H, R_2) = 1\ \mathrm{k\Omega}$，且 $500\ \mathrm{pF} \leqslant C_2 \leqslant 10\ \mu\mathrm{F}$。选择合适的电阻和电容，可以对周期进行大范围调节。

关于机械电子学应用和设计的更多信息可参考文献[9 ~13]。

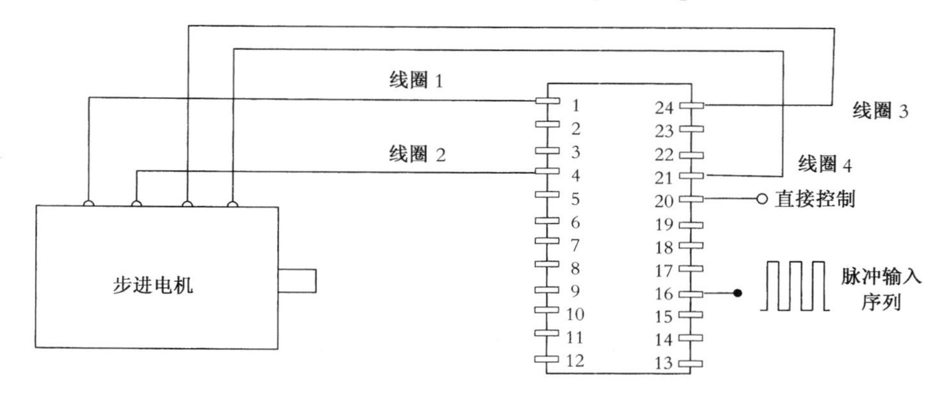

图 7.42　典型步进电机驱动电路示意图

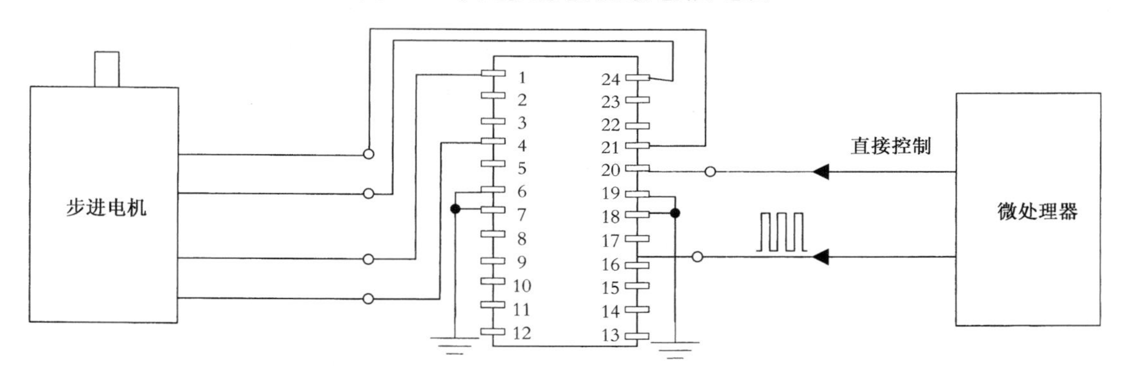

图 7.43　用驱动电路驱动带微处理器的步进电机的示意图

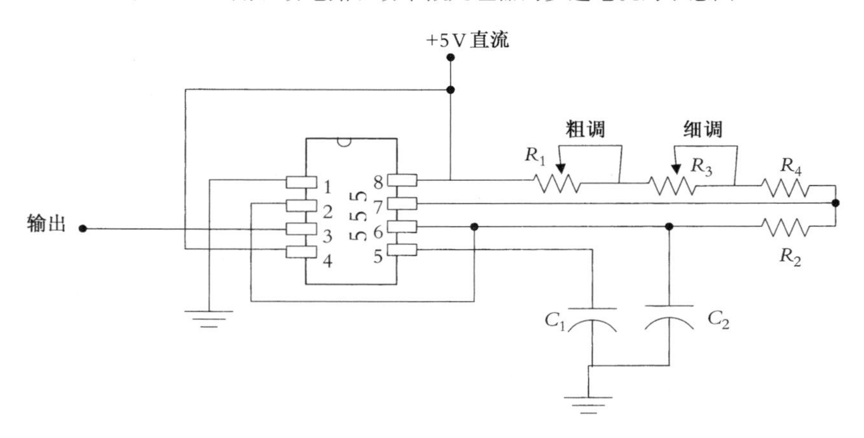

图 7.44　产生脉冲序列的时基电路示意图，该脉冲序列用来驱动步进电机，调节电位器可改变输出脉冲周期

7.7 电机的微处理器控制

正如在第1章中所说的，机器人可以看成由计算机或微处理器控制的操作机构。所以，能用微处理器来控制电机很重要。我们已经讨论了如何用微处理器控制步进电机或无刷直流电机的一些细节。下面几节将涉及电机控制的其他一些共性技术。

微处理器是数字设备，它只能处理数字输入和数字输出。任何低于0.8 V的电压信号都被认为是低电压信号(即关，0)，任何高于2.4 V的电压信号则被认为是高电压信号(即开，1)。微处理器只能读入“0”和“1”，也只能输出“0”和“1”。所有模拟或连续输入信号或信息必须数字化后才能被微处理器使用。而所有要求的模拟或连续输出信号或信息也同样必须由数字信号转换成模拟信号后才能得到。为达到上述目的，必须使用模数转换器(ADC)和数模转换器(DAC)，对于这两者来说，当然关键的性能是分辨率。

数字设备用二进制位来处理数据(和所有其他信息)，二进制位只能是“0”或“1”。只有一个二进制位的信息只能有两种状态：0或1。要增加表达信息的能力，可以采用两个二进制位，那样就有4种可能的状态：00，01，10，11。随着位数增加，变量数以2^n增加。所以，由4个二进制位组成的数有16种不同的可能，一个8位二进制数就有2^8即256种不同的可能。每4个二进制位称为半字节(nibble)，每8个二进制位称为字节(byte)。

假设要将一个在0~5 V范围变化的电压值读入微处理器中，并用它来对设备进行控制。当然，处理器只能读入高低电平，而不能读入连续变化量。如果使用仅有一个二进制位的端口，那它只能识别出电压是高还是低，而不能是连续过程。现在假设使用有两个二进制位的端口去读取该电压，对于两位的情况就有4种可能。所以，电压可被分成4个不同的值，可能是0，1.67，3.34和5，它们分别和二进制位00，01，10，11对应。这样就能用微处理器分辨4种不同的电压等级。如果该分辨率不够，就必须增加位数。使用4个二进制位的输入端口，5 V电压可被分成16级，分别对应于0000，0001，0010，0011，……的映射，这样能读出的最小电压值是0.33 V。可以看出，使用的位数越多，分辨率就越高。然而，这意味着要读取一个输入电压，需要处理器有4个专用端口。此外，还必须使用模数转换器把模拟电压信号转换成数字形式，并把信息从模数转换器送至处理器。

反过来，假设要用微处理器控制伺服电机。若要用变化的电压控制电机的速度，则数字信息必须通过数模转换器转换成模拟信号。该信息的分辨率同样受到所用位数的限制。为了得到更高的分辨率，则需要更多的位数。可以设想一下，一个带有多个伺服电机、多个输入和多个传感器的高精度6轴机器人，到底需要多少个输入和输出端口。

为了控制机器人的运动或将机器人从一点运动到另一点，机器人控制器必须根据决定机器人运动的运动学方程计算每个关节的变化量，如果还要求速度控制，则还必须计算每个关节必须的运动速度。这些信息决定了各关节需运动多少和以多快的速度运动，相应地，也就决定了每个关节的伺服电机转动多少和以多快的速度转动(还要依据每个关节的减速比例及其他信息)。这些信息转换成一组控制伺服电机的电压和电压变化曲线。该电压送至伺服电机，同时反馈信号送至控制器来进行校核，并按照期望速度相应地调整该速度，直到关节运动到期望的位置。不断继续这个过程，直到结束。所以，需要对发送到各伺服电机的电压进行控制，并能从各个关节读取反馈信号。

这里应该提到，正在开发一类新的智能电机控制器（Intelligent Motor Controller，IMC）[14]，可以对这些特定的高速控制器进行编程，以用于无刷电机和交流感应电机的高性能控制。

7.7.1　脉冲宽度调制

前面已经提到，为了能用一个几乎连续的电压控制伺服电机，需要许多输出口或位数来得到高的分辨率。这样做的代价昂贵，并且对于大量输入和输出端口的需求，有时很难做到。此外，由于这个电压所能提供的功率较低，它不能直接驱动电机，必须将它输入给功率晶体管，并由它来控制电机。现在我们来看晶体管未运行在满功率状态时的情况。

图 7.45(a)所示为一个控制电机的简单电路。理想晶体管的电压 V_{CE} 由微处理器控制，它反过来再控制电机两端的电压，因此也就控制了流过电机的电流。晶体管的功率损失可以求得为

$$i=\frac{V_m}{R}$$
$$P_{trans}=V_{CE}\cdot i=(V_{in}-V_m)\cdot i=\frac{(V_{in}-V_m)\cdot V_m}{R} \tag{7.22}$$

图 7.45(b)所示为晶体管的功率损失。式(7.22)表明，当 $V_m=0$ 或 $V_m=V_{in}$ 时，功率损失为零（这里假定理想晶体管的内阻很小，因此当晶体管全导通时，它两端的压降非常小）。在其他地方，功率损失是电机电压 V_{in} 的二次函数，如图 7.45(b)所示。因此，如果晶体管处于全导通或全关断的情况，则没有功率损失。在其他情况，它将产生（浪费）许多功率。因此，最好让晶体管运行在全导通或全关断的状态。

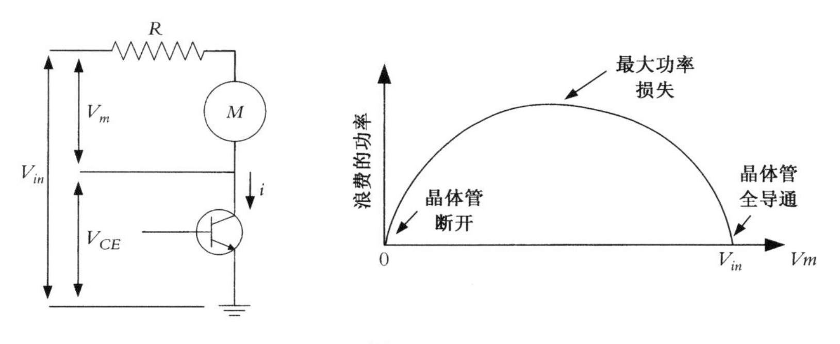

图 7.45

为了克服上面的问题，可以采用一种称为脉冲宽度调制（Pulse Width Modulation，PWM）的方法。脉冲宽度调制可以只用一个微处理器输出端口，且没有任何晶体管功率损失，而产生变化的电压。要达到这个目的，处理器输出端口上的电压要反复地接通和关断，一秒钟内要进行许多次。这样，通过改变开关的时间，就可改变平均有效电压。换句话说，如图 7.46 所示，当 t_1 对 t 的比例变化时，电机两端的平均电压也相应地发生改变。在脉冲宽度调制方法中，平均输出电压为

$$V_{out}=V\frac{t_1}{t} \tag{7.23}$$

脉冲宽度调制的脉冲速率可以为 2～20 kHz，而电机的自然频率比它小得多。如果脉冲宽度

调制方法的开关速率保持比电机转子自然频率高许多倍，那么开关对电机性能的影响将很小。电机实际上起到了一个低通滤波器的作用，它不会响应开关信号，而只对脉冲宽度调制输入电压的平均值做出响应。

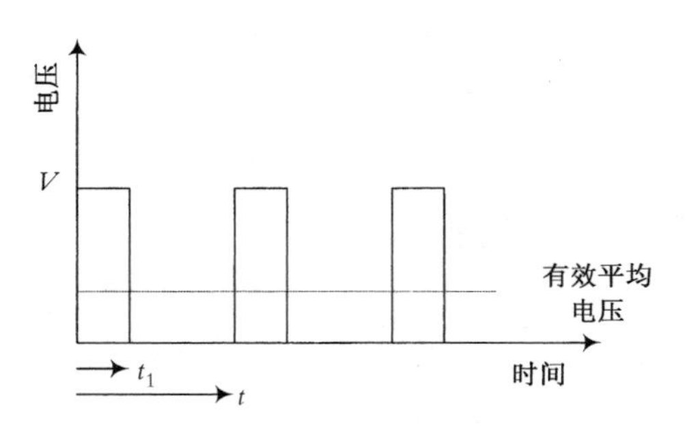

图 7.46　脉冲宽度调制方法的时间调节波形

脉冲宽度调制方法会在电机中产生噪声，但当频率增加到人的听觉阈值之外时，所产生的噪声就变得听不见了。另一方面，从理论上说，当晶体管全导通和全断开时的功率损失为零，然而实际上，每当晶体管接通或断开时，总需要一点时间来建立或去掉电压，这样也会产生热。频率增加时，产生的热也增加。因此，使用的晶体管要具有非常快的通断能力就非常关键(如低功率的 MOSFET 和高功率的 IGBT)。此外，当脉冲宽度调制的速率增加时，电机中的反电动势由于在式(7.17)中的 Ldi/dt 项也在增加。因此，必须在电机电枢两端并联二极管来保护系统。

通过连续地改变脉冲宽度调制方法的调节时间就能产生变化的电压，它可以用于无刷直流电机或类似的应用。图 7.47 所示为用脉冲宽度调制方法产生的正弦波。

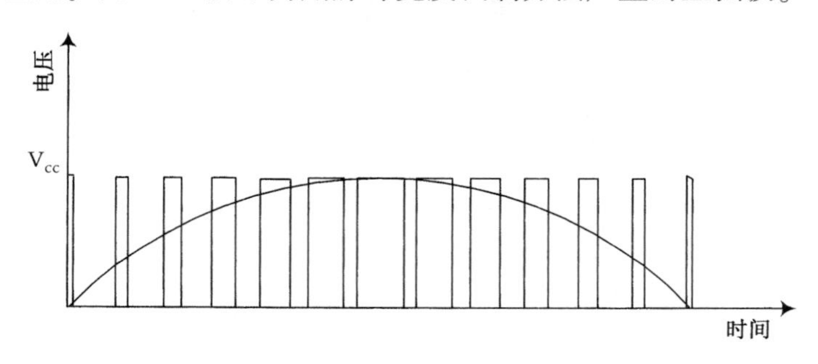

图 7.47　用脉冲宽度调制方法产生的正弦波

7.7.2　采用 H 桥的直流电机转向控制

使用微处理器控制电机的另一个难题是要改变转向必须改变电压极性。在用微处理器控制电机时，只需要用两个信息位来改变电机电流方向，以改变电机转向。换言之，并不是实际改变电源极性，而是通过改变微处理器输出位的信息来改变电流方向。称为 H 桥的简单电路可以实现上述功能，如图 7.48 所示。如果所有 4 个开关都断开，转子就可以自由转动。如果 SW1 和 SW4 接通，电流从 A 流向 B，电机转子就向一个方向旋转，而如果 SW2 和 SW3 接通，电流从 B 流向 A，电机转子就向相反方向旋转。事实上，如果 SW3 和 SW4 接通，由于反电动势的影响，就会在转子上产生刹车的效应。

图 7.49 所示为 H 桥的接线方式，其中的二极管对于防止开关切换时对电路的破坏是非常必要的。此外，如果在同一边的两个开关一起接通，就会出现短路。如果在一边的一个开关在另一个开关接通之前还没有断开，也会出现同样的情况。大多数商用 H 桥都有保护措施。开关的接通和断开都是由微处理器来控制的，因此只需要两个数字位来控制 H 桥。

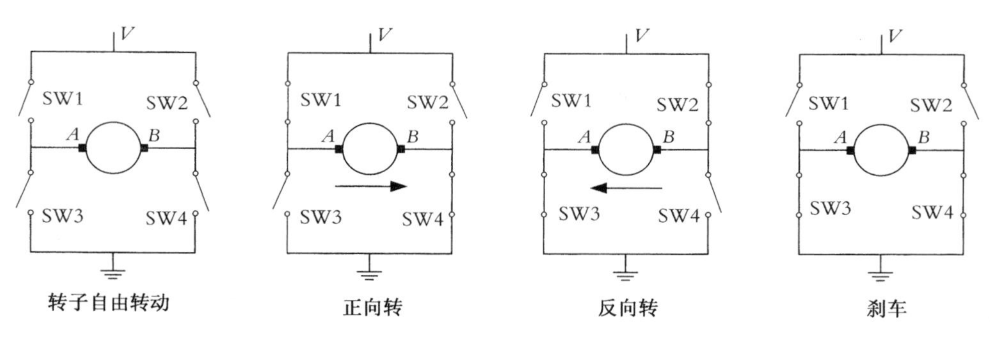

图 7.48　H 桥电路中用开关实现电机的转向控制

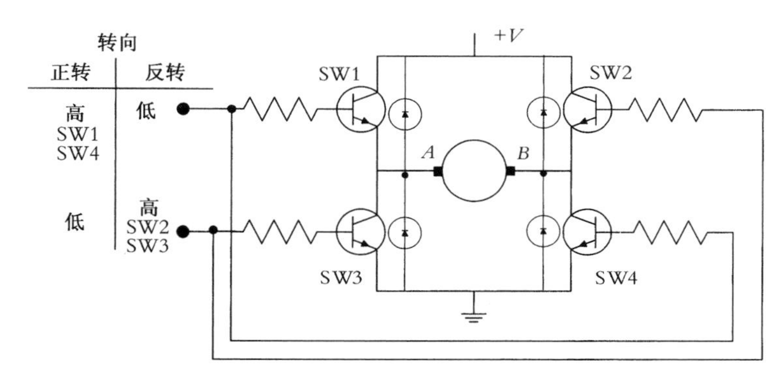

图 7.49　应用 H 桥控制电机的转向

7.8　磁致伸缩驱动器

当一片称为稀土超磁致伸缩材料(Terfenol-D)放在磁铁附近时，这种特殊的稀土金属材料将产生微小的形变，这种现象称为磁致伸缩效应，这一现象已被用于制造具有微英寸量级位移能力的直线电机[15, 16]。为使这种驱动器工作，需将被磁性线圈包围的磁致伸缩小棒的两端固定在两个架子上。当磁场改变时，会导致小棒收缩或伸展，这样其中一个架子就会相对于另一个架子产生运动。一个与此相似的概念是用压电晶体来制造具有毫微英寸量级位移的直线电机，包括用于机器人的柔性驱动器[17~20]。

7.9　形状记忆金属

有一种特殊的形状记忆钛-镍合金称为生物金属(肌肉线)，它是一种专利合金，在达到特定温度时缩短大约 4%。通过改变合金的成份可以设计合金的转变温度，但标准样品都设在大约 90°C。在这个温度附近，合金的晶格结构会从马氏体状态变化到奥氏体状态，并因此变短。然而，它不像许多其他形状记忆合金那样，它变冷时能再次回到马氏体状态。如果线材上负载较低，上述过程就能够持续变化数十万个循环。实现这种转变的常用热源来自于电流通过金属本身，因自身的电阻而产热。结果，用来自电池或者其他电源的电流轻易就能使生物金属线材缩短。这种线材的主要缺点在于它的总变形仅发生在一个很小的温度范围内，因此除了开关情况外，要精确控制它的变形很困难，也就很难控制位移[21]。

根据以往的经验，尽管生物金属线材并不适合作为驱动器，但有可能期望它在将来会变得有用。如果那样，机器人的胳膊就会安上像人或动物肌肉那样的东西，它将和肌肉一样只需要电流来操纵。图7.50所示为用生物金属线作为驱动器的三指末端执行器。由于它的尺寸小，因而看不见金属线。然而，该金属线围绕手指很多圈，以产生较大的偏移。由于不需要螺线管、电机或气动驱动器来操作这个抓手，因此该抓手可以非常简单和小巧。弹簧可使手指回到中间位置。

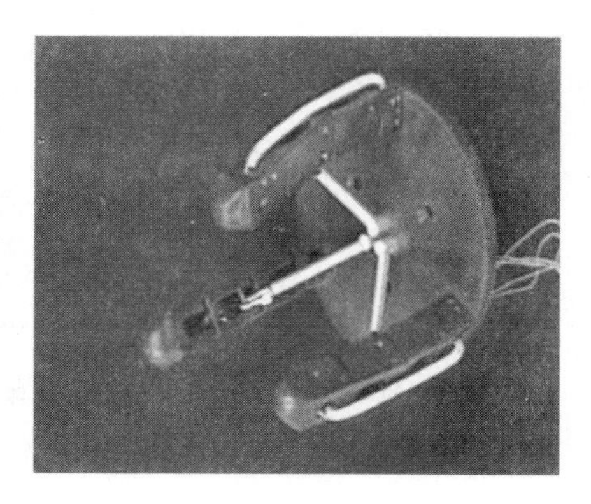

图7.50 带有生物金属线驱动器的三指末端执行器

7.10 电活性聚合物(EAP)

由于麦克斯韦应力现象，像硅和丙烯酸树脂这样的电场活化聚合物处于高压电场中时，它们在沿着电场的方向会收缩，而在垂直于电场的方向会膨胀。将该材料压成一层层的薄膜，并在两边安有电极，该聚合物就能在电极之间(起电容的作用)形成的电场方向收缩，而在垂直于它的方向膨胀[22]。为了使其作为驱动器，可以对该聚合物压缩制品用串联、并联或串并联结合及圆柱形结构等方式来形成许多形状[23]。当制成薄片形状时，该材料会对作用在它上面的任何两点之间的电压做出反应并发生局部弯曲。虽然目前还没有真正的机器人采用这些聚合物作为驱动器，无疑它们可以用于许多其他的用途，包括未来的机器人。

7.11 减速器

任何工业上常用的减速方法都可以用在机器人上。其中包括带有多种齿轮的定轴及行星齿轮系。另外，还可使用称为谐波驱动(Harmonic Drive)和 Orbidrive 的特种行星齿轮系，以及使用章动齿轮的新型设计。下面将阐述谐波驱动和章动齿轮的概念。

在行星齿轮系中，一般由四部分组成：太阳轮、环形齿轮、行星架和行星轮。为了计算，将太阳齿轮和环形齿轮称为第一级齿轮和最后一级齿轮。虽然这里不再具体推导下面的公式，但可以说，对于一个齿轮系，其第一级和最后一级齿轮相应的角速度和齿数之间，下面的式子成立：

$$\frac{\omega_{LA}}{\omega_{FA}}=\frac{\omega_L-\omega_A}{\omega_F-\omega_A}=\frac{N_F\times N_3}{N_2\times N_L} \tag{7.24}$$

其中 ω_F、ω_L和 ω_A分别是第一级齿轮、最后一级齿轮和行星架的角速度，ω_{FA}和 ω_{LA}分别是第一级和最后一级齿轮相对于行星架的角速度，N_F、N_L、N_2和 N_3分别是第一级、最后一级和行星齿轮的齿数，如图7.51所示。

在这个齿轮系的例子中，假设第一级齿轮是固定的，角速度为零。系统的输入是行星架，输出是最后一级齿轮。齿轮2和齿轮3设计为是两个行星齿轮。对于 $\omega_F=0$，由式(7.24)可得

$$-N_FN_3\omega_A=N_2N_L\omega_L-N_2N_L\omega_A$$
$$\omega_A(N_2N_L-N_FN_3)=N_2N_L\omega_L$$

和

$$e=\frac{\omega_L}{\omega_A}=\frac{N_2N_L-N_FN_3}{N_2N_L} \tag{7.25}$$

其中 e 是该系统的齿轮速比，根据 4 个齿轮的齿数，可用它来计算该齿轮速比。

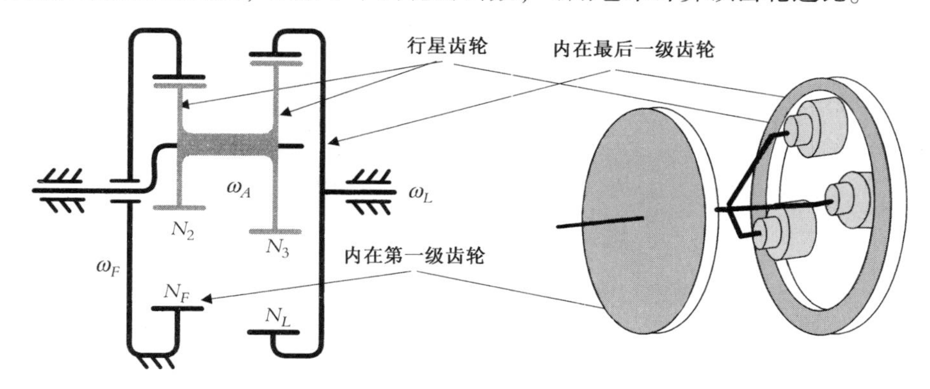

图 7.51　行星齿轮系示意图

在谐波驱动中，可以选取齿轮齿数以达到很大的转速比，而仅需很少的齿轮。为了达到上述目的，假设齿数按 $N_F=N_2+1$ 和 $N_L=N_3+1$ 来选择。在这种情况下，式(7.25)就简化成

$$\frac{\omega_A}{\omega_L}=\frac{(N_F-1)N_L}{N_F-N_L} \tag{7.26}$$

例如，选择 $N_L=50$ 和 $N_F=45$，转速比将是 440，这是非常大的转速比(结果中出现负数仅表示齿轮系的输入与输出有转动方向的改变)。但是它存在一个问题，尽管理论上能找到如 $N_F=N_2+1$ 和 $N_L=N_3+1$ 这样的齿轮，但实际上却办不到，因为啮合在一起的一对内-外齿轮，如果具有上述齿数，那么相互之间将无法旋转。为了解决这个问题，应变波齿轮系统中的行星轮为带齿(柔性齿轮)的柔性金属带，它在凸轮(波产生器)外面旋转。当凸轮转动时，它改变行星轮的形状，使得它与内齿仅在对面的两个点保持接触，而其余的齿是脱开的(见图 7.52和图 7.53)。更多的信息可参考其他文献[25~27]。

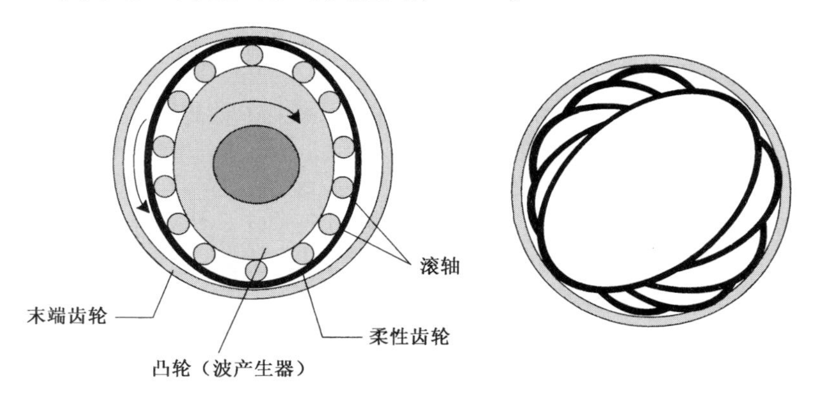

图 7.52　应变波齿轮系的示意图

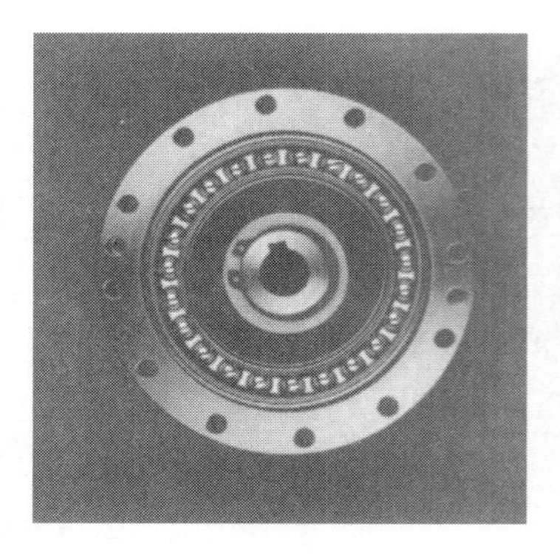

图 7.53 谐波驱动应变波齿轮

章动齿轮系的概念有点类似，尺寸非常相近的齿轮在它们的边缘上相互滚动[28]，结果每转一圈，一个齿轮就会稍稍落后另一个齿轮一点，这样就得到了很大的转速比。该系统的公式和式(7.25)相同。章动齿轮的简单演示如图 7.54 所示。

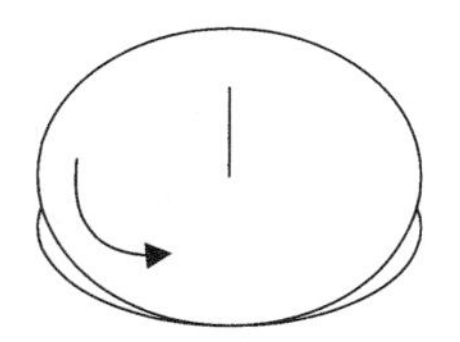
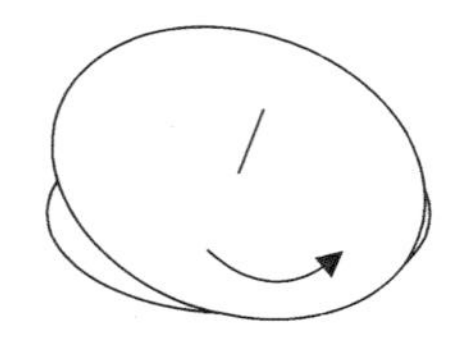
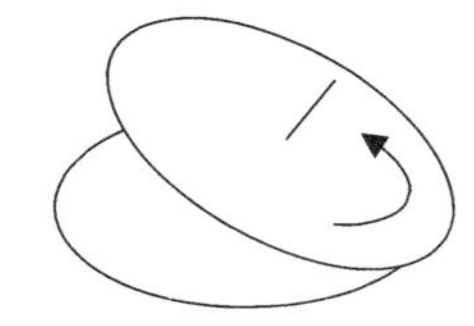

图 7.54 章动齿轮系

7.12 其他系统

许多其他的新颖系统可用于机器人驱动，而且将来还可能有其他可用的系统。例如，有一种球形驱动器，在它的内孔壁附着有 80 个磁体，该球放在一个由 16 个圆形电磁体组成的圆锥体内。相对于球上的永久磁体，通过控制接通哪一个电磁体，就可以驱使该球以任意方向转动[29]。虽然该球形驱动器还没有用于任何工业机器人，但它具有潜在的应用前景。压电产生的行波可以驱动谐波驱动系统[30]，或行星减速器可以用球而非齿轮[31]。谐波驱动原理同样适用于线性驱动，这时可用大小稍微不同的滑轮在托架与基座之间产生差分运动(见图 7.55)，因而也就无须齿轮减速[32]。最后，可以将自动防故障的系统而不是标准的刹车装置用于电动关节，而只需要很少的功率[33]。我们期望未来还有其他的创新。

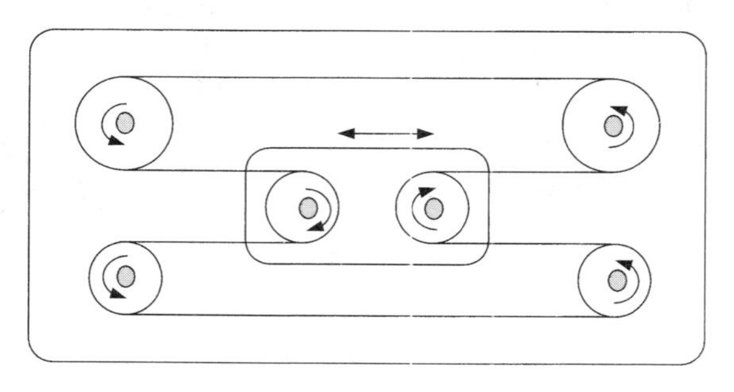

图 7.55 谐波线性差分驱动背后的概念

7.13 设计项目

下面将给出几个可能作为设计项目的建议，这些只是一个起点。显然，存在无数个可能性，也可以创造性地思考其他项目。

7.13.1 设计项目1

考虑每种类型驱动器的优点、不足、能力和限制，并考虑可用的驱动器取决于哪些因素，为机器人设计驱动器。不管选择哪一种系统，都必须考虑所需的零件，以及如何运行和控制这些驱动器，考虑它们的成本、重量、鲁棒性和可用性。还必须考虑如何把驱动器与关节和连杆连接起来，需要多大的减速比等等。另外，还要确保所选择的驱动器能输出期望的力矩或力。

必须设计驱动器的控制器，并对其进行编程。步进电机可以很容易地用简单微处理器(可以带或不带驱动器芯片)、商用步进驱动器或脉冲产生电路加驱动器芯片来对其进行编程和控制。根据所用驱动器或控制器的能力，可以控制步进电机的速度和位移。对于伺服电机，将需要使用伺服控制器。商用伺服控制器价格昂贵，但只需一定的努力就能自己设计并组装出伺服控制器。注意，做一个控制伺服电机位置的控制器相对容易，通过一个简单的反馈元件(如电位器或编码器)就能实现。然而，如果要控制机器人的速度(这就是为什么使用伺服电机的原因)，则伺服控制器的设计就会变得相当复杂。对于廉价的机器人或其他驱动器，市场上可以买到的一种简单而廉价的齿轮传动伺服电机是一个很好的选择，该款伺服电机是设计用于遥控飞机的。这些伺服电机根据所接收到的信号时长旋转一个指定的角度。因此，微处理器给出的简单命令信号就可以容易地用来控制伺服电机。通常速度控制也是可以的。然而，这些电机的精度和功率有限。

此外，还必须选择一款合适的微处理器，要具有足够的计算能力来计算运动学方程，还要有足够的输入输出端口以便实现与电机的通信。将机器人机械手与驱动器及微处理器集成起来就完成了机器人设计。当机器人完成编程后，就能正常工作了。下面几章将学习更多关于传感器的知识，那时就可以将需要的传感器信息也集成到机器人中。

7.13.2 设计项目2

该项目包括设计制造一个滚筒式机器人漫游器。它包含两个共轴的空心滚筒，能独立旋转，因此可以对它进行操纵。它的能源、电子驱动电路、驱动器和传感器都假定在两个滚筒内部。结果，从外表看漫游器就像一个滚筒。然而，可以通过对漫游器编程让它按预定的路线运动，或者用自身的传感器，可以在走廊、迷宫或类似的环境里通过。图7.56是描述该设计的原理示意图。如图所示，当两个滚筒相对转动时，漫游器就会绕垂直轴转动。如果朝同一个方向一起转动，漫游器就会向前运动。部件分解图显示了电路和驱动电机如何安装在平台上，并组装在滚筒内部。这里可以使用步进电机和伺服电机，它们各有其长处和不足。安装在平台上的电机可用轴或转动磨擦轮与滚筒相联。由平台、电机、电源和电路组成的该装置，其重心一定低于旋转滚筒的中心线(即底部重)。所产生的向下的重力可保持平台不至于旋转。于是，当电机驱动滚筒旋转时，整个系统就会移动。它类似于安装在滚轮上的一个摆。如果列出运动方程，就会发现每当系统力矩改变时系统就会摆动。结果，每当起动、停止或转动时，滚筒都会摆动。然而，增加平台的质量，以及增大平台质心到滚筒中心的距离都可以降低摆动的频率。在完成了漫游器原型系统后，就可以增加系统阻尼，也可以通过增加平台和滚筒之间额外的支撑点，或者改进驱动程序(通过控制加/减速度)来减少或者消除摆动。

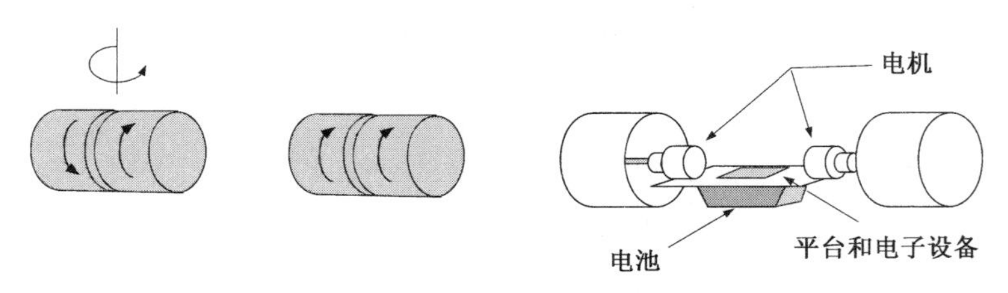

图 7.56　一个筒式漫游器的可能布局的原理示意图

电机、传感器(将在第 8 章讨论)和加入的智能都可由微处理器或其他控制电路所控制。该设计项目有意设计成终端开放的，可让大家尽可能地发挥创造力。比如，可以使用光传感器来起动和停止漫游器，并进行导航(光线可以投射到两个滚筒之间的传感器上)。另一种替代方案是，使用微处理器处理传感器信息来完成同样的动作，或者可以使用无线通信链路。

要完成这个设计项目，首先要选择滚筒，再选择平台的尺寸、电机、控制系统，以及要在设计中加入的传感器。平台子系统的布局必须保证系统底部重，必须考虑电机如何和滚筒连接。在完成详细设计后，就可以开始系统的加工制造、测试、调整，直到解决了所有问题。在漫游器完成后，就可以着手编程去完成更复杂的导航和传感器信息处理任务。图 7.57 是滚筒式机器人漫游器的一个例子。

图 7.57　滚筒式机器人漫游器的一个例子

7.13.3　设计项目 3

该项目的目的是设计和构建一个球形机器人漫游器，基本想法与设计项目 2 类似。然而，该漫游器是放在一个空心球内的。当机器人在球内运动时，它就会驱使球向前运动。可能出现这样的情况：当机器人在球内转向侧面时，它也会驱使球转向侧面。然而，由于球已经有向前的速度，球内侧向运动的两轮机器人将上推它的轮子并干扰这个向前的运动。实际上，这就是设计和构建了一个简单的陀螺驱动机构。这时一个电机使两个轮子(或者甚至三个轮子)一起转动，使得球向前运动，但是得到了一个陀螺的转动效果。为了做到这一点，设想一个飞轮连到电机上，它绕 x 轴不停地旋转。将飞轮和电机安装在平衡环上，它能绕平台的 y 轴旋转。当飞轮绕它的轴旋转时，将使整个组件绕 z 轴旋转，并驱使球改变方向。因此，可以通过微处理器向运行飞轮和陀螺的电机发送信号来控制球的运动。图 7.58 是这个想法的一个示意图。

如果将球形机器人漫游器放在圆锥体(或类似的支架)里面，它的作用事实上也就相当于一个球形电机。

图 7.58　球形机器人

7.13.4　设计项目 4

设计和构建蛇形机器人。一种实现方法是将一串连杆用一串关节将它们连接起来。将这一串连杆作为蛇的躯体，在连杆之间装有生物金属(见图 7.59)。通过微处理器给这些简单的驱动器发送信号，并依次使它们收缩，就可以产生滑走的运动。如果在蛇的下腹部产生一维的摩擦力，就可以使蛇向前滑动。对于这个项目，虽然也可以采用其他方法，但采用简单的生物金属肌肉线是很好的选择。

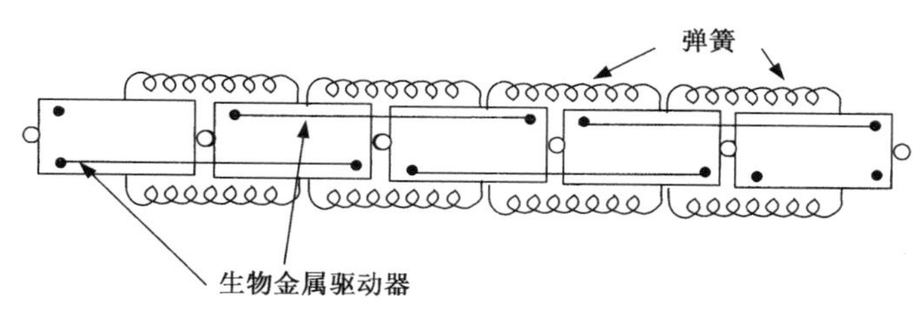

图 7.59　蛇形机器人的一种可能设计

也可以设计和构建其他昆虫机器人、其他动物机器人及行走机构。一种称为 Pleo life form(电子恐龙生活方式)的复杂玩具呈现为婴儿恐龙的形式，它开始时是婴儿，大约 10 小时后就长大(不是大小，而是行为)。其最后的行为取决于使用者如何对它进行训练。

小结

本章给出了多种不同的驱动系统，每种系统都有它的优点和缺点，从而适用于特定的不同应用中。除了用于驱动机器人外，这些驱动系统还可用于机器人系统中的其他装置。

尽管液压系统在工业机器人中已不再常见，但它们仍在需要大载荷和高功率-重量比的机器人中使用。现在大部分工业机器人都采用伺服电机驱动，步进电机在许多其他外部设备和小型机器人中很常见。其他新型驱动器也可用于机器人中的一些特殊用途。设计工程师要根据设计技术要求来考虑每种驱动器的最佳应用。

下一章将讨论机器人及机器人应用中用到的各种传感器。

参考文献

[1] “Servopneumatic Positioning System,” Festo AG & Co., 2000.

[2] “Step Motors and servomotors Control Catalog,” Parker Hannifin, 1996-7.

[3] Hage, Edward, “Size Indeed Matters,” Power Transmission Engineering, February 2009, pp. 34-37.

[4] McCormik, Malcolm, “A Primer on Brushless DC Motors,” *Mechanical Engineering*, February 1988, pp. 52-57.

[5] Mazurkiewicz, John, “From Dead Stop to 2,000 rpm in One Millisecond,” Motion Control, September/October 1990, pp 41-44.

[6] Shaum, Loren, “Actuators,” International Encyclopedia of Robotics: Applications and Automation, Richard C. Doff, Editor, John Wiley and Sons, N. Y., 1988, pp. 12-18.

[7] “Technical Information on Stepping Motors,” Oriental Motors U. S. A. Corporation.

[8] “Application of Integrated Circuits to Stepping Motors,” Oriental Motor U. S. A. Corporation, 1987.

[9] Shetty, Devdas, R. Kolk, “Mechatronics System Design,” PWS Publishing, MA, 1997.
[10] Auslander, David, C.J. Kempf, “Mechatronics” Mechanical System Interfacing,” Prentice Hall, NJ, 1996.
[11] Stiffler, Kent A., “Design with Microprocessors for Mechanical Engineers,” McGraw-Hill, NY, 1992.
[12] “Mechatronics ’98, proceedings of the 6th UK Mechatronics Forum International Conference, Skovde, Sweden,” J. Adolfsson, J. Karlsen, Editors, Pergamon Press, Amster-dana, 1998.
[13] Bolton, W., “Mechatronics: Electronic Control Systems in Mechanical and Electrical Engineering,” 2nd Edition, Addison Wesley Longman, NY, 1999.
[14] Lewin, C., “Intelligent Motor Control ICs Simplify System Design”, Motion Control Technology Tech Briefs, December 2009, pp. 53-54.
[15] Ashley, S., “Magnetostrictive Actuators,” *Mechanical Engineering*, June 1998, pp. 68-70.
[16] “Push/Pull Magnetostrictive Linear Actuators,” NASA Tech Briefs, August 1999, pp. 47-48.
[17] “Tiny Steps for a Big Job,” NASA Motion Control Tech Briefs, August 1999, pp. 1 b-4b.
[18] “MEMS-Based Piezoelectric/Electrostatic Inchworm Actuator,” NASA Motion Control Tech Briefs, June 2003, p. 68.
[19] “Flexible Piezoelectric Actuators,” NASA Tech Briefs, July 2002, p. 27.
[20] “Magnetostrictive Motor and Circuits for Robotic Applications,” NASA Motion Control Tech Briefs, August 2002, p. 62.
[21] TokiAmericaTechnologiesBiometalReference.
[22] Ashley, Steven, “Artificial Muscles,” Scientific American, October 2003, pp. 53-59.
[23] “Electroactive-Polymer Actuators with Selectable Deformations,” NASA Tech Briefs, July 2002, p. 32.
[24] Erdman, Arhtur, G. N. Sandor, “Mechanism Design: Analysis and Synthesis,” Prentice Hall, New Jersey, 1984.
[25] “Hollow Shaft Actuators with Harmonic Drive Gearing,” NASA Motion Control Tech Briefs, December 1998, pp. 10b-14b.
[26] Orbidrive Catalog, Compudrive Corporation.
[27] “Planetary. Speed Reducer with Balls Instead of Gears,” NASA TechBriefs, October 1997, p. 15b.
[28] Kedrowski, D., Scott Slimak, “Nutating Gear Drivetrain for a Cordless Screwdriver,” *Mechanical Engineering*, January 1994, pp. 70-74.
[29] Stein, David, GregoryS. Chirikjian, “Experiments in the Commutation and Motion Planning of a Spherical Stepper Motor,” Proceedings of DETC’00, ASME 2000 Design Engineering Technical Conferences and Computers and Information in Engineering Conference, Baltimore, Maryland, September 2000, pp. 1-7.
[30] “Travelling Wave Rotary Actuators: Piezoelectrically Generated Travelling Waves Drive Harmonic: Gears,” NASA Tech Briefs, October 1997, p. 10b.
[31] “Planetary Speed Reducer with Balls Instead of Gears,” NASA Tech Briefs, October 1997, p. 15b.
[32] “Harmonic Goes Linear,” *Mechanical Engineering*, July 2008, p. 20.
[33] “Fail-Safi3 Electromagnetic Motor Brakes,” NASA Motion Control Tech Briefs, December 2002, p. 54.

习题

7.1 如图 P.7.1 所示，转子惯量为 0.030 kgm^2 及最大力矩为 12 Nm 的电机连接到一个质量均匀分布的手臂上，手臂末端有一个集中质量。忽略系统中减速齿轮对的惯量及黏滞摩擦，计算当齿轮速比为 (a) 5和(b) 50 时，电机所感受到的总的惯量和它所能给出的最大加速度。

7.2 假设两个齿轮的惯量分别为 0.002 kgm^2 和 0.005 kgm^2，重复习题 1。

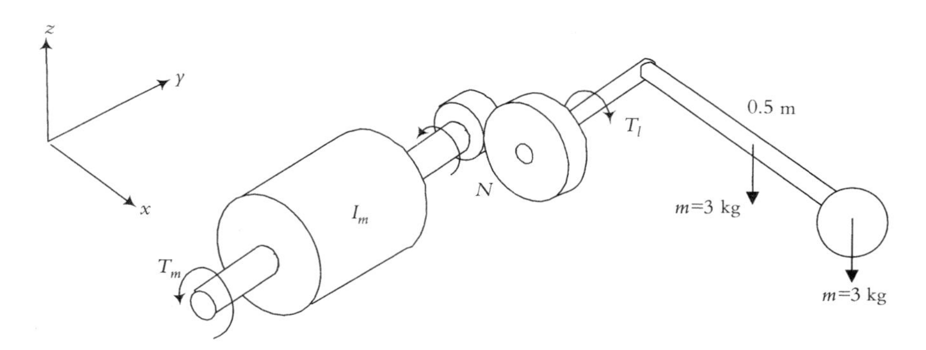

图 P.7.1

7.3　图 P.7.3 所示的 3 轴机器人由带齿轮减速的伺服电机驱动，它们通过涡轮连到关节再进行减速。每个连杆(空心铝棒制成)长 22 cm，重 0.5 kg。第 2 个电机的质心距离转动中心 20 cm。伺服电机的减速比为 1/3，涡轮装置的减速比为 1/5。对肘部关节最坏的境况是手臂完全伸开的情形，如图所示。在这完全伸开的情况下。计算以 90 rad/s^2 的加速度同时对两个手臂一起加速时所需的力矩，假定涡轮的惯量可以忽略。

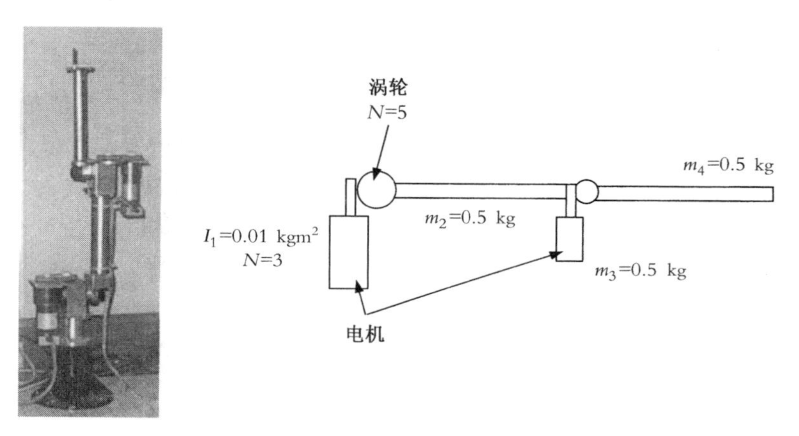

图 P.7.3

7.4　重复习题 7.3，但假设该电机能提供的最大力矩为 0.9 Nm，因此必须选择新电机。有两个电机可以选择：一个惯量为 0.009 kgm^2，力矩为 0.85 Nm；一个惯量为 0.012 kgm^2，力矩为 1 Nm，选择用哪一个？

7.5　如果一个圆盘电机能在 1 ms 内从速度为 0 增加到 2000 rpm，估计该圆盘电机的力矩–惯量比，并将其与习题 7.1 的电机相比较。

7.6　用时基电路设计一个脉冲发生电路，它能为步进电机驱动器提供每秒 5～500 个脉冲。

7.7　如果 N_L =100，N_F =95，N_2 =90，N_3 =95，计算谐波齿轮驱动器的减速比。

7.8　对于 5 V 输入，写一段程序产生可变的脉冲序列，来驱动电机使其分别具有 1 V，2 V，3 V，4 V，5 V 的脉冲宽度调制电压。

7.9　对于恒定的输入电压，写一段程序产生正弦函数的脉冲宽度调制输出。

7.10　如果有微处理器和和晶体管那样的电子器件，制作一个 H 桥电路，写一段驱动电机向一个方向转动并能对它制动的控制程序。注意 H 桥电路中晶体管在不恰当时刻接通和断开时出现的有关问题。

第8章 传 感 器

8.1 引言

在机器人中，传感器既用于内部反馈控制，也用于与外部环境的交互。动物和人都具有类似的但功能各异的传感器。例如，人一觉醒来，即使未睁开眼睛，也能感觉和知道四肢的位置，而不必留心身边的胳膊和弯曲的腿，这是因为人的四肢随肌肉的收缩、伸展或放松而活动时，肌肉神经中的信号也随之发生变化，神经给大脑发送信号，大脑即可判断出每块肌肉的状态。类似地，在机器人中，当连杆和关节运动时，传感器例如电位器、编码器、旋转变压器等将信号传送给控制器，由其判定各关节的位置。此外，同人类和动物拥有嗅觉、触觉、味觉、听觉、视觉及与外界交流的语言一样，机器人也可以带有类似的传感器，以实现与环境的交流。在某些情况下，这些传感器在功能上与人类相似，例如视觉、触觉及嗅觉等。在其他情形下，传感器还会具备人类所不具备的功能，例如放射性探测传感器。

有大量传感器可用来测量几乎任何一种现象。本章将讨论与机器人及自动化生产相关的传感器。

8.2 传感器的特性

在选择合适的传感器以适应特定需要时，必须考虑传感器多方面的不同特性。这些特性决定了传感器的性能、是否经济、应用是否简便及适用范围等。在某些情况下，为实现同样的目标，可以选择不同类型的传感器。这时，在选择传感器前应该考虑以下因素。

- **成本**：传感器的成本是需要考虑的一个重要因素，尤其在一台机器需要使用多个传感器时更是如此。然而成本必须与其他设计要求相匹配，例如可靠性、传感器数据的重要性、精度和寿命等。
- **尺寸**：根据传感器的应用场合，尺寸大小有时可能是最重要的。例如，关节位移传感器必须与关节的设计相适应，并能与机器人中的其他部件一起运动，但关节周围可利用的空间可能会受到限制。另外，体积庞大的传感器可能会限制关节的运动范围。因此，确保给关节传感器留下足够大的空间非常重要。
- **重量**：由于机器人是不断运动的装置，所以传感器的重量很重要，传感器过重会增加机械臂的惯量，同时还会减少总的有效载荷。同样，在机器人昆虫飞机上安装过重的摄像头会严重影响它的飞行性能。
- **输出类型（数字或模拟）**：根据应用，传感器的输出既可以是数字量也可以是模拟量，它们可以直接使用，也可能必须对其进行转换后才能使用。例如，电位器的输出是模拟量，而编码器的输出则是数字量。如果编码器连同微处理器一起使用，其输出可直接连接到处理器的输入端口，而电位器的输出则必须利用模数转换器转变成数字信号。哪种输出类型比较合适，必须结合其他要求进行折中考虑。

- **接口**：传感器必须与微处理器和控制器等其他设备相连接。倘若传感器与其他设备的接口不匹配，或两者之间需要其他额外部件和电路(包括电阻、半导体开关、电源及长的连接线等)，那么传感器与设备之间的接口就是一个重要问题。
- **分辨率**：分辨率是传感器在其测量范围内所能分辨的最小值，在绕线式电位器中，它等于一圈的电阻值。在一个 n 位的数字设备中，分辨率是：

$$分辨率=\frac{满量程}{2^n} \tag{8.1}$$

例如，四位绝对式编码器在测量位置时，最多能有 $2^4=16$ 个不同等级。因此，分辨率是 $360°/16=22.5°$。

- **灵敏度**：灵敏度是输出响应变化与输入变化之比。高灵敏度传感器的输出会由于输入波动(包括噪声)而产生较大的波动。
- **线性度**：线性度反映了输入变量与输出变量之间的关系。这意味着线性输出传感器在其量程范围内，任意相同的输入变化将会产生相同的输出变化。几乎所有器件在本质上都具有一些非线性，只是非线性的程度不同而已。在一定工作范围内，有些器件可以认为是线性的，而其他一些器件可通过一定的前提条件来线性化。对于系统的已知非线性，可以通过对其适当的建模、标定或增加补偿电子线路来克服。例如，如果位移传感器的输出是输入的二次方程，那么通过应用程序或简单电路，利用传感器信号的平方根，就能得到与位移成比例的线性输出，因此从输出来看，就好像传感器是线性的。
- **量程**：量程是传感器所能产生的最小与最大输出之间的差值，或传感器正常工作时最小与最大输入之间的差值。
- **响应时间**：响应时间是传感器的输出达到总变化的某个百分比(例如95%)时所需的时间。响应时间也定义为当输入变化时，观察到输出发生变化所用的时间。例如，简易水银温度计的响应时间长，而根据辐射热测温的数字温度计的响应时间短。到达终值63.2%的时间称为时间常数 τ。类似地，从终值的10%到90%的时间称为上升时间，从0%上升到98%的时间称为调节时间。
- **频率响应**：假如在一台性能很高的收音机中接上小而廉价的扬声器。虽然扬声器能够复原声音，但是音质会很差。而同时带有低音及高音的高品质扬声器系统在复原同样的信号时则具有很好的音质。这是因为两喇叭扬声器系统的频率响应与小而廉价的扬声器大不相同。因为小扬声器的自然频率较高，所以它仅能复原较高频率的声音。另一方面，至少含有两个喇叭的扬声器系统可在高、低音两个喇叭中对声音信号进行还原。这两个喇叭中的一个自然频率高，另一个自然频率低。两个频率响应融合在一起使扬声器系统复原出非常好的声音信号(实际上，信号在接入扬声器前均进行过滤)。只要施加很小的激励，所有的系统就都能在其自然频率附近产生共振。当输入频率偏离自然频率时，响应就会减弱。频率响应是指对输入信号的响应维持比较高的频率范围。频率响应的范围越大，系统对不同输入的响应能力就越好。否则，在被测量值变化很快时，传感器可能无法快速响应并给出测量值。考虑传感器的频率响应和确定传感器是否在所有运行条件下均具有足够快的响应速度是非常重要的(第9章将进行更详细的介绍)。

- **可靠性**：可靠性是系统正常运行次数与总运行次数之比，对于要求连续工作的情况，在考虑费用和其他要求的同时，必须选择可靠且能长期持续工作的传感器。
- **精度**：精度定义为传感器的输出值与期望值的接近程度。对于给定输入，传感器有一个期望输出，而精度则与传感器的输出和该期望值的接近程度有关。例如，一个温度计在海平面测得的沸水的温度应为100°C。
- **重复精度**：对同样的输入，如果对传感器的输出进行多次测量，那么每次输出都可能会不一样。重复精度反映了传感器多次输出之间的变化程度。通常，如果进行足够多次数的测量，那么就可以确定一个范围(可用包含所有结果的圆半径表示)，它能包括所有在标称值周围的测量结果，那么这个范围就定义为重复精度。通常重复精度比精度更重要，在多数情况下，不精确是由系统误差导致的，因为它们可以预测和测量，所以可以进行修正和补偿。重复性误差通常是随机的，不容易补偿(见图8.1)。

图8.1 精度与重复精度

下面回顾一些应用在机器人、机械电子学和自动化领域中的传感器。

8.3 传感器的使用

图8.2(a)为在电压源驱动下的一个简易传感器电路。在传感器接通和断开时，由于反电动势原理，导线等效为电感，在导线中产生电压尖峰，造成错误的读数输出。为避免这个现象，建议在电路中加上陶瓷电容，如图8.2(b)所示，电容应尽量靠近传感器。

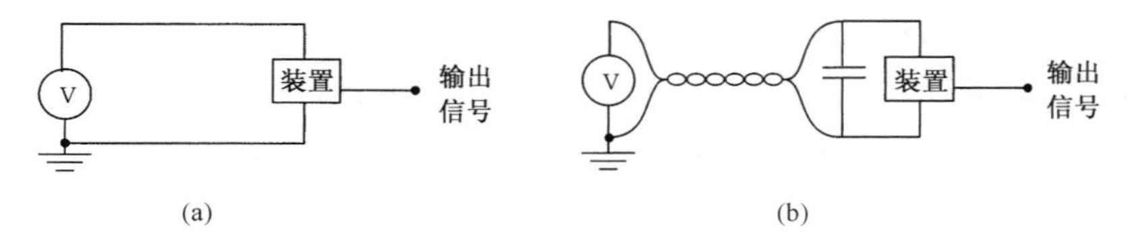

图8.2 在传感器电路中加上电容以抑制电压尖峰

同样，若用于连接传感器到电压源，或传感器到读取信号处的导线较长(超过几英尺)，导线就具有天线效应，对信号产生干扰。利用屏蔽线、同轴电缆或双绞线可解决这个问题。

顺便提一下，上述方法也可应用于其他场合。例如，连接电机和电压源的导线很长，也可认为其相当于天线，最好是将导线双绞起来。同样，电压尖峰也会给集成电路芯片带来问题。因此，建议在IC芯片电压引脚和地引脚之间加上电容，且要尽量靠近芯片(如挨着芯片或在芯片下面)。

8.4 位置传感器

位置传感器既可用来测量位移，包括角位移和线位移，也可用来检测运动。在很多情况下，如在编码器中，位置信息也可用来计算速度。以下是几种在机器人中常用的位置传感器。

8.4.1 电位器

电位器通过电阻把位置信息转化为随位置变化的电压，当电阻器上的滑动触头由于位置的变化在电阻器上滑动时，触头接触点变化前后的电阻阻值与总阻值之比就会发生变化（见图8.3）。由于从功能上讲电位器充当了分压器的作用，因此输出将与电阻成比例，即

$$V_{out}=\frac{R_2R_L}{R_1R_L+R_2R_L+R_1R_2}\cdot V_{cc} \tag{8.2}$$

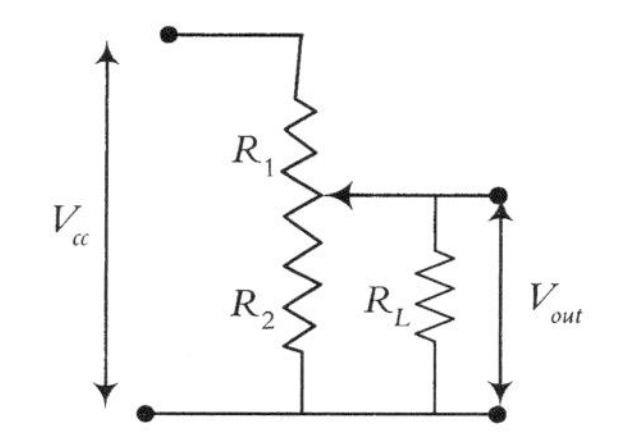

图8.3 电位计用作位置传感器

假设 R_L很大，那么可以忽略 R_1R_2，公式可简化为

$$V_{out}=V_{cc}\frac{R_2}{R_1+R_2} \tag{8.3}$$

例8.1 设 $R_1=R_2=1\ \text{k}\Omega$，比较利用式(8.2)和式(8.3)计算 V_{out}的差别。设：(a) $R_L=10\ \text{k}\Omega$，(b) $R_L=100\ \text{k}\Omega$。

解：

(a) $V_{out}=\frac{10}{10+10+1}V_{cc}=\frac{10}{21}V_{cc}=0.476V_{cc}$， $V_{out}=\frac{1}{2}V_{cc}=0.5V_{cc}$

(b) $V_{out}=\frac{100}{100+100+1}V_{cc}=\frac{100}{201}V_{cc}=0.498V_{cc}$， $V_{out}=\frac{1}{2}V_{cc}=0.5V_{cc}$

显然，电阻负载足够大才能获得可接受的精度。

电位器既可以是旋转式的也可以是直线式的，因此能够测量旋转运动或直线运动。旋转式电位器还可以是多圈的，这使得用户能够测量多圈的旋转运动。

电位器既可以是绕线的，也可以是喷镀薄膜（也称导电塑料）的，即在表面喷镀阻性材料的薄膜。薄膜式电位器的最主要优点是输出连续和噪声低，因此有可能对这种类型电阻的输出进行电微分来求得速度。而绕线式电位器由于输出是步进式的，所以不可以进行微分。

电位器通常用来作为内部反馈传感器，以检测关节和连杆的位置。电位器可单独使用也可与其他传感器（例如编码器）一起使用。在这种情况下，编码器检测关节和连杆的当前位置，而电位器检测起始位置。这两种传感器组合在一起使用时对输入的要求最低，却能达到最高的精度。后面将更加详细地讨论这一点。

8.4.2 编码器

编码器是一种能检测细微运动且输出为数字信号的简单装置。为了做到这一点，码盘或码尺被分成若干小区，如图8.4所示。每个小区可能不透明也可能透明（能反射光或者不能反射光），当光源（例如发光二极管）由码盘或码尺的一侧向另一侧发射一束光时，在另一侧

用光敏传感器(例如光敏晶体管)进行检测。如果码盘的角度(对码尺就是线位置)正好位于光能穿过的地方，则另一侧的传感器将会导通，输出高电平。如果码盘的角度正好处在光不能穿过的地方，传感器将会关断，输出低电平(数字输出)。随着码盘的转动，传感器就能连续不断地输出信号，如果对该信号进行计数，即可测量任意时刻码盘转过的近似总位移。

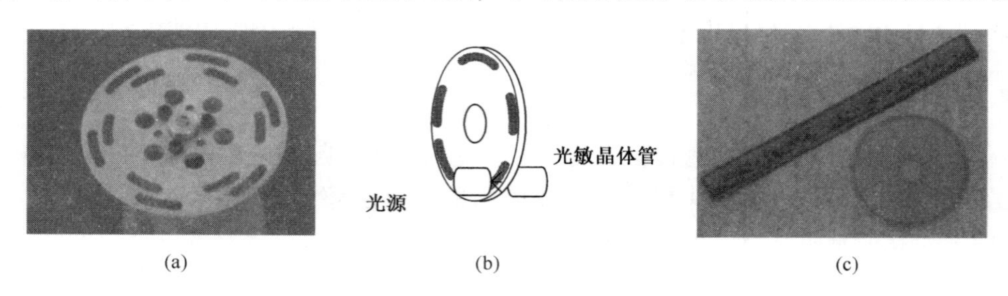

图 8.4　(a) 安装在电机轴上的简易旋转式增量编码盘，用于检测转角；(b) 旋转编码排列图；(c)反射式线性绝对编码器和含1024个槽的旋转增量编码盘

增量式编码器　编码器有两种基本形式，即增量式和绝对式。图 8.4(a)和图 8.4(b)所示的是增量式编码器，对于这种类型的编码器，透光和不透光的弧段尺寸相同且交替出现。由于所有的弧段尺寸相同，每段弧所表示的旋转角度也都相同。如果码盘仅分成两部分，每部分为 180°，则其分辨率便是 180°。在这 180°的弧段内，系统不能反映有关位移或位置的更准确信息。如果分割数目增加，则其精度也会相应提高。因此，光电编码器的分辨率与透光和不透光弧段的数目有关。典型的增量式编码器有 512 ~ 1024 个弧段，检测角位移的分辨率为 0.7°至 0.35°。现在也有每转数千个脉冲的高精度编码器。

光码盘可以采用不透光材料，将其中一部分去掉得到透明部分来生成[见图 8.4(a)和图 8.4(c)]。也可以采用透光材料(如玻璃)将其中一部分涂成不透光来生成。许多码盘也可采用蚀刻方式加工，使部分区域能反射光，而部分区域不能反射光。对于这种情况，光源和检测传感器都在码盘的同一侧。

增量式编码器就像积分器，它仅检测角位置的变化。然而，它不能直接记录或指示位置的实际值。换言之，增量式编码器仅能告诉我们移动了多少，除非初始位置已知，否则从传感器不能判断实际位置。因此，设备(例如机器人)的起点位置不同，最终的位置可能也不同。增量式编码器具有积分器的作用，控制器对编码器输出的信号个数进行计数，以决定总的位置变化，并对位置信号进行积分。除非控制器知道机器人的起始位置，否则就不能确定机器人的位置。在所有利用增量式编码器进行位置跟踪的系统中，都必须在系统开始运行时进行复位。只要知道复位时的位置，控制器就能确定任意时刻的位移(在一些 Adept 机器人中，一个 16 位编码器和一个霍尔效应传感器一起使用来提供 $\pm 20\ \mu$ 的精度)。

大多数光探测器都是模拟设备，即随着光强的变化，设备的输出也发生变化。当编码盘上的某个区域接近光探测器时，投射光强度增加至最大值，探测器的输出增大；但该区域离开光探测器时，输出信号又逐渐减小。因此，采用矩形波整形电路调理信号。图 8.5 所示为增量式编码器的输出。如果仅使用一道弧圈，则不能判断码盘是顺时针还是逆时针旋转。为了弥补这一缺陷，码盘必须有两道弧圈(两个码道)，互相错开 1/2 拍[见图 8.4(a)]。结果每个码道的信号输出也互相错开 1/2 拍。控制器可以比较这两个信号，并确定哪个通道由高变低的变化(或相反)在另一个通道之前，通过比较就有可能确定码盘转动的方向。

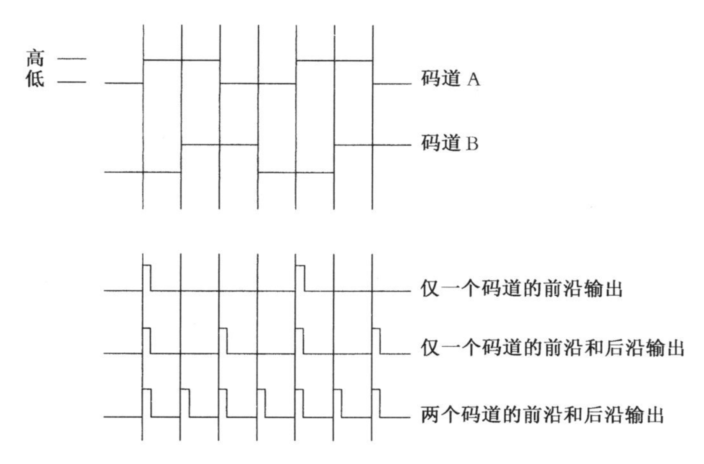

图 8.5 增量式编码器的输出信号

通过对码盘的两个码道的输出信号(信号前沿和信号后沿)进行计数，实际上有可能增加增量码盘信号的分辨率而无须增加码道的数码。

注意，在建立系统时，不论信号是高还是低，寻找信号的变化是非常重要的。当信号为高时，电路还持续计数，这表明出现了实质性的错误计数，尤其是在系统快速变化或电机轴转动很慢时。只在信号变化时(由高到低或由低到高)进行计数才能确保对信号的计数是正确的。

绝对式编码器 替代增量式光电编码器的是绝对式编码器。绝对式编码器码盘的每个位置都对应着透光与不透光弧段的唯一确定组合，这种确定组合有唯一的特征。通过这唯一的特征，不需要已知起始位置，在任意时刻就可以确定码盘的精确位置。换句话说，即使在起始时刻，控制器通过判断码盘所在位置的唯一信号特征，也能够确定其所处位置。如图 8.6 所示的绝对式编码器有多圈弧段，每圈互不相同。第一圈仅有一个透光弧段和一个不透光弧段，下一圈有 4(2^2)个，再下一圈有 8(2^3)个，等等。每圈都有独立的光源和光敏传感器组件，每个光敏传感器组件都输出信号。因此，两圈检测弧段需要控制器有两位输入，三圈检测弧段需要有三位输入，以此类推。

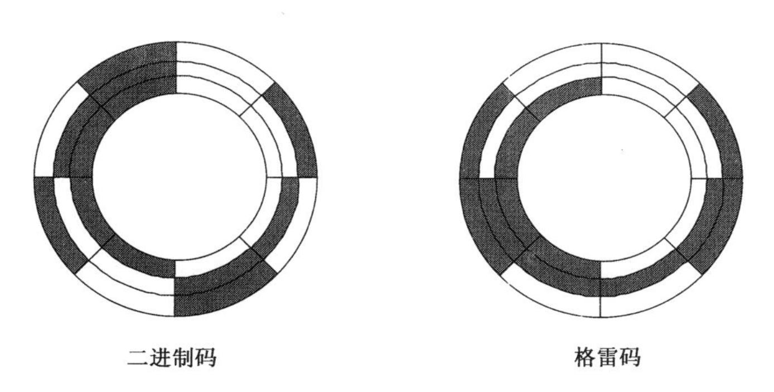

图 8.6 绝对编码器角位置的每部分都有唯一特征，通过该特征可以确定出编码器的位置

从图 8.6 可以看出，具有四圈弧段的编码器有 2^4 =16 个不同的组合。每段覆盖的角度为 22.5°。这意味着在角度为 22.5°的扇区内，控制器不能确定编码器转轴的具体位置。因此，编码器的分辨率仅为 22.5°。为了提高分辨率，必须有多圈弧段或多位编码器。尽管可像增

量式编码器那样有多达 1024 个分区(在大的码盘上甚至可以更多),但是分区越多,码盘所需位数也就越多。于是,对在一个码道上有多达 1024 个分区的编码器来说,每个编码器控制器都要读入 10 位信息($2^{10}=1024$),这是一个相当大的数目。设想 6 个关节有 6 个编码器,则对于位置信息就要有 60 根信号线输入到控制器。因此,有必要综合考虑增量式和绝对式编码器各自的优缺点。商用编码器一般可高达 15 ~16 位。

提高编码器分辨率的另一种方法是在编码器上增加补光感应设备。在一次展示中[1]曾将多面镜安装在码盘轴上,它可将激光反射至行密度低的衍射光栅上,衍射光被投影到 200 ~8000 个光导二极管阵列中。随着码盘轴的角度不同,投影到光栅上的反射光会发生变化,因此会改变阵列上输出的信号。将编码和光导二极管阵列获得的信号结合在一起,可使分辨率得到显著提高,但成本也很高。

图 8.6 还给出了二进制码和格雷码的差别。在采用二进制码的系统中,经常会发生多于两位同时改变状态的情形,而在格雷码中,在任何特定的位置,向前或退后时只有一位发生变化。这种差别的重要性在于,在数字测量中,与普遍的感觉相反,测量系统并非始终读取信号值,信号要到下一个采样点才被检测(采样),其间信号保持不变。在二进制码中,同一时刻有多于一个信号位发生变化,如果所有信号不是恰好同时变化,则采样时可能读取不到所有位的变化。在格雷码中,由于只有一位在变化,因此系统总会检测到变化。表 8.1 列出了前 12 个数字的格雷码。

表 8.1 二进制码和格雷码

#	格雷码	二进制码	#	格雷码	二进制码
0	0000	0000	6	0101	0110
1	0001	0001	7	0100	0111
2	0011	0010	8	1100	1000
3	0010	0011	9	1101	1001
4	0110	0100	10	1111	1010
5	0111	0101	11	1110	1011

8.4.3 线位移差动变压器

线位移差动变压器(Linear Variable Differential Transformer, LVDT)实际上就是一个变压器,它的铁心随被测位移移动,同时将随位移变化的模拟电压输出作为位移的测量结果。通常,变压器是一种将电能转化为同种能量但改变电压-电流比的装置。若无损耗,则总输入能量与总输出能量相等。根据线圈匝数的多少,变压器可提升或降低电压,所以相应的电流与电压呈相反的趋势变化。发生这种情况是因为有两个不同匝数的线圈,输入到其中一个线圈中的电能产生磁通量,在次级线圈中感应出与匝数成正比的电压。次级线圈的匝数越多,电压就越高,相应的电流就越小。然而,次级线圈中的感应电压主要是磁通强度的函数。如果没有铁心,磁通就会分散,磁场强度随之降低,于是次级线圈中的电压将很小。如果铁心出现,磁力线就聚集在一起,磁场强度增强,感应电压升高。线位移差动变压器就是利用这一原理产生随位移变化的电压,如图 8.7 所示。线位移差动变压器的输出线性度很好,它与铁心的输入位置成比例。

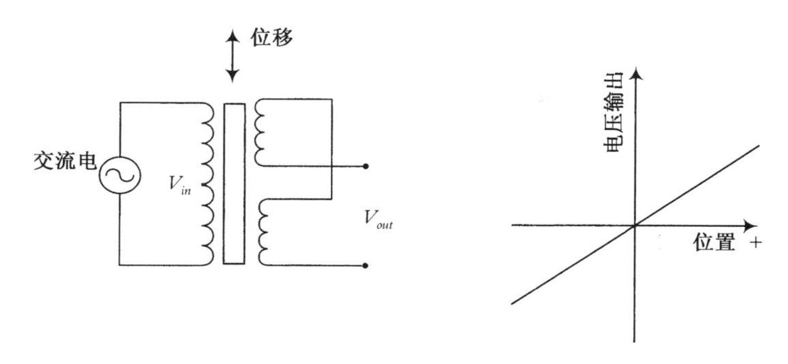

图 8.7 线位移差动变压器

8.4.4 旋转变压器

旋转变压器在原理上与线位移差动变压器非常相似，只是它用于测量角位移。旋转变压器同样也是变压器，它的初级线圈与旋转轴相连，并经滑环通有交变电流(见图 8.8)。旋转变压器具有两个次级线圈，相互成 90°放置。随着转子的旋转，由转子产生的磁通量跟随一起旋转，当初级线圈与次级线圈中的一个平行时，该线圈的感应电动势最大，而在另一个垂直于初级线圈的次级线圈中没有任何感应电动势。随着转子的转动，最终第一个次级线圈中的电压达到零，而第二个次级线圈中的电压达到最大值。对于其他角度，两个次级线圈产生与初级线圈夹角正、余弦成正比的电压。虽然旋转变压器的输出是模拟量，但却等同于角度的正、余弦值，从而避免了以后计算这些值的必要性。旋转变压器拥有可靠、鲁棒和精确等特点。

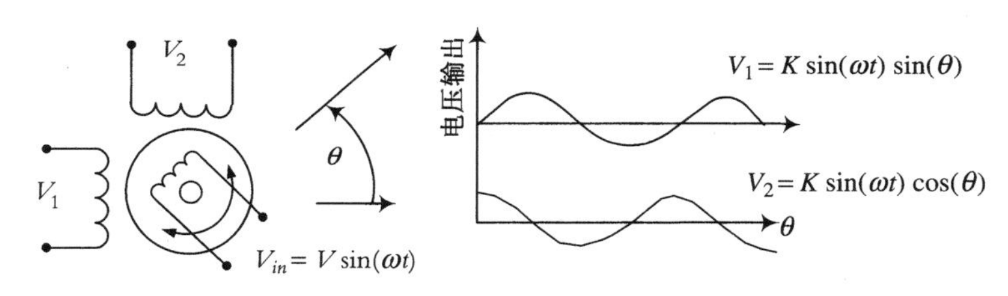

图 8.8 旋转变压器原理图

8.4.5 传输时间测量(磁反射)型位移传感器

在这种传感器中，通过导体发送脉冲，当其遇到磁体后就返回来。如果已知脉冲传输的速度，就能将脉冲到达磁体并返回的总时间换算成距离。如果把移动部分和磁体或导体相连，就能测出位移。这种传感器的基本原理如图 8.9 所示。IBM 7565 机器人中的位移传感器就是这种类型的，如图 8.10 所示。

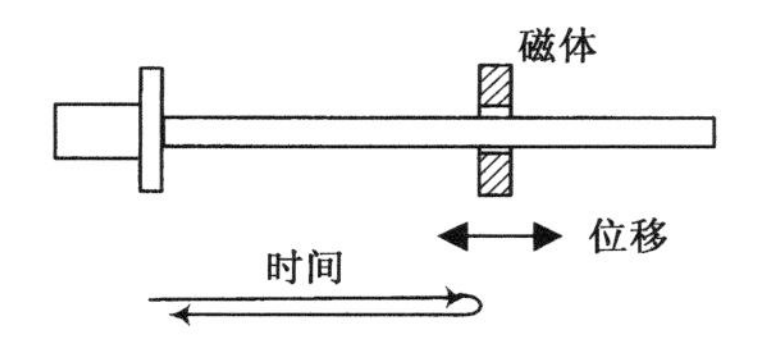

图 8.9 传输时间测量型位移传感器原理示意图

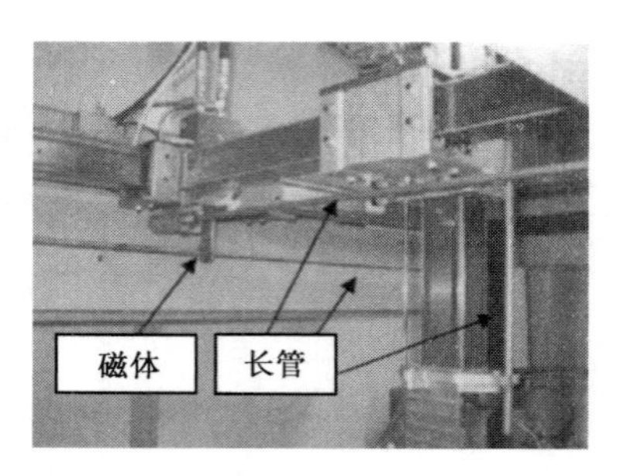

图 8.10 IBM 7565 机器人中的磁反射位置传感器。在长管一端发出的脉冲沿长管传播,直到遇到磁体后返回。可根据传输时间计算出位置信息

8.4.6 霍尔传感器

霍尔传感器基于霍尔效应的工作原理, 即带电流的导体遇到磁场时会改变其输出电压。那么, 当永磁体或可产生磁通量的线圈靠近传感器时, 其输出电压发生改变。霍尔传感器的输出是模拟信号, 必须进行转换才能用在数字系统中。它在很多领域中得到应用, 包括在无刷直流电机中检测永磁转子的位置。

8.4.7 其他装置

许多其他装置也可用来作为位置传感器, 有些是新型的高科技, 有些是简单的老方法。例如, 要测量手套(如在虚拟现实中的手套)中手指关节的角度, 可在手套上安装导电弹性带。导电弹性带是基于氨基甲酸乙酯的合成橡胶, 其中填充有导电碳粒子。当表面压力增大时, 其电阻减小。因此, 当手套中的手指弯曲时, 导致弹性带伸展, 电阻发生变化, 这样就可以测量它的变化并将其转化为位置信号[2]。

在另一个装置中, 在非导体轴的半边涂上导电性材料。两个半径比轴半径稍大的 1/2 圆柱电极与轴同心安装, 这会在电极与轴之间产生电容(见图 8.11)。当轴转动时, 电容值会发生变化。将该电容连接在隧道二极管振荡电路中, 电路的输出频率会因与轴位置相关的电容的变化而变化。因此, 通过测量振荡的频率即可得到轴的位置[3]。

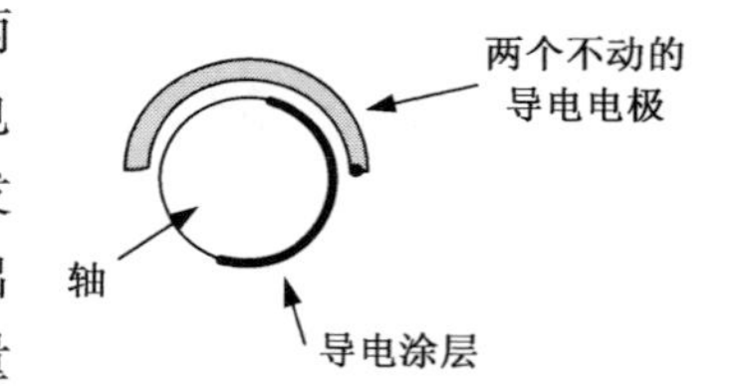

图 8.11 基于隧道二极管振荡电路和轴与固定电极之间电容的轴角度测量装置

8.5 速度传感器

下面讨论在机器人学中常用的速度传感器, 它们的使用与所采用的位置传感器类型有很大的关系。根据所用位置传感器的类型, 甚至可以不需要使用速度传感器。

8.5.1 编码器

如果用编码器测量位移, 那么实际上就没有必要使用速度传感器。对于任意给定的角位移, 编码器将产生确定数量的脉冲信号, 通过统计指定时间(dt) 内脉冲信号的数量, 就能计算出相应的角速度。一般 dt 取 10 ms。但是, 如果编码器的转动很缓慢, 则测得的速度可能

会变得不准确。反过来，如果为了增加单个周期内的总数目而增大时间 $\mathrm{d}t$，则速度更新的频率及发送速度信号到控制器的频率就会减小，这会降低精度和控制器的效能。在有些系统中，时间周期 $\mathrm{d}t$ 随编码盘的角速度变化而改变。电机转速大时，就采用较小的值，以提高控制器的效能；相反，采用较大值以获取足够多的数据。

8.5.2　测速计

测速计实际上是一种将机械能转化为电能的发电机，它的输出是与输入角速度成正比的模拟电压，它可与电位器一起使用来估计速度。测速计在低速时一般不太精确。

8.5.3　位置信号微分

如果位置信号中噪声较小，那么对它进行微分来求取速度信号不仅可行，而且简单。为此，位置信号应尽可能连续，以免在速度信号中产生大的脉冲。所以，建议使用薄膜式电位器测量位置，因为绕线式电位器的输出是分段的，不适合微分。然而，信号的微分总是有噪声，应该仔细处理。图 8.12 表示的是带运算放大器的简单 RC 电路，它可用于微分运算。在图 8.12 中，速度信号为

$$V_{out}=-RC\frac{\mathrm{d}V_{in}}{\mathrm{d}t} \tag{8.4}$$

类似地，可以对速度(或加速度)信号积分而得到位置(或速度)信号：

$$V_{out}=-\frac{1}{RC}\int V_{in}\mathrm{d}t \tag{8.5}$$

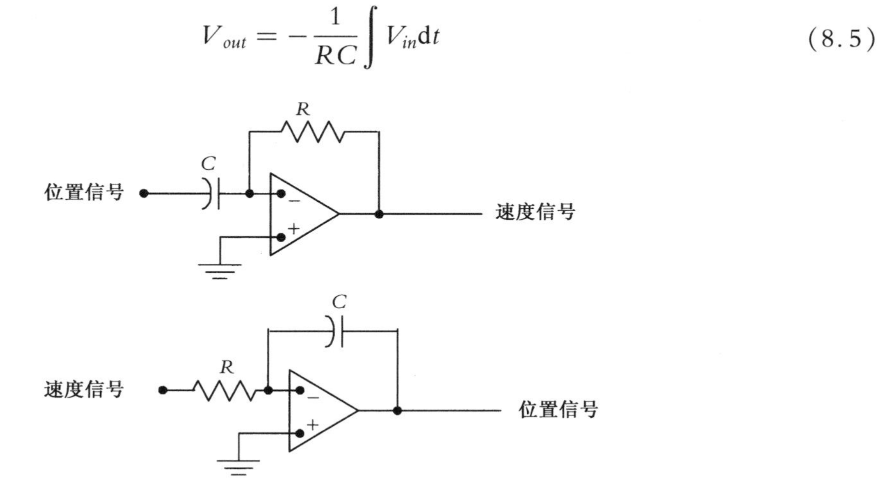

图 8.12　带运算放大器的微分和积分 RC 电路

8.6　加速度传感器

加速度计是常用的测量加速度的传感器。但是工业机器人通常并不使用加速度计，因为在这些机器人中通常不测量加速度。然而，近几年来加速度计已开始用于线性驱动器的高精度控制[4]和机器人的关节反馈控制[5]。

8.7 力和压力传感器

8.7.1 压电晶体

压电材料在施加一定电压时将会收缩，而在受到挤压时将会产生一定的电压。在留声机上用它将唱片上凹槽产生的压力变化转变为电压。同样，压电材料也能用于测量机器人中的压力。当然，压电材料输出的模拟电压要经过调理及放大后才能使用。

8.7.2 力敏电阻

力敏电阻(Force Sensing Resistor, FSR)是一种聚合物厚膜器件，其阻值随垂直施加在表面的力的增加而降低。当作用力从 10 g 到 10 000 g 变化时，其阻值大约从 500 kΩ 变化到 1 kΩ(关于 UniForce 公司的传感器及其他更多信息可参阅参考文献[6 ~8])。一个典型的力敏电阻如图 8.13 所示。

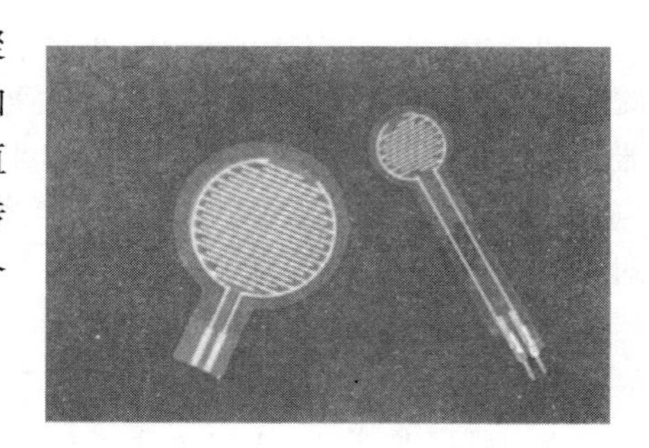

图 8.13 典型的力敏电阻，其阻值随作用力的增大而减小

8.7.3 应变片

应变片也能用于测量力。应变片的输出是与其形变成正比的阻值，而形变本身又与施加的力成正比。于是，通过测量应变片的电阻，就可以确定施加的力的大小。应变片常用于测量末端执行器和机器人腕部的作用力。应变片也可用于测量机器人关节和连杆上的载荷，但不常用。图 8.14(a)是应变片的简单原理图。应变片常用在惠斯通电桥中，如图 8.14(b)所示，电桥平衡时 A 点和 B 点电位相等。四个电阻只要有一个发生变化，两点间就会有电流通过。因此，必须首先调整电桥使电流计归零。假定 R_1 是应变片的电阻，在压力作用下该阻值会发生变化，导致惠斯通电桥不平衡，并使 A 点和 B 点间有电流通过。仔细调整一个其他电阻的阻值，直到电流为零，应变片的阻值变化可由下式得到：

$$\frac{R_1}{R_4}=\frac{R_2}{R_3} \tag{8.6}$$

应变片对温度变化敏感，为了解决这个问题，可用一个不承受形变的应变片作为电桥中的四个电阻之一使用，以补偿温度的变化。

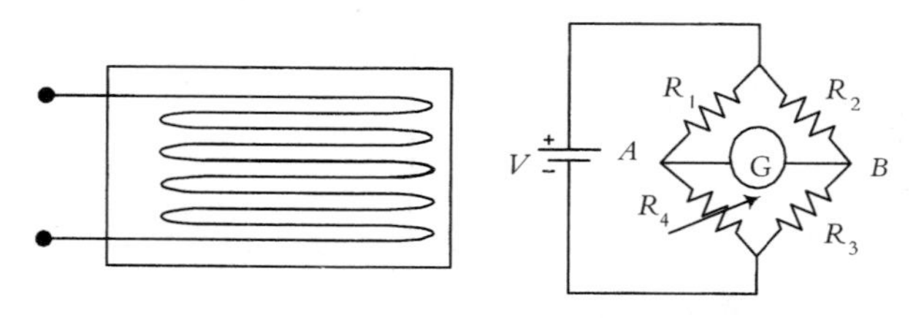

图 8.14 (a) 应变片；(b) 惠斯通电桥

8.7.4 防静电泡沫

用于运输集成电路芯片的防静电泡沫具有导电性，且其阻值随作用力的大小而改变，它可以用来作为简易实惠的力传感器和触摸传感器。它的使用方法就是在一片防静电泡沫的两边插上导线，测量其电压或电阻即可。

8.8 力矩传感器

力矩可以用一对精心安装的力传感器测量。假设在轴上安装两个力传感器，在相反的面上将它们方向相反地放置。如果在轴上施加力矩，力矩将在轴上产生两个方向相反的力和两个方向相反的形变，两个力传感器可以测出这两个力，根据所测力的大小可计算出力矩。要测量不同轴上的力矩，必须使用三对相互垂直放置的传感器。由于力也可以由相同的传感器来测量，因此一共使用六个传感器就可以测量三个彼此独立的轴上的力和力矩，如图 8.15 所示。单纯的力产生一对相同的信号，而力矩将产生一对方向相反的信号。图 8.16 展示了几种典型的工业力/力矩传感器。

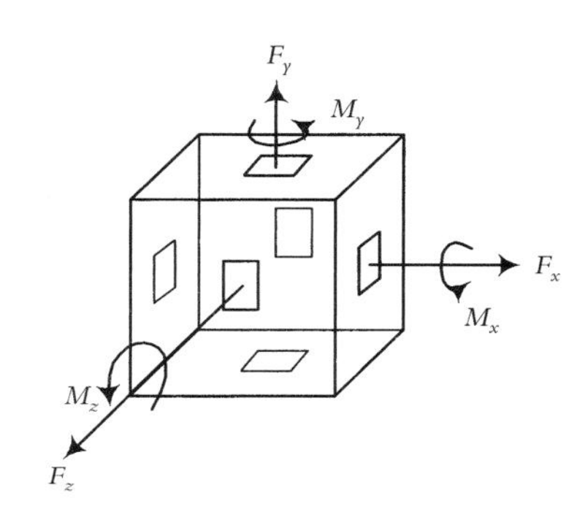

图 8.15 用于测量力和力矩的沿三个主轴放置的三对应变片阵列

图 8.16 典型的工业力/力矩传感器（IP65 Gamma 和 Mini 85，图片由 ATI 工业自动化公司授权）

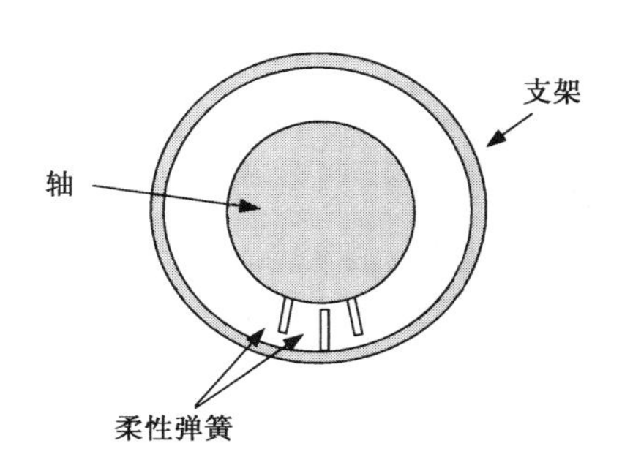

图 8.17 当作用力矩发生变化时，柔性弹簧的电容值发生改变，通过隧道二极管振荡器振荡频率的改变即可实现对力矩的测量

一种用于人形机器人手的指尖的微型载荷传感器使用了至少带六个应变片的弹簧。导线连接至弹簧基座上的小型接口电路板，传感器与模数转换器相连，模数转换器应尽量靠近传感器。通过沿手指中心轴的导线将数据传至控制器[9]。

图 8.17 是安装在轴上的柔性弹簧形成一对电容的原理示意图，它们用来作为隧道二极管振荡电路的一部分。当轴在负载作用下进行微小转动时，每对电容的值发生改变，从而引起电路的振荡频率发生改变。通过测量振荡频率就可以确定力矩[10]。

8.9 微动开关

微动开关虽然很简单，但非常有用，在机器人上也很常见。它们可以用来切断通过导体的电流，因此能用于安全保护、检测是否有接触或发送移动信号及许多其他用途。微动开关既坚固耐用又简单廉价。

8.10 可见光和红外传感器

这些传感器的电阻随着投射在其上面光强的变化而改变。如果入射的光强为零，电阻就最大。光强越大，电阻就越小，相应流过的电流就越大，结果压降就越小。上述传感器虽然廉价但很有用，可以用来制作光电编码器和其他装置，也可用来制作触觉传感器，这将留在后面讨论。

光敏晶体管可以用来作为光传感器，当光强超过一定程度时它就会导通，否则就断开。光敏晶体管常常和发光二极管(LED)光源一同使用。

光传感器阵列也可以和移动光源一起用于测量位移。它们已经在机器人和其他机械中用于测量形变和微小位移[11]。可见光传感器对可见光敏感，而红外传感器对红外光敏感。由于红外光对人眼来说是不可见的，所以不会对人造成干扰。例如，如果需要用光测量一段长的距离来进行导航，就可以使用红外线，这样不会干扰人的注意或影响任何人。也可以使用简单的红外遥控装置来建立与机器人进行远程通信的链路，详细的说明可见参考文献[8]。

8.11 接触和触觉传感器

接触传感器是指在实际接触发生时发出信号的装置。最简单的接触传感器就是微动开关，当接触发生时它就接通或关断。微动开关可以有不同的灵敏度和动作范围。例如，采用特定方式安装的微动开关可以使移动机器人在导航运动中接触到障碍物时向控制器发出信号。更复杂的接触传感器还可以发出更多的信息，例如将力传感器作为接触传感器，那么它不但可以发出接触信号，还能指示接触力的大小。

触觉传感器是许多接触传感器的组合，它除了能够确定是否发生接触外，还能够提供更多有关物体的额外信息。这些额外信息可以是物体的形状、尺寸或材质等。多数情况下，许多接触传感器排成矩阵阵列，如图8.18所示。在图中所示的设计实例中，触觉传感器的两侧各有一个由六个接触传感器组成的阵列，而接触传感器由触杆、发光二极管和光传感器组成。当触觉传感器接近物体时，触杆将随之缩进，遮挡了发光二极管向光传感器发射的光线。光传感器于是输出与触杆的位移成正比的信号。可以看出，这些接触传感器实际上就是位移传感器。同样，也可以使用其他类型的位移传感器，如微动开关、线位移差动变压器(LVDT)、压力传感器及磁传感器等。

当触觉传感器与物体接触时，依据物体的形状和尺寸，不同的接触传感器将以不同的次序对接触做出不同反应。控制器就利用这些信息来确定物体的大小和形状。图8.19给出了三个简单的例子：接触立方体、圆柱体和不规则形状的物体。可以看出，每个物体都会使触觉传感器产生一组唯一的特征信号，由此可以用来检测所接触的物体。

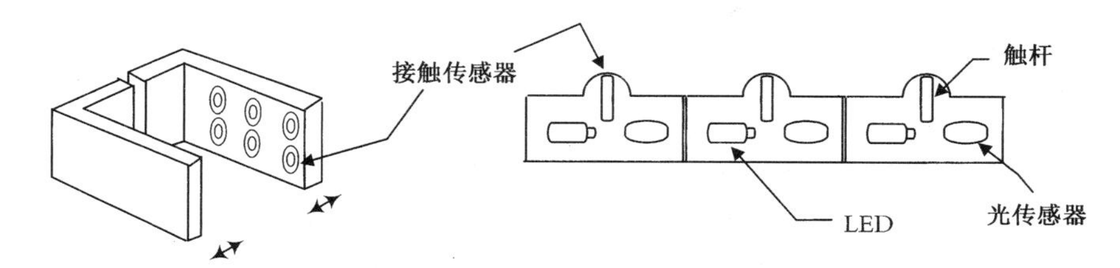

图 8.18　简单的接触传感器以阵列形式排列组合而成的触觉传感器，它以特定次序向控制器发送接触和形状信息

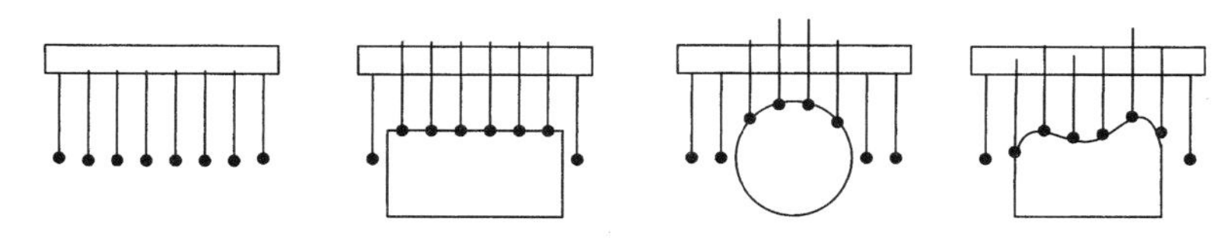

图 8.19　触觉传感器可以提供物体的信息

人们试图制造出类皮肤连续触觉传感器，其功能与人的皮肤类似。多数情况下，设计主要围绕传感器阵列进行，它们被嵌入在两层聚合物之间，彼此用绝缘网格隔离，如图 8.20 所示。当有力作用在聚合物上时，力就会被传递给周围的一些传感器，这些传感器会产生与所受力成正比的信号。对于分辨率要求较低的场合，使用这些传感器会有令人满意的效果[12]。其他的设计中还有在聚合物基板上放置电容传感器，微处理器顺序读取传感器信号，判断物体的形状及每个位置的接触力。在另外的设计中，有时会在柔性电路板上增加接近觉传感器（见 8.12 节），以提供类皮肤层，帮助机器人躲避碰撞。

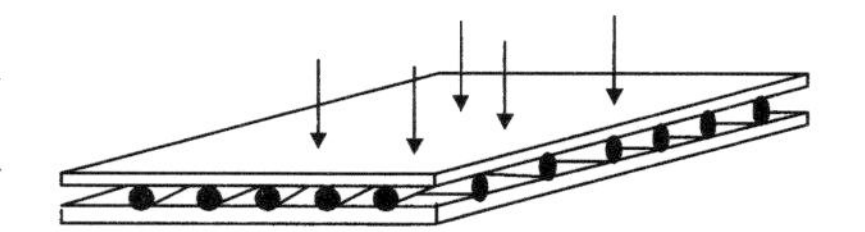

图 8.20　类皮肤触觉传感器

8.12　接近觉传感器

接近觉传感器用于探测两个物体接触之前一个物体靠近另一个物体。这种非接触传感技术在从测量转子的速度到导航机器人的很多场合都非常有用。接近觉传感器有许多不同的类型，如磁感应式、涡流式、霍尔效应式、光学式、超声波式、电感式和电容式等。下面是对这些传感器的简要讨论。

8.12.1　磁感应接近觉传感器

当靠近磁体时这种传感器就会做出反应，它们不但能测量转子的速度（和转数），还能够接通或关断电路[13]。磁感应传感器能够对轮子和电机的旋转次数进行计数，因此它们也能作为位置传感器。轮式机器人移动的总位移可由计算某个特定轮子的旋转次数与此轮周长的乘积来得到。通过在车轮或轴上安装磁铁，并将传感器固定在底盘上就可用磁感应接近觉传感器来监测车轮的旋转。同时，此类传感器也可用于包括安全用途在内的其他方面。例如，许多设备上都装有磁感应接近觉传感器，当门打开的时候，传感器就会发出一个信号，使旋转或移动的部件停下来。

8.12.2　光学接近觉传感器

光学接近觉传感器由称为发射器的光源和接收器两部分组成，光源可以在内部，也可以在外部，接收器能够感知光线的有无。接收器通常是光敏晶体管，而发射器则通常是发光二极管(LED)，两者结合就形成一个光传感器，可应用于包括光学编码器在内的许多场合。

作为接近觉传感器，发射器及接收器的配置准则是：发射器发出的光只有在物体接近时才能被接收器接收。图 8.21 是光学接近觉传感器的原理图。除非能反射光的物体处在传感器作用范围之内，否则接收器就接收不到光线，也就不能产生信号。

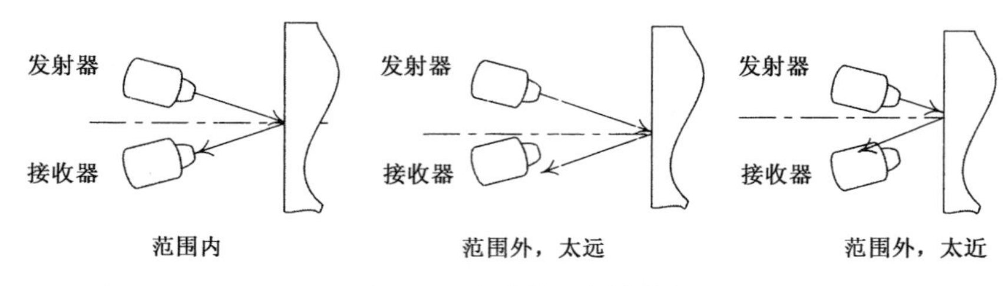

图 8.21　光学接近觉传感器

图 8.22 展示了光学接近觉传感器的另一种形态，这个简单的系统不仅可以感知附近的物体，还可以测量短程的距离(因此，在短距离时可用于测量距离)。光束通过三棱镜被折射成它的主要组成颜色，物体和传感器之间的距离导致一种特定的颜色被反射至传感器的接收器中，通过测量反射光的能量就可得到距离。

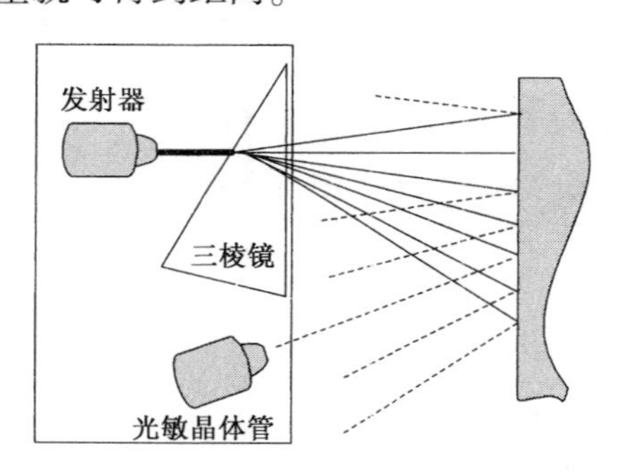

图 8.22　另一种光学接近觉传感器

8.12.3　超声波接近觉传感器

在这种传感器中，超声波发射器能够间断地发出高频声波(通常在 200 kHz 范围内)。超声波传感器有两种工作模式，即对置模式和回波模式。在对置模式中，接收器放置在发射器对面，而在回波模式中，接收器放置在发射器旁边或与发射器集成在一起，负责接收反射回来的声波。如果接收器在其工作范围内(对置模式)或声波被靠近传感器的物体表面反射(回波模式)，则接收器就会检测出声波，并将产生相应的信号。否则，接收器就检测不到声波，也就没有信号。所有的超声波传感器在发射器的表面附近都有一盲区，在此盲区内，传感器既不能测距也不能检测物体的有无。在回波模式中，超声波传感器不能探测表面为橡胶或泡沫材料的物体，这些物体不能很好地反射声波。关于超声波传感器的更多信息可参考8.13.1节。图8.23是这种传感器的原理图。

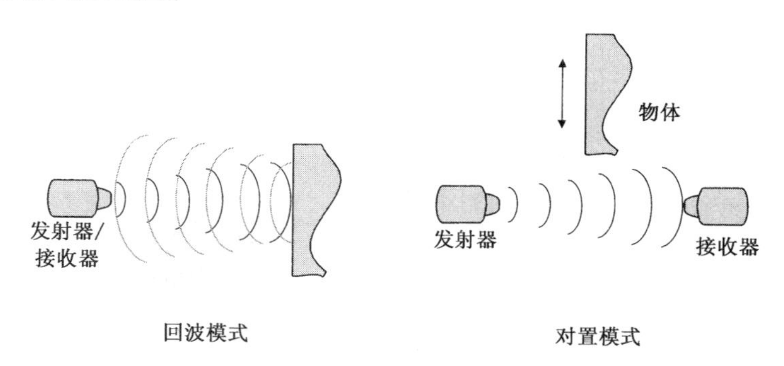

图8.23 超声波接近觉传感器

8.12.4 感应式接近觉传感器

感应式接近觉传感器用于检测金属表面。这种传感器其实就是一个带有铁氧体磁心、振荡器/检测器和固体开关的线圈。当金属物体出现在传感器附近时，振荡器的振幅会减小。检测器检测到这一变化后，断开固体开关。当物体离开传感器的作用范围时，固体开关又会接通。

8.12.5 电容式接近觉传感器

电容式传感器能够对任何介电常数在1.2以上的物体做出反应。在这种情况下，当物体处于感应范围内时，它的电容提高了电路的总电容量。这将触发内部振荡器启动输出单元，从而产生输出信号。于是，传感器能够检测到一定范围内物体的存在。电容式传感器也能够检测非金属材料，例如木材、液体和化学物质。表8.2列出了一些材料的介电常数。

表8.2 一些材料的介电常数

材 料	介电常数	材 料	介电常数
空气	1.000	瓷	4.4~7
水溶液	50~80	卡纸板	2~5
环氧树脂	2.5~6	橡胶	2.5~3.5
面粉	1.5~1.7	水	80
玻璃	3.7~10	木材(干)	2~7
尼龙	4~5	木材(湿)	10~30

8.12.6 涡流接近觉传感器

在第7章中提到，当导体放置在变化的磁场中时，内部就会产生电动势，导体中就有电流流过，这种电流称为涡流。涡流传感器具有两个线圈，第一个线圈产生作为参考用的变化磁通，在有导电材料接近时，其中将会感应出涡流，感应出的涡流又会产生与第一个线圈反向的磁通，使总的磁通减少。总磁通的变化与导电材料的接近程度成正比，它可由第二组线圈检测出来。涡流传感器不仅能检测是否有导电材料，而且能够对材料的空隙和裂缝及厚度等进行非破坏性检测。

8.13 测距仪

与接近觉传感器不同，测距仪用于测量较长的距离，它可以探测障碍物和绘制物体表面的形状，并且用于向系统提供预先的信息。测距仪一般是基于光(可见光、红外光或激光)和超声波的。两种常用的测量方法是三角法和测量传输时间法。

三角法 用单束光线照射物体，会在物体上形成一个光斑，形成的光斑由摄像机或光敏检测器等接收器检测到。距离或深度可根据接收器、光源及物体上的光斑所形成的三角形计算出来，如图 8.24 所示。

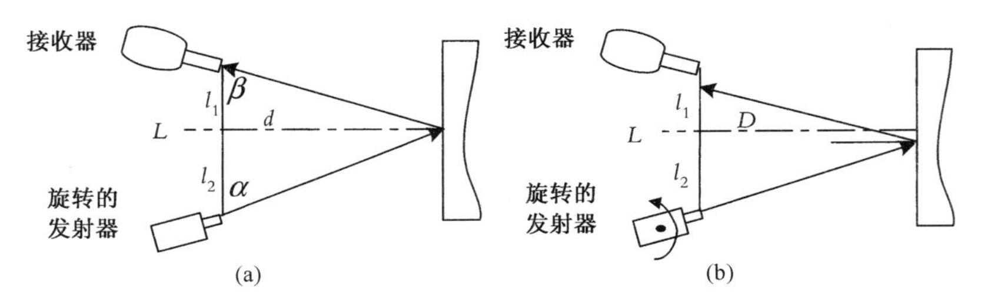

图 8.24 距离测量三角法。仅在发射器以特定角度发射光线时，接收器才能检测到物体上的光斑,利用发射角的角度可以计算出距离

从图 8.24(a)可以清楚地看出，物体、光源和接收器之间的布局只在某一瞬间能使接收器检测到光斑，此时距离 d 可依下式计算：

$$\tan\beta=\frac{d}{l_1},\quad \tan\alpha=\frac{d}{l_2},\quad L=l_1+l_2$$

经处理可得

$$d=\frac{L\tan\alpha\tan\beta}{\tan\alpha+\tan\beta} \tag{8.7}$$

其中 L 和 β 是已知的，如果能测出 α，那么就可以计算出 d。从图 8.24(b)可以看出，除了某一瞬间外，其余时间接收器均不能检测到物体反射回的光线，于是必须转动发射器，一旦接收器能观测到反射回的光线，就记下此时发射器的角度，利用该角度即可计算出距离。在实际使用中，发射出的光线(比如激光)是通过一个旋转的镜面来连续地改变传输方向的，同时必须监测接收器是否接收到反射光，一旦观测到反射光，就将镜面的角度记录下来。

测量传输时间法 信号传输的距离包括从发射器传输到物体和被物体反射回到接收器两部分。传感器与物体之间的距离是信号行进距离的一半，知道了传播速度，通过测量信号的往返时间即可计算出距离。为了测量精确，时间的测量必须很快。若被测的距离短，则要求信号的波长必须很短。

8.13.1 超声波测距仪

超声波系统结构坚固、简单、廉价并且能耗低，可以很容易地用于摄像机调焦、运动探测报警、机器人导航和测距。它的缺点是分辨率和最大工作距离受到限制，分辨率的限制来自声波的波长、传输介质中的温度和传播速度的自然变化。最大距离的限制则来自介质对超声波能量的吸收。典型的超声波设备的频率范围在20 kHz到超过2 MHz。

绝大部分的超声波测距设备采用测量传输时间的方法进行测距。工作原理是，发射器发射高频超声波脉冲，它在介质中行进一段距离，遇到障碍物后返回，由接收器接收，发射器和物体之间的距离等于超声波行进距离的一半，行进距离则等于传输时间与声速的乘积。当然，测量精度与信号的波长、时间测量精度和声速精度有关。超声波在介质中的传输速度与声波的频率(2 MHz以上时)、介质密度及介质温度有关。为提高测量精度，通常在超声波发射器前1英寸处放置一个校准块，用于不同温度下系统的校准。这种方法只在整个传输路径上介质温度保持一致的情况下才有效，而这种情况有时能满足，有时则不能满足。

时间测量的准确性对距离的测量精度也至关重要。通常，如果接收器一旦接收到达到最小阈值的信号计时就停止，则该方法的最大测量误差约为±1/2波长。所以，测距仪所用超声波的频率越高，得到的精度就越高。例如，对于20 kHz和200 kHz的系统，工作波长分别是0.67英寸和0.067英寸(17 mm和1.7 mm)，对应最坏情况下的最小测量误差分别是0.34英寸和0.034英寸(8.5 mm和0.85 mm)。采用互相关、相位比较、频率调制、信号整合等方法可以提高超声波测距仪的分辨率和测量精度。必须提到的是：虽然频率越高得到的分辨率越高，但和频率较低的信号相比，它们衰减得更快，这会严重限制作用距离。反之，低频发射器的波束散射角度宽，又会影响横向分辨率。所以，在选择频率时要协调好横向分辨率和信号衰减之间的关系。

背景噪声是超声波传感器所遇到的另一个问题。许多工业和制造设备会产生含有高达100 kHz超声波的声波，它们将会影响超声波设备的工作。所以建议在工业环境中采用100 kHz以上的工作波段。

超声波可用来测距、成形和探伤。单点测距称为点测，这是相对于应用在三维成形技术中多数据点采集方法的距离阵列采集而言的。在三维成形技术中，需要测量物体上大量不同点的距离，把这些距离数据综合后就可得到物体表面的三维形状。需要指出的是：由于对三维物体只能测量物体的半个表面，而物体的后部或被其他部分遮挡的区域测不到，所以这种测量也称为二维半测量。

8.13.2 光测距仪

基于光(包括红外光和激光)的测距仪可用三种不同的方法来测量到物体的距离，即直接延迟时间法、间接幅值调制法和三角法。直接延迟时间法测量校准光束(通常是激光，因为它不偏转)到达物体并返回所用的时间，与超声波测距传感器的原理类似。由于光在空气中的传播速度为300 000 km/s，因此在1 ns内大约传输30 cm。因此，此方法要求使用极高速和高精度的电子器件。

在间接幅值调制法中，要利用时间-振幅转换器(Time-to-Amplitude Converter，TAC)，它用低频正弦波调制宽的光脉冲，并通过测量发射光和反射光之间的调制相位差来获得时延。在效果上，用低速调制代替光速可使波速降低到可测的程度，但仍保留了激光传输距离远的优点。

三角法是用光束测距时常用的方法。对于导航中遇到的短距测量，三角法的精度和分辨率是三种方法中最好的。

另一种采用光源测距的方法是立体成像法，有关内容将在第9章讨论。该方法的一种变形是将激光指示器和单摄像机一起使用[14]，使用时测量激光光斑在摄像机图像中相对于图像中心的位置。由于激光束和摄像机的轴线不平行，激光光斑在图像中的位置是物体和摄像机之间距离的函数。

激光探测与测距(Light Detection and Ranging, LIDAR)与雷达相似，只是用光替代了无线电波。一束光(激光或红外线)射向目标，通过测量散射光的特性可以得到远程目标的距离或其他信息。通过旋转镜面反射出上千个光脉冲，就可得到连续的信息。在Velodyne Lidar公司开发的系统中，64个激光发射器每秒发出几千个脉冲，该装置以5~15 Hz的频率转动。它可以收集周围环境120 m范围内360°方位角和27°俯仰角的数据[15]。另一个基于激光传输时间的传感器可测的范围达30 m，分辨率为0.25°，价格在数千美元。

8.13.3 全球定位系统(GPS)

这种定位系统是民用的基于无线电导航的系统，任何人都可以使用。通过GPS接收机即可确定所处的全球位置和时间，它们可用于导航和地图构建。该系统包括29颗绕地卫星、一个地面监控站和GPS接收机。接收机可通过卫星传来的数据计算出它的位置，这些信息可直接发送至移动机器人的控制系统，用于定位和导航。

每颗卫星以精确的时间间隔发送信号，其中包含信号发送时的时间和卫星的位置。GPS接收单元根据4颗卫星的信号，利用当前时间与发送时间(包含在接收到的消息中)的差值计算出到卫星的距离。每个距离都形成了以卫星为中心的球体，GPS单元包含在球面上。这些球体的交集点就是GPS单元的位置。

理论上，只需要三个卫星的信号，GPS单元就可计算出它与三个卫星的相对位置(两个球体相交成一个圆，圆与第三个球体相交形成两个点，靠近地球表面的那个就是所求的位置)。然而，由于信号以光速传播，GPS单元时钟的精度在很大程度上决定了系统的精度。商用的批量生产的GPS时钟的精度都不足以进行准确定位，因此用来自第四颗卫星的信号来提高精度，它可使精度从大约100 m提高到大约20 m。军用设备采用更精确的时钟和高性能的信号来提高定位精度。

GPS单元可集成在机器人系统中用于导航和定位，微处理器根据位置信息决定后续动作或运动。三维的滚转–俯仰–偏航磁盘仪也可用于全球定向和导航。尽管这种磁盘仪不是GPS系统，但它可提供三轴运动的方向信息，因此可用它辅助控制机器人的位置和姿态。

8.14 嗅觉传感器

嗅觉传感器与烟雾探测器类似，它们对特定的气体敏感，当探测到这些气体时就发出信号。嗅觉传感器不但可用于安全方面，也能用于搜索和探测等领域[16, 17]。

8.15 味觉传感器

味觉传感器是决定介质中粒子成分的装置。有一种装置，它通过电位计传感器阵列来评价甜、苦、酸、咸及鲜味(尽管还没有气味集成进系统中)这五种基本味道。为区分不同种类的酒，用于品酒的人工舌头用集成在单个芯片上的对离子敏感的场效应晶体管阵列，来测量所含钠离子、钾离子、钙离子、铜离子和银离子的相对水平，并用这些来评价和区分酒的样品[18]。另一个传感器采用特定离子电极、氧化/还原作用传感器对、导电传感器和原电池阵列，来测量浓度低至10 ppm的水中是否存在如铜离子、锌离子、铅离子和铁离子等污染元素。可将这些信息直接地或与其他数据结合应用到机器人系统和自动化活动中。

8.16 视觉系统

视觉系统可能是应用在机器人中的最为复杂的传感器。鉴于其重要性和复杂性，我们将在第9章中予以单独讨论。但必须明白：视觉系统实际上也是传感器，和其他传感器一样，它们把机器人的动作行为与所处环境联系了起来。

8.17 语音识别装置

语音识别包括识别出所说内容并根据感知的信息采取动作。语音识别系统一般是根据话语的频率成分来进行识别的，根据从其他课程上学到的知识，大家可能记得：任何信号都可以分解为一系列不同频率和振幅的正、余弦信号，如果将它们重新组合，则可以重构出原始信号(第9章将详细讨论这些内容)。所有信号都有各自的主要频率，它们构成了信号的特定频谱，这些频谱有别于其他信号，认识到这一点将有助于理解语音识别的原理。在语音识别系统中，假设每个单词(字母或句子)在分解为组成频率时，主要的频率信号构成了唯一的特征，系统根据它就能够识别出单词。

为进行语音识别，用户必须事先对系统进行训练，即通过朗读单词，让系统建立所说单词的主要频率检索表。以后，每当说出单词，在其频谱确定后就和检索表进行比较，如果能找到相近的匹配，就能识别出单词来。为了能够达到较高的准确性，必须对系统进行多次反复训练。一方面，频率识别精度越高，允许选择的范围就越小，这意味着，如果系统为了较高的识别精度而试图匹配很多频率，那么在存在噪声或发音有变化的情况下，最终可能识别不出单词。另一方面，如果为了适应变化而仅匹配有限的频率，则系统最终可能会混淆一些相似的单词。不可能(也没有必要)实现能识别出所有声调和语音变化的通用系统。为了与用户进行交流，许多机器人都装有语音识别系统。在多数情况下，机器人由用户进行训练，并能够识别一些可启动特定动作的单词。例如，对某个特定的单词，可通过编程使其与某个位置和方向关联起来。当语音识别系统识别出该词时，就发出一个信号给控制器，随后控制器驱动机器人向指定的位置和方向前进。这对于助残机器人和医疗机器人特别有用。

8.18 语音合成器

语音合成有两种不同的方法。一种方法是将音素和元音组合来产生单词的发音，使用这种方法可以通过音素和元音的组合来合成任意单词，用商用语音芯片和相应程序即可实现。尽管这种方法可以产生任意单词的发声，但听上去不自然，且声音机械。使用这种系统有时会遇到问题，比如“power”和“mower”这两个词，尽管拼写上很相近，但发音差别很大，系统就不能识别出这一点(除非异常情况都被编写到了芯片中)。

一种替代方法是录下系统可能需要合成的词，当需要时就从存储器或磁带中读出。电话时间提示、视频游戏及许多其他的机器语音就是这样产生的。采用这种方法，尽管声音听上去很自然，但能发声的词有限。只有在要说的所有词都已知的情况下系统才能使用。随着计算机技术的发展，将来的语音识别和合成会有更大的发展。

8.19 远程中心柔顺装置

远程中心柔顺(Remote Center Compliance, RCC)装置不是实际的传感器，在此讨论是因为当发生错位时它们起到感知设备的作用，并为机器人提供修正的措施。然而，远程中心柔顺装置也称补偿器，它完全是被动的，没有输入和输出信号。

远程中心柔顺装置是机器人腕关节和末端执行器之间的附加装置，它是为矫正末端执行器和机器人部件的错位而设计的。

假设机器人要将销钉插入零件的孔中，如图8.25所示。如果孔和销钉的尺寸刚好，并且已经在横侧向、轴向对准，那么机器人能将销钉插入孔中。然而，在大多数情况下，上述假设不可能达到，比如孔有点偏心、孔和销钉的中心线有点偏差，如图8.25(b)所示。

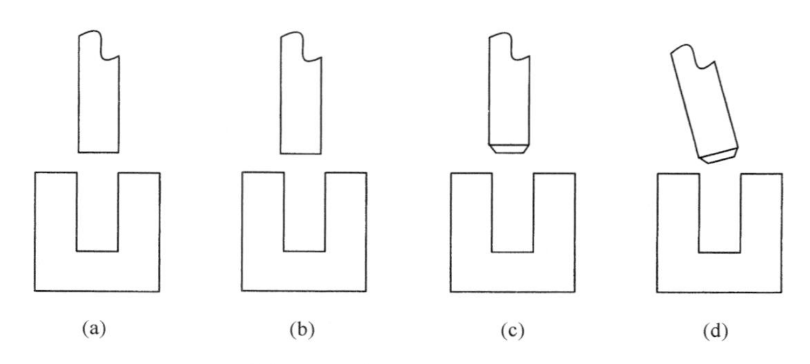

图8.25 装配零件间的错位

如果机器人处于位置控制模式下，即使有错位，它仍将试图把销钉插入孔中，结果不是机器人就是零件会变形或损坏。机器人刚度越硬(虽然这是好机器人的标志)，在这里问题就越严重。如果机器人有些柔性，那么可以在孔、销钉或两者周围切割一个斜面[见图8.25(c)]，并且允许机器人在横侧向移动从而与孔对准以防止变形和损坏，同时让零件移动从而与机器人对准也是可行的。

现在假设不是轴间错位，而是在销钉和孔两者中心线之间有角度错位，如图8.25(d)所示。在这种情况下，即使销钉和孔在孔的入口处对得很准，如果机器人将销钉往孔内插，两者中的一个也必定要变形和损坏。同样，如果零件或机器人可以移动(柔顺机器人)，那么将可以避免问题。对上述两种偏差情况中的任一种，柔顺机器人都足以防止发生损坏，但也可能会产生无法接受的定位精度。

我们需要一种可以为机器人末端执行器增加局部柔顺性的装置，它将允许机器人在需要的方向上有局部柔顺性，而又不会影响其他方向的精度。远程中心柔顺装置通过简单的四连杆机构提供这种局部柔顺性。

为理解远程中心柔顺装置的工作原理，考虑如图8.26所示的四连杆机构。对任一机构，都有 $M=n\times(n-1)/2$ 个瞬时零速度点，这里 n 代表连杆数，包括底座。零速度瞬时中心是一个物体相对另一个物体速度为零的点。在四连杆机构中，共有六个这样的点，其中 O_1 或 O_2 对连接在底座上的连杆来说是它们的转动中心，另外 A 和 B 是联结杆 AB 相对于连杆 O_1A 和 O_2B 的转动中心(零速度点)，除此之外还有两个，一个在底座和联结杆之间，另一个在两连杆 O_1A 和 O_2B 之间。

为了确定联结杆的零速度瞬时中心(为说明柔顺性，我们对联结杆更感兴趣)，需确定它上面任意两点的速度，联结杆的零速度瞬时中心位于联结杆两点(如 A 点和 B 点)速度垂线的交点。这是因为，由于 $\bar{V}=\bar{\omega}\times\bar{\rho}$，任何一点的速度垂直于曲率半径 $\bar{\rho}$，所以零速度瞬时中心一定在速度的垂线(沿着每个连杆的延长线)上，是两线的交点。由于此点瞬时速度为零，意味着它在瞬间无平动，物体只能绕其转动。所以，在图 8.26 所示瞬间，连杆 AB 绕 IC_1 转动，在下一时刻，此点将会出现在别处，因此它的加速度不能为零。

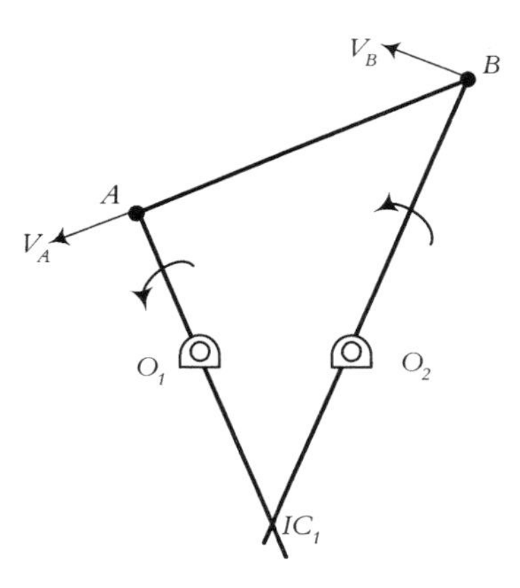

图 8.26　四连杆机构的零速度瞬时中心

现在考虑图 8.27(a)所示的平行四连杆机构，由于 A、B 两点速度的垂线平行，所以零速度瞬时中心将出现在无穷远处，这说明联结杆 AB 没有转动，只有平动，即它只能向左或向右平移而没有任何转动(尽管它的运动轨迹是曲线)。图 8.27(b)显示了带两个等长连杆的四连杆机构及其联结杆 AB 的零速度瞬时中心，该结构允许联结杆绕 IC 瞬时转动。可以看出，需要时这两个机构可以提供单纯的平动或相对远程中心点的转动。RCC 装置就由这两种机构组合而成，它能提供关于远程点的微量平移和旋转运动，因而获得远程中心柔顺。远程点是两个零件(如销钉和孔座)之间的接触点，并远离机器人。必须注意到，上述柔顺性仅在所需要的横侧向(或角度)上，机器人在轴向上仍然是刚性的，因为该机构不提供与联结杆垂直的运动。这样，在所需的方向提供了有选择性的柔顺，而又不降低机器人的刚度，于是保持了精度。

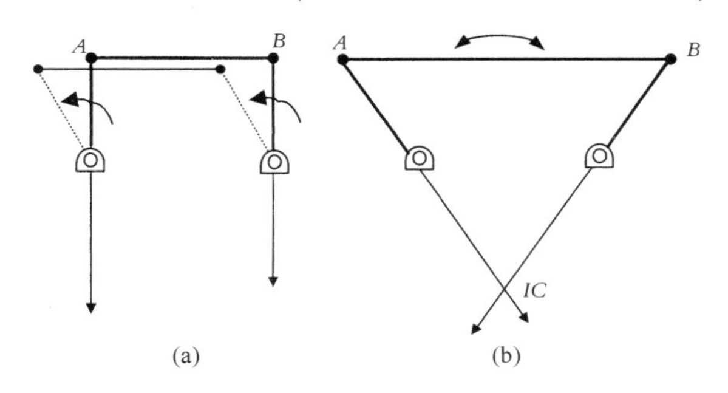

图 8.27　特殊的四连杆机构，它们是远程中心柔顺装置的基础

图 8.28 是远程中心柔顺装置的工作原理图。实际上，一种装置只在横侧向和轴向或者在弯曲和翘起方向提供一定的刚性(或柔性)，它必须根据需要来选择。每种装置都有一个给定的中心到中心的距离，该距离决定了远程中心相对装置中心的位置。因此，如果有多个零件或执行多个操作，则必须有多个远程中心柔顺装置，并要分别选择[20]。图 8.29 是一个商用远程中心柔顺装置。

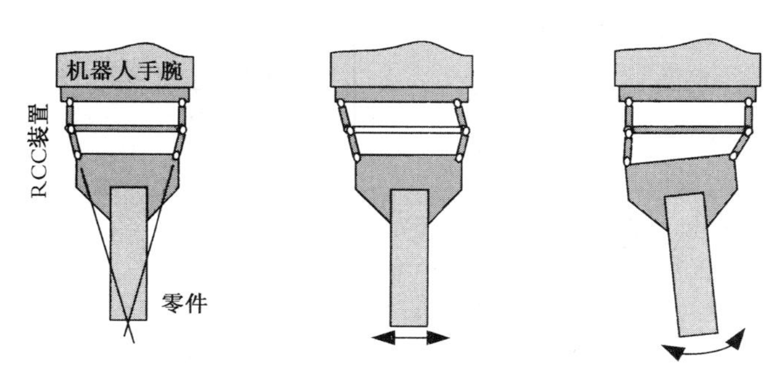

图 8.28　远程中心柔顺装置的工作原理图

图 8.29　一个商用远程中心柔顺装置(图片由 ATI 工业自动化公司授权使用)

8.20　设计项目

此时，需要在所设计的机器人上使用尽可能多的可利用的传感器。有些传感器是反馈所必须的，它们是控制机器人所不可缺少的，另一些则必须根据需要和可行性进行添加。这是机器人项目中非常有意义的部分，也可以根据不同的应用尝试不同的传感器，甚至使用自己的传感器。也可以使用这里没有提到但电子元件库中可用的其他传感器。

同样，为控制或增加智能，可以将传感器集成在滚筒式或球形漫游器上。例如，装在平台中心的可见光或红外传感器通过圆柱间的缝隙发射可见光或红外光束，与漫游器进行通信。类似地，可以将传感器的连接线通过机器人的中心轴连接到微处理器。这样不需要集电环就可以将传感器放在机器人的外面。也可用接近觉传感器和距离传感器来检测相对墙或其他障碍的接近度或距离，以及在不同环境中对漫游器进行导航。

小结

本章讨论了机器人及机器人应用中的多种传感器，一些用于内部反馈，另一些用来与环境交互。有些传感器使用简单、价格低廉，另一些则使用复杂、价格昂贵，需要许多支持电路。每种传感器都有各自的优缺点，例如，增量式编码器以最少输入提供简单、数字化的位置或速度信息，却不能确定绝对位置。绝对式编码器可用数字形式提供绝对位置信息，却需要很多输入端口，而这些输入端口有时可能无法得到。电位计可以提供绝对位置信息，便于使用且价格低廉，但输出是模拟量，在处理器处理前要进行数字化。然而，在有些应用场合，编码器和电位计可以一起使用，一个在系统启动时检测绝对位置，另一个精确地检测位置变化，它们共同提供了系统运行时所需的全部信息。设计工程师的作用就是要确定需要哪种传感器或具体应用哪种传感器最适合。

参考文献

[1] "Higher Resolution Optoelectronic Shaft-Angle Encoder," NASA Tech Briefs, March 2000, pp. 46-48.

[2] "Glove Senses Angle of Finger Joints," NASA Tech Briefs, April 1998.

[3] "Shaft-Angle Sensor Based on Tunnel-Diode Oscillator," NASA Tech Briefs, July 2008, pp. 22-24.

[4] Tan, K. K., S. Y. Lim, T. H. Lee, H. Dou, "High Precision Control of Linear Actuators Incorporating Acceleration Sensing," Journal of Robotics and Computer Integrated Manufac-turing, Vol. 16, No. 5, October 2000, pp. 295-305.

[5] Xu, W. L., J. D. Han, "Joint Acceleration Feedback Control for Robots: Analysis, Sensing, and Experiments," Journal of Robotics and Computer Integrated Manufacturing, Vol. 16, No. 5, October 2000, pp. 307-320.

[6] Interlink Electronics, Santa Barbara, California.

[7] Force Imaging Technologies, Chicago, IL.

[8] Jameco Electronics Catalog, Belmont California.

[9] "Miniature Six-Axis Load Sensor for Robotic Fingertips," NASA Tech Briefs, July 2009, p. 25.

[10] "Torque Sensor Based on Tunnel-Diode Os-cillator," NASA Tech Briefs, July 2008, p. 22.

[11] Puopolo, Michael G., Saeed B. Niku, "Robot Arm Positional Deflection Control with a Laser Light," Proceedings of the Mechatronics '98 Conference, Skovde, Sweden, Adolfsson and Karlsen Editors, Pergamon Press, Sep. 98, pp. 281-286.

[12] Hillis, Daniel, "A High Resolution Imaging Touch Sensor," Robotics Research, 1:2, MIT press, Cambridge, MA.

[13] "Flexible Circuit Boards for Modular Proximity-Sensor Arrays," NASA Tech Briefs, January 1997, p. 36.

[14] Niku, S. B., "Active Distance Measurement and Mapping Using Non Stereo Vision Systems," Proceedings of' Automation '94 Conference, July, 1994, Taipei, Taiwan, R. O C., Vol. 5, pp. 147-150.

[15] www. velodyne, com/lidar.

[16] "Sensors that Sniff," High Technology, February 1985, p. 74.

[17] "Electronic Noses Made From Conductive Polymer Films," NASA Tech Briefs, July 1997 pp. 60-61.

[18] "Robotic Taster," *Mechanical Engineering*, October 2008, p. 20.

[19] "Electronic Tongue for Quantization of" Contaminants in Water," NASA Tech Briefs, February 2004, pp. 31-32.

[20] *ATI Industrial Automation* Catalogs for Remote Center Compliance Devices.

第 9 章 视觉系统图像处理和分析

9.1 引言

目前，有大量的工作与图像处理、视觉系统及模式识别有关，它们提出了许多与软硬件相关的研究课题。自 20 世纪 50 年代以来，这方面的知识已慢慢得到积累，并且随着工业和经济的不同领域对这一问题的兴趣持续升温，相关技术也发展得非常迅速。每年有大量的这方面的文章发表，其中确实有许多有用的技术不断地在文献中出现，但是这些技术中的许多只适合于某些应用。本章将研究和讨论一些基本的图像处理和分析技术，并用为某些用途开发的一些常规例子来加以说明。本章并不打算对所有的视觉方法进行完整的分析，而只是做一个介绍。如果有兴趣，建议通过其他参考资料进一步学习。

9.2 基本概念

下面几节将介绍本章要用到的一些基本术语和概念。

9.2.1 图像处理与图像分析

图像处理与为了后续的分析和使用而对图像进行的预备操作有关。摄像机或其他类似的设备(如扫描仪)捕捉到的图像不一定是图像分析程序可用的格式。有些需要进行改善以消除噪声，有些则需要简化，还有的需要增强、修改、分割和滤波等。图像处理指的就是对图像进行改善、简化、增强，以及其他改变图像的方法和技术的总称。

图像分析是对一幅捕捉到的并经过处理后的图像进行分析，从中提取图像信息、辨识物体或提取关于图像中的物体或周围环境特征的过程。

9.2.2 二维和三维图像

虽然所有的实际场景都是三维的，但图像却可以是二维的(不含深度信息)或者是三维的(包含深度信息)。一般由摄像机获取且能正常处理的大多数图像都是二维的。然而，其他一些系统，如计算机断层造影 CT 和 CAT 扫描，可产生包含深度信息的三维图像。因此，这些图像可对不同的轴旋转，以便更好地使深度信息可视化。尽管二维图像没有深度信息，但它在许多方面也非常有用，这些应用包括特征提取、检测、导航、部件处理及其他许多方面。

三维图像处理主要用于那些需要运动检测、深度测量、遥感、相对定位及导航等方面的应用。与 CAD/CAM(计算机辅助设计和计算机辅助制造)相关的操作因为要进行许多检测和物体识别的任务，所以需要使用三维图像处理。对于三维图像而言，使用 X 射线或者超声波都能获取物体断层图像，随后将所有图像叠加在一起，即可形成一幅反映物体内部特征的三维图表示。

所有的三维视觉系统都存在一个相同的问题，那就是如何处理由景物到图像的多对一映射。要从这些景物中提取信息，就必须把图像处理和人工智能方法结合在一起。当系统工作在特性已知的环境中时(如受控光源)，它具备很高的精度和速度。相反，若环境未知或有噪声干扰并且环境不可控(如水下操作)，系统就会不够精确，并需要额外的信息处理，此外，运行速度也就比较慢。

9.2.3 图像的本质

图像是对一个真实场景的表示。这种表示既可能是黑白的，也可能是彩色的，还有可能是打印出来的或者是数字格式的。打印出来的图像有可能已经在彩色和灰度上(例如四色彩色打印或者黑白铜版图像印制)或者是在单色源上加工过。例如，为了对一幅图像进行铜版加工，必须使用不同灰度的墨水，这些墨水混合在一起时就能产生有一定真实感的图像。然而，在大多数打印过程中只能使用一种颜色的墨水(如报纸和复印是在白纸上用黑墨水)，这时就要通过改变黑白区域的比例(也就是黑点的大小)来产生所有的灰度等级。设想一幅要打印的照片被分为很多小部分，在每个部分，如果墨水喷洒到的部分比例小于空白部分的比例，那么这部分就将表现为浅灰色(见图9.1)。如果黑墨区域大于空白部分，那么这部分看起来就是深灰色。通过改变打印点的大小，就可以产生许多不同的灰度等级，并最终打印出一幅灰度级的照片。

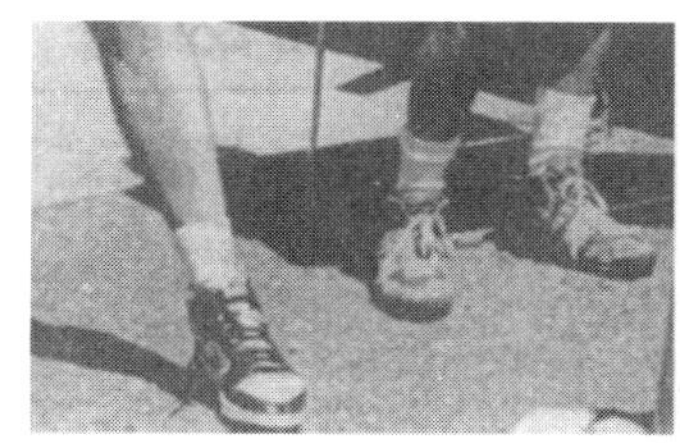
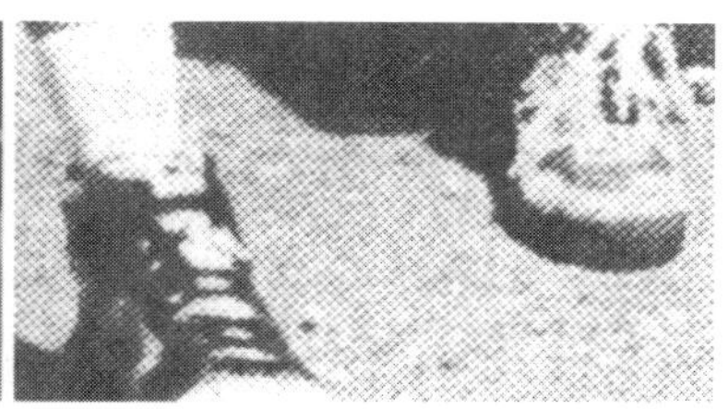

图9.1 打印图像灰度创建实例。在打印中，仅使用一种颜色的墨水，黑白区域的不同比例创建了不同的灰度等级

类似于打印图像，电子图像和数码图像通常分成许多小块，每块称为图元或像素(在三维图像中称为体元或体素)，所有像素都具有相同的大小。为获取一幅图像，需要测量和记录每个像素的强度；类似地，在重新生成一幅图像时，可以改变每个像素的强度。因此，一个图像文件是表示大量像素强度的数据集合，它可以被重新创建、处理、修正或分析。彩色图像本质是相同的，不同的是原始彩色图像在获取和数字化前就分成了红、绿、蓝三幅图像。当在每个像素位置具有不同强度的三种颜色重叠时，就生成了彩色图像。

9.2.4 图像的获取

现在常用的视觉摄像机有两种：模拟摄像机和数码摄像机。模拟摄像机已不再常用，但是还大量存在，它们是电视台的常用工具。数码摄像机更为常见，而且它们相互之间比较相似。录像摄像机是附加录像带存储部分的数码照相机，它们获取图像的机理是一样的。无论获取的图像是模拟的还是数字的，在视觉系统中最终都要数字化。在数字模式下，所有的数据都是二进制的，并且存储在计算机文件或存储芯片中。因此，最终处理的都是数字0和1的文件，并从中提取信息和进行决策。

附录B对模拟摄像机和数码摄像机及其如何获取图像进行了简要的讨论。这些系统的最终结果是包含有序的像素位置和强度的数据文件，后面就是要对这些文件进行讨论。为理解图像获取的基本问题可参考附录B。有关这些系统的更多详细信息，可参阅数字数据获取的参考文献。

9.2.5 数字图像

无论哪种摄像机或图像获取系统，都需测量每个像素位置的强度并将其转换成数字形式。数据可存储在存储器或一个文件里，或以tif、jpg或bmp等图像格式存储在记录设备里，也可以在显示器上显示出来。由于对图像进行了数字化处理，所以存储的信息都是一些0和1的集合，这些数值代表的是每个像素的强度。数字图像就是一个计算机文件，它包含着顺序存储的各个像素点上的强度值(0和1的集合)。这些文件可以通过程序以不同的形式访问、读取、复制和修改。视觉程序通常用于访问这一信息，对其中的数据进行某些变换，然后显示结果并将修改过的结果存储在新的文件中。根本问题是能够以有意义的方式提取信息或处理0和1二进制数据的集合。

为了更好地理解这一点，考虑图9.2所示的简单的低分辨率图像，图中像素指由行和列形成的方格。假设这是4位的数字系统(后面将很快对其进一步讨论)，那么将会有$2^4=16$种不同的强度。图中显示的是第一行图像的0和1二进制数据表示的序列(每个像素只有4位)。此外，文件格式列表不同，数字也就不同。在一个简单的便携式格雷映射(Portable Gray Map，PGM)格式中，强度是按顺序列出的(见图9.2)。在文件开头的标题将显示每行和每列的像素数(这里是12×12)，程序知道每4位为一个像素。因此，程序可直接读取每个像素的强度。可以看到，文件简化为0和1组成的字符串，图像处理程序可以对这些字符串进行处理，也可以根据这些字符串提取信息。可以设想该字符串的大小代表了一幅每个像素为24位的三基色大图(有时在百万像素级范围)。

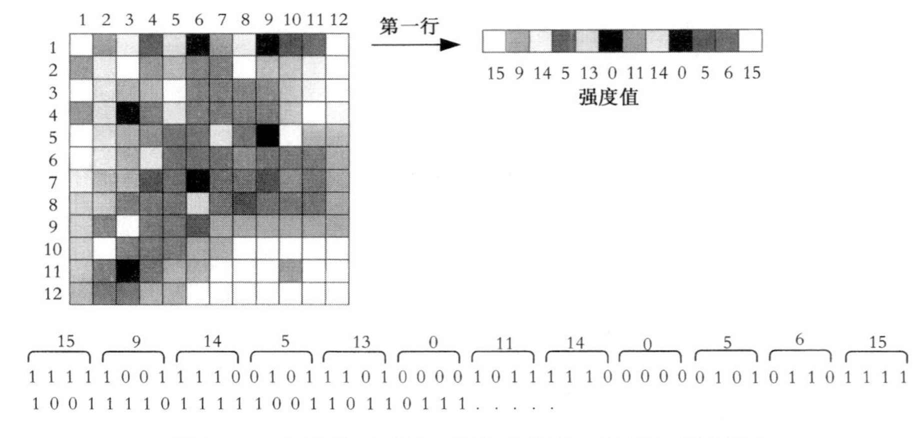

图9.2 一幅图像及其第一行每个像素4位的二进制表示

一幅图像如果在每个像素点上都有着不同的灰度等级，就称它为灰度图像。彩色图像是通过把3幅色调分别为红、绿、蓝(RGB)的图像组合起来获得的。它们每个都有着不同的强度，且每个都等同于一个灰度图像(3个色调中的一种)。因此当数字化彩色图像的时候，每种颜色也有相似的由0和1组成的字符串(另一种方法是每种颜色标记一个数字并将其显示在图像文件开头的标题上，那么表示像素的数字就代表了参考色及强度。二值图像是指每个像素不是全亮就是全黑，即 0 或 1。为了获得一幅二值图像，在多数情况下利用灰度图像的直方图和称为阈值的截断值。直方图决定了图像灰度等级的分布。可以选用一个最好的阈值，使二值图像的失真最小，将所有灰度低于阈值的值置为 0(或关)，将所有灰度高于阈值的值置为 1(或开)。改变阈值也就改变了二值图像。二值图像的优点在于其对存储器的要求远低于灰度图像或彩色图像，从而处理速度远快于彩色图像。

9.2.6　频域和空域

许多用于图像处理和分析的过程都基于频域或者空域。在频域处理中，用图像的频谱来改变、分析和处理图像。这时，不再使用单个像素信息，而是对整幅图像的频率表示进行处理。在空域处理中，操作的对象是单个像素，因此操作过程直接影响每个像素。虽然二者处理方式不同，但这两种技术是同等重要和有用的。在不同的情况下它们有各自的应用，而且二者之间是相互关联的。例如，假设用一个空间滤波器来消除一幅图像的噪声，图像的噪声会降低，但同时图像的频谱也会由于噪声的减小而受到影响。

下面几节将对频域和空域的一些基本问题进行讨论，虽然只是一般性的，但对理解整章的内容将有所帮助。

9.3　信号的傅里叶变换及频谱

也许从学过的数学或其他课程中已得知，任何周期性的信号都可分解成如下一系列不同幅值与频率的正弦波和余弦波之和，称为傅里叶级数：

$$f(t)=\frac{a_0}{2}+\sum_{n=1}^{\infty}a_n\cos n\omega t+\sum_{n=1}^{\infty}b_n\sin n\omega t \tag{9.1}$$

如果把这些正弦波和余弦波加在一起，就重构了原始信号。这种到频域的转换称为傅里叶级数，其中不同频率的集合称为信号的频谱或频率成分。当然，虽然信号是在幅度-时间域表示的，而频谱却是在幅度-频率域来表示的。为了更好地理解这一概念，先看下面的例子。

考虑 $f(t)=\sin(t)$ 这种简单的正弦函数形式的信号。由于这个信号只包含一个频率和一个常数幅值，因此表示该信号的频谱由在给定频率点的一个单一值构成，如图 9.3 所示。显然，如果以图 9.3(b)中的箭头所表示的频率和幅值来绘制函数，就重构了同一个正弦函数。图 9.4 也是类似的情况，其表示的信号是 $f(t)=\sum_{n=1,3,\cdots,15}\frac{1}{n}\sin(nt)$，而且在幅度-频率域也画出了该信号的频率。可以看到，当函数 $f(t)$ 中包含的频率数增加时，其和更逼近于一个方波函数。

图 9.5(a)是来自传感器的信号及其频率成分。尽管该信号不是一个真正的正弦函数，主频为 0.75 Hz。但是，由于信号中的变化和差异，使得频谱中包含许多其他频率。图 9.5(b)给出的是一个更频繁变化的信号及其频谱。显然，为了重构这个信号，必须增加更多的正弦和余弦函数，因此频谱包含更多的频率成分。

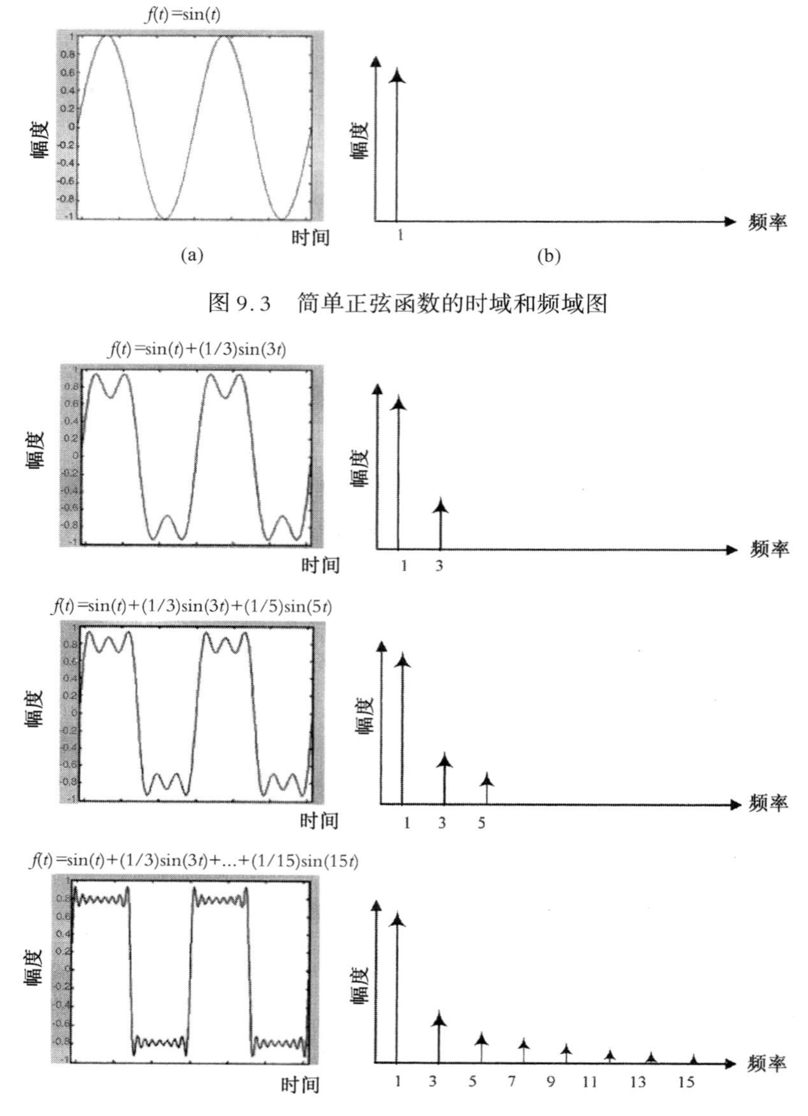

图 9.3 简单正弦函数的时域和频域图

图 9.4 具有一系列频率的正弦函数的时域和频域图，当频率数增加时，信号更接近于方波

从理论上讲，要用正弦波重构一个方波，需要无限多个正弦波叠加在一起。由于方波函数表示有一个急剧的变化，这意味着快速的变化(如脉冲、方波或其他类似的函数)都包含着大量的频率成分。变化得越快，重构它所需的频率成分就越多。因此，所有包含急速变化(噪声、边缘、高对比度、脉冲、阶跃函数)或含有细节信息(例如快速变化的高分辨率信号)的视频或其他信号的频谱中，都将包含大量的频率成分。

非周期信号也可以使用类似的分析方法(称其为傅里叶变换)，尤其是快速傅里叶变换(Fast Fourier Transform，FFT)。尽管在本书中没有对傅里叶变换的细节进行讨论，但是只要得到一个信号的近似频谱就足够了。虽然在理论上频谱中应该包含无限多的频率，而实际上频谱中有些主要的频率有着较大的幅值，通常称它们为谐波。这些主要的频率或谐波通常用于对信号进行分辨和标志，其中包括对语音、形状、物体及类似信号的识别。

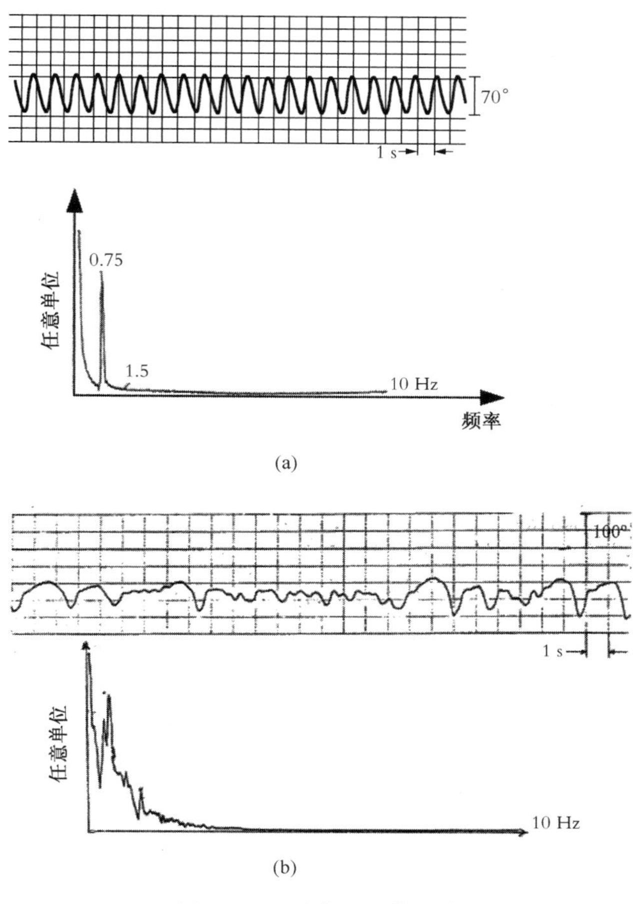

图 9.5　两种信号及其频谱

9.4　图像的频谱：噪声和边缘

图 9.6 所示为人工的低分辨率图像和它的像素强度与所在位置关系的图表。用模拟摄像机或用图像采集卡扫描图像，并结合数字系统进行采样和数据保持(参见附录 B)可以获得这样的表示。结果得到一幅离散表示的图，其上各点具有不同的幅值，它们表示每个像素点的强度。假设取出第 9 行，观察其中的 129 ~ 144 像素点。可以发现像素点 136 的强度与其周围有很大不同，可以认为它是噪声。一般来说，噪声指的就是那些不同于周围环境的一种信息。像素点 134 和 141 的强度信息也与其相邻点有所差异，有可能是物体和背景之间的过渡，所以可以认为它们表示的是物体的边缘。

虽然我们讨论的是离散(数字化的)信号，但是它们可以被分解成大量具有不同幅值、不同频率的正弦和余弦信号，若将它们叠加，就可以重构原信号。前面已经讨论过，重构缓变的信号(相邻像素间的灰度值变化较小)只需要频率较低的正弦波和余弦波，因此信号频谱中低频成分比较多。另一方面，重构变化剧烈的信号(相邻像素间的灰度值变化很大)需要更多数量的高频成分，因此信号频谱中高频成分比较多。由于噪声和边缘使像素值和其周围像素值产生较大的差异，因此噪声和边缘在频谱中产生了较高的频率分量，而频谱中的低频成分则反映那些变化缓慢的像素，它们代表了物体。

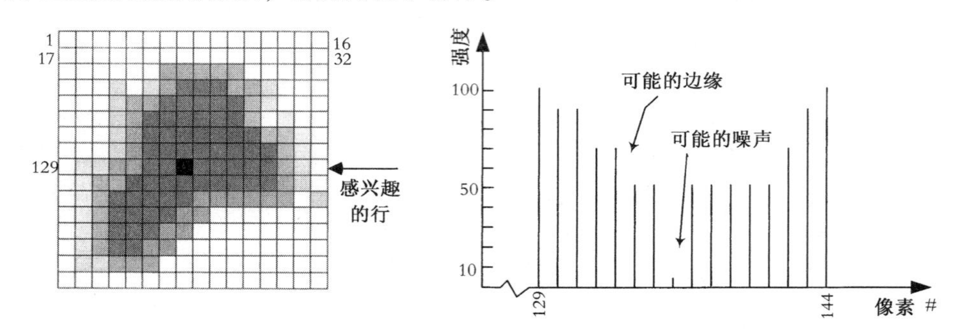

图 9.6 图像强度图上的噪声与边缘信息。与周围强度值相差较大的像素点可认为是边缘或噪声

然而，如果一个高频信号通过一个低通滤波器(一种允许低频信号通过而对高频信号有较大衰减的滤波器)，它将降低包括噪声和边缘的高频的影响。这就意味着，尽管低通滤波器可以降低噪声的干扰，但是由于削弱了边缘信号及柔化了整个图像，它也降低了图像的分辨能力。另一方面，高通滤波器衰减了低频幅度，从而突出了高频成分。在这种情况下，噪声和边缘信号保留下来，而变化缓慢的区域却从图像中消失了。本章后面几节将讨论应用不同的方法来减少噪声及检测边缘。

9.5 分辨率和量化

影响图像的实用性和它所包含的数据大小的因素有两项。第一项是分辨率，它受对信号进行测量、读取或取样的频度的影响。在等间距的时间里，采样的数据量越高，则分辨率越高，相应的像素数据量也就越大。模拟信号的分辨率是采样速率的函数，数字系统的分辨率是像素多少的函数，因此这两种方法在本质上其实是一致的，在更多像素位置读取图像的强度与更频繁的采样是一样的。图 9.7 所示为采样像素分别为(a) 432 ×576、(b) 108 ×144、(c) 54 ×72 和(d) 27 ×36 的图像。可以看到，采样率越低，图像就越模糊。

第二项是将给定点的信号值转换到数字量的精确度，这个过程称为量化，它与用多少位来表示采样信号的数字量有关。随着用于量化的位数的不同，图像的灰度变化也随之改变。对于一个 n 位的量化器，所有灰度等级数为 2^n。对于一个 1 位的模数转换器而言，只有两种可能的状态：开或关，或者是 0 或 1(称为二值图像)。使用 8 位的模数转换器进行量化时，灰度等级的最大数是 256，因此图像有 256 个灰度等级(0～255)。

量化和分辨率是完全相互独立的，例如一个高分辨率的图像可能被转化为一幅二值图像，这时的像素只有开和关(0 和 1，或黑和亮)。同样的图像也可以量化成 8 位，产生具有 256 种不同灰度级的图像。图 9.8 显示的是同一幅图像在进行(a) 2 级、(b) 4 级、(c) 8 级和(d) 原来的 44 级量化后的结果。

为了给特定的任务提供合适的信息，必须有足够高的分辨率和量化等级。也许低分辨率图像不足以识别零件的具体细节，但却足以区分螺丝和螺母。很多应用只需要二值图像，这时低位量化就足够了。但在不同的物体需要互相区别的情况下，低位量化就不行了。例如，阅读车牌或用监控摄像机识别人的面孔就需要高分辨率图像。然而，由于有时车牌是由浅色背景下的深色字母组成的，因此也许二值图像(每个像素只有一位)就足够了。但是为了识别面部，类似的图像必须以高位数形式量化。当选择一台摄像机时，分辨率和量化的这些参数值都是必须考虑的。

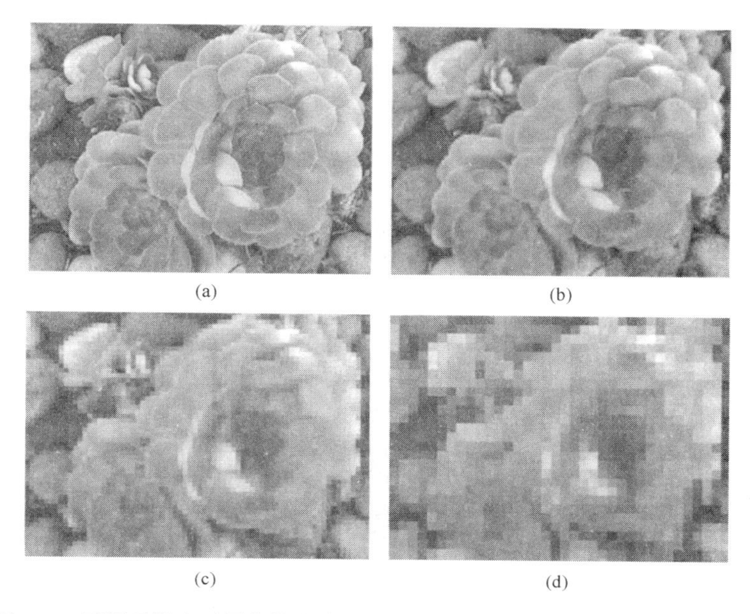

图 9.7　不同采样率对图像的影响。(a) 432 ×576；(b) 108 ×144；(c) 54 ×72；(d) 27 ×36 。分辨率降低，图像的清晰度也相应降低

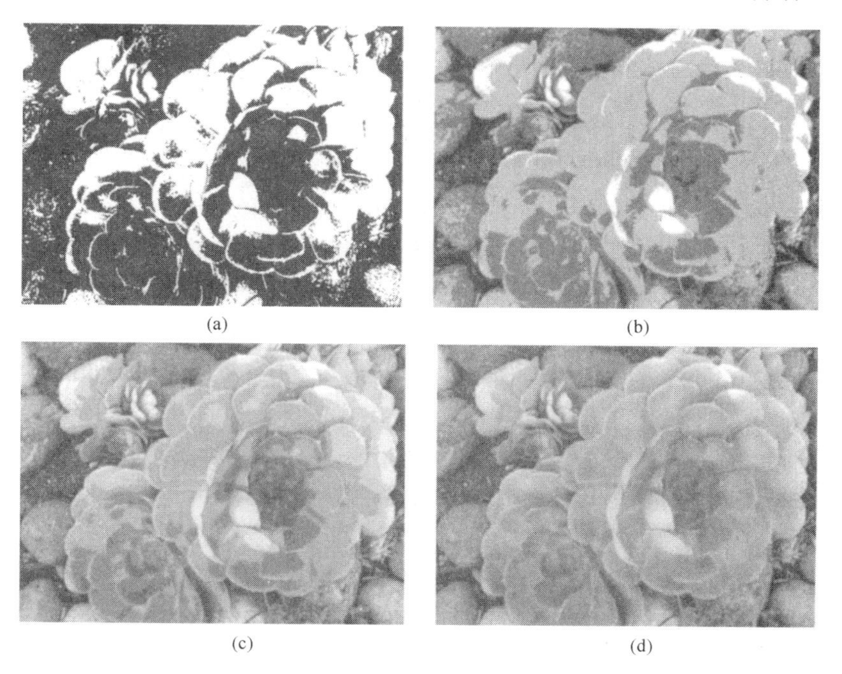

图 9.8　图像在 2,4,8,44 灰度级上的量化结果，图像随量化分辨率的增加而变得更平滑

像素点上的强度被量化以后，产生一串由 0 和 1 组成的字符串来表示该点的强度值。而存储这样一幅图像所需的存储空间是采样点总量和每个采样点数字化以后所需存储量的乘积。图像尺寸越大，图像分辨率越高，图像灰度级越多，存储图像所需的空间就越大。所需的总存储空间是分辨率和量化这两个值的函数。

例 9.1　考虑一幅 256 ×256 的图像，其像素总数为 256 ×256 =65 536。如果图像是二值的，那么每个像素点的信息需要 1 位来存储，那么整幅图像就需要 65 536 位，或如果用 8 位来表示一个字节，那么将需要 8192 个字节。如果每个像素采用 8 位来量化，从而得到 256 个灰度等级，所需的存储空间大小为 65 536 ×8 =524 288 位，或称 65 536 字节。如果对于每秒变化 30 次的视频图像，那么每秒就需要 65 536 ×30 =1 966 080 字节的存储总量。当然，这仅仅是记录图像像素所需的空间，还没有包括索引信息和其他管理操作对存储空间的要求。实际存储的要求可能会少一些，这取决于图像保存的格式。

9.6　采样理论

图 9.9 是一幅分辨率仅为 16 ×16 的图像，很难判断出图中的物体是什么。这就简单地说明了采样率和图像信息之间关系的重要性。为了更好地理解这种关系，接下来将讨论关于采样的一些基本问题。

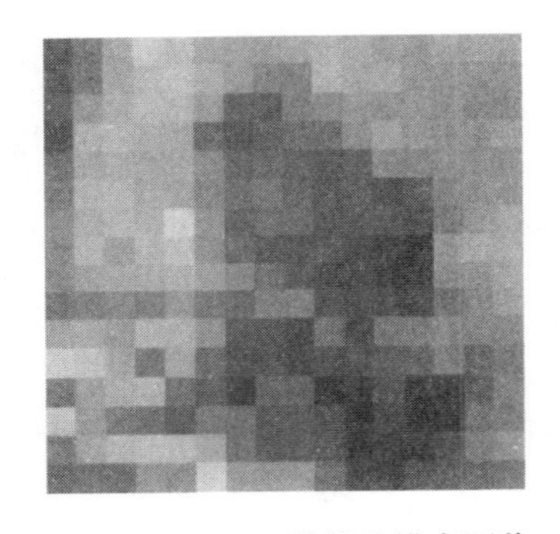

图 9.9　16 ×16 的低分辨率图像

考虑图 9.10(a)所示的频率为 f 的正弦信号。假设以速率 f_s 对信号进行采样，图 9.10(b)中箭头所表示的就是相应的采样值。

现假设利用采样值来重构原信号，这就类似于从 CD 等音源中进行声音采样后，通过扬声器利用采样数据来重构声音信号。一种可能就是刚好重构出了原来的信号。但是，正如图 9.11 所示，很可能从相同的数据中产生与原信号完全不同的另一个信号。两种信号都是有效的，事实上，从采样数据中还可以重构出许多其他有效的信号。这种信息丢失称为采样数据的混叠(aliasing)，它是一个非常严重的问题。

为了避免混叠的出现，根据采样理论，采样频率至少是信号最高频率的两倍。这时重构出来的信号就可以消除混叠。信号所含的最高频率可以由信号的频谱得到。经过傅里叶变换，信号频谱中包含了许多频率成分。但是，频率越高，其幅值就可能越小。所以在选择最高频率时可以根据需要来确定一个最大值，在这个频率以上的那些信号由于其幅值很小，可以忽略不计而不会对系统造成什么影响。前面提到采样频率至少是信号最高频率的 2 倍，但在实际应用中，采样频率通常选择得更高，以进一步确保信号不会发生混叠。通常情况下选择最高频率的 4 ~5 倍作为采样频率。举个例子，考虑 CD 播放器，理论上人耳可以听到的频率最高达到大约 20 000 Hz。为了能够重构数字化和采样的音乐，激光传感器的采样频率至少要达到 2 倍以上，也就是至少 40 000 Hz。而在实际应用中，CD 播放器的采样频率大约是 44 100 Hz，采样频率低，声音就有可能失真。在现实中，如果信号变化的速度快于采样频率，该变化的细节就会丢失，因此说明该采样数据是不适合的。例如，如图 9.12 所示，破损齿轮旋转产生的振动明显不同于正常齿轮。然而，若以低速率采样，则采样数据可能完全避开了这个重要信息。类似地，在图 9.13 所示的例子中，采样频率低于信号的最高频率。可以看到，虽然信号的低频部分能够得到重构，但是原始信号中的高频部分丢失了。同样的情况对于音频和视频信号也会发生。如果声音信号以低频采样，则高频信息将会丢失，导致重构的声音缺乏高频音调。即使用最好的扬声器，系统的输出也将不同于真实信号而失真。

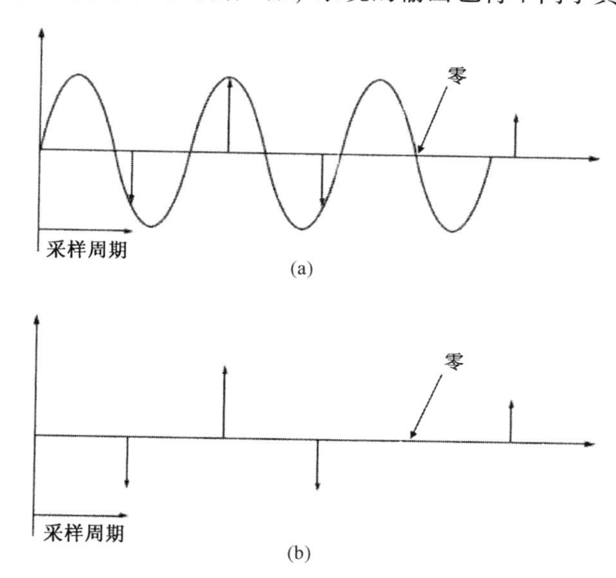

图 9.10　(a) 频率为 f 的正弦信号；(b) 以速率 f_s 进行采样得到的采样值

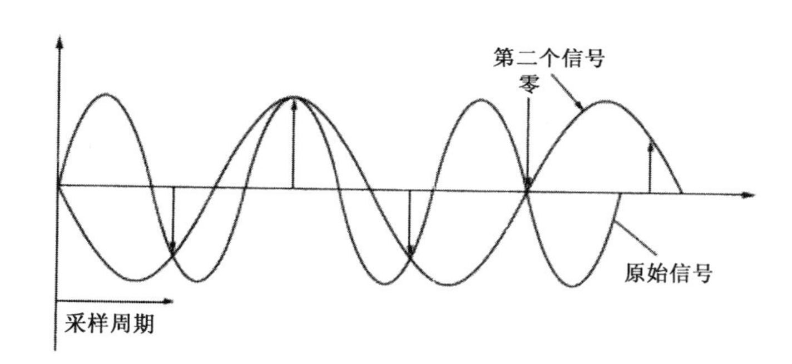

图 9.11　从采样数据重构的信号。不止一个信号可以从相同的采样数据中重构出来

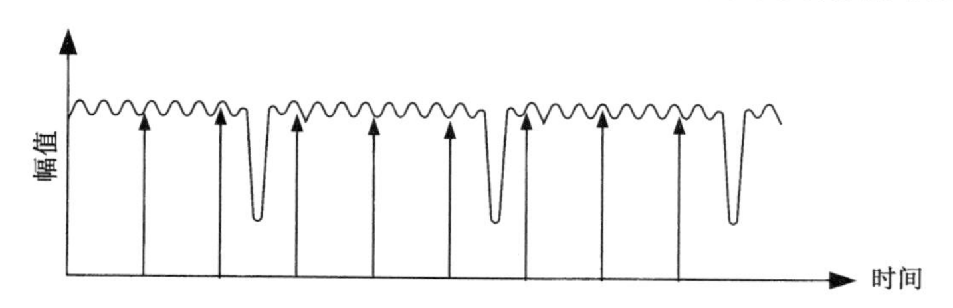

图 9.12　信号中不适当的采样频率会错失重要数据

对于图像而言也是这样，如果采样频率低，从而产生低分辨率的图像，采样数据没有包含所有必要的细节信息，也就是图像中有信息丢失，它就无法重构得像原来的图像。图 9.9 的采样频率非常低，其中的信息有丢失，这就是为什么不能破解图像的原因。如果提高采样

频率，就能获取足够多的信息来辨识图像中的内容。更高的分辨率或采样频率能够传递更多的信息，也就是说，越来越多的细节信息会逐渐地显现出来。图 9.14 和图 9.9 是同一幅图像，但是前者的分辨率分别是后者的 2 倍、4 倍和 16 倍。如果需要在视觉系统中对螺钉和螺帽进行区分以便指引机器人拾取零件，由于螺钉和螺帽所包含的信息相差较大，所以较低的分辨率下也可以区分它们。但是如果要在车流中识别出一辆汽车的车牌号，就需要更高的分辨率来提取足够多的细节信息，如车牌上的数字。

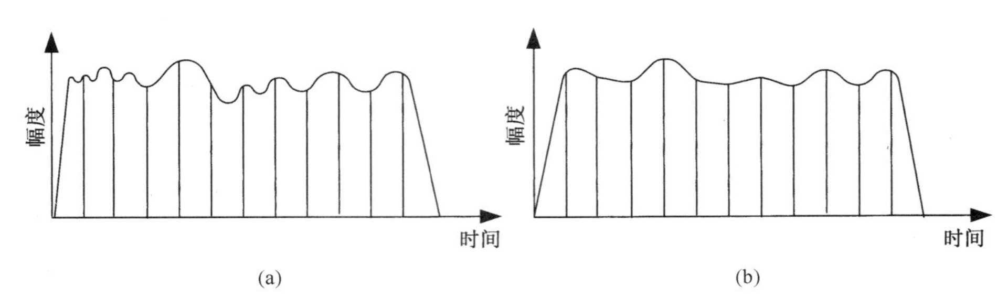

图 9.13 (a) 原信号被低于信号最高频率的速率采样；
(b) 重构信号不再包含原信号的高频成分

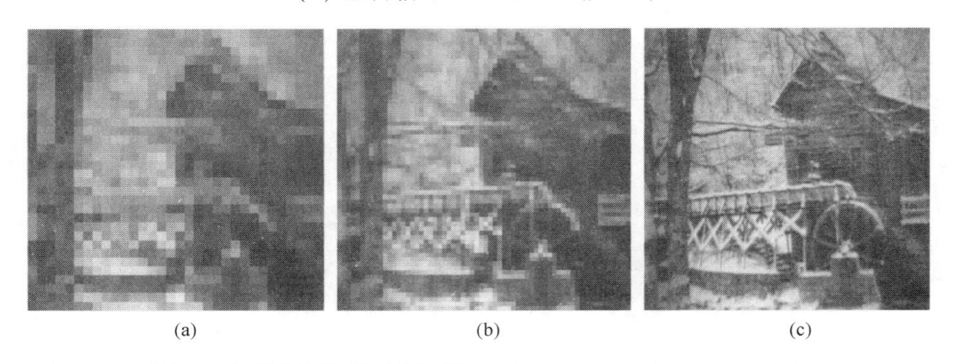

(a) (b) (c)

图 9.14 图 9.9 在更高分辨率下的图像。(a) 32 ×32；(b) 64 ×64；(c) 256 ×256

9.7 图像处理技术

前面已经提到，图像处理技术主要是对图像进行增强、改善或修改，为图像分析做准备。通常，在图像处理过程中，并不把信息从图像中提取出来，其重点是为了改进图像质量而去除那些错误的、没有多大价值的信息，或者那些虽然重要但却无用的信息。举例来说，假设获得了一个正在移动的物体的图像，图像可能不很清晰，这时希望在获得物体的信息(例如其特征、形状、位置和方位等)之前，减小或者去除图像的模糊。再者，考虑一幅被反射光破坏了的图像，或是由于光线不足而导致包含大量噪声的图像，在对图像进行分析前，希望对图像的质量进行改进。与此类似，假设有一幅城市的图像，其中包含了足够多的细节，例如街道、车辆和阴影等。如果不消除那些无用的细节信息(除了边缘以外)，也很难从中提取出有用的信息。

图像处理过程可以分为许多个子过程，其中包括直方图分析、阈值处理、掩模、边缘检测、图像分割、区域增长及建模等。下面几节将研究其中一些处理过程及其应用。

9.8 图像直方图

图像直方图表示了图像在每个灰度等级上的所有像素点的数量。许多不同的操作都用到了直方图信息，包括阈值分析。如果把一幅图像转化为二值图像，直方图信息就有助于确定截止点。此外，直方图信息还可以用于确定图像中是否存在优势灰度等级。例如，一幅含有系统噪声的图像在许多像素点上产生了噪声，就可以利用直方图来确定噪声灰度等级，然后把噪声消除或抑制。只要图像的颜色或灰度等级有明显不同，那么同样的方法可用于将物体从背景中分离出来。

图 9.15(a)所示为一幅低对比度图像，它的灰度等级集中在两个相距较近的值之间。在这幅图像中，所有像素灰度值都在 120 到 180 的灰度等级之间，占 4 个灰度等级间隔(这幅图像被数字化为 0～256 之间的 16 个不同灰度等级)，图 9.15(c)显示的是该图像的直方图分布，可以看到所有的灰度值都集中在 120～180 这个相对较小的范围内。因此，图像很不清晰而且看不见细节信息。假设对直方图进行补偿，将 120～180 之间的 4 个间隔扩展为 0 到 255 之间，并分为 17 个间隔，则补偿后的图像质量大大改善，如图 9.15(b)所示。图 9.15(d)是它的灰度直方图分布，注意在每个灰度等级上的像素数目并没有发生变化，只不过是灰度等级扩展开了。表 9.1 给出了灰度值。

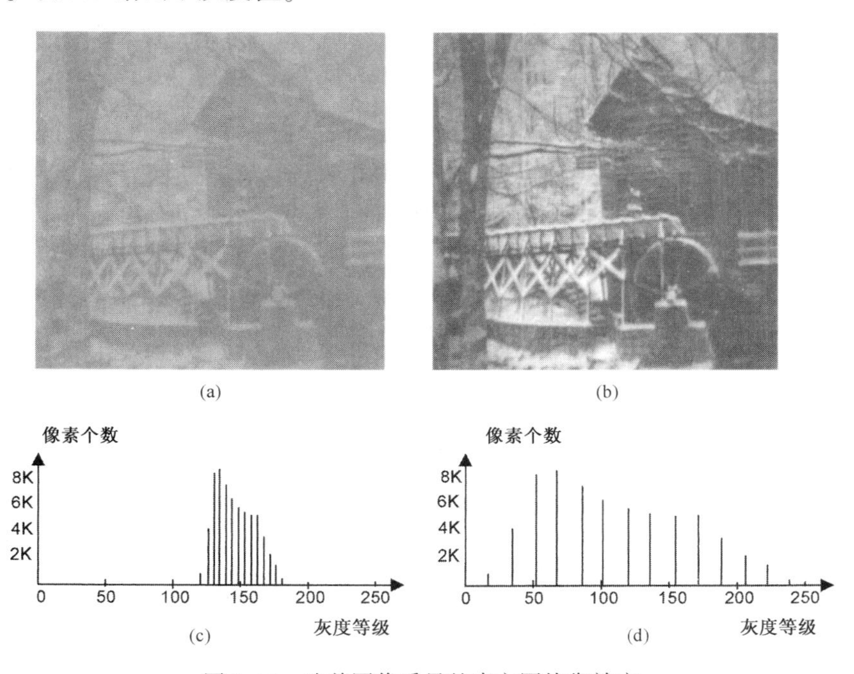

图 9.15　改善图像质量的直方图均衡效应

表 9.1　图 9.15(a)和图 9.15(b)中的图像像素灰度值和像素数量

等级	1	2	3	4	5	6	7	8	9	10	11	12	13	14	15	16
像素个数	0	750	5223	8147	8584	7769	6419	5839	5392	5179	5185	3451	2078	1692	341	0
图(b)	0	17	34	51	68	85	102	119	136	153	170	187	204	221	228	256
图(a)	120	124	128	132	136	140	144	148	152	156	160	164	168	172	176	180

例 9.2 假设图像的直方图分布在 100 到 150 之间，最大的灰度级别为 255。若该范围乘以 1.5 或 2 会有什么影响？若所有的灰度值增加 50 又会有什么影响？

解： 在格式化图像和许多视觉系统中常常用到这里提到的两种操作。当所有灰度值以相同数额增加时，图像会变得更亮，但其对比度不会改变。只要增加后的值没有一个像素的灰度级超出 255，那么就没有信息丢失，并且可以通过减少相同数额像素值的方式来重新获得原始图像。

如果像素灰度级乘以某个常数，只要没有超出最大的有效灰度级，那么直方图的范围可扩大且对比度也可增加。本例中，由于取值范围在 100 到 150 之间，采用 1.5 倍直方图均衡可以将范围增加到 150 到 225 之间。然而，若将值 1.5 改成 2，则直方图范围将扩大至 200 到 300，使得超出 255 的图像出现饱和，因而图像的性质发生了改变。除非保存原始图像，否则用 2 除以像素值，将产生 100 到 127 之间的直方图图像，它不再与原始图像一样。

图 9.16(a) 所示为一原始图像，利用图像格式方法对其进行修改。图 9.16(c) 和图 9.16(e) 分别为增加了亮度和提高了对比度的结果。在图 9.16(b) 和图 9.16(d) 中显而易见，当图像变亮时，这时它的直方图分布只是简单地移动了 30 个点。而当图像的对比度增加(这里增加 50%)时，尽管相互关系仍保持不变，但像素灰度级的分布扩展了。不像图 9.16(d) 的例子，图 9.16(f) 中由于引入了新的灰度值而使灰度级的分布发生了改变。

9.9 阈值处理

阈值处理就是把图像划分为不同的部分(或等级)的过程。这一过程通过预先选择一个灰度等级作为阈值，然后将所有像素值和这一阈值相比较，从而将它们纳入不同的感兴趣部分(或等级)，它取决于像素灰度级是低于阈值(断开、0 或不属于)还是高于阈值(接通、1 或属于)。阈值处理可以单级划分也可以多级划分，在多级划分中，图像被划分为多个层次，每个层次都有一个对应的阈值。为了帮助选择一个恰当的阈值，可以使用许多不同的技术(从二值图像的简单方法到复杂图像的前沿技术)。早期处理二值图像的方法是使物体为亮的而使背景全黑。这种条件在工业环境具备可控光的情况下可以得到满足，但在其他情况下则不见得可用。在二值图像中，像素对应的只有两种情况：开或关，因此阈值的选择就显得比较简单而直接。在其他情况下，其灰度直方图可能为多态分布，这时可选择波谷作为阈值。更先进的确定阈值的方法是使用统计信息和图像像素点的分布特征(例如，两峰之间的最低值，两峰之间的中间值，两峰之间的平均值和其他许多景象特征)。阈值改变时图像也随之变化。图 9.17(a) 所示为一幅具有 256 个灰度等级的原始图像，图 9.17(b) 和图 9.17(c) 是阈值分别为 100 和 150 时的处理结果。

阈值处理可用于许多操作，如将图像转变为二值形式、滤波、掩模和边缘检测等。

例 9.3 图 9.18(a) 所示为一幅砧板图像及其直方图。由于该图像本身的特点，其直方图有四个峰。图 9.18(c)、图 9.18 (e) 和图 9.18 (g) 显示的是阈值为不同等级时的效果。事实上，在这种情况下，根据它们的颜色可将不同类型的木质识别和区分出来。

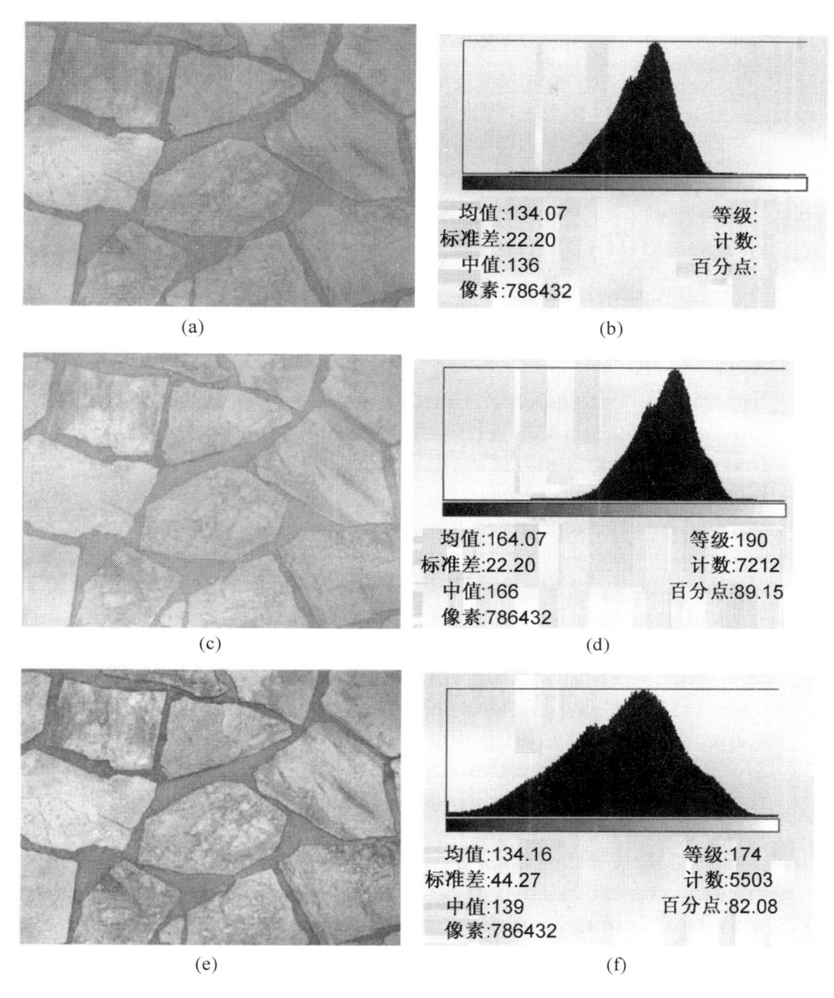

(a)　(b)　(c)　(d)　(e)　(f)

图 9.16　增加图像的对比度扩展了直方图使其包括了新的灰度值

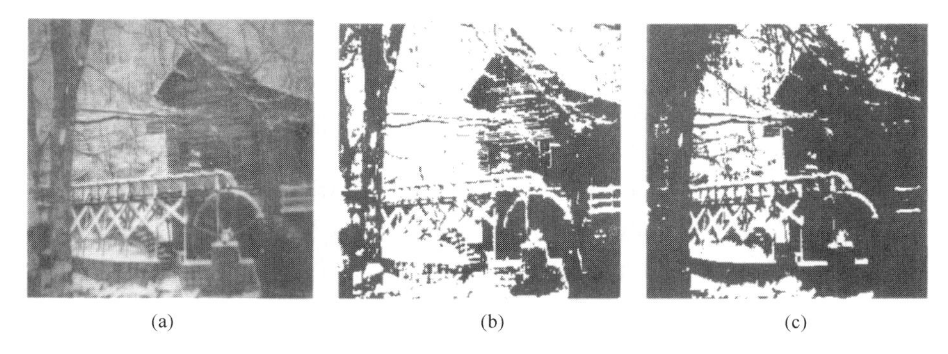

(a)　(b)　(c)

图 9.17　(a) 256 个灰度等级的图像；(b) 阈值为 100 时的处理结果；(c) 阈值为150时的处理结果

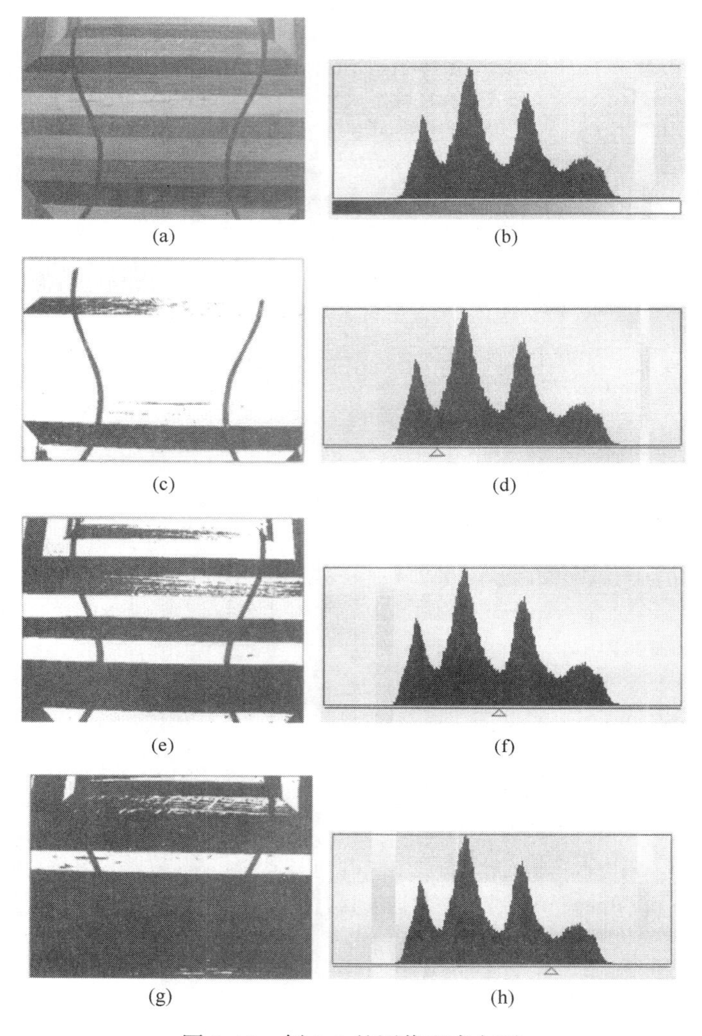

图 9.18 例 9.3 的图像和直方图

9.10 空域操作：卷积掩模

空域处理过程可以对包含在单个像素中的信息进行操作。相应地，图像直接受这种操作的影响。视觉系统的许多处理过程都是在空域上进行的，其中最流行也是最常用的一种技术就是卷积掩模。这一技术可用在如滤波、边缘检测、形态学等不同方面。许多商业视觉系统和摄像软件也都是以卷积技术为基础的。下面先讨论卷积的基本原理，然后再将卷积的思想应用于不同的用途。

设想图像由像素组成，每个像素都包含了灰度或色彩的信息，这些信息组合在一起就构成了这幅图像。假设这里灰度等级并没有数字化为 0 和 1，而指的是它的实际值。举例说明，图 9.19(a) 中的图像是一幅大图像中的一部分，其中像素值分别以符号 A、B、C…来表示。并且假定有一个 3×3 的掩模，以 m_1、…、m_9 来表示其各单元的值。

将掩模应用到图像上。首先把它叠加到图像上，先叠加到左上角，把像素值和其对应的掩模单元格中的数值相乘之后再相加，然后除以一个归一化值。就可以得到：

$$R = (A \times m_1 + B \times m_2 + C \times m_3 + E \times m_4 + F \times m_5 + G \times m_6 + I \times m_7 + J \times m_8 + K \times m_9)/S \tag{9.2}$$

其中 S 是归一化值，它通常是掩模各单元值之和，即

$$S = |m_1 + m_2 + m_3 + \ldots + m_9| \tag{9.3}$$

如果总和为 0，就令 $S=1$ 或选择一个最大的数。用计算的结果 R 代替参与叠加的像素块正中心像素处原有的值，即用 R 代替 F 值。为了不改变原有的文件，通常新建一个文件来进行这一替换过程（$R \rightarrow F_{new}$）。然后掩模右移一个像素，同样地进行一系列的计算，产生一个新的 R 值来取代 G：

$$R = G_{new} = (B \times m_1 + C \times m_2 + D \times m_3 + F \times m_4 + G \times m_5 + H \times m_6 + J \times m_7 + K \times m_8 + L \times m_9)/S$$

再次在新文件中用这个结果来替换 G。接下来再将掩模移动一个像素的距离并重复这一操作，直到本行中所有像素上的数值都发生了变化为止。然后在接下来的一行中以光栅扫描的形式（见附录 B）进行相似的操作，直到整幅图像中所有的点都发生变化。这样操作得到的图像会或多或少地显示出一些另外的特征，其变化的程度依赖于掩模的 m 值大小。开始和结束的行列无法进行类似操作，通常加以忽略。某些系统在这些行和列中插入 0 或维持原来的值。为了计算这些像素的新值，也可以将首端和末端的行和列的值复制到图像周围附加层的行和列中。

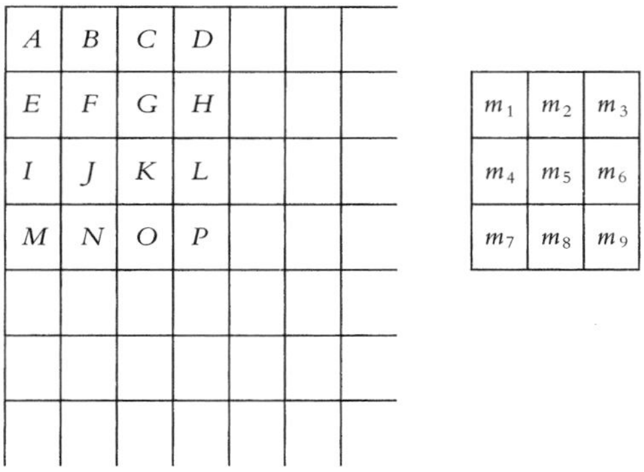

A	B	C	D			
E	F	G	H			
I	J	K	L			
M	N	O	P			

m_1	m_2	m_3
m_4	m_5	m_6
m_7	m_8	m_9

图 9.19　叠加在图像上的卷积掩模能逐个改变图像中的像素值。其每一步包括：将掩模的单元叠加在相应的像素上并将像素值与掩模单元值相乘并相加，再将归一化结果代替操作域的中心值。掩模逐个改变像素，操作一直重复，直到整个图像完成为止

如图 9.20 所示，对于一幅有 R 行 C 列像素的图像 $I_{R,C}$ 和一个有 n 行 n 列的掩模 $M_{n,n}$，新的图像像素值 $(I_{x,y})_{new}$ 可以用如下方程进行计算：

$$(I_{x,y})_{new} = \frac{1}{S}\left(\sum_{i=1}^{n}\sum_{j=1}^{n} M_{i,j} \times I_{\left[\left(x-\left(\frac{n+1}{2}\right)+i\right),\left(y-\left(\frac{n+1}{2}\right)+j\right)\right]}\right) \tag{9.4}$$

$$S = \begin{cases} \left|\sum_{i=1}^{n}\sum_{j=1}^{n} M_{i,j}\right|, & S \neq 0 \\ S = 1\ \textbf{或最大数}, & S = 0 \end{cases} \tag{9.5}$$

$I_{1,1}$	$I_{1,2}$	$I_{1,3}$	$I_{1,4}$	$I_{1,5}$		
$I_{2,1}$	$I_{2,2}$	$I_{2,3}$	$I_{2,4}$	$I_{2,5}$		
$I_{3,1}$	$I_{3,2}$	$I_{3,3}$	$I_{3,4}$	$I_{3,5}$		
$I_{4,1}$	$I_{4,2}$	$I_{4,3}$	$I_{4,4}$	$I_{4,5}$		

$M_{1,1}$	$M_{1,2}$	$M_{1,3}$	
$M_{2,1}$	$M_{2,2}$	$M_{2,3}$	
$M_{3,1}$	$M_{3,2}$	$M_{3,3}$	

图 9.20　图像及掩模的表示

需要注意的是，归一化因子或尺度因子 S 是任意的，它用于防止图像的饱和。因此用户可以通过调节 S 的值来获取没有饱和的最佳图像。

例 9.4　图 9.21 所示为一幅图像的像素值和给定的卷积掩模，计算给定的像素经过操作后得到的新值。

5	6	2	8
3	3	5	6
4	3	2	6
8	6	5	9

0	0	1
1	1	1
1	0	0

图 9.21　卷积掩模的例子

解： 因为开始和结束的行和列不受卷积掩模的影响，所以给它们赋 0。对于剩下的那些像素，将它们与掩模叠加，并使用式(9.2)和式(9.3)来计算各点对应的新值，过程如图 9.22(a)所示，结果如图 9.22(b)所示。将掩模叠加在如图所示图像的除首末行列以外的其余单元，得到：

$$\begin{aligned}
&2,2: && [5(0)+6(0)+2(1)+3(1)+3(1)+5(1)+4(1)+3(0)+2(0)]/5 = 3.4 \\
&2,3: && [6(0)+2(0)+8(1)+3(1)+5(1)+6(1)+3(1)+2(0)+6(0)]/5 = 5 \\
&3,2: && [3(0)+3(0)+5(1)+4(1)+3(1)+2(1)+8(1)+6(0)+5(0)]/5 = 4.4 \\
&3,3: && [3(0)+5(0)+6(1)+3(1)+2(1)+6(1)+6(1)+5(0)+9(0)]/5 = 4.6
\end{aligned}$$

实际上，像素灰度等级通常取整数，因此所有的数都被舍入为整数。

例 9.5　将图 9.23 所示的 7 ×7 掩模应用到该图所示的图像上。

解： 将该掩模运用于图像，结果如图 9.24 所示。可以看到，掩模中的值为 1 的单元，当用到只有一个像素值为 1 的图像时，卷积后的图像与掩模中的值为 1 的形状相同，但它上下颠倒并呈现为掩模中的值为 1 形状的镜像。事实上这也说明了卷积掩模的真正含义：任何用于掩模的数字集合将与图像进行卷积，并对图像产生相应的影响。因此，掩模中数字的选择会对图像造成重要的影响。注意，图像的首末 3 行 3 列是如何不受到该 7 ×7 掩模的影响的。

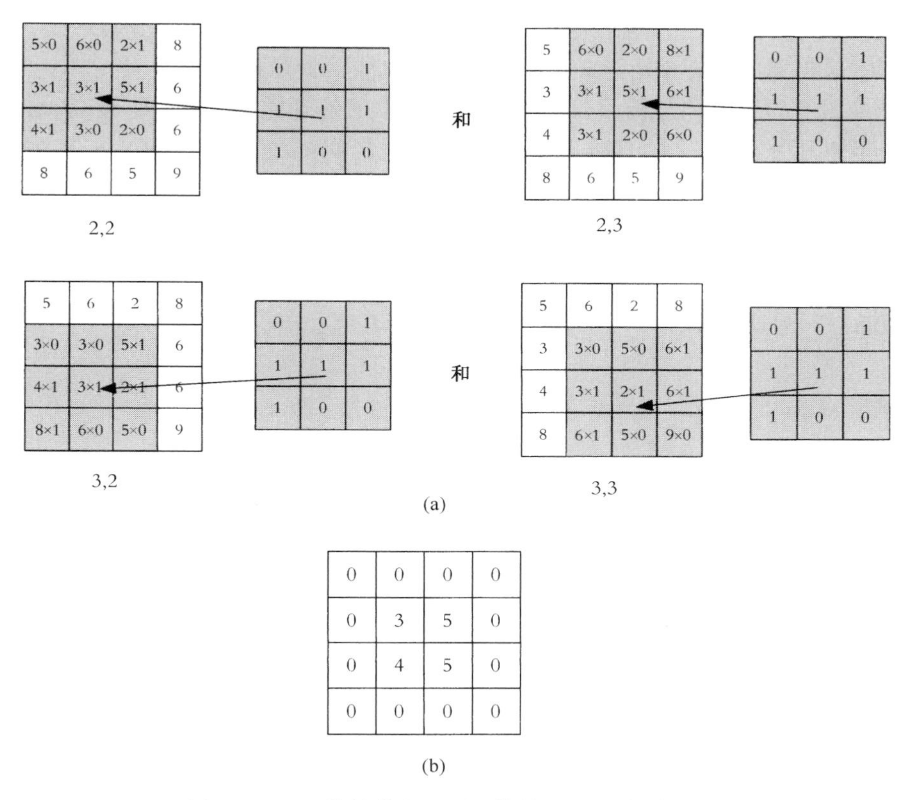

图 9.22　(a)将掩模卷积到图像单元；(b)操作结果

0	1	1	1	1	1	0
0	0	0	1	0	0	0
0	0	0	1	0	0	0
0	0	0	1	0	0	0
0	0	0	1	0	0	0
0	0	0	1	0	0	0
0	0	1	1	0	0	0

0	0	0	0	0	0	0	0	0	0	0	0	0
0	0	0	0	0	0	0	0	0	0	0	0	0
0	0	0	0	0	0	0	0	0	0	0	0	0
0	0	0	0	0	0	0	0	0	0	0	0	0
0	0	0	0	0	0	0	0	0	0	0	0	0
0	0	0	0	0	0	0	0	0	0	0	0	0
0	0	0	0	0	0	1	0	0	0	0	0	0
0	0	0	0	0	0	0	0	0	0	0	0	0
0	0	0	0	0	0	0	0	0	0	0	0	0
0	0	0	0	0	0	0	0	0	0	0	0	0
0	0	0	0	0	0	0	0	0	0	0	0	0
0	0	0	0	0	0	0	0	0	0	0	0	0
0	0	0	0	0	0	0	0	0	0	0	0	0

图 9.23　例 9.5 的图像和掩模

0	0	0	0	0	0	0	0	0	0	0	0	0
0	0	0	0	0	0	0	0	0	0	0	0	0
0	0	0	0	0	0	0	0	0	0	0	0	0
0	0	0	0	0	0	1	1	0	0	0	0	0
0	0	0	0	0	0	1	0	0	0	0	0	0
0	0	0	0	0	0	1	0	0	0	0	0	0
0	0	0	0	0	0	1	0	0	0	0	0	0
0	0	0	0	0	0	1	0	0	0	0	0	0
0	0	0	0	0	0	1	0	0	0	0	0	0
0	0	0	0	1	1	1	1	1	0	0	0	0
0	0	0	0	0	0	0	0	0	0	0	0	0
0	0	0	0	0	0	0	0	0	0	0	0	0
0	0	0	0	0	0	0	0	0	0	0	0	0

图 9.24　将掩模卷积到例 9.5 图像上的结果

9.11　连通性

许多情况下需要确定相邻的像素点之间是否连通或相互关联。这种连通可以帮助确定它们是否具备相同的特征，例如属于同一个区域或同一个物体，或者具有类似的材质或颜色等。为了在相邻的像素点之间建立连通，首先要确定连通路径。例如需要确定是否只有同行同列上的像素是连通的，或者处于对角线上的像素也能接受是连通的。

对于二维图像的处理和分析而言，存在 3 种基本的连通路径：+4 连通或 ×4 连通、H6 连通或 V6 连通和 8 连通。在三维的情况下，像素之间的连通可以有 6 ~ 26 种。下面用图 9.25 来给出如下的定义：

+4 连通——只研究像素 p 与上下左右的 4 个像素(b, d, e, g)之间的关系。

×4 连通——只研究像素 p 与对角的 4 个像素(a, c, f, h)之间的关系。

a	b	c
d	p	e
f	g	h

图 9.25 像素的相邻连通

对于像素 $p(x, y)$，它们分别定义为

+4 连通：
$$[(x+1,y),(x-1,y),(x,y+1),(x,y-1)] \tag{9.6}$$

×4 连通：
$$[(x+1,y+1),(x+1,y-1),(x-1,y+1),(x-1,y-1)] \tag{9.7}$$

H6 连通——只研究像素 p 与上下两行的 6 个像素(a, b, c, f, g, h)之间的关系。

V6 连通——只研究像素 p 与左右两列的 6 个像素(a, d, f, c, e, h)之间的关系。

对于像素 $p(x, y)$，它们分别定义为

H6 连通：
$$[(x-1,y+1),(x,y+1),(x+1,y+1),(x-1,y-1),(x,y-1),(x+1,y-1)] \tag{9.8}$$

V6 连通：
$$[(x-1,y+1),(x-1,y),(x-1,y-1),(x+1,y+1),(x+1,y),(x+1,y-1)] \tag{9.9}$$

8 连通——只研究 p 与四周所有的 8 个像素(a, b, c, d, e, f, g, h)之间的关系。

对于像素 $p(x, y)$，它定义为
$$[(x-1,y-1),(x,y-1),(x+1,y-1),(x-1,y),(x+1,y),(x-1,y+1),(x,y+1),(x+1,y+1)] \tag{9.10}$$

例 9.6 在图 9.26 中，从像素点(4, 3)开始，基于 +4、×4、H6、V6 及 8 连通规则，找出所有满足这些连通规则的其后的像素点。

解： 图 9.27 所示为 5 种类型的连通搜索的结果。按照每种连通规则，先确定一个像素，然后基于所选连通规则寻找所有与其连通的像素，再对找到的与前一像素有连通关系的像素进行搜索，直到所有与其有连通关系的像素都找出为止。剩下的像素点就是未连通的。以后为了其他目的也可能需要用到这些规则，例如在区域增长应用中。H6、V6 和 8 连通搜索作为练习留给读者。

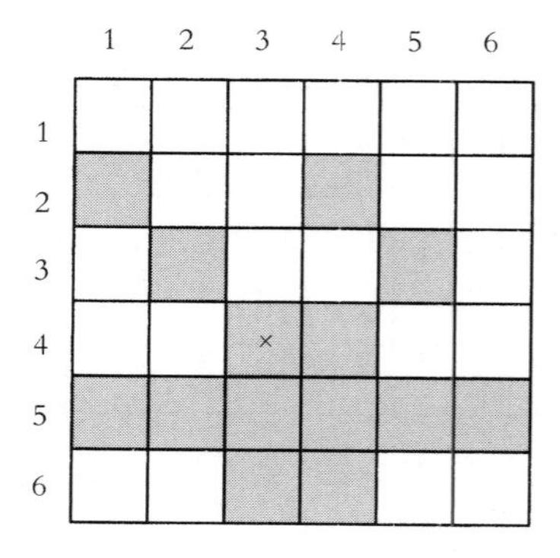

图 9.26 例 9.6 的图像

到目前为止已经讨论了图像处理和分析中的一些一般问题和常用技术。接下来要讨论一些特殊应用中的专用技术。

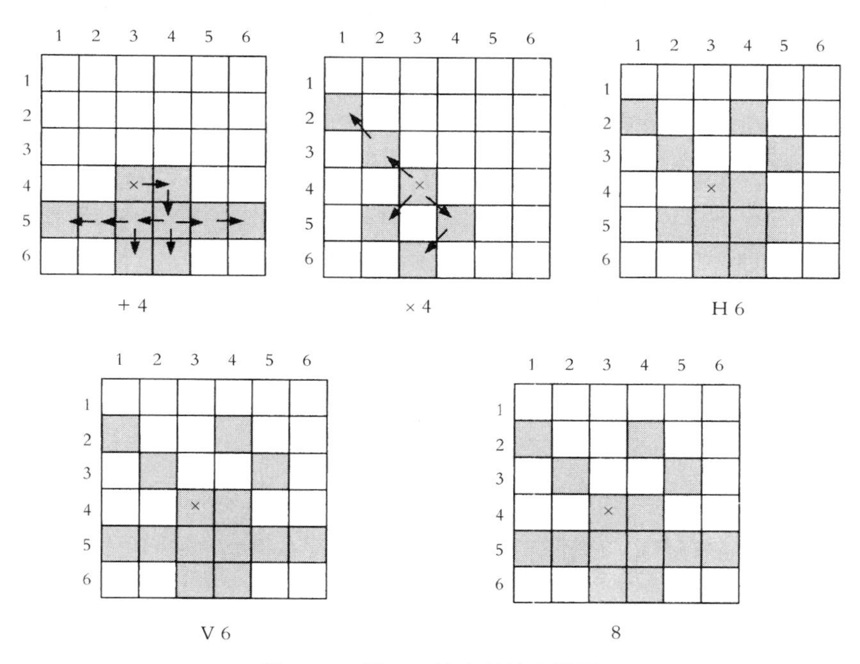

图 9.27　例 9.6 的连通搜索结果

9.12　降噪

与其他信号处理方法一样，视觉系统也包含噪声。有些噪声是系统性的，它们源自变脏的镜头、电子元器件的故障、存储器的损坏及分辨率的偏低等，还有一些噪声是随机的，它们是由环境的影响和差的光线所导致的。由于上述原因，实际上会得到一个受到污染的图像，需要对它进行预处理来减小或者消除噪声。有时图像质量不佳是由硬件或者软件不合适所导致的，因此在进行其他处理和分析之前，必须要对图像加以改善和提高。在硬件层次上所做的一种尝试是对图像传感器上有缺陷的像素点进行芯片级修正[1]，在这种方案中，有缺陷的像素点将被最靠近它的像素点所代替。但是，一般情况下，大部分过滤噪声的操作都是使用软件来进行的。

滤波技术分为频域和空域两类。与频率相关的技术是对信号进行傅里叶变换，而空域技术是在像素层次上对图像进行局部的或整体的操作。下面汇总了许多不同的图像降噪方法。

9.12.1　采用卷积掩模的邻域平均

9.10 节曾经提到，卷积掩模技术可以用于许多不同的场合，包括滤波和降噪。9.4 节也曾提到噪声和边缘信号一样，在信号频谱中形成高频部分。所以，创建一些掩模作为低通滤波器来衰减图像中的高频部分而不改变低频部分是可能实现的，这样就达到了降噪的目的。

采用卷积掩模的邻域平均技术可以用于降低图像中的噪声，但是它同时使图像变得平滑。考虑图 9.28 中的 3 ×3 的掩模及其相应取值，同时图中也显示了一幅假想的图像及其灰度等级。可以看出，除了一个像素点以外，其他的像素点对应的灰度值都是 20。这个灰度值为 100 的像素点由于和周围的像素值明显不同，所以可能是噪声。将掩模应用于图像的左上角，此时归一化值为9(掩模中所有单元值的和)，得到：

$$R = (20 \times 1 + 20 \times 1 + 20 \times 1 + 20 \times 1 + 100 \times 1 + 20 \times 1 + 20 \times 1 + 20 \times 1 + 20 \times 1)/9 = 29$$

使用掩模以后，该像素点上的数值由100变为29，噪声点的数值和周围点的巨大差距(100对20)大大变小了(29对20)，从而降低了噪声。将掩模应用于3、4、5列的像素集，平均值为20。因此，该操作对其无影响，像素之间的差异仍保持很小。从这一特性可以看出，掩模起到了低通滤波器的作用，它削弱了相邻像素之间的明显差异，但对强度较小的像素影响很小。还可以发现这一操作在图像中产生了一个新的灰度级，其值为29，图像的直方图分布也相应地发生了改变。同时，这一均值低通滤波器将使图像的边缘变得平缓，使处理后的图像更加柔化，且聚焦度变低。在图9.29中，(a)是原始图像，(b)是含有噪声的图像，(c)是用3×3的均值滤波器处理过的图像，(d)是用5×5的均值滤波器处理过的图像。从结果可以看出，5×5的滤波效果比3×3的更好，但是需要进行更多的处理。

20	20	20	20	20		
20	100	20	20	20		
20	20	20	20	20		
20	20	20	20	20		

1	1	1
1	1	1
1	1	1

图9.28　邻域平均掩模

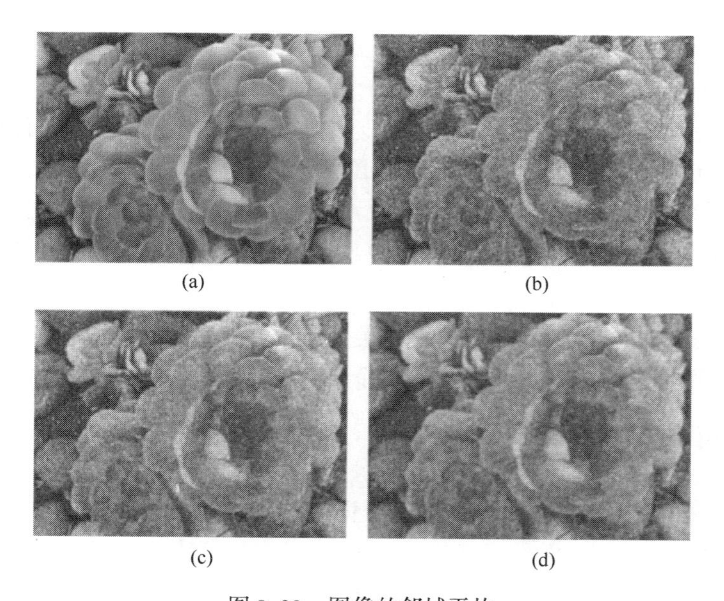

图9.29　图像的邻域平均

还有一些其他的均值滤波器，如高斯均值滤波器(也称为轻度均方低通滤波器)，如图9.30所示。这种滤波器也能改善图像质量，但是结果稍有不同。

1	4	6	4	1
4	16	24	16	4
6	24	36	24	6
4	16	24	16	4
1	4	6	4	1

5×5

1	2	1
2	4	2
1	2	1

3×3

图 9.30　5×5 和 3×3 高斯均值滤波器

9.12.2　图像平均

在这种方法中，源于同一场景的许多幅图像放在一起进行平均。因为摄像机必须对同一场景进行多次拍摄，所以场景中的所有活动都应停止。这种方法除了耗费时间外，还不适用于那些动态的和变化迅速的操作。然而对于静态图像，当图像的重复数目增加的时候，图像平均就更为有效。从本质上看，这种技术只对那些随机噪声有效，而系统噪声在所有图像中都是一样的，进行平均后也无法降低噪声。假设一幅图像 $A(x, y)$ 中含有随机噪声 $N(x, y)$，那么所希望得到的图像 $I(x, y)$ 可以从均值中获得，因为随机噪声的和应该是 0。也就是说：

$$A(x,y) = I(x,y) + N(x,y)$$

$$\frac{\sum_n A(x,y)}{n} = \frac{\sum_n I(x,y) + N(x,y)}{n} = \frac{\sum_n I(x,y)}{n} + \cancel{\frac{\sum_n N(x,y)}{n}}^{\,0} = I(x,y) \tag{9.11}$$

尽管图像平均方法能减少随机噪声，但是它与邻域平均不同，它不会使图像模糊或者降低图像的聚焦度。

9.12.3　频域

当一幅图像的傅里叶变换计算出来后，频谱就能很明显地体现噪声频率，在许多情况下，就可以选择合适的滤波器将噪声消除。

9.12.4　中值滤波器

使用邻域平均法的一个主要问题是随着噪声的消除，物体的边缘也变得模糊不清。为了解决这一问题，使用中值滤波来代替邻域平均法。中值滤波的原理是：每个像素点上的值被以它为中心的 9 个像素（该像素自身加上环绕其周围的 8 个像素）点上的值按升序排列的中值所代替。中值指的是集合中的元素的值有一半在该数值之上，另一半在该数值之下的那个数值。和平均值不同的是，中值对于集合内任何一个元素的值都是独立的，因此，在不使对象模糊和不降低图像的锐度的前提条件下，中值滤波能够更好地消除图像中的尖峰噪声。

如果对图 9.28 使用中值滤波器，按升序排列得到的数值应该是：20，20，20，20，20，20，20，20，100，因此中值是第 5 个数 20。用 20 替换中间像素点上的数值就可以将噪声彻底消除。当然，噪声信号并不总是这么容易消除的，但是这个例子说明了中值滤波和邻域平均的差异。另外，应该注意到中值滤波并不会产生新的灰度级，但是却改变了图像的直方图分布。

中值滤波有可能使图像呈现木纹状，特别是在多次使用之后。对于图 9.31(a) 中的图像，其灰度值按升序排列是 1，2，3，4，5，6，7，8，9，中值是 5，得到的图像如图 9.31(b) 所示。第二集合9个像素的值是1，2，2，3，4，5，6，7，9，中值是4。可以发现由于相同像素值的增多，图像中呈现出了木纹状。

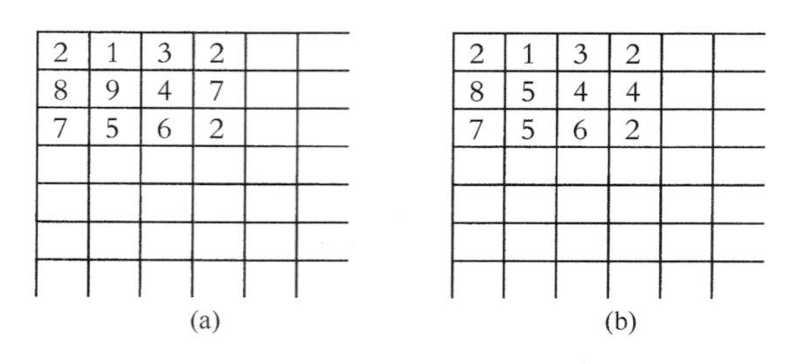

图9.31　中值滤波器的应用

在图9.32中，(a)是原始图像，(b)是加入随机的高斯噪声之后的图像，(c)是使用3×3的中值滤波器以后的图像，(d)是使用7×7的中值滤波器后得到的改善图像。一般来说，规模大的中值滤波器更为有效。

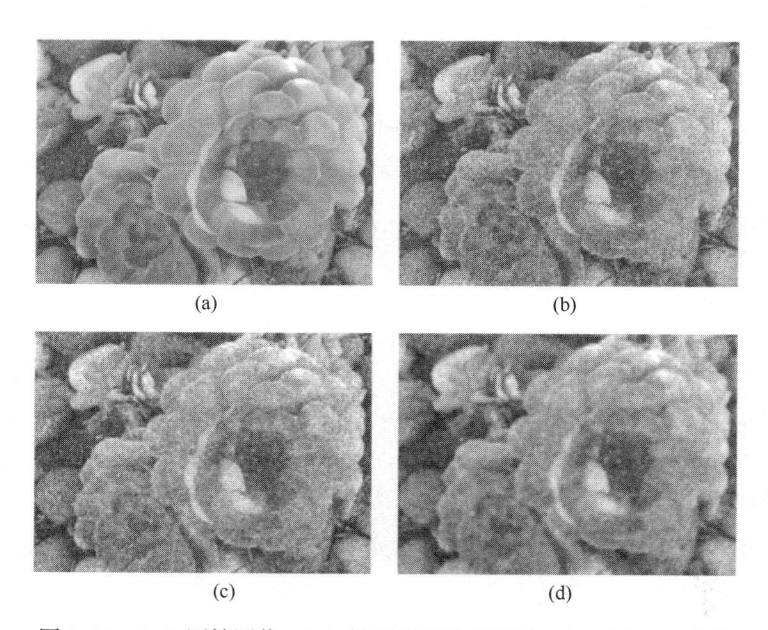

图9.32　(a)原始图像；(b)被噪声污染的图像；(c)用3×3中值滤波器改善的图像；(d)用7×7中值滤波器改善的图像

9.13　边缘检测

边缘检测是一类方法和技术的统称。这些技术主要用于确定图像中的线条，而这些线条用来表示平面交界线，纹理、线条、色彩、零件与背景之间的强度差异或凹陷和突出的交错，以及在阴影和纹理中的差异。在这些技术中，有些源于数学推理，有些是启发式方法，还有的是描述性方法。所有的方法都是通过使用掩模或者阈值来对像素或者像素组之间的灰度级差别进行操作。最后得到的结果是线条图或只需很少存储量的类似表示形式，它们更易于进行处理，因此节约了计算和存储方面的开支。边缘检测在图像分割和物体识别等后续操作中也是必不可少的。不进行边缘检测，可能就无法发现重叠的零件、无法计算直径和面积等物体的某些特征或无法通过区域增长方法来确定零件。不同的边缘检测方法所得到的结果略有不同，应该仔细选择并灵活地加以使用。

除了二值图像，其他图像的边缘特征一般都不理想。也就是说，这时的边缘并不是两个相邻像素灰度等级的清晰区分，而是如图 9.33 所示，边缘散布于一系列像素点。这时用两个像素之间的简单对比来进行边缘检测是不合适的。图 9.33 还显示了图像的一阶和二阶导数。因此有可能假设边缘在一阶导数的峰值处或者是在二阶导数的零点处，并用这些值来检测边缘。但当图像有噪声时就会有问题，因为导数可能有过多的峰值及零点。

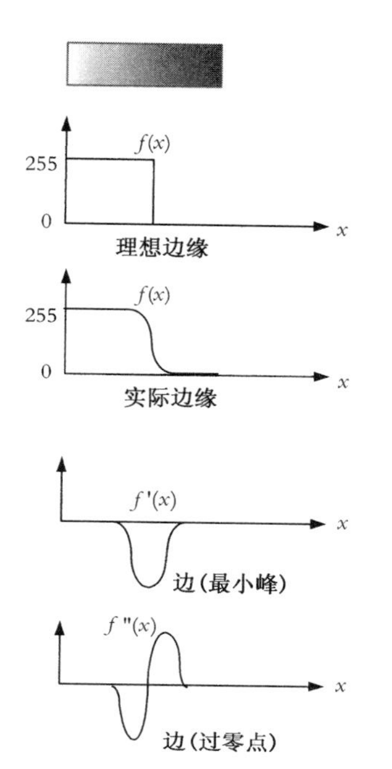

图 9.33 用一阶和二阶导数的边缘检测

一般来说，边缘是强度变化迅速的区域。参考图 9.34，图像强度梯度的大小和方向可计算为

$$\nabla I = \left(\frac{\partial I}{\partial x}, \frac{\partial I}{\partial y}\right)$$

$$(\nabla I)_{magnitude} = \sqrt{\left(\frac{\partial I}{\partial x}\right)^2 + \left(\frac{\partial I}{\partial y}\right)^2} \quad (9.12)$$

$$(\nabla I)_{direction} = \arctan\frac{(\partial I/\partial y)}{(\partial I/\partial x)} \quad (9.13)$$

类似地，图像强度的二阶梯度称为拉普拉斯算子，如式(9.14)所示，

$$\nabla^2 I = \left(\frac{\partial^2 I}{\partial x^2}, \frac{\partial^2 I}{\partial y^2}\right) \quad (9.14)$$

二阶梯度的大小和方向可以用类似的方式计算得到。

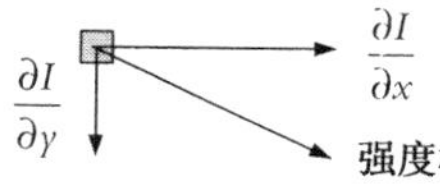

数字实现 由于图像是离散的，那么可采用有限差分方法来计算梯度。对一维系统而言，连续元素之间的有限差分为

$$f'(x) = \lim_{dx \to 0}\frac{f(x+dx)-f(x)}{dx} \quad (9.15)$$

$\frac{\partial I}{\partial x}$ $\frac{\partial I}{\partial y}$ 强度梯度

图 9.34 图像强度的梯度

图像中，dx 表示一个像素的宽度。因此，图像的有限差分可简化成 $F'(x)=F(x+1)-F(x)$ 并用掩模[−1 1]来加以实现。同样的方法也可应用于二维系统的 x 轴和 y 轴方向。参考图 9.35，需要注意的是，当计算有限差分时的相关点并不在感兴趣像素的中心，而是在计算梯度的依次像素之间的两个中点。为了解决这个问题，可以在感兴趣像素之前一个像素和之后一个像素之间计算有限差分，并用修改的掩模 $\frac{1}{2}$[−1 0 1]来进行平均，由此可得

$$\frac{dF}{dx} \approx F(x+1) - F(x-1)$$
$$\frac{dF}{dy} \approx F(y+1) - F(y-1) \quad (9.16)$$

类似地，图像强度的二阶导数可以用如下的有限差分计算：

$$\begin{aligned} F''(x) = \frac{\partial^2 F}{\partial x^2} &= [F(x+1) - F(x)]' \\ &= [F(x+1) - F(x)] - [F(x) - F(x-1)] \\ &= F(x-1) - 2F(x) + F(x+1) \end{aligned} \tag{9.17}$$

它可以用掩模[1　−2　1]来实现。因此，近似的二维图像的拉普拉斯可以用如下的掩模来计算：

$$\begin{aligned} \textbf{拉普拉斯}(0°, 90°) &= \begin{bmatrix} 0 & 1 & 0 \\ 1 & -4 & 1 \\ 0 & 1 & 0 \end{bmatrix} \\ \textbf{拉普拉斯}(45°) &= \begin{bmatrix} 1 & 0 & 1 \\ 0 & -4 & 0 \\ 1 & 0 & 1 \end{bmatrix} \end{aligned} \tag{9.18}$$

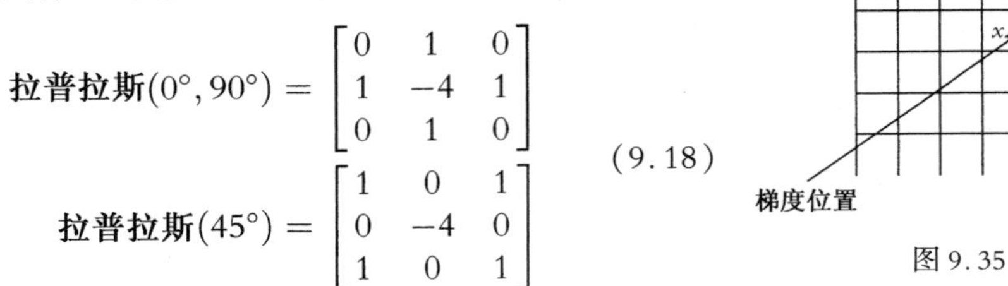

图 9.35

很快将可以看到，这是一种检测边缘的常用方法。事实上，其他很多用于边缘检测的常见掩模是该梯度方法的变形。

前面已经提到，和噪声一样，图像边缘能在频谱中产生高频信息，因此就可以通过高通滤波器进行分离。掩模可以设计成高通滤波器，它衰减低频信号而不太影响高频信号，由此可以把噪声和边缘与图像的其他部分分开。考虑图 9.36 中的图像和拉普拉斯掩模，注意其中含有负数。将其应用于图像的一角，可得

$$R = (20 \times -1 + 20 \times 0 + 20 \times -1 + 20 \times 0 + 100 \times 4 + 20 \times 0 + 20 \times -1 + 20 \times 0 + 20 \times -1)/1 = 320$$

这里的归一化因子是 1，这就使原来像素上的 100 被 320 所代替，从而加大了原来的差异(由 100 对 20 变成 320 对 20)。而将掩模应用于 3,4,5 列的像素集，其值为零，说明并没有改变像素之间的差异。由于该掩模强调了大强度变化(高频成分)而忽略了小强度差异(低频成分)，因此它是一个高通滤波器。这就意味着图像中的噪声和物体的边缘信息将被强化，因此这一掩模充当了边缘检测器。同时有些高通滤波器可以作为图像锐化器使用。图 9.37 显示了一些其他的高通滤波器。

20	20	20	20	20	
100	20	20	20	20	
20	20	20	20	20	
20	20	20	20	20	

-1	0	-1
0	4	0
-1	0	-1

图 9.36　拉普拉斯 1 型高通边缘检测器掩模

图 9.38 给出了 3 个掩模[2~6]，分别称为 Sobel、Roberts 和 Prewitt 边缘检测器。它们都能有效地进行梯度微分，产生的结果差异不大，应用非常普遍。当将它们应用于图像的时候，

两个掩模分别在 x 和 y 方向上计算出梯度，相加后再和阈值比较。注意它们是如何遵循前面推出的梯度方程的。

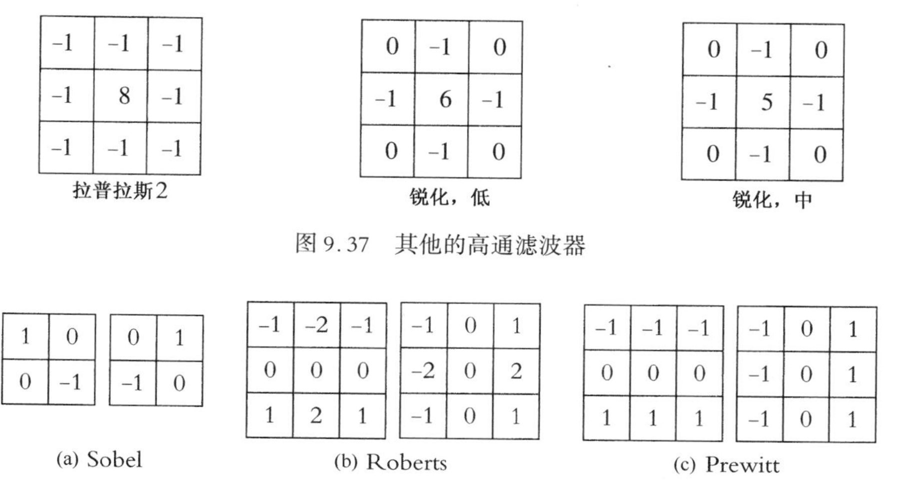

图 9.37　其他的高通滤波器

图 9.38　Sobel、Roberts 和 Prewitt 边缘检测器

在图 9.39 中，(a)是原图像，(b)、(c)、(d)和(e)分别是使用拉普拉斯 1、拉普拉斯 2、Sobel 和 Roberts 边缘检测器之后的结果。

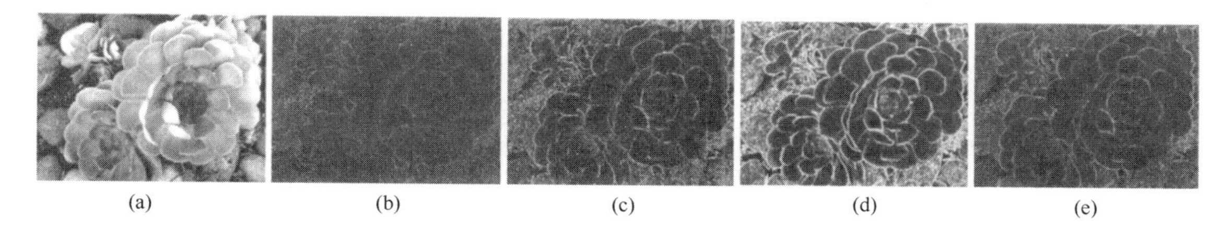

图 9.39　(a) 图像和经过(b) 拉普拉斯 1、(c) 拉普拉斯 2、(d) Sobel 和(e) Roberts 之后的边缘

必须认识到，同样的操作对于其他图像所产生的结果可能会与这里的例子不同，这是因为图像的灰度直方图和阈值对于结果有着很大的影响。有些方法允许用户改变阈值，有些却不能。无论是哪种情况，用户都需要确定用哪种方法最好。

其他易于实现且可产生连续边界的简单方法也可以用于二值图像。对于文献[7]所给出的一个例子，用本书中称为左-右(L-R)的搜索方法可以快速而有效地检测出像斑点的单个物体所形成的二值图像的边缘。假设在图 9.40 所示的二值图像中，灰度像素代表物体，而白的像素代表背景。如果指针以任意方向(上下左右)从一个像素移动到另一个像素，任何时候当指针到达物体像素时就向左转，到达背景像素时就向右转。当然，从图中可以看出，左和右的方向可能不同，它依赖于指针的方向。指针从像素(1,1)出发，移动到(1,2)，直到第一行末，然后继续移动到第二行、第三行，在移动到像素(3,3)的时候碰到了第一个物体像素，所以向左转进入一个背景像素。随后右转两次，再左转，以此进行下去。整个过程一直持续到抵达最初的那个碰到物体的像素为止。这一过程中指针经过路径上的像素的集合就构成了一条连续的边界。从一个新的像素开始继续这个过程，就能找出其他的边界。本例中，边界是由像素(3,3)-(3,4)-(3,5)-(3,6)……(3,9)-(4,9)-(4,10)-(4,11)……构成的。

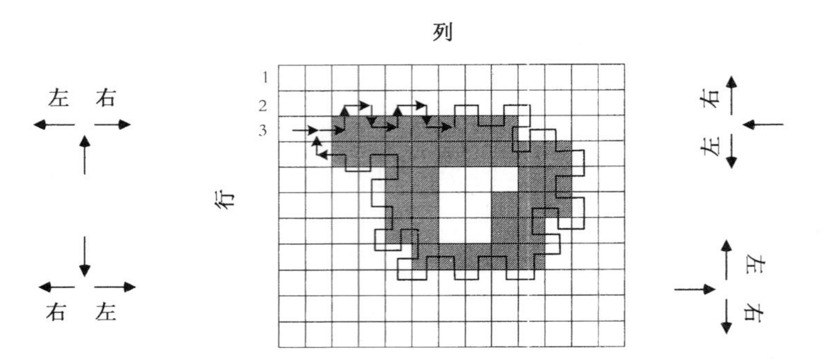

图 9.40　边缘检测的 L-R 搜索方法[7]

表 9.2 说明了如何开发一个具有搜索功能的简单计算机程序。其中 U 和 V 是像素坐标。

表 9.2　基于搜索方向的可能的左-右方案

条件	方向	左/右	下一步
若 Vpresent-Vprevious >0		左	Unext = Upresent − 1
		右	Unext = Upresent + 1
若 Vpresent-Vprevious <0		右	Unext = Upresent − 1
		左	Unext = Upresent + 1
若 Upresent-Uprevious <0		右	Vnext = Vpresent + 1
		左	Vnext = Vpresent − 1
若 Upresent-Uprevious <0		右	Vnext = Vpresent − 1
		左	Vnext = Vpresent + 1

掩模还可用于突出某些需要的图像特征。例如，可以设计一个掩模来表现图像中的水平线、竖直线或对角线。图 9.41 显示了这三类掩模，图 9.42 是它们的应用，其中(a)是原图像，(b)是垂直掩模作用后的结果，(c)是水平掩模作用后的结果，(d)是对角线掩模作用后的结果。

3	-6	3
3	-6	3
3	-6	3

垂直增强掩模

3	3	3
-6	-6	-6
3	3	3

水平增强掩模

3	3	-6
3	-6	3
-6	3	3

对角线增强掩模

图 9.41　突出图像中水平线、垂直线和对角线的掩模

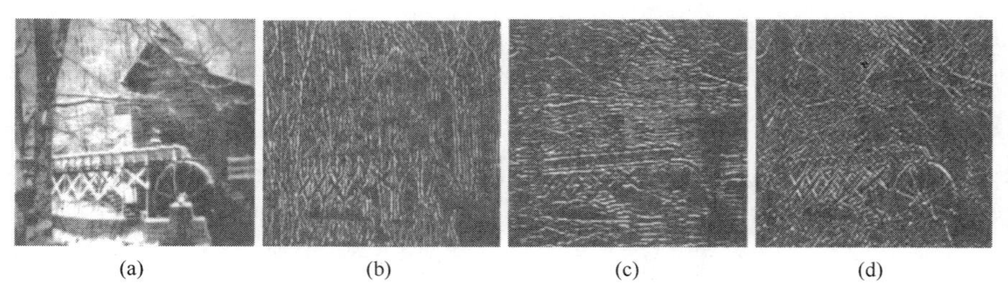

图 9.42　(a) 原图像；(b) 应用垂直增强掩模的结果；(c) 应用水平增强掩模的结果；(d) 应用对角线增强掩模的结果

9.14　锐化图像

实现图像的锐化，可以用许多不同的方法。最简单的方法是对图像运用高通滤波器来消除边缘的一些较低频率成分来增加图像的锐度。然而，在锐化操作中，噪声也会增加，因此噪声会随着锐化水平的提高而提高。这里再重复画出图 9.37 的部分图，它显示了两个简单的锐化掩模。

图 9.43 显示了一个更复杂的锐化图像的方法。在这种情况下，在原始图像中应用一个3 ×3 的掩模来减少噪声得图 9.43(b)，随后经一个低锐化掩模得图 9.43(c)，再经一个 Sobel 边缘检测器得图 9.43(d)，最后添加到原始图像得图 9.43(e)。正如所看到的，图像显示了更多的细节部分，且变得更为锐化，但也有了更多的噪声。

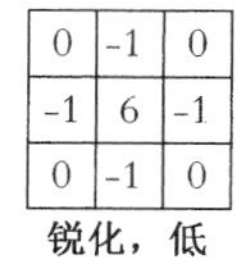

0	-1	0
-1	6	-1
0	-1	0

锐化，低

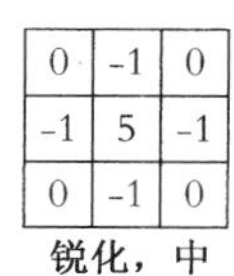

0	-1	0
-1	5	-1
0	-1	0

锐化，中

图 9.37　前面图的重复(两个简单的锐化掩模)

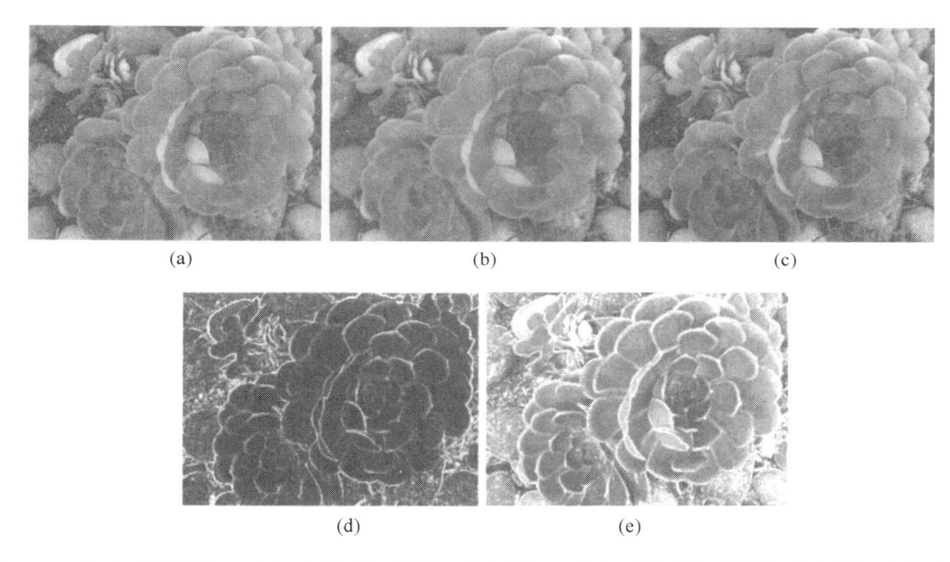

图 9.43　(a) 原始图像；(b) 应用平均掩模后的图像；(c) 利用低锐化掩模后的图像；(d) 利用 Sobel检测边缘器后得到的边缘；(e) 将Sobel边缘加到原始图像后的结果图像

9.15　霍夫变换

读者可能已经注意到，在大多数边缘检测技术中，得到的边缘是不连续的。然而，在许多实际应用中，边界的连续是必须的或是所希望的。例如，后面我们将会看到，在区域增长技术中，确定面积或区域的边界线必须是连续而且完整的，这样区域增长方法才能检测到这一区域并加以标识。此外，还需要计算所得边界的斜率，以便补充完整破损的边界线或者检测出物体。霍夫(Hough)变换[8]就是一种能确定同一条线上不同像素之间几何关系(包括曲线斜率)的方法，例如可以确定出一串点是否处于同一条直线上。这种确定有助于进一步完善图像，使之易于进行物体识别，因为它将单个像素转换成了可识别的格式。

霍夫变换是基于图像空间(x,y)到(r,θ)或(m,c)空间的转换。任何直线都有一条过原点的垂线，设该垂线与 x 轴的夹角为 θ，原点到直线的距离为 r。霍夫变换便是转换到 r-θ 平面

(又称霍夫平面)的变换[见图 9.44(a)]。需要注意的是，因为构成 x-y 平面上线的所有点具有相同的 r 和 θ 值，它们都由 r-θ 平面上的同一点 A 所表示。因此，直线上的所有点都由霍夫平面的一个单点所表示。

类似地，x-y 平面上具有斜率 m 和截距 c 的直线可以转换到霍夫平面 m-c 上[如图 9.44(b)]。因此，x-y 平面上的具有特定斜率和截距的直线转化到霍夫平面上就成为一个点。由于该直线上的所有点都有相同的 m 和 c，故它们都由霍夫平面上的同一个点所表示。

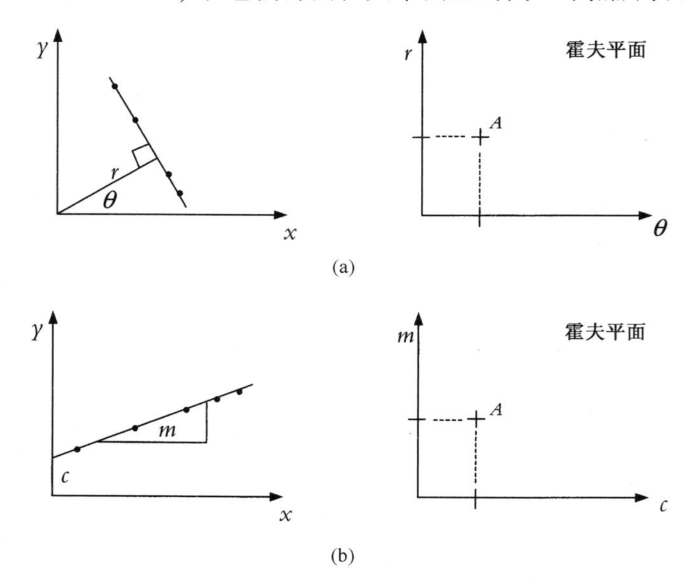

图 9.44 从 x-y 平面到 r-θ 平面或 m-c 平面的霍夫变换

考虑如图 9.45(a)所示的直线，它可由其斜率 m 和截距 c 描述为

$$y = mx + c \tag{9.19}$$

式(9.19)也可以把 m 和 c 作为变量，写为

$$c = -xm + y \tag{9.20}$$

可以看出，在 m-c 平面上，x 和 y 变成了斜率和截距。

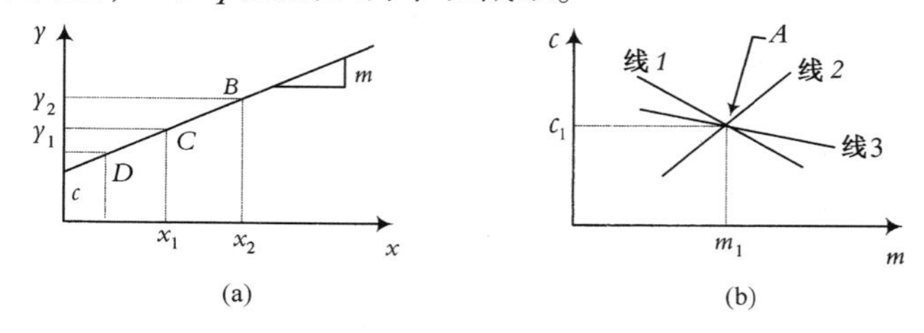

图 9.45 霍夫变换

正如前面已讨论的，式(9.19)给出的由 m 和 c 表示的直线转换为 m-c 平面上的一个单点 A。无论这条直线是以式(9.19)的形式表示，还是以极坐标(r,θ)的形式表示，结果都是相同的。因此一条直线(包括其上的所有的点)可由霍夫平面上的一个点表示。

同样，反变换也是正确的。如图 9.46 所示，无限多的直线可能会通过 x-y 平面上的一点，所有这些点都在同一位置相交。尽管这些直线有不同的斜率 m 和截距 c，但是它们共享同一个点(x, y)，该点的值 x 和 y 变成了霍夫平面上直线的斜率和截距。因此，同样的 x 和 y 值代表了所有这些直线，相应地，x-y 平面上的一个点可由霍夫平面上的一条直线来表示。

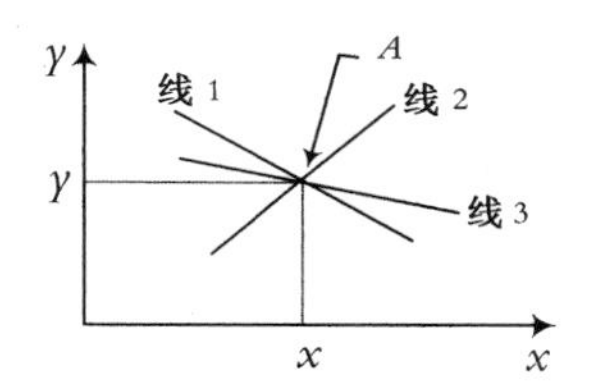

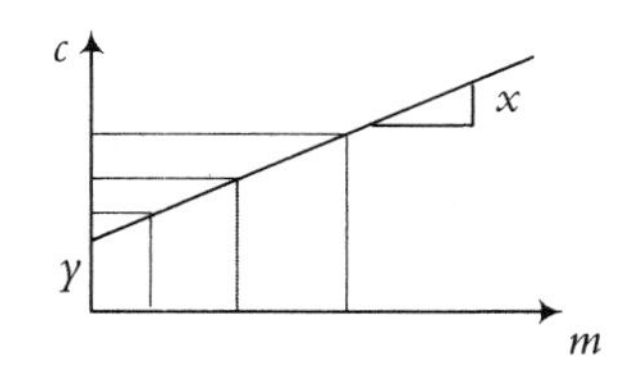

图 9.46　x-y 平面上的一个点变换成霍夫平面上的一条直线

霍夫变换可将图像中的像素(边缘)转换成霍夫平面上的线。如果一组点共线，那么它们的霍夫变换将相交于一个点。通过校核这个性质就可以确定一组像素是否处于一条直线上。霍夫变换还可以用于确定一条直线的倾角或者方位，因此通过确定物体上的一条特定直线的方位，就可以确定平面上一个物体的方位。若已知直线的斜率和截距，那么对于破损的直线，就可以通过增补附加点来补全这条直线。

例 9.7　给出 5 个点的坐标为(1,3)，(2,2)，(3,1.5)，(4,1)，(5,0)。利用霍夫变换，确定其中哪些点在同一条直线上，并求出直线的斜率和截距。

解： 由于任意两点都可形成一条直线，所以将寻找至少 3 点共线的问题。显然，通过观察点的分布图，很容易回答这个问题，这是再简单不过的事情。可是在计算机视觉中，因为计算机不具备理解一幅图像的智能，所以它必须经过计算来解决这个问题。而如果图像包含的点成千上万，那么不管对计算机还是人来说，都很难判断哪些点共线，哪些点不共线。所以还是需要使用霍夫变换来确定哪些点共线。下面的表汇总了 m-c 平面的直线，它们相应于 x-y 平面上所给定的点。

y	x	x-y	m-c
3	1	$3 = m1 + c$	$c = -1m + 3$
2	2	$2 = m2 + c$	$c = -2m + 2$
1.5	3	$1.5 = m3 + c$	$c = -3m + 1.5$
1	4	$1 = m4 + c$	$c = -4m + 1$
0	5	$0 = m5 + c$	$c = -5m + 0$

图 9.47 表示的是 m-c 平面上对应的五条直线。可以看到，三条不同的线相交于两个不同的地方，而其他交叉点只有两条线经过。这些对应点为(1,3)，(3,1.5)，(5,0)和点(2,2)，(3,1.5)，(4,1)。第一条直线的斜率和截距是 −0.75 和 3.75。第二条直线的斜率和截距分别是 −0.5 和 3。这就说明了霍夫变换是如何根据直线的相交来进行聚类的。确定哪些线相交是霍夫变换分析的主要问题。

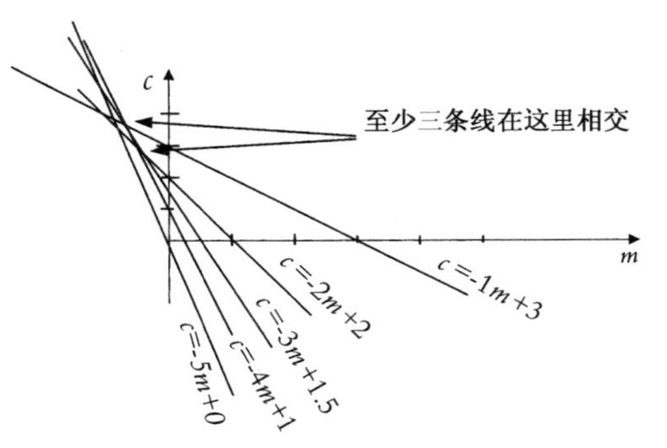

图 9.47　例 9.7 的霍夫变换

表示这些直线的方程是 $y = -0.75x + 3.75$ 和 $y = -0.5x + 3$。利用这些方程，可使位于这些线上的其他点归类，从而补全破损的直线。

霍夫变换中圆与点的关系也和线与点的关系类似。所有圆上的点对应于霍夫平面上相交的圆，反之亦然。如需了解更多信息，可参阅参考文献[3]。

霍夫变换有许多期望的特性。例如，由于图像中每个点都是单独处理的，所以可以利用并行处理方法来同时处理所有的点，这就使得霍夫变换比较适用于实时处理。同时由于单个点对于整体的最终结果影响不是很大，所以霍夫变换对于噪声不是很敏感。但是，霍夫变换计算量较大，为了减少确定各条直线是否在同一点相交所需的计算量，可以定义一个圆，如果在这个圆内直线之间存在交点，那么就可以认为它们是相交的。人们设计了许多霍夫变换的变化形式，来提高它对于不同任务(包括物体识别)的效率和可用性[9]。

9.16　分割

分割是将图像分为几个部分的诸多方法的总称，其目的是将图像中包含的信息分割为较小的信息体以供使用。例如，图像可以被场景中的边界或者小的区域(如凸起部分)等进行分割，每一部分都可以用于进一步的处理、表示或者识别。图像分割包括边缘检测、区域增长和纹理分析等，但并不仅限于这些。

早期的分割方法都是基于像多面体这样的简单几何模型的边缘检测。在三维物体分析中，也使用柱体、锥体、球体和立方体等模型。虽然这些形状并不一定与实际物体的形状相符，但它们却为早期的开发工作提供了一些方法。而正是这些方法发展演变出了更加复杂的方法和技术。它们也提供了开发能处理复杂形状和识别物体方法的途径。举例来说，这些方法就可以把一棵树建模成安装在圆柱体上的圆锥或球(见图9.48)，并且只需很少的处理就可以将它与树的模型进行匹配。这样一来，表示一棵树所需要的信息就简化了许多，只需要诸如圆锥和圆柱体的直径和高度等信息。相比之下，表示一棵树的所有信息就显得累赘得多。

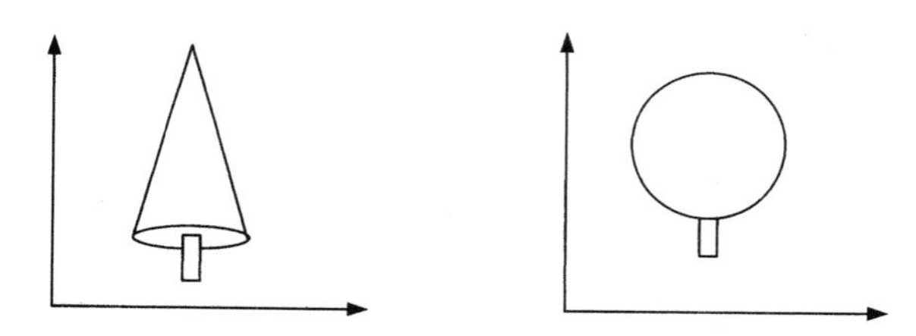

图9.48　将树表示成圆柱体上面装一个圆锥或球的模型，可以减少处理的需求

9.17　基于区域增长和区域分解的分割

除了边缘检测方法外，区域增长和图像分解是图像分割常用的其他方法。通过这些方法，可以将图像的不同部分划分为具有相似性质的组成片段，以便进一步分析，如目标检测。边缘检测器所发现的纹理、色彩、平面和灰度等级的分界线既可能是连续的也可能是不连续的，而按区域进行的分割将自动产生完整而封闭的边界。如需全面了解其他分割方法，可参阅参考文献[10]。

区域分割有两种方法，一是利用如灰度等级的相似属性或者其他的相似性来使区域增长。另一种方法是区域分解，利用图像中的细微差别，将图像划分为小块的区域。

一种区域分解的方法是阈值法。通过与阈值或阈值范围相比较的结果，将图像划分为由相邻的像素组成的封闭区域。所有低于阈值(或者处于某一阈值范围内)的像素都划归为一个区域，否则就归为另一个区域。按阈值划分的方法可以把图像划分成一系列具有共同或近似属性的区域或像素群。一般来说，尽管这一方法很简单，但它并不是很有效，因为选择一个合适的阈值比较困难，而且结果过分依赖于阈值，当阈值发生改变的时候，结果也随之发生改变。但是在某些情况下，如对侧面影像和具有相对均匀区域的图像，这种方法还是很有用的。

在区域增长中，最初的核心区域是基于一些特定的法则生成的。核心区域指的是在图像分割过程之初形成的小的像素群，它们通常较小，并作为其后生长的核心，就像在合金中的现象一样。结果是形成了大量小的区域。然后，这些小的区域将根据一些其他属性或规则合并成一些较大的区域。虽然这些规则能把许多小的区域聚合在一起以形成更平滑的区域，但也可能把不必要的一些区域合并进来，例如洞孔(它们虽然小但却是不同的区域)或具有相似强度的不同区域等。

下面是一种用于二值图像(或采用了阈值分割的灰度图像)区域增长的简单搜索方法，它使用记账方法来找出所有属于同一区域的像素点[11]。图9.49显示的是一幅二值图像，每个像素都有一对索引号码。假设指针由顶部开始来搜索起始区域的核心，一旦找到一个不属于其他区域的核心，程序就将给它分配一个区域号。所有和这个核心相连的像素(它们将被赋予相同的区域号)被放置在一个栈内，接下来继续搜索栈内的所有像素直到栈空为止。然后指针将继续搜索一个新的核心和新的区域号。

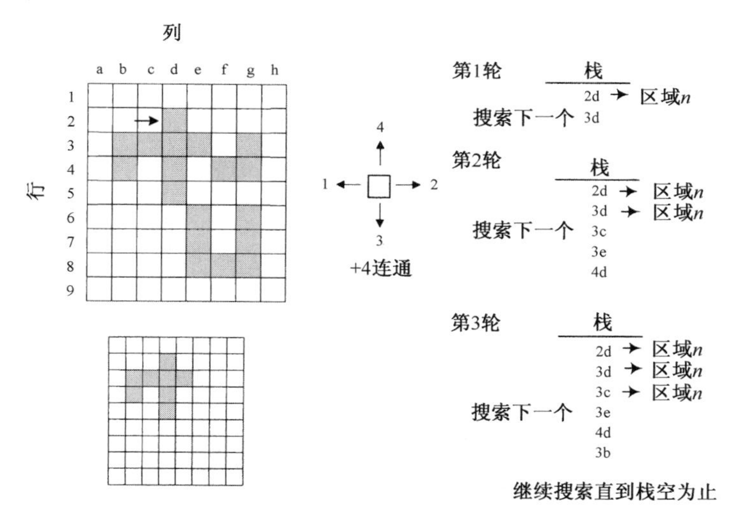

图9.49 基于搜索方法的区域增长，采样+4连通搜索，显示的是区域n

确定在增长区域里使用什么类型的连通非常重要，因为这种类型决定了最终的输出。正如9.11节提到的，+4、×4、H6、V6和8连通都可以用于区域增长。在图9.49中，第一个搜索到的核心是像素2d。如果选择的是+4连通，那么程序对核心部分周围的4个像素进行检查，以确定它们的连通性。如果遇到一个状态为1的像素，那么就把它的位置索引号存放到一个栈内，并给这个单元一个区域编号n，接下来指针在栈中下移一个单元，即3d。在这一位置，再次检查该单元周围像素点的连通性，状态为1的像素的索引号也被存入搜索栈中，同时为该单元分配区域号 n。这一过程继续对栈中下一个索引号 3c 重复，直到栈空为止。

这种搜索方法只不过就是一个记账方法，它保证了计算机程序能够找到区域内所有连通的像素点而不会有任何丢失。此外，它就是一种简单的搜索方法。

例 9.8　利用 ×4、H6、V6 和 8 连通法来确定图 9.49 搜索结果的第一区域。

解： ×4 连通的结果如图 9.50 所示，请照此方法自行确定其他连通规则的搜索结果。

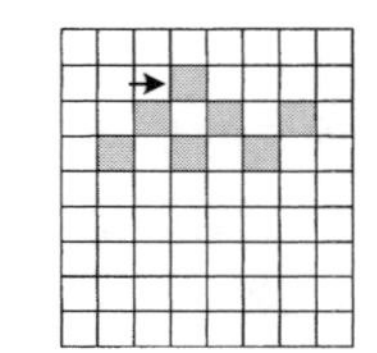

图 9.50　例 9.8 的 ×4 连通的搜索结果

还有许多其他的适用于不同情况的图像分割方法。例如其中的一个方法是采用如下的具体步骤：

- 将图像分配到 k 个集群；
- 计算每个集群的均值；
- 倘若一个已标号的区域(或像素)的均值接近其本身集群的均值，则保留它；
- 倘若一个已标号的区域(或像素)的均值接近另一个集群的均值，则将它重新分配给其他集群；
- 继续直到无改变为止。

再次注意到，为了基于期望的特征来分割图像，而将记录和比较的方法应用于该图像，这里的期望特征是每个区域的平均值。其他方法可以参考文献[2,12～14]。

9.18　二值形态操作

形态操作指的是对图像中物体的形状(也就是所说的形态)进行的一组操作。无论对于二值图像还是灰度图像，它们都包括很多不同的操作，例如加厚、扩张、腐蚀、骨架化、放缩、缩放和填充等。执行这些操作是为了对图像进行分析及减少图像中的冗余信息。例如，考虑图 9.51(a)所示的二值图像，在图 9.51(b)中，螺栓是用线条图来表示的。后面将会看到，矩(moment)方程可以用来计算螺栓的方位。然而也可以对螺栓的线条图执行同样的矩计算，但计算量要少得多。因此最好把螺栓转化成线条图或骨架的形式。在下面的几节里将要讨论这些操作。

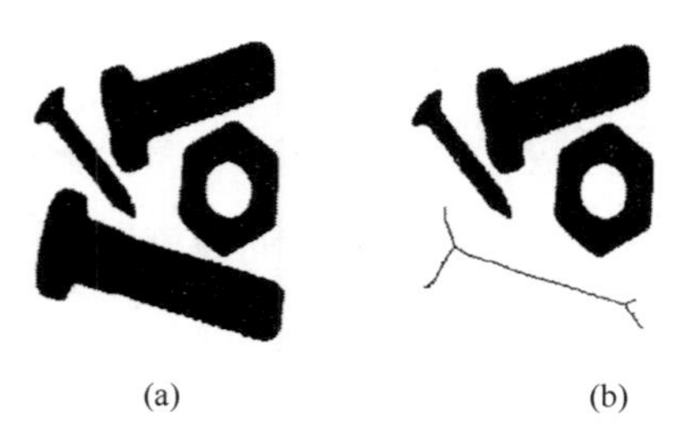

(a)　(b)

图 9.51　螺栓及其骨架表示的二值图像

形态操作是基于集合理论的。例如，在图 9.52 中，两条线的并构建出了平行四边形(将第一条线应用到第二条线)，而两个小圆的并构建出了大圆，此时第一个圆的半径加到了第二个圆上，从而使其变大了。这就称为扩张，用符号⊕来表示。如后面将很快要讨论的，图像中的扩张可以小到加一个像素到零件的周长上。

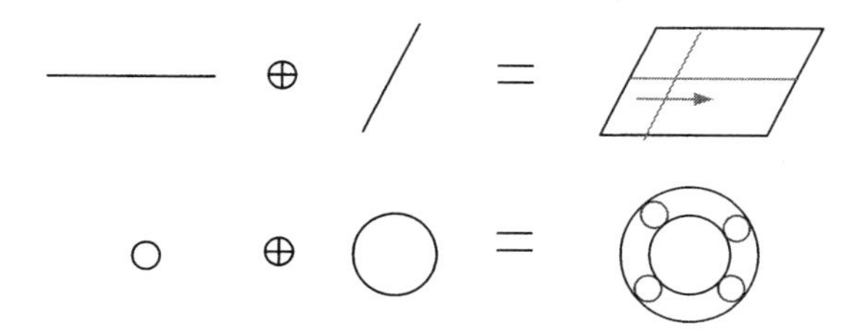

图 9.52　两个几何图形的并产生扩张

同样地，在图 9.53 中，从第一个集合中减去第二个集合，结果就会得到腐蚀的形状。用符号⊖来表示的腐蚀可以小到物体周围的一个像素，后面还将讨论这一点。扩张和腐蚀的类似组合可以产生其他效果，下面的例子将对此进行说明。

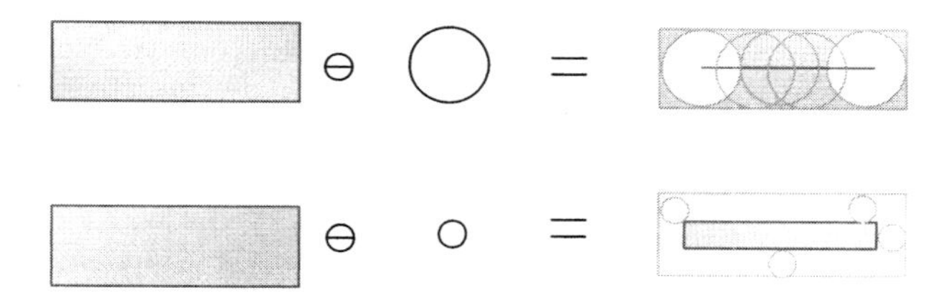

图 9.53　两个几何图形相减产生侵蚀

例 9.9　图 9.54 所示为两个形状之间求并操作的效果。如图所示，这个求并操作使得原来形状中的尖峰和凹谷趋于平缓。该操作可用于平滑如螺栓或齿轮形状的锯齿状边缘。

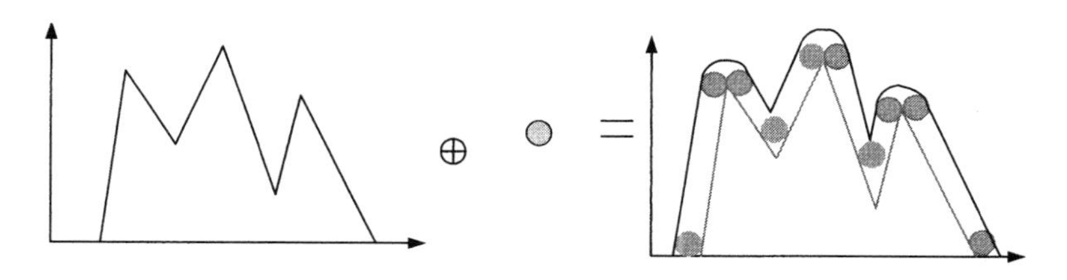

图 9.54　两个形状求并的结果趋缓了尖峰和凹谷

例 9.10　图 9.55 所示为平板上有一小块凸起的图像。为了确定凸起部分的位置，可从该平板中减去一个直径稍大于凸起物的圆，然后再将该圆加到前面的结果中，最后从原始图像中减去第 2 步得到的结果。那么剩下的物体就只是这个凸起物。

下面的操作都是基于先前提到过的操作。

9.18.1　加厚操作

加厚操作是通过填充物体边缘的小孔和缺陷来使物体边界平滑。在图 9.56 所示的例子中，加厚操作将降低显示螺栓的螺纹。当需要对物体进行其他操作，例如骨架化的时候，加厚操作就显得很重要。后面将会看到，初始的加厚可以防止由于螺纹的存在而产生须状的骨架。图 9.56 显示的是螺栓的螺纹经过三次加厚操作之后的效果。

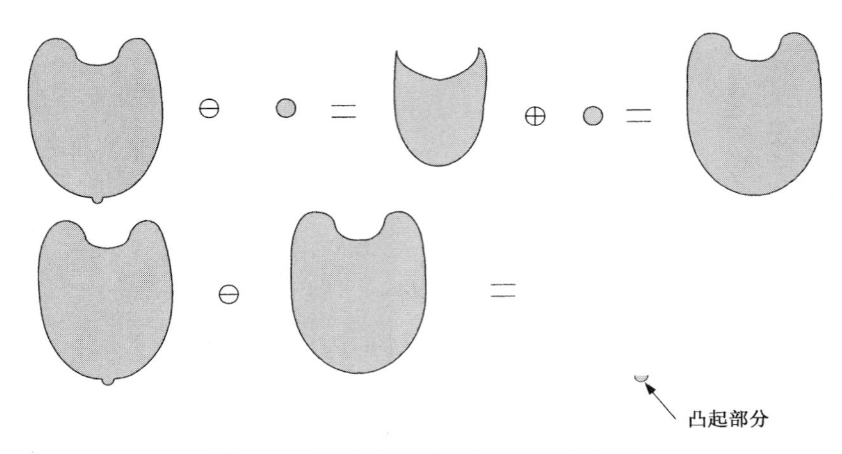

图 9.55　求并和相减操作用于定位凸起物

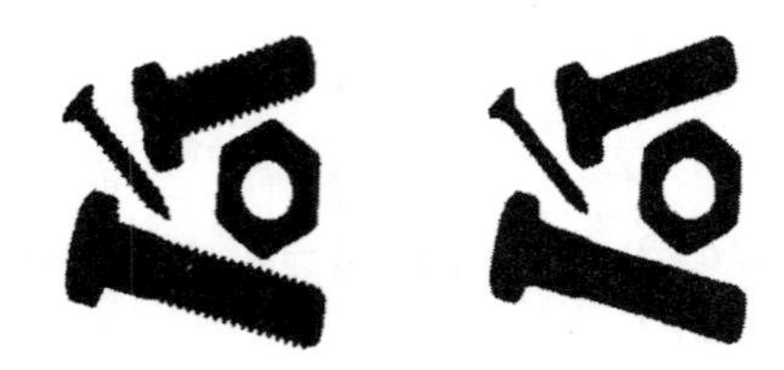

图 9.56　螺栓的螺纹经过三次加厚操作而被消除，并产生了平滑的边缘

9.18.2　扩张操作

在扩张操作过程中，与前景(物体)成 8 连通状态的背景像素被转变为前景像素。这样一来，每进行一次操作，物体就增加了一层。由于扩张操作的对象是与物体成 8 连通的像素，所以多次扩张操作将改变物体的形状。图 9.57(b)是图 9.57(a)经过五次扩张后得到的结果。可以看出，物体已经连成一片。经过额外的扩张之后，物体本身和正在消失的孔都变成一个固状片，无法再作为不同的物体加以识别。

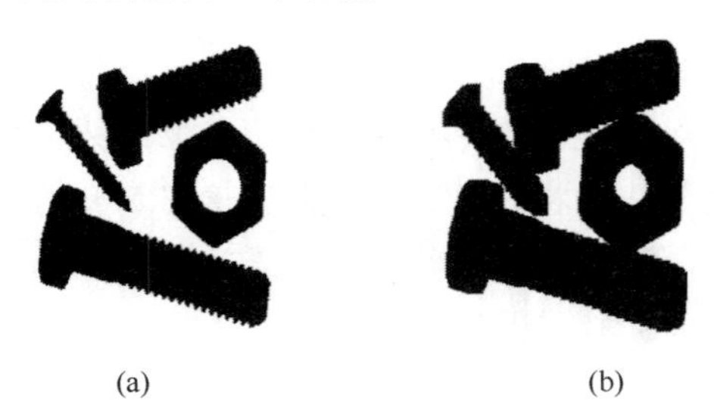

图 9.57　加厚操作的效果。其中(a)为原始图像，(b)为经过五次扩张得到的结果

9.18.3　腐蚀操作

在腐蚀操作过程中，与背景像素成 8 连通状态的前景像素被消除。这样，每进行一次腐蚀，前景(物体)就被削减一层。图 9.58(b)是图 9.58(a)中的二值图像经过三次腐蚀后的结

果。因为腐蚀操作将物体周围一圈的像素消除，所以随着操作的进行，图像就变得越来越单薄。然而，腐蚀并没有考虑物体形状方面的要求，即使物体的形状信息已经丢失，它仍然会在物体周围或孔洞边缘削去一层像素，就像图 9.58(c)中那样，经过七次重复的腐蚀之后，一个螺栓的形状已经完全丢失，而螺帽也即将消失。多次的腐蚀将会丢失整个物体，也就是说，如果用逆向操作扩张(即每次往物体边缘增加一层像素)，扩张的物体将无法恢复到原来的状态。事实上，如果图像已经被腐蚀成一个像素，那么进行扩张操作的结果将是产生一个正方形或圆。这样，腐蚀将对图像造成无法挽回的破坏，但是它却可以成功地消除图像中所不需要的物体。例如，如果希望识别图像中的最大物体，连续的腐蚀操作可以在最大的物体消失之前将其他物体的信息消除。因此，感兴趣的物体就可以识别出来。

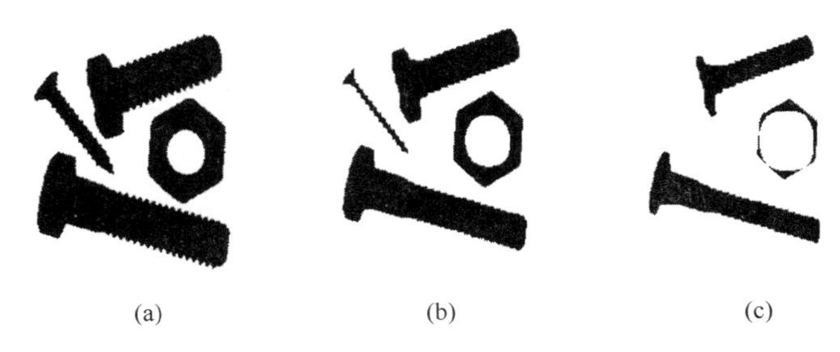

(a)　(b)　(c)

图 9.58　(a)为原物体图像，(b)和(c)分别为经过三次和七次腐蚀操作的效果

9.18.4　骨架化

骨架指的是物体的线条表示，在这种表示中，所有位置上的厚度都被削减为 1 个像素。骨架化是腐蚀操作的一个变种。但是在腐蚀操作中，物体的厚度可以变为 0 以至于物体完全消失。而在骨架化操作中，一旦物体的厚度减小到 1，操作立刻停止。此外，在腐蚀操作中，进行腐蚀的次数是由用户确定的，而骨架化操作将一直持续到物体所有位置的厚度都只有 1 个像素才停止(也就是当操作无法再产生新的结果时，程序就终止)。骨架化操作的最终结果是产生物体的线条(骨架)图，这些线条能很好地表示物体的信息，有时它比边界图更好。图 9.59(b)是图 9.59(a)中的物体经过骨架化后的结果。由于没有对图像进行加厚使之边缘平滑，所以骨架化后所有的螺纹减少为 1 个像素，这导致了须状线条的产生。图 9.60 是同一个物体，经过加厚操作后消除了螺纹，再骨架化得到的就是一个清晰的骨架图。图 9.60(c)是将骨架图经过七次扩张后得到的结果。可以看出，扩张后的物体和原图有明显的不同。尤其明显的是较小的螺钉显得和较大的螺钉一样大。

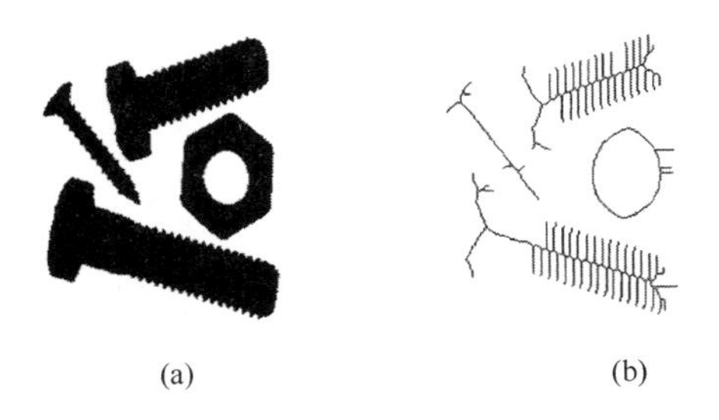

(a)　(b)

图 9.59　没有进行加厚的物体经过骨架化后，螺纹变成了须状

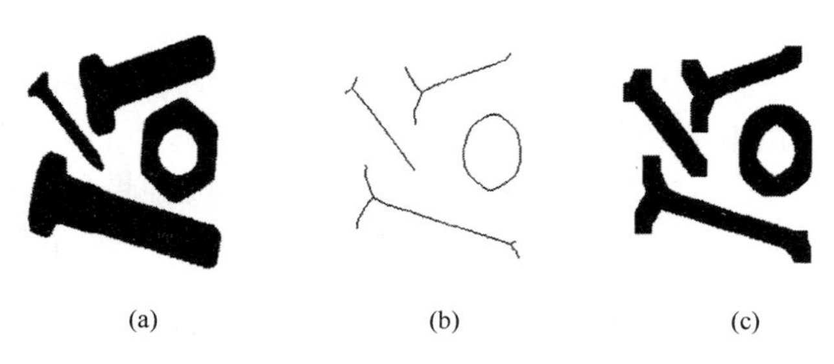

(a)　　(b)　　(c)

图 9.60　(a) 加厚过的物体骨架化后得到了(b) 清晰的骨架图，(c) 是(b) 扩张的结果

虽然对骨架进行扩张会导致物体形状的变化，但是骨架化操作在物体识别技术中还是很有用的。因为总的来说，在表示物体信息方面，相对于其他方法来说，它更加有效。物体的骨架图表示可以与可用的物体先验知识进行比较和匹配。

9.18.5　放缩操作

放缩操作指的是在扩张之后再进行腐蚀操作，使物体的凸起部分变得平滑。放缩操作可以用于骨架化操作之前的中间操作。

9.18.6　缩放操作

缩放操作指的是在腐蚀之后再进行扩张操作，使物体的凹陷部分变得平滑。和放缩操作一样，缩放操作也可以用于骨架化操作之前的中间操作。

9.18.7　填充操作

填充操作将填充前景(物体)上的所有孔洞。在图 9.61 中，螺帽上的孔用前景像素来填充直至消失。

其他操作的说明可以在视觉系统操作手册中找到，不同的公司会在各自的软件中加入不同的操作，以使其成为专有软件产品。

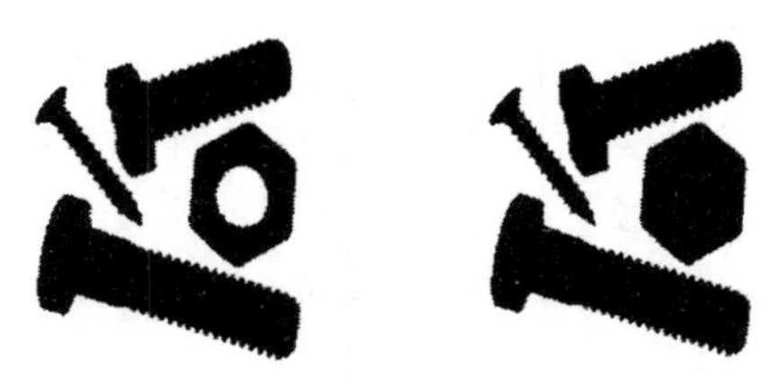

图 9.61　由于填充操作，螺帽上的孔被前景色填充而消失

9.19　灰度形态操作

灰度形态操作与二值形态操作类似，只不过它的操作对象是灰度图像。一般情况下，一个 3 ×3 的掩模(每个单元都是 0 或者 1)可以用来执行这一操作。考虑一幅三维多层的灰度图，其中亮的区域是波峰，暗的地方是波谷。将掩模用于每个像素，当像素点的灰度值和掩模相匹配时，该点的灰度值将不发生改变。如果二者不匹配，则按照指选定的操作进行改变。下面的章节将介绍这些操作。

9.19.1　腐蚀操作

在这种情况下，每个像素上的灰度值都将被其周围 3 ×3 范围内最暗像素点的灰度值所代替，称它为最小化算子，它有效地腐蚀着物体。当然，其结果依赖于掩模中哪些单元是 0，哪些单元是 1。灰度形态腐蚀操作消除了黑暗物体之间的明亮连接。

9.19.2　扩张操作

在这种情况下，每个像素上的灰度值都将被其周围 3 ×3 范围内最亮像素点的灰度值所代替，称它为最大化算子，它有效地扩张物体。当然，其结果依赖于掩模中哪些单元是 0，哪些单元是 1。灰度形态扩张操作消除了明亮物体之间的黑色连接。

9.20　图像分析

图像分析是指从图像中提取信息的操作和技术的总称。其中包括根据图像进行物体识别，特征提取，物体的位置、大小、方位和其他特征的分析，以及深度信息提取等。在后面可以看到，有些技术可以用于多种用途。例如，矩方程可以用于物体识别，也可以用于计算物体的位置和方位。

一般来说，假定图像处理方法已经应用于图像，或者假定将来在需要改善图像和为图像分析做准备时可以使用。图像分析方法和技术可能既用于二值图像，也用于灰度图像。下面将对其中一些方法和技术进行讨论。

9.21　基于特征的物体识别

图像中的物体可以利用其特征进行识别。这些特征包括(但不限于这些)：灰度等级直方图、形态特征(如面积、周长和孔洞的数量等)、离心率、弦长和矩等。在许多情况下，可将从中提取出来的信息和物体的先验信息进行比较，这些先验信息可以放在查询表中。举例来说，假设现在图像中有两个物体，其中一个有两个孔，另一个有一个孔。使用前面提到的方法，可以确定每一部分上面有多少个孔，通过把这两部分(分别标记为区域 1 和区域 2)与查询表中的相关信息相比较，就可以将它们确定出来。另外一个例子是，对一个已知物体在不同角度下的矩进行分析，将每一角度下物体对轴的矩都计算出来并整理到查询表中，当图像中相对于同一个轴的各部分矩计算出来以后，和事先得到的查询表相比较，就可以确定物体此时的角度。

下面讨论用于物体识别的一些方法和不同的特征。

9.21.1　用于物体辨识的基本特征

下面提到的形态特征可以用于物体的识别和辨识：

(1) 灰度等级。平均、最大或最小灰度等级可以用于辨识图像中的不同部件或者物体。例如假设图像中有三个部件，每一部件都有着不同的颜色或纹理，所以在图像上对应的灰度等级也不一样。如果确定出了图像的平均、最小和最大灰度等级(例如通过直方图)，那么就可以通过比较这些信息识别出物体来。在其他情况下，甚至只要确定出存在一个特定的灰度等级，也许就足以识别出部件。

（2）周长、面积、直径、孔洞的数量和其他类似形态特征。它们可以用于进行物体辨识。物体的周长可以通过先运行边缘检测程序，然后计算边界线上的像素个数来得到。9.13 节中描述的左 - 右搜索方法也可以通过计算其路径上所包含的像素的数目来确定物体的周长。物体的面积可以通过区域增长方法来计算，也可以利用矩方程来得到这些信息，这些在后面将会讨论。非圆物体的直径定义为跨越物体上待辨识区域的任何线段上任意两点间的最大距离。

（3）物体的纵横比。它指的是物体的外接矩形的宽度和长度的比值，如图 9.62 所示。除了最小纵横比外，所有纵横比都对物体的方位敏感。因此，通常用最小纵横比来辨认物体。

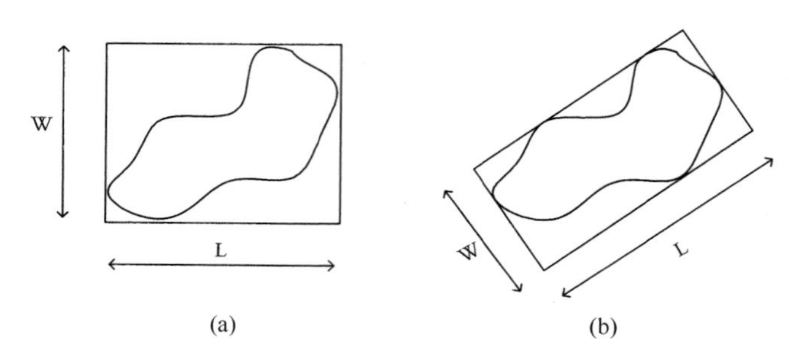

图 9.62　（a）物体的纵横比；（b）最小的纵横比

（4）窄度。它由以下两个等式之一来定义：

$$1.\ 窄度 = \frac{(周长)^2}{面积} \tag{9.21}$$

$$2.\ 窄度 = \frac{直径}{面积} \tag{9.22}$$

（5）矩。考虑到它的重要性，将在下一节单独讨论它。

9.21.2　矩

图像中物体的矩为

$$M_{a,b} = \sum_{x,y} x^a y^b I_{x,y} \tag{9.23}$$

其中 $M_{a,b}$是图像中物体当指数幂为 a 和 b 时的矩，x 和 y 是图像中每个像素的坐标，$I_{x,y}$是像素的强度，如图 9.63 所示。若图像是二值图像，物体由强度为 1 的像素表示，而背景由强度为 0 的像素表示。在灰度图像中，强度可能相差很大，因而矩值可能受灰度值的影响很大。尽管在数学上可能将矩方程用到灰度图像，但这是不切实际的，或者同时也在执行其他规则时它才有用。对于二值图像而言，$I_{x,y}$不是 0 就是 1，因此只需考虑图像中灰度值为 1 的像素，从而式(9.23)可化简成

$$M_{a,b} = \sum_{x,y} x^a y^b \tag{9.24}$$

为了计算这个矩，首先确定每个像素是否属于物体，如是，就按式(9.24)根据该像素所

处坐标及给定的指数幂进行计算，对整个图像进行这样的操作并相加就能得到该物体当指数幂为 a 和 b 时的特定的矩值。

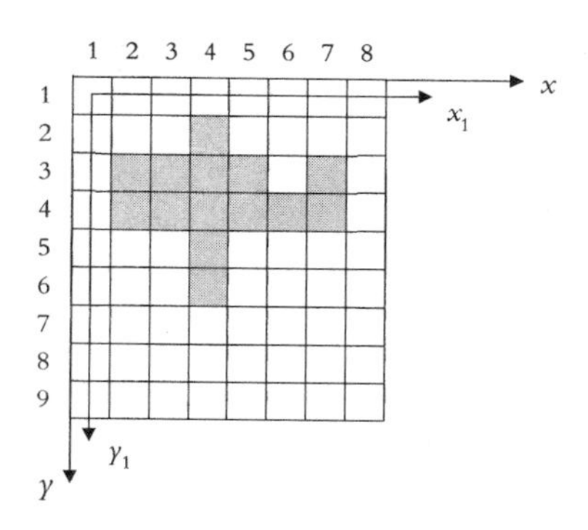

图 9.63　图像矩的计算。对于每个属于物体的像素，根据它所处坐标及给定的指数幂进行计算，将计算出的这些值求和就是该图像特定的矩值

$M_{0,0}$是 $a=0$ 和 $b=0$ 时物体的矩，这相当于所有强度为 1 的像素 x，y 的坐标值都取 0 次幂，$M_{0,2}$指的是所有的 x 值取 0 次幂，而所有的 y 值取 2 次幂，等等。0～3 之间所有的数字组合都是比较常用的。

距离 x 和 y 的测量是在图像(x, y)边缘的假想坐标系下或者在由图像的第一行和第一列形成的坐标系下进行的。由于距离测量是基于像素点的计数，所以采用由图像的第一行和第一列形成的坐标系较为合理。但要注意的是，在这种情况下，所有的距离都应该以像素所在行和列的中心线为准进行测量。例如第二行中的第一个强度为 1 的像素点是(2,4)，它与 x_1-y_1 坐标系的 x 方向距离是 3，而与 x-y 坐标系的 x 方向的距离是 4(更精确地说是 3.5)。只要距离计算前后保持一致，选择哪一个坐标系并不是很重要。

基于上面的讨论，由于任何数值的 0 次幂都是 1，所以 $x^0=y^0=1$。这样一来，矩值 $M_{0,0}$ 就等于所有强度为 1 的像素点数的总和，它也就是该物体的面积。矩值 $M_{0,0}$ 可用于确定物体的特征，并可将其与其他面积不同的物体区分开来。显然，矩值 $M_{0,0}$ 也可以用于计算图像中物体的面积。

类似地，$M_{0,1}$ 即为对所有强度为 1 的像素计算 $\sum x^0y^1$，或所有 $1\times y$ 的求和，它相当于对所有强度为 1 像素的 y 坐标求和，也相当于该区域相对 x 轴的一阶矩。因此，该区域相对 x 轴的中心位置可以计算如下：

$$\bar{y}=\frac{\sum y}{\textbf{面积}}=\frac{M_{0,1}}{M_{0,0}} \tag{9.25}$$

所以，通过将这两个矩简单地相除，就可以计算出物体面积的中心点坐标 $\bar{y}$。类似地，物体面积的中心点相对于 y 轴的坐标可以计算如下：

$$\bar{x}=\frac{\sum x}{\textbf{面积}}=\frac{M_{1,0}}{M_{0,0}} \tag{9.26}$$

这样，就可以对图像中的物体定位，而不管它的方位如何(方位不会改变物体的中心位置)。显然，这一信息可用于物体的定位，例如，它可应用于机械手的抓取。

$M_{0,2}=\sum x^0y^2$ 表示该面积对于 x 轴的二阶矩。类似地，$M_{2,0}$ 表示该面积对于 y 轴的二阶矩。可以想象，图9.63中的物体围绕其自身中心旋转时，其惯量矩会有实质性的变化。假定计算不同方位时该区域相对某个轴(如x轴)的矩值，由于每个方向对应着一个特定的矩值，所以存储这些值的查询表可以用于今后确定物体的方位。因此，如果有了已知物体在不同角度时的惯量矩的查询表，接下来就可以通过将物体的二阶矩和表格中的数据进行比较来确定物体的方位。当然，如果物体在图像内发生了移动，那么它的惯量矩也会发生变化，这时就不可能根据惯量矩来确定方位，除非知道物体移动后的位置。如果已知物体的位置，那么只要应用简单的平行轴理论，就能计算出其关于区域中心的二阶矩。由于该方法的结果与物体位置无关，所以可以用它来确定物体的方位而不管它的位置在哪里。因此，使用矩方程就可以辨识物体及其位置和方位。这些信息除了用于辨识部件外，还可以与机器人控制器一起导引机器人抓取该部件并对它进行操作。

类似地，也可以利用其他的矩。例如，$M_{1,1}$表示面积的惯量积，也可以用于物体辨识。同样地，如$M_{0,3}$，$M_{3,0}$，$M_{1,2}$等高阶矩也可以用于辨识物体及其方位。设想两个形状近似的物体，如图9.64(a)所示，它们的二阶矩、面积、周长及其他与形态相关的特征都很类似或很接近，所以使用这些特征无法区分这两个物体。在这种情况下，高阶惯量可以放大二者之间的微小差异，使得区分它们成为可能。同样的道理也适用于一个有较小不对称部分的物体[见图9.64(b)]。物体的方位可以通过其高阶惯量来确定。

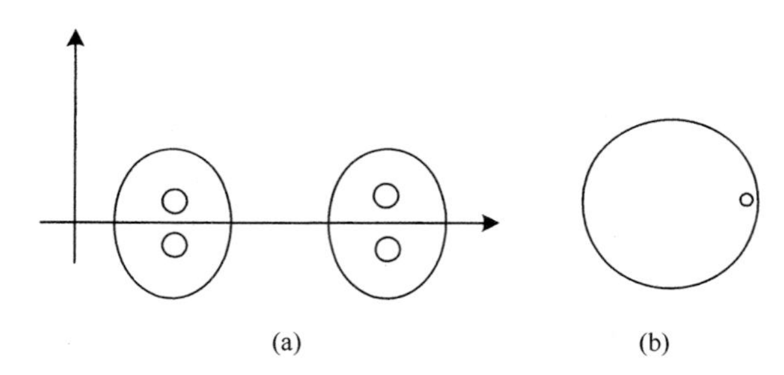

图9.64 利用高阶矩可以检测物体之间的微小差异或物体本身的不对称性

不变矩是基于不同矩的组合而得到的对物体的一种测量，它与物体的位置与方位无关，也与表示物体的比例因子无关。因此，不变矩可用于物体识别和部件辨识，而与摄像机如何放置及摄像机的位置和方位均无关。一个物体有7种不同的不变矩，其中之一是

$$MI_1 = \frac{M_{0,0}M_{2,0} - M_{1,0}^2 + M_{0,0}M_{0,2} - M_{0,1}^2}{M_{0,0}^3} \tag{9.27}$$

其他6种不变矩可参阅参考文献[2]。

例9.11 对于图9.65所示的低分辨率图像中的简单物体，计算物体所在区域的面积、面积中心及相对于x_1和y_1轴的二阶矩。

解： 测量每个强度为1的像素点到x_1和y_1轴的距离，将这些值代入矩方程得到：

$$M_{0,0} = \sum x^0 y^0 = 12(1) = 12$$
$$M_{1,0} = \sum x^1 y^0 = \sum x = 2(1) + 1(2) + 3(3) + 3(4) + 1(5) + 2(6) = 42$$
$$M_{0,1} = \sum x^0 y^1 = \sum y = 1(1) + 5(2) + 5(3) + 1(4) = 30$$

$$\bar{x}=\frac{M_{1,0}}{M_{0,0}}=\frac{42}{12}=3.5 \qquad \text{和} \qquad \bar{y}=\frac{M_{0,1}}{M_{0,0}}=\frac{30}{12}=2.5$$

$$M_{2,0}=\sum x^2y^0=\sum x^2=2(1)^2+1(2)^2+3(3)^2+3(4)^2+1(5)^2+2(6)^2=178$$

$$M_{0,2}=\sum x^0y^2=\sum y^2=1(1)^2+5(2)^2+5(3)^2+1(4)^2=82$$

同样的过程也可以用于分辨率更高的图像，只不过要处理的像素更多，但是计算机程序可以毫不费力地对它们进行处理。

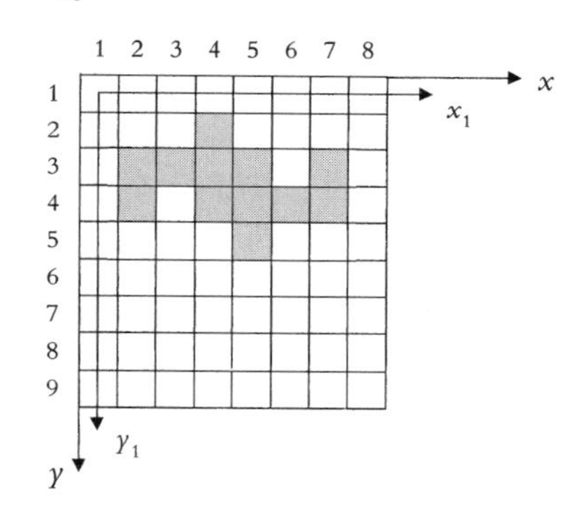

图 9.65　例 9.11 所用图像

例 9.12　在某个应用中，视觉系统观察包括矩形和正方形的 8 ×8 的二值图像。正方形是 3 ×3 像素的实心正方形或 4 ×4 的空心正方形。矩形是 3 ×4 的实心矩形。通过引导、夹具和托架，可以确保物体是与参考坐标系平行的，如图 9.66 所示，并且物体的左下角总是在像素点(1, 1)处。要求仅使用矩方程来区别各个物体。求出矩方程中能够完成该任务的最小的一组 a 和 b 值，使每个部分得到不同的相应值。对于该例，使用每个像素的绝对坐标作为其与对应轴的距离。

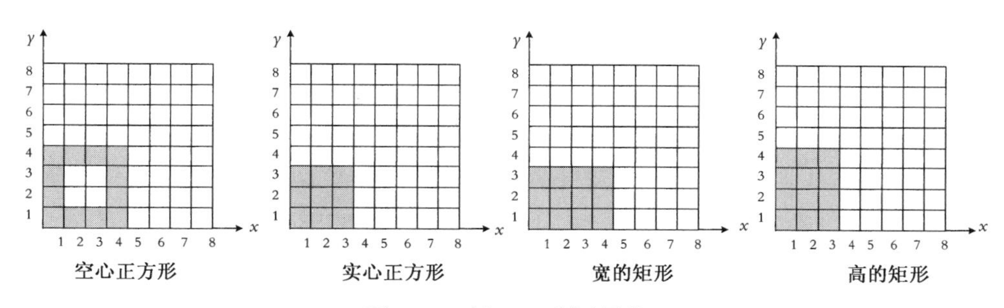

图 9.66　例 9.12 所用图像

解： 使用矩方程计算出所有 4 个物体的不同的矩，直到找到对每一物体的唯一的一组值。

空心正方形	实心正方形	宽的矩形	高的矩形
$M_{0,0}=12$	$M_{0,0}=9$	$M_{0,0}=12$	$M_{0,0}=12$
$M_{0,1}=30$	$M_{0,1}=18$	$M_{0,1}=24$	$M_{0,1}=30$
$M_{1,0}=30$	$M_{1,0}=18$	$M_{1,0}=30$	$M_{1,0}=24$
$M_{1,1}=75$	$M_{1,1}=36$	$M_{1,1}=60$	$M_{1,1}=60$
$M_{0,2}=94$	$M_{0,2}=42$	$M_{0,2}=56$	$M_{0,2}=90$

可以看出，最下面的一组矩值 $M_{0,2}$ 给出了对每一物体的唯一的解。当然用 $M_{2,0}$ 也能得到类似的结果。

例 9.13 对图 9.67 中的螺钉图像，计算其面积，$\bar{x}$，$\bar{y}$，$M_{0,2}$，$M_{2,0}$，$M_{1,1}$，$M_{2,0}@\bar{x}$，$M_{0,2}@\bar{y}$ 和不变矩。

解：Optimas6.2 视觉软件中的名为 moments.macro 的宏命令可用来对矩进行计算。在这个程序中，计算矩所用的所有距离都以像素个数为单位，而不是普通的长度单位。计算 5 种不同情况下的数值：水平位置、30°、45°、60°、垂直位置(计算结果如下表所示)。由于旋转，结果会有微小的变化。因为每当图像中的零件发生旋转时，其上每个点的位置都会有正弦或者余弦函数的改变，这个改变是很小的，可以看到结果是相符的。当旋转发生的时候，面积的中心位置是不变的，不变矩也不变。如果再利用物体重心惯量矩的信息，就可以估计物体的方位。这一信息现在可以用于物体的识别，或者可以引导机器人控制器对机械手臂进行控制，使其以正确的姿态抓取该零件。

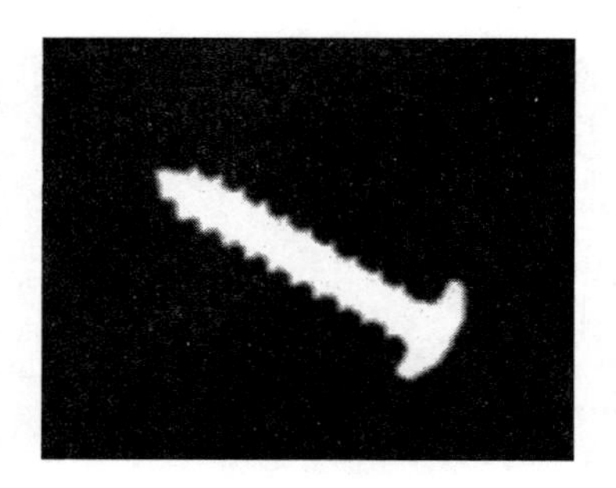

图 9.67 例 9.13 所用图像

	水平位置	30°	45°	60°	垂直位置
面积	3713	3747	3772	3724	3713
$\bar{x}$	127	123	121	118	113
$\bar{y}$	102	105	106	106	104
$M_{0,2}$	38.8 E6	43.6 E6	46.4 E6	47.6 E6	47.8 E6
$M_{2,0}$	67.6 E6	62.6 E6	59 E6	53.9 E6	47.8 E6
$M_{1,1}$	48.1 E6	51.8 E6	52 E6	49.75 E6	43.75 E6
不变矩	7.48	7.5	7.4	7.3	7.48
$M_{2,0}@\bar{x}$	7.5 E6	5.7 E6	3.94 E6	2.07 E6	0.264 E6
$M_{0,2}@\bar{y}$	0.264 E6	2.09 E6	3.77 E6	5.7 E6	7.5 E6

下面列出的是用 Optimas 写的矩计算宏程序的清单。尽管这个程序不能直接用于其他软件，但下面仍将列出该程序以说明开发一个做类似运算的程序如何简单。程序的 Excel 部分就是一组简单的 Excel 方程，用来对所有像素坐标进行运算然后求和。下面是该程序清单：

```
/*MOMENTS.MAC PROGRAM Written by Saeed Niku, Copyright 1998
This macro checks an active image within Optimas vision system. It records the
coordinates of all pixels above the given threshold. It subsequently writes the
coordinates into an Excel worksheet, which determines the moments. Moments.mac will
then read back the data and display it. The DDE commands communicate the data between
Excel and Optimas macro program. If your number of coordinates is more than 20,000
pixels, you must change the command below. */

BinaryArray = GetPixelRect (ConvertCalibToPixels(ROI));
INTEGER NewArray[,]; Real MyArea; Real Xbar; Real Ybar;
Real Mymoment02; Real Mymoment20; Real Mymoment11; Real VariantM;
Real MyMXBar; Real MyMYBar;

For(Xcoordinate = 0; Xcoordinate<= (VectorLength(BinaryArray[0,])-1);
  Xcoordinate ++)
{
```

```
        For(Ycoordinate = 0; Ycoordinate <= (VectorLength(BinaryArray[,0])-1);
          Ycoordinate ++)
        {
            If (BinaryArray[Ycoordinate,Xcoordinate] > 100)
            {
              NewArray ::= Xcoordinate : Ycoordinate;
        }}}
hChanSheet1 = DDEInitiate ("Excel","Sheet1");
DDEPoke(hChanSheet1,"R1C1:R20000C2",NewArray);
DDETerminate(hChanSheet1);

Show("Please Enter to Show Values");
hChanSheet1 = DDEInitiate ("Excel","Sheet1");
DDERequest(hChanSheet1,"R1C14",MyArea);
DDERequest(hChanSheet1,"R2C14",Ybar);
DDERequest(hChanSheet1,"R3C14",Xbar);
DDERequest(hChanSheet1,"R4C14",Mymoment02);
DDERequest(hChanSheet1,"R5C14",Mymoment20);
DDERequest(hChanSheet1,"R6C14",Mymoment11);
DDETerminate(hChanSheet1);

VariantM=(MyArea*Mymoment20*1000000.0-Xbar*Xbar
          +MyArea*Mymoment02*1000000.0-Ybar*Ybar)
          /(MyArea*MyArea*MyArea);

MyMYBar=(Mymoment20*1000000.0-MyArea*Xbar*Xbar)/1000000.0;
MyMXBar=(Mymoment02*1000000.0-MyArea*Ybar*Ybar)/1000000.0;

MacroMessage("Area=",MyArea,"\n","Xbar=",Xbar,"\n",
             "Ybar=",Ybar,"\n","Moment02=",Mymoment02," x10^6",
             "\n","Moment20=",Mymoment20," x10^6","\n"
             ,"Moment11=" ,Mymoment11," x10^6","\n","Invariant 1="
             ,VariantM);
MacroMessage("Moment20@Xbar=",MyMXBar," x10^6","\n",
             "Moment02@Ybar=",MyMYBar," x10^6");
```

9.21.3　模板匹配

物体识别的另一种方法是模型或者模板匹配。如果得到一个场景的合适线条图，那么可将它的拓扑元素或者结构元素与模型进行匹配，这些元素包括总的线数或边数、顶点数、互相连通的个数等。可通过坐标变换(如旋转、平移和缩放)来消除模型和物体之间由于位置、方位和深度等因素不同而产生的差异。该方法的不足是在进行匹配时需要事先知道模型的相关信息。因此，如果物体和模型不同，那么它们就不匹配，物体也就无法被识别。另外一个不足就是，如果物体被其他物体所阻挡，那么也无法和模型匹配。

9.21.4　离散傅里叶描述算子

和处理模拟信号的傅里叶变换相似，离散傅里叶变换(DFT)可以对一组离散点(例如像素)进行计算，即如果已知物体在图像中的轮廓线(例如通过边缘检测获得了物体边界线)，轮廓线上的离散点就可以使用离散傅里叶变换。离散傅里叶变换的计算结果是频域中的一组频率和幅值，它们描述了所讨论点的空间关系[14]。

为了计算平面上一组点的离散傅里叶变换，可以假设平面是复平面，那么其上的点都可

以用 $x+iy$ 的形式来描述。如果从轮廓线上任何一个像素开始完全围绕着轮廓线走，并假设轮廓线上点的位置都已经测量出来，那么这些信息就可以用于计算这一点集的相应频谱。将这些频率与查询表中可能是该物体的频率相比较，就能确定物体的特征。在一个尚未公开发布的实验中，对 8 个频率进行匹配就可以给出关于物体(一架飞机)的足够的信息，对 16 个频率进行匹配就可以从很多不同类型的飞机中确定飞机的型号。该方法的优点是傅里叶变换很容易对大小、位置和方位进行归一化处理，而缺点则是它需要物体完整的轮廓线。当然，也可以使用其他方法，如霍夫变换，来修补物体破损的轮廓线。

9.21.5 计算机断层造影

断层造影技术用于确定物体要检查部分的材料密度分布。在计算机断层造影(CT)中，物体密度分布的三维影像是由大量的反映物体密度分布的二维图像重构而成的，这些二维图像可以由不同的技术获得，例如 X 射线或超声波。在 CT 技术中，认为物体是由按顺序排列的层叠在一起的薄片组成的。每一薄片的密度分布图像都是经过对物体的反复扫描得来的。虽然可以采用部分之间互相有覆盖地依次扫描，但是通常更希望进行 360°的完整扫描。数据存储在计算机里，随后将其处理成为反映物体密度分布的三维影像，并由显示器显示出来。

虽然这一技术与其他提到的技术完全不同，但是它也可以用于物体识别。在许多情况下，不管是单独使用还是和别的技术一起使用，CT 技术都可能是识别物体或将其与其他类似物体相区别的唯一有效的方法。尤其在医用方面，CT 扫描可以和医疗机器人一起，利用产生的人体内部器官的三维影像来指导机器人进行外科手术。

9.22 视觉系统中的深度测量

有两种基本方法可用于从场景中提取深度信息。一种方法是用测距仪并结合视觉系统和图像处理技术。在这个组合方法中，场景分析与测距仪收集到的环境中各部分的距离信息、特定物体的位置信息或物体的各部分信息有关。另一种方法是利用类似人和动物的双目视觉或立体视觉。在这种方法中，采用多个摄像机同时对物体拍摄，或者是一个摄像机拍摄完一幅图像后移动一段距离再拍而得到多幅图像，只要这一过程中景物没有改变，前后拍出来的图像就将和使用多个摄像机同时拍摄所获得的结果一样，根据这些多幅图像可以提取出深度信息。因为相对于场景中的任意一个点，多个(通常是两个)摄像机所处的位置有着稍许的差别，所以它们得到的图像也会有微小的不同。通过分析和测量两幅图像中的差异，就可以从中提取出深度信息。

9.22.1 场景分析与映射

场景分析指的是对用摄像机拍摄出来的图像进行分析，或者用其他类似设备对完整的场景进行分析。换句话说，图像是在设备分辨率受限条件下对场景的完整复制，图像中包含了场景的所有细节。在这种情况下，需要进行多次处理来从图像中获取更多的信息。例如，为了识别场景中的一个物体，图像除了需要滤波和增强外，还要利用边界检测和阈值进行分割，然后通过区域增长技术将这一部分独立出来，并且通过提取其特征并与模板或者查询表相比较来进行识别。另一方面，映射指的是绘制场景或者物体的表面拓扑形状，其所处理的图像通常由一组离散的测量结果组成，并且通常分辨率较低。最终的图像由处在物体不同位置上的离散点连接而成的一簇直线组成。由于物体已经进行了切片处理，所以对映射图像只需要较少的处理过程，相应地从场景中提取的信息也较少。每一种方法都有它自身的优点和局限，因此需针对不同的用途(包括导航)采用不同的方法。

9.22.2　距离检测和深度分析

距离检测和深度分析需要用到很多相关技术，例如主动测距[20]、立体成像、景物分析或专用照明等。人们通过结合使用这些技术来获取图像中不同部分之间的深度和位置关系的信息。即使在二维图像中，人们仍然可以从细节中获得有用的信息，这些细节包括相似元素的大小变化、消失的线段、阴影及纹理和阴影的强度变化等。由于许多人工智能技术是基于人们的行事方式和研究人们的行事方式的，所以很多深度测量技术设计成仿照人的操作行为[15]。

9.22.3　立体成像

图像是场景通过理想透镜到成像平面的投影，因此图像上每个点都对应于实际场景中的一个点。然而，这些点到成像平面的距离信息在投影过程中已经丢失，并且无法从单一的场景中重新获得。如果对同一场景生成了两幅图像，那么可以通过比较两幅图像来提取图像平面上不同点的相对深度信息，其差异表示了不同点间的空间关系[16,17]。人们在自动地做着同样的事情，他们通过结合两幅图像来形成三维图像[18,19,21]。深度测量所用到的立体图像实际上可以认为是 2.5 维图像，而形成真正的三维图像则需要更多的图像。

利用立体图像的深度测量需要以下两步：

1. 确定两幅图像中对应于场景中同一点的点对，它被称为点对的对应或者视差。这是很困难的操作，因为场景中的某些点可能在另一幅图像中不可见，或者由于透视畸变而使两幅图像的大小和空间关系不同。
2. 利用三角测量或者其他方法来确定物体或场景中的点的深度或位置。

一般来说，如果两个摄像机(或者是在静态场景拍摄时处于不同位置拍摄两次的单一摄像机)能够精确校准，那么只要能够获取足够多的对应点，使用三角测量便是相对简单的方法。

对应点可以通过特征匹配来确定，如两幅图中的边角或小片段等。根据其位置的不同，对应点在匹配的时候可能会出现一些问题。考虑图 9.68 中 A 和 B 两个标记。在每种情况下，两个摄像机拍摄出来的情况如图 9.68(a)和图 9.68(b)所示。虽然二者的位置不一样，但是摄像机看它们是类似的，所以就有可能将它们错误定位(除非对像消失的长度等附加信息也加以考虑)。

立体成像中深度测量的精度主要依赖于两幅图像之间所成的角度，即它们之间的视差。但是视差越大，要求搜索的范围就越大。为了提高精度和减少计算时间，可以使用同一场景的多幅图像[18]。斯坦福的实验车辆中就使用了类似的技术，在其导航系统中使用了安装在杆上的相机来获取场景的多幅图像，以便于计算距离和发现障碍[23]。

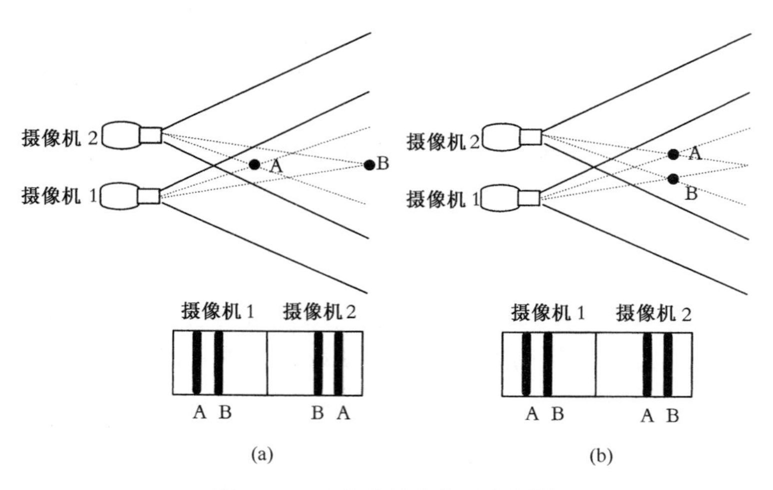

图 9.68 立体成像中的对应问题

9.22.4 利用阴影和大小进行场景分析

人们利用场景中的细节来获取物体的位置、大小和方位等信息，其中一个细节就是不同表面上的阴影。虽然物体表面上强度平滑变化的阴影信息有时会给如分割等其他操作带来困难，但是它可以间接用于获取深度和形状的信息。阴影与物体的方位和反射光有关系，如果知道了这种关系，就可以从中获得物体的位置和方位信息。利用阴影进行的深度测量需要事先知道物体的反射特性和精确的光源信息，所以这一技术的应用受到限制。

深度分析所用细节信息的另一个来源是物体的纹理梯度，或由于深度的变化而引起的纹理变化。这些变化是由纹理本身(通常假定它们是常量)的变化、深度或距离的变化(比例梯度)或平面方位的变化(透视梯度)所引起的。例如可以感受到墙上砖的大小有变化，通过计算墙上砖的大小变化的梯度，就可以估计它的深度。

9.23 特殊光照

深度测量的另一种可用方法是利用特殊光照技术，它产生的结果能应用于提取深度信息。这一技术已设计用于可提供特殊光照且环境可控的工业环境中。

其依据的理论是：如果一个光带(狭窄平面)投射到一个平面上，将产生一条与平面和光源的相对位姿有关的直线。然而，如果平面凹凸不平，那么观察者看到的光带与在光平面上看到的结果就不一样，得到的可能是一条曲线或一条不连续的直线(见图 9.69)。通过对反射光线的分析就可以获得物体的形状、位置和方位的信息。在某些系统中使用两个光带，当桌面上没有物体时，两个光带严格地在表面相交。而当存在物体时，两个光带产生两个反射。这两个反射由摄像机拍摄下来，计算深度信息并给出结果报告。一套名为CONSIGHT的商用系统就是基于这项技术的。

这一技术的一个缺点在于仅能提取被照到的那些点的信息。因此，为了获取物体的完整信息，就必须对整个物体或者场景进行扫描。

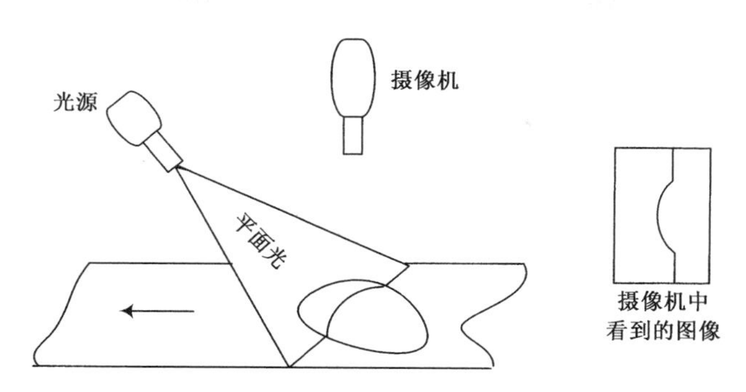

图9.69　应用特殊光照进行深度测量。平面光照射物体，与光平面所成角度不同的摄像机可以看到物体的光平面反射曲线，该曲线的曲率可用来计算深度

9.24　图像数据压缩

电子图像包含了大量的信息，所以需要具有大容量带宽的数据传输线。要求的图像质量决定了图像的空间分辨率、每秒的图像帧数和灰度等级(如果是彩色图像就是彩色等级)数目。现在的数据传输和存储技术已经显著地改善了图像传输(包括在因特网上传输)的能力。

下面将讨论能完成这个任务的一些技术。虽然有许多不同的数据压缩技术，但是只有部分和视觉系统直接相关(数据的传输问题超出了本书的研究范围，这里将不做详细讨论)。图像数据压缩技术分为帧内方法和帧间方法。

9.24.1　帧内空域技术

脉冲编码调制(Pulse Code Modulation，PCM)是一种很流行的数据传输技术。它通常以奈奎斯特(Nyquist)速率(防止混叠的速率)对模拟信号进行采样，进而对其进行量化。量化器有 N 个等级，其中 N 是2的整数次幂。如果量化器有8位，那么这个8位量化器就将产生 $2^8=256$ 种不同的灰度等级。在一些其他的情况下(如空间和医学应用中)，将使用更高的分辨率，例如 2^{10} 或者 2^{12}。

在一种称为伪随机量化抖振的技术中[22]，在像素的灰度值中加入随机噪声，以减少表示图像所需的位数，而使它仍具有与原图像相同的品质。如果量化器的位数减少了，并且没有任何抖振，那么图像的轮廓就显现出来。由于图像中可用的灰度等级数较少，所以会在图像中产生轮廓线(见9.5节的图9.8)。这些轮廓线可以通过采样之前在信号中加入少量的伪随机宽带和均匀分布的噪声信号(称为抖振)来避免。抖振导致像素在初始的量化等级附近振动，从而消除了轮廓线。换句话说，轮廓被迫在其均值附近做小的随机振动。适量的噪声信号可以使系统保持同样的分辨率而大大减少所需的位数。

另一项数据压缩技术是采用半色调。在这项技术中，通过提高每个像素的采样数量，将一个像素分解为许多像素。相应地，每个像素都用一位量化器简单地量化为黑或白。由于人眼能将这一组像素进行平均，所以图像看起来仍然是灰度的而不是黑白的。

预测编码指的是基于如下理论的一类技术：在高度重复的图像中，只需要对新的信息(简称新息)进行采样、量化和传输。在这些图像中，多幅图像中的许多像素并没有发生改变

(如电视新闻)，因此如果只传送连续图像间的变化数据，数据量将显著减少。预测器在前面图像信息的基础上，预测每一像素点的最优值。新息指的是像素的预测值和实际值之间的差异。系统传输新息来更新上一幅图像中的信息。如果图像中许多像素保持不变，那么新息就很少，从而所需要传送的信息量就大大减少。

例 9.14　旅行者 2 号飞船在空间运行的时候采用了类似的方法来减少数据传输量，其上的计算机使用差分编码技术来重新编程。在刚刚进入太空中的时候，旅行者 2 号上的系统采用 256 灰度等级来传输每个像素上的信息。那么一幅图像就需要 512 万位来传送，这还不包括错误检测和纠错码(长度也类似)。当飞过天王星以后，系统重新编程，只传送连续图像间存在差异的像素信息，而不是像素的绝对亮度信息。因此如果连续的图像之间没有差异，那么就不传输信息。在这种太空情况下，背景基本上是黑色的，许多像素都与其周围像素相似，因此数据传输量减少了大约 60%[23]。固定背景的例子还包括剧院环境和工业图像等。

在常数区域量化技术(Constant Area Quantization，CAQ)中[24,25]，对比度较低的区域将比对比度较高的区域使用更低的分辨率来减少数据传输量。这一技术有效地利用了这一事实：高对比度区域比低对比度区域包含更高的频率成分，因此需要更多的信息传输。

9.24.2　帧间编码技术

这些方法利用了连续图像之间存在的冗余信息。帧内编码技术和帧间编码技术的不同之处在于：帧间编码技术使用了大量不同的图像而不是仅仅一幅图像来减少信息传送量。

有一种简单的技术可以达到这个目的，即在接收器上使用帧存储器。帧存储器将保存一幅图像，并且连续播放。当任一像素信息发生改变时，帧存储器上对应的位置也进行更新，因此显著地降低了数据传输率。这项技术的缺点是当存在高速运动的部分时会出现闪烁。

9.24.3　压缩技术

通常用于数据压缩的方法有两种。第一种方法称为无损压缩(例如 zip 压缩)，为减小数据文件的大小可将重复的单词、短语或数值编码。该方法的名称就意味着，采用这种方法没有数据损失，因此可以在没有任何改变或损失的情况下重构原始文件。然而，由于图像的像素很少有重复的模式，故彩色的或无彩色的灰度图像的保存或压缩的程度并不高。然而，这些方法在特定的情况下会更有效果。例如，在一个二进制文件中，大范围的区域有相似的值。如果数据一行行地呈现(例如，逐行扫描一份传真文件)，数据可能通过编码像素的 0-1 集合而不是单个像素的值来进行压缩。因此，许多有相似值的像素可以通过只指定这部分的起点和它的长度来表示。

第二类方法通过减少信息来压缩图像数据，所以称为有损压缩，包括现在流行的 JPEG 压缩[13]。尽管我们不讨论该压缩数据的详细步骤，但应注意该过程中失去了大量信息，当图像保存或转换为 JPEG 格式时会生成一个小得多的文件。然而，除非原有详细数据需要用于其他目的或者放大图片来提取信息，否则人眼识别不出压缩后的图像与原图像有多大差别。

9.25　彩色图像

白光可以分解成彩虹的颜色，其波长范围为 400～700 nm。尽管对任一特定色调赋予精确值还相当困难，但光的基本颜色是红、绿和蓝(RGB)。理论上，所有其他的色调和颜色强度都可以通过混合基本颜色的不同等级来重新生成，虽然在现实中，重新生成的颜色并不是真正精确的。然而大多数图像的颜色能够通过混合三基色(RGB)来重新生成。

为了获取彩色图像，可用滤波器将光分离成三幅子图像，并对每幅图像单独地进行获取、采样及量化，从而创建三个图像文件。为了重构出彩色图像，屏幕就由三组像素点组成，并有序地相互交错(RGBRGB)。每个像素集合都单独且同时构建。由于人眼的空间分辨率有限，从而将三幅图像混在一起来感知彩色图像。然而，考虑图像处理时，彩色图像实际上是三幅图像的集合，且每幅代表原始图像的三基色的强度。

为了将彩色图像转换成黑白图像，单个彩色文件的强度必须转换成灰度值。一种方法是取同一像素位置的三个文件的平均值，并用它代替灰度值。因此，从灰度图像的直方图来说明就是 RGB 三个通道取完全相同的值。关于彩色图像处理的更多信息可参阅其他资料[2,13]。

9.26　启发式方法

启发式方法是为了使半智能化系统能够基于当前环境做出相应决策的一些经验规则的集合，它通常和移动机器人技术结合在一起使用，但是在其他领域也有着很多用途。

考虑一个需要穿行迷宫的移动机器人，假设机器人从某一点出发，其上装备了可以通知控制器前方有墙等障碍的警报器。在这一点，控制器需要决定下一步应该如何运动。假设第一条规则是当机器人遇到障碍的时候，应该左转。然后机器人继续运动，当又碰到一堵墙的时候，它将再次左转然后继续前进。如果经过三次左转之后，机器人回到了出发点，这种情况下，机器人还应该继续左转吗？显然，这样做将会导致一个无限循环。那么第二条规则就是当遇到同一点的时候，机器人应该右转。再假设如果经过一次左转之后，机器人进入了一个死胡同，那么又应该怎么办呢？我们再确定第三条规则就是沿着来路返回，直到找到另一条路线。可以发现，机器人可能会碰到许多不同的情况，而设计者需要考虑到每种情况并做出相应决策。这些规则的集合就是控制器智能地决定如何控制机器人运动的启发式规则库。但是，需要意识到的很重要的一点是，这种智能并不是真正的智能，因为并不是控制器真正在做决策，它只不过是在一些已经做出的决策中进行选择而已。如果机器人遇到了超出规则所考虑范围的问题，那么控制器就不知道该如何做出反应了[26]。

9.27　视觉系统的应用

视觉系统有许多不同的应用，包括它与机器人操作的结合使用。视觉系统通常用于需要了解周围工作环境信息的操作过程，其中包括检测、导航、零件识别、装配操作、监视、控制和通信等。

设想在自动生产线上制造一块电路板。这一过程中很重要的一步就是在某些操作前后的不同状态对电路板进行检查。常用的方法是创建一个单元，在这个单元中提取要检查的这一步的图像，进而对该图像进行修改、改进和变换。然后将处理过的图像和查询表中的图像进行比较。如果二者相符，则这一步就被接受，否则这一步被拒绝，或进行修改处理。这些图像处理和分析操作一般来说都是由前面讨论的过程组成的。大多数商用视觉系统都包含嵌入的可供宏程序调用的子程序，所以建立一个系统很容易。

视觉系统有很多应用，例如定位放射性块[27]、随机抓取零件[28]、构建自动刹车检查系统[29]、对机器人的运动和外部物体进行测量[30]、食品检验(如饼干外观和包装的一致性)[31]、创建移动机器人的适应性行为[32]、分析农作物的健康[33]及其他许多方面的应用。

在导航系统中通常需要对场景进行分析，以便于找出可行的路径、障碍及机器人所要面对的其他物体[34]。在某些操作中，视觉系统将信息传递给远程遥控机器人的操作员，这种情况在遥控机器人和空间技术中是非常常见的[35]。在一些医学应用中，外科医生在手术过程中导引的设备可能是外科手术机器人或如血管造影片那样小的研究探测设备[36]。自主导航技术需要将视觉系统与深度测量方法集成起来，它可通过立体视觉分析或测距仪技术来实现。同时它也需要行为的启发式规则，以便于引导机器人在环境中运动。

在另外的应用中[37,38]，可在摄像机边上安装一个廉价的激光二极管。它所射出的激光由摄像机捕获，用于测量深度和校准摄像机。在这两种情况中，激光的亮度和发射效果导致图像中包含一个大而亮的圆斑。为了辨识这个点并将其从图像中分离出去，可采用直方图和阈值操作。辨识出这个圆斑后再将它骨架化到只剩下中心的一个点。这个像素所在的位置就代表圆心，然后将这一信息应用于三角测量方法，从而实现对深度的计算或者摄像机的校准。

这些简单的例子都和前面讨论过的技术有关。根据这些视觉系统的基本知识，我们能将视觉系统应用到它所适用的场合。

9.28　设计项目

市场上有很多廉价的数码摄像机可以用于创建一个简单的视觉系统。它们简单、小巧、轻便，可以拍出供计算机获取和处理的图像。实际上，许多带有软件的摄像机就可以获取并数字化图像。标准的照相机和摄像机也可用于获取图像。在这种情况下，虽然可以获取图像供今后使用，但是由于还需要将图像下载到计算机中的附加步骤，所以图像不能被立即使用。

此外，有许多简单的程序，例如 Adobe Photoshop，包含了许多类似于在本章中讨论过的各种方法的子程序。附加程序可以由通用计算机编程语言如 C 语言来开发，许多其他子程序可从公共资源库中下载。最终可以得到一个具备一定视觉能力、用于处理相关视觉任务的简单视觉系统。这一开发成果可以独立完成，也可以和一个 3 轴机器人结合在一起来完成，其中可以包含零件识别，抓取和移动机器人及其他类似设备开发等各种程序。

本章中的图像都是由标准数字相机和加州州立理工大学机械工程机器人实验室的视觉系统(包括 MVS909 和 Optimas 6.2 视觉系统和 Photoshop)获取和处理的。

大家也可利用其他的处理图像的编程语言和系统(其中包括 Excel，LabView 等)来开发自己的简单视觉系统。

小结

本章研究了图像处理基本方法，利用这些方法对图像进行修改、改变、改进和增强。此外，还研究了图像分析，通过图像分析可以从图像中提取出有用的数据以供后面应用。这些信息可用于许多不同的场合，包括生产、监视、导航和机器人等。视觉系统是灵活、廉价且功能强大的工具，人们可以很容易地使用它们。

有许多不同的程序可以用于不同的目的，其中大多数都是为了特定的应用和操作而开发出来的。但是一些基本的技术(如卷积掩模)可以应用于许多程序中。我们主要关注的是这样一些技术，它们能够为人们所采用、进一步开发及能为其他应用服务。技术上的进步为视觉系统和视觉分析带来了发展的机会，这一趋势无疑将持续下去。

参考文献

[1] Doudoumopoulos, Roger, "On-Chip Correction for Defective Pixels in an Image Sensor," NASA Tech Briefs, May 2000, p. 34.

[2] Gonzalez, R. C., Richard Woods, "Digital Image Processing," Prentice Hall, New Jersey, 2002.

[3] Low, Adrian, "Introductory Computer Vision and Image Processing," McGraw-Hill, 1991.

[4] Horn, B. K. P., "Robot Vision," McGraw-Hill, 1986.

[5] Hildreth, Ellen, "Edge Detection for Computer Vision System," *Mechanical Engineering*, August 1982, pp. 48-53.

[6] Olson, Clark, "Image Smoothing and Edge Detection Guided by Stereoscopy," NASA Tech Briefs, September 1999, pp. 68-69.

[7] Groover, M. P., et al. "Industrial Robotics, Technology, Programming, and Applications," McGraw-Hill, 1986, p. 177.

[8] Hough, P. V. C., A *Method and Means for Recosnizing Complex Patterns*, U. S. Patent 3,069,654, 1962.

[9] Illingworth,J.,J. Kittler, "A Survey ofthe Hough Transform," Computer Vision, Graphics, and Image Processing, Vol. 44, 1988, pp. 87-116.

[10] Kanade, T., "Survey; Region Segmentation: Signal vs. Semantics," Computer Graphics and Image Processing, Vol. 13, 1980, pp. 279-297.

[11] Snyder, Wesley, "Industrial Robots: Computer Interfacing and Control," Prentice Hall, 1985.

[12] Haralick, Robert M., L. G. Shapiro, "Computer and Robot Vision," Volume I, Addison Wesley, MA, 1992.

[13] Russ, John C., J. C. Russ, "Introduction to Image Processing and Analysis," CRC Press, 2008.

[14] Gonzalez, Rafael, P. Wintz, "Digital Image Processing," 2nd Edition, Addison-Wesley, Reading, Mass., 1987.

[15] Liou, S. P., R. C. Jain, "Road Following Using Vanishing Points," Proceedings ofIEEE Computer Society Conference on Computer Vision and Pattern Recognition, 1986, pp. 41-46.

[16] Nevatia, R., "Machine Perception," Prentice Hall, New Jersey, 1982.

[17] Fu, K. S., Gonzalez, R. C., Lee, C. S. G., "Robotics; Control, Sensing, Vision, and Intelligence," McGraw-Hill, 1987.

[18] Marr, D., T. Poggio, "A Computational Theory of Human Stereo Vision," Proceedings of the Royal Society, London, B204, 1979, pp. 301-328.

[19] Marr, D., "Vision," Freeman and Co., 1982.

[20] Pipitone, Frank, T. G. Marshall, "A Widefield Scanning Triangulation Rangefinder for Machine Vision," The International Journal of Robotics Research, Vol. 2, No. 1, Spring 1983, pp. 39-49.

[21] Moravec, H. P., "Obstacle Avoidance and Navigation in the Real World by Seeing Robot Rover," Stanford Artificial Intelligence Laboratory Memo, AIM-340, September 1980.

[22] Thompson, J. E., "A 36-Mbit/s Television Coder Employing Psuedorandom Quantization," IEEE Transactions on Communication Technology, COM-19, No. 6, December 1971, pp. 872-879.

[23] Goldstein, Gina, "Engineering the Ultimate Image, The Voyager 2 Mission," *Mechanical Engineering*, December 1989, pp. 30-36.

[24] Pearson, J. j., R. M. Simonds, "Adaptive, Hybrid, and Multi-Threshold CAQ Algorithms," Proceedings of SPIE Conference on Advanced Image Transmission Technology, Vol. 87, August 1976, pp. 19-23.

[25] Arnold, J. F., M. C. Cavenor, "Improvements to the CAQ Bandwidth Compression Scheme," IEEE Transactions on Communications, COM-29, No. 12, December 1981, pp. 1818-1822.

[26] Chattergy, R., "Some Heuristics for the Navigation of a Robot," The International Journal of Robotics Research, Vol. 4, No. 1, Spring 1985, pp. 59-66.

[27] Wilson, Andrew, Editor, "Robot Vision System Locates Radioactive Pucks," Vision Systems Design, May 2002, pp. 7-8.

[28] "Using Vision to Enable Robotic Random Bin Picking," Imaging Technology, June 2008, pp. 84-86.

[29] "Creating an Automated Brake Inspection System with Machine Vision," Imaging Technology, June 2008, pp. 88-90.

[30] "Vision System Measures Motions of Robots and External Objects," NASA Tech Briefs, November 2008, pp. 24-26.

[31] Thilmany, Jean, "Accessible Vision," *Mechanical Engineering*, July 2009, pp. 42-45.

[32] "Adaptive Behavior for Mobile Robots," NASA Tech Briefs, August 2009, pp. 52-53.

[33] "Imaging System Analyzes Crop Health," Defense Tech Briefs, August 2009, pp. 32- 33.

[34] "Vision-Based Maneuvering and Manipulation by a Mobile Robot," NASA Tech Briefs, March 2002, pp. 59-60.

[35] Ashley, Steven, Associate Editor, "Roving Other Worlds by Remote," *Mechanical Engineering*, July 1997 pp. 74-76.

[36] Hallett, Joe, Contributing Editor, "3-D Imaging Guides Surgical Operations," Vision Systems Design, May 2001, pp. 25-29.

[37] Niku, S. B., "Active Distance Measurement and Mapping Using Non Stereo Vision Systems," Proceedings of Automation '94 Conference, July 1994, Taipei, Taiwan, R. O. C., Vol. 5, pp. 147-150.

[38] Niku, S. B., "Camera Calibration and Re, setting with Laser Light," proceedings of the 3rd International Conference on Mechatronics and Machine Vision in Practice, September 1996, Guimaraez, Portugal, Vol. 2, pp. 223-226.

习题

说明：如果大家手头没有图像，可以通过创建一个名为 $I_{m,n}$ 的文件来模拟，这里 m 和 n 是图像的行标和列标。这时，利用下面的图像矩阵(见图 9.70)，将文件中的数据填充以 0 和 1 或灰度值就可以得到一个图像文件。在二值图像中，0 表示关、暗或背景像素，而 1 表示开、亮或物体像素。在灰度图像中，每个像素用一个相应的灰度值来表示。编写一个计算机程序便可以通过访问文件来获取图像数据，对图像数据进行处理的结果写进一个新的文件如 $R_{m,n}$ 中，这里 R 表示处理的结果，m 和 n 分别表示新文件的行标和列标。

另外，也可以使用自己的图像系统或任何商用的图像语言来创建、访问和表示图像。

	1	2	3	4	5	6	7	8	9	10	11	12	13	14	15
1															
2															
3															
4															
5															
6															
7															
8															
9															
10															
11															
12															
13															
14															
15															

图 9.70　一个空白图像网格

9.1　计算一幅静止的彩色图像所需的内存，该图像来源于 1000 万像素的相机，每个像素的位数要求分别为：

(1) 每个像素 8 位(256 级)

(2) 每个像素 16 位(65 536 级)

9.2　考虑一幅图像的像素，其值如图 P.9.2 所示，此外，卷积掩模也已赋值，试计算给定像素的新值。

9.3　考虑一幅图像的像素，其值如图 P.9.3 所示，此外，卷积掩模也已赋值，计算给定像素的新值。用 0 代替负灰度级，从结果中能得出什么结论。

4	7	1	8
3	2	6	6
5	3	2	3
8	6	5	9

1	0	1
1	1	1
1	0	1

图 P.9.2

5	5	5	7	7	8
5	5	5	8	8	9
10	10	10	10	10	10
8	8	8	9	9	8
8	8	8	9	9	10

1	0	1
0	−4	0
1	0	1

图 P.9.3

9.4　重复习题 9.3，只不过用绝对值代替负灰度级，从结果中能得出什么结论。

9.5　重复习题 9.3，但是运用图 P.9.5 的掩模，将得到的结果与习题 9.3 的结果相比较，哪一个更好？

9.6　重复习题 9.3，但是运用图 P.9.6 的掩模，将得到的结果与习题 9.3 的结果相比较，哪一个更好？

9.7　重复习题 9.3，但是运用图 P.9.7 的掩模，将得到的结果与习题 9.3 的结果相比较，哪一个更好？

−1	0	−1
0	4	0
−1	0	−1

图 P.9.5

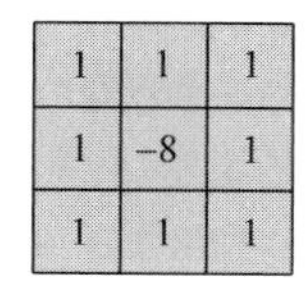

0	1	0
1	−4	1
0	1	0

图 P.9.6

1	1	1
1	−8	1
1	1	1

图 P.9.7

9.8　图像的值如图 P.9.8 所示：

(a) 当用掩模 1 时，找出像素 2c 的值；

(b) 当用掩模 2 时，找出像素 3b 的值；

(c)当用 3 ×3 的中值滤波时，找出像素 2b 和 3c 的值；

(d)用阈值 4.5 对图像进行二值化，并基于 +4 连通(从第一个 1 像素开始)，找出结果中主要物体的面积。

	a	b	c	d	e
1	4	9	6	2	6
2	4	3	7	4	6
3	6	2	6	5	3
4	1	6	5	9	2
5	2	8	4	4	7

1	1	1
1	1	1
1	1	1

掩膜1

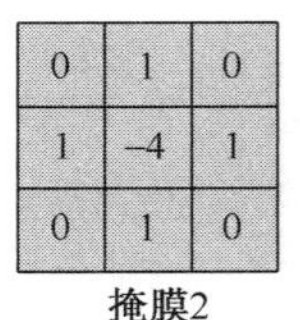

0	1	0
1	-4	1
0	1	0

掩膜2

图 P.9.8

9.9　图像的值如图 P.9.9 所示：

(a)当用掩模 1 时，找出像素 3b 的值；

(b)当用掩模 2 时，找出像素 2b，2c，2d 的值；

(c)当用一个 5 ×5 的中值滤波时，找出像素 3c 的值；

(d)用阈值 4.5 对图像进行二值化，并基于 +4 连通(从第一个 1 像素开始)，找出结果中主要物体的面积。

	a	b	c	d	e
1	8	9	6	2	5
2	4	6	2	4	6
3	6	7	5	6	5
4	1	10	5	9	4
5	2	8	4	3	2

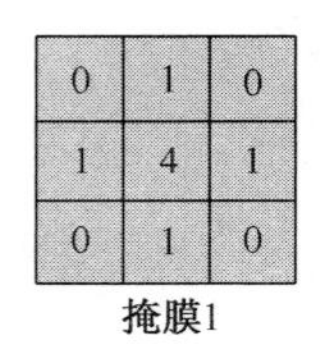

0	1	0
1	4	1
0	1	0

掩膜1

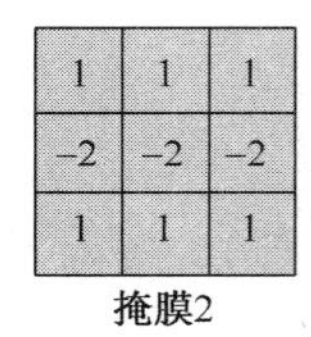

1	1	1
-2	-2	-2
1	1	1

掩膜2

图 P.9.9

9.10　编写程序，将 3 ×3 的均值卷积掩模应用于 15 ×15 的图像上。了解更多信息可参见本章习题开头的说明。

9.11　编写程序，将 5 ×5 的均值卷积掩模应用于 15 ×15 的图像上。了解更多信息可参见本章习题开头的说明。

9.12　编写程序，将 3 ×3 的高通卷积掩模应用于 15 ×15 的图像上来进行边缘检测。了解更多信息可参见本习题开头的说明。

9.13　编写程序，将 $n \times n$ 的卷积掩模应用于 $k \times k$ 的图像上，并且掩模的大小和掩模的单元值可以由用户来选择。了解更多信息可参见本章习题开头的说明。

9.14. 编写程序，对 15 ×15 的图像执行 L-R 搜索。了解更多信息可参见本章习题开头的说明。

9.15. 利用 L-R 搜索技术，找出图 P.9.15 中物体的外边界。

9.16　5 个点的 x 和 y 坐标分别是(2.5,0)，(4,2)，(5,4)，(7,6)和(8.5,8)。利用霍夫变换来确定哪些是直线上的点，并找出其斜率和截距。

9.17　编写程序，实现基于 +4 连通的区域增长操作，程序应从角点像素(1, 1)处开始寻找核心单元，通过选定的索引数来增长区

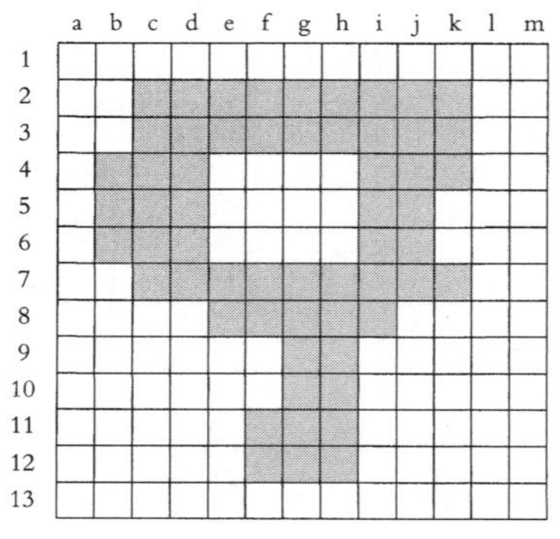

图 P.9.15

域，完成增长以后，继续搜索其他的核心区域，直到所有的物体像素都被检查到。了解更多信息可参见本章习题开头的说明。

9.18　编写程序，实现基于 ×4 连通的区域增长操作，程序应从角点像素(1, 1)处开始寻找核心单元，通过选定的索引数来增长区域，完成增长以后，继续搜索其他的核心区域，直到所有的物体像素都被检查到。了解更多信息可参见本章习题开头的说明。

9.19　对于图 P.9.19 中的图像，利用 +4 连通逻辑并从像素(1, a)开始，按照用区域增长程序进行检验的正确次序写出像素序列。

9.20　对于图 P.9.20 中的物体，利用 ×4 连通逻辑并从像素(1, a)开始，按照用区域增长程序进行检验的正确次序写出像素序列。

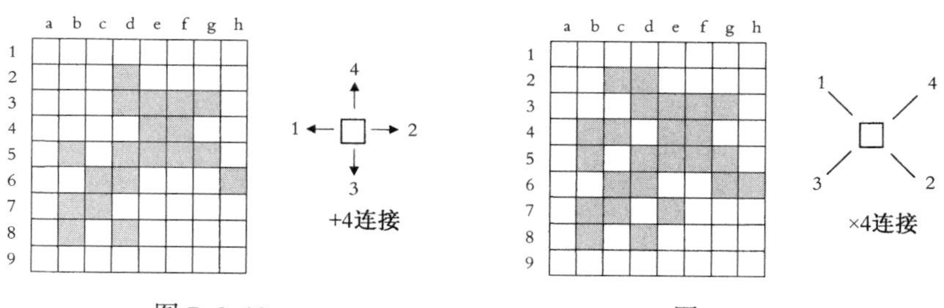

图 P.9.19　　图 P.9.20

9.21　找出图 P.9.21 中两物体之间的并集。

0	0	0	0	0	0	0	0	0	0	0	0	0
0	0	0	0	0	0	0	0	0	0	0	0	0
0	0	0	0	0	0	0	0	0	0	0	0	0
0	0	0	0	0	0	0	0	0	0	0	0	0
0	0	0	0	0	0	0	0	0	0	0	0	0
0	0	0	0	0	0	0	0	0	0	0	0	0
0	0	0	0	1	1	1	1	0	0	0	0	0
0	0	0	0	0	0	0	1	0	0	0	0	0
0	0	0	0	0	0	0	0	0	0	0	0	0
0	0	0	0	0	0	0	0	0	0	0	0	0
0	0	0	0	0	0	0	0	0	0	0	0	0
0	0	0	0	0	0	0	0	0	0	0	0	0
0	0	0	0	0	0	0	0	0	0	0	0	0

0	0	0	0	0	0
0	1	0	0	0	0
0	1	0	0	0	0
0	1	1	1	1	0
0	0	0	0	1	0
0	0	0	0	1	0
0	0	0	0	0	0

图 P.9.21

9.22　将基于 8 连通的单像素腐蚀应用于图 P.9.22 中的图像。

9.23　对题 9.22 的结果进行单像素扩张，并将扩张后的结果与图 P.9.22 相比较。

9.24　对图 P.9.24 进行放缩操作。

9.25　对图 P.9.24 进行缩放操作。

9.26　对图 P.9.26 进行骨架化操作。

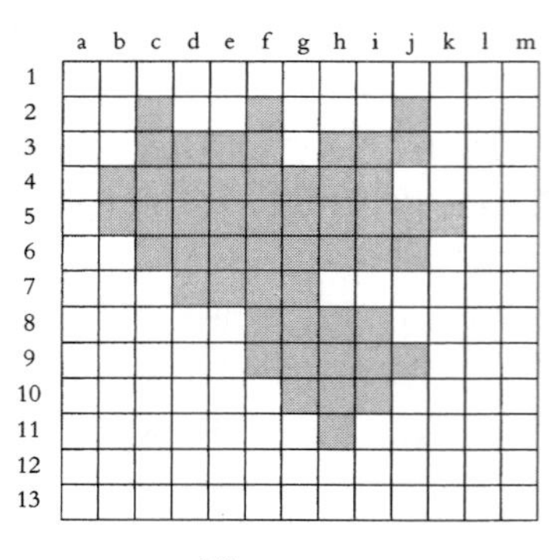

图 P.9.22

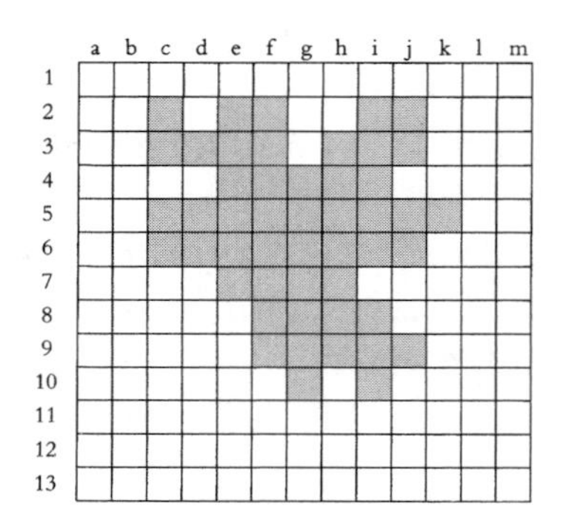

图 P.9.24

9.27 编写一个能计算图像中物体不同矩的程序，程序应能询问矩的指数，计算结果可以用一个新的文件给出报告或存到存储器中。了解更多信息可参见本章习题开头的说明。

9.28 计算题 9.8(d)基于 +4 连通结果的矩 $M_{0,2}$。

9.29 对于图 P.9.29 中钥匙的二值图像，进行下列计算：

- 周长 P，基于 L-R 搜索技术。
- 窄度，基于 P^2/面积。
- 重心。
- 矩 $M_{0,1}$，关于原点像素(1,1)和关于包围钥匙的矩形盒最低点(2, 2)。

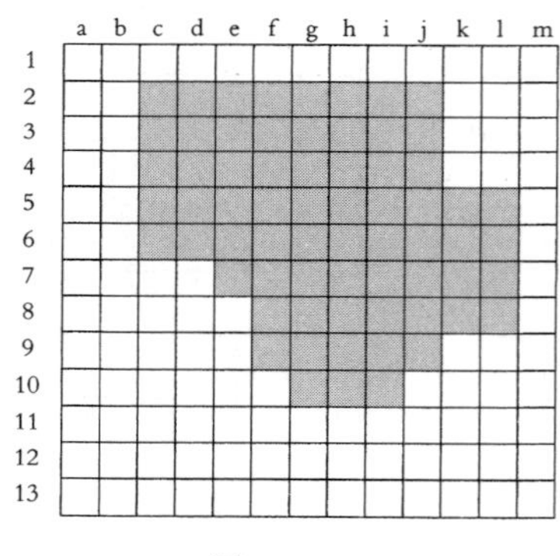

图 P.9.26

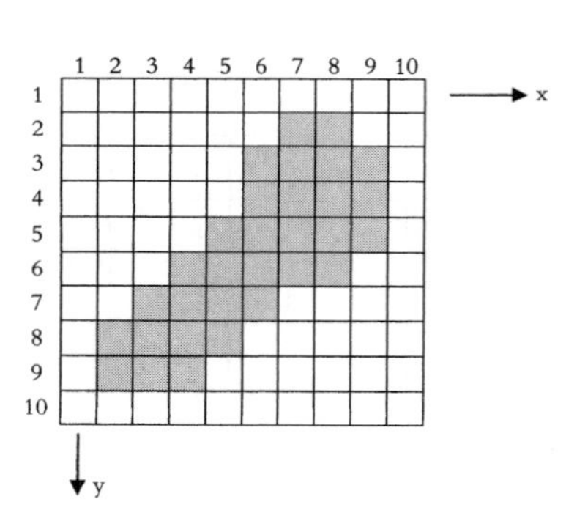

图 P.9.29

9.30 利用矩方程计算关于图 P.9.30 中零件中心轴的矩 $M_{0,2}$ 和 $M_{2,0}$。

9.31 利用矩方程计算关于图 P.9.31 中零件中心轴的矩 $M_{0,2}$ 和 $M_{2,0}$。

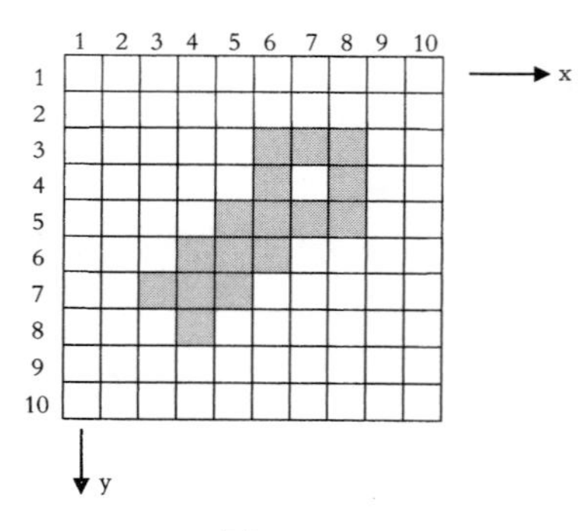

图 P.9.30

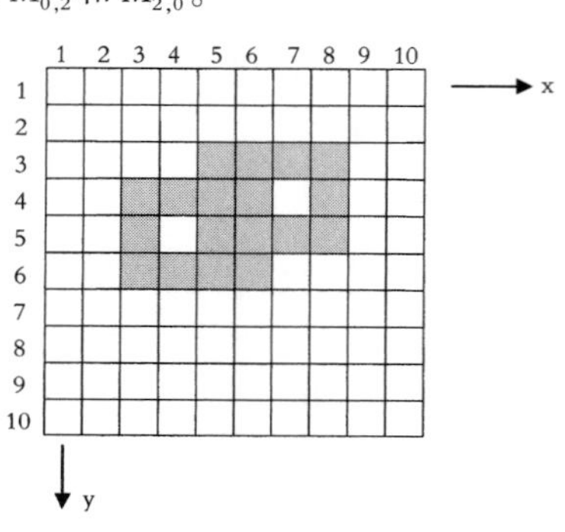

图 P.9.31

第 10 章　模糊逻辑控制

10.1　引言

“1993 年 10 月 26 日星期二本应该是圣路易斯奥比斯波很温暖的一天，而事实上这一天相当热。机器人实验室早上开门的时候，我们发现屋中的蒸汽管裂开了，大量的热和湿气散发到周围的环境中。开启机器人的液压动力装置后，实验室里更热，温度进一步升高。最后，气温太热以至于我们不得不搬来大型风扇使实验室冷下来一点，让学生们稍稍舒服一些。”

这段真实的陈述是解释模糊逻辑的很好例子。让我们再看一遍这段话，特别注意有下画线的词：

“10 月 26 日星期二本应该是圣路易斯奥比斯波很温暖的一天，而事实上这一天相当热。机器人实验室早上开门的时候，我们发现屋中的蒸汽管裂开了，大量的热和湿气散发到周围的环境中。开启机器人的液压动力装置后，实验室里更热，温度进一步升高。最后，气温太热以至于我们不得不搬来大型风扇使实验室冷下来一点，让学生们稍稍舒服一些。”

正如所看到的，在这段话中采用许多描述性的话来描写某些并不十分清晰的条件。例如，当我们说那天本应该很温暖，本应该很温暖的温度是什么？85℉[①]或者 100℉？实际上，如果生活在圣路易斯奥比斯波，即使 80℉也可能是太温暖了。那么，正如所看到的，温度的描述事实上是模糊的，并不十分清楚温度是多少。继续看下去，叙述还是模糊的。我们也不知道“太热”、“一点”、“大型风扇”的确切意思是什么，有多大？当我们打开风扇时，温度能变冷多少？现在，建议再读一遍上面的那段话，除了讨论的那些外，看看还使用了多少其他的模糊描述。很显然，模糊描述在日常发言中非常普遍，它们总是出现在日常的会话内容中。

更有趣的是这些事件和其他现象的模糊描述都与事件的背景有关。阿拉斯加温暖的一天与达拉斯和里约热内卢的温暖的一天是绝然不同的含义。如果在达拉斯的夏季或者冬季，温暖一天的含义也是不同的。可以想象达拉斯的夏天很热，因此，85℉将会感觉相对凉爽，而在达拉斯的 1 月中旬，相同的温度会感觉非常温暖。再来看一个患者向医生描述疼痛的例子。如果小孩子摔了一跤说“真疼”，医生对此的理解将不同于出了严重事故的某人说的“真疼”。所以，我们必须联系事件的背景来理解模糊描述。

即使这些模糊描述不是十分确切，并且它们与上下文和描述它们的人及环境有关，我们也能听懂这些模糊描述并理解它们的含义。我们已经学会将某一段的意义与同其他条件相关的特定描述联系起来，并能够做出与模糊描述相关的推论。在日常谈话中，即使以后必须做进一步的补充描述或通过更多的问题来澄清含义，模糊描述也是可行的。下面考虑三个简单的例子，其中需要有更好的方法来对情况进行描述。

---

① ℉是华氏度的符号，F = 1.8C + 32。——编者注

首先，假定有一个专家系统用来给远地的患者开药，那里没有医生做日常诊断，况且让医生通过电话来给患者诊断也不实际。这个系统会询问患者的病情和症状，是否疼痛、发烧、咳嗽等，然后把这些症状与查询表或病因库对照，并由此诊断病因并开出药方。假设一个患者描述嗓子疼，如果嗓子疼是“非常严重”，或发烧“大约”100℉，专家系统将得出怎样的结论?

其次，再看一个自动调温装置，假设要求控制温度在75℉。因此，如果温度高了，空调应该开启；如果温度低了，空调应该关闭。为实现这一目的，设置自动调温装置控制为75℉。在简单的微处理器控制中，可有如下的控制语句：

$$\text{如果温度} \geqslant 75\text{℉，则启动空调} \tag{10.1}$$

它表明一旦温度达到了75℉或更高，空调将会开启。然而，系统在温度为74.9℉时也不会工作。考虑前面看到的模糊描述，这是否是我们想要的结果。

最后，考虑洗衣机。绝大多数洗衣机除了简单的洗涤定时功能外，使用者不能基于衣服量的多少和衣服有多脏对洗衣机该如何洗涤做出任何其他的选择。如果有一个能检测水的干净程度，从而调节洗涤模式的系统将更好。这样，我们需要知道如何定义净水与脏水，需要考虑什么是干净(多干净算干净)，什么是脏(有多脏)等。

10.2 模糊控制需要什么

重新考虑式(10.1)：

$$\text{如果温度} \geqslant 75\text{℉，则启动空调}$$

改进这条控制语句灵活性的一种方式是加上另一条控制语句，即温度在稍微低一点时空调将开启，不过此时空调机的功率要设定得低一点(假设能改变空调系统的功率设定)。这样，可改变一下前面的控制语句，并加上另一条控制语句如下：

$$\text{如果温度} \geqslant 75\text{℉，则启动空调至满功率的}90\% \tag{10.2}$$

$$\text{如果温度} \geqslant 79\text{℉，则启动空调至满功率} \tag{10.3}$$

现在给系统增加了一些灵活性，它已不再仅靠单一值来运行，而是依据温度做出不同的反应。注意对于每条语句，控制器仍按单一值工作。结果是，即使温度在78.99°，系统仍工作在总功率的90%。

这种类型的控制语句仍然存在两个主要问题。首先，假如想要控制非常大的范围内的数值，需要成百条这种类型的语句来覆盖在期望值邻域的微小变化。设想我们期望在一个温度变化的化工过程中，每0.1℉的温度变化就要进行控制(整个变化范围可能达到±10℉)，那么将需要大约200条控制语句。其次，即使这样做了，写出包含变量所有可能变化的控制语句，仍然不能使控制语句与日常口语联系起来。结果，前面例子中的医学专家系统仍不能与患者交流，洗衣机也不能与脏水和净水联系起来。

这就需要寻找一种方法，该方法能够将系统定义的口语模糊描述词转化为系统能够使用的工程描述词，使用模糊推理控制技术就可以实现这一转化。在接下来的几节，我们将看到如何定义模糊推理(称为模糊集和模糊化)，如何编写模糊控制律的集合(称为模糊推理规则库)和如何把结果转化为有用的工程输出(称为清晰化)。模糊控制思想起源于L. Zadeh发表的一篇论文[1]，从那时开始，该领域进行了大量的研究工作。虽然有很多关于模糊逻辑的内容可以讨论，但本书只讨论模糊逻辑的一些基本原理，它们涉及为装置开发模糊逻辑控制器或涉及包括机器人在内的简单机器。如果想了解更多这方面的知识，可参考相关书籍和杂志文章[2~4]。

10.3　清晰值与模糊值

在前面的例子中，语句里提到的所有值都称为清晰值。清晰值是具有明确定义且只有一种解释的值。清晰值 75℉在任何系统中都是一样的，它是有明确定义且可测量的值。它也称为单值，以区别用一个模糊值定义的一组值。相比之下，模糊值不清晰，根据环境的不同，它可能有多种不同的解释。

10.4　模糊集合：隶属度与真值度

为了能在控制设置中使用模糊描述，我们定义一个模糊集合，它的成员以不同的隶属度或真值度来描述模糊变量。模糊集合中的每个值都有一个属于该集合的隶属度，隶属度从 100%（1）变化到 0%（0）。这表明，与只有一个值为真而所有与它相关的其他值为假的清晰值不同，模糊集合中含有模糊值，其中每个值有一个从 100% 变化到 0% 的真值度。

为理解这一点，再次考虑洗衣机及下面的陈述：

如果　水样 = 干净水　那么　洗涤时间 = 0

如果假定干净水代表纯净水，那么作为一个清晰值，当水是纯净的时（水中没有其他物质），干净水的陈述才为真。在其他情况下，即使有微量的杂质在里面，陈述也为假并认为水是不干净的。这一定义不允许有任何偏差。在定义干净水的模糊集合中，纯净水样将有 100%（或 1）的隶属度属于干净水，说明它是纯净水。然而，含有微量杂质的水仍相当干净，也许可以算成 95% 的干净。含有稍微多一点杂质的水也许可以算成 90% 的干净。因此，集合中的每个值都在一定程度上与干净水有关，它不但含有单一的清晰值（称为单值），而且包含无数个具有不同隶属度或真值度的干净水的可能性。这样，即使脏水仍可能是干净水集合的一部分，只不过它属于干净水集合的隶属度可能很低。另一方面，如果也定义一个脏水的模糊集合，前面提到的纯净水样在这个集合中的隶属度为 0，而脏水在这个集合中的隶属度为 100%。在干净水中具有 90% 隶属度的水在脏水集合中可能有 15% 的隶属度。因此，如果定义了两个集合，水样就可能有两个定义值，每个集合有一个不同的隶属度值。

考虑下面普通的清晰规则：

如果 <规则> 则 <结论>　　(10.4)

假如规则是 100% 真，则执行结论。

然而，对于模糊规则，其值不必 100% 为真（虽然也可能有 100% 为真的情况），而是有一个属于这一集合的隶属度。在规则中使用相应定义的隶属度值来计算其输出。假设系统中使用两个称为 INPUT1 和 INPUT2 的输入变量去控制称为 OUTPUT 的输出变量，可以写出一般的一组规则为

如果　INPUT1 = INPUT1 集合的隶属度　且

INPUT2 =INPUT2 集合的隶属度

则 OUTPUT =OUTPUT 集合的隶属度

下面几节将讨论模糊化、建立规则库及清晰化的过程。

10.5 模糊化

模糊化是将输入值和输出值转换为其隶属度函数的过程。模糊化的结果是一组图或方程，它们用来描述不同模糊变量中不同值的隶属度。

在对变量进行模糊化处理时，首先将它可能取值的范围划分成若干集合，每个集合描述了该范围的一个特定部分。其次，每个特定部分的范围都由方程或图形来表示，它们用来描述每个值属于该范围的真值度或隶属度。集合的个数、每个集合代表的范围及表示的类型都是任意的，它们取决于系统设计师的选择。正如后面将看到的，在对系统进行仿真和分析时，这些都是可以修改和改进的。

每个集合都有许多可用的表示方法。如果要创建自己的模糊系统，可使用合适的任何一种表示方法。然而，当使用商业系统时，可用的表示方法将受到限制。以下是常见的隶属度函数：

- **高斯隶属度函数**：如图 10.1 所示，这是表示一个分布的很自然的方式。一般地，很多数学运算需要使用高斯分布，因此，正如下面将要看到的，将高斯表达式改成简单形式更容易应用。

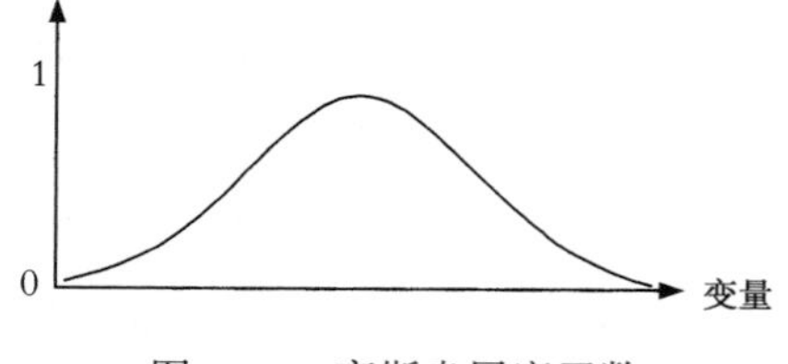

图 10.1 高斯隶属度函数

- **梯形隶属度函数**：如图 10.2 所示，常见的梯形隶属度函数能用一个更简单的方法来表示高斯函数。这里，隶属度函数由三条简单的直线组成且只需四个点。每段是相邻两点之间的一条直线，因此变量中每个值的隶属度能很容易地从直线方程中计算出来。
- **三角形隶属度函数**：它同样是能简化高斯函数的常见隶属度函数，且只需要三个点。如图 10.3 所示，每段是相邻两点之间的一条直线。变量中每个值的隶属度能很容易地从直线方程中计算出来。
- **Z 形和 S 形隶属度函数**：如图 10.4 描述的二阶函数可用于表示一个变量的上限和下限，其隶属度可与值的范围一样(0 或 1)。将梯形隶属度函数的左边或右边换成垂直边后可用作 Z 形和 S 形隶属度函数的简化模型。

也可使用其他函数来作为隶属度函数，例如 π型函数、两个 S 形函数的乘积及两个 S 形函数的差等[5]。

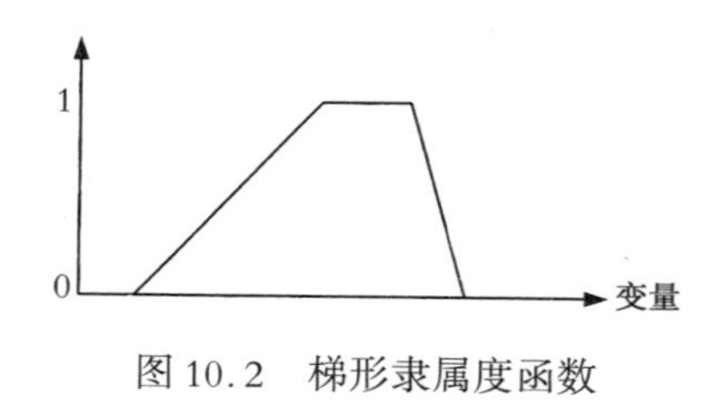

图 10.2 梯形隶属度函数

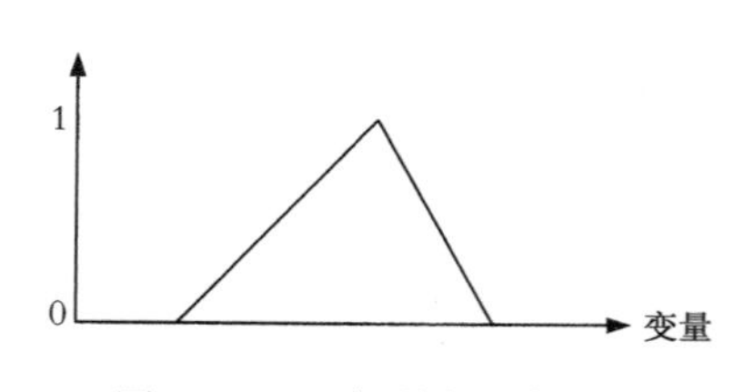

图 10.3 三角形隶属度函数

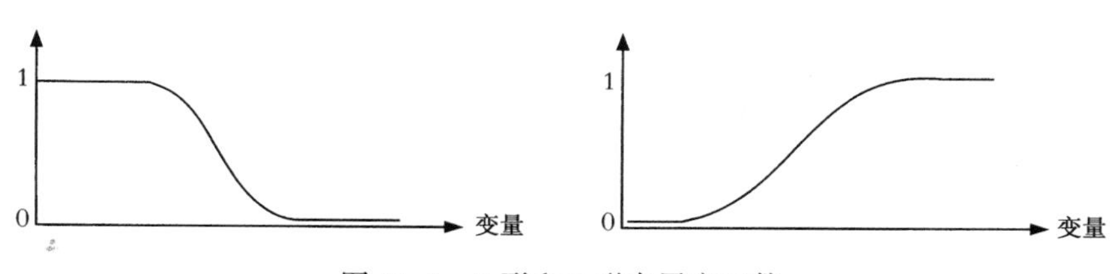

图 10.4　Z 形和 S 形隶属度函数

为了了解如何使用这些隶属度函数，可考虑这样一个系统，其温度是变量且变化范围在 60℉到 100℉之间。以温度为例，为了定义模糊温度变量，将期望的温度范围分成几个集合。为把问题阐述清楚，在设定的温度范围用三角形和梯形函数来定义集合："很热"、"热"、"暖"和"冷"，如图 10.5 所示。

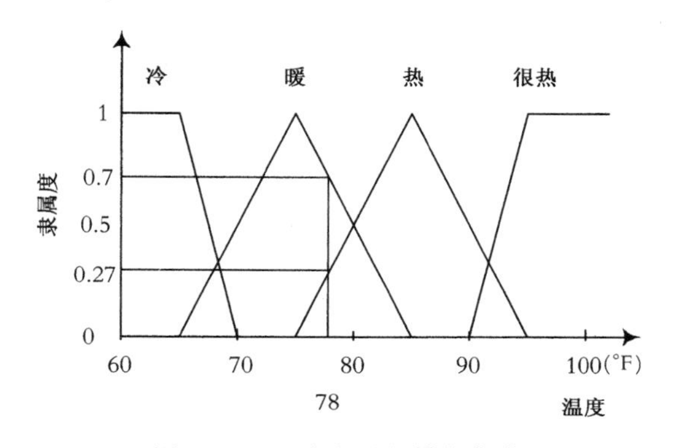

图 10.5　温度变量的模糊集合

每个集合包含一个温度范围，其中每个温度都有一个如图 10.5 所示的隶属度。正如前面提到的，任何温度，譬如 78℉，在不同集合中都有相应的隶属度值。在本例中，78℉在"热"中的隶属度值为 0.27，在"暖"中的值为 0.7。显然，函数、范围及集合数的选择取决于我们自己，但可以根据需求进行修改。例如，图 10.5 所示是我们做出的选择，其中两个集合之间存在缝隙，使得某些温度值只能属于一个集合。为此，可改变集合的范围以缩小缝隙来改进系统的响应。

以这种方式建模的隶属度函数很容易用公式来表示。根据每条直线的两个端点，就可以很容易确定直线段上所有点的隶属度值。例如可以用如下的有序排列来表示"很热"与"热"的隶属度函数：

很热：@90,0，　@95,1，　@100,1　　(10.5)

热：@75,0，　@85,1，　@95,0　　(10.6)

基于这些定义，可以由所示的端点计算出所有集合上的隶属度值。

10.6　模糊推理规则库

模糊推理规则库是系统的控制器部分，按真值表逻辑进行推理。规则库是与模糊集合、输入变量和输出变量有关的规则集合，用于决定在每种情形下系统如何去工作。依据输入输出变量的数目，模糊规则通常采用如下描述形式中的一种：

如果 <条件>则 <结论>

如果 <条件 1 and(or)条件 2>则 <结论>

如果 <条件 1 and(or)条件 2>则 <结论 1 and(or)结论 2>

例如对于一个模糊系统，温度是第一个输入变量，湿度是第二个输入变量，空调系统的功率设定是输出变量，一条模糊规则可能是：

如果　温度是“热”　and　湿度是“湿”，则　功率是“高”　　(10.7)

或者

如果　温度是“热”　or　湿度是“湿”，则　功率是“高”　　(10.8)

显然，这两条规则的作用不同。对于通常使用的真值表，在第一个例子中，两个条件都真，结论才成立。而在第二种情况下，任一个条件为真都将导致结论成立。然而，这些规则变量都是模糊值而不是清晰值。集合中的所有变量都有隶属度值，它们不会产生真或假的结论。因此，为了评价“and”规则和“or”规则，使用如下的计算法则：

“and”运算的结果是取两值中的极小值

“or”运算的结果是取两值中的极大值

根据这个定义，系统对于给定输入匹配所有的规则，并计算出相应的输出。这种对规则进行匹配并给出相应输出的逻辑系统称为模糊推理机。推理机可以由用户编写，也可以使用商业系统[5~8]。

规则库中规则的总数等于每个输入变量集合数的乘积。例如，如果有三个输入变量，模糊集合的数量分别为 m、n 和 p，则规则的总数为 $R = m \times n \times p$。

式(10.7)或式(10.8)也可以用图 10.6 来表示，以帮助设计者直接观察它们的关系。在确定所有的规则后，它们可以用类似的方法表示在一起。

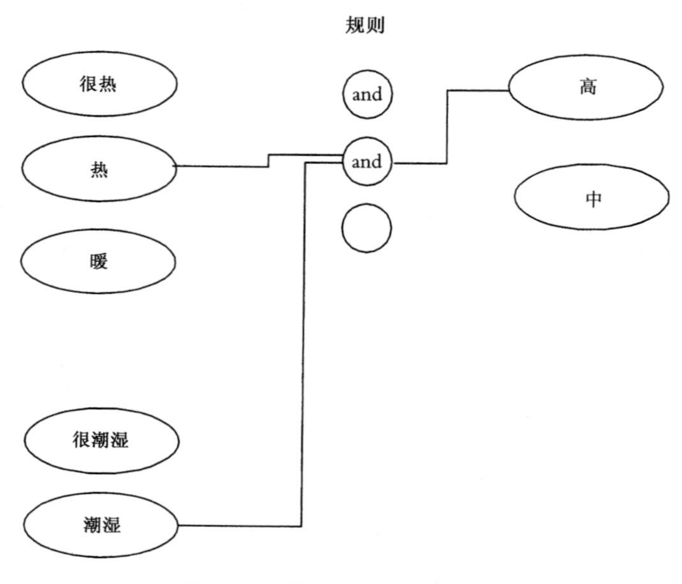

图 10.6　模糊规则的图形表示

10.7　清晰化

清晰化是将模糊输出值转换为供实际应用的等效清晰值的过程。对模糊规则进行匹配并计算相应的值，其结果将得到一个与不同输出模糊集隶属度值相关的数。例如，假设将空调系统的输出功率设置模糊化为“关”、“低”、“中”和“高”，规则库匹配结果可能是：25% 隶属于“低”，75% 隶属于“中”。清晰化则是将这些值转化成单一数值的过程，该数值将送给空调控制系统。

有很多种不同的清晰化方法。这里介绍两种常用的方法：重心法和 Mamdani 推理法[6~9]。

10.7.1　重心法

在该方法中，每个输出变量的隶属度值乘以该输出隶属度集合最大处的单值，得到一个与所论隶属度集合等价的输出值。将这些对应各个集合的等价值相加，并用输出隶属度值之和进行规范化处理，就能得到等价的输出值。这一方法总结如下：

(1) 用每个输出变量的隶属度乘以该输出集合的单值；

(2) 将第一步的所有值相加，再除以各输出隶属度之和。

例如，假设求得空调系统输出的隶属度集合为：属于“低”的隶属度是 0.4，属于“中”的隶属度是 0.6，进一步假设对应“低”的单值是满功率的 30%，而对应“中”的单值是满功率的 50%。那么空调的输出值为

$$\text{输出} = \frac{0.4 \times 30\% + 0.6 \times 50\%}{0.4 + 0.6} = 42\%$$

10.7.2　Mamdani 推理法

在该方法中，每个集合的隶属度函数如图 10.7 所示在相应的隶属度值上被截去顶端，并将得到的所有隶属度函数作为“or”函数加在一起。这就意味每个互相重叠在一起的重复区域只作为一层看待，其结果将是一个代表所有区域的新区域。新区域的重心将等价于输出。Mamdani 法总结如下：

(1) 每个输出隶属度函数在相应的隶属度值处截去顶端，该隶属度值是根据规则库求得的；

(2) 用“or”函数将截取后剩余的隶属度函数相加，合并为一个描述输出的新区域；

(3) 计算合并区域的重心，得到清晰的输出值。

通过模糊化、规则库的应用及清晰化过程计算输出值，并将它作为系统的输出。下面这个例子可用来说明计算输出值的步骤。

例 10.1　一个制冷系统采用模糊逻辑控制，温度和湿度是系统的两个输入，输出是空调系统的功率设置。设计这个模糊逻辑控制系统。

解：根据以前的讨论，我们按三个步骤来设计这个系统。

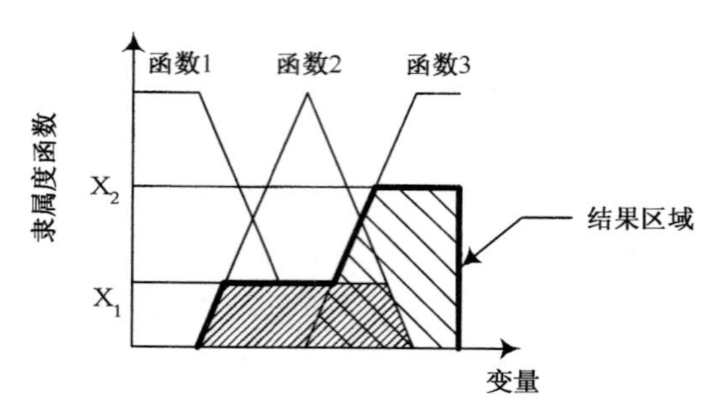

图 10.7　基于 Mamdani 法的清晰化

1. **模糊化**：在这一部分，我们定义了与两个输入和输出相关的模糊集合。假设感兴趣的温度范围是 60℉～100℉，期望的湿度范围是 0%～100%，功率设定是 0%～100%。图 10.8 画出了对应于这两个输入和一个输出的三个模糊集合。温度范围被划分成 4 个隶属度函数，分别是“冷”、“暖”、“热”和“很热”。低于 60℉的所有温度一概认定为“冷”，而高于 100℉的认定为“很热”。类似地，湿度域范围划分成 3 个隶属度函数，分别是“很湿”、“湿”和“干”。所有湿度低于 40% 的值被认定为“干”。输出功率设定也划分成 4 个隶属度函数，分别是“快”、“中”、“慢”和“关”。

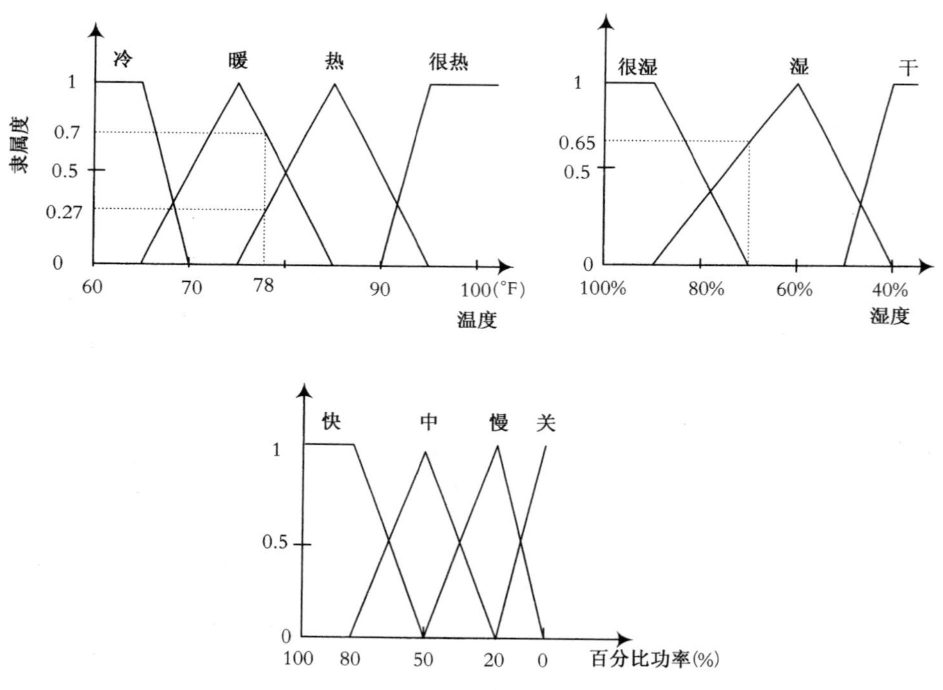

图 10.8　例 10.1 中输入和输出变量的模糊化

显然，我们也可以为每个隶属度函数选择其他的范围，对其进行不同的划分，并确定隶属度函数不同的交叠区域，或设置非对称的隶属度函数。整个设计过程都是基于系统的性能要求和设计者的经验的。之后，我们还将研究系统的响应，如有必要，还将调整设计参数。

2. **构建规则库**：由于温度有 4 个隶属度函数，湿度有 3 个隶属度函数，总共有 4 ×3 =12 条规则。下面给出了用图 10.9 所示的图形和符号表示的两种方式来说明这 12 条规则。

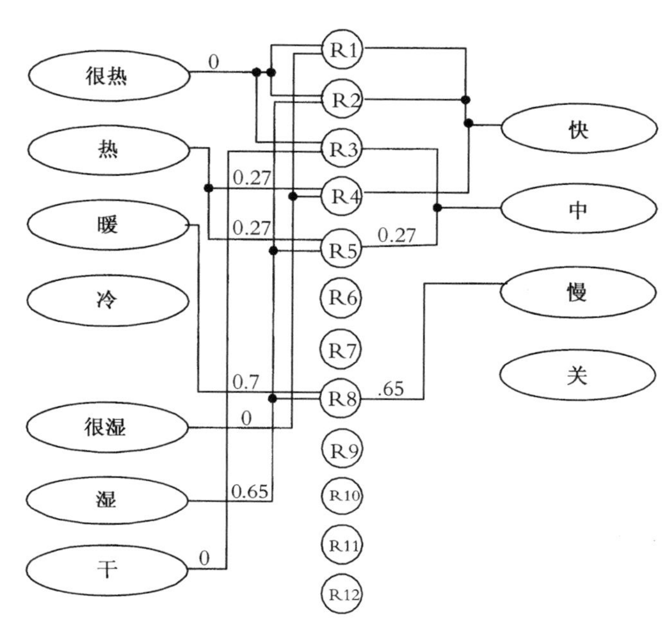

图 10.9　例 10.1 规则库中某些规则的图形表示，其他规则也可用类似的图形表示，但没有显示出来

规则 1：如果　温度 =“很热”and 湿度 =“很湿”　则　功率 =“快”
规则 2：如果　温度 =“很热”and 湿度 =“湿”　则　功率 =“快”
规则 3：如果　温度 =“很热”and 湿度 =“干”　则　功率 =“中”
规则 4：如果　温度 =“热”and 湿度 =“很湿”　则　功率 =“快”
规则 5：如果　温度 =“热”and 湿度 =“湿”　则　功率 =“中”
规则 6：如果　温度 =“热”and 湿度 =“干”　则　功率 =“中”
规则 7：如果　温度 =“暖”and 湿度 =“很湿”　则　功率 =“中”
规则 8：如果　温度 =“暖”and 湿度 =“湿”　则　功率 =“慢”
规则 9：如果　温度 =“暖”and 湿度 =“干”　则　功率 =“慢”
规则 10：如果　温度 =“冷”and 湿度 =“很湿”　则　功率 =“慢”
规则 11：如果　温度 =“冷”and 湿度 =“湿”　则　功率 =“关”
规则 12：如果　温度 =“冷”and 湿度 =“干”　则　功率 =“关”

注意在每条规则(或控制律)中，每个输入仅有一个隶属度函数。根据设计者的经验和设计的需要来选择每条规则结论。例如在规则 1 中，如果温度为“很热”及湿度为“很湿”时，根据经验和规则的期望结果，将使系统工作在 100% 功率设定或“快”状态下。然而在规则 10 中，“冷”与“很湿”导致的直接结果既可能是“慢”也可能是“关”，到底哪一个正确要等到对规则库的输出进行仿真，并分析结果后才能真正知道。如果输出不是所期望的，规则(或隶属度函数)还必须进行调整，直到获得满意的结果。注意一些规则可能采用“and”关系，而另一些则可能采用“or”关系。

为了形象地理解这个过程，让我们来看几个数字。假设当前温度是78℉，湿度是70%。如图10.8所示，最后得到的隶属度值是“暖”0.7、“热”0.27和“湿”0.65，所有其他隶属度值均为0。

将这些值代入到相应的规则中(也显示在图10.9中)，得到的输出隶属度值是“中”0.27，“慢”0.65。记住这里使用的是“and”逻辑，即选择两数中的最小值。举例来说，在规则5中选择了0.65和0.27中最小的数。

3. **清晰化**：既然已经找到输出隶属度值，还要对其进行清晰化处理以得到一个清晰的系统功率设置。下面将分别采用重心法和Mamdani推理法计算其输出值。

采用重心法，用输出隶属度值乘以它们对应的单值，然后再除以隶属度值的和得到：

$$\text{功率} = \frac{0.65 \times 20\% + 0.27 \times 50\%}{0.65 + 0.27} = 29\%$$

采用Mamdani推理法，首先在隶属度值为0.27与0.65处截去“中”和“慢”隶属度函数的顶部，将截去后的剩余部分合并成一个新的区域，最后计算合并后新区域的重心，如图10.10所示。

新区域的重心可采用面积的一阶矩除以整个面积来计算，这样得到的结果是34%，与重心法得到的结果稍有不同。

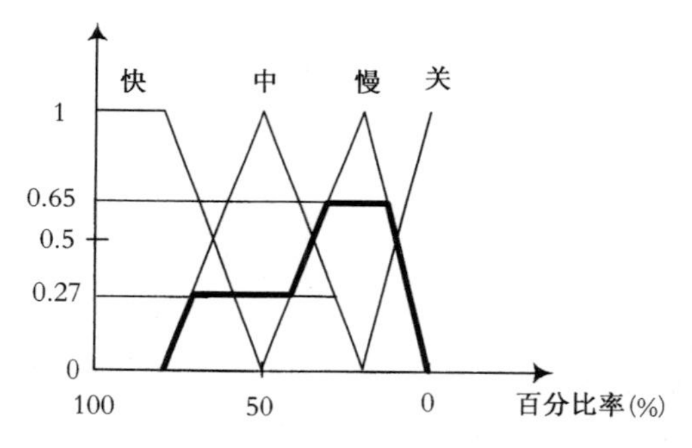

图10.10 Mamdani推理法的应用

10.8 模糊逻辑控制器的仿真

到目前为止，我们选择集合数目、变量范围及规则都有点随意，它们可能会对结果产生潜在的不利影响。因此，必须对系统进行仿真并对结果进行分析，这一般要通过如MATLAB模糊逻辑工具箱等专用程序来实现。程序通过运行模糊推理机来计算所有可能输入所产生的输出，并画出输出值的图来对模糊控制系统进行仿真。这个图用来校核规则和隶属度函数，看看它们是否合适，是否需要修改以改进系统的输出。如有必要，将修改模糊集合或规则库以产生期望的输出。图10.11给出的是例10.1的空调系统输出的三维图形，它是由MATLAB的模糊逻辑工具箱计算得到的。如系统性能令人满意，模糊程序将转换成机器语言(或其他实时代码)，并下载到微处理控制器中。然后微处理器将基于模糊控制规则运行系统或机器。虽然仿真过程的时间似乎长了一点，但实际上这个过程相当容易实现，并确实给机器加入了有意义的智能。

如图 10.11 所示，在输出表面有一定的区域，虽然输入变量变化，但系统的输出保持平坦。在某些系统中，这可能正是所希望的。例如，对于汽车传动，除非它是无级变速（CVT），否则输出只能是一些离散值(第 1 挡、第 2 挡和第 3 挡等)。在这种情况下，希望在一定的输入范围有恒定的输出。对连续输出系统来说，更希望是平滑变化的输出。因此，设计人员可以有选择地修改输入和输出的隶属度函数和(或)规则来实现连续变化的输出表面。

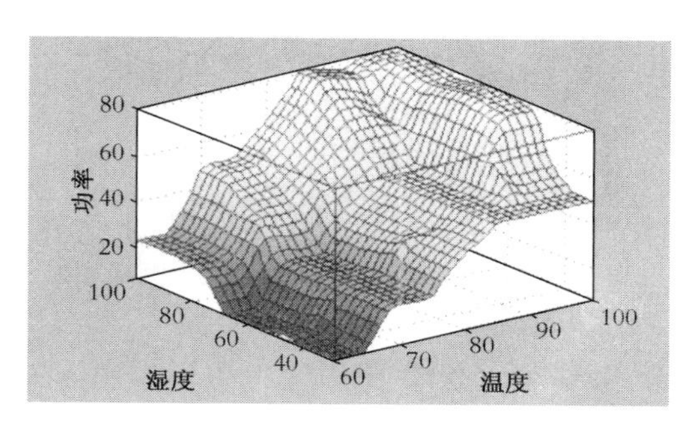

图 10.11　MATLAB 的模糊逻辑工具箱产生的空调实例的三维输出结果。该图可用于修正模糊集合或规则以达到最佳的输出结果

例 10.1(续)　为了改进例 10.1 的输出，可缩小输入变量隶属度函数之间的缝隙，如图 10.12 所示，图中也给出了仿真得到的结果，不难看出，输出更平滑了。

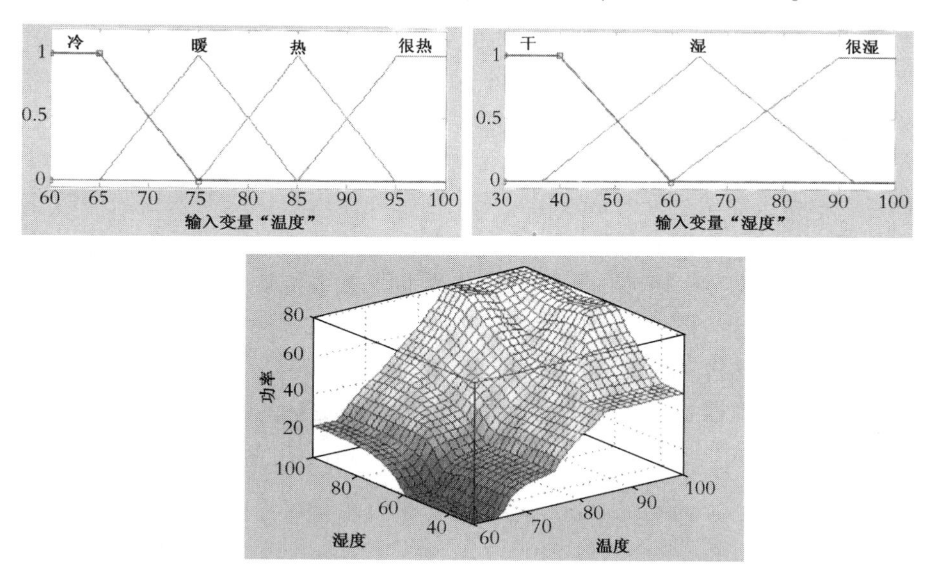

图 10.12　通过缩小输入变量隶属度函数之间的缝隙来改进系统的输出

接下来，尝试将隶属度函数由三角形和梯形改变为高斯型来对系统进行改进，如图 10.13 所示，其输出更加平滑和连续。

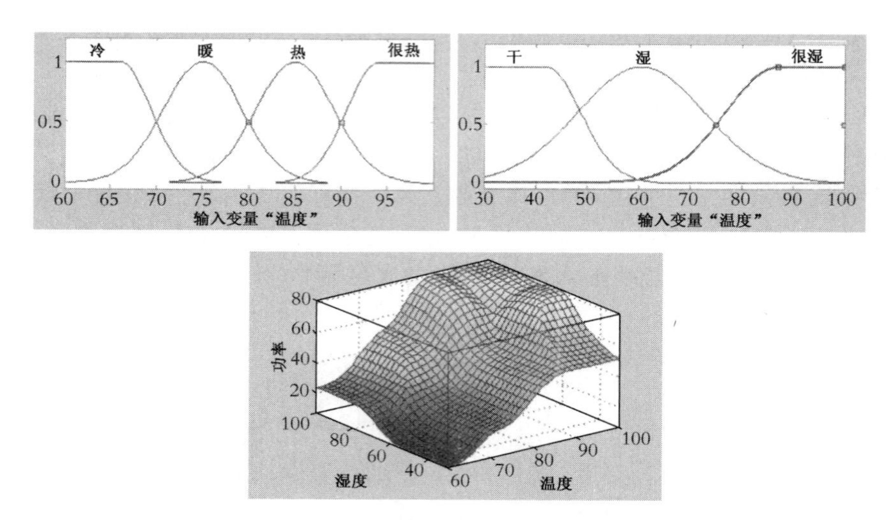

图 10.13　将输入输出隶属度函数的模糊集合修改成高斯型以进一步改进输出

10.9　模糊逻辑在机器人中的应用

模糊逻辑控制系统既可以用来控制机器人，也可用在那些不适合或难以加入智能的其他系统中。如在某一应用中，模糊逻辑通过电流调制方案直接控制开关磁阻电机的转矩输出[10]。在另一应用中，模糊逻辑可用来为盲人轮椅上的操纵杆提供力反馈信号。因此，当轮椅靠近障碍或急速下降时，操纵杆会变得很紧而难以推动[11]。虽然模糊逻辑可以用来代替经典控制系统或与经典控制系统相结合来控制机器人，也许还有许多更适合用模糊逻辑控制的其他应用，在这些应用中，虽然模糊逻辑不能说是唯一的方法，但也是更合适的方法。这正是在这里讨论模糊逻辑的原因。通过应用模糊逻辑，机器人可能变得更独特，更具有智能和更加有用。例如，考虑一个为粗糙地形设计的移动机器人，模糊逻辑控制系统可以依据机器人的速度、地形和机器功率等因素来决定采取何种动作来增强机器人控制器的性能。想象一个机器人，它的末端执行器必须施加一个与其他两个输入成比例的力，比如说其他两个输入是部件的尺寸和重量。另一个例子中，假设一个机器人依据彩条的色彩对一袋物品按颜色进行分类。在这些例子和无数其他类似的例子中，模糊逻辑或许是提供完成任务所需智能的最好选择。此外，机器人上集成了很多外围设备，或通过其自身的控制器与机器人一起工作，在这些情况下，处理器也可能会采用模糊逻辑来获得更好的性能。

例 10.2　为在粗糙路面上的移动机器人的运动控制设计一个模糊逻辑系统。

解： 假设系统的输入是地面坡度及地面类型，输出是机器人的速度。地面坡度范围定为 −30°到 +30°，分成“负大”(Large-Negative)，“负”(Negative)，“平”(Level)，“正”(Positive)，“正大”(Large-Positive)。此外，地面类型分为“很粗糙”(Very-Rough)，“粗糙”(Rough)，“中度”(Moderate)和“平坦”(Smooth)。输出速度在 0～20 英里/小时之间，分成“很慢”(Very-Slow)，“慢”(Slow)，“中”(Medium)，“快”(Fast)和“很快”(Very-Fast)。图 10.14 表示前面的输入和输出变量的模糊集合。并给出了 20 条规则的规则库。图 10.15 表示基于 MATLAB 的规则库仿真结果。考虑有哪些规则和模糊集合域边界需要修改。

图 10.15 所示为模糊系统的控制面三维图形，这表明对两个输入的每组可能取值都有一个基于规则的相应输出。例如，对于输入值坡度 =20°，地面类型 =30(对应于平滑与中度之间)，机器人的输出速度大约是 11 英里/小时。从图中可以看到，当坡度增加或减小以及地形变得越来越粗糙时，机器人速度将减小。

这里通过选择隶属度函数之间的缝隙大小及将输入隶属度函数转换成高斯函数也可以使结果得到改善，如图 10.16 所示。

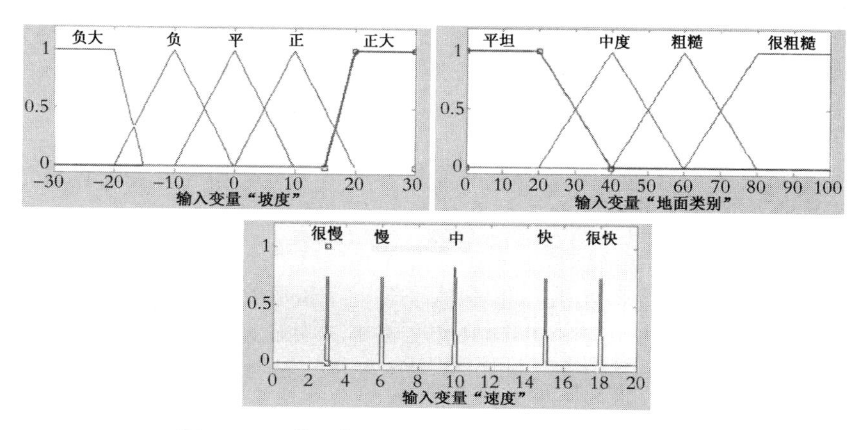

图 10.14　描述例 10.2 的输入和输出的模糊集合

模糊规则库：

1. 如果　坡度“正大”and 地面“很粗糙”　则　速度“很慢”
2. 如果　坡度“正大”and 地面“粗糙”　则　速度“慢”
3. 如果　坡度“正大”and 地面“中度”　则　速度“中”
4. 如果　坡度“正大”and 地面“平坦”　则　速度“中”
5. 如果　坡度“正”and 地面很“粗糙”　则　速度很“慢”
6. 如果　坡度“正”and 地面“粗糙”　则　速度“慢”
7. 如果　坡度“正”and 地面“中度”　则　速度“中”
8. 如果　坡度“正”and 地面“平坦”　则　速度“快”
9. 如果　坡度“平”and 地面很“粗糙”　则　速度“慢”
10. 如果　坡度“平”and 地面“粗糙”　则　速度“中”
11. 如果　坡度“平”and 地面“中度”　则　速度“快”
12. 如果　坡度“平”and 地面“平坦”　则　速度很“快”
13. 如果　坡度“负”and 地面很“粗糙”　则　速度很“慢”
14. 如果　坡度“负”and 地面“粗糙”　则　速度“慢”
15. 如果　坡度“负”and 地面“中度”　则　速度“中”
16. 如果　坡度“负”and 地面“平坦”　则　速度“快”
17. 如果　坡度“负”大 and 地面“很粗糙”　则　速度“很慢”
18. 如果　坡度“负”大 and 地面“粗糙”　则　速度“很慢”
19. 如果　坡度“负”大 and 地面“中度”　则　速度“慢”
20. 如果　坡度“负”大 and 地面“平坦”　则　速度“中”

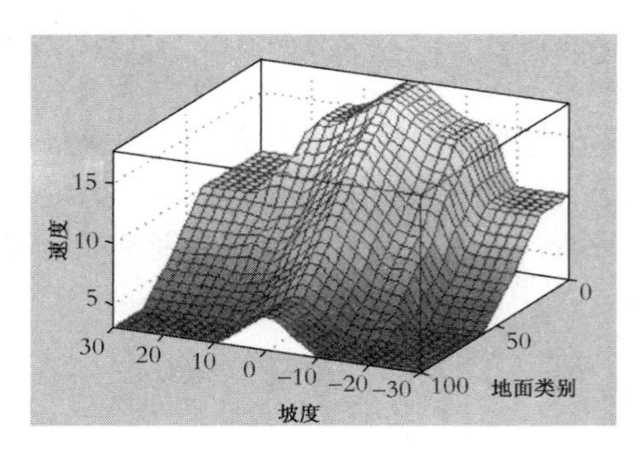

图 10.15 例 10.2 采用 MATLAB 软件的系统仿真结果

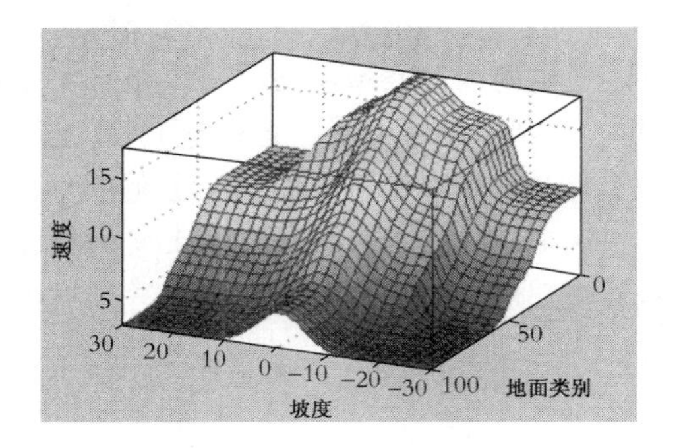

图 10.16 例 10.2 改善后的结果

例 10.3 作为一个特殊的应用，机器人可用来依据重量和色泽对钻石进行分类，并进而确定钻石的价格。设计一个模糊逻辑系统来控制这个过程。

解： 钻石可以通过重量、色泽(用字母表示，A 为极清晰，而其他字母表示钻石中黄色的色泽)及纯度(内含物的大小)来分类。钻石越清晰、内含物越小、尺寸越大，则每克拉钻石越贵。本例仅研究依据色泽和尺寸(重量)对钻石分类。假设通过视觉系统得到钻石图像，并采用颜色数据库对它的颜色进行比较，以估计其色泽度。假设使用第 9 章介绍的技术，视觉系统可以识别钻石，测量它的表面，并基于尺寸估计它的重量。此外，钻石的尺寸设定为“小”(Small)，“中”(Medium)，“大”(Large)和“很大”(Very-Large)集合中的一个(见图 10.17)。钻石的颜色分成三种颜色范围：D，H，L。钻石每克拉的价格定在 10，15，20，30，40，50(全部乘以规范化的基数价格)范围内。规则库和系统仿真结果如图 10.18 所示。

可以看出，对于任何颜色与重量的组合，都有一个相应的价格。采用这种模糊逻辑系统，仅需 12 条规则，视觉系统就可以自动估计出钻石的对应价格。

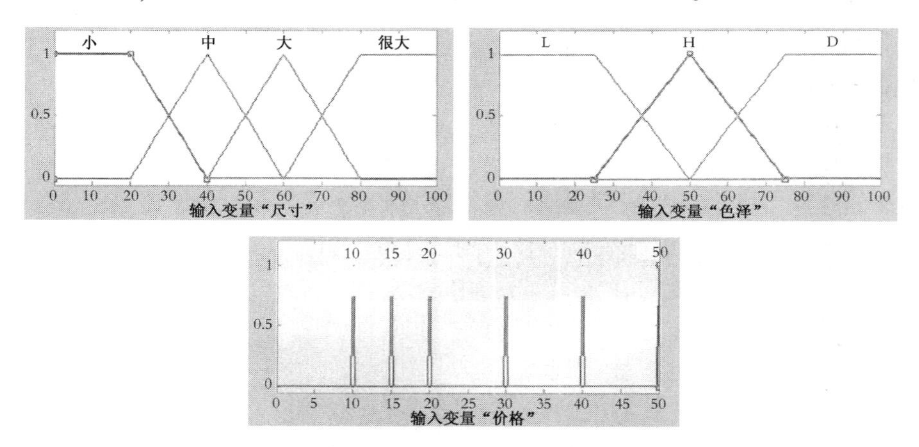

图 10.17 例 10.3 的输入和输出变量的模糊集合

模糊规则库：

1. 如果 尺寸“小”and 色泽“D” 则 价格为“20”
2. 如果 尺寸“中”and 色泽“D” 则 价格为“30”
3. 如果 尺寸“大”and 色泽“D” 则 价格为“40”
4. 如果 尺寸“很大”and 色泽“D” 则 价格为“50”

5. 如果 尺寸“小”and 色泽“H” 则 价格为“15”
6. 如果 尺寸“中”and 色泽“H” 则 价格为“20”
7. 如果 尺寸“大”and 色泽“H” 则 价格为“30”
8. 如果 尺寸“很大”and 色泽“H” 则 价格为“40”
9. 如果 尺寸“小”and 色泽“L” 则 价格为“10”
10. 如果 尺寸“中”and 色泽“L” 则 价格为“15”
11. 如果 尺寸“大”and 色泽“L” 则 价格为“20”
12. 如果 尺寸“很大”and 色泽“L” 则 价格为“30”

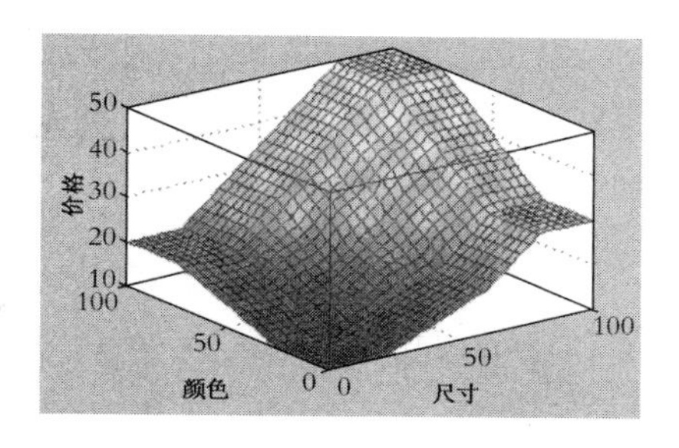

图 10.18 例 10.3 的仿真结果

10.10 设计项目

如果有一个模糊逻辑仿真器，也许可以为移动机器人、视觉系统的某个具体任务或其他类似应用开发模糊逻辑控制程序。模糊逻辑控制程序既可以用于机器人的运动控制，也可以用于其他目的。例如，可以写一个模糊控制启发式程序，使机器人基于模糊输入跟踪某一路径运动。另外，如果有微处理器，可以把开发的程序下载到该微处理器，作为运行控制程序的一部分。

小结

本章讨论了如何开发、仿真、测试和使用模糊逻辑控制系统。模糊逻辑是将不精确的概念包括定义(如温度和湿度)、感觉(如疼、热和冷)及形容词(如多或少)应用于日常系统的一个强有力的手段。虽然模糊逻辑系统可以应用到无数不同的领域，但这里主要讨论如何能将它们应用于机器人。在机器人中的应用包括从移动机器人和远程机器人的导航控制到专家系统和视觉系统。模糊逻辑系统通常采用仿真器程序仿真，如果验证系统实现了期望的行为，它就可以与其他控制程序一起使用。

参考文献

[1] Zadeh, Lotfi, “Fuzzy Sets,” Information and Control, Vol. 8, 1965, pp. 338-353.
[2] Cox, Earl, “Fuzzy Logic for Business and Industry,” Charles River Media, 1995.
[3] McNeill, F. Martin, Ellen Thro, “Fuzzy Logic, a Practical Approach,” Academic Press, 1994.
[4] Kosko, Bart, “Neural Networks and Fuzzy Systems, a Dynamical Systems Approach to Machine Intelligence,” Prentice Hall, 1992.
[5] MATLAB Fuzzy Logic Toolbox®.
[6] Fuzzy Inference Development Environment (FIDE) User’s Manual, Aptronix Inc., San Jose, CA., 1992.
[7] FUzzy Design GEnerator (FUDGE), Motorola.
[8] Fuzzy Knowledge Builder, McNeill, F. Martin, Ellen Thro.
[9] Mamdani, E. H., “Application of Fuzzy Logic to Approximate Reasoning Using Linguiistic Synthesis,” IEEE Transactions on Computers, Vol. c-26, No. 12, 1977, pp. 1182-1191.

[10] Sahoo, N. C., S. K. Panda, P. K. Dash, "A Cun,ent Modulation Scheme for Direct Torque Control of Switched Reluctance Motor Using Fuzzy Logic," Mechatronics, The Science of Intelligent Machines, Vol. 10, No. 3, April 2000, pp. 353-370.
[11] Sindorf, Brent, S. B. Niku,"Force Feedback Wheelchair Control," masters thesis, *Mechanical Engineering*, Cal Poly, San Luis Obispo, 2005.

习题

10.1 为机器人设计一个模糊推理系统。施加在手上的力和手的速度是输入，执行器的功率百分比是输出。

10.2 为洗衣机设计一个模糊推理系统。输入是织物脏的程度和待洗的衣服量，输出是洗涤时间。

10.3 为烤肉开发一个模糊推理系统。输入是肉块的厚度和烹制方法或期望的生熟程度，输出是火焰的温度和(或)烹调的时间。

10.4 为自动变速箱开发一个模糊推理系统。输入是汽车的速度和发动机的负荷，输出是齿轮传动比。

10.5 为视觉系统开发一个模糊推理系统。输入是彩色图像中红、绿、蓝三种颜色的强度，输出是彩条颜色的组合关系。

10.6 为机器人学课程的学习分数设计一个模糊推理系统。输入是对课程的努力程度和考试成绩，输出是用字母表示的分数等级。

附录 A　矩阵代数和三角学复习

A.1　矩阵代数和符号表示

本书采用矩阵来表示坐标、坐标系、物体和运动等。本附录里，将简要复习在计算中所用到的某些矩阵特性。读者应该具备矩阵代数的基本知识，理解矩阵的用法。因此，下面是对矩阵论基础知识的简单复习。

矩阵

矩阵是一个有 m 行 n 列的元素的集合，外加括号。矩阵的维数为 $m \times n$，矩阵中的每个元素称为 a_{ij} 。行数与列数相等的矩阵称为方阵。

矩阵的转置

矩阵的转置 A_{ij}^{T} 是另一矩阵 A_{ji} 将它的每行每列的元素按如下方式替换得到的：

$$A_{ij} = \begin{bmatrix} a_{11} & a_{12} & a_{13} \\ a_{21} & a_{22} & a_{23} \end{bmatrix}, \qquad A_{ij}^{\mathrm{T}} = A_{ji} = \begin{bmatrix} a_{11} & a_{21} \\ a_{12} & a_{22} \\ a_{13} & a_{23} \end{bmatrix} \tag{A.1}$$

矩阵的乘法

矩阵可以做乘法，具体则为左矩阵某行与右矩阵某列的对应元素相乘，乘积之和成为新矩阵对应于该行该列的元素，示例如下：

$$C_{ij} = A_{ik} \times B_{kj} = \begin{bmatrix} d & e & f \\ g & h & l \end{bmatrix} \times \begin{bmatrix} p & s \\ q & t \\ r & w \end{bmatrix} = \begin{bmatrix} dp + eq + fr & ds + et + fw \\ gp + hq + lr & gs + ht + lw \end{bmatrix} \tag{A.2}$$

正如所看到的，一个$(m \times n)$的矩阵和一个$(n \times p)$的矩阵相乘，其乘积是一个$(m \times p)$的矩阵，因此第一个矩阵的列数必须与第二个矩阵的行数相等。此外还应注意，与普通的代数乘法不同，矩阵乘法是不可交换的，也就是说，$A \times B \neq B \times A$。这很容易验证，例如：设 A 是一个(2×3)的矩阵，B 是一个(3×2)的矩阵，那么 $A \times B$ 将产生一个(2×2)的矩阵，而 $B \times A$ 将产生一个(3×3)的矩阵，二者显然不等。然而，如果有两个以上的矩阵做乘法，尽管不能改变矩阵的先后次序，但是计算结果与哪一个矩阵对先乘无关。因此,有以下结论：

$$A \times B \neq B \times A \tag{A.3}$$

然而，

$$A \times B \times C = (A \times B) \times C = A \times (B \times C) \tag{A.4}$$

$$(A + B)C = AC + BC, \quad C(A + B) = CA + CB \tag{A.5}$$

对角阵

除主对角线上的元素以外，其他元素均为零的矩阵称为对角阵。如果其对角线上的元素均为 1，则称为单位矩阵，其作用相当是 1；任何矩阵左乘或右乘单位矩阵，其结果仍是它自身。

矩阵加法

两矩阵相加的方法是，一个矩阵的元素与另一个矩阵对应元素分别相加。与乘法不同的是，矩阵的加法可交换，且做加法的矩阵先后次序并不重要。显然，矩阵加法要求所有矩阵的维数必须相同。这样就有

$$A_{ij} + B_{ij} = (A + B)_{ij} \tag{A.6}$$

$$A + B + C = B + A + C = C + A + B \tag{A.7}$$

向量

向量实际上是一维的矩阵，可以看成$(1 \times m)$或$(n \times 1)$的矩阵。

矩阵行列式

计算矩阵行列式的方法如下：

- 取出一行或一列；
- 从这一行或一列中，取出某个元素，将原矩阵除去该元素所在行及列后，得到一个新的矩阵，使该元素与这个新矩阵的行列式的值相乘，其符号为正负交替。最后将所有这样的乘积相加即可。

例 A.1 计算下列矩阵行列式的值：

$$A = \begin{bmatrix} a & b & c \\ d & e & f \\ g & h & i \end{bmatrix}$$

解： 首先，选出一行或一列。本例选择第一行，那么矩阵行列式的值就是

$$det(A) = +a(ei - fh) - b(di - fg) + c(dh - eg)$$

矩阵的逆

矩阵的逆在机器人的矩阵表示中是一个很重要的运算。在逆运动学或微分运动学求解中都要用到矩阵的求逆运算。这里，我们将介绍两种通用的方阵求逆方法。

矩阵的逆是这样一个矩阵，即如果该矩阵乘以它的逆，其结果是一个单位矩阵。一般来讲，一个矩阵有一个左逆和一个右逆。如果 $A \times A^{-1} = I$(I是单位矩阵)，A^{-1} 就称为矩阵的右逆。如果 $A^{-1} \times A = I$，则 A^{-1} 是矩阵的左逆。对于一个非方矩阵，由于维数的不同，即使其左逆和右逆都存在，也不可能相等。而方阵的左逆和右逆是相等的，即 $A \times A^{-1} = A^{-1} \times A = I$。在这种情况下，$A^{-1}$ 就直接称为逆，它可以左乘或右乘原矩阵，从而得到一个单位矩阵。

方法 1

对于行列式不为零的方阵，其逆矩阵可以用如下的方法计算：

- 计算矩阵行列式的值；
- 对矩阵进行转置；
- 将转置矩阵中的每个元素置换为它的代数余子式的值(得到的矩阵称为原矩阵的伴随矩阵)；
- 将矩阵的伴随阵除以它的行列式值，就得到它的逆。

于是得到：

$$A^{-1} = \frac{adj(A)}{det(A)} \tag{A.8}$$

矩阵某个元素 a_{ij} 的代数余子式是这样的一个矩阵行列式：该矩阵包含有原矩阵除去第 i 行和第 j 列的所有元素之后剩余的元素，并且前面要乘以 $(-1)^{i+j}$。这就产生了一个如式(A.9)所示的符号矩阵。例如，可以写出式(A.9)所示矩阵的代数余子式如下：

$$A = \begin{bmatrix} a & b & c \\ d & e & f \\ g & h & i \end{bmatrix} \quad \text{和} \quad Sign = \begin{bmatrix} + & - & + \\ - & + & - \\ + & - & + \end{bmatrix} \tag{A.9}$$

$$\begin{aligned} a_{minor} &= +(ei - fh) \\ b_{minor} &= -(di - fg) \\ h_{minor} &= -(af - cd) \end{aligned}$$

当然，对于维数更大的矩阵，其代数余子式的计算也是类似的，不过计算要麻烦一些。

例 A.2　计算下列矩阵的逆：

$$A = \begin{bmatrix} 1 & 0 & 1 \\ 0 & 1 & 4 \\ 5 & -2 & -1 \end{bmatrix}$$

解：首先，计算矩阵行列式的值：

$$det(A) = 1(-1+8) - 0(0-20) + 1(0-5) = 7 - 5 = 2$$

然后写出矩阵的转置：

$$A^{\mathrm{T}} = \begin{bmatrix} 1 & 0 & 5 \\ 0 & 1 & -2 \\ 1 & 4 & -1 \end{bmatrix}$$

它的伴随矩阵为

$$A_{adj} = A^{\mathrm{T}}_{minor} = \begin{bmatrix} +(-1+8) & -(0+2) & +(0-1) \\ -\ (0-20) & +(-1-5) & -(4-0) \\ +\ \ (0-5) & -(-2+0) & +(1-0) \end{bmatrix} = \begin{bmatrix} 7 & -2 & -1 \\ 20 & -6 & -4 \\ -5 & 2 & 1 \end{bmatrix}$$

将上面的矩阵除以原行列式的值，就得到了矩阵的逆：

$$A^{-1}=\begin{bmatrix}3.5 & -1 & -0.5\\ 10 & -3 & -2\\ -2.5 & 1 & 0.5\end{bmatrix}$$

为了验证结果是否正确，用 A 乘以 A^{-1} 可得

$$\begin{bmatrix}1 & 0 & 1\\ 0 & 1 & 4\\ 5 & -2 & -1\end{bmatrix}\times\begin{bmatrix}3.5 & -1 & -0.5\\ 10 & -3 & -2\\ -2.5 & 1 & 0.5\end{bmatrix}=\begin{bmatrix}1 & 0 & 0\\ 0 & 1 & 0\\ 0 & 0 & 1\end{bmatrix}$$

试验证 $A^{-1}\times A$ 的结果也是单位阵。

方法 2

在使用这种方法之前，必须假设矩阵的逆是存在的，也就是说，存在一个矩阵，使得它与原矩阵相乘的结果是一个单位阵：

$$\begin{bmatrix}a_{11} & a_{12} & . & a_{1i}\\ a_{21} & . & & \\ . & . & & \\ a_{i1} & . & & a_{ii}\end{bmatrix}\times\begin{bmatrix}x_{11} & x_{12} & . & x_{1i}\\ x_{21} & . & & \\ . & . & & \\ x_{i1} & . & & x_{ii}\end{bmatrix}=\begin{bmatrix}1 & 0 & 0 & 0\\ 0 & 1 & 0 & 0\\ 0 & 0 & 1 & 0\\ 0 & 0 & 0 & 1\end{bmatrix} \tag{A.10}$$

其中 x_{ii} 矩阵就是要求的 A 矩阵的逆。观察上式可以发现，它表示的是一个有 i^2 个方程的方程组，其中包含了 i^2 个未知量。如果用 A 矩阵乘 x 矩阵的第 1 列，结果为单位矩阵的第 1 列。解这 i 个方程就可解得 x 矩阵的第 1 列。对每一列都这样做，就能求得整个 x 矩阵，也就是求得了 A 矩阵的逆。

例 A.3 用方法 2 求下列矩阵的逆：

$$A=\begin{bmatrix}1 & 0 & 1\\ 0 & 1 & 4\\ 5 & -2 & -1\end{bmatrix}$$

解：基于前面的知识，可以写出：

$$\begin{bmatrix}1 & 0 & 1\\ 0 & 1 & 4\\ 5 & -2 & -1\end{bmatrix}\times\begin{bmatrix}x_{11} & x_{12} & x_{13}\\ x_{21} & x_{22} & x_{23}\\ x_{31} & x_{32} & x_{33}\end{bmatrix}=\begin{bmatrix}1 & 0 & 0\\ 0 & 1 & 0\\ 0 & 0 & 1\end{bmatrix}$$

将给定矩阵与逆矩阵的第 1 列相乘，它应该与单位阵的第 1 列相等，得到下面 3 个等式：

$$\begin{aligned}x_{11}+x_{31}&=1\\ x_{21}+4x_{31}&=0\\ 5x_{11}-2x_{21}-x_{31}&=0\end{aligned}$$

解得

$$\begin{aligned}x_{11}&=3.5\\ x_{21}&=10\\ x_{31}&=-2.5\end{aligned}$$

类似地，将给定矩阵和逆矩阵的第 2 列、第 3 列相乘，并令其分别等于单位矩阵的第 2 列和第 3 列，就能求出剩下的未知量。可以看到，得到的结果与前面的例子完全一样。请读者自行加以验证。

迹

矩阵 A 的主对角线上的元素之和称为矩阵的迹。

$$\text{trace}A = \sum_{j=1}^{n} a_{jj}$$

特别地，n 维列向量与其转置的乘积的迹为

$$\text{trace}\left[V \times V^{\mathrm{T}}\right] = \text{trace}\begin{bmatrix} v_1 \\ v_2 \\ \vdots \\ v_n \end{bmatrix}\begin{bmatrix} v_1 & v_2 & \cdots & v_n \end{bmatrix} = \text{trace}\begin{bmatrix} v_1^2 & v_1 v_2 & \cdots & v_1 v_n \\ v_2 v_1 & v_2^2 & & \\ \vdots & & & \\ v_n v_1 & & & v_n^2 \end{bmatrix} = \sum_{j=1}^{n} v_j^2$$

在第 4 章计算动能时用到了这一结论。

矩阵乘积的转置

下列等式成立：

$$[B] \times [C] = [A] \qquad \text{则} \qquad [C]^{\mathrm{T}} \times [B]^{\mathrm{T}} = [A]^{\mathrm{T}} \tag{A.11}$$

例如，可以看到下列等式是成立的：

$$\begin{bmatrix} a & b \end{bmatrix}\begin{bmatrix} c & d \\ e & f \end{bmatrix} = \begin{bmatrix} ac + be & ad + bf \end{bmatrix}$$

$$\begin{bmatrix} c & e \\ d & f \end{bmatrix}\begin{bmatrix} a \\ b \end{bmatrix} = \begin{bmatrix} ac + be \\ ad + bf \end{bmatrix} = \begin{bmatrix} ac + be & ad + bf \end{bmatrix}^{\mathrm{T}}$$

A.2　由正弦、余弦或正切值来计算角度

机器人计算的很多情形是已知某个角度的正弦、余弦或正切的数值，需要计算其角度的大小。尽管这个问题看起来微不足道，但实际上它很重要。因为求解上的误差可能会导致错误的结果，从而使机器人控制器不能正常工作。即使是用计算器或计算机来计算也是如此。为说明这个问题，下面做个简单的计算试验。

假设用计算器来计算 sin 75°，会得到 0.966。如果把 0.966 输入计算器求其角度，又可以得回 75°。然而，如果计算的是 sin 105°，仍会得到刚才的 0.966。这样，如果重复前面求角度的计算，得到的依然是 75°而不是 105°。这里就存在一个基本的错误：这两个角度与 90°之差相等，因而其正弦值也相等，但是计算器总是返回那个较小的角作为答案。同样情况也发生在余弦和正切的情形：同样角度的正值和负值，其余弦值相同；一个角加上 180°，其正切值不变。这些都可以简单地由图 A.1 所示的三角关系进行说明。

要得到准确的角度，就必须知道这个角位于哪一象限，这样才能准确地知道真正的角度是什么。然而，要想知道一个角所处的象限，就必须同时知道它的正弦值和余弦值的符号。如果知道角度的正弦值和余弦值的符号，就可以知道该角度位于哪个象限，根据这一点就可以准确地计算出该角度。

还是前面那个例子，如果计算 cos 75°和 cos 105°，就会发现它们分别为 0.259 和 −0.259。同时计算 75°和 105°的正弦和余弦值，就能容易地得到正确的结果。对于正切的情况也是如此。

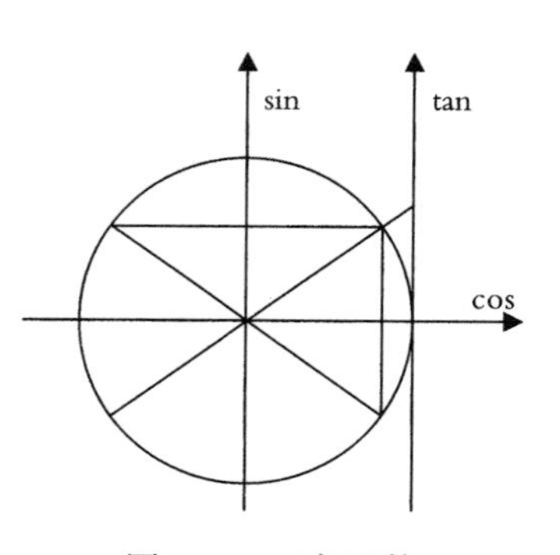

图 A.1　三角函数

在机器人计算中会遇到知道角度正切值的类似情况。如果直接使用计算器或计算机中的反正切函数来计算，就有可能会产生错误的结果。但如果同时知道该角度的 sin 值和 cos 值，就能计算出正确的角度。一些计算机语言，如 C ++、MATLAB 和 FORTRAN，提供了函数 ATAN2(sin, cos)，函数中该角度的正弦和余弦值作为两个输入参数，返回正确的角度作为结果。在其他场合，不论是用计算器或是其他计算机语言，需要自己写这样的函数。这样，一般要建立每个角度的两个方程，一个用于产生该角度的 sin 值，另一个产生该角度的 cos 值。根据这两个函数的正负，可以判断出这个角所在的象限，并进而计算出正确的角度值。本书中与此相关的地方都强调了这一点。

下面是如何在每个象限中计算角度的规律总结，可以把它编成程序以备以后使用：

- 如果 sin 为正，cos 为正，那么这个角在第一象限，则它等于 $\arctan(\alpha)$。
- 如果 sin 为正，cos 为负，那么这个角在第二象限，则它等于 $180° - \arctan(\alpha)$。
- 如果 sin 为负，cos 为负，那么这个角在第三象限，则它等于 $180° + \arctan(\alpha)$。
- 如果 sin 为负，cos 为正，那么这个角在第四象限，则它等于 $-\arctan(\alpha)$。

这个程序还必须检查 sin 或 cos 为零的情况。如遇到这种情况，不应去计算正切值，而应该直接利用余弦或正弦值计算角度，以免发生错误。

习题

A.1　证明可以通过矩阵的任意一行(列)来计算其行列式的值。

A.2　计算下列(4 ×4)矩阵行列式的值：

$$A = \begin{bmatrix} 1 & 1 & 0 & 0 \\ 0 & 1 & 2 & 0 \\ 3 & 0 & 1 & 1 \\ 1 & 0 & 0 & 1 \end{bmatrix}$$

A.3　用方法 1 计算下列矩阵的逆：

$$B = \begin{bmatrix} 1 & 1 & 2 \\ 0 & 1 & 0 \\ 2 & 0 & 3 \end{bmatrix}$$

A.4　用方法 2 计算下列矩阵的逆：

$$C = \begin{bmatrix} 1 & 0 & 1 \\ 0 & 2 & 1 \\ 3 & 1 & 0 \end{bmatrix}$$

附录 B 图像采集系统

下面的讨论是关于模拟和数字图像采集系统的。模拟相机已不太常用，但周围仍有不少模拟电视装置。尽管它们也将很快消亡，但不管怎样这些系统可以帮助了解光电强度感应、传输、数字化及其他许多内容。因此，这里给出了关于模拟部分的简单讨论。给出的数字部分也是非常基本的。在不到 10 年的时间里，数字相机的数据处理能力发生了爆炸性的增长，图像像素数从千级到百万级，相机体积从大而笨重变为小型和微型。本附录仅讨论捕获图像的基本方法。

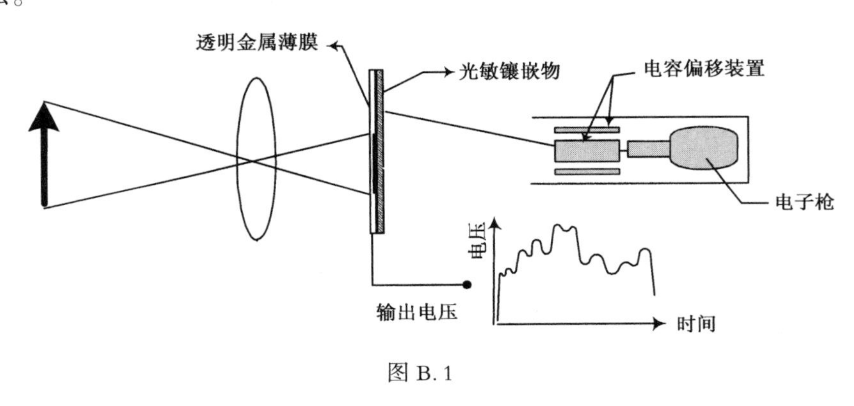

图 B.1

B.1 光导摄像机

光导摄像机是将影像变换为模拟信号的模拟装置。该信号(随时间变化的电压或电流)可以存储、数字化、广播或重构成图像。图 B.1 是光导摄像机的简单原理图。如图所示，景象通过透镜投射到由两层材料组成的屏幕上，一层是透明的金属薄膜，还有一层镶嵌物是对光敏感的光导材料。该镶嵌物的电阻随光照强度的变化而变化。其结果是，当影像投射到它上面时，每个位置的电阻随光照强度的变化而变化。电子枪产生并连续发出阴极射线束(具有负电荷的电子流)，并让它从互相垂直的两对电容极(偏移装置)之间通过。电子束随每对电容上电荷的变化进行上下和左右的偏移，该电子束投射到屏幕上的光导镶嵌物上。在电子束撞击镶嵌物的每个瞬间，它的电位被导引到金属薄膜上，并在输出端测量出该电位。输出测量到的电压为 $v = i \times R$，其中 i 是电子束的电流，R 是撞击点的电阻。由于该电阻是对那个位置的光强的测量，因此这个电压就代表了那个点的光强。

假设有规律地改变两个电容上的电荷，使得电子束进行侧向和上下方向的偏移，从而对镶嵌物进行扫描(称为光栅扫描)。当电子束扫描图像时，每个瞬间的输出都与镶嵌物的电阻成比例，或者说与镶嵌物上的光强成比例。连续地读取这个电压就可获得该图像的模拟表示。

为了产生电视中的运动图像，可以 30 次/s 的速度对图像进行扫描和重建。由于人眼有大约 0.1 s 的时间滞后效应，人眼所感觉到的 30 次/s 刷新的图像是连续的，因此是运动的。

30 次/s 的刷新率和 6 MHz 的最大通道带宽可给出分辨率为 200 000 像素的图像。为了增加分辨率和减少对电子束的要求，图像可以划分为互相交错的两个 240 线的图像。其结果，电视图像变为由每秒变化 30 次的 480 条图像线组成。为了使电子束回到顶部，还需要额外的 45 条线，从而总共为 525 线。在美国之外的国家，这个数可能不同(如 625 线)。图 B.2 显示了这样的扫描情况。

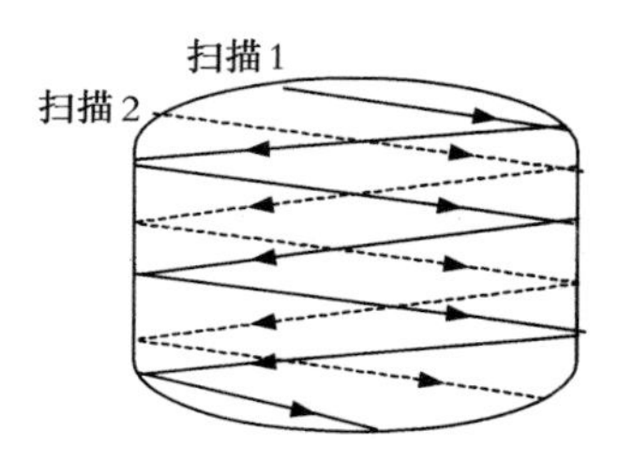

图 B.2　光导摄像机的光栅扫描

如果该图像信号用于电视广播，通常需要对它进行频率调制(FM)，其中载波信号的频率是图像信号幅度的函数。接收器接收到广播信号后，再将该调制信号进行解调，使其变回成原来的信号，即产生出一个随时间变化的电压信号。为了在电视机上再现该图像，必须将该电压信号再变回成图像。为了做到这一点，将该电压信号馈送到阴极射线管(CRT)上，像光导摄像机一样也需配备电子枪和类似的偏移电容器。现在电视上的电子束强度也与信号电压成正比，并按与摄像机类似的方式进行扫描。但在电视机中，该电子束投射到涂在屏幕上的磷基材料上，该材料能够发光，其光强正比于该电子束的强度，从而实现了该图像的再现。

对于彩色图像，将投射的图像分解为红绿蓝(RGB)三个基本颜色。采用与上面完全相同的步骤来处理这三幅图像，生成即时信号并广播出去。在电视机这边，用三个电子枪将红绿蓝三色图像信号投射到屏幕上，整个屏幕上重复安排了许多三个一组的小像素斑点，它们分别对三个颜色信号进行反应而发光，从而重现了该彩色图像。任何系统中的彩色图像都是分成红绿蓝三色图像后再分别处理。

如果图像信号不是用于电视广播的，则可以将它记录下来以备后用，或对它进行数字化处理(如第 9 章中讨论的那样)，或馈送到监控器作为闭路监视。

B.2　数字相机

数字相机是基于固态技术的。与其他相机类似，它也是用一组透镜将感兴趣的区域投射到相机的图像区域。相机的主要部分是固态硅片图像区域，成千上万到几百万个极小的称为成像点的光敏斑块印制在该区域上。这些硅片上的每个小斑块就是图像单元或像素。当图像投射到该图像区域时，在硅片上的每个像素位置就产生一个与那个位置的光强成正比的电荷，因此这些相机称为电荷耦合装置或 CCD(Charge Coupled Device)相机，或者称为电荷积分装置或 CID(Charge Integrated Device)相机。这些累积的电荷，如果将它们依次读出，就代表了图像像素(见图 B.3)。

硅片上直径不到 1 in 的面积里可能有成百万个像素。显然，不可能直接用线连接所有这些像素来测量每个电荷。为了要以 30 次/s 的速率读出这些数量极大的像素，将每个像素线上的电荷移动到靠近每个成像点的光隔离的移位寄存器中，再将它们下载到输出线上并将它们读出[1,2]，每隔 1/30 s 依次读出所有像素位置的电荷，并将它们存储起来或记录下来。该输出便是图像的离散表示，它实际是如图 B.4(a)所示的按时间采样的电压。B.4(b)是一个 VHS(Video Home System)相机的 CCD 元素。

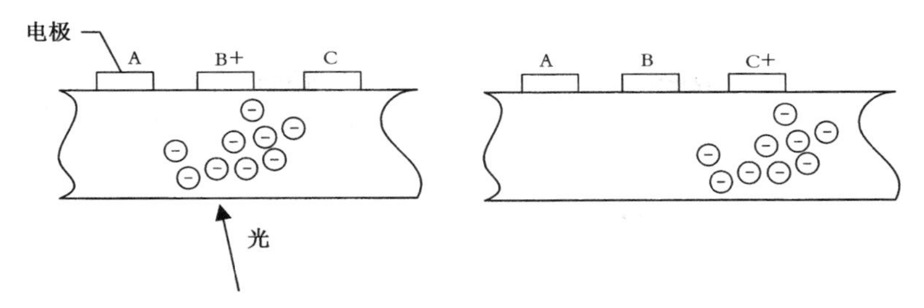

图 B.3　数字相机的图像采集就是在每个像素位置产生与该像素的光强成正比的电荷，再通过将该电荷移动到光隔离的移位寄存器，并以一个已知的速率读出这些电荷，也就是读出了这幅图像

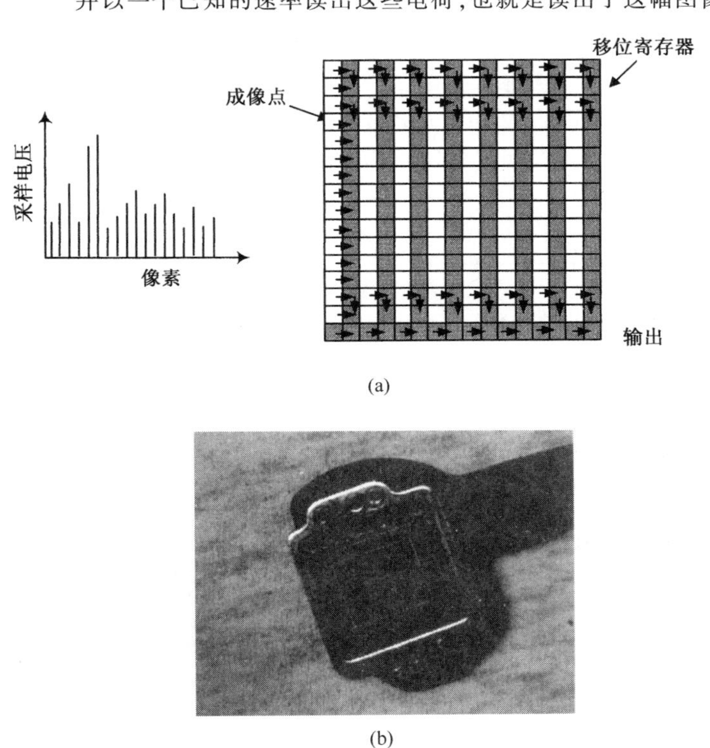

图 B.4　(a) 图像数据集合模型；(b) VHS 相机的 CCD 元素

参考文献

[1] Madonick, N., "Improved CCDs for Industrial Video," Machine Design, April 1982, pp. 167-172.

[2] Wilson, A., "Solid-State Camera Design and Application," Machine Design, April 1984, pp. 38-46.

[3] "A 640 ×486 Long-Wavelength Infrared Camera," NASA Tech Briefs, June 1999 pp. 44-47.

附录 C　采用 MATLAB 的根轨迹和伯德图

MATLAB 是含有许多工程应用的功能强大的程序。下面是如何用 MATLAB 画特征方程根轨迹及如何将它用于系统设计的简要指南。该指南基于写作该书时可用的版本 Version 7.6 (R2008a)。毋庸置疑，将来的版本可能会有小的差异。建议通过试验和使用该程序来发现更多的使用选项及更好地学习这个程序系统。

C.1　根轨迹

打开程序并输入：G =zpk([z_1,…],[p_1,…],[k])，其中 G 是特征方程的一个任意的名字，z_1，p_1，…是特征方程的零点和极点，k 是系统增益。MATLAB 对输入格式的要求是很严格的，例如，对下面的方程：

$$GH = \frac{5(s+0.5)(s+6)}{s(s+1)(s+5)(s+8)}, \qquad \mathrm{G} = \mathrm{zpk}\,([-0.5, -6], [0, -1, -5, -8], 5)$$

如果方程中未给出增益，则取 k =1。如果不存在零点或极点，则相应括号为空。输入上面的命令后，MATLAB 将输出该方程的标准形式。必须确保输入正确，否则就需要修改该方程。

接下来，输入 rlocus(G)并回车，MATLAB 将在新窗口中画出如图 C.1 的根轨迹。可以进一步研究该根轨迹图，例如，点击根轨迹上任一位置，MATLAB 将显示在那个位置的特征方程的根、增益、百分比超调量、阻尼和频率。

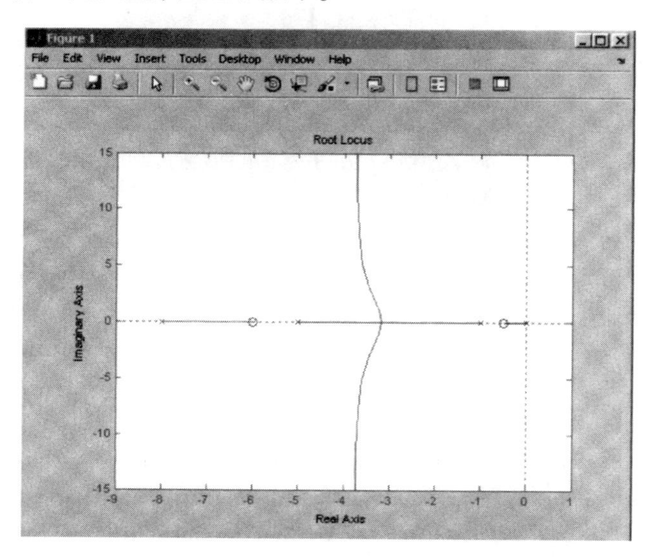

图 C.1　MATLAB 画的根轨迹

接下来，输入 rltool(G)并回车，MATLAB 将产生一个单输入单输出(SISO)的图形用户界面(GUI)，它包括一个控制和估计工具管理窗口，以及一个用来显示根轨迹的 SISO 设计窗口。

在控制和估计管理工具窗口选择“Analysis Plot”，在“plot type”的“Plot1”中选择“step”，在“Closed Loop r to y”一栏选择“All”，如图 C.2 所示。

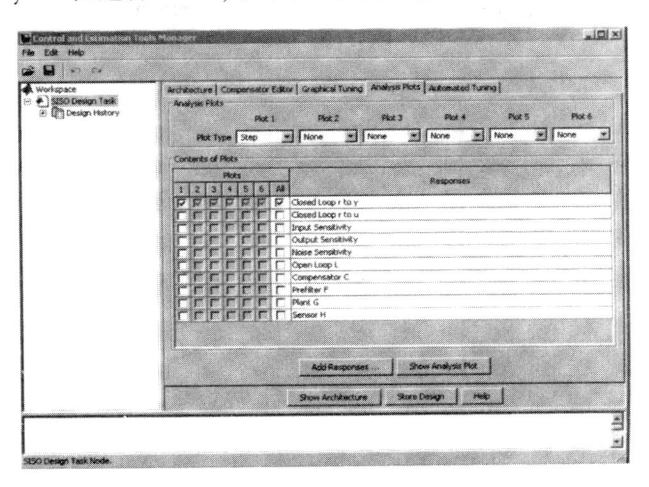

图 C.2　MATLAB 中的控制和估计工具管理窗口

接下来用 SISO 设计窗口来设计系统。为此，在该窗口点击右键，然后选择“Design Requirements”和“New”，出现“New Design Requirement”对话框，从该对话框中选择“settling time”、“percent overshoot”、“damping ratio”、“natural frequency”或“region constraints”。选择其中一个设计要求后，输入要求的值并点击“OK”，SISO 设计窗口将该设计要求加入到根轨迹上，并指出满足要求的根存在的可能位置，或可能不存在满足要求的根。然后可以将指针放到限制区域内并拖曳指针到其他的值，或在限制区域内右击来删除或编辑该限制。在限制区域外右击可用于新的设计要求(见图 C.3)。

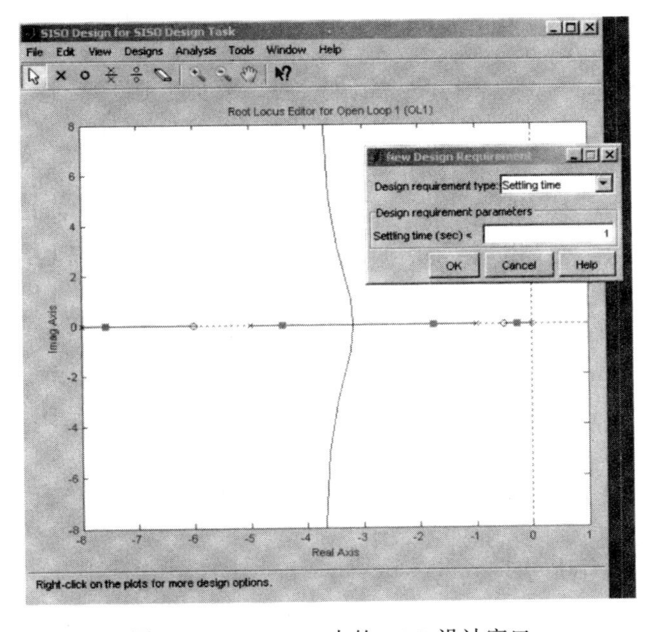

图 C.3　MATLAB 中的 SISO 设计窗口

图 C.4 显示的是当过渡时间为 1.3 s 且百分比超调量为 5% 时的窗口。所有在设计限制线一边的轨迹都是可以接受的。每个位置的根将给出不同的增益、阻尼比、过渡时间和其他特性指标。根据期望的指标要求，可以选择任何合适的位置的根。图 C.4 显示的根的位置具有最快的上升时间。点击这个位置将显示阻尼比、增益、根的位置和自然频率。

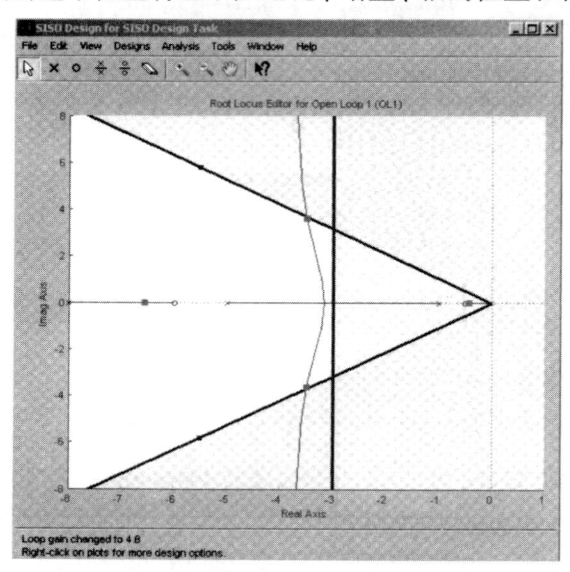

图 C.4　MATLAB 画出的根轨迹上的设计限制

建议试验该程序系统的其他功能或它的特色，参考在线指南以获得更多 MATLAB 在这个问题上的应用和功能。

C.2　伯德图

类似于在根轨迹部分的过程，如 C.1 节那样输入特征方程，然后输入 bode(G)，将显示如图 C.5 所示的伯德图。可按类似的方式用该图来进行系统设计。

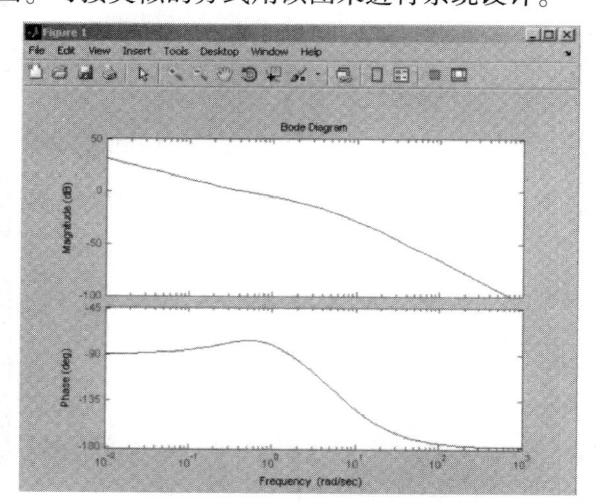

图 C.5　MATLAB 画出的伯德图

附录 D　利用商用软件的机器人仿真

市场上至少有 4 种可用的商业软件程序，它们在不同程度上能够仿真机器人机械手的运动(既含运动学也含动力学)，包括 SimulationX、MapleSim、MATLAB 和 Dymola。在这些系统中，通过建模机器人的连杆、关节及它们之间的相互关系来输入机器人的构型。这些程序允许关节类型为滑移、旋转和球型等。然后，选择每个关节的相对全局坐标的旋转轴(对旋转关节)或线性运动轴(对滑移关节)，这样就完成了机器人的构型建立。还可以输入每个连杆的具体特性，如质量、长度和转动惯量。最后输入其他信息，如每个关节的起始和终止位置、速度和加速度。

用户也可以为每个关节给定输入方式。这样就可对机器人的运动进行仿真，并以三维动画形式显示出来。也可以为每个关节指定输出，例如，当运动完成后要求输出每个关节的力矩，从而了解要维持给定的运动需要多大的力矩。根据整个运动的力矩图可确定所需要的最大力矩值，并可根据该值来设计或选择合适的驱动器。

SimulationX 程序的学生版可以从德国的 ITI 公司网站(www. iti. de)免费下载。该网站上还有循序渐进的帮助指南来教用户如何构建一个 3 自由度机器人，并对其进行仿真。

反侵权盗版声明